“十三五”普通高等教育本科规划教材

电机学

（第二版）

编著 肖鸿杰 宋金煜
王如玫 陈季权
主审 章跃进

中国电力出版社
CHINA ELECTRIC POWER PRESS

内 容 提 要

本书为“十三五”普通高等教育本科规划教材。

全书分为5篇共28章，主要论述变压器、同步电机、异步电机和直流电机四种典型电机的基本结构、电磁过程、实验方法以及运行特性。具体内容包括变压器的基本工作原理和结构、运行分析、并联运行、瞬变过程，三相变压器，特种变压器；交流绕组及其电动势与磁动势；同步电机的基本原理与结构，同步发电机的对称运行、特性与参数、并联运行、三相突然短路、非正常运行，同步电动机及同步调相机；异步电机的基本结构及运行状态、基本原理、功率及力矩，三相异步电动机的起动、调速、制动，三相异步电动机其他运行方式及单相异步电动机；直流电机的工作原理及基本结构、电枢绕组、电枢反应及换向，直流发电机和直流电动机。

本书可作为普通高等院校电气类相关专业的本科教材，也可作为高职高专、函授教育的教材，还可作为相关工程技术人员的参考用书。

图书在版编目（CIP）数据

电机学/肖鸿杰等编著. —2版. —北京：中国电力出版社，2015.8（2019.5重印）

“十三五”普通高等教育本科规划教材

ISBN 978-7-5123-8061-5

Ⅰ.①电… Ⅱ.①肖… Ⅲ.①电机学－高等学校－教材 Ⅳ.①TM3

中国版本图书馆CIP数据核字（2015）第160768号

中国电力出版社出版、发行

（北京市东城区北京站西街19号 100005 http://www.cepp.sgcc.com.cn）

航远印刷有限公司印刷

各地新华书店经售

*

2008年12月第一版

2015年8月第二版 2019年5月北京第十次印刷

787毫米×1092毫米 16开本 27.25印张 661千字

定价 **50.00**元

前 言

本书第一版出版至今已七年，科技在发展，教学在改革，电气工程及其自动化专业的电机学课程，虽然教学要求和基本内容相对稳定，但也在力求变革之中。这次修订对第一版的内容进行了部分调整补充，部分章节进行了改写，使全书内容更完整、更系统；同时，引入了国内外流行软件工具的应用。

在修订本书的过程中，继续保留原版的特色，突出电机的物理概念和基本原理，强调电机学的基本分析方法，论述简明易懂，概念清晰，科学性强，理论联系实际，例题贴切，既方便教学，也便于自学。考虑到国内外流行软件中的 Matlab 影响广泛，本书第二版给出了 Matlab 作为电机分析的例子，用以处理电机分析中出现的繁琐计算，减轻学习者的计算工作量，有更多的精力去处理有关物理概念；另外，先进的数学软件，可以用更精确的模型去分析电机的问题，这也是工程科学教育发展的必然趋势。

第二版在第一版的基础上修订而成，肖鸿杰编写了全书的 Matlab 算例，并修订交流绕组及其电动势与磁动势篇和同步电机篇；宋金煜修订异步电机篇；王如玫修订直流电机篇。本书在修订过程中，得到了中国电力出版社的大力支持，在此编者表示衷心的感谢。

限于编者的学识能力，尽管在修订过程中花费了不少精力，但难免存在不妥或错误之处，恳请广大读者、专家予以批评指正。

编 者

2015 年 6 月

第一版前言

随着社会的进步和科学的发展，我国工科高级专门人才的需求格局和素质要求发生了很大变化。为适应宽口径培养模式和充实学科发展新内容，高等工科院校的强电类相关专业拓宽了专业知识面，在教学计划中增加了新的课程，使《电机学》的教学课时数有较大削减。因此，《电机学》教材应更适合学生自学，做到概念明确、叙述清晰、不易产生歧义。为此，编者在上海电力学院电机教研组邬基烈教授主编、1988 年版《电机学》教材的基础上，重新编写了这本教材。

本书着重基本原理和物理概念的阐述，分析问题以物理概念为主，避免过多过深的数学推演，在论述中深入浅出，循序渐进，便于教学。

本书侧重于对称稳态运行的基本电磁规律及基本运行控制规律的分析，突出电机学分析方法的介绍和应用，适当注重电机动态以及不对称运行的分析介绍。

按普通高等院校电气工程及其自动化专业和其他涉电类专业的本科教学要求，考虑电类专业函授教育以及高职高专教育的教学要求，编写安排了本书的篇章顺序。依次论述变压器、同步电机、异步电机和直流电机四种典型电机的基本结构、电磁过程、实验方法以及运行特性。因各篇具有相对独立性，教学顺序也可根据具体要求加以调整。

本书的编写分工为：陈季权编写绪论及变压器篇，肖鸿杰编写交流绕组及其电动势与磁动势篇以及同步电机篇，宋金煜编写异步电机篇，王如玫编写直流电机篇。本书除第 3 篇同步电机之外的大部分插图由中国电力出版社重新绘制。前言由王如玫执笔。全书承上海大学章跃进教授审稿，并提出许多宝贵意见，对此编者深表谢意。本书的编写及出版，得到了中国电力出版社的大力支持，在此编者表示衷心的感谢。

这次编写是在教育发展和教学改革中进行的。编写至今，数易其稿，限于学识能力，书中难免还存在错误及不足之处，敬请选用本书的专业教师、学生、工程技术人员和广大读者批评指正。请将宝贵意见寄上海市平凉路 2103 号（邮编 200090）上海电力学院电力工程系电机教研室。

编　者

2008 年 8 月于上海电力学院

主 要 符 号 说 明

第1章、第1篇　变压器

u_1、u_2——一、二次侧电压的瞬时值
U_1、U_2——一、二次侧电压的有效值
U_{1N}、U_{2N}——一、二次侧的额定电压
U_{20}——空载时二次侧的电压
ΔU——电压变化率
U_k——短路电压
u_k——短路电压的百分值
u_{kr}、u_{ka}——短路电压百分值的有功分量、无功分量
$\dot{U}_A^+$、$\dot{U}_B^+$、$\dot{U}_C^+$——$\dot{U}_A$、$\dot{U}_B$、$\dot{U}_C$ 三相的正序电压
$\dot{U}_A^-$、$\dot{U}_B^-$、$\dot{U}_C^-$——$\dot{U}_A$、$\dot{U}_B$、$\dot{U}_C$ 三相的负序电压
$\dot{U}_A^0$、$\dot{U}_B^0$、$\dot{U}_C^0$——$\dot{U}_A$、$\dot{U}_B$、$\dot{U}_C$ 三相的零序电压
e_1、e_2——一、二次侧绕组电动势的瞬时值
E_1、E_2——一、二次侧绕组电动势的有效值
$e_{1\sigma}$、$e_{2\sigma}$——一、二次侧绕组漏磁电动势的瞬时值
$E_{1\sigma}$、$E_{2\sigma}$——一、二次侧绕组漏磁电动势的有效值
$\dot{E}_A^0$、$\dot{E}_B^0$、$\dot{E}_C^0$——A、B、C三相绕组的零序电动势
N_1、N_2——一、二次侧绕组的匝数
k——双绕组变压器的变比
k_a——自耦变压器的变比
i_1、i_2——一、二次侧电流的瞬时值
I_1、I_2——一、二次侧电流的有效值
I_{1N}、I_{2N}——一、二次侧的额定电流
i_0、I_0——空载电流的瞬时值、有效值
I_{Fe}——铁损耗电流的有效值
I_μ——励磁电流的有效值
i_k、I_k——短路电流的瞬时值、稳态有效值
I_{C1}、I_{C2}——并联运行时，一、二次侧绕组的环流
$\dot{I}_A^+$、$\dot{I}_B^+$、$\dot{I}_C^+$——A、B、C 三相的正序电流
$\dot{I}_A^-$、$\dot{I}_B^-$、$\dot{I}_C^-$——A、B、C 三相的负序电流
$\dot{I}_A^0$、$\dot{I}_B^0$、$\dot{I}_C^0$——A、B、C三相的零序电流
F——磁动势，作用力
F_0——空载时的磁动势
F_1、F_2——一、二次侧绕组的磁动势
F_m——一、二次侧绕组的合成磁动势
ϕ、Φ_m——主磁通的瞬时值、幅值
ϕ^0——零序磁通
$\phi_{1\sigma}$、$\phi_{2\sigma}$——一、二次侧绕组漏磁通的瞬时值
$\Phi_{1\sigma m}$——一次侧绕组漏磁通的幅值
R_m——磁阻
μ——磁导率
H——磁场强度
B——磁通密度，磁感应强度
L——电感
$L_{1\sigma}$——一次侧绕组的漏电感
r_1、r_2——一、二次侧绕组的电阻
$x_{1\sigma}$、$x_{2\sigma}$——一、二次侧绕组的漏电抗
Z_1、Z_2——一、二次侧绕组的漏阻抗（复量）
z_1、z_2——一、二次侧绕组的漏阻抗（复量中的模，即绝对值）
r_m——励磁电阻（反映铁心损耗的等效电阻）
x_m——励磁电抗（和主磁通相对应的电抗）
Z_m——励磁阻抗（复量）
z_m——励磁阻抗（复量中的模）

r_k、x_k、z_k——短路电阻、短路电抗、短路阻抗
Z_L——负载阻抗
x_m^0、Z_m^0——零序励磁电抗、零序励磁阻抗
Z^0——零序阻抗
Z_0——空载阻抗
Z_{ka}——自耦变压器的短路阻抗
Z_{ks}——穿越阻抗
Z_B——半穿越阻抗
Z_F——分裂阻抗
k_F——分裂系数
S_N——变压器的额定容量
S_{aN}——自耦变压器的额定容量
P_1——一次侧输入有功功率
P_2——二次侧输出有功功率
p_{Fe}——铁心损耗
p_{Cu}——变压器绕组的铜损耗
p_k——短路损耗
p_{kN}——额定电流时的短路损耗
β——负载系数
β_m——最大效率时的负载系数
η——效率
η_N——额定负载时的效率
η_{max}——最大效率
θ——温度
m——相数
t——时间
φ_2——二次侧负载的功率因数角
f——频率
ω——电角度
*——右上角加星标为标么值
′——右上角加撇为折算值

第 2 篇　交流绕组及其电动势与磁动势

p——极对数
n——转速
n_1——同步转速
y_1——交流绕组的节距
Z_1——定子槽数
q——每极每相槽数
α——槽距电角，空间位移电角
τ——极距
e——电动势的瞬时值
ν——高次谐波的次数
B_δ——气隙磁通密度
B_{1m}、B_{2m}——气隙磁通密度的基波幅值、ν 次谐波幅值
ϕ_1、ϕ_ν——基波、ν 次谐波磁通密度的每极磁通量
E_{c1}、$E_{c\nu}$——导体中基波、ν 次谐波电动势的有效值
E_{T1}、$E_{T\nu}$——线匝中基波、ν 次谐波电动势的有效值
E_{y1}、$E_{y\nu}$——线圈中基波、ν 次谐波电动势的有效值
E_{q1}、$E_{q\nu}$——线圈组电动势基波、ν 次谐波的有效值
$E_{\phi1}$、$E_{\phi\nu}$——一相绕组电动势基波、ν 次谐波的有效值
E_1、E_ν——线电动势基波、ν 次谐波的有效值
N_c——每一线圈的匝数
N——一相绕组的串联总匝数
i_c、I_c——线圈中电流的瞬时值、有效值
I——一相绕组中的电流
k_{y1}、$k_{y\nu}$——基波、ν 次谐波短距系数
k_{q1}、$k_{q\nu}$——基波、ν 次谐波分布系数
k_{N1}、$k_{N\nu}$——基波、ν 次谐波绕组系数
a——交流绕组每相的并联支路数
F_{q1}、$F_{q\nu}$——线圈组磁动势基波、ν 次谐波的最大波幅
F_{ph1}、$F_{ph\nu}$——一相绕组磁动势基波、ν 次谐波的最大波幅
F_1、F_ν——三相绕组合成磁动势基波、ν

次谐波的最大波幅

F^{+}、F^{-}——正向、反向旋转磁动势

第3篇　同　步　电　机

δ——气隙长度

N_{f}——励磁绕组的每极匝数

γ——转子磁极的分度比

k_{f}——励磁磁动势分布波的波形系数

k_{μ}——电机的饱和系数

k_{u}——电压波形正弦性的畸变率

F_{f}——励磁磁动势波的波幅

F_{f1}——励磁磁动势波中的基波波幅

F_{a}——电枢磁动势

F_{δ}——气隙磁动势

F'_{a}——折算到磁极边的电枢磁动势

F'_{δ}——折算到磁极边的气隙磁动势

k_{a}——折算系数

F_{ad}、F_{aq}——直轴、交轴电枢反应磁动势

F'_{ad}、F'_{aq}——折算到磁极边的直轴、交轴电枢反应磁动势

k_{ad}、k_{aq}——直轴、交轴电枢反应磁动势的折算系数

ϕ_{0}——空载时的主磁通，磁极磁通

ϕ_{a}——电枢反应磁通

ϕ_{δ}——气隙磁通

ϕ_{ad}、ϕ_{aq}——直轴、交轴电枢反应磁通

ϕ_{σ}——定子漏磁通

$\phi_{Dd\sigma}$——直轴阻尼绕组的漏磁通

$\phi_{f\sigma}$——转子励磁绕组的漏磁通

B_{ad1}、B_{aq1}——直轴、交轴电枢反应磁场的基波磁通密度

B_{f1}——励磁磁场的基波磁通密度

E_{0}——空载电动势，励磁电动势

E_{a}——电枢反应电动势

E_{ad}、E_{aq}——直轴、交轴电枢反应电动势

E_{σ}——漏电动势

I——电枢电流

I_{d}、I_{q}——电枢电流的直轴分量（或称直轴电流）、交轴分量（或称交轴电流）

I_{f}——转子的励磁电流

I_{f0}——使定子产生空载额定电压所需要的励磁电流（励磁电流的基值）

I_{fk}——使定子短路电流等于额定电流时所需要的励磁电流

x_{a}——电枢反应电抗

x_{σ}——定子漏磁电抗

x_{p}——保梯电抗

x_{t}——同步电抗

x_{ad}、x_{aq}——直轴、交轴电枢反应电抗

x_{d}、x_{q}——直轴、交轴同步电抗

x''_{d}、x''_{q}——直轴、交轴超瞬变电抗

x'_{d}、x'_{q}——直轴、交轴瞬变电抗

$x_{Dd\sigma}$、$x_{Dq\sigma}$——折算到定子边直轴、交轴阻尼绕组的漏抗

$x_{f\sigma}$——折算到定子边转子励磁绕组的漏抗

x^{+}、x^{-}、x^{0}——正序、负序、零序电抗

r_{a}——电枢绕组的电阻

r_{f}——磁场绕组的电阻

r_{Dd}——直轴阻尼绕组的电阻

r^{+}、r^{-}、r^{0}——正序、负序、零序电阻

Z^{+}、Z^{-}、Z^{0}——正序、负序、零序阻抗

$i_{A\sim}$、$i_{B\sim}$、$i_{C\sim}$——A、B、C三相突然短路电流的周期性分量（或称交流分量）

$i_{A=}$、$i_{B=}$、$i_{C=}$——A、B、C三相突然短路电流的非周期性分量（或称直流分量）

$i_{Dd=}$、$i_{Dd\sim}$——突然短路时，阻尼绕组中感应的非周期性、周期性电流

$\Delta i_{f=}$、$\Delta i_{f\sim}$——突然短路时，励磁绕组中感应的非周期性、周期性电流

I''_{m}、I'_{m}、I_{m}——超瞬变、瞬变、稳态短路电流的幅值

I_{k1}、I_{k2}——单相、两相稳态短路电流的有效值

ψ——相位角，磁链

P_N——额定功率（有功）
P_{em}——电磁功率
P_{emmax}——最大电磁功率
k_M——过载能力
P_{syn}——整步功率
p_{Fe}——定子铁心的基本铁损耗
p_{Cu}——定子绕组的基本铜损耗
p_{ad}——杂散损耗
p_f——励磁损耗
p_{mec}——机械损耗
T_{em}——电磁力矩
T_{emmax}——最大电磁力矩
T_N——额定力矩
Ω_1——同步机械角速度
θ——功角（或称功率角）
SCR——同步电机的短路比
K——强励倍数
v——励磁电压上升的速度
N_2——转子槽数

第4篇　异　步　电　机

n_1——同步转速
n——转子转速
n_2——转子基波磁动势相对于转子的转速
s——转差率
N_1、N_2——定、转子绕组的匝数
k_{N1}、k_{N2}——定、转子绕组的绕组系数
m_1、m_2——定、转子绕组的相数
F_1、F_2——定、转子绕组的旋转磁动势（基波）
F_m——定、转子绕组的合成磁动势
I_1、I_2——定、转子绕组的相电流
I_m——异步电机的励磁电流
I_0——异步电机的空载电流
k_e——电动势变比
k_i——电流变比
f_1、f_2——定、转子电动势的频率
E_1、E_2——定、转子绕组的相电动势（转子不动时）
E_{2s}——转子旋转后的相电动势
$E_{1\sigma}$、$E_{2\sigma}$——定、转子绕组的漏电动势（转子不动时）
$\phi_{1\sigma}$、$\phi_{2\sigma}$——定、转子绕组的漏磁通
$L_{1\sigma}$、$L_{2\sigma}$——定、转子绕组的漏电感
$x_{1\sigma}$、$x_{2\sigma}$——定、转子绕组的漏抗（转子不动时）
r_1、r_2——定、转子绕组的电阻
Z_1、Z_2——定、转子绕组的漏阻抗（转子不动时）
k_e——电动势变比
r_m——励磁电阻（反映定子铁损耗的等效电阻）
x_m——励磁电抗（和气隙磁通相对应）
Z_m——励磁阻抗
σ——Γ形等效电路的校正系数
P_{mec}——总机械功率
T_2——负载力矩
T_0——空载制动力矩
T_L——机组负载的总制动力矩
T_{max}——最大电磁力矩
s_m——临界转差率
C_T——力矩常数
T_{st}——起动力矩
k_{st}——起动力矩倍数
I_{st}——起动电流
r_{st}——起动电阻
r_j——调节电阻
T_ν——ν 次谐波力矩
T_{em}^{+}、T_{em}^{-}——正、反向电磁力矩
s^{+}、s^{-}——正、反转磁场的转差率
J——转动惯量
Ω——机械角速度

第5篇　直　流　电　机

K——换向片数

S——元件数

Z——实槽数

Z'——虚槽数

y_1、y_2、y——直流绕组的第一、第二、合成节距

y_k——换向器节距

a——直流电枢绕组的并联支路对数

N——电枢上的总导体数

C_e——电动势常数

B_{av}——磁极磁场的平均磁通密度

Φ——磁极磁场的每极磁通量

i_a——并联支路中的电流

I_a——电枢电流

A——线负荷，面积

R_a——电枢电阻

R_f——直流电机并励磁场绕组的电阻

r_f——直流电机串励磁场绕组的电阻

R_j——直流电机电枢回路的调节电阻

r_j——直流电机磁场回路的调节电阻

R_L——直流负载电阻

R_{st}——直流电机的起动电阻

r_{cr}——临界电阻

α_{cr}——临界角

I_{cr}——临界电流

e_L、e_M——换向元件的自感、互感电动势

e_r——换向元件的电抗电动势

e_k——换向元件的旋转电动势

B_k——换向元件所在处的磁通密度

i_k——附加换向电流

T_k——换向周期

j——电流密度

目　　录

第 1 篇　变　压　器

第3篇 同 步 电 机

第 4 篇　异　步　电　机

第 5 篇 直 流 电 机

第1章 电机的基本定律

电能是能量的一种形式，它和其他形式的能量相比具有无比的优越性，因为它适宜于大量生产、集中管理、远距离传输和自动控制，以及易于转换为其他形态的能量。

电机，顾名思义是指和电能有关的器械，即在输入或输出能量中其中有一方为电能；或者两方都为电能，但有不同的电压，或不同的波形，或不同的频率等。鉴于和电能有关的器械在原理上是各种各样的，例如，就电能产生的原理来说，利用电磁感应、光电效应、化学作用、热电效应等都可以产生电能。但是能够大量生产电能的装置，却是以电磁感应为基本原理的那些器械，它们在现代电力生产中起着关键的作用。所以通常所谓的电机并不泛指有关电能的一切器械，而是仅指利用电磁感应原理进行能量转换的那些电机，严格说来，应该正名为电磁机。

电机在国民经济各行业中都占有十分重要的地位。发电机是发电厂中最主要的设备之一，它将转子转动的机械能转换为电枢绕组上的电能输出，是电力系统的电源。变压器无论对发电厂或用户都是必需的，它转换电能的电压，以满足发电厂和用户对不同电压的需要。电动机在发电厂内是拖动辅机的主要原动机，这些辅机是电力正常生产所必不可少的；而电动机对工农业生产、文教、卫生、日常生活等各方面所起的作用更是毋庸赘述了。

从能量转换方式来看，发电机和电动机是不相同的，前者是将机械能转换为电能，后者则反之。然而在研究电机时，这不应构成电机的分类方法。因为根据电机的可逆性原理，发电机和电动机在运行上是可逆的，两者具有相同的原理，只是工作于不同的运行方式。从工作原理上来区分，电机可分为交流电机和直流电机两大类，而交流电机又可分为变压器、同步电机、异步电机等几大部分。本课程将按下列次序来讨论：①变压器；②同步电机；③异步电机；④直流电机。

电机中的能量转换是通过电磁感应作用而实现的，因此对电机进行分析时，当然会涉及有关电和磁方面的规律。至于遇到哪些具体电磁规律，和我们所分析的问题有关。一般来说，每台电机必然有电路和磁路，而电路和磁路又是电场和磁场的简化，所以对电机的分析当然会碰到电路（或电场）和磁路（或磁场）方面的问题。通常电机中的电路是指线圈和由许多线圈组成的绕组；磁路是指磁通经过的部分，包括磁性材料组成的部分及有关的空气隙。下面简单地阐述在分析电机时经常会碰到的电磁规律。

1.1 全电流定律

1.1.1 全电流定律

设空间有多根载流导体，其电流分别为 i_1，i_2，…（见图 1-1），则沿任意闭合回路 L，磁场强度 H 的线积分 $\oint_L \overline{H}\cdot d\overline{l}$ 恒等于被该闭合回路包围的导体中电流的代数和，即

$$\oint_L \overline{H} \cdot d\overline{l} = \sum i \tag{1-1}$$

这一规律就称为全电流定律。在式（1-1）中，若电流与回路 L 的循行方向符合右手螺旋关系，则取电流为正值；反之取为负值。全电流定律如图 1-1 所示。

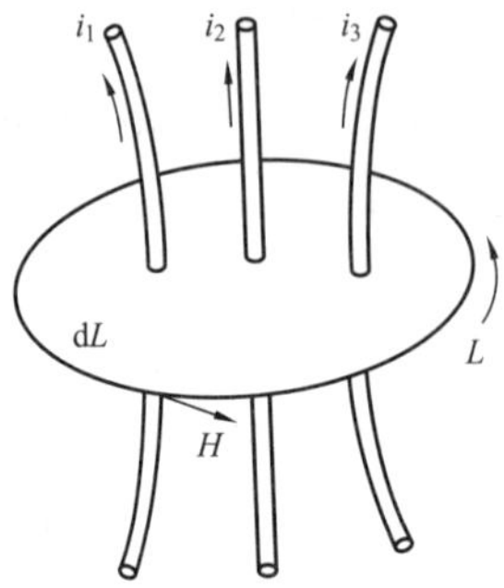

图 1-1 全电流定律

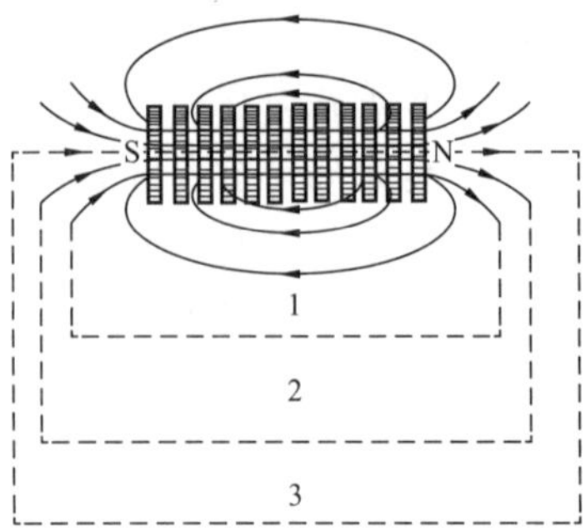

图 1-2 螺管线圈的磁场

图 1-2 表示一个螺管线圈所产生的磁场。图中 1、2、3 三条闭合曲线，线积分 $\oint_L \overline{H} \cdot d\overline{l} = \sum i$ 的值相同，这是因为它们所包含的全电流值相同。这里 $\oint_L \overline{H} \cdot d\overline{l} = \sum i$ 的值未受到回路长度不同、形状不同的影响，例如对回路 3，这条回路比较长，但因距离线圈较远，磁场强度 H 较弱，所以总的来讲，$\oint_L \overline{H} \cdot d\overline{l} = \sum i$ 的值仍与曲线 1 或曲线 2 的线积分值相同。

磁场强度 $\overline{H}$ 与磁感应强度 $\overline{B}$（即磁通密度）的关系为

$$\overline{B} = \mu \overline{H}$$

或

$$\overline{H} = \overline{B}/\mu \tag{1-2}$$

式中，μ 为导磁介质的磁导率；若 B 的单位为 T（特斯拉），H 的单位为 A/m（安/米），则 μ 的单位为 H/m（亨/米）。

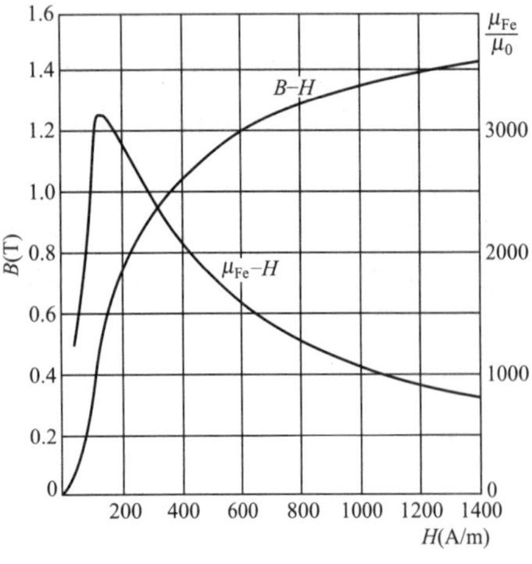

图 1-3 D11 型硅钢片的 B-H 曲线及 μ_{Fe}-H 曲线

μ 的大小与介质的导磁性能有关。对于空气，$\mu_0 = 4\pi \times 10^{-7}$ H/m；对铁磁物质，μ_{Fe} 比 μ_0 大 2000～6000 倍，且 μ_{Fe} 的大小随饱和程度而变化。图 1-3 为 D11 型硅钢片的 B-H 曲线（即磁化曲线）及其 μ_{Fe} 随磁场强度 H 的变化情况。

全电流定律在电机中应用极广，它是电机和变压器中磁路计算的基础，交、直流电机电枢绕组的磁动势以及气隙磁场的分布均可由全电流定律算出。

1.1.2 磁路欧姆定律

图 1-4 所示为带有气隙的磁路，将全电流定律应用于该闭合的多段磁路，可得

$$NI=\sum_{1}^{n}H_k l_k \quad (1-3)$$

式中 n——磁路的段数；

H_k——第 k 段磁路的磁场强度，A/m；

l_k——第 k 段磁路的平均长度，m；

NI——被闭合磁路所包围的全电流值，即励磁绕组的安匝数。

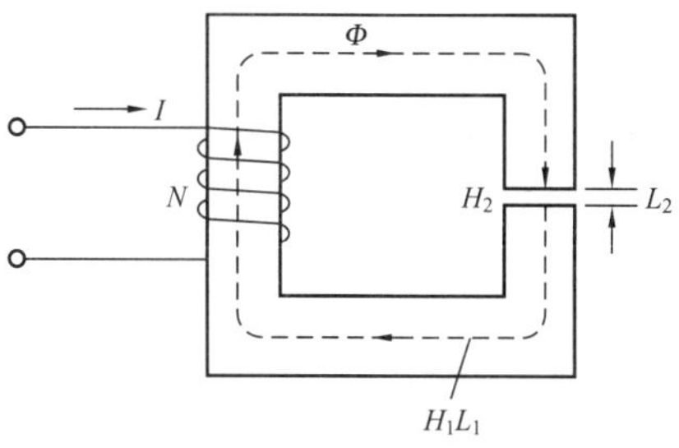

图 1-4 带有气隙的磁路

考虑到 $H=B/\mu$，而磁感应强度（即磁通密度，简称磁密）又等于磁通量除以面积，即 $B=\Phi/S$，于是式（1-3）可改写为

$$NI=\Phi\sum_{1}^{n}\frac{1}{\mu_k}\cdot\frac{l_k}{S_k} \quad (1-4)$$

通常把作用于磁路上的励磁安匝数 NI 称为磁路的磁动势，以 F 表示；$\frac{1}{\mu}\cdot\frac{l}{S}$ 称为磁路的磁阻，以 R_m 表示；这样式（1-4）可进一步写成如下形式

$$F=\Phi\sum_{1}^{n}R_{mk}$$

或

$$\Phi=\frac{F}{\sum_{1}^{n}R_{mk}} \quad (1-5)$$

式（1-5）表明，磁路中，磁通等于作用在磁路上的磁动势除以磁路的总磁阻，这就是磁路欧姆定律。

由于磁阻 $R_m=\frac{1}{\mu}\cdot\frac{l}{S}$，所以磁阻主要取决于磁路的几何尺寸和所用材料的磁导率。磁路的长度越长，截面积越小，磁阻就越大；材料的磁导率越大，磁阻就越小。所以电机的磁路要采用铁磁材料。由于 $\mu_0\ll\mu_{Fe}$，在电机的铁心磁路中，即使存在很小的气隙，电机的气隙磁阻也可达到相当大的数值，构成整个磁路磁阻的主要部分。一般旋转电机，气隙磁阻常常达到主磁路总磁阻的 70%～80%。磁阻的单位是 1/H。

下面以图 1-4 为例来说明无分支磁路的计算方法。

磁路的计算方法有两种：一种是已知磁动势和磁路的几何尺寸求磁通量，另一种是已知磁通量和磁路的几何尺寸求磁动势。电机和变压器磁路计算的目的常属于后一种，现对后一种计算方法予以介绍。

例 1-1 如图 1-4 所示，其中铁心采用 D11 型硅钢片，其截面积 $S_c=9\times10^{-4}\text{m}^2$，铁心的平均长度 $l_c=0.3\text{m}$，空气隙长 $\delta=0.5\times10^{-3}\text{m}$，线圈的匝数 $N=500$ 匝。试求产生磁通 $\Phi=9.9\times10^{-4}\text{Wb}$ 时所需的励磁磁动势 NI 和励磁电流 I。

解： 图 1-4 所示的磁路可分为铁心部分和气隙部分两段，这时式（1-3）变为

$$F=NI=H_c l_c+H_\delta\delta \quad (1-6)$$

式中，H_c 和 H_δ 分别为铁心和气隙中的磁场强度。

从式（1-6）可见，如果我们能根据已知条件分别求出 $H_c l_c$ 和 $H_\delta\delta$，则磁动势 $F=NI$ 即可求出。

对铁心部分，磁场强度 H_c 原则上可按 $H_c=B_c/\mu_{Fe}=1/\mu_{Fe}\cdot\Phi/S_c$ 进行计算，但因铁磁材料的磁导率不是常数，随铁心饱和程度而异，所以实际工作中不按上式进行计算，而是先根据已知磁通量 Φ 和磁路截面积 S_c 算出磁通密度 B_c，再根据所用铁磁材料的磁化曲线 $B=f(H)$ 查出与磁通密度 B_c 相对应的磁场强度 H_c，进而计算出 H_cl_c 值。

对于图 1-4 的铁心部分，磁通密度为

$$B_c=\Phi/S_c=9.9\times10^{-4}/9\times10^{-4}=1.1\ (\mathrm{Wb/m^2})$$

由图 1-3 D11 型硅钢片的 B-H 曲线，可查出 $B_c=1.1\mathrm{Wb/m^2}$ 时，$H_c=475\mathrm{A/m}$。于是铁心磁压降为

$$H_cl_c=475\times0.3=142.5\ (安匝)$$

对于气隙部分，当忽略磁通在气隙两边的边缘效应时，可近似地认为气隙磁通密度与铁心磁通密度相等，于是气隙磁压降为

$$H_\delta\delta=\frac{B_c}{\mu_0}\delta=\frac{1.1}{4\pi\times10^{-7}}\times0.5\times10^{-3}=438\ (安匝)$$

因此产生 $\Phi=9.9\times10^{-4}$ Wb 时所需的磁动势 NI 为

$$NI=H_cl_c+H_\delta\delta=142.5+438=580.5\ (安匝)$$

$$I=F/N=580.5/500=1.16\ (\mathrm{A})$$

为了更好地理解磁路计算中的各种物理量，表 1-1 列出了磁路计算与电路计算相对应的物理量。

表 1-1 磁路计算与电路计算相对应的物理量

电　路	磁　路
电流 I（A）	磁通 Φ（Wb）
电动势 E（V）	磁动势 F（安匝）
电压降 IR（V）	磁压降 ΦR_m（安匝）
电阻 $R=\rho\dfrac{l}{S}$（Ω）	磁阻 $R_m=\dfrac{1}{\mu}\cdot\dfrac{l}{S}\left(\dfrac{1}{\mathrm{H}}\right)$
电导 $g=1/R$（1/Ω）	磁导 $\lambda_m=1/R_m$（H）

1.2 电 磁 感 应 定 律

1.2.1 电磁感应定律

设有一匝数为 N 的线圈放在磁场中，不论出于什么原因，例如线圈本身的运动，或者磁场强度本身发生变化等，造成了和线圈交链的磁通 ϕ 随时间发生变化时，线圈内都会感应出电动势，这种现象称为电磁感应。如果把感应电动势的正方向与磁通的正方向规定得符合右螺旋关系，则感应电动势可表示为

$$e=\frac{-\mathrm{d}\psi}{\mathrm{d}t}=-N\frac{\mathrm{d}\phi}{\mathrm{d}t}\qquad(1-7)$$

式中，$\psi=N\phi$ 为线圈所交链的磁链。当 ϕ 的单位为 Wb，t 的单位为 s 时，则 e 的单位为 V。

现在用一移动的棒形磁铁使穿过闭合线圈的磁通量发生变化，来说明线圈中所感应的电动势和电流。如图 1-5 所示，磁铁的右端为 N 极，磁铁的磁场方向向右；根据右手螺旋关系，线圈内感应电动势的正方向如图中 e 的箭头所示。

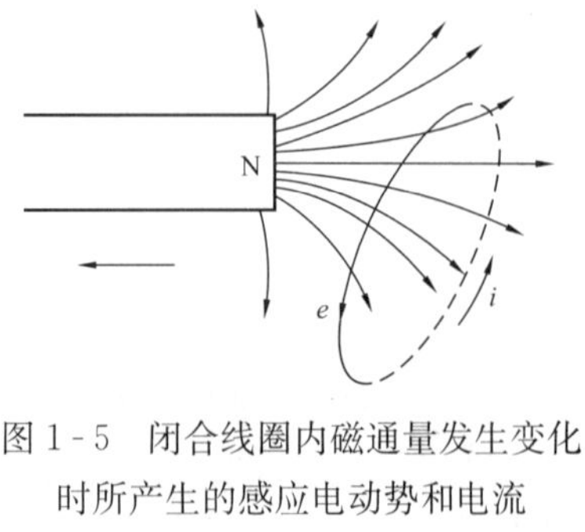

图 1-5 闭合线圈内磁通量发生变化时所产生的感应电动势和电流

当磁铁向左移动时，通过线圈内的磁通量逐渐减少，$\frac{d\phi}{dt}<0$，因此感应电动势 $e=-\frac{d\phi}{dt}>0$，即感应电动势和电流的实际方向与规定的正方向一致，如图中箭头所示方向。当磁铁向右移动时，感应电动势和电流的实际方向与规定的正方向相反。

线圈内的感应电流也要产生磁通。不难看出，当磁极逐渐向左移动而离开线圈时，感应电流所产生的磁通将与外来磁极的磁通方向一致，即趋向于保持线圈的总磁通不变。在电磁感应现象中，感应电流的这种作用是普遍存在的，感应电流的作用，使其所产生的磁通恒为阻止原来磁通的变化，这个规律常称为楞次定律。

当导体在恒定的磁场中运动时，若磁场、导体长度和导体的运动方向三者互相垂直，则根据电磁感应定律可以导出，导体内的感应电动势应为

$$e=Blv \tag{1-8}$$

式中 e——导体内的感应电动势，V；

B——磁场的磁感应强度，T；

l——在磁场范围内导体的长度，称为有效长度，m；

v——导体的运动速度，m/s。

由式（1-8）所产生的电动势可称为运动电动势，而对于式（1-7）所产生的电动势，则称为变压器电动势。

式（1-8）的推导过程如下：如图1-6所示，若导体ab在恒定磁场内运动，在时间 dt 内向下移动了距离 dx，则整个闭合电路的磁链变化为 $d\psi=-Bl\,dx$（负号表示磁链减少），于是导体内的感应电动势 e 应为

$$e=-\frac{d\phi}{dt}=Bl\frac{dx}{dt}$$

而 dx/dt 即为导体的运动速度 v，于是可得 $e=Blv$。由于 $Bl\,dx$ 为导体在每秒内所"切割"的磁力线数，所以式（1-8）可以理解为：导体在磁场内运动时所感应的电动势就等于每秒内导体所"切割"的磁力线数。

运动电动势的大小可用 $e=Blv$ 公式算出，其方向可由右手定则来确定，把右手掌伸开，使拇指和其余四指互相垂直，此时若把掌心对着磁场，大拇指指向导体运动方向，于是其余四指所指方向即为运动电动势方向，如图1-7所示。

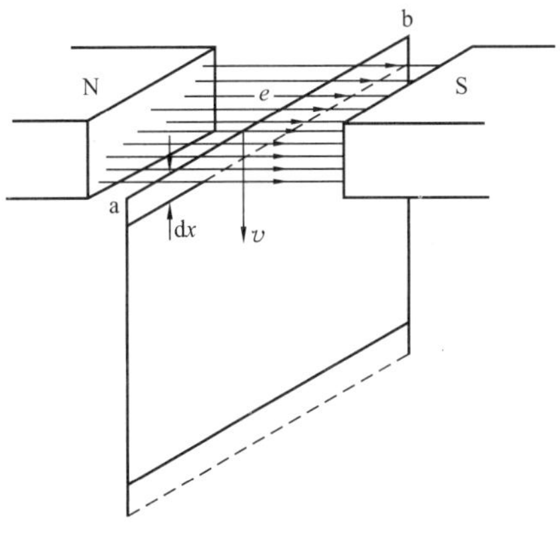

图1-6 $e=Blv$ 的证明

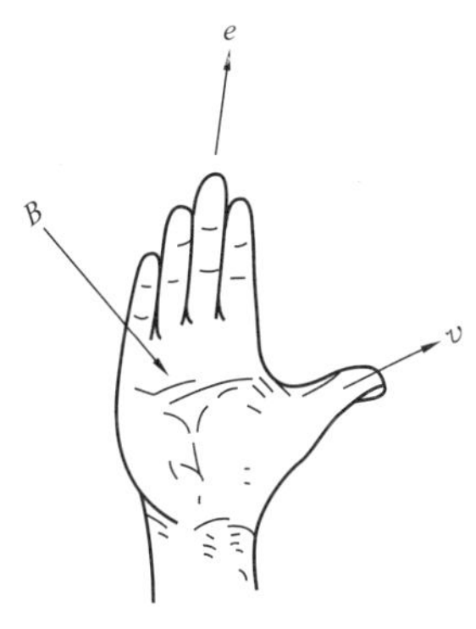

图1-7 用右手定则确定运动电动势方向

这里需要指出的是：式（1-7）是电磁感应定律的普遍形式，而式（1-8）则仅是一种特殊形式，表明导体在磁场中运动时导体内所感应的电动势。

1.2.2 自感电动势

当线圈中有电流流过时，载流线圈就会产生磁通。如果电流 i 发生变化，则磁通 ϕ 也将随之发生变化。根据电磁感应定律，磁通 ϕ 的变化会在线圈内产生感应电动势。这种由于电流自身变化在线圈内所引起的感应电动势，称为自感电动势，以 e_L 表示之。

实验表明，空心载流线圈的磁链 ψ_L，与线圈自身所通过的电流 i 成正比，比例常数为线圈的自感系数（简称自感），以 L 表示，即

$$\psi_L = Li \tag{1-9}$$

用自感表示时，自感电动势可写为

$$e_L = -L\frac{\mathrm{d}i}{\mathrm{d}t} \tag{1-10}$$

式（1-10）说明，自感电动势与线圈的自感和线圈中电流变化率的乘积成正比，自感的单位为 H。

由于磁通 ϕ_L 为线圈本身电流所产生，i 和 ϕ_L 之间符合右手螺旋定则；而自感电动势用 $-\frac{\mathrm{d}\psi_L}{\mathrm{d}t}$ 表示时，e_L 的正方向和 ϕ_L 的正方向之间也符合右手螺旋关系，所以把自感电动势写成 $e_L = -L\frac{\mathrm{d}i}{\mathrm{d}t}$ 的形式时，自感电动势的正方向与电流的正方向一致，如图 1-8 所示。

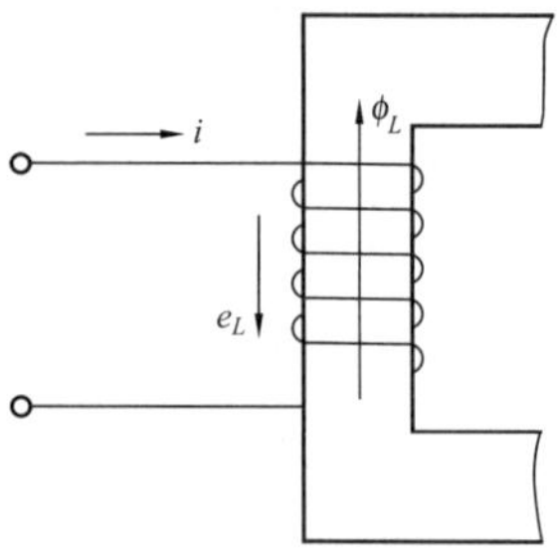

图 1-8 自感电动势的正方向

从式（1-9）中可知，自感等于单位电流所产生的磁链，即 $L=\frac{\psi_L}{i}$；而磁链 $\psi_L = N\phi_L$；磁通 ϕ_L 又等于磁动势 Ni 除以磁阻 R_L；于是

$$L = \frac{\psi_L}{i} = \frac{N\left(\frac{Ni}{R_L}\right)}{i} = N^2\lambda_L \tag{1-11}$$

式中 λ_L——自感磁通所经磁路的磁导（即磁阻 R_L 的倒数）；

N——线圈的匝数。

式（1-11）表示，自感与线圈的匝数平方成正比，与磁路的磁导成正比。匝数越多，自感越大；磁路的磁导越大，自感也越大。由于铁磁材料的磁导率 μ_{Fe} 一般比空气要大几千倍，且 μ_{Fe} 不是常值，而是随着铁磁材料的饱和而逐步下降，因此铁心线圈的自感比相应空心线圈的自感要大得多，且随铁心的饱和而减少。

若线圈内的电流为正弦交变电流，即

$$i = I_{\mathrm{m}}\sin\omega t$$

则自感电动势应为

$$\begin{aligned} e_L &= -L\frac{\mathrm{d}i}{\mathrm{d}t} = -L\frac{\mathrm{d}}{\mathrm{d}t}(I_{\mathrm{m}}\sin\omega t) \\ &= -I_{\mathrm{m}}\omega L\cos\omega t \\ &= I_{\mathrm{m}}\omega L\sin(\omega t - 90^\circ) \end{aligned} \tag{1-12}$$

式（1-12）指出，自感电动势的幅值为 $I_m\omega L$，e_L 的相位滞后电流 i 90°。

1.2.3　互感电动势

以下再来讨论互感电动势。假定在线圈 1 附近有一线圈 2，流过线圈 2 的电流 i_2 所产生的磁通中有一部分磁通 ϕ_{21} 与线圈 1 相链，如图 1-9 所示，则 i_2 变化时，ϕ_{21} 将在线圈 1 内引起电动势，此电动势称为互感电动势，以 e_{M1} 表示，

$$e_{M1}=-\frac{d\psi_{21}}{dt} \tag{1-13}$$

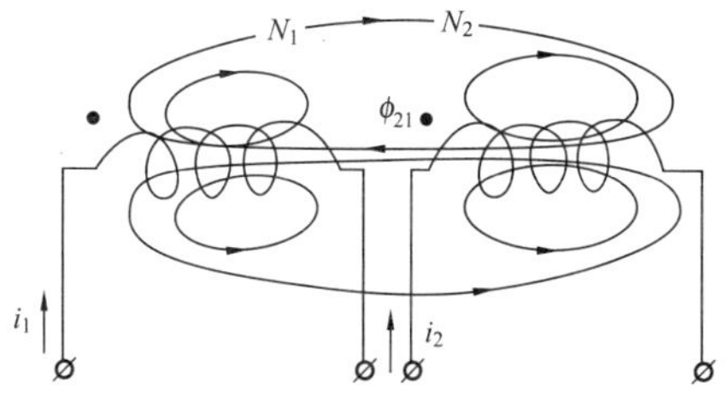

图 1-9　互感磁通和互感电动势

实验表明，若无铁磁物质，则 i_2 越大，由 i_2 产生的与线圈 1 相交链的互感磁链 ψ_{21} 也越大，ψ_{21} 与 i_2 成正比，即

$$\psi_{21}=Mi_2 \tag{1-14}$$

比例常数 M 就称为线圈 1 和 2 的互感系数，简称互感，单位为 H。从式（1-14）可知，互感 M 等于线圈 2 中通以单位电流时与线圈 1 相交链的互感磁链值，即

$$M=\frac{\psi_{21}}{i_2} \tag{1-15}$$

由于 $\psi_{21}=N\phi_{21}$，而互感磁通 ϕ_{21} 等于线圈 2 所产生的磁动势 N_2i_2 除以互感磁通所经磁路的磁阻 R_{M12}，于是可得

$$M=\frac{N_1\phi_{21}}{i_2}=\frac{N_1N_2i_2}{i_2R_{M12}}=N_1N_2\lambda_{12} \tag{1-16}$$

式中　λ_{12}——互感磁通所经磁路的磁导，$\lambda_{12}=\dfrac{1}{R_{M12}}$；

N_1、N_2——线圈 1、2 的匝数。

式（1-16）指出，互感与两个线圈的匝数 N_1 和 N_2 的乘积成正比，与磁路的磁导也成正比，线圈的匝数越多，磁路的磁导越大，互感就越大。

将式（1-14）代入式（1-13），得

$$e_{M1}=-M\frac{di_2}{dt} \tag{1-17}$$

同理，线圈 2 中的互感电动势 e_{M2} 应为

$$e_{M2}=-M\frac{di_1}{dt} \tag{1-18}$$

1.3　电　路　定　律

在电路中，对任何闭合电路，若沿某一方向环绕回路一周，则回路内所有电动势的代数和应等于所有电压降的代数和，即

$$\sum e=\sum u \tag{1-19}$$

在列回路方程式（1-19）时，应首先规定电流、电动势和电压降的正方向，然后选定某一方向环绕回路，凡电动势和电压降的正方向与环绕方向一致时取正号，反之则取负号。例如，对图 1-10，沿 abcda 环绕一周，可得

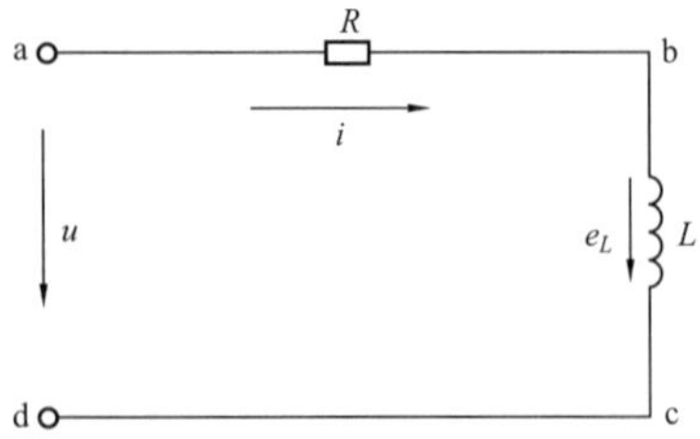

图 1-10 自感电路中各物理量的正方向

$$e_L = iR - u$$

即
$$u = iR - e_L = iR + L\frac{\mathrm{d}i}{\mathrm{d}t} \tag{1-20}$$

若外施电压 u 和电流 i 均按正弦规律变化，则可写成复数方程式为

$$\dot{U} = \dot{I}R + \mathrm{j}\omega L\dot{I} = \dot{I}(R + \mathrm{j}X_L) = \dot{I}Z \tag{1-21}$$

式中 X_L——自感电抗，$X_L = \omega L$；

ω——电流的角频率，$\omega = 2\pi f$；

Z——阻抗，$Z = R + \mathrm{j}X_L$。

在电机和变压器中，由于铁心用硅钢片制成，磁导 λ_m 不是常数，而是随铁心饱和程度的变化而变化，因此自感 L、自感电抗 X_L 均不是常数。当磁路饱和程度增加时，L 和 X_L 都变小。

1.4 电磁力定律

实验证明，载流导体在磁场中受到力的作用。由于这种力是由磁场和电流相互作用所产生，因此称为电磁力。若磁场方向与导体互相垂直，则作用于导体上的电磁力为

$$f = Bli \tag{1-22}$$

式中 B——磁场的磁感应强度，T；

i——导体中的电流，A；

l——导体在磁场中的长度，m；

f——作用在导体上的电磁力，N。

电磁力的方向可由左手定则确定：把左手掌伸开，大拇指与其余四指垂直，用掌心对着磁场，其余四指指向电流方向，则大拇指所指方向即为电磁力方向，如图 1-11 所示。

确定电磁力方向的另一方法是：根据右手螺旋定则画出电流 i 产生的磁力线，把这种磁力线与导体所在处的外磁场叠加，将使导体一边的磁力线增加，另一边的减少，则电磁力的方向是从磁力线密的一边指向磁力线疏的一边，如图 1-12 所示。

在旋转电机中，作用于转子导体上的电磁力将使转子受到一个力矩（等于力乘转子半径），这个力矩称为电磁力矩。电磁力矩在电机的能量形态转换过程中起着重要的作用，以后还要详细分析它。

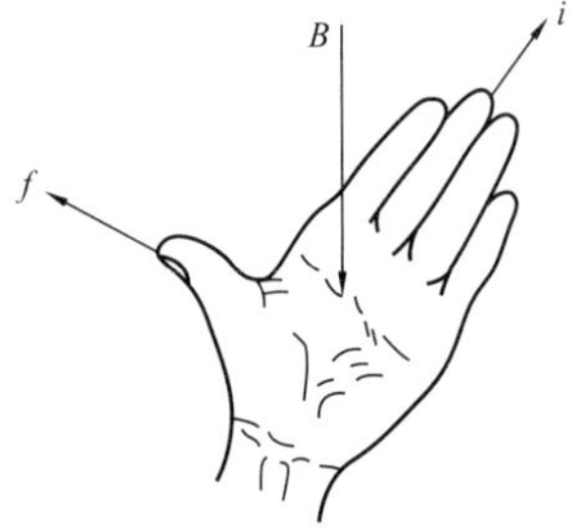

图 1-11 左手定则

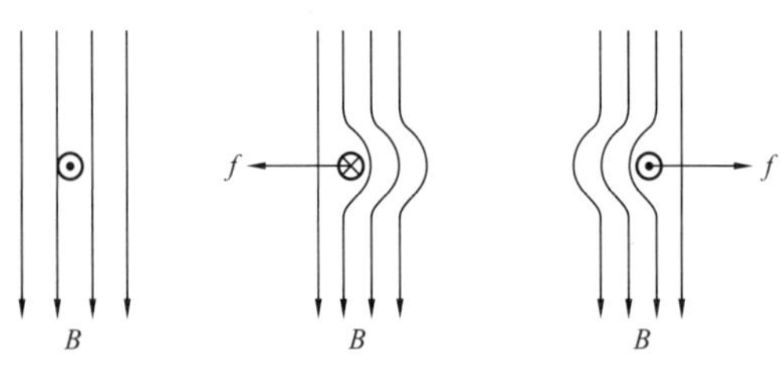

图 1-12 确定电磁力的另一种方法

（a）$i=0$；（b）i 流入纸面；（c）i 流出纸面

1.5　能量守恒原理——机电能量转换过程

在分析电机时，除了应用上述电磁方面的规律外，还要遵守能量守恒原理。能量守恒是科学上一条基本原理，其含义是：在质量不变的物理系统中，能量总是守恒的，即能量不会凭空产生，也不会凭空消灭，而仅是转换其存在形式。

在电机内部的能量转换过程中，包含了四种形式的能量，即电能、机械能、磁场储能和热能。根据能量守恒原理，这些能量之间具有下列关系：

（输入机械能）=（磁场储能的增加）+（转换成热能的能量损耗）+（输出电能）　(1-23)

在式（1-23）中：对发电机来说，电能和机械能都取正号；对电动机来说，电能和机械能都取负号。

在电机内部转换成热量的能量主要有三种：①电机绕组和引线内的电阻损耗；②由于轴承摩擦和通风而引起的机械损耗；③由耦合磁场在铁心中引起的磁滞损耗和涡流损耗，即铁损耗。这三部分能量转换成热量使电机有关部分发热，这是一个不可逆过程，因此，对电能或机械能来说可看作是一种损耗。

如果把上述三种能量损耗分别归并到式（1-23）中的对应项目中去，就可得到下列能量方程：

$$\begin{bmatrix}\text{输入的机械能}\\ \text{减去}\\ \text{机械能损耗}\end{bmatrix}=\begin{bmatrix}\text{磁场储能的增加}\\ \text{加上}\\ \text{铁损耗}\end{bmatrix}+\begin{bmatrix}\text{输出的电能}\\ \text{加上}\\ \text{电阻损耗}\end{bmatrix}\tag{1-24}$$

图1-13表示与式（1-24）相对应的能量平衡图。

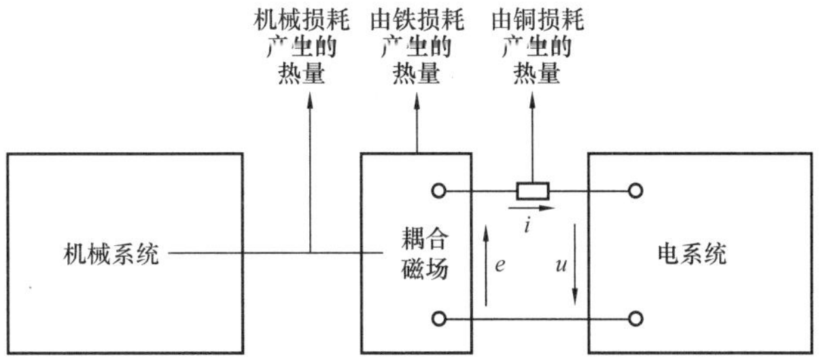

图1-13　电机中的能量平衡图

用微分形式表示时，式（1-24）可改写为

$$\mathrm{d}W_{\mathrm{mec}}=\mathrm{d}W_{\mathrm{m}}+\mathrm{d}W_{\mathrm{e}}\tag{1-25}$$

式中　W_{mec}——电机输入的净机械能（已扣除机械损耗）；

W_{m}——耦合磁场吸取的总能量（包括磁场储能和铁心损耗）；

W_{e}——转换成电能的总能量（包括电阻损耗）；

$\mathrm{d}W_{\mathrm{mec}}$、$\mathrm{d}W_{\mathrm{m}}$、$\mathrm{d}W_{\mathrm{e}}$——上述各种能量的微分。

从图1-13可见，当作发电机运行时，$\mathrm{d}t$ 时间内输出的电能为 $ui\mathrm{d}t$，而电阻损耗为 $i^2r\mathrm{d}t$，因此得

$$dW_e = ui + i^2 r dt = (u + ir) i dt = ei dt \tag{1-26}$$

其中，$e = u + ir$ 是电机中耦合磁场在绕组内感应的电动势。

从式（1-26）可得通过耦合磁场转换成电能的功率为

$$P_{em} = \frac{dW_e}{dt} = ei \tag{1-27}$$

式中 P_{em}——电磁功率。

从式（1-27）可见，电机的电磁功率 P_{em}（瞬时值）等于耦合磁场在电机绕组内感应的电动势 e（瞬时值）和通过该绕组的电流 i（瞬时值）的乘积。如果 e 和 i 按同频率的正弦规律变化，则电磁功率的平均值为

$$P_{em} = EI\cos\varphi$$

式中，E 和 I 分别为 e 和 i 的有效值，而 φ 是它们在时间上的相位差。

当电机有 n 个绕组接到电系统时，电磁功率普遍形式为

$$P_{em} = \sum_{1}^{n} EI\cos\varphi \tag{1-28}$$

从能量守恒的角度来看，发电机输出的电能量是由机械能量转换过来的，因此，在分析发电机的机电能量转换过程中，还必须研究耦合磁场对机械系统的作用。

如图 1-6 所示，当作为发电机运行时，在电动势 e 的作用下，导体 ab 中有电流 i 流过，e 与 i 应具有相同的方向。电流 i 的出现，使磁场和电流相互作用而产生电磁力 f，根据左手定则，f 的方向与导体运动方向相反。这就是说，为了使导体保持恒速运动，必须外加一个与 f 方向相反的机械力以克服电磁力的反作用。该机械力在 dx 距离内克服电磁力 f 所做的功，也即从机械系统吸收的机械能量为

$$dW_{mec} = f dx \tag{1-29}$$

式中 dx——dt 时间内导体的位移。

对于一台旋转电机来说，导体 ab 随着转子而转动，若转子的半径为 r，在 dt 时间内转子的角位移为 $d\theta$，则 $dx = r d\theta$。将此关系代入式（1-29），得

$$dW_{mec} = fr d\theta = T_{em} d\theta = T_{em}\Omega dt \tag{1-30}$$

式中 T_{em}——电磁力 f 所产生的旋转力矩，称为电磁力矩，$T_{em} = fr$；

Ω——转子旋转的角速度，$\Omega = d\theta/dt$。

当电机在稳态运行时，气隙磁场为一恒幅磁场，因此在运行过程中，气隙磁场的总储能不变，即 $dW_m = 0$（不计铁损耗时），于是式（1-25）变为

$$dW_{mec} = dW_e \tag{1-31}$$

式（1-31）说明了耦合磁场一方面从机械系统吸取机械能量 dW_{mec}，另一方面又把等量的磁场储能换为电能量 dW_e。通过耦合磁场从机械系统吸取的功率为 $\frac{dW_{mec}}{dt}$，按式（1-30）可得

$$\frac{dW_{mec}}{dt} = T_{em}\Omega \tag{1-32}$$

综合式（1-27）、式（1-31）、式（1-32）可得

$$P_{em} = T_{em}\Omega \tag{1-33}$$

可见电磁功率对发电机来说，就是吸取机械能转换为电能的这部分功率；对电动机来说，就是吸取电能转换为机械能的这部分功率。

根据以上分析可以知道，电机进行机电能量转换的关键是耦合磁场对电系统和机械系统的作用和反作用。耦合磁场对电系统的作用（或反作用）是通过感应电动势来体现的。当和电机绕组交链的磁通发生变化时，绕组内就感应出电动势，正因为有了感应电动势，发电机才能向电系统输出电磁功率（这时 $\varphi<90^\circ$，P_{em}为正值），电动机才能从电系统吸取电磁功率（这时 $\varphi>90^\circ$，P_{em}为负值）。耦合磁场对机械系统的作用或反作用是通过电磁力矩来体现的。当电枢绕组的导体中有电流流过时，根据电磁力定律，转子就会受到电磁力矩的作用。不难证明：电磁力矩在发电机中对转子起制动作用，而在电动机中则对转子起驱动作用。于是原动机必须克服制动性质的电磁力矩才能拖动发电机恒速旋转，从而输出机械功率给发电机。对于电动机，则是驱动性质的电磁力矩拖动生产机械，从而向机械系统输出机械功率。由此可见，正是有了电磁力矩，发电机才能从机械系统吸取机械功率，电动机才能向机械系统输出机械功率。

电磁功率和电磁力矩在电机实现机电能量转换过程中起着十分重要的作用。但电磁功率或电磁力矩都需要通过气隙磁场的作用才能产生，因此气隙磁场作为联系电系统和机械系统的耦合磁场，在电机实现机电能量转换过程中具有极其重要的地位。

1.6　电机学的研究方法

从上述可知，研究机电能量转换过程的关键在于分析耦合磁场对电系统和机械系统的作用和反作用。因此电机学的研究方法，一般来讲可分为以下几个步骤：

(1) 先分析电机内部的物理现象，主要是空载和负载运行时电机内部的电磁关系，并建立起物理模型。

(2) 在将电机内部的现象分析清楚以后，利用电磁感应定律求出各个绕组内的感应电动势；再利用电路定律、全电流定律，列出各个绕组的电动势方程式以及电机的磁动势方程式；根据电磁力定律或能量守恒原理，求出作用于转子上的电磁力矩和力矩平衡方程式。这些方程统称为电机的运动方程。上述步骤，实质上就是把电机的物理模型转化为数学模型。

(3) 列出这些方程后，进一步就是求解这些方程，这样可确定电机的运行特性和一些主要运行数据。对于稳态运行的电机，发电机以外特性为最重要，电动机以机械特性为最重要。所谓外特性是指负载电流变化时，发电机端电压的变化曲线。所谓机械特性是指电磁力矩变化时，电动机转速的变化曲线。此外，效率、过载能力等指标也是重要的。对于处于瞬变过程中的电机，还要考虑稳定性、瞬变电流和瞬变电磁力矩的大小等。

在分析电机内部的电磁关系并建立和求解运动方程时，常常应用下列方法和理论：

(1) 不计磁路饱和时，常用叠加原理来分析电机内部的各个磁场和气隙合成磁场并由此计算相应的电动势。当考虑饱和时，一般把主磁通和漏磁通分开处理。前者用合成磁动势和主磁路的磁化曲线来确定，后者则用漏抗压降来表达它的效应。

(2) 在交流电机中，当由于绕组匝数不等、相数不等、频率不同而引起分析困难时，常用折算法以使分析简化。

(3) 在分析交流电机稳态运行时，常用等效电路和相量图。当涉及不对称运行时，常用对称分量法。

（4）当研究凸极电机时，常用双反应理论。

研究电机的另一个重要方法就是科学实验。

研究电机电磁性能的实验方法有两种：一种是直接法，另一种是间接法。直接法就是让电机在接近实际工况的条件下进行试验，并把测得的数据与理论计算结果相比较，以判定理论计算是否正确。间接法是利用较为简单的电机基本试验（如空载、短路试验）测出电机的参数，然后间接地计算出电机的性能。对于大、中型电机和不具备进行直接负载试验的电机，间接法得到了广泛的应用。

以上所有这些方法和理论，在本课程中将逐一加以阐述。

最后需要指出，电机学是一门概念性很强的课程，不仅有计算、而且有分析，牵涉面也比较广。读者通过对本课程的学习，除了应了解电机的原理、性能和基本的试验方法外，更主要的是从中学会分析问题的方法，提高解决问题的能力。

从某种意义上来说，后者是更重要的。因为任何一门课程，不可能在有限的课时内，把工程上可能发生的千变万化的复杂现象全部反映出来，实际上也没有这个必要。我们只能在本课程中学习基本理论，培养辩证的思维方法，掌握解决工程实际问题的普遍规律。这当然不是一朝一夕之功，还有赖于其他各门课程的相互配合，使之不断提高，逐步完善。

习　题

1-1　对于图 1-4，如果铁心用 D11 型硅钢片叠成，截面积 $S_c=12.25\times10^{-4}\text{m}^2$，铁心的平均长度 $l_c=0.4\text{m}$，空气隙 $\delta=0.5\times10^{-3}\text{m}$，线圈的匝数为 600 匝，试求产生磁通 $\Phi=11\times10^{-4}\text{Wb}$ 时所需的励磁磁动势和励磁电流。

1-2　如图 1-14 所示，当给线圈外加正弦电压 u_1 时，线圈内为什么会感应出电动势？当电流 i_1 增加或减小时，分别标出感应电动势的实际方向。

1-3　自感系数 L 的大小与哪些因素有关？有两个匝数相等的线圈，一个绕在闭合铁心上，一个绕在木质材料上，试问哪一个自感系数较大？哪一个自感系数是常数？哪一个是变数，随什么因素而变化？

1-4　如图 1-14 所示，如果电流 i_1 在铁心中建立的磁通为 $\phi=\Phi_m\cos\omega t$，二次侧绕组的匝数为 N_2，试求二次侧绕组内感应电动势瞬时值的表达式，并写出其幅值的计算式。

1-5　如图 1-15 所示，两根无限长的平行输电线，P 点与两线在同一平面内，当导体中通以直流电 I 时，求 P 点的磁通密度（即磁感应强度）的大小和方向。

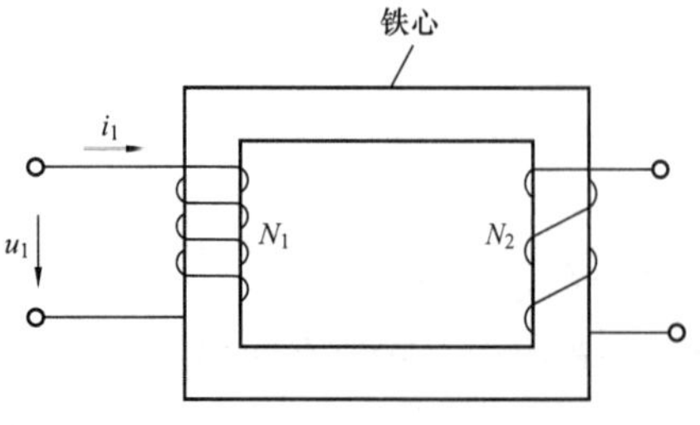

图 1-14　习题 1-2 图

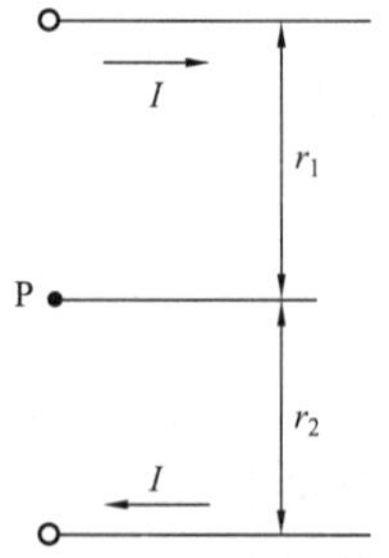

图 1-15　习题 1-5 图

1-6 直流电动机的示意图如图1-16所示，可动的导体与无限长的U形导体保持电的接触，U形导体两边的距离为0.5m，其间有一均匀磁场，磁通密度 $B=0.8\mathrm{Wb/m^2}$，一电流源在闭合回路内供给一恒定电流 I，在导体上产生10N电磁力，使导体以10m/s的恒定速度向前运动。求电流 I 的大小及闭合回路内感应电动势的大小和方向。

1-7 有一单匝矩形线圈与一无限长导体同在一平面内，如图1-17所示。试分别求出下列条件下线圈内的感应电动势：

(1) 导体中通以直流电流 I，线圈以速度 v 从左向右移动；

(2) 电流 $i=I_m\sin\omega t$，线圈不动；

(3) 电流 $i=I_m\sin\omega t$，线圈以速度 v 从左向右移动。

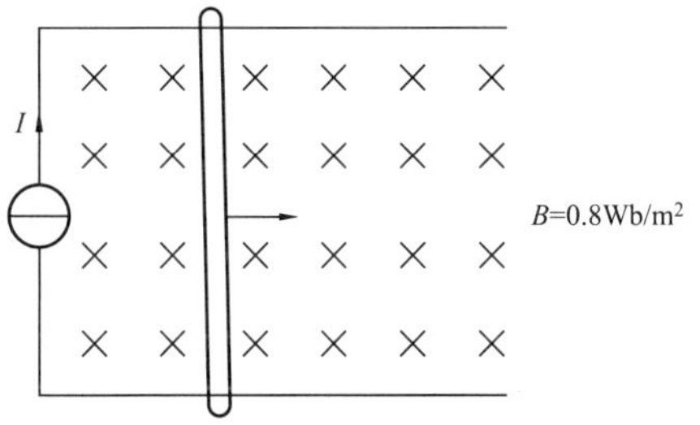

图1-16 习题1-6图

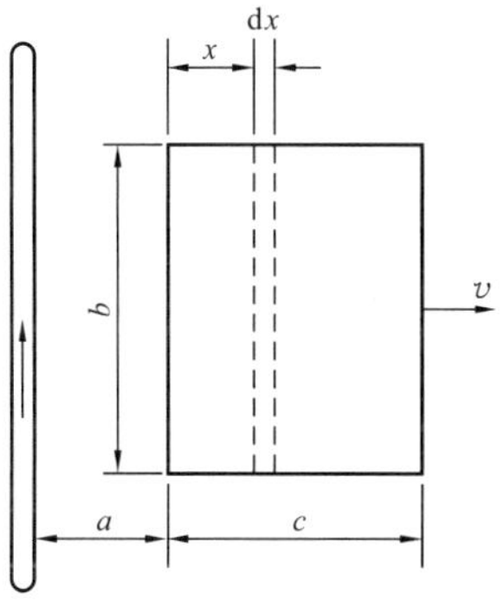

图1-17 习题1-7图

第1篇 变 压 器

变压器是一种静止的电气设备，由于它的原理比交流电机简单，而它的基本理论和分析方法对研究交流电机来说具有基础性质，因此先研究变压器再论述交流电机。

变压器利用电磁感应原理，把一种交流电压转换成频率相同的另一种交流电压。在国民经济各部门中，无论是电力系统中大量电能的传输和分配、工业企业中各种电气设备需用的电能、通信广播和自动控制的电源供给等，变压器都获得了广泛的应用。本篇主要研究电力变压器，对特殊用途的变压器只作扼要介绍。

第2章 变压器的基本工作原理和结构

在开始分析变压器时，先介绍变压器的基本工作原理和结构，以便对变压器有一定的感性认识，便于今后深入地研究变压器的电磁关系、运行性能和工作特性。除此之外，本章对变压器的分类、额定值、发热和冷却等，也作简要介绍。

2.1 变压器的基本工作原理和分类

2.1.1 变压器的基本工作原理

变压器是通过电磁感应关系，把一种等级的交流电压与电流转变为相同频率的另外一种等级的交流电压与电流，从而实现电能转换的静止电器。

变压器结构的主要部分是两个（或两个以上）互相绝缘的绕组，套在一个共同的铁心上，两个绕组通过磁场耦合，但在电的方面没有直接联系，能量的转换以磁场作为媒介。通常两个绕组中接到电源的一个称为一次侧绕组，接到负载的一个称为二次侧绕组。

当一次侧绕组接上电压为 u_1 的交流电源时，一次侧绕组内就有交流电流通过，从而在铁心中建立交变磁通 ϕ。该磁通同时交链一、二次侧绕组，根据电磁感应定律，在一、二次侧绕组中产生的感应电动势分别为

$$e_1=-N_1\frac{\mathrm{d}\phi}{\mathrm{d}t}$$

$$e_2=-N_2\frac{\mathrm{d}\phi}{\mathrm{d}t}$$

式中 N_1——一次侧绕组的匝数；

N_2——二次侧绕组的匝数。

由于一般变压器的一、二次侧绕组匝数不等，即 $N_1\neq N_2$，因此 $e_1\neq e_2$。一、二次侧绕组具有不等的电动势，也即一、二次侧绕组的电压不等，起到了变压的作用，但其频率还是

相同的。

如果在变压器的二次侧接上负载 Z_L，则在 e_2 的作用下二次侧将有电流通过，因此二次侧输出电功率，达到了传递电能的作用。

由上所述可知，一、二次侧绕组的匝数不等是变压器改变电压的关键。另外，在变压器一、二次侧绕组之间没有电的直接联系，只有磁的耦合。而交链一、二次侧绕组的磁通起到了联系一、二次侧绕组的桥梁作用。

以后所述的各种变压器，尽管其用途和结构可能差异很大，但变压器的基本原理则是一样的，其结构的核心部分都是绕组和铁心。

利用一、二次侧绕组匝数的不同及不同的绕组连接法，可使一、二次侧具有不同的电压、电流和相数。

2.1.2　变压器的分类

为了适应不同的使用目的和工作条件，变压器在结构上、性能上差异很大，因此变压器的形式和种类是很多的。

用来升高电压的变压器称为升压变压器，用来降低电压的变压器称为降压变压器。升压变压器和降压变压器仅是应用上的区别名词，除了为和电网电压相适应而有略为不同的额定电压以外，在原理和结构方面两者并无差别。

按照单台变压器的相数来区分，它们可以分为三相变压器和单相变压器。在三相系统中，一般应用三相变压器。当容量过大且受运输条件限制时，在三相系统中也可应用三台单相变压器连接成三相变压器组。

大部分的变压器都为两绕组变压器，即在铁心上每相有两个绕组，一个绕组为一次侧绕组，另一个绕组为二次侧绕组。升压变压器的一次侧绕组是低压绕组，二次侧绕组是高压绕组，而降压变压器则相反。容量较大的变压器（在5600kVA以上），有时也可能每相有三个绕组，用以连接三种不同电压的输电线路，此种变压器称为三绕组变压器。在特殊情况下，也有应用更多绕组的变压器。近来，大容量电厂中用作厂用变压器的分裂绕组变压器，是一种特殊的多绕组变压器。

为了加强绝缘和冷却，变压器的铁心和绕组都一起浸入灌满了变压器油的油箱中，因此称之油浸式变压器。在特殊情况下，例如用于矿山照明时，也用干式变压器。

如把一、二次侧绕组合为一个绕组，则称为自耦变压器。自耦变压器常用于电压等级相差较小的场合。它的应用范围很广，除电力系统外，它常见于交流电机的降压起动线路中。

此外，尚有各种专门用途的特殊变压器。例如，试验用高压变压器，电炉用变压器、电焊用变压器、供整流器和晶闸管线路中用的变压器、用于测量仪表的电压互感器与电流互感器，等等。

2.2　变压器的主要结构部件

变压器的主要构成部分包括铁心、带有绝缘的绕组、变压器油、油箱及附件以及绝缘套管。

图2-1是油浸式电力变压器的结构示意图。铁心和绕组是变压器进行电磁感应的基本部分称为器身；油箱作为变压器的外壳，起着冷却、散热和保护作用；变压器油是器身的冷

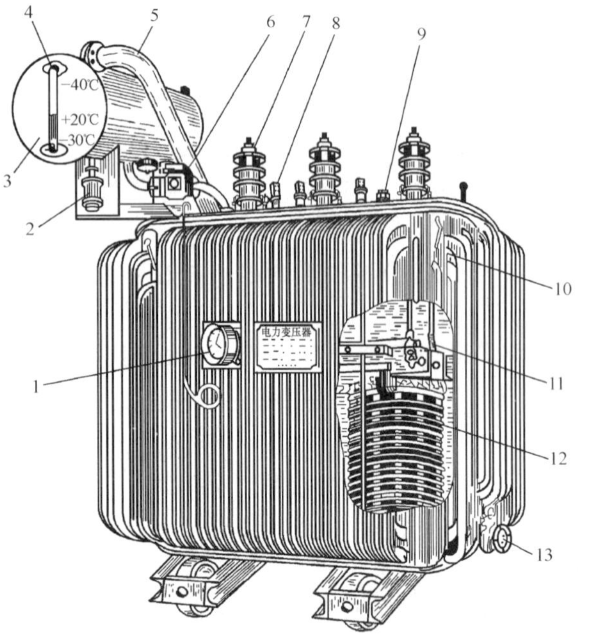

图 2-1　油浸式电力变压器的结构示意图

1—信号式温度计；2—呼吸器；3—储油柜；4—油位表；5—安全气道；
6—气体继电器；7—高压套管；8—低压套管；9—分接开关；
10—油箱；11—铁心；12—绕组；13—放油阀门

却介质，起着冷却和绝缘作用；套管主要起绝缘作用。下面分别介绍这几部分的结构形式。

2.2.1　铁心

铁心是变压器的磁路部分。为了提高磁路的磁导率和降低铁心的涡流损耗，目前大部分铁心采用厚度为 0.35mm 或小于 0.35mm、表面涂有绝缘物的晶粒取向硅钢片制成。铁心分为铁心柱和铁轭两部分。铁心柱上套绕组，铁轭将铁心柱连接起来，使之形成闭合磁路。

根据结构形式和工艺特点，变压器铁心主要有叠片式和渐开线式两种。

（1）叠片式铁心。叠片式铁心又分成心式和壳式两种。图 2-2 和图 2-3 是单相和三相心式变压器的铁心。为了清楚起见图中同时画出了绕组。这种铁心结构的特点是，铁轭靠着绕组的顶端和底面，而不包围绕组的侧面。图 2-4 是单相和三相壳式变压器的铁心，其特点是铁轭不仅包围绕组的顶端和底面，而且包围绕组的部分侧面。由于心式铁心结构比较简单，绕组的布置和绝缘比较容易，因此电力变压器主要采用心式铁心结构。

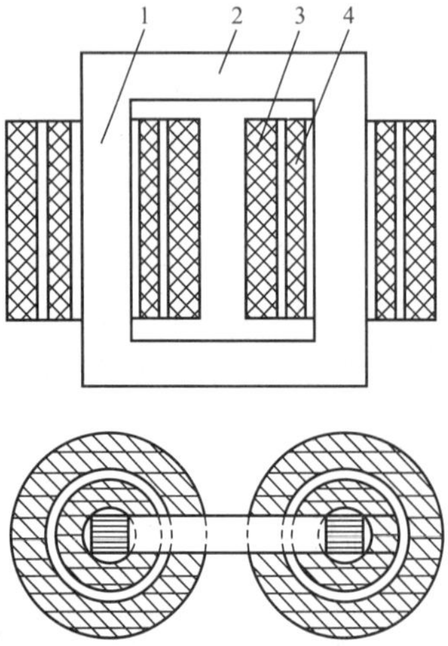

图 2-2　单相心式变压器铁心结构

1—铁心柱；2—铁轭；
3—高压绕组；4—低压绕组

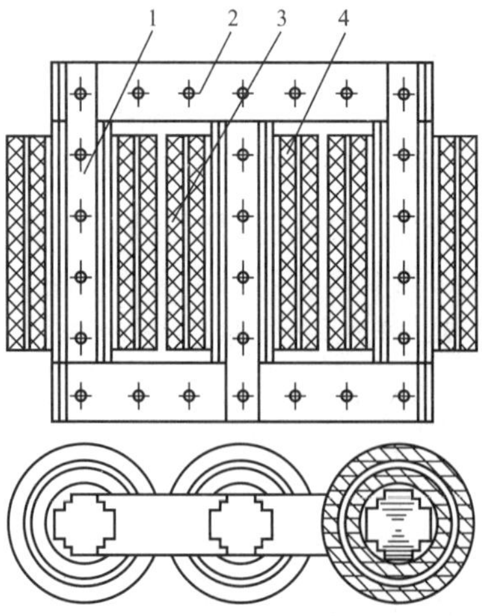

图 2-3　三相心式变压器铁心结构

1—铁心柱；2—铁轭；
3—高压绕组；4—低压绕组

叠片式铁心是由剪成一定形状的硅钢片叠装而成。图 2-5 是用热轧硅钢片直接缝时，铁心的交叠装配方法，一般采用交错式叠法，相邻层的接缝要错开。现在制造变压器大部分已使用晶粒取向的冷轧硅钢片作铁心。这种钢片沿着碾轧方向有较小的损耗和较高的磁导率，如按图 2-5 下料和叠装，则在磁路转角处，由于磁通方向和碾轧方向成 90°，将引起铁损耗增加。因此，为了使磁通方向与碾轧方向基本一致，必须采用图 2-6 所示的全斜接缝叠装法。

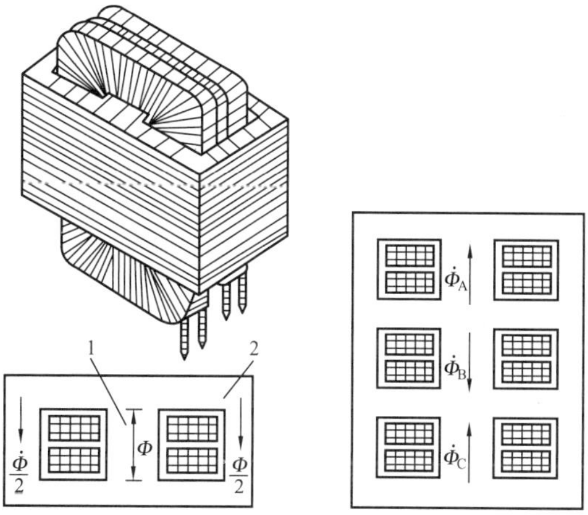

(a)　(b)

图 2-4　壳式变压器的铁心结构

（a）单相；（b）三相

1—铁柱；2—铁轭

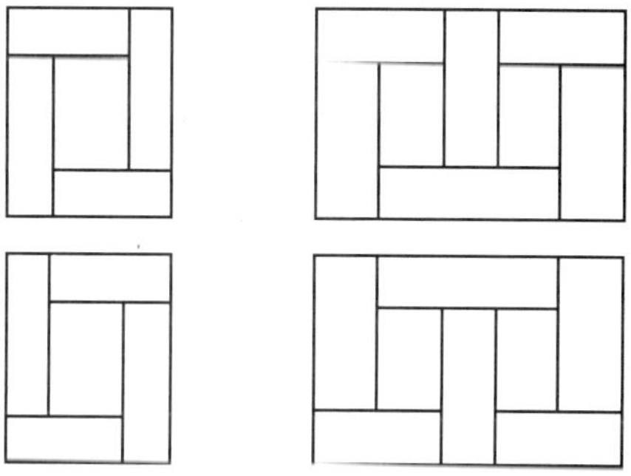

(a)　(b)

图 2-5　变压器铁心的交叠装配

（a）单相；（b）三相

为了提高绕组的机械强度和便于绕制，一般都把绕组作成圆形。这时，为了充分利用绕组内的圆柱形空间，铁心柱的截面一般作成阶梯形形状，如图 2-7 所示。阶梯的级数越多，截面越接近于圆形，空间利用情况就越好，但制造工艺也越复杂。在实际生产中，铁心柱截面的阶梯数随变压器容量的增大而增多。

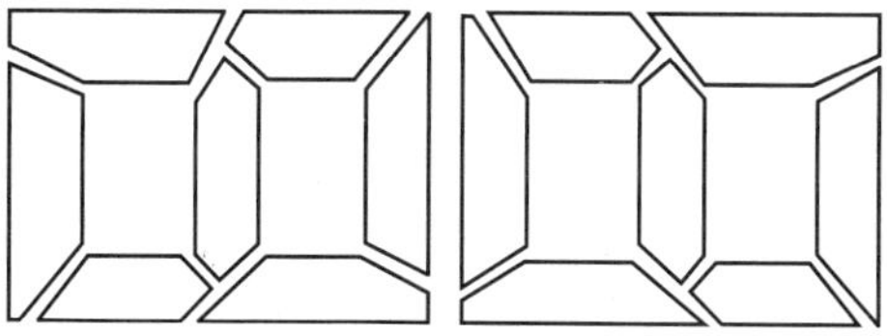

图 2-6　用冷轧硅钢片时的全斜接缝叠装法

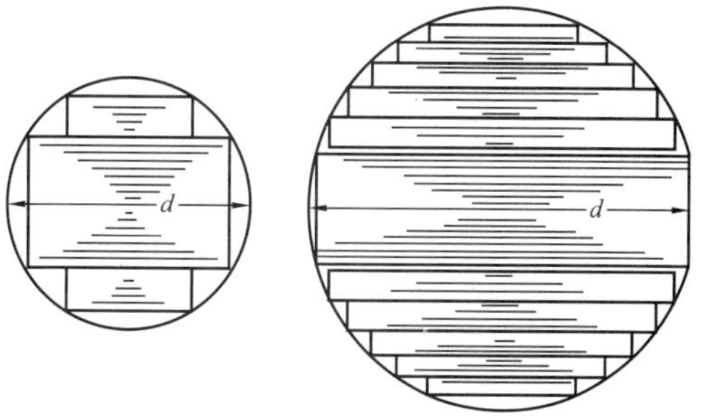

(a)　(b)

图 2-7　铁心柱的截面为阶梯形形状

变压器铁轭的截面有矩形、T 形，也有阶梯形的，如图 2-8 所示。在使用热轧硅钢片时，为了减少变压器的空载电流和铁损耗，铁轭截面一般比心柱截面大 5%～10%。若用冷轧硅钢片全斜接缝时，铁轭截面与心柱截面相等。

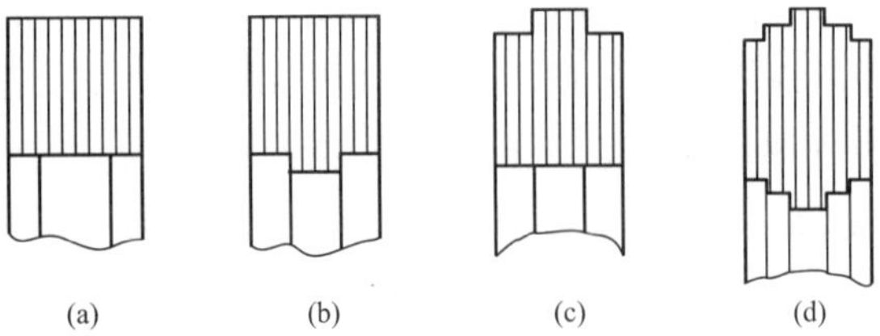

图 2-8　铁轭截面的形状
（a）矩形；（b）内 T 形；（c）外 T 形；（d）多级梯形

在容量较大的变压器中，为了改善铁心的冷却条件，在叠片间设置油道，以利散热。

（2）渐开线式铁心。上述叠片式铁心需要多种尺寸的硅钢片进行手工叠片，制造工艺复杂，装配工序繁多。如采用渐开线式铁心，则可以用机械化方式生产。渐开线式铁心仍由铁心柱和铁轭两部分组成，如图 2-9（a）所示。铁心柱是用弯成渐开线形状的同一尺寸硅钢片叠成，如图 2-9（d）所示。上、下铁轭由同一宽度的硅钢带卷制成三角形，如图 2-9（a）所示。把三个铁心柱对称地放在上、下铁轭之间，用穿心螺栓紧固，就得到对称的三相磁路系统。渐开线式铁心的铁轭截面只有心柱截面的$\frac{1}{\sqrt{3}}$。这种铁心结构的优点是能采用机械化、自动化的办法进行弯板和卷带，叠装也方便，从而提高了劳动生产率。另外，由于铁轭截面积减小，因此既节约了材料，又减小了体积。其缺点是励磁电流和噪声较大，只能用于大批量生产的中小型变压器。

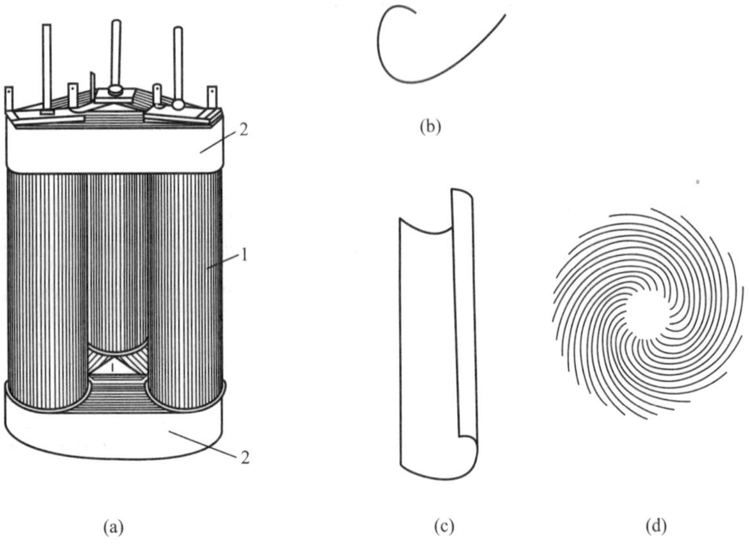

图 2-9　渐开线式铁心
（a）渐开线式铁心结构；（b）渐开线的形状；（c）渐开线式铁心的叠片；（d）渐开线式铁心柱的断面
1—铁心柱；2—铁轭

2.2.2　绕组

绕组是变压器的电路部分，它由铜或铝的绝缘导线（圆的或扁的）绕制而成。一台变压器中，电压高的绕组称为高压绕组，电压低的绕组称为低压绕组。按高、低压绕组相互之间的布置以及绕组在铁心柱上的安排方法，可以分为同心式和交叠式两种不同的排列方式。同心式绕组的排列方式如图 2-2 和图 2-3 所示，高、低绕组同心地套在铁心柱上，为了减小绕组和铁心间的绝缘距离，通常低压绕组靠近铁心柱。交叠式绕组的排列方式如图2-10所示，高、低压绕组均做成圆饼式，沿铁心柱高度方向交叠放置。为了减小绝缘距离，通常低压绕组靠近铁轭。同心式绕组的结构简单，制造方便，电力变压器多采用这种形式。交叠式绕组的机械强度好，引出线的布置和焊接都比较方便，多用在低电压、大电流的电焊和电炉变压器以及壳式变压器中。

根据绕制的特点，绕组可分为圆筒式、箔式、连续式、纠结式和螺旋式几种形式。

(1) 圆筒式绕组。圆筒式绕组是最简单的一种绕组。它是用绝缘导线沿铁心柱高度方向连续绕制，如图2-11所示。在绕完第一层后，垫上层间绝缘纸再绕第二层。当层数较多时，可在层间设置1～2个轴向油道，以利于散热。这种绕组一般用于三相容量在1600kVA以下，电压不超过15kV的变压器的高、低压绕组。

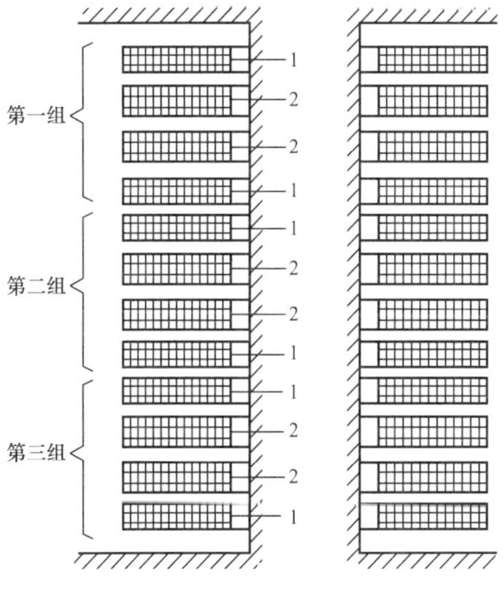

图2-10　交叠式绕组排列方式
1—低压绕组；2—高压绕组

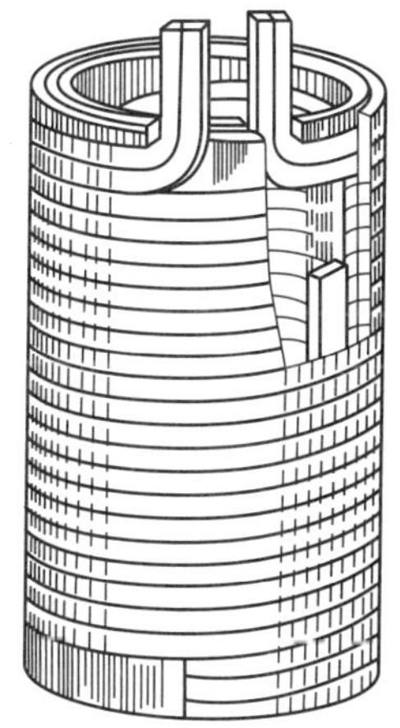

图2-11　圆筒式绕组

(2) 箔式绕组。箔式绕组是用宽度与铁心柱高度一致的带状铜箔或铝箔作导线，两端焊上引出线，在箔带上覆以相同宽度的绝缘纸，用卷绕机按需要匝数，卷成圆筒形即成。每卷一层即为一匝。此种绕组整体性好，机械强度高，占用空间小，已用于1600kVA以下三相变压器的低压绕组，电压一般不超过500V。

(3) 连续式绕组。连续式绕组是由扁导线连续绕制的若干线盘（又称线饼）组成，如图2-12 (a) 所示。每个线盘是由导线沿圆周方向连续绕成。线盘之间依靠绝缘纸做成的垫块，形成油道。由于线盘之间没有焊接头，而是用“翻盘”的方法连续绕制，所以称为连续式绕组，图2-12 (b) 是各匝连接顺序。连续式绕组应用范围较大，它的机械强度高，散热条件好，因此一般适用于三相容量为630kVA及以上，电压为3～110kV的绕组。

(4) 纠结式绕组。纠结式绕组的外形与连续式绕组相似。连续式绕组每个线盘中电气上相邻的线匝是依次排列的，而纠结式绕组电气上相邻的线匝之间插入了另一线匝，好似很多线匝纠结在一起。图2-13是纠结式绕组线盘间连接顺序的示意图。采用纠结式绕组的目的是为了增加绕组的纵向电容，以便在过电压时，起始电压比较均匀地分布于各线匝之间，避免匝间绝缘击穿。但纠结式绕组焊头多，绕制费时，一般用于三相容量在 6300kVA 以上的变压器，电压在 110kV 以上的绕组。

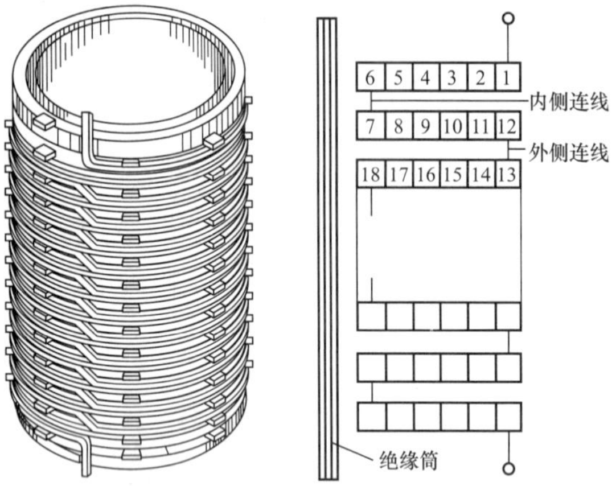

(a) (b)

图 2-12 连续式绕组

（a）连续式绕组的外形；（b）线盘间的连接法

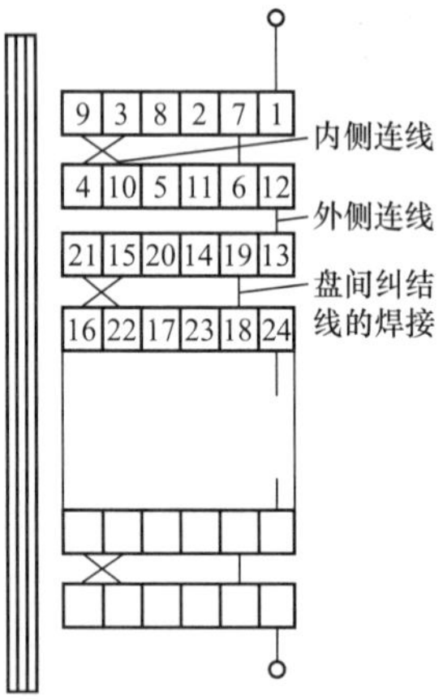

图 2-13 纠结式绕组

线盘间连接顺序

（5）螺旋式绕组。螺旋式绕组是由多根绝缘扁导线沿径向并联排列，然后沿铁心柱轴向高度，像螺纹一样一匝跟着一匝地绕制而成。这时一个线盘就是一匝。当并联导线数太多时，可把并联导线沿轴向分成两排，绕制成双螺旋式绕组。为了减小导线中的附加损耗，绕制过程中将导线进行换位。这种绕组一般用于容量在 800kVA 以上、电压在 35kV 以下的三相变压器的大电流绕组。

2.2.3 变压器油

变压器油是从石油中提炼出来的矿物油，它在变压器中既是冷却介质又是绝缘介质。变压器油的介电强度高、黏性低、闪燃点高、酸碱度低以及灰尘与水分极少。在使用中要防止水分进入变压器油中。即使少量的水分，也会使变压器油的绝缘强度大为降低，因此要求油箱中的油最好不要和外面的空气接触，以免空气中所含的水分进入油中，同时也可防止变压器油被氧化变质。变压器油以凝固点的不同，分为 10 号油、25 号油和 35 号油，其凝固点分别是－10、－25℃和－35℃，可用于环境温度不同的地区。

2.2.4 油箱及附件

（1）油箱。油浸式变压器的器身，装在充满变压器油的油箱中，油箱用钢板焊成。中、小型变压器为增加散热表面，在油箱壁外表面焊有散热扁管，也有用波纹钢板焊于箱壁，做成波纹油箱。大型变压器是将散热管制成一组组风吹冷却的散热器，如图 2-14 所示。安装时再将各组散热器连接到油箱上。

（2）储油柜（也称油枕）。储油柜是一个圆筒形的容器，如图 2-15 所示。储油柜底部有管道与油箱连通，柜内油面高度随油箱中的油热胀冷缩而变动，储油柜一侧端面装有油位表，以便观察油位的高低。

为防止空气中的水分进入储油柜内的油中，储油柜经过一个呼吸器（又称吸湿器）与外界空气连通，呼吸器中盛有能吸潮气的物质，通常为硅胶。大型变压器为了加强绝缘油的保

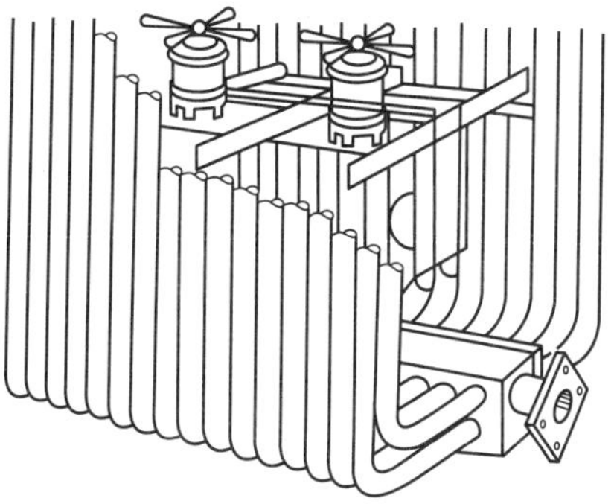

图 2-14　风吹冷却的散热器

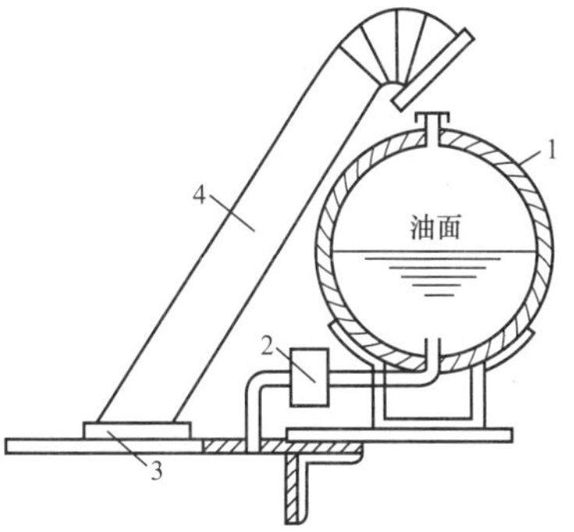

图 2-15　储油柜

1—储油柜；2—气体继电器；3—油箱；4—安全气道

护，不使油与空气中的氧相接触，以免氧化，采用在储油柜内增加隔膜或充氮等措施。

中小型变压器如果用波纹油箱，则可省去储油柜，这时密闭油箱中油的热胀冷缩，由波纹板的变形来承受。

(3) 气体继电器和安全气道。中等容量以上的变压器，在储油柜与油箱之间的连接管中还装有气体继电器，如图 2-15 所示。当变压器发生故障时，内部绝缘物汽化，产生气体，气体从油箱进入储油柜时，使气体继电器动作，发出信号，便于值班人员处理或使保护开关自动跳闸。在装有气体继电器的变压器油箱盖上，还装有安全气道，其出口用薄玻璃板盖住。当变压器内部发生严重故障时，所产生的大量气体使箱内压力骤然增加，薄玻璃被压碎，气体可由安全气道排出，以防油箱损坏。安全气道的外形如图 2-15 所示。

2.2.5　套管

变压器绕组的引出线从箱内穿过油箱盖时，必须经过绝缘套管，以使带电的引线与接地的油箱绝缘。绝缘套管一般是瓷质的，它的结构主要取决于电压等级，1kV 以下的采用实心瓷套管；10～35kV 采用空心充气或充油式套管，如图 2-16 所示。电压 110kV 及以上时，采用电容式套管。为了增加外表面放电距离，套管外形做成多级伞状裙边，电压越高，级数越多。

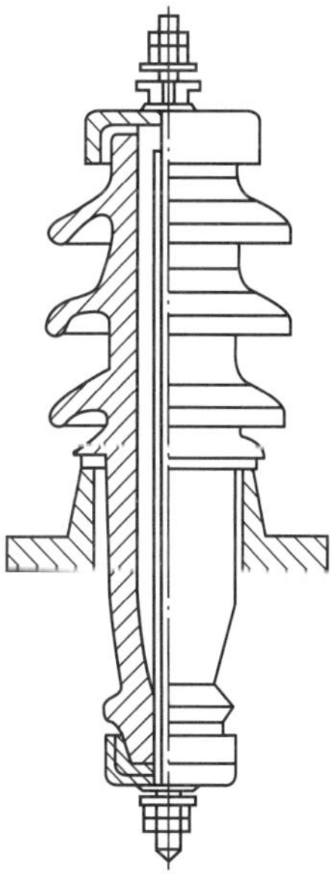

图 2-16　35kV 充油式套管

2.3　变压器的发热与冷却

2.3.1　变压器的发热与传热

变压器运行时，由于自身的损耗转变成热量，使铁心、绕组等有关部分温度升高。于是，有关各部分与周围介质之间存在着温差，热量就散发到周围介质中去。当产生的热量与散发的热量相等时，变压器各部分的温度就达到了稳定值。这时变压器中某部分温度与周围冷却介质温度之差称为该部分的温升。

变压器的油箱和散热管表面主要靠辐射和对流两种方式散热，但热量从绕组或铁心内部

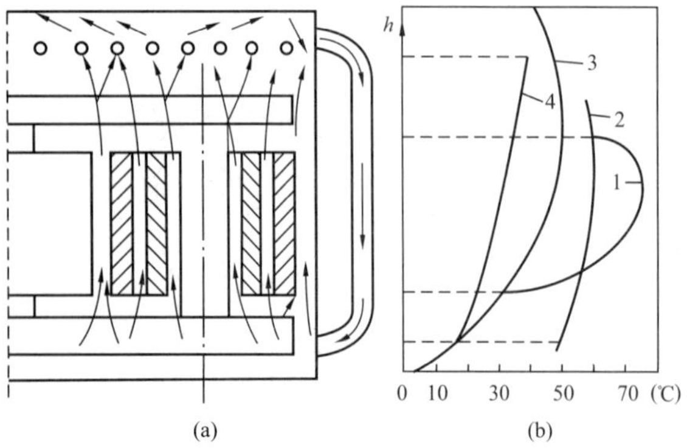

图 2-17　油箱内油的对流和各部分温度分布曲线
1—绕组；2—铁心；3—油；4—油管

传到表面则依靠传导方式传热。通常油浸式变压器的散热过程如下：首先靠传导作用将绕组和铁心内部的热量传到表面，然后通过变压器油的自然对流不断将热量带到油箱壁和散热管壁，再通过箱壁和散热管壁的传导作用把热量从它们内表面传到外表面，之后通过辐射和对流作用将热量散发到周围空气中。变压器油在箱内自然流动的情况如图 2-17（a）所示。图 2-17（b）是油浸式变压器各部分沿油箱高度的温升分布曲线。

2.3.2　变压器各部分的温升限度

变压器各部分的允许温升取决于绝缘材料。我国油浸电力变压器一般采用 A 级绝缘材料，最高允许温度为 105℃。高于 105℃时绝缘材料很快老化，根据我国电力变压器标准 GB 1094.2—1996 的规定，为保证变压器具有正常的使用年限（20～30 年），油浸式变压器温升限度如表 2-1 所示（周围冷却空气的最高温度规定为 40℃）。

表 2-1　　　　油浸式变压器温升限度

变压器的部分		温升限度（℃）	测量方法
绕　组	自然油循环	65	电 阻 法
	强迫油循环		
铁心表面		75	温度计法
与变压器油接触（非导电部分）的结构件表面		80	
油　面		55	

2.3.3　变压器的冷却方式

为了保证变压器散热良好，必须采用一定的冷却方式将变压器中产生的热量带走。常用的冷却介质是变压器油和空气两种。前者称为油浸式，后者称为干式。油浸式变压器又分为自冷、油浸风冷式及强迫油循环等三种。油浸自冷式依靠油的自然对流带走热量，没有其他冷却设备。油浸风冷式是在油浸自冷式的基础上，另加风扇给油箱壁和散热管吹风，以加强散热作用。强迫油循环式是用油泵将变压器中的热油抽到变压器外的冷却器中冷却后再送入变压器。冷却器可以用循环水冷却或强迫风冷却。

2.4　变压器的额定值

变压器制造厂按照国家标准，根据设计和试验数据而规定的每台变压器的正常运行状态和条件，称为额定运行情况。表征变压器额定运行情况的各种数值如功率、电压、电流、频率等，称为变压器的额定值。额定值一般标记在变压器的铭牌或产品说明书上。变压器的额定值主要有额定容量、额定电压、额定电流和额定频率等。

2.4.1　额定容量 S_N

额定容量是变压器的额定视在功率，以 VA、kVA 或 MVA 为单位表示。由于变压器的效率高，两绕组变压器一、二次侧的额定容量通常都设计得相等。为了生产和使用上的方便，现行国家标准 GB 1094.2—1996 规定，我国自行设计的系列变压器的容量等级为（以 kVA 为单位）10、20、30、40、50、63、80、100、125、160、200、250、315、400、500、630、800、1000、1250、1600、2000、2500、3150、4000、5000、6300、8000、10000、12500、16000、20000、25000、31500、40000、50000、63000、90000、120000、150000、180000、260000、360000、400000 等。容量的增长是以 40kVA 为基数，按 $\sqrt[10]{10}$ 系数递增的，称为 R10 系列。以前曾用过以 75kVA 为基数，按 $\sqrt[8]{10}$ 系数递增的 R8 系列。

2.4.2　额定一次侧及二次侧电压 U_{1N} 和 U_{2N}

额定电压以 V 或 kV 为单位表示，按规定二次侧额定电压 U_{2N} 是当变压器一次侧施加额定电压 U_{1N} 时，二次侧的开路电压。对于三相变压器，额定电压是指线电压。

由于变压器绕组接于电网上运行，一、二次侧的额定电压必须与电网的电压等级一致，我国所用的标准电压等级为（以 kV 为单位）0.22、0.38、3、6、10、(15)、(20)、35、60、110、154、220、(330)、500。

上列数字是电网受电端的电压，电源端的电压将比这些数字高，因此变压器的额定值可能比上列数字高 5% 或 10%。

2.4.3　额定一次侧及二次侧电流 I_{1N} 和 I_{2N}

根据额定容量和额定电压算出的线电流，称为额定电流，以 A 为单位。

对单相变压器　$$I_{1N}=\frac{S_N}{U_{1N}};\quad I_{2N}=\frac{S_N}{U_{2N}}$$

对三相变压器　$$I_{1N}=\frac{S_N}{\sqrt{3}U_{1N}};\quad I_{2N}=\frac{S_N}{\sqrt{3}U_{2N}}$$

2.4.4　额定频率

频率以 Hz 为单位，我国工业频率为 50Hz。

此外，额定运行时的效率、温升等数据也是额定值。

2.4.5　连接组

在变压器的铭牌上，除标有以上诸额定值外，还标出连接组。

变压器在额定运行时，高、低压绕组规定的接线方式，以及随之出现的高、低压绕组对应线电压间的相位移称为连接组。连接组的表示方法以前曾以接线符号来代表高、低压绕组的接线方式，如 Y/Y_0-12，Y/△-11 等。其中斜线前的 Y 表示高压绕组接成星形、斜线后的 Y_0 或△表示低压绕组接成中性点引出的星形或三角形接法；至于 12 或 11 是指高压绕组的线电压与对应低压绕组线电压间的相位移，该相位移用时钟数表示。例如：12 表示高、低压绕组的对应线电压同相位，形如时钟 12 点；而 11 则表示，低压线电压相量超前对应高压线电压 30°，形如时钟的 11 点。新、老连接组表示法见表 2-2。

新的国家标准 GB 1094.1—1996 规定，用字母符号表示高、低压绕组的接线方式。

示例：原 Y/Y_0-12 改为 Yyn0；原 Y_0/△-11 改为 YNd11；原△/Y-1，改为 Dy1。

铭牌上还标有变压器的型号、相数、接线图、阻抗电压、运行方式和冷却方式等，其中型号的含义按国家标准（GB 1094.1—1996）规定，列于表 2-3 中。

表 2-2　　新、老连接组表示法

接法 \ 表示法		原表示法	新 表 示 法	
			高压侧	低压侧
星形接法	无中性线	Y	Y	y
	有中性线	Y_0	YN	yn
三角接法		△	D	d

表 2-3　　变压器型号含义

分类项目	代表符号	分类项目	代表符号	分类项目	代表符号
单相变压器	D	水冷式	S	三绕组变压器	S
三相变压器	S	油自然循环	不表示	自耦变压器	O
油浸自冷	不表示	强迫油循环	P	无励磁调压	不表示
空气自冷	不表示	强迫油导向循环	D	有载调压	Z
风冷式	F	双绕组变压器	不表示	铝线变压器	L

按表 2-3 符号顺序书写，就组成基本型号，用一横线分开，加注额定容量（kVA）/高压绕组额定电压等级（kV）。例如三相油浸自冷两绕组铝线 500kVA、10kV 电力变压器的型号为 SL-500/10。如用冷轧硅钢片全斜接缝，损耗较低的则为 SL7-500/10，其中 7 为设计序号，代表低损耗系列。又如三相强迫油循环风冷两绕组铝线 63000kVA、110kV 电力变压器的型号为 SFPL-63000/110。

结　语

变压器是一种交流电能的变换装置，利用一、二次侧绕组匝数的不同，把一种数值的交流电压、电流转换成人们需要的另一种数值的交流电压和电流，以满足电能的传输、分配和使用。变压器的工作原理是基于电磁感应定律，因此磁场是变压器工作的媒介。为了提高磁路的磁导率，采用了闭合铁心；为了增加一、二次侧绕组之间的电磁耦合，将一、二次侧绕组套在同一铁心柱上。

铁心和绕组是变压器的主要部件，应参照实物对它们的结构形式有一定的了解，为今后进一步学习变压器理论打下基础。

变压器在能量转换过程中，自身的损耗变成热量沿着一定的途径散发出去，当产生的热量与散失的热量相等时，温度即趋于稳定。变压器在正常运行时的最高允许温度和超过周围冷却介质的允许温度升高，对变压器的额定容量有密切的关系。

最后，应注意变压器的额定容量、额定电压和额定电流的含义以及它们之间的关系。

习　题

2-1　变压器是根据什么原理进行电压转换的？它的主要用途有哪些？

2-2　油浸式变压器有哪些主要结构部件？各部件的功用是什么？

2-3　铁心在变压器中起的是什么作用？为什么要用表面涂有绝缘物的薄硅钢片来制造铁心？

2-4　变压器有哪些主要的额定值？一、二次侧额定电压的含义是什么？

2-5　在变压器的结构上，有哪些是为了散热而采取的措施？

2-6　有一台单相变压器，额定容量 $S_N=10000$kVA，额定电压 $U_{1N}/U_{2N}=63.5/38.5$kV，试求一、二次侧的额定电流。

2-7　有一台三相变压器，额定容量 $S_N=5000$kVA，额定电压 $U_{1N}/U_{2N}=35/10.5$kV，一次侧三相星形连接，二次侧三相三角形连接，求一、二次侧的额定线电流及相电流。

第3章 变压器的运行分析

第2章介绍了变压器的工作原理和结构，说明了变压器的用途非常广泛，类型多种多样。尽管各种变压器用途不同，形式、结构和性能上差异也很大，但就其基本原理来看，则是一致的。因此在着手分析讨论变压器原理时，并不需要把每一种类型的变压器逐个地加以研究。通常把原理上最为简单的单相两绕组变压器作为最初的研究对象，一旦掌握了单相两绕组变压器的基本原理和分析方法，再去分析其他类型的变压器，也就很方便了。为此，本章主要阐述单相两绕组变压器的基本原理、分析方法、运行性能和参数的实验测定法，并以一次侧为高压侧，二次侧为低压侧的降压变压器为例来讨论。

分析变压器性能的方法，是把有关的电磁基本规律，应用到变压器的电路和磁路中，从而确定变压器的电压、电动势、电流、磁动势、磁通和阻抗相互之间必须满足的关系，导出基本方程式和与之相应的相量图。为了进行定量计算，引入了变压器的参数，并得出变压器的等效电路。用基本方程式、等效电路和相量图可以很方便地求出表征变压器运行性能的主要数据——电压变化率和效率。

在开始分析变压器之前，首先明确研究变压器的顺序。

单相两绕组变压器的分析，包含了电和磁两个方面，涉及两条电路（一次侧绕组、二次侧绕组）和一个磁路。当空载运行时，二次侧绕组输出等于零，即二次侧绕组虽然存在，但是对一次侧绕组无影响。所以实际上只需要分析一条电路和一个磁路，它的电磁现象最为简单。因此对单相两绕组变压器的分析从空载运行开始。

在这一章里先分析变压器的电磁现象，也就是将电磁方面的基本规律应用于变压器的电路和磁路中，并由此确立电动势平衡方程式和磁动势平衡方程式，以及与之相应的相量图。再讨论简化变压器分析的手段，即折算和等效电路。这样就给变压器性能参数的计算提供了条件。变压器等效电路中的参数可由空载、短路试验求得。这两个试验项目，不仅是变压器的基本试验，而且也是所有电机的基本试验。最后分析变压器的运行性能，即效率和电压变化率。前者反映了变压器的经济性能，后者涉及变压器所供电能的质量。

本章是变压器原理的核心部分，虽然以单相两绕组变压器为讨论对象，但是所有分析讨论的结果，都适用于对称负载时的三相变压器，因为在对称负载下，三相变压器每一相的电压或电流大小都相等（仅相位互差120°），分析一相就可以得到三相的情况，只要在计算时正确地考虑三相之间的换算规律即可。在三相变压器中，所有的阻抗都是指一相的数值。

3.1 变压器的空载运行

当变压器的一次侧绕组接入额定电压、额定频率的交流电源，二次侧绕组开路，二次侧电流为零时，称为变压器的空载运行。它是负载运行的一个特殊情况，也是运行中最简单的一种情况。先分析空载运行，可以由简入繁地认识、理解变压器整个的电磁关系。

3.1.1　变压器空载时的物理现象

图3-1是单相变压器空载运行的示意图，一次侧绕组匝数为N_1，端点的标记为A、X。二次侧绕组匝数为N_2，端点标记为a、x。当二次侧绕组开路，而把一次侧绕组AX端接到电压为u_1的交流电源上时，一次侧绕组中便有电流i_0流入，这个电流称为变压器的空载电流。空载电流流过一次侧绕组，一次侧绕组即具有空载磁动势i_0N_1，在空载磁动势的作用下，建立变压器空载时的磁场，这个磁场的分布实际上是很复杂的。为了便于研究，我们把它分成两部分，如图3-1所示。其中一部分磁通ϕ沿铁心闭合，同时与一、二次侧绕组相交链，是变压器传递能量的媒介，称为主磁通。另一部分磁通$\phi_{1\sigma}$仅与一次侧绕组交链，称为一次侧绕组漏磁通，它所经回路中有一部分为非铁磁材料（变压器油、铜或铝等）。由于铁心是用高导磁材料硅钢片叠成的，磁导率远较非铁磁材料大，所以空载运行时，主磁通占总磁通的绝大部分，而漏磁通仅占很小的一部分，为0.1%～0.2%。另外，由于铁磁材料存在饱和现象，主磁通所经回路磁阻不是常数，主磁通与产生它的电流之间的关系是非线性的，即ϕ与i_0不是线性正比关系。但漏磁通所经回路中有一段为非铁磁材料，其回路的磁阻，主要由这段非铁磁材料决定，基本上是个常数，因此漏磁通$\phi_{1\sigma}$与i_0保持线性关系。在电磁关系上，主磁通在一、二次侧绕组中均感应电动势，二次侧如果与负载接通，则在此感应电动势作用下向负载输出电功率，所以主磁通起传递能量的媒介作用。而漏磁通仅在一次侧绕组中感应电动势，不能传递能量，只起压降作用。由此可见，在分析变压器时把这两种磁通分开，既可把非线性问题和线性问题分别处理，又便于考虑它们在电磁关系上的特点。在各种交流电机中，一般也采用将主磁通与漏磁通分别对待的分析方法。

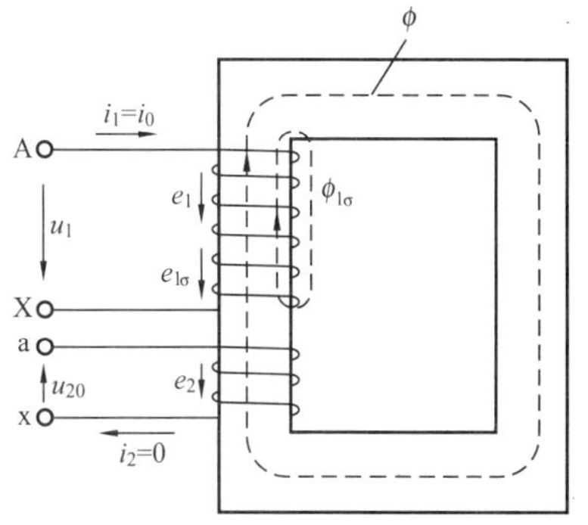

图3-1　单相变压器空载运行的示意图

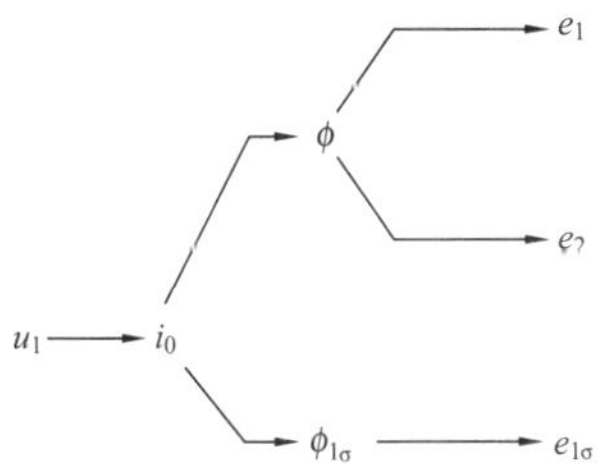

图3-2　变压器空载运行时的电磁关系

综上所述，变压器空载运行时的电磁关系，如图3-2所示。

3.1.2　正方向规定和惯例

变压器中的电压、电流、磁通和感应电动势都是随时间而交变的量，要建立它们之间的关系，必须先规定各量的正方向（或称参考方向）。从原理上来说，正方向可以任意选定，但电磁现象的规律是同一的，因此表示电磁规律的方程式必然与选定的正方向相配合。不同的正方向规定，变压器的电磁方程式和相量图也将随之而异。为了阅读参考书籍的方便及学术交流的需要，不同的学者，在研究变压器时，已经习惯地采用同一的正方向规定，即所谓正方向惯例。并以u表示端电压降低，e表示绕组中电位升高，如图3-1所示。

在研究变压器时所采用的正方向惯例，大致可按以下三个原则来确定。

（1）一次侧绕组采用“负载”惯例，因为一次侧绕组对电网来说是电网的一个负载。取

$\dot{I}_0$（$\dot{I}_1$）与 $\dot{U}_1$ 正方向一致，均由 A 指向 X，即电流从高电位端流入绕组。这样当 $\dot{U}_1$ 和 $\dot{I}_0$（$\dot{I}_1$）同时为正或同时为负，$P_1=U_1I_1\cos\varphi_1>0$ 时，表示变压器从电网输入电功率。

（2）磁通（$\dot{\Phi}$ 与 $\dot{\Phi}_{1\sigma}$）的正方向应与产生它的电流 $\dot{I}_0$ 符合右手螺旋定则的关系，即正电流产生正磁通。考虑到图 3-1 中一次侧绕组的绕向，磁通在绕组中的正方向应由下向上。

磁通和电动势之间的关系应符合电磁感应定律表达式 $e=-N\dfrac{d\phi}{dt}$。这样 $\dot{E}$ 与 $\dot{\Phi}$ 之间亦符合右手螺旋关系，若以右手大拇指表示磁通 $\dot{\Phi}$ 的正方向，则其余四指所指方向即为 $\dot{E}$ 的正方向。由于图 3-1 中一、二次侧绕组的绕向相同，因此 $\dot{E}_1$ 及 $\dot{E}_2$ 均由上指向下，由 A（a）指向 X（x）。

（3）二次侧绕组采用"电源"惯例，因为二次侧绕组对负载来说是负载的电源。在"电源"内部，电流 $\dot{I}_2$ 与电动势 $\dot{E}_2$ 同向；在"电源"外部，电流 $\dot{I}_2$ 从"电源"的高电位（x）端流出。将二次侧绕组电动势看作电压源，则 $\dot{U}_2$ 的正方向由 $\dot{E}_2$ 决定。这样二次侧绕组电位升高的正方向是由 a 指向 x，而端电压降低的正方向则由 x 指向 a。于是在 a、x 端接上负载后，当电流 $\dot{I}_2$ 与 $\dot{U}_2$ 同时为正或同时为负，即 $P_2=U_2I_2\cos\varphi_2>0$ 时，表示变压器向负载输出电功率。

3.1.3 空载时的电磁关系

根据电磁感应定律，交变的磁通在一、二次侧绕组中将感应电动势。

设主磁通为

$$\phi=\Phi_m\sin\omega t \tag{3-1}$$

在一次侧绕组中由主磁通感应的主电动势为

$$\begin{aligned}e_1&=-N_1\frac{d\phi}{dt}\\&=-\omega N_1\Phi_m\cos\omega t\\&=\omega N_1\Phi_m\sin\left(\omega t-\frac{\pi}{2}\right)\\&=E_{1m}\sin\left(\omega t-\frac{\pi}{2}\right)\end{aligned} \tag{3-2}$$

其中

$$E_{1m}=\omega N_1\Phi_m=2\pi fN_1\Phi_m$$

式中 E_{1m}——主电动势幅值。

比较式（3-1）和式（3-2）可知，感应电动势滞后于磁通 90°。

感应电动势的有效值为

$$E_1=\frac{E_{1m}}{\sqrt{2}}=\sqrt{2}\pi fN_1\Phi_m=4.44fN_1\Phi_m \tag{3-3}$$

式中 f——U_1 的频率，Hz；

N_1——一次侧绕组的匝数；

Φ_m——主磁通的幅值，Wb；

E_1——感应电动势有效值，V。

同理，二次侧绕组中由主磁通所感应的电动势为

$$\begin{aligned} e_2 &= -N_2\frac{\mathrm{d}\phi}{\mathrm{d}t} \\ &= -\omega N_2\Phi_\mathrm{m}\cos\omega t \\ &= \omega N_2\Phi_\mathrm{m}\sin\left(\omega t-\frac{\pi}{2}\right) \\ &= E_{2\mathrm{m}}\sin\left(\omega t-\frac{\pi}{2}\right) \end{aligned} \tag{3-4}$$

其中 $$E_{2\mathrm{m}}=\omega N_2\Phi_\mathrm{m}$$

式中 $E_{2\mathrm{m}}$——二次侧绕组感应电动势幅值。

感应电动势的有效值为

$$E_2=\frac{E_{2\mathrm{m}}}{\sqrt{2}}=\sqrt{2}\pi fN_2\Phi_\mathrm{m}=4.44fN_2\Phi_\mathrm{m} \tag{3-5}$$

在一次侧绕组中，除主磁通感应主电动势 $\dot{E}_1$ 外，漏磁通 $\phi_{1\sigma}$还感应漏电动势 $e_{1\sigma}$，利用前面的分析可知

$$\begin{aligned} e_{1\sigma} &= -N_1\frac{\mathrm{d}\phi_{1\sigma}}{\mathrm{d}t} \\ &= \omega N_1\Phi_{1\sigma\mathrm{m}}\sin\left(\omega t-\frac{\pi}{2}\right) \end{aligned}$$

式中 $\Phi_{1\sigma\mathrm{m}}$——漏磁通幅值。

上式写成复数形式，则为

$$\dot{E}_{1\sigma}=-\mathrm{j}\frac{\omega N_1}{\sqrt{2}}\Phi_{1\sigma\mathrm{m}} \tag{3-6}$$

根据漏电感的定义，$L_{1\sigma}=\dfrac{N_1\Phi_{1\sigma\mathrm{m}}}{\sqrt{2}I_0}$，代入式（3-6）中得

$$\dot{E}_{1\sigma}=-\mathrm{j}\omega L_{1\sigma}\dot{I}_0=-\mathrm{j}\dot{I}_0x_{1\sigma} \tag{3-7}$$

其中 $$x_{1\sigma}=\omega L_{1\sigma}$$

式中 $x_{1\sigma}$——一次侧绕组漏电抗。

由于在漏磁通的回路中，总有一段是非磁性材料（变压器油、铜或铝等），磁阻大，磁路不会饱和，因此 $\phi_{1\sigma}$与 i_0 成正比，即漏电感 $L_{1\sigma}$和相应的漏电抗 $x_{1\sigma}$都是常数。

在一次侧回路中，当计及一次侧绕组的电阻 r_1 时，据图 3-1 的正方向，可得空载时一次侧绕组电动势平衡方程为

$$\dot{U}_1=-\dot{E}_1-\dot{E}_{1\sigma}+\dot{I}_0r_1$$

将式（3-7）代入上式中可得

$$\begin{aligned} \dot{U}_1 &= -\dot{E}_1+\dot{I}_0r_1+\mathrm{j}\dot{I}_0x_{1\sigma} \\ &= -\dot{E}_1+\dot{I}_0z_1 \end{aligned} \tag{3-8}$$

式中 z_1——一次侧绕组的漏阻抗，$z_1=r_1+\mathrm{j}x_{1\sigma}$。

对于电力变压器，空载电流在一次侧绕组中所引起的漏阻抗压降 $\dot{I}_0z_1$ 很小，它的数值还不到 U_1 的 0.2%，因此在分析变压器空载运行时，可以将 $\dot{I}_0z_1$ 忽略不计，这时式（3-8）

变成：

$$\dot{U}_1 = -\dot{E}_1 \quad \text{或} \quad U_1 = E_1 \tag{3-9}$$

式（3-9）表明，当忽略漏阻抗压降时，外施电压 u_1 仅由绕组中感应电动势 e_1 所平衡，即任何瞬间外施电压 u_1 与一次侧绕组的感应电动势 e_1 大小相等、方向相反。

在二次侧，由于二次侧绕组开路，电流为零，因此二次侧空载电压 $\dot{U}_{20}$ 即感应电动势 $\dot{E}_2$，有

$$\dot{U}_{20} = \dot{E}_2 \tag{3-10}$$

在变压器中，一次侧电动势 E_1 和二次侧电动势 E_2 之比，称为变压器的变比，用 k 表示，即

$$k = \frac{E_1}{E_2} = \frac{4.44fN_1\Phi_m}{4.44fN_2\Phi_m} = \frac{N_1}{N_2} \tag{3-11}$$

式（3-11）表明，变压器的变比等于一、二次侧绕组的匝数比。当变压器空载运行时，由于一次侧 $U_1 \approx E_1$，二次侧 $U_{20} = E_2$，因此可近似地用一、二次侧的电压比作为变压器的变比，即

$$k = \frac{E_1}{E_2} \approx \frac{U_1}{U_2} \tag{3-12}$$

特别应注意的是，对于三相变压器来说，变比是指相电动势的比值。

3.1.4 空载电流与空载损耗

1. 空载电流

变压器空载时的电流 i_0，一方面要在铁心中建立磁通，使之在一、二次侧绕组中感应电动势，传递能量；另一方面还要补偿空载时的功率损耗。空载电流的数值一般不大，为额定电流的0.6%～5%，空载时它在一次侧绕组中引起的铜损耗 $i_0^2 r_1$ 很小，可略去不计，因此空载时变压器中主要损耗为铁心中的磁滞损耗和涡流损耗，前者占铁损耗的85%左右，构成了主要损耗。

根据空载电流所起的作用，i_0 可分成励磁电流 i_μ 和铁损耗电流 i_{Fe} 两个分量。励磁电流是建立磁场所必需的，在铁心中建立磁场所需要的能量在电能与磁场能量之间的相互转换，该部分功率属于无功功率性质，相应的电流分量 i_μ 应为无功分量；变压器的铁损耗将转换为热能，此损耗属于有功性质，因此相应的电流分量 i_{Fe} 为有功分量。在通常的电力变压器中，由于 $i_\mu \gg i_{Fe}$，因此可近似地用 $i_0 = i_\mu$ 来分析空载电流的性质。

空载电流 i_0 的数值和主磁通 ϕ 的工作情况有关。根据磁路欧姆定律，空载时变压器的主磁通 ϕ 和磁动势 F_0 成正比，和磁阻 R_m 成反比，即 $\phi = \frac{F_0}{R_m}$。空载时作用于磁路的磁动势应为 $i_0 N_1$，而磁路的磁阻 $R_m = \frac{l}{\mu A}$，其中 l 是磁路的平均长度，A 是磁路的截面积，μ 是铁心的磁导率。因此主磁通 ϕ 可计算为

$$\phi = \frac{i_0 N_1}{R_m} = \frac{i_0 N_1}{\frac{l}{\mu A}} = \frac{N_1 A}{l}\mu i_0 \tag{3-13}$$

对于一台已经制造好的变压器来说，一次侧绕组的匝数 N_1、铁心的截面积 A、铁心的

平均长度 l，均属已知，即$\frac{N_1A}{l}$为一常数，令其等于 K，则式（3-13）可写成

$$\phi = K\mu i_0 \tag{3-14}$$

将式（3-14）与公式 $B=\mu H$ 相比较，可知主磁通 ϕ 与空载电流 i_0 之间的关系 $\phi=f(i_0)$与磁化曲线 $B=f(H)$ 形状一致。这样如果已经知道主磁通 ϕ 的变化规律，就可根据 $\phi=f(i_0)$ 曲线（磁化曲线）求出 i_0 的变化规律。

由式（3-14）可知，在 ϕ 的表达式中包含了铁心磁导率 μ，因此变压器的 $\phi=f(i_0)$ 曲线与构成铁心所采用的材料有关。众所周知，铁磁材料的磁化曲线具有非线性性质。因此励磁电流的大小及波形和磁路的饱和程度有关，即取决于磁通密度 B_m 的大小。对于热轧硅钢片，当 $B_m<0.8\text{Wb/m}^2$ 时，可认为磁路是不饱和的，这时 i_μ 和 ϕ 成线性关系，当磁通按正弦规律变化时，i_μ 也按正弦规律变化；但当 $B_m>0.8\text{Wb/m}^2$ 时，铁心进入饱和，i_μ 和 ϕ 的关系变成非线性。在电力变压器中，当采用热轧硅钢片时，B_m 一般为 $1.4\sim1.47\text{Wb/m}^2$，若采用冷轧硅钢片时，B_m 一般取 $1.5\sim1.7\text{Wb/m}^2$，因此铁心已相当饱和了。

i_0 的确定方法可分为两种情况来讨论。

第一种情况，不计变压器铁损耗（主要是磁滞损耗），这样磁化曲线如图 3-3 所示。从前面的分析中知道，对于运行中的变压器，当外施电压 u_1 为已知且按正弦规律变化时，与之相平衡的一次侧绕组电动势 e_1 以及铁心中主磁通 ϕ 也必定按正弦变化。由于磁化曲线的非线性，所以励磁电流不可能是正弦波。图 3-3 表示如何用作图法求励磁电流的波形。从图中看出，当磁通为正弦波时，i_μ 的波形为一尖顶波。用傅里叶级数来分析，i_μ 可分解为基波以及三、五、七等奇次谐波。其中除基波外，以三次谐波较为显著。这说明为了在变压器的铁心中建立正弦波磁通，由于铁磁材料的磁化曲线呈非线性，所以空载电流 i_0 必须包含有较大的三次谐波分量。至于在相量图上所表示的励磁电流 i_μ，工程上一般以等效正弦波 I_μ 来代替非正弦励磁电流。此等效正弦励磁电流的有效值为

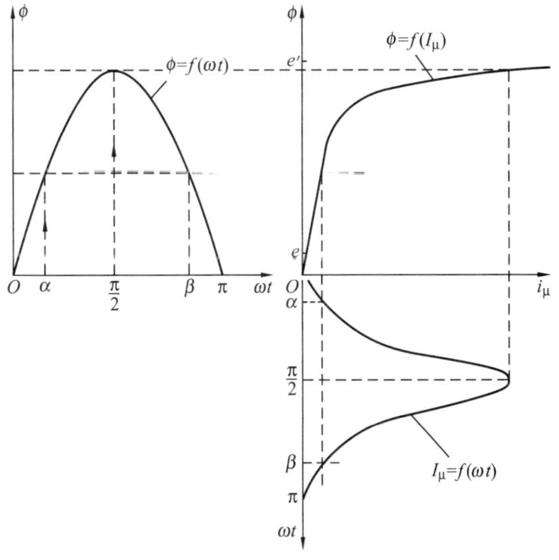

图 3-3 作图法求励磁电流波形

$$I_\mu = \sqrt{I_{\mu1}^2 + I_{\mu3}^2 + I_{\mu5}^2 + \cdots} \tag{3-15}$$

式中 $I_{\mu1}$，$I_{\mu3}$，$I_{\mu5}$，…——分别为基波和各次谐波分量的有效值。

从图 3-3 中可以看出，励磁电流 i_μ 与 ϕ 同时达到正最大值和同时经过零值，因此 i_μ 与 ϕ 同相。由于 e_1 滞后 $\phi 90°$，u_1 与 e_1 相位相反，因此 $\dot{I}_\mu$ 滞后 $\dot{U}_1$ 90°，是一个无功电流。

第二种情况，当考虑到变压器铁心中的磁滞损耗后，则 $\phi=f(i_0)$ 曲线应为铁心的磁滞回线，如图 3-4（a）所示。在图 3-4（a）、（b）中，当磁通增加时用磁滞回线的下半分支 1—2—3—4，磁通减小时用磁滞回线的上半分支 4—5—6—1。按图中 a—b—c—d—e—f 的顺

序，可逐点求得 i_0 的波形。此时，i_0 可分解为两部分：励磁分量 i_μ，及对应于磁滞损耗，超前 ϕ 90°，而与 u_1 同相的有功分量 i_h。这时空载电流 i_0 和主磁通 ϕ 不同相，而是超前于主磁通一个角度 α_h，α_h 称为磁滞角。这说明一次侧绕组从电网吸取了有功功率，用以供给磁滞损耗。

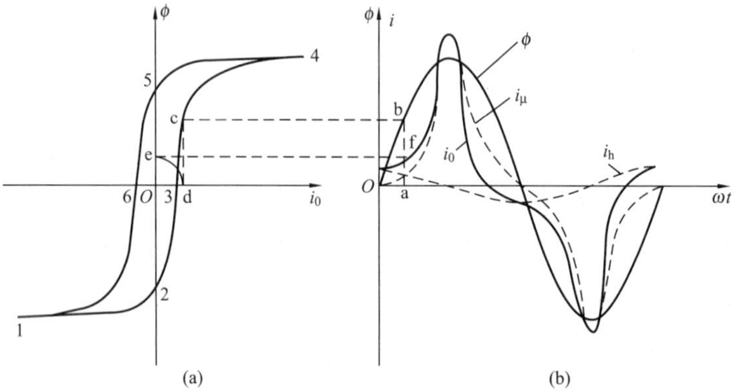

图 3-4 考虑磁滞损耗时空载电流的波形

（a）磁滞回线；（b）ϕ 及 i_0 的波形

由于铁心中还有涡流损耗，所以空载电流中还应有相应的有功分量 i_e。将 i_h 和 i_e 加在一起，即为空载电流中的铁损耗分量 i_{Fe}，即

$$i_{Fe}=i_h+i_e \tag{3-16}$$

当励磁电流用等效正弦波来表示时，则可得

$$\dot{I}_0=\dot{I}_\mu+\dot{I}_{Fe} \tag{3-17}$$

或

$$I_0=\sqrt{I_\mu^2+I_{Fe}^2} \tag{3-18}$$

2. 空载损耗

变压器空载运行时的损耗包括：①一次侧绕组的铜损耗 $I_0^2r_1$；②铁损耗 p_{Fe}。如前所述，鉴于 $I_0^2r_1$ 与空载损耗 p_0 相比可以忽略，因此可认为空载损耗 p_0 即为变压器的铁损耗 p_{Fe}。

变压器的铁损耗包括基本铁损耗和杂散铁损耗两部分。基本铁损耗就是铁心中的磁滞损耗和涡流损耗，它取决于硅钢片的特性和质量、磁通密度的大小和变化频率。基本铁损耗与磁通密度 B_m 和频率 f 之间的关系，可用以下经验公式计算为

$$p'_{Fe}=p_{1/50}B_m^\alpha\left(\frac{f}{50}\right)^\beta \tag{3-19}$$

式中，指数 α 与 β 可由试验测定，其数值大致为 $\alpha=1.84\sim2.5$，一般可取 $\alpha=2$，即单位质量的铁损耗与磁通密度的平方成正比；$\beta=1.18\sim1.33$，分析时一般可取 $\beta=1.3$。$p_{1/50}$ 是单位质量铁心在 $B_m=1$T、$f=50$Hz 时的损耗，单位是 W/kg，一般由试验测定。

在实际计算中，一般不用式（3-19）计算基本铁损耗，而是由某种硅钢片在不同 B_m 值下实际测定的 p'_{Fe} 曲线或表中求出 p'_{Fe} 的数值，再乘上铁心质量 G（kg），即可求得基本铁损耗 p_{Fe}（W），即

$$p_{Fe}=p'_{Fe}G \tag{3-20}$$

如铁心中各部分磁通密度不同时，可分别找出各部分的单位铁损耗 p'_{Fe}，然后分别乘以各部分的质量，再加起来才是总的基本铁损耗。

杂散铁损耗包括：由于冲剪引起硅钢片组织结构的变化，如边缘“硬化”所引起的损耗；在铁心接缝处和装拉紧螺杆处由于磁通密度分布不均匀所引起的损耗；结构零件中如拉紧螺杆、铁轭夹件、油箱壁等处的涡流损耗；高压变压器绝缘材料中的介质损耗等。杂散损耗难以准确计算，为基本铁损耗的15%～20%。

变压器的铁损耗，无论是基本铁损耗或杂散铁损耗，与磁通密度 B_m、频率 f、构成铁心的材料性质以及结构等因素有关，而与变压器一、二次侧绕组的电流无关。因此，若外施电压 U_1，频率 f 保持恒定，则一次侧绕组电动势 E_1、主磁通 Φ_m 及磁通密度 B_m 基本上保持不变，铁损耗也基本不变。这种与负载电流变化基本无关的损耗称为“不变损耗”。

空载电流 I_0 和空载损耗 p_0，体现了变压器空载运行时从电网吸取无功功率和有功功率的情况，因此它们是空载运行时反映变压器运行性能的指标。当电网电压、频率发生波动时，或者变压器经过检修重叠了铁心，变压器的空载电流 I_0、空载损耗 p_0 是否会发生变化？这是一个值得研究的问题。以下举两个实例来说明这些情况。

例 3-1 运行于电网上的变压器：

(1) 当电网电压 U_1 较额定值上升5%，而频率 f 保持额定不变；

(2) 电压 U_1 保持额定，而频率 f 由50Hz下降到49Hz。

在以上两种情况下，试分析其空载电流 I_0、空载损耗 p_0 作何变化？

解：(1) 根据式(3-3)、式(3-9)可得 $U_1 \approx E_1 = 4.44 f N_1 \Phi_m$。鉴于运行过程中 N_1 不会发生变化，按题意 f 保持额定不变，则

$$\frac{U'_1}{U_1} \approx \frac{\Phi'_m}{\Phi_m} = 1.05$$

式中 Φ_m——变压器额定运行时主磁通幅值；

Φ'_m——运行电压升高后主磁通幅值。

根据电压波动时主磁通所发生的变化，可求出 I_0 和 p_0 的变化。

按式(3-14)，参照变压器铁心材料的磁化曲线可求得 I_0 的变化。由于变压器在额定电压运行时，一般铁心的 $\phi = f(i_0)$ 曲线均属饱和，因此 I_0 上升的幅度远超过主磁通上升的幅度，即远大于0.05。

至于对空载损耗的影响，可从式(3-19)中看出有

$$p_0 \approx p_{Fe} \propto B_m^2$$

在运行过程中，变压器铁心的截面积保持不变，即 B_m 与 Φ_m 成正比，于是有

$$\frac{p'_0}{p_0} = \left(\frac{B'_m}{B_m}\right)^2 = \left(\frac{\Phi'_m}{\Phi_m}\right)^2 = 1.05^2 \approx 1.10$$

或

$$p'_0 \approx 1.10 p_0$$

式中 p_0——变压器额定运行时的铁损耗；

p'_0——运行电压升高后的铁损耗。

(2) 当电压 U_1 保持额定，而频率 f 由50Hz下降到49Hz时，可得

$$50\Phi_m = 49\Phi'_m, \quad 或 \quad \Phi'_m = \frac{50}{49}\Phi_m$$

其中，Φ_m 的含义同前；Φ'_m 为频率下降后铁心中主磁通的幅值。

根据 Φ'_m 的变化，可推知这时空载电流 I_0 也将增大。同样 I_0 上升幅度超过 Φ'_m 上升幅度，这是由于铁心饱和的缘故。

空载损耗 p'_0 可计算为

$$\frac{p'_0}{p_0}=\left(\frac{\Phi'_m}{\Phi_m}\right)^2\times\left(\frac{49}{50}\right)^{1.3}=1.02^2\times\left(\frac{1}{1.02}\right)^{1.3}>1$$

或

$$p'_0>p_0$$

式中：p_0 的含义同前；p'_0 为频率下降后的空载损耗。

由以上分析可知，I_0 和 p_0 均将有所增大，当然增大的幅度不如第一种情况。

例 3-2 一台变压器在修理过程中，重叠了铁心，由于工艺粗糙，致使其柱部与轭部的接缝（气隙）比原来增大，而绕组匝数、使用电压、频率均保持不变，试分析对空载电流 I_0、空载损耗 p_0 有何影响？

解： 按 $U_1\approx E_1=4.44fN_1\Phi_m$，当使用电压 U_1、频率 f、一次侧绕组匝数 N_1 保持不变时，则 Φ_m 也保持不变，即 Φ_m 为常数。因此，变压器的空载损耗 p_0 保持不变。

由于重叠了铁心后，接缝增大，气隙增大，致使磁路的磁阻 R_m 增大。按磁路欧姆定律 $\phi=\frac{i_0N_1}{R_m}$，R_m 增大后，因 N_1 保持不变，势必引起 I_0 相应增加，因此铁心叠制的质量也可从 I_0 的数值中反映出来。

3.1.5 等效电路及相量图

1. 等效电路

变压器空载运行时的电磁关系是：外施电压 $\dot{U}_1$ 加于一次侧绕组后，流入空载电流 $\dot{I}_0$，空载电流流过一次侧绕组时在铁心中建立主磁通 $\dot{\Phi}_m$，交变的主磁通在一次侧绕组中感应电动势 $\dot{E}_1$。从电动势平衡关系来看，外施电压 $\dot{U}_1$ 与反电动势 $\dot{E}_1$ 及漏阻抗压降相平衡，即 $\dot{U}_1=-\dot{E}_1+\dot{I}_0Z_1$。这里既有电路问题，又有电和磁之间的相互联系问题。由于变压器铁心的饱和现象破坏了各量之间的线性关系，给分析增加了困难。如果我们设法将变压器中电和磁的相互关系用纯电路的形式来表示，就可使分析大为简化，等效电路就是从这一观点出发来建立的。

变压器空载时，其一次侧可看成是带铁心的电感线圈，从 AX 端看进去，其等效阻抗 Z_0 为

$$Z_0=\frac{\dot{U}_1}{\dot{I}_0}=\frac{-\dot{E}_1+\dot{I}_0Z_1}{\dot{I}_0}=\frac{-\dot{E}_1}{\dot{I}_0}+Z_1 \tag{3-21}$$

前已述及，对外施电压 $\dot{U}_1$ 来说，漏电动势 $\dot{E}_{1\sigma}$的作用可看作是电流 $\dot{I}_0$ 流过漏电抗 $x_{1\sigma}$ 时所引起的电压降。同样，对主磁通感应电动势 $\dot{E}_1$ 的作用，也可类似地用一个电路参数来处理。但考虑到主磁通在铁心中引起铁损耗，因此不能单纯地引入一个电抗，而应引入一个阻抗 Z_m 把 $\dot{E}_1$ 和 $\dot{I}_0$ 联系起来，这时电动势 $\dot{E}_1$ 的作用可看作是电流 $\dot{I}_0$ 流过 Z_m 产生的阻抗压降，即

$$-\dot{E}_1=\dot{I}_0Z_m \tag{3-22}$$

其中　$$Z_m = r_m + jx_m$$

式中：Z_m 为变压器的励磁阻抗；x_m 为励磁电抗，它是主磁通在绕组中引起的等效电抗；r_m 为励磁电阻，是反映铁损耗的等效电阻。

由 r_m 可计算出铁损耗，即

$$I_0^2 r_m = p_{Fe} \tag{3-23}$$

式中　p_{Fe}——铁损耗，W。

将式（3-22）代入式（3-21）即得

$$Z_0 = Z_m + Z_1 \tag{3-24}$$

和

$$\dot{U}_1 = \dot{I}_0 Z_0 = \dot{I}_0 (Z_m + Z_1) \tag{3-25}$$

由式（3-25）可知，变压器空载时的等效电路是两个阻抗的串联电路，如图3-5所示。其中：一个是一次侧绕组的漏阻抗 $Z_1 = r_1 + jx_{1\sigma}$，$x_{1\sigma}$反映了漏磁通在一次侧绕组中的影响；另一个是励磁阻抗 $Z_m = r_m + jx_m$，Z_m 反映了主磁通在变压器中的影响。由前面的分析可知，r_1 与 $x_{1\sigma}$基本上是常数；Z_m 由于铁心有饱和问题，r_m 与 x_m 均随饱和程度的增加而减小，因此，Z_m 不是常数，在使用等效电路时要注意这一点。但是，在正常工作范围内，即当 U_1 及 f 为额定值不变，二次侧电流 $0 \leqslant I_2 \leqslant I_{2N}$时，一次侧绕组漏阻抗压降不大，主磁通基本不变，磁路饱和度也近于不变，Z_m 的变化甚小则可视为一个常数。

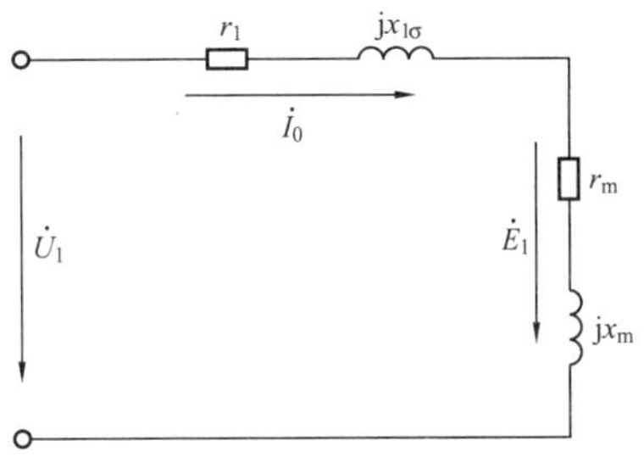

图3-5　变压器空载时的等效电路

2. 相量图

空载电流 i_0 以等效的正弦电流代替后，它与电动势、磁通、电压等都以相同频率作正弦变化；用相量图可清晰地表示它们之间的关系。相量图应理解为用图形来表示的基本关系，主要反映它们之间存在的相位关系，也可表示它们在数值上的关系（以相量的长度来体现）。

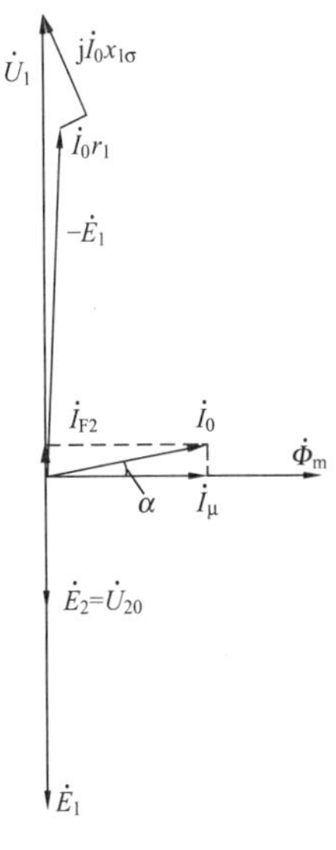

图3-6　变压器空载运行时的相量图

变压器空载运行时的相量图，包括以下几个基本关系：

（1）空载运行时变压器一、二次侧绕组的电动势平衡关系，即一次侧绕组电动势平衡方程式 $\dot{U}_1 = -\dot{E}_1 + \dot{I}_0 Z_1$ 和二次侧绕组电动势平衡方程式 $\dot{U}_{20} = \dot{E}_2$。

（2）空载运行时主磁通 $\dot{\Phi}_m$ 和 $\dot{E}_1$、$\dot{E}_2$ 的关系，即 $\dot{E}_1 = -j4.44fN_1\dot{\Phi}_m$ 和 $\dot{E}_2 = -j4.44fN_2\dot{\Phi}_m$。

（3）空载电流 $\dot{I}_0$ 和主磁通 $\dot{\Phi}_m$ 的关系。$\dot{I}_0$ 超前 $\dot{\Phi}_m$ 一个角度 α，α 为铁损耗角，与铁损耗有关。

至于作图步骤，一般可先从二次侧开始，再磁路，最后一次侧。大致分以下几步。

（1）先假定 $\dot{U}_{20}$为已知，根据 $\dot{U}_{20} = \dot{E}_2$，确定 $\dot{E}_2$，$\dot{E}_2$ 与 $\dot{U}_{20}$大小相等、相位同相；

（2）根据 $\dot{E}_2=-j4.44fN_2\dot{\Phi}_m$，确定 $\dot{\Phi}_m$，$\Phi_m=\dfrac{E_2}{4.44fN_2}$，相位超前 $\dot{E}_2$ 90°；

（3）根据 $\dot{E}_1=-j4.44fN_1\dot{\Phi}_m$ 确定 $\dot{E}_1$，$E_1=kE_2$，相位同相；

（4）根据 $\dot{\Phi}_m$ 确定 $\dot{I}_0$，$\dot{I}_0$ 超前 $\dot{\Phi}_m$ α 角，α 为铁损耗角，与铁损耗有关；

（5）根据一次侧绕组的电动势平衡方程式 $\dot{U}_1=-\dot{E}_1+\dot{I}_0Z_1=-\dot{E}_1+\dot{I}_0r_1+j\dot{I}_0x_{1\sigma}$：

1）作 $-\dot{E}_1$（和 $\dot{E}_1$ 相量大小相等、相位相差 180°）；

2）在 $-\dot{E}_1$ 的箭头端点上作 $\dot{I}_0r_1$ 和 $\dot{I}_0$ 平行；

3）在 $\dot{I}_0r_1$ 的箭头端点上作 $j\dot{I}_0x_{1\sigma}$超前 $\dot{I}_0r_1$ 90°；

4）作 $\dot{U}_1$，从 $-\dot{E}_1$ 的箭尾端点指向 $j\dot{I}_0x_{1\sigma}$的箭头端点。

图 3-6 是根据以上步骤所作出的变压器空载运行时的相量图。必须指出：为了看得清楚，图中 $\dot{I}_0r_1$ 与 $j\dot{I}_0x_{1\sigma}$相量是有意放大了很多倍，其实，I_0r_1 还不到 U_1 的 1%。

3.2 变压器的负载运行

变压器的负载运行是指一次侧绕组上施以交流电压，二次侧绕组接入负载 Z_L 的运行状态。负载运行时二次侧有电流 $\dot{I}_2$ 流过，由于电磁耦合关系，此时一次侧电流也作相应改变，由空载运行时的 $\dot{I}_0$ 变为负载时的 $\dot{I}_1$。本节主要研究负载运行时一、二次侧绕组诸电磁量的基本关系，包括电动势平衡关系和磁动势平衡关系，以及相应的功率平衡和能量传递过程，最后作出负载时的相量图。

3.2.1 负载时的电磁现象

变压器在空载运行时，主磁通 $\dot{\Phi}_m$ 在一、二次侧绕组中分别感应电动势 $\dot{E}_1$ 和 $\dot{E}_2$，外施电压 $\dot{U}_1$ 的绝大部分被空载电动势 $\dot{E}_1$ 所平衡。其差额部分为漏阻抗压降 $\dot{I}_0Z_1$，用于克服一次侧绕组漏阻抗 Z_1 而维持空载电流 $\dot{I}_0$ 在一次侧绕组中流通。$\dot{I}_0$ 的大小恰好能产生上述主磁通 $\dot{\Phi}_m$，因而使变压器中的电磁关系处于平衡状态。各电磁量的大小均具有一定的数值。

当变压器处于负载运行时，二次侧绕组中便有电流 $\dot{I}_2$ 流过。此时二次侧绕组也将产生磁动势 $\dot{F}_2=\dot{I}_2N_2$。由于一、二次侧绕组磁动势同时作用于同一磁路上，磁动势 $\dot{F}_2$ 的出现势必引起主磁通 $\dot{\Phi}_m$ 改变，从而引起一、二次侧绕组电动势 $\dot{E}_1$、$\dot{E}_2$ 发生改变。在外施电压 $\dot{U}_1$ 和一次侧绕组的漏阻抗 Z_1 不变的情况下，$\dot{E}_1$ 的变化破坏了原来的平衡关系，使一次侧绕组电流由空载运行时的 $\dot{I}_0$ 变为负载运行时的 $\dot{I}_1$，于是变压器又达到了新的负载状态下的平衡。这时铁心中的主磁通是由一、二次侧绕组的合成磁动势 $\dot{F}_m$ 所产生，$\dot{F}_m=\dot{F}_1+\dot{F}_2=\dot{I}_1N_1+\dot{I}_2N_2$。由负载运行时的主磁通在一、二次侧绕组中感应电动势 $\dot{E}_1$ 和 $\dot{E}_2$，同样，一次侧电压 $\dot{U}_1$，绝大部分被负载时的一次侧电动势 $\dot{E}_1$ 平衡后，余下部分用以克服一次侧绕组的漏阻抗 Z_1 而维持电流 $\dot{I}_1$ 在一次侧绕组中流通。

二次侧电流 $\dot{I}_2$ 的出现除了在铁心上产生磁动势 $\dot{I}_2N_2$ 外，还将产生仅与二次侧绕组相

交链的漏磁通 $\dot{\Phi}_{2\sigma}$（见图 3-7），使二次侧绕组中感应电动势 $\dot{E}_{2\sigma}$。

综合以上所述，变压器负载运行时的电磁关系如图 3-8 所示。

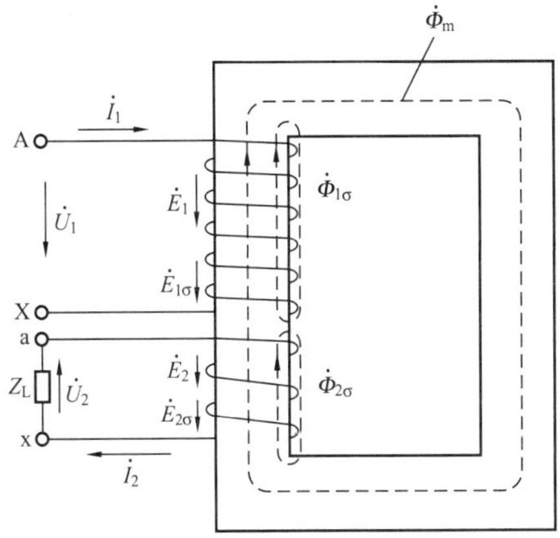

图 3-7 变压器负载运行的示意图

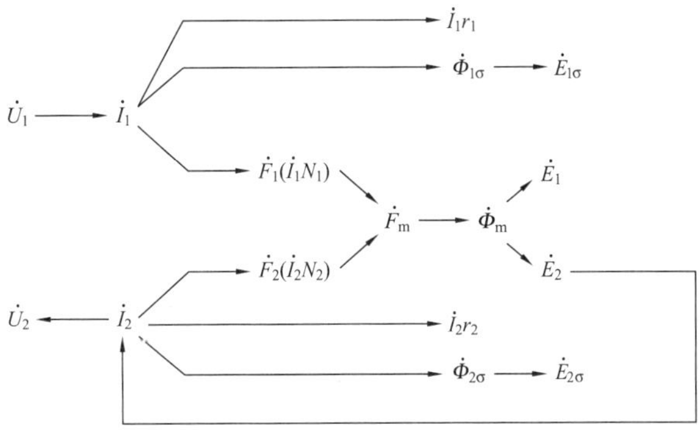

图 3-8 变压器负载运行时的电磁关系

3.2.2 负载运行时的基本方程式

1. 变压器负载运行时的电动势平衡关系

参照图 3-7 所示的正方向规定，变压器一次侧绕组的电动势平衡方程式为

$$\dot{E}_1+\dot{E}_{1\sigma}=-\dot{U}_1+\dot{I}_1r_1$$

和空载运行时一样，可令 $\dot{E}_{1\sigma}=-\mathrm{j}\dot{I}_1x_{1\sigma}$，代入上式，得

$$\begin{aligned}\dot{U}_1&=-\dot{E}_1-\dot{E}_{1\sigma}+\dot{I}_1r_1\\&=-E_1+\dot{I}_1r_1+\mathrm{j}\dot{I}_1x_{1\sigma}\\&=-\dot{E}_1+\dot{I}_1(r_1+\mathrm{j}x_{1\sigma})\\&=-\dot{E}_1+\dot{I}_1Z_1\end{aligned}\tag{3-26}$$

式（3-26）与空载运行时的电动势方程式（3-8）相似。仅一次侧电流由 $\dot{I}_0$ 变为 $\dot{I}_1$。在实际变压器中，一次侧绕组的漏阻抗压降是比较小的，即使在额定负载情况下，$\dot{I}_1Z_1$ 也只有 $\dot{U}_1$ 的 2%～6%，将 $\dot{U}_1$ 与 $\dot{I}_1Z_1$ 相量相减后所得到的$-\dot{E}_1$ 与 $\dot{U}_1$ 相比，两者相差甚微，因此在负载运行时，在正常工作状态（即 $U_1=U_{1N}$，$f=f_N$，$0\leqslant I_2\leqslant I_{2N}$）下仍可以认为

$$\dot{U}_1\approx-\dot{E}_1\tag{3-27}$$

或

$$U_1\approx E_1\tag{3-28}$$

同理，二次侧绕组的电动势平衡方程式为

$$\dot{E}_2+\dot{E}_{2\sigma}=\dot{U}_2+\dot{I}_2r_2$$

和一次绕组相仿，$\dot{E}_{2\sigma}$也可用漏抗压降表示，即令 $\dot{E}_{2\sigma}=-\mathrm{j}\dot{I}_2x_{2\sigma}$，代入上式得

$$\dot{E}_2=\dot{U}_2+\dot{I}_2r_2+\mathrm{j}\dot{I}_2x_{2\sigma}$$

$$\dot{E}_2=\dot{U}_2+\dot{I}_2Z_2\tag{3-29}$$

式中 Z_2——二次侧绕组的漏阻抗，$Z_2=r_2+\mathrm{j}x_{2\sigma}$；

r_2——二次侧绕组的电阻；

$x_{2\sigma}$——二次侧绕组的漏电抗。

2. 变压器负载时的磁动势平衡关系

从上面对变压器负载运行时电磁关系的分析可知，负载运行时作用于变压器磁路上的合成磁动势 $\dot{F}_m=\dot{F}_1+\dot{F}_2=\dot{I}_1N_1+\dot{I}_2N_2$，一、二次侧磁动势同时作用于磁路上，之所以相加主要根据图 3-7 所示的电流正方向和线圈绕向。合成磁动势 $\dot{F}_m$ 产生负载运行时的主磁通 $\dot{\Phi}_m$。根据式（3-3）和式（3-27）可知，在 $\dot{U}_1$ 不变的情况下，变压器由空载到满载，其 $\dot{E}_1$ 变化甚微。因此铁心中主磁通基本保持不变，铁心的饱和程度也基本不变。空载运行和负载运行时的励磁磁动势基本相等，即 $\dot{F}_m=\dot{F}_0$，因此负载运行时磁动势平衡方程式为

$$\dot{I}_1N_1+\dot{I}_2N_2=\dot{I}_0N_1 \tag{3-30}$$

等式两边同时除以 N_1，再移项整理，得

$$\begin{aligned}\dot{I}_1&=\dot{I}_0-\dot{I}_2\frac{N_2}{N_1}\\&=\dot{I}_0+\left(-\frac{\dot{I}_2}{k}\right)\end{aligned} \tag{3-31}$$

式（3-31）表明，变压器负载运行时一次侧绕组的电流 $\dot{I}_1$ 可视为由两个分量组成：一个是励磁分量 $\dot{I}_0$，用来在铁心中建立主磁通 $\dot{\Phi}_m$ 以及供应铁损耗 p_{Fe}；另一个分量 $-\frac{\dot{I}_2}{k}$ 是因为二次侧绕组负载而增加的部分，称为负载分量，它所产生的磁动势用来平衡二次侧磁动势 $\dot{F}_2$。这说明变压器负载运行时通过磁动势平衡关系使一、二次侧电流紧密地联系在一起。二次侧电流的增加或减少，必然同时引起一次侧电流的增加或减少。相应地二次侧功率输出增加或减少时，一次侧从电网吸取的功率必然同时增加或减少。

根据变压器电磁关系分析的结果，可以列出变压器负载运行时的基本方程组，即

$$\left.\begin{aligned}&\dot{U}_1=-\dot{E}_1+\dot{I}_1r_1+\mathrm{j}\dot{I}_1x_{1\sigma}\\&\dot{E}_2=\dot{U}_2+\dot{I}_2r_2+\mathrm{j}\dot{I}_2x_{2\sigma}\\&\dot{I}_1+\frac{\dot{I}_2}{k}=\dot{I}_0\\&\dot{E}_1=k\dot{E}_2\\&-\dot{E}_1=\dot{I}_0Z_m\\&\dot{U}_2=\dot{I}_2Z_L\end{aligned}\right\} \tag{3-32}$$

利用上述联立方程式，便能对变压器进行定量计算，例如当给定电压 $\dot{U}_1$，知道变压器的变比 k 和参数 Z_1、Z_2、Z_m 及负载阻抗 Z_L 时，就能从上述方程组解出六个未知数 $\dot{I}_1$、$\dot{I}_2$、$\dot{I}_0$、$\dot{E}_2$、$\dot{E}_1$ 和 $\dot{U}_2$。

但是联立方程组不直观，解联立复数方程组又相当繁杂，并且由于电力变压器的变比 k 较大，一、二次侧电流、电压、阻抗等相差很大，计算时不方便也不便于比较，特别是画相

量图更困难，因此需引入一个既能直观正确反映变压器内部电磁关系，又便于工程计算的等效电路。

3.2.3 折算法

变压器一、二次侧电动势相位相同，但大小不同。为了建立一个共同的等效电路，须进行“绕组折算”，以使折算后的一、二次侧电动势大小也相同。

折算法是一种处理问题的方法，其目的是为了简化定量计算和得出与实际变压器效果相同的等效电路。在变压器中，常常是将二次侧折算到一次侧，当然也可以相反。所谓把二次侧折算至一次侧是指：在进行定量计算时，把二次侧绕组的匝数变换成一次侧绕组的匝数，而不改变其电磁关系的本质。经过折算后主磁通在一、二次侧绕组感应的电动势相等，因而使计算大为简化，并便于导出等效电路。折算后二次侧各量的数值，称为二次侧折算到一次侧的折算值，用原来二次侧各量的符号右上角加“′”来表示。

如何做到把二次侧绕组匝数转换成一次侧绕组匝数而又不改变其电磁关系的本质呢？从前面的分析可见，变压器一、二次侧间并没有直接的电的联系，变压器二次侧是以磁动势 $\dot{F}_2$ 来影响一次侧的。由全电流定律，即从电流产生磁场的基本规律来看，只要在实行转换后，二次侧绕组的磁动势 $\dot{F}_2$ 与折算前完全一样，则变压器中的主磁通以及原二次侧绕组的漏磁通的数量和空间分布的情况，将和转换前的完全一样，因此不改变变压器中电磁关系的本质。显然，这样折算对一次侧各量将毫无影响。一次侧将从电网吸取同样大小的功率和电流，并有同样大小的功率传递给二次侧。下面将根据上述概念导出折算值的求法。

1. 二次侧电流的折算

根据折算前后二次侧磁动势 $\dot{F}_2$ 不变的原则，可得

$$\dot{F}_2=\dot{I}_2N_2=\dot{I}'_2N_1=\dot{F}'_2$$

即

$$\dot{I}'_2=\frac{N_2}{N_1}\dot{I}_2=\frac{\dot{I}_2}{k} \tag{3-33}$$

2. 二次侧电动势的折算

由于折算前后主磁场和漏磁场都没有改变，据电动势和匝数成正比的关系，便得

$$\frac{E'_2}{E_2}=\frac{N_1}{N_2}=k$$

$$E'_2=kE_2 \tag{3-34}$$

3. 二次侧漏阻抗的折算

设二次侧短路，折算前二次侧电动势平衡方程为

$$\dot{E}_2=\dot{I}_2Z_2=\dot{I}_2(r_2+\mathrm{j}x_{2\sigma})$$

即

$$Z_2=(r_2+\mathrm{j}x_{2\sigma})=\frac{\dot{E}_2}{\dot{I}_2}$$

折算后二次侧电动势平衡方程为

$$\dot{E}'_2=\dot{I}'_2Z'_2=\dot{I}'_2(r'_2+\mathrm{j}x'_{2\sigma})$$

即

$$Z'_2=(r'_2+\mathrm{j}x'_{2\sigma})=\frac{\dot{E}'_2}{\dot{I}'_2}=k^2\frac{\dot{E}_2}{\dot{I}_2}=k^2Z_2$$

则有
$$\left.\begin{aligned} Z'_2&=k^2Z_2\\ r'_2&=k^2r_2\\ x'_{2\sigma}&=k^2x_{2\sigma}\end{aligned}\right\}\tag{3-35}$$

4. 二次侧电压的折算

折算后二次侧电动势平衡方程为

$$\begin{aligned}\dot{U}'_2&=\dot{E}'_2-\dot{I}'_2Z'_2\\ &=k\dot{E}_2-\frac{\dot{I}_2}{k}k^2Z_2\\ &=k(\dot{E}_2-\dot{I}_2Z_2)\\ &=k\dot{U}_2\end{aligned}\tag{3-36}$$

由以上诸量的折算中，可得如下结论：当把二次侧折算到一次侧时，凡是单位为 V 的各量（电压、电动势），折算后等于其原来的数值乘以 k；凡是单位为 Ω 的各量（电阻、电抗、阻抗），折算后等于其原来的数值乘以 k^2；凡是单位为 A 的各量（电流），折算后等于其原来的数值乘以$\frac{1}{k}$。由此可见，变比 k 是变压器重要参数之一，对研究变压器用处很大。

折算对变压器功率传递和功率损耗并无影响，证明如下。

对变压器二次侧传递功率的影响

$$S'_2=U'_2I'_2=kU_2\left(\frac{I_2}{k}\right)=U_2I_2=S_2\tag{3-37}$$

对二次侧有功损耗的影响

$$p'_{\mathrm{Cu2}}=I'^2_2r'_2=\left(\frac{I_2}{k}\right)^2k^2r_2=I_2^2r_2=p_{\mathrm{Cu2}}\tag{3-38}$$

对二次侧无功损耗的影响

$$I'^2_2x'_{2\sigma}=\left(\frac{I_2}{k}\right)^2k^2x_{2\sigma}=I_2^2x_{2\sigma}\tag{3-39}$$

由式（3-37）～式（3-39）可知，折算前后变压器所传递的功率，以及传递过程中所产生的有功、无功损耗，均保持不变。

折算后变压器的基本方程组是

$$\left.\begin{aligned}&\dot{U}_1=-\dot{E}_1+\dot{I}_1r_1+\mathrm{j}\dot{I}_1x_{1\sigma}\\ &\dot{E}'_2=\dot{U}'_2+\dot{I}'_2r'_2+\mathrm{j}\dot{I}'_2x'_{2\sigma}\\ &\dot{I}_1+\dot{I}'_2=\dot{I}_0\\ &\dot{E}_1=\dot{E}'_2\\ &-\dot{E}_1=\dot{I}_0Z_{\mathrm{m}}\\ &\dot{U}'_2=\dot{I}'_2Z'_{\mathrm{L}}\end{aligned}\right\}\tag{3-40}$$

3.2.4 变压器负载时的等效电路

变压器负载运行时，实际上是借助于一、二次侧绕组的电磁联系来传递能量。这样对变压器的分析势必涉及两条电路（一次侧绕组及二次侧绕组）和一个磁路。而且由于磁路的非线性更给分析增加了难度。为了便于分析，和空载运行相仿，将变压器传递能量的电磁过程，用一由电路参数组成的电路来等效，将本来应该属于“场”的问题用“路”的方法来解决。

再者，从变压器一次侧所接的电网来看，变压器只是整个电力系统中的一个元件。有了等效电路，就可将整个变压器甚至连同其所带的负载，用一个接在电网上的等效阻抗来代替，这将极大地简化电力系统运行情况的研究和计算。

因此，等效电路是简化变压器分析的又一种方法。

变压器负载运行时的等效电路，按其准确程度及计算繁复的情况，可分为T形、Γ形、简化等三种。以下分别说明之。

1. T形等效电路

求解方程组式（3-40），可直接导出变压器的T形等效电路。如图3-9（a）所示，在一次侧外施电压$\dot{U}_1$，流入电流$\dot{I}_1$，从AX端看入变压器的等效阻抗Z_d应是

$$\begin{aligned}Z_d&=\frac{\dot{U}_1}{\dot{I}_1}=\frac{-\dot{E}_1+\dot{I}_1Z_1}{\dot{I}_1}=Z_1+\frac{1}{\dfrac{\dot{I}_1}{-\dot{E}_1}}\\&=Z_1+\frac{1}{\dfrac{\dot{I}_0+(-\dot{I}'_2)}{-\dot{E}_1}}=Z_1+\frac{1}{\dfrac{1}{Z_m}+\dfrac{\dot{I}'_2}{\dot{E}'_2}}\\&=Z_1+\frac{1}{\dfrac{1}{Z_m}+\dfrac{\dot{I}'_2}{\dot{I}'_2Z'_2+\dot{I}'_2Z'_L}}\\&=Z_1+\frac{1}{\dfrac{1}{Z_m}+\dfrac{1}{Z'_2+Z'_L}}\end{aligned}\tag{3-41}$$

按式（3-41）可画出变压器的T形等效电路，如图3-9（b）所示。用此图代替真实变压器进行分析在效果上完全相同。图中消耗在电阻r_1及r'_2上的电功率$\dot{I}_1^2r_1$及$\dot{I}_2'^2r'_2$分别代表一、二次侧绕组的铜损耗；消耗在等效电阻r_m上的电功率$\dot{I}_0^2r_m$，代表变压器铁心中的铁损耗；U_1I_1为输入视在功率，$U'_2I'_2$为输出视在功率；$E'_2I'_2$为变压器通过电磁感应传递给二次侧的电磁功率。

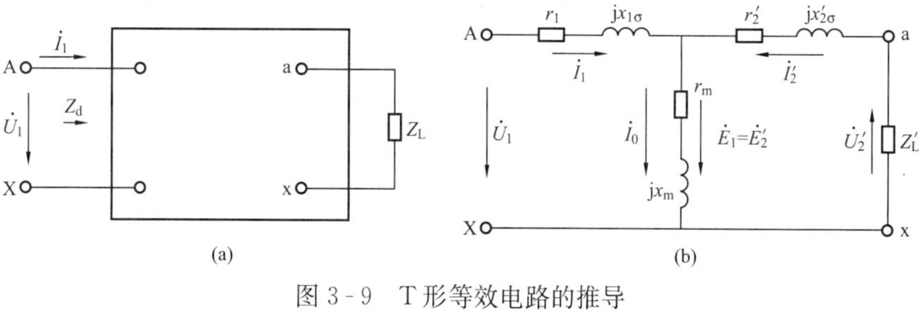

图3-9 T形等效电路的推导

（a）从电网看入变压器时的电路图；（b）变压器的T形等效电路

变压器负载时的T形等效电路，也可以根据方程组式（3-40）结合基尔霍夫定律直接导出。

2. Γ形等效电路

Γ形等效电路完全符合方程组式（3 - 40）所表示的电磁关系，因而它能较准确地反映实际变压器的工作情况。但Γ形等效电路含有复阻抗的串联及并联，用它进行具体计算却很麻烦。但对于一般变压器，在式 $\dot{U}_1=-\dot{E}_1+\dot{I}_1Z_1$ 中，由于 $Z_m \gg Z_1$，一次侧绕组的漏阻抗压降 I_1Z_1 很小，又是相量和，因此正常运行时仍然有 $\dot{U}_1\approx-\dot{E}_1$；又由于 $I_{1N}\gg I_0$，因此如将Γ形等效电路中的励磁支路从中间移到电源端，如图 3 - 10 所示，对 $\dot{I}_1$、$\dot{I}_2'$和 $\dot{I}_0$的数值引起的误差极小，但却可使分析和计算大为简化。在图 3 - 10 中，由于阻抗呈Γ形分布，故称为变压器的Γ形等效电路。

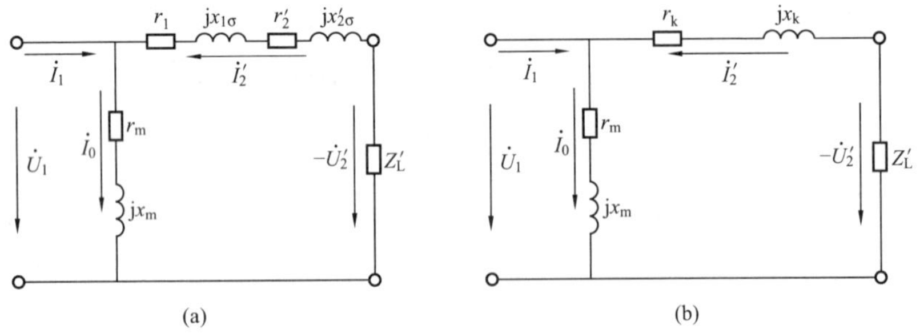

图 3 - 10 变压器的Γ形等效电路

在Γ形等效电路中，可将一、二次侧阻抗合并，如图 3 - 10（b）所示。图中有

$$\left.\begin{aligned}r_k&=r_1+r_2'\\x_k&=x_{1\sigma}+x_{2\sigma}'\\Z_k&=r_k+jx_k\end{aligned}\right\}\tag{3 - 42}$$

式中 Z_k——变压器的短路阻抗；

r_k——变压器的短路电阻；

x_k——变压器的短路电抗。

3. 简化等效电路

考虑到空载电流 $\dot{I}_0$ 在 $\dot{I}_1$ 中所占比例甚小，在工程实际中有时可将 $\dot{I}_0$ 忽略不计，即将励磁回路取消掉。略去励磁回路后的等效电路如图 3 - 11 所示，称为变压器的简化等效电路。

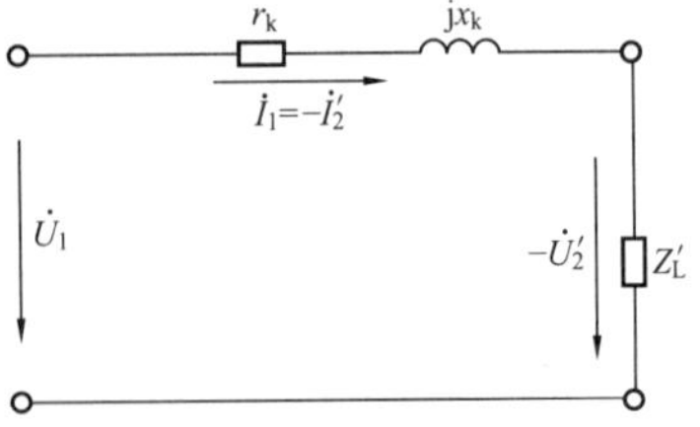

图 3 - 11 变压器的简化等效电路

应当指出：略去空载电流，只是略去 $\dot{I}_0$ 对 $\dot{I}_1$ 的影响，至于 $\dot{I}_0$ 建立磁通、感应电动势的作用则依然存在。

对应于简化等效电路的基本方程为

$$\left.\begin{aligned}\dot{I}_1&=-\dot{I}'_2\\\dot{U}_1&=-\dot{U}_2'+\dot{I}_1r_k+j\dot{I}_1x_k=-\dot{U}_2'+\dot{I}_1Z_k\end{aligned}\right\}\tag{3 - 43}$$

3.2.5 相量图

变压器负载时的相量图描述了变压器负载时一、二次侧诸电磁量之间的最基本关系。它包含了三个主要方面：①一次侧绕组的电动势平衡方程式；②二次侧绕组的电动势平衡方程式；③作用于铁心的磁动势方程式。从相量图中可反映出变压器负载时一、二次侧绕组的电压、电流、磁通、电动势诸电磁量之间的大小和相位关系。相量图的作图步骤随已知条件而不同，但一般是从二次侧到一次侧。

假定已知负载情况，即已知 U_2'、I_2'、$\cos\varphi_2$，以及变压器的参数 r_1、r_2'、$x_{1\sigma}$、$x_{2\sigma}'$、r_m、x_m 等，则绘图步骤如下：

(1) 根据已知条件 U_2'、I_2'、$\cos\varphi_2$，确定 $\dot{U}_2'$ 和 $\dot{I}_2'$ 的大小和相位；

(2) 按二次侧绕组的电动势平衡方程式 $\dot{E}_2'=\dot{U}_2'+\dot{I}_2'r_2'+\mathrm{j}\dot{I}_2'x_{2\sigma}'$，在 $\dot{U}_2'$ 的端点上画 $\dot{I}_2'r_2'$ 与 $\dot{I}_2'$ 平行，再在 $\dot{I}_2'r_2'$ 的端点上画 $\mathrm{j}\dot{I}_2'x_{2\sigma}'$超前 $\dot{I}_2'r_2'$ 90°，将 $\dot{U}_2'$、$\dot{I}_2'r_2'$、$\mathrm{j}\dot{I}_2'x_{2\sigma}'$诸相量相加得 $\dot{E}_2'$；

(3) $\dot{E}_1=\dot{E}_2'$；

(4) 画 $\dot{\Phi}_m$ 超前 $\dot{E}_1$ 90°；

(5) 画 $\dot{I}_0$，$\dot{I}_0$ 的大小可由 $I_0=\dfrac{E_1}{z_m}$算出，$\dot{I}_0$ 超前 $\dot{\Phi}_m$ α 角。$\alpha=\tan^{-1}\dfrac{r_m}{x_m}$；

(6) 按式 $\dot{I}_1=(-\dot{I}_2')+\dot{I}_0$ 画 $\dot{I}_1$；

(7) 按式 $\dot{U}_1=-\dot{E}_1+\dot{I}_1r_1+\mathrm{j}\dot{I}_1x_{1\sigma}$，画 $-\dot{E}_1$ 与 $\dot{E}_1$ 相位相反、大小相等，再在 $-\dot{E}_1$ 的端点上，画 $\dot{I}_1r_1$ 与 $\dot{I}_1$ 平行，在 $\dot{I}_1r_1$ 的端点上画 $\mathrm{j}\dot{I}_1x_{1\sigma}$超前 $\dot{I}_1r_1$ 90°，将 $-\dot{E}_1$、$\dot{I}_1r_1$、$\mathrm{j}\dot{I}_1x_{1\sigma}$相量相加，即可求得 $\dot{U}_1$。于是变压器负载时的相量图即可全部画出。

图 3-12 是变压器接感性负载时的相量图（滞后功率因数），和空载运行时相量图一样，图中一、二次侧绕组的漏阻抗压降都做了放大，这是为了作图的清晰，便于读者阅读。图中 $\dot{U}_1$ 和 $\dot{I}_1$ 之间的相位差 φ_1，是变压器负载运行时的功率因数角，即 $\cos\varphi_1$ 是变压器负载运行时一次侧的功率因数。

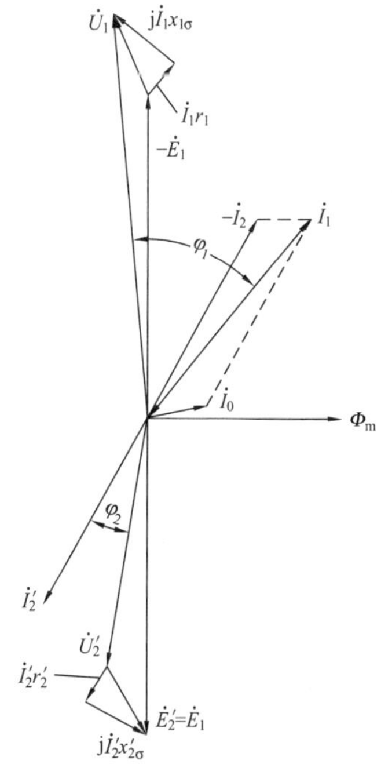

图 3-12 变压器接感性负载时的相量图

应当指出：变压器负载时相量图的形状将随负载性质而异。如果变压器的二次侧接上容性负载，则相量图的形状与上述有明显的差别。读者可根据上述原理和作图步骤画出。

对应于简化等效电路的变压器简化相量图如图 3-13 所示。作图时假定 U_2'、I_2'、$\cos\varphi_2$，以及变压器的参数 r_k、x_k 均属已知。

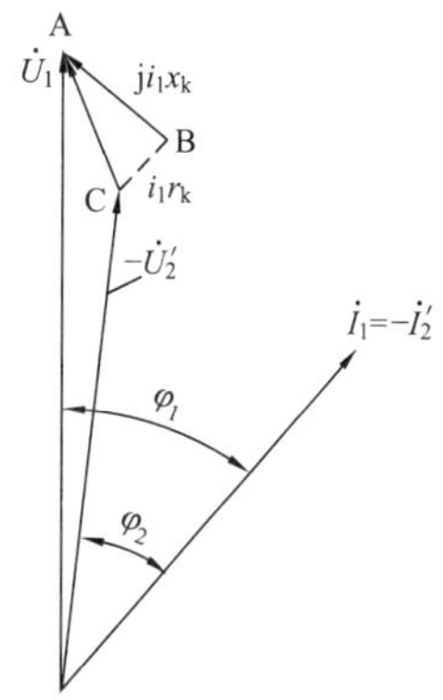

图 3-13 变压器的简化相量图

作图步骤如下：先作$-\dot{U}_2'$及$\dot{I}_1=-\dot{I}_2'$相量。它们之间的相位差为φ_2；再在$-\dot{U}_2'$上加电阻压降$\dot{I}_1 r_k$及漏抗压降$j\dot{I}_1 x_k$，于是可得$\dot{U}_1$。图 3-13 中的△ABC 称为漏阻抗压降三角形，对某一台变压器来讲，它的形状不变，而大小与负载成正比。

从简化等效电路可见，变压器如果发生稳态短路，则短路电流$\dot{I}_k=\dfrac{\dot{U}_1}{Z_k}$，一般稳态短路电流可达额定电流的 10～20 倍。

3.3　变压器的参数测定

变压器 T 形或 Γ 形等效电路中的各阻抗，如r_1、r_2、$x_{1\sigma}$、$x_{2\sigma}$、r_m、x_m等称为变压器的参数。它们对变压器的运行性能有直接的影响。已知变压器的参数，就能作出其等效电路，从而能分析变压器的运行性能。

变压器参数的确定方法有两种：一种是设计方法，即根据变压器所使用的材料，各部分的结构尺寸，额定电压、额定电流的情况，计算出来；另一种是试验方法，即对已经制成的变压器，通过一些从试验中测得的数据，间接地计算出来。鉴于变压器的等效电路是一个四端网络，因此变压器参数可通过空载和短路试验来测定。下面分述空载和短路试验的具体做法。

3.3.1　变压器的空载试验

空载试验的接线如图 3-14 所示。考虑到空载试验时所加的电压较高（额定电压），而电流较小（空载电流），为了试验的安全和仪表设备选择的方便，一般电源加在低压侧，而高压侧开路。

为了确定变压器的变比，可用电压表分别测出低压绕组的外施电压U_{2ph}和高压绕组的开路电压U_{1ph}。此时

$$k=\frac{U_{1ph}}{U_{2ph}}\approx\frac{E_1}{E_2}=\frac{N_1}{N_2}\tag{3-44}$$

为求得变压器的空载电流和空载损耗随电压而变化的曲线，外施电压要能在一定范围内进行调节。在不同的外施电压下，分别测出I_0、U_0，p_0，于是可作出曲线$I_0=f(U_0)$、$p_0=f(U_0)$，如图 3-15 所示。

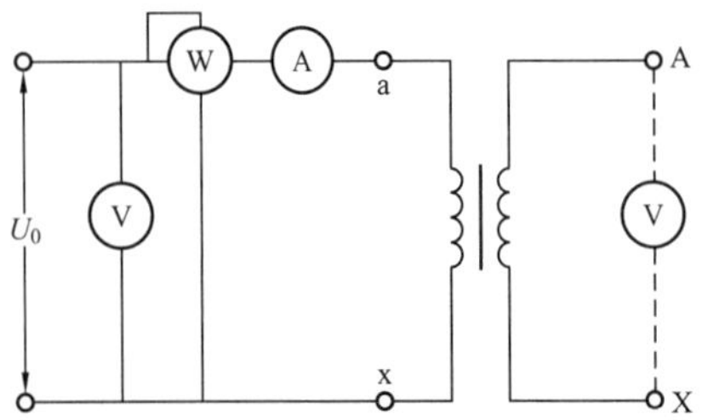

图 3-14　变压器空载试验的接线图

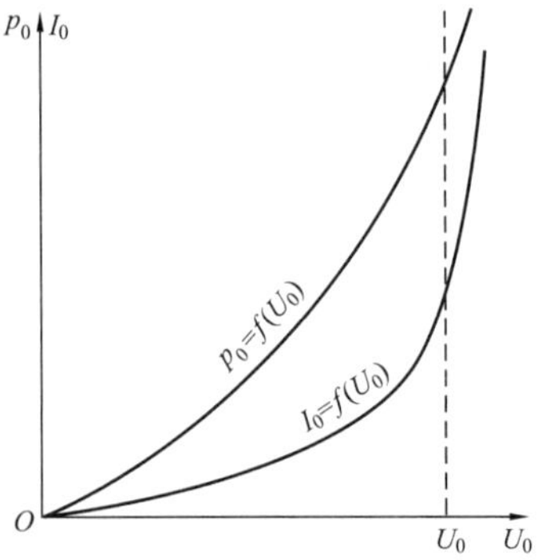

图 3-15　$I_0=f(U_0)$ 和 $p_0=f(U_0)$ 曲线

从空载时的等效电路可知，变压器空载时的总阻抗为

$$Z_0 = Z_m + Z_2 = (r_m + jx_m) + (r_2 + jx_{2\sigma})$$

由于电力变压器中，一般 $r_m \gg r_2$，$x_m \gg x_{2\sigma}$，因此可近似认为

$$Z_0 = Z_m = r_m + jx_m$$

这样，根据空载试验所测得的数据 I_0、U_0，p_0，就可计算出变压器励磁回路参数，即

$$\left.\begin{aligned} z_m &= \frac{U_0}{I_0} \\ r_m &= \frac{p_0}{I_0^2} \\ x_m &= \sqrt{z_m^2 - x_m^2} \end{aligned}\right\} \tag{3-45}$$

空载特性曲线 $I_0 = f(U_0)$ 实质上反映了变压器铁心的磁化曲线。可以看出，当电压较低时，Φ 较小，I_0 与 U_0 是线性关系；U_0 增高时，磁路逐渐饱和；U_0 超过额定值时，I_0 将大幅度增加。因此 Z_m 并非常数，U_0 越高，磁路越饱和，z_m 越小。一般应取额定电压点 $U_{1N}(U_{2N})$ 来计算励磁阻抗 Z_m。

空载试验时，因变压器的功率因数很低，在 0.2 以下，为减少测量误差，空载试验应选用低功率因数功率表来测量空载功率。

因电源电压加在低压侧，按式（3-45）算出的各参数均为折算到低压侧的值；若要折算到高压侧，需将算出的各参数乘以 k^2。

电力变压器在额定电压时，一般空载电流为额定电流的 0.6%～5%，空载损耗为额定容量的 0.2%～1.0%，随着变压器容量的增大，I_0 和 p_0 的百分比随之降低。

3.3.2 变压器的短路试验

短路试验的接线图如图 3-16 所示。试验时将变压器的二次侧短路，外加电压仅用来克服变压器的短路阻抗压降。由于短路阻抗 z_k 一般很小，为避免变压器一、二次侧绕组中产生过大的短路电流，短路试验应在降低电压下进行。短路试验的特点是：电压低，电流大。为了便于测量，短路试验的电压常加于高压侧，而低压侧直接短路。调节外施电压 U_k，使电流在 0～130%额定电流范围内变化，测出短路电流 I_k 和短路损耗 p_k 随外施电压 U_k 变化的曲线 $I_k = f(U_k)$ 和 $p_k = f(U_k)$，如图 3-17 所示。由于短路试验时外加电压很低，主磁通很小，铁损耗和励磁电流均可忽略不计，因此短路情况下可采用变压器的简化等效电路。其总阻抗 z_k 是一个常数，$I_k = f(U_k)$ 为一条直线，而 $p_k = f(U_k)$ 则近似为抛物线。

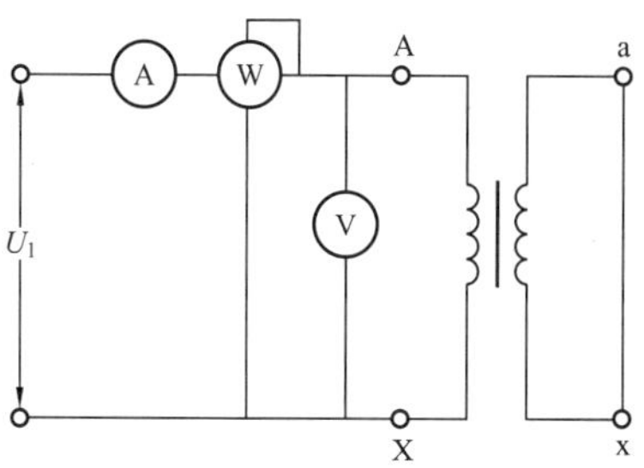

图 3-16 变压器短路试验接线图

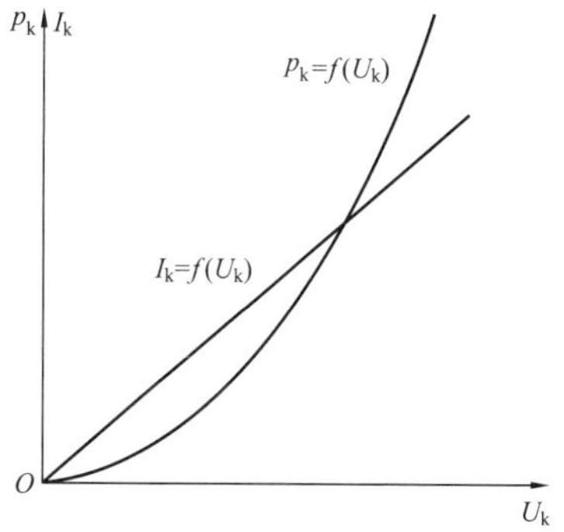

图 3-17 $I_k = f(U_k)$ 和 $p_k = f(U_k)$ 的曲线

短路时由于铁损耗可以忽略，这时短路损耗即为变压器一、二次侧绕组的铜损耗，即

$$p_k = p_{Cu} = I_1^2 r_1 + I_2^2 r_2 = I_k^2 r_k \tag{3-46}$$

式中 p_k——变压器一、二次侧绕组的铜损耗。

这样根据短路试验所测得的数据，便可计算出变压器的短路参数

$$\left.\begin{aligned} z_k &= \frac{U_k}{I_k} \\ r_k &= \frac{p_k}{I_k^2} \\ x_k &= \sqrt{z_k^2 - r_k^2} \end{aligned}\right\} \tag{3-47}$$

由于绕组的电阻随温度而变化，因此短路试验测得的电阻必须换算到规定的工作温度。按国家标准 GB 1094.2—1996 规定，油浸变压器的短路电阻值应换算到 75℃时的数值。

对于铜线变压器，电阻的换算公式为

$$\left.\begin{aligned} r_{k75℃} &= r_{k\theta} \times \frac{234.5 + 75}{234.5 + \theta} \\ z_{k75℃} &= \sqrt{r_{k75℃}^2 + x_k^2} \end{aligned}\right\} \tag{3-48}$$

式中 θ——试验时的绕组温度，℃；

$r_{k\theta}$——θ 温度下的短路电阻；

$z_{k75℃}$——75℃时的短路阻抗。

对于铝线变压器，应将式（3-48）中的 234.5 改为 225。

短路试验时由于电压及表计加在高压侧，因此测出的参数是折算到高压侧的数值。如需要求折算到低压侧的参数，则应除以 k^2。

在作变压器短路试验过程中，一次侧绕组电流达到额定值时，一次侧绕组上所加的电压称为短路电压。通常以短路电压与额定电压之比的百分值来表示。根据简化等效电路，短路电压的百分值为

$$u_k = \frac{I_{1phN} z_{k75℃}}{U_{1phN}} \times 100\ (\%) \tag{3-49}$$

其有功分量、无功分量分别为

$$\left.\begin{aligned} u_{kr} &= \frac{I_{1phN} r_{k75℃}}{U_{1phN}} \times 100\ (\%) \\ u_{kx} &= \frac{I_{1phN} x_k}{U_{1phN}} \times 100\ (\%) \\ u_k &= \sqrt{u_{kr}^2 + u_{kx}^2} \end{aligned}\right\} \tag{3-50}$$

式（3-49）、式（3-50）表明，短路电压百分值即阻抗压降百分值，其有功分量即电阻压降，无功分量即电抗压降。短路电压的数值标出在变压器的铭牌上，它的大小反映变压器在额定负载下运行时，漏阻抗压降的大小。从运行角度看，希望短路阻抗小些、阻抗压降小些，这样变压器的输出电压随负载波动程度较小。但阻抗压降太小时，短路时的电流太大，可能会导致变压器损坏。一般中、小型电力变压器的 u_k 值为额定电压的 4%～10.6%，大型的为 12.5%～17.5%。有功分量 u_{kr} 随变压器容量的增大而减小，无功分量 u_{kx} 则随变压器容量的增大而增大。比值 $\frac{u_{kx}}{u_{kr}}$ 在大型变压器中可达 10～15，中、小型变压器则在 1～5 范

围内。

例3-3 一台三相变压器，$S_N=31500kVA$，$U_{1N}/U_{2N}=110/10.5kV$，Yd连接，50Hz，在25℃时的空载和短路试验数据如表3-1所示。

表3-1 **空载和短路试验数据**

试验名称	电压（kV）	电流（A）	功率（kW）	加压方式
空　载	10.5	46.76	86	电压加在低压侧
短　路	8.29	165	198	电压加在高压侧

试求：

(1) 折算到高压侧的Γ形等效电路中各参数（导线材料为铜）；

(2) 短路电压百分值及其各分量。

解： 额定值：

高压，星形连接为

$$U_{1phN}=U_{1N}/\sqrt{3}=110/\sqrt{3}=63.509\ (\mathrm{kV})$$

$$I_{1NphN}=\frac{S_N}{\sqrt{3}U_{1N}}=\frac{31500\times10^3}{\sqrt{3}\times110\times10^3}=165.33\ (\mathrm{A})$$

低压，三角形连接为

$$U_{2phN}=U_{2N}=10.5\ (\mathrm{kV})$$

变比

$$k=\frac{U_{1phN}}{U_{2phN}}=\frac{63.509\times10^3}{10.5\times10^3}=6.0485$$

因为是三相变压器，试验数据中损耗功率是三相的，电压、电流分别是线电压、线电流。先根据连接方式计算试验数据一相的数值。

空载，三角形连接为

$$U_{0ph}=U_0=10.5\ (\mathrm{kV})$$

$$I_{0ph}=I_0/\sqrt{3}=46.76/\sqrt{3}=27.000\ (\mathrm{A})$$

$$p_{0ph}=p_0/3=86/3=28.667\ (\mathrm{kW})$$

短路，星形连接为

$$U_{kph}=U_k/\sqrt{3}=8.29/\sqrt{3}=4.7862\ (\mathrm{kV})$$

$$I_{kph}=I_k=165\ (\mathrm{A})$$

$$p_{kph}=p_k/3=198/3=66\ (\mathrm{kW})$$

(1) 由空载试验数据可求得折算到高压侧的励磁参数为

$$z_m=k^2\frac{U_{0ph}}{I_{0ph}}=6.0485^2\times\frac{10.5\times10^3}{27.000}=14227\ (\Omega)$$

$$r_m=k^2\frac{p_{0ph}}{I_{0ph}^2}=6.0485^2\times\frac{28.667\times10^3}{27.000^2}=1438.6\ (\Omega)$$

$$x_m=\sqrt{z_m^2-r_m^2}=\sqrt{14227^2-1438.6^2}=14154\ (\Omega)$$

由短路试验数据可求得折算到高压侧的短路参数为

$$z_k=\frac{U_{kph}}{I_{kph}}=\frac{4.7862\times10^3}{165}=29.007\ (\Omega)$$

$$r_k=\frac{p_{kph}}{I_{kph}^2}=\frac{66\times10^3}{165^2}=2.4242\ (\Omega)$$

$$x_k=\sqrt{z_k^2-r_k^2}=\sqrt{29.007^2-2.4242^2}=28.906\ (\Omega)$$

换算到75℃时的短路参数为

$$r_{k75℃}=r_{k\theta}\times\frac{234.5+75}{234.5+\theta}=2.4242\times\frac{234.5+75}{234.5+25}=2.8913\ (\Omega)$$

$$z_{k75℃}=\sqrt{r_{k75℃}^2+x_k^2}=\sqrt{2.8913^2+28.906^2}=29.050\ (\Omega)$$

（2）用75℃时的参数计算短路电压百分值为

$$u_{kr}=\frac{I_{1phN}r_{k75℃}}{U_{1phN}}\times100\ (\%)=\frac{165.33\times2.8913}{63.509\times10^3}\times100\ (\%)=0.75268\ (\%)$$

$$u_{kx}=\frac{I_{1phN}x_k}{U_{1phN}}\times100\ (\%)=\frac{165.33\times28.906}{63.509\times10^3}\times100\ (\%)=7.5250\ (\%)$$

$$u_k=\sqrt{u_{kr}^2+u_{kx}^2}=\sqrt{0.75268^2+7.5250^2}=7.5625\ (\%)$$

3.4 变压器的标么值

在电力工程的计算中，涉及的单位有两种体制：一种是实际值，例如电压单位用V、电流单位用A、阻抗单位用Ω等表示；另一种是标么值，即上述电压、电流、阻抗等物理量在表达时，选择同一单位的某一数值作为参考，以此作为比较的标准。此标准值称为基值。将电压、电流、阻抗实际值与基值比较，则此比值即为标么值。于是有

$$标么值=\frac{实际值}{基值}$$

为了使标么值在表达上有所区别，习惯上在实际物理量符号的右上角加一“*”号以表示该量的标么值。例如电压的实际值用U，则其标么值用U^*表示。

基值的选定是人为的，在变压器或电机中，一般均以各量对应的额定值为基值。

（1）对于电压、电动势、电流等，选用对应的额定值作为基值，即高压侧线电压的基值选用高压侧额定线电压；高压侧相电压的基值选用高压侧额定相电压；低压侧线电流的基值选用低压侧额定线电流；低压侧相电流的基值选用低压侧额定相电流等。

如此，则一、二次侧电压、电流的标么值为

$$\left.\begin{aligned}&I_{1l}^*=\frac{I_{1l}}{I_{1N}},\quad I_{1ph}^*=\frac{I_{1ph}}{I_{1phN}},\quad I_{2l}^*=\frac{I_{2l}}{I_{2N}},\quad I_{2ph}^*=\frac{I_{2ph}}{I_{2phN}}\\&U_{1l}^*=\frac{U_{1l}}{U_{1N}},\quad U_{1ph}^*=\frac{U_{1ph}}{U_{1phN}},\quad U_{2l}^*=\frac{U_{2l}}{U_{2N}},\quad U_{2ph}^*=\frac{U_{2ph}}{U_{2phN}}\end{aligned}\right\}\tag{3-51}$$

由此得到的结果是：在对称运行时，线值与相值的标么值相同，即不论是三角形连接或星形连接，对称运行时都有$U_{1l}^*=U_{1ph}^*$，$I_{2l}^*=I_{2ph}^*$等。

（2）对于功率，不论是视在功率S、有功功率P、还是无功功率Q，其基值均为对应的额定容量S_N。

在三相对称运行时，无论电机如何连接，均有

$$\left.\begin{aligned} S^* &= \frac{S}{S_N} = \frac{3U_{ph}I_{ph}}{3U_{phN}I_{phN}} = U^* I^* \\ P^* &= \frac{P}{S_N} = \frac{3U_{ph}I_{ph}\cos\varphi}{3U_{phN}I_{phN}} = U^* I^* \cos\varphi \\ Q^* &= \frac{Q}{S_N} = \frac{3U_{ph}I_{ph}\sin\varphi}{3U_{phN}I_{phN}} = U^* I^* \sin\varphi \end{aligned}\right\} \tag{3-52}$$

与单相运行相同。

(3) 至于一、二次侧阻抗的基值分别为

$$Z_{1N} = \frac{U_{1phN}}{I_{1phN}},\quad Z_{2N} = \frac{U_{2phN}}{I_{2phN}} \tag{3-53}$$

在明确一、二次侧阻抗基值后，一、二次侧阻抗的标么值可表达如下：

$$\left.\begin{aligned} Z_1^* &= \frac{Z_1}{Z_{1N}},\quad r_1^* = \frac{r_1}{Z_{1N}},\quad x_{1\sigma}^* = \frac{x_{1\sigma}}{Z_{1N}} \\ Z_2^* &= \frac{Z_2}{Z_{2N}},\quad r_2^* = \frac{r_2}{Z_{2N}},\quad x_{2\sigma}^* = \frac{x_{2\sigma}}{Z_{2N}} \end{aligned}\right\} \tag{3-54}$$

如果将各物理量的标么值乘以 100，则变成额定值的百分值。因而标么值很容易转换成百分值。

采用标么值具有以下优点：

(1) 不论变压器容量如何悬殊，用标么值表示的变压器参数及性能数据变化范围很小，这就便于对不同容量的变压器进行比较。例如，用标么值表示的空载电流为 0.006～0.05，用标么值表示的短路阻抗为 0.04～0.15。

(2) 采用标么值时，一、二次侧绕组的各物理量不再需要进行折算。因为将物理量用标么值表示时，一次侧的量采用一次侧的基值，而二次侧的量采用二次侧的基值，因此能自然地消除匝数差别。例如

$$U_2^* = \frac{U_2}{U_{2N}} = \frac{kU_2}{kU_{2N}} = \frac{U_2'}{U_{1N}} = U_2'^*$$

$$I_2^* = \frac{I_2}{I_{2N}} = \frac{\frac{1}{k}I_2}{\frac{1}{k}I_{2N}} = \frac{I_2'}{I_{1N}} = I_2'^*$$

$$r_2^* = \frac{r_2}{Z_{2N}} = \frac{r_2 I_{2phN}}{U_{2phN}} = \frac{r_2 I_{2phN} k}{U_{2phN} k} = \frac{r_2 k^2 I_{2phN}'}{U_{1phN}} = \frac{r_2' I_{1phN}}{U_{1phN}} = r_2'^*$$

注意：二次侧的参数折到一次侧后再求标么值，其基值应取一次侧的值。

(3) 采用标么值后，各物理量的数值简化了，例如各物理量额定值的标么值均等于 1，因此可使计算方便。另外还可使某些不同的物理量具有同样的数值，例如

$$\left.\begin{aligned} u_{kr} &= \frac{I_{1phN} r_{kC}}{U_{1phN}} \times 100\ (\%) = r_k^* \\ u_{kx} &= \frac{I_{1phN} x_k}{U_{1phN}} \times 100\ (\%) = x_k^* \\ u_k &= \frac{I_{1Nph} z_k}{U_{1phN}} \times 100\ (\%) = z_k^* \end{aligned}\right\} \tag{3-55}$$

即短路电流等于额定电流时的短路损耗，有

$$p_{kN}=mI_{phN}^2r_k$$

其标么值 $$p_{kN}^*=\frac{p_{kN}}{S_N}=\frac{mI_{phN}^2r_k}{mU_{phN}I_{phN}}=\frac{I_{phN}r_k}{U_{phN}}=r_k^* \tag{3-56}$$

以下讨论采用标么值后的单位问题。

按照定义

$$标么值=\frac{实际值}{基值}$$

标么值的含义是指实际值含有多少个基值。

以电压为例，实际值是有单位的，如 $U=110$（V）；如额定电压为 220V，则电压基值即每个基值电压为 220（V），则电压的标么值为

$$U^*=\frac{110\ (\text{V})}{220\ (\text{V})/基值电压}=0.5\ (基值电压)$$

一般在表达时均省略（基值电压）而直接写 $U^*=0.5$，表示此电压有 0.5 个基值电压，即 0.5 个 220（V）。

这里要注意的是：

(1) 标么值后不能写上实际的单位如 V、A 等；

(2) 实际值后不能漏写单位，以免与标么值混淆。

采用标么值可使电力系统或变压器的计算简化，在这一意义上它和折算、等效电路的作用有类似之处。下面举一综合性实例来说明三者在分析电力系统中的作用。

例 3-4 有两台三相变压器，铭牌标志如表 3-2 所示。

表 3-2 变压器铭牌标志

变压器编号	额定电压（kV）	短路电压百分值（%）	额定容量（kVA）	连接方式
Ⅰ	10/6.3	5.5	100	Yd
Ⅱ	6.3/0.4	4.5	100	Dyn

设两台三相变压器连接成如图 3-18 所示电路，并在 10kV 侧加电源电压为 9500V，而在 400V 侧接三相对称负载 $Z_L^*=1.9$，设两台变压器的短路阻抗角与负载阻抗的阻抗角相等。试求：

(1) 高压侧（10kV）、中压侧（6.3kV）及低压侧（0.4kV）的线电流及相电流；

(2) 中压侧（6.3kV）的线电压及低压侧（0.4kV）的相电压。

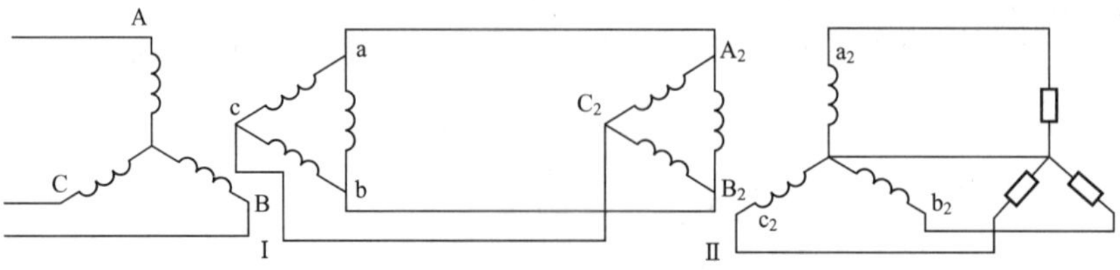

图 3-18 两台三相变压器连接电路

解：忽略励磁电流，用简化等效电路来分析。

图 3-18 所示的连接图可用两个变压器简化等效电路串联来代替，如图 3-19 所示。

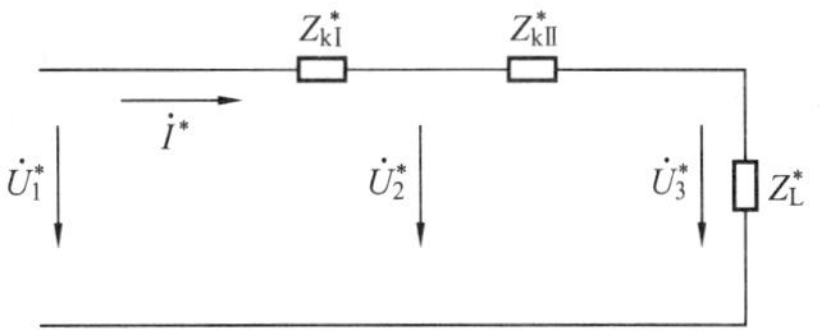

图 3-19 等效电路

变压器Ⅰ、Ⅱ的短路阻抗标么值可按式（3-55）求出为

$$Z_{k\mathrm{I}}^* = u_{k\mathrm{I}} = 0.055,\quad Z_{k\mathrm{II}}^* = u_{k\mathrm{II}} = 0.045,\quad Z_L^* = 1.9$$

上述两标么值的基值，如以 6300V 电压等级来表示，均为

$$z_N = \frac{U_{Nph}}{I_{Nph}} = \frac{U_{Nph}}{\dfrac{S_N}{3U_{Nph}}} = \frac{3U_N^2}{S_N} = \frac{3\times 6300^2}{100000} = 1190.7\ (\Omega)$$

可见变压器Ⅰ和变压器Ⅱ有相同的阻抗基值。

对于阻抗基值相同的两台变压器，在计算其串联总阻抗时，两短路阻抗的标么值可直接相加。反之，如两台变压器的阻抗基值不等，则要化为同一基值后，阻抗的标么值才能相加。

在图 3-19 所示电路中，两变压器串联后，由电源侧看入的总阻抗为

$$Z^* = Z_{k\mathrm{I}}^* + Z_{k\mathrm{II}}^* + Z_L^*$$

由于两台变压器的短路阻抗角相等，所以相量和即为代数和。于是上式也可写为

$$z^* = z_{k\mathrm{I}}^* + z_{k\mathrm{II}}^* + z_L^*$$

按题意，电源电压 $U_1^* = 0.95$。于是按图 3-19 结合已知条件，可解出：

(1) 电流标么值为

$$I^* = \frac{U_1^*}{z_{k\mathrm{I}}^* + z_{k\mathrm{II}}^* + z_L^*} = \frac{0.95}{0.055 + 0.045 + 1.9} = 0.475$$

电压标么值为

$$U_3^* = I^* \cdot z_L^* = 0.475 \times 1.9 = 0.9025$$

$$U_2^* = I^*(z_L^* + z_{k\mathrm{II}}^*) = 0.475 \times (1.9 + 0.045) = 0.92388$$

(2) 电流基值为

$$I_{\mathrm{I}1N} = I_{\mathrm{I}1phN} = \frac{S_N}{\sqrt{3}U_{\mathrm{I}1N}} = \frac{100000}{\sqrt{3}\times 10000} = 5.7735\ (A)$$

$$I_{\mathrm{I}2N} = \frac{S_N}{\sqrt{3}U_{\mathrm{I}2N}} = \frac{100000}{\sqrt{3}\times 6300} = 9.1643\ (A)$$

$$I_{\mathrm{I}2phN} = \frac{I_{\mathrm{I}2N}}{\sqrt{3}} = \frac{9.1643}{\sqrt{3}} = 5.2910\ (A)$$

$$I_{\mathrm{II}2N} = I_{\mathrm{II}2phN} = \frac{S_N}{\sqrt{3}U_{\mathrm{II}2N}} = \frac{100000}{\sqrt{3}\times 400} = 144.34\ (A)$$

电压基值为

$$U_{\mathrm{II}1N} = 6300\ (V)$$

$$U_{\mathrm{II}2phN} = \frac{U_{\mathrm{II}2N}}{\sqrt{3}} = \frac{400}{\sqrt{3}} = 230.94\ (V)$$

实际值

$$I_{\mathrm{I}1}=I_{\mathrm{I}1\mathrm{ph}}=I_{\mathrm{I}1\mathrm{N}}I^{*}=5.7735\times 0.475=2.7424\ (\mathrm{A})$$
$$I_{\mathrm{I}2}=I_{\mathrm{I}2\mathrm{N}}I^{*}=9.1643\times 0.475=4.3530\ (\mathrm{A})$$
$$I_{\mathrm{I}2\mathrm{ph}}=I_{\mathrm{I}2\mathrm{phN}}I^{*}=5.2910\times 0.475=2.5132\ (\mathrm{A})$$
$$U_{\mathrm{II}1}=U_{\mathrm{II}1\mathrm{N}}U_{2}^{*}=6300\times 0.92388=5820.4\ (\mathrm{V})$$
$$U_{\mathrm{II}2\mathrm{ph}}=U_{\mathrm{II}2\mathrm{phN}}U_{3}^{*}=230.94\times 0.9025=208.42\ (\mathrm{V})$$

例 3-5 用 MATLAB 计算变压器参数，变压器数据见例 3-3。

解：（1）MATLAB 源程序。

```
clc;clear;
Sn = 31.5 * 10^6;U1n = 110 * 10^3;U2n = 10.5 * 10^3;
I1n = Sn/U1n/sqrt(3);I2n = Sn/U2n/sqrt(3);
U0 = 10.5 * 10^3;I0 = 46.76;p0 = 86 * 10^3; % 变压器空载试验表计读数
U0p = U0/U2n;I0p = I0/I2n;p0p = p0/Sn; % 变压器空载试验电量标么值
Zmp = U0p/I0p;Rmp = p0p/I0p^2;Xmp = sqrt(Zmp^2 - Rmp^2); % 变压器励磁参数标么值
Uk = 8.29 * 10^3;Ik = 165;pk = 198 * 10^3; % 变压器短路试验表计读数
Ukp = Uk/U1n;Ikp = Ik/I1n;pkp = pk/Sn; % 变压器短路试验电量标么值
Zkp = Ukp/Ikp;Rkp = pkp/Ikp^2;Xkp = sqrt(Zkp^2 - Rkp^2); % 变压器短路参数标么值
fprintf('通过空载试验和短路试验求得变压器参数标么值如下:\n');
fprintf('    励磁阻抗 Zmp = %5.3f\n',Zmp);
fprintf('    励磁电阻 Rmp = %5.3f\n',Rmp);
fprintf('    励磁电抗 Xmp = %5.3f\n',Xmp);
fprintf('    短路阻抗 Zkp = %5.4f\n',Zkp);
fprintf('    短路电阻 Rkp = %5.4f\n',Rkp);
fprintf('    短路电抗 Xkp = %5.4f\n',Xkp);
Z1n = U1n/sqrt(3)/I1n; % 高压侧励磁阻抗基准值
Z2n = U2n/I2n/sqrt(3); % 低压侧励磁阻抗基准值
Zm = Zmp * Z1n;Rm = Rmp * Z1n;Xm = Xmp * Z1n; % 归算到高压侧的变压器励磁参数实际值
Zk = Zkp * Z1n;Rk = Rkp * Z1n;Xk = Xkp * Z1n; % 归算到高压侧的变压器短路参数实际值
Rk75 = Rk * (234.5 + 75)/(234.5 + 25);Zk75 = sqrt(Rk75^2 + Xk^2);
                                        % 换算到 75℃ 时的短路参数
fprintf('通过空载试验和短路试验求得归算到高压侧的变压器参数实际值如下:\n');
fprintf('    励磁阻抗 Zm = %5.3fΩ\n',Zm);
fprintf('    励磁电阻 Rm = %5.3fΩ\n',Rm);
fprintf('    励磁电抗 Xm = %5.3fΩ\n',Xm);
fprintf('    短路阻抗 Zk = %5.3fΩ\n',Zk);
fprintf('    短路电阻 Rk = %5.3fΩ\n',Rk);
fprintf('    短路电抗 Xk = %5.3fΩ\n',Xk);
% 用 75℃ 时的参数计算短路电压百分值
ukr = I1n * Rk75/(U1n/sqrt(3));
ukx = I1n * Xk/(U1n/sqrt(3));
```

```
uk = sqrt(ukr^2 + ukx^2);
fprintf('短路电压的百分值如下:\n');
fprintf('    短路电压 uk = %5.5f\n',uk);
fprintf('    短路电压有功分量 ukr = %5.5f\n',ukr);
fprintf('    短路电压无功分量 ukx = %5.5f\n',ukx);
```

(2) 运行程序。

通过空载试验和短路试验求得变压器参数标么值如下：

励磁阻抗 Zmp＝37.041

励磁电阻 Rmp＝3.746

励磁电抗 Xmp＝36.851

短路阻抗 Zkp＝0.0755

短路电阻 Rkp＝0.0063

短路电抗 Xkp＝0.0753

通过空载试验和短路试验求得归算到高压侧的变压器参数实际值如下：

励磁阻抗 Zm＝14228.560Ω

励磁电阻 Rm＝1438.914Ω

励磁电抗 Xm＝14155.615Ω

短路阻抗 Zk＝29.007Ω

短路电阻 Rk＝2.424Ω

短路电抗 Xk＝28.906Ω

短路电压的百分值如下：

短路电压 uk＝0.07563

短路电压有功分量 ukr＝0.00753

短路电压无功分量 ukx＝0.07525

3.5 变压器的运行性能

变压器对于负载来说是一个交流电源，它向负载输出电功率，因此变压器运行性能主要指的是：二次侧电压随负载大小变化的关系即电压变化率和效率随负载大小变化的关系。前者反映了变压器所供电能的质量，后者反映变压器运行的经济性。

变压器的负载大小由输出功率的标么值反映，此标么值也称为负载系数 β，即

$$\beta=\frac{S}{S_N}=\frac{U_2I_2}{U_{2N}I_{2N}}\approx\frac{U_{2N}I_2}{U_{2N}I_{2N}}=\frac{I_2}{I_{2N}}=I_2^* \tag{3-57}$$

3.5.1 电压变化率及电压调整

当变压器二次侧有电流输出时，由于绕组存在漏阻抗，将产生一定的电压降落，这就使得负载运行时的二次侧电压 U_2 不同于空载运行时的二次侧电压 U_{20}。当一次侧电压 U_1 保持不变时，变压器从空载运行到带负载运行其二次侧电压的变化与负载的大小及性质（即 $\cos\varphi_2$ 的大小）以及变压器本身的参数有关。通常二次侧电压变化的程度可用电压变化率来表示。

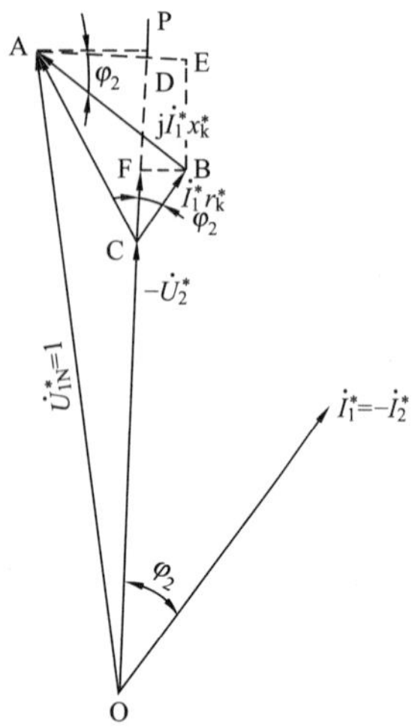

图 3-20　用标么值表示的简化相量图以计算 ΔU

所谓电压变化率是指：在变压器一次侧外施额定频率的额定电压、二次侧开路时的电压 U_{20} 与二次侧在给定功率因数下输出一定功率时的电压 U_2 之间的算术差（$U_{20}-U_2$），它与额定电压 U_{2N} 的比值，即

$$\Delta U=\frac{U_{20}-U_2}{U_{2N}}\times 100\%=\frac{U_{2N}-U_2}{U_{2N}}\times 100\%$$
$$=\frac{U_{1N}-U_2'}{U_{1N}}\times 100\% \tag{3-58}$$

用标么值表示为

$$\Delta U=\frac{U_{2N}-U_2}{U_{2N}}\times 100\%=1-U_2^* \tag{3-59}$$

电压变化率与变压器的参数和负载性质有关，可用简化相量图求出电压变化率的一般表达式。图 3-20 重绘了变压器负载时的简化相量图。图中△ABC 为漏阻抗压降三角形，当各量用标么值表示时，有

$$OA=1$$
$$CB=I_1^* r_k^* =\beta r_k^*$$
$$AB=I_1^* x_k^* =\beta x_k^*$$

作辅助线如下：以 O 为圆心，OA 为半径作圆弧与 $-\dot{U}_2^*$ 的延长线交于 P。从 A 点和 B 点分别作直线 ADE 和 BF 与 OP 垂直，过 B 点作 BE 平行于 OP。图中 CB 与 CF 及 AB 与 AE 间的夹角均为 φ_2，这样

$$\Delta U=\frac{U_{1N}-U_2'}{U_{1N}}\times 100\%$$
$$=(1-U_2^*)\times 100\%$$
$$=\{1-[\sqrt{1-(AD)^2}-CD]\}\times 100\%$$

由于 AD 比 $OA=U_{1N}^*=1$ 小得多，可用二项式定理将 $\sqrt{1-(AD)^2}$ 展开后取前两项，即

$$\sqrt{1-(AD)^2}\approx 1-\frac{1}{2}(AD)^2$$

代入上式后得

$$\Delta U=\left[CD+\frac{1}{2}(AD)^2\right]\times 100\%$$

从图 3-20 中可以看出：

$$CD=CF+FD$$
$$AD=AE-DE$$

而其中

$$CF=CB\cos\varphi_2=\beta r_k^* \cos\varphi_2$$
$$FD=AB\sin\varphi_2=\beta x_k^* \sin\varphi_2$$
$$AE=AB\cos\varphi_2=\beta x_k^* \cos\varphi_2$$
$$DE=CB\sin\varphi_2=\beta r_k^* \sin\varphi_2$$

代入并化简后可得电压变化率的表达式为

$$\Delta U=\left[\beta(r_k^* \cos\varphi_2+x_k^* \sin\varphi_2)+\frac{\beta^2}{2}(x_k^* \cos\varphi_2-r_k^* \sin\varphi_2)^2\right]\times 100\% \quad (3-60)$$

式（3-60）表明，电压变化率与负载大小（β 值）近于正比关系；在一定的负载下（β 为定值），漏阻抗标么值大的，电压变化率也大。此外，负载的功率因数 $\cos\varphi_2$ 对 ΔU 也有很大关系。在感性负载时，二次侧电流滞后于电压，在推导、计算电压变化率时，取此 $\varphi_2>0$，则 $\sin\varphi_2>0$，$\Delta U>0$ 为正值，说明负载运行后二次侧电压比空载运行时低。当变压器输出容性负载时，取此 $\varphi_2<0$，随之 $\sin\varphi_2<0$ 为负值，ΔU 有可能为负值，说明负载运行后二次侧电压可能比空载运行时高。

对于感性负载来说，式（3-60）中的后一项就是图 3-20 中 PD 的长度。在一般情况下 PD 长度相对较小，可以忽略，即

$$\Delta U=\beta(r_k^* \cos\varphi_2+x_k^* \sin\varphi_2)\times 100\% \quad (3-61)$$

对于容性负载来说，式（3-60）中的后一项不能忽略。由于容性负载时 $\varphi_2<0$，因而 $\cos\varphi_2>0$，$\sin\varphi_2<0$，因此（$x_k^* \cos\varphi_2-r_k^* \sin\varphi_2$）的数值是 $x_k^* \cos\varphi_2$ 与 $r_k^* \sin\varphi_2$ 两项绝对值相加。此时如果将其略去，会产生一定的误差。以下举一实例予以说明。

例 3-6 一台 100kVA、6000/230V 的变压器，$r_k^*=0.024$，$x_k^*=0.0495$。求额定负载时，$\cos\varphi_2=0.8$ 滞后和超前两种情况下的电压变化率。

解： 对于感性负载，有

$$\begin{aligned}\Delta U&=\left[\beta(r_k^* \cos\varphi_2+x_k^* \sin\varphi_2)+\frac{\beta^2}{2}(x_k^* \cos\varphi_2-r_k^* \sin\varphi_2)^2\right]\times 100\%\\&=(2.4\times 0.8+4.95\times 0.6)\%+\frac{1}{2}\times(4.95\times 0.8-2.4\times 0.6)^2\%\\&=(4.89+0.032)\%\\&=4.92\%\end{aligned}$$

若略去后项，则得 $\Delta U=4.89\%$，它所产生的误差小于 1%，显然无关紧要。

对于容性负载，有

$$\begin{aligned}\Delta U&=\left[\beta(r_k^* \cos\varphi_2+x_k^* \sin\varphi_2)+\frac{\beta^2}{2}(x_k^* \cos\varphi_2-r_k^* \sin\varphi_2)^2\right]\times 100\%\\&=(2.4\times 0.8-4.95\times 0.6)\%+\frac{1}{2}\times(4.95\times 0.8+2.4\times 0.6)^2\%\\&=(-1.05+0.134)\%\\&=-0.905\%\end{aligned}$$

若略去后项，显然误差较大。

一般电力变压器，当 $I_2=I_{2N}$，$\cos\varphi_2=0.8$（滞后）时，其电压变化率 $\Delta U\approx5\%\sim8\%$。

例 3-7 用 MATLAB 绘制变压器的外特性。

解：（1）MATLAB 源程序。

```
clc;clear;
rk = 0.0063;xk = 0.0753;
beita = 0:0.1:1.1;
```

```
fai1 = acos(0.8);
deitaU1 = beita.*(rk*cos(fai1) + xk*sin(fai1)) + beita.^2/2*(xk*cos(fai1) -
rk*sin(fai1))^2;
U1 = 1 - deitaU1;
fai2 = acos(1.0);
deitaU2 = beita.*(rk*cos(fai2) + xk*sin(fai2)) + beita.^2/2*(xk*cos(fai2) -
rk*sin(fai2))^2;
U2 = 1 - deitaU2;
fai3 = -acos(0.8);
deitaU3 = beita.*(rk*cos(fai3) + xk*sin(fai3)) + beita.^2/2*(xk*cos(fai3) -
rk*sin(fai3))^2;
U3 = 1 - deitaU3;
plot(0.0,0.6);hold on;plot(0.0,1.1);
plot(beita,U1,'r - .');hold on;
xlabel('负载系数');ylabel('输出电压(标么值)');grid on;
plot(beita,U2,'b - ');plot(beita,U3,'k - ');
legend('功率因数 0.8 超前','功率因数 1.0','功率因数 0.8 滞后')
```

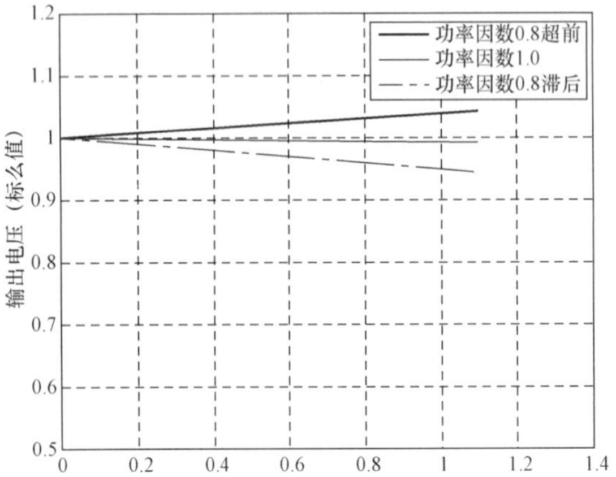

图 3-21 变压器的外特性

（2）MATLAB 生成的变压器外特性如图 3-21 所示。

从以上分析可知，变压器二次侧电压在运行中随负载波动而变化。由发电机、变压器和输电线路组成的电力系统，即使在正常运行时，由于负载的变动其电压也是经常变化的。电网各点的实际电压不可能恰与额定电压相等。如果电压变化范围太大，将会给用户带来不利影响，因此必须进行电压调整。在电力变压器中进行调压的方法是改变变比。通常在变压器的高压绕组上设有抽头（分接头），用以调节高压绕组的匝数。当二次侧电压下降时，可以减少高压绕组的匝数以减小变比；当二次侧电压上升时，可以增加高压绕组的匝数以提高变比。为此，在变压器的高压绕组上一般引出好几个分接头以供调压之用。中、小型变压器通常有三个分接头，中间一个分接头相当于额定电压，上、下分接头各相当于额定电压的(1±5%)。大型变压器一般有五个分接头，相应的调节范围为±2.5%和±5%。

连接及切换分接头的装置称为分接开关。如果切换分接头时必须将变压器从电网中切除，即不带电切换，称为无励磁调压。这种分接开关称为无励磁分接开关。如果切换分接头可在带负载下进行，则称为有载调压。这种分接开关称为有载分接开关，装有有载分接开关的变压器称为有载调压变压器。无励磁调压和有载调压的进一步分析可见有关专著。

3.5.2 变压器的损耗和效率

1. 变压器的损耗

变压器的损耗与其效率有密切的联系。在研究变压器效率时应先对变压器传递能量过程中所产生的各种损耗作一具体分析。变压器的损耗可分为铜损耗、铁损耗（对铝线变压器应为铝损耗）两大类。铁损耗就是变压器的空载损耗，已在本章3.1节中阐明。变压器的铜损耗可分为基本铜损耗和杂散铜损耗两部分。基本铜损耗是指一、二次侧绕组内电流所引起的直流电阻（即用直流量测得的电阻）损耗。杂散铜损耗包括由于漏磁场引起的集肤效应使导线有效截面减小、电阻增大而增加的铜损耗，多根导体并绕时的内部环流损耗等。杂散铜损耗难以计算，一般采用将直流电阻乘上一个系数的办法把它考虑进去。这样在考虑杂散铜损耗以后，一、二次侧绕组的电阻不应理解为直流电阻，而应理解为包括杂散铜损耗在内的等效电阻（或称交流有效电阻）。

如前所述，变压器的铜损耗和铁损耗可分别通过空载与短路试验求出。通常在变压器的产品目录中也都列出了变压器的铜损耗与铁损耗。表3-3列出了部分国产电力变压器的铜损耗与铁损耗值。从表中可以看出，一般电力变压器的铁损耗与铜损耗的比值为$\frac{1}{3}\sim\frac{1}{4}$。

表3-3 部分国产电力变压器的损耗值

变压器型号	额定容量 S_N (kVA)	额定电压 U_{1N}/U_{2N} (kV)	空载损耗 p_0 (W)	短路损耗 p_{kN} (W)
SJ10/6	10	6/0.4	103	347
SJL100/6	100	6/0.4	305	1214
SJL1000/10	1000	10/6	3840	13620
SJ1800/35	1800	35/6	7250	22070
SFL8000/35	8000	35/6	13200	62500
SFL10000/110	10000	110/10	17600	80000
SFL31500/110	31500	110/10	41000	182000
SFL63000/110	63000	110/10	69000	296000

2. 效率

变压器的效率是指变压器输出有功功率P_2与输入有功功率P_1的比值，一般用η来表示，即

$$\eta=\frac{P_2}{P_1}\times100\% \tag{3-62}$$

变压器的效率一般都比较高，大多在95%以上，有些大型电力变压器可高达99%以上。因此，用直接测量P_2和P_1来确定变压器的效率难以获得准确的结果。通常都是用计算变压器的损耗来确定其效率，即

$$P_1=P_2+p_{Fe}+p_{Cu}$$

所以变压器的效率为

$$\eta = \frac{P_2}{P_2 + p_{Fe} + p_{Cu}} \times 100\% = \left(1 - \frac{p_{Fe} + p_{Cu}}{P_2 + p_{Fe} + p_{Cu}}\right) \times 100\% \tag{3-63}$$

在确定式（3-63）中各值时，可作某些简化与假设，虽然这样会带来一些误差，但是误差一般很小，而且有部分是相互补偿的。

（1）假定负载运行时二次侧电压仍保持 U_{2N} 不变，即忽略负载运行时 U_2 所产生的微弱变化，则输出功率 P_2 计算式为

$$P_2 = mU_{2Nph} I_2 \cos\varphi_2 = \beta m U_{2Nph} I_{2N} \cos\varphi_2 = \beta S_N \cos\varphi_2 \tag{3-64}$$

式中 m——变压器的相数；

S_N——变压器的额定容量。

（2）假定负载运行时铁心中主磁通 Φ_m 保持不变，即忽略负载运行时由于一次侧漏阻抗压降变化所导致 Φ_m 的微弱变化，则可认为铁损耗不随负载而变化，于是由空载试验所求得的空载损耗 p_0 即为变压器的铁损耗 p_{Fe}。

（3）以额定电流时的短路损耗 p_{CuN} 作为额定电流时的铜损耗，并认为铜损耗与负载系数 β 的平方成正比，即不考虑 I_0 分量对铜损耗的影响。因此有

$$p_{Cu} = mI_1^2 r_k = \beta^2 m I_{1N}^2 r_k = \beta^2 p_{kN} \tag{3-65}$$

当采用以上假定后，式（3-63）变为

$$\eta = \left(1 - \frac{p_0 + \beta^2 p_{kN}}{\beta S_N \cos\varphi_2 + p_0 + \beta^2 p_{kN}}\right) \times 100\% \tag{3-66}$$

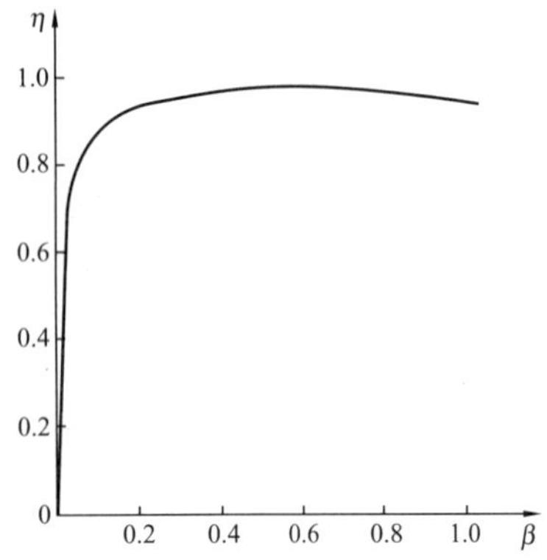

图 3-22 变压器的效率曲线

对于一台变压器来说，p_0 和 p_{kN} 的值是一定的，可通过空载、短路试验测出。因而效率 η 的大小与负载系数 β 和功率因数 $\cos\varphi_2$ 有关。在一定的功率因数下，效率与负载系数的关系 $\eta = f(\beta)$ 如图 3-22 所示。从图中可以看出：输出等于零时，效率也等于零；输出增加时，效率开始很快增高，达到一最高值后又开始下降。应当指出，变压器效率曲线的这种变化规律也是各种电机的效率特性所共有。

产生最大效率时的负载系数可以对式（3-66）求导而得出，最大效率发生在 $\frac{d\eta}{d\beta} = 0$ 时，即

$$p_0 = \beta_m^2 p_{kN}$$

或

$$\beta_m = \sqrt{\frac{p_0}{p_{kN}}} \tag{3-67}$$

式中 β_m——最大效率时的负载系数。

式（3-67）表明，当可变损耗与不变损耗相等时，变压器的效率达到最大值。因此变压器的运行效率的最高点，基本上取决于变压器铜损耗与铁损耗的比例。通常在设计变压器时应首先选定所希望的负载系数 β_m，然后使铜损耗与铁损耗的比例符合 $p_0 = \beta_m^2 p_{kN}$ 的要求。由于一般变压器不是长期在额定负载下运行，因此 β_m 值应选在 0.5～0.6，相应的 $\frac{p_0}{p_{kN}}$ 值为

$\frac{1}{3}\sim\frac{1}{4}$。

将式（3-67）代入式（3-66），可得变压器的最高效率为

$$\eta_{max}=\left(1-\frac{2p_0}{\beta_m S_N\cos\varphi_2+2p_0}\right)\times 100\% \qquad (3-68)$$

上面所讲的效率是从功率角度出发，所以称为功率效率。从功率效率的高低来判断一台变压器的经济性虽然非常重要，但是变压器一般总是在负载变动下运行，一台铜损耗大、铁损耗小的变压器和另一台铁损耗大、铜损耗小的同容量变压器，它们虽然可设计成额定负载运行时有相同的效率，然而它们所适宜的负载运行情况却不相同。前者宜于在轻负载下运行，后者则宜在重负载下运行。为了全面评价变压器运行的经济性，能量效率或称全日效率比上面所讲的效率更为重要。所谓全日效率就是一台变压器在一天 24h 内它的二次侧向电网输送的能量和同一时间内它的一次侧从电网所获得能量的比值，即

$$\eta_e=\left[1-\frac{p_0\sum t+\sum(\beta^2 p_{kN}t)}{\sum(\beta S_N t\cos\varphi_2)+p_0\sum t+\sum(\beta^2 p_{kN}t)}\right]\times 100\% \qquad (3-69)$$

式中　$\sum t$——变压器全天运行时间；

t——变压器在 β 负载系数下的运行时间。

从式（3-69）可知，要求一台变压器的能量效率，除了必须知道它的空载损耗 p_0 和短路损耗 p_{kN}外，还必须知道该变压器在一天 24h 内负载变动的情况。

例 3-8　一台 Yyn 连接的三相变压器，$S_N=100$kVA，$U_{1N}/U_{2N}=6300/400$V，空载损耗 $p_0=0.6$kW，短路损耗 $p_{kN}=1.8$kW，$u_k=4.7\%$。

试求：

（1）$S=70$kVA 且负载功率因数为 0.8（滞后）时的电压变化率、二次侧电压和效率。

（2）如负载功率因数不变，负载为多大时效率最高，最高效率为多少？

解：（1）变压器的短路阻抗为

$$z_k^*=u_k=0.047 \quad r_k^*=p_{kN}^*=\frac{p_{kN}}{S_N}=\frac{1.8}{100}=0.018$$

$$x_k^*=\sqrt{z_k^{*2}-r_k^{*2}}=\sqrt{0.047^2-0.018^2}=0.043417$$

$$\beta=\frac{S}{S_N}=\frac{70}{100}=0.7$$

因此电压变化率为

$$\begin{aligned}\Delta U&=\left[\beta(r_k^*\cos\varphi_2+x_k^*\sin\varphi_2)+\frac{\beta^2}{2}(x_k^*\cos\varphi_2-r_k^*\sin\varphi_2)^2\right]\times 100\%\\&=\left[0.7(0.018\times 0.8+0.043417\times 0.6)+\frac{0.7^2}{2}(0.043417\times 0.8-0.018\times 0.6)^2\right]\times 100\%\\&=2.8455\%\end{aligned}$$

二次侧相电压为

$$U_{2ph}=U_{2phN}(1-\Delta U)=\frac{400}{\sqrt{3}}(1-0.028455)=224.4\ (\mathrm{V})$$

变压器的效率为

$$\eta=\left(1-\frac{p_0+\beta^2 p_{kN}}{\beta S_N\cos\varphi_2+p_0+\beta^2 p_{kN}}\right)\times 100\%$$

$$=\left(1-\frac{0.6+0.7^2\times1.8}{0.7\times100\times0.8+0.6+0.7^2\times1.8}\right)\times100\%$$

$$=97.42\%$$

（2）
$$\beta_m=\sqrt{\frac{p_0}{p_{kN}}}=\sqrt{\frac{0.6}{1.8}}=0.57735$$

效率最高时，变压器的负荷为

$$S_{\eta=\eta_{max}}=\beta_m\cdot S_N=0.57735\times100=57.74\ (\text{kVA})$$

$\cos\varphi_2=0.8$ 时，最高效率为

$$\eta_{max}=\left(1-\frac{2p_0}{\beta_m S_N\cos\varphi_2+2p_0}\right)\times100\%$$

$$=\left(1-\frac{2\times0.6}{0.57735\times100\times0.8+2\times0.6}\right)\times100\%=97.47\%$$

如不规定 $\cos\varphi_2$，则变压器的最高效率应发生在 $\cos\varphi_2=1$ 时，有

$$\eta_{max}=\left(1-\frac{2p_0}{\beta_m S_N\cos\varphi_2+2p_0}\right)\times100\%$$

$$=\left(1-\frac{2\times0.6}{0.57735\times100\times1+2\times0.6}\right)\times100\%=97.96\%$$

结　语

本章以单相两绕组变压器作为研究变压器的基础。单相两绕组变压器包含了两个绕组和一个铁心。当空载运行时，只涉及一个绕组的作用，电磁现象最为简单，因此单相两绕组变压器原理的分析，从空载运行开始。单相两绕组变压器空载运行时，主要研究一次侧绕组各电磁量的基本关系。作为反映基本关系第一步，首先体现在定性方面，即一次侧绕组电压 $\dot{U}_1$ 在绕组内产生空载电流 $\dot{I}_0$，$\dot{I}_0$ 作用于磁路产生主磁通 $\dot{\Phi}$，主磁通 $\dot{\Phi}$ 的交变在一次侧绕组内感应电动势 $\dot{E}_1$，在二次侧绕组内感应电动势 $\dot{E}_2$，这是按因果关系的 $\dot{U}_1\rightarrow\dot{I}_0\rightarrow\dot{\Phi}\rightarrow\dot{E}_1$ 分析体系。由于变压器磁路的非线性，$\dot{U}_1$ 和 $\dot{I}_0$ 不成正比，当涉及以上诸量定量关系时，必须按变压器内在的电磁规律来分析，即按一次侧绕组的电动势平衡关系 $U_1\approx E_1=4.44fN_1\Phi_m$，由 U_1 确定 E_1，再根据电磁感应定律由 E_1 确定 Φ_m，最后根据磁路欧姆定律 $\Phi=\dfrac{I_0N_1}{R_m}$，由 Φ 确定 I_0，这就是按数量关系的所谓 $U_1\rightarrow E_1\rightarrow\Phi\rightarrow I_0$ 分析体系。后一体系可用来分析当电源电压、频率、一次侧绕组匝数 N_1、铁心磁阻 R_m 等变化时对变压器各参数如空载电流 I_0 和空载损耗 p_0 等的影响。I_0 和 p_0 两项数据是反映变压器空载性能的指标。

变压器在负载运行时，电能从一次侧绕组传递给二次侧绕组，这时在变压器一、二次侧绕组中存在电动势平衡关系，在一、二次侧绕组之间存在磁动势平衡关系。二次侧负载变化对一次侧的影响是通过磁动势 F_2 起作用的。

按照变压器内部磁场的实际分布情况和所起作用的不同，可把磁通分为主磁通和漏磁通两部分。主磁通同时与一、二次侧绕组相交链，并在其中感应电动势，起传递能量的作用。漏磁通仅与各自绕组相交链，只起电压降作用，而不直接参与能量的传递。在变压器的分析

中，通常把电磁场的问题简化为电路问题，这样漏磁通（$\Phi_{1\sigma}$、$\Phi_{2\sigma}$）的作用在电路上可用漏抗（$x_{1\sigma}$、$x_{2\sigma}$）来代替。

对变压器负载运行的分析，首先是明确能量在传递过程中的电磁关系。然后根据电动势和磁动势平衡的规律，建立相应的方程式，即所谓的基本方程，并据此作出变压器负载时的相量图。在相量图中既体现各量之间的数值关系（以相量长度来表达），也反映各量之间的相位关系。进一步分析可对变压器进行折算和作出等效电路。所谓折算是人为地将一、二次侧绕组匝数不等的变压器，在分析时当作匝数相同来处理，这是一种使简化分析的处理方法，更是作等效电路的基础。等效电路把变压器传递能量的电磁过程，把反映变压器的运行情况的一组基本方程，用一等效的电路来表达。等效电路也是简化变压器研究的一种手段。

反映电磁过程的基本方程式、相量图和等效电路三者之间具有十分密切的联系。基本方程式是电磁关系的数学表达式，相量图是基本方程式的一种图形表示法，而等效电路则是从基本方程出发用电路来模拟实际变压器，三者是完全一致的。由于解基本方程式比较复杂，因此在实际工作中，如需要作定量计算可采用等效电路，如需作定性分析则可采用相量图。

无论列基本方程式或画相量图都必须首先规定各电磁量的正方向，正方向规定不同，方程式中各电磁量前的符号以及相量图的形状也将随之而异。

励磁阻抗 Z_m 和漏阻抗 Z_1、Z_2 是变压器的重要参数。Z_m 和主磁通相对应，受磁路饱和影响，Z_m 不是常数。与 Z_1、Z_2 相对应的漏磁通基本上不受铁心饱和影响，因此 Z_1、Z_2 是线性的。

Z_m、Z_1、Z_2 可由空载和短路试验测出。从这两个试验中除了可计算出变压器的参数外，还可推算出效率 η 和电压变化率 ΔU。

变压器的电压变化率和效率是衡量变压器运行性能的重要指标。一般来说，电压变化率的大小表明了变压器运行时输出电压的稳定性，直接影响供电质量；而效率的高低则直接影响变压器运行的经济性。

最后需要指出，本章所阐明的变压器原理、性能和参数的计算公式，不但适用于单相变压器，而且对三相变压器也同样适用。因为在对称运行时，三相系统中可取其中一相来分析，所以上述的分析过程具有普遍的意义。

习　题

3-1　在研究变压器能量传递时，一、二次侧各电磁量的正方向是按何种原则规定的？

3-2　变压器一、二次侧的电压、电动势、磁通正方向如图 3-23（a）所示。一次侧电压的波形如图 3-23（b）所示。试画出 e_1、e_2、ϕ 和 u_2 的波形，并用相量图表示 $\dot{E}_1$、$\dot{E}_2$、$\dot{\Phi}_m$、$\dot{U}_1$ 和 $\dot{U}_2$ 的关系（忽略漏阻抗压降）。

3-3　变压器一、二次侧各电磁量的正方向如图 3-24 所示。已知 $i_1=10\sin\omega t$，试写出图 3-24（a）、（b）两种情况下二次侧电流 i_2 的表达式（忽略励磁电流）。

3-4　变压器空载，一次侧加额定交流电压时，一次侧电流很小，为什么一次侧电流不

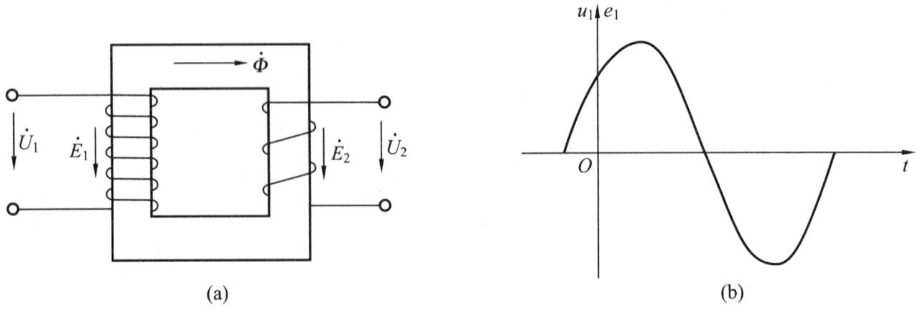

图 3-23 习题 3-2 图

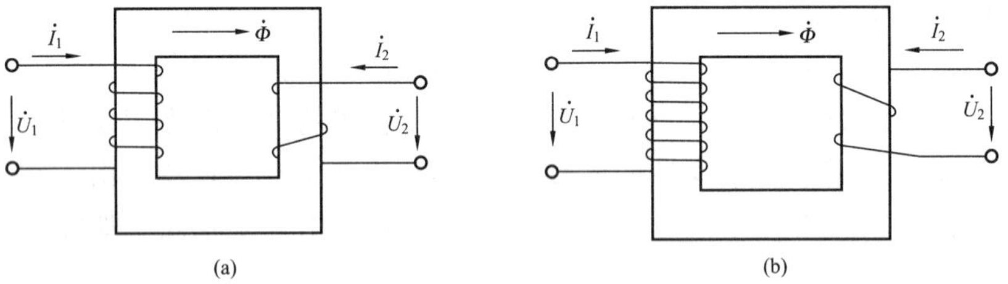

图 3-24 习题 3-3 图

大呢？如果加相同数值的直流电压，为什么此时一次侧电流极大？如此时二次侧短路对一次侧电流大小有无影响？

3-5 为了得到正弦波的感应电动势，当铁心饱和与不饱和时空载电流各呈何种波形？

3-6 设 $k=\dfrac{N_1}{N_2}$ 为变压器的变比，试比较下列各式的准确性：

$$k=\frac{E_1}{E_2},\quad k=\frac{U_1}{U_2},\quad k=\frac{I_2}{I_1}$$

若某些式子是近似的，试说明其所忽略的因素和在什么条件下方可使用？

3-7 励磁电抗 x_m 这一参数在变压器中代表何种意义？励磁电阻 r_m 代表何种意义？铁心饱和程度的高低对 r_m 及 x_m 有何影响？

3-8 变压器中的主磁通 $\dot{\Phi}_m$ 与漏磁通 $\dot{\Phi}_{1\sigma}$、$\dot{\Phi}_{2\sigma}$ 的磁路有何不同？它们的作用有何不同？在负载时激励这些磁通的磁动势有何不同？

3-9 变压器的额定电压为 220/110V，若不慎将低压侧接到 220V 的交流电源上，试分析将产生什么样的后果？

3-10 在制造同一规格的变压器时，如误将其中一台的铁心少叠 10%，试问在空载试验时若外施电压与其他变压器相同，则这台变压器的主磁通、铁损耗、励磁电流、励磁阻抗与其他变压器有什么不同？又如误将其中一台的一次侧绕组匝数少绕 5%，在作上述试验时这台变压器的主磁通、铁损耗、励磁电流、励磁阻抗、漏阻抗和其他变压器有什么不同？

3-11 变压器负载运行时，铁心中的主磁通与哪些因素有关？如在制造或检修时铁心叠片夹得不紧，或片间接缝较大，运行时会出现什么现象？

3-12 某变压器额定电压为 6000/400V，在高压侧有 ±5% 的分接头，如图 3-25 所示。现电源电压为额定值，并要求二次侧电压较额定值升高 5%。试问：

(1) 应如何调节分接头？

(2) 分接头调节后，如输出功率不变，试分析 Φ_m、I_0、p_{Fe}、p_{Cu1}、p_{Cu2}、Z_1、Z_2、Z_m、η、ΔU_0 各量的变化。

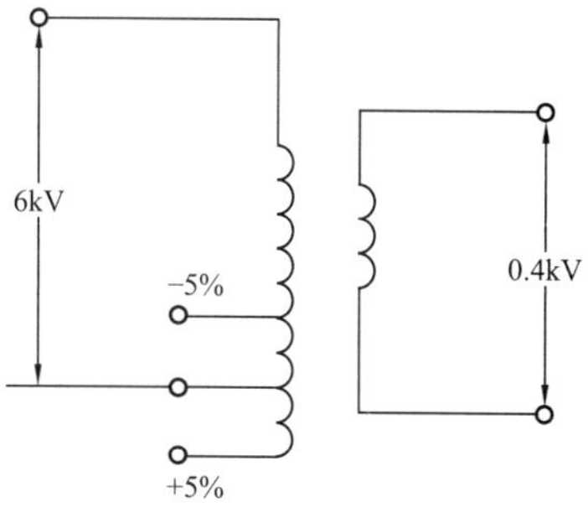

图 3-25　习题 3-12 图

3-13　变压器原设计为 50Hz，现用之于 60Hz 的电网上，在额定电压和额定负载下运行时，试分述 Φ_m、I_0、p_{Fe}、p_{Cu1}、p_{Cu2}、Z_1、Z_2、Z_m、η、ΔU_0 各量如何变化。

3-14　在额定工作状态下的变压器，当电网电压下降 5%，而负载阻抗及其他条件均不变时，试分述 Φ_m、I_0、p_{Fe}、p_{Cu1}、p_{Cu2}、Z_1、Z_2、Z_m、η、ΔU_0 各量如何变化。

3-15　变压器的电压变化率 ΔU 与短路电压百分值 u_k 有什么关系？它们的大小各是由哪些因素所决定？

3-16　变压器的空载损耗为何可近似地看成是铁损耗，而把额定电流时的短路损耗看成是额定负载时的铜损耗？变压器在额定负载时的铁损耗和铜损耗与空载和短路损耗有无差别？

3-17　有两台单相变压器 α 和 β，它们的额定电压相同，均为 $U_{1N}/U_{2N}=220/110$V，且一次侧绕组匝数也相同，但空载电流 $I_{0\alpha}=2I_{0\beta}$。今将两台变压器的一次侧绕组予以串联，并加上 440V 的电压，试问两台变压器二次侧的空载电压是否相等？

3-18　图 3-26 所示的单相变压器，电压为 220/110V，设高压侧加 220V 电压时，励磁电流为 I_0，主磁通为 Φ_m。今若将 X 和 a 端连在一起，在 A 和 x 端加 330V 电压，此时励磁电流和主磁通各为多少？若将 x 和 X 端连在一起，在 A 和 a 加 110V 电压，此时励磁电流和主磁通又为多少？

3-19　一台电压为 110/110V 的单相变压器，容量为 1kVA，$r_k=0.3\Omega$，$x_k=0.4\Omega$，$r_m=44\Omega$，$x_m=138\Omega$。如将一、二次侧绕组反极性串联如图 3-27 所示并加 220V 电压，问此时电流比额定电流大几倍？

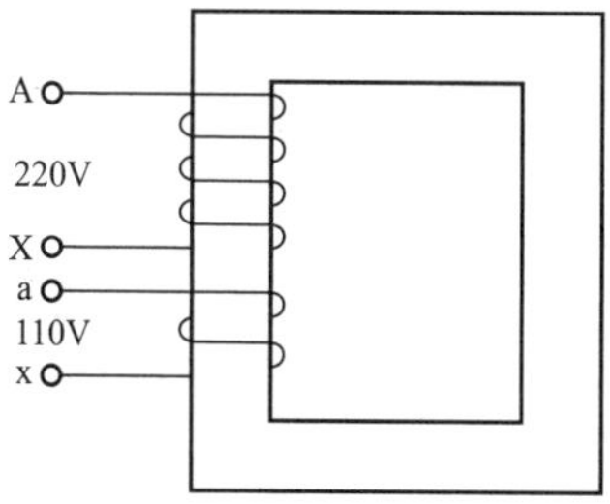

图 3-26　习题 3-18 图

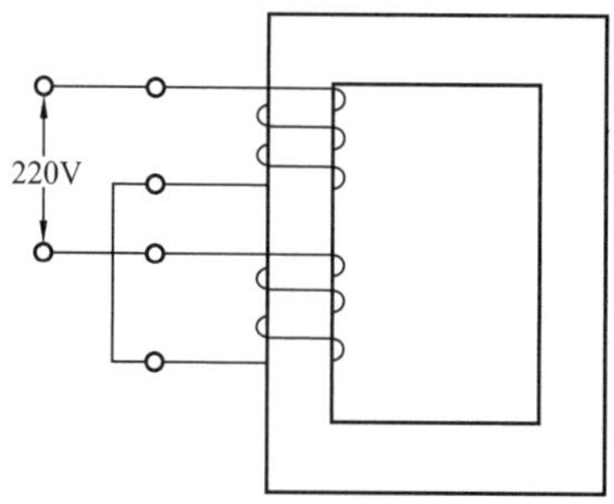

图 3-27　习题 3-19 图

3-20　按变压器采用的正方向惯例，分别作：

(1) 纯电阻负载时的相量图；

(2) 纯电容负载时的相量图；

(3) 纯电感负载时的相量图。

3-21 图3-28示出电压、电动势、电流和磁通的正方向。

（1）试写出变压器一、二次侧绕组的电动势平衡方程式，磁动势平衡方程式和一、二次侧绕组的电磁感应定律表达式；

（2）若二次侧带RC负载，画出相量图。

3-22 两台单相变压器数据如下。

第Ⅰ台：1kVA，220/110V，折算到高压侧的短路阻抗为$4\angle 60^\circ\Omega$。

第Ⅱ台：1kVA，110/24V，折算到高压侧的短路阻抗为$1\angle 60^\circ\Omega$。

现将它们按图3-29连接，再接上220V的交流电源作连续降压，略去励磁电流不计。

（1）若所接负载为$Z_L=10+j\sqrt{300}\Omega$，求各级电压和电流的大小；

（2）若负载侧短路，求各级电压和电流的大小。

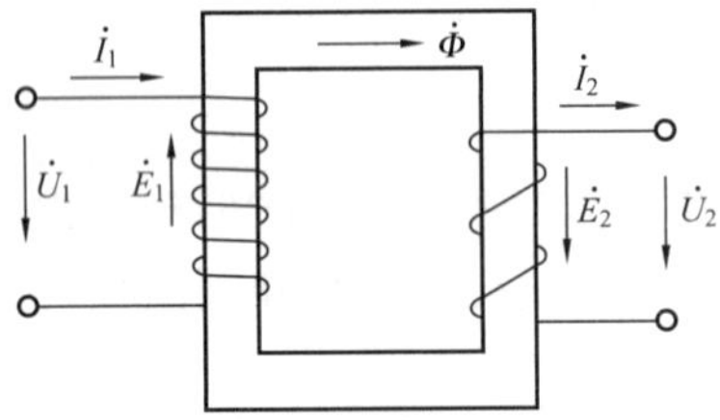

图3-28 习题3-21图

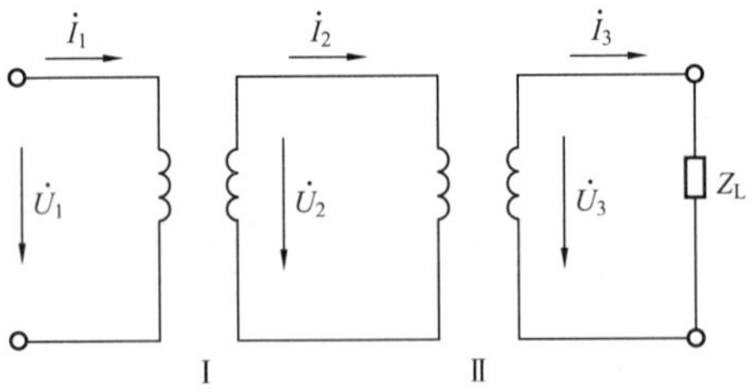

图3-29 习题3-22图

3-23 有一台单相变压器，额定容量$S_N=100$kVA，一、二次侧额定电压$U_{1N}/U_{2N}=6000/230$V，一、二次侧绕组的电阻和漏电抗分别为$r_1=4.32\Omega$、$r_2=0.0063\Omega$、$x_{1\sigma}=8.9\Omega$、$x_{2\sigma}=0.013\Omega$。试求：

（1）折算到高压侧的短路电阻r_k、短路电抗x_k及短路阻抗z_k；

（2）折算到低压侧的短路电阻r_k、短路电抗x_k及短路阻抗z_k；

（3）将上面的参数用标么值表示；

（4）计算变压器短路电压百分值u_k及其有功分量u_{kr}、无功分量u_{kx}；

（5）求满载及$\cos\varphi_2=1$、$\cos\varphi_2=0.8$（滞后）和$\cos\varphi_2=0.8$（超前）等三种情况下的ΔU，并对结果进行讨论。

3-24 有一台三相变压器，$S_N=5600$kVA，$U_{1N}/U_{2N}=10/6.3$kV，Yd11连接，空载和短路试验数据如表3-4所示。试求：

表3-4 **空载和短路试验数据**

试验名称	电压（V）	电流（A）	功率（W）
空　载	6300	7.4	18000
短　路	550	323	56000

（1）变压器Γ形等效电路参数（用标么值表示）；

（2）满载且$\cos\varphi_2=0.8$（滞后）时的ΔU及η；

（3）最高效率时的负载系数β_m以及最高效率η_{max}。

3-25 设有一台1800kVA；10000/400V，Yyn0连接的三相铁心式变压器。它的短路

电压百分值 $u_k=4.5\%$，空载电流 $I_0=3\%$，空载损耗 $p_0=6800\text{W}$，短路损耗 $p_{kN}=22000\text{W}$。试求：

（1）当一次侧电压保持在额定值，一次侧电流为额定值且 $\cos\varphi_1=0.8$（滞后）时的二次侧电压和电流；

（2）根据（1）中的二次侧电压，求电压变化率；

（3）用电压变化率公式，直接求在（1）情况下的电压变化率。

第 4 章　三 相 变 压 器

现代电力系统都是三相制，因此实际上使用得最广泛的是三相变压器。三相变压器可由三个单相变压器在电路上加以连接而组成，称为三相变压器组，或称组式变压器；而大部分是把三个铁心柱和铁轭连成一个磁路做成的三相变压器，称为三相铁心式变压器。

从运行原理和分析方法来看，三相变压器在对称负载下运行时，各相电压、电流等都是对称的，也就是大小相等、相位彼此相差 120°，因此可取其中一相进行分析。这时三相变压器中的任意相和单相变压器并无差别，因此第 3 章中所列出的基本方程式、相量图、等效电路以及一些反映性能数据的计算公式，对三相变压器也完全适用。但是三相变压器也有其本身的特殊性问题需要加以研究。例如，三相变压器的磁路和单相变压器不尽一致；三相变压器绕组的连接方法比单相变压器要复杂得多；空载运行时的励磁电流和电动势、磁通的波形以及三相变压器的不对称运行问题等则是在单相变压器中未曾提出过的新问题。

在这一章里将依次讨论属于三相变压器的特殊性问题，以说明三相变压器的特点。

4.1　三相变压器的磁路系统

三相变压器按照磁路系统的不同，可分为三相组式变压器和三相铁心式变压器两类。

三相组式变压器由三台单相变压器组成，其磁路如图 4 - 1 所示。在三相变压器组内，每相磁路独立，各自形成单独的回路。当三相磁通对称时，三相磁动势或励磁电流也都是对称的。

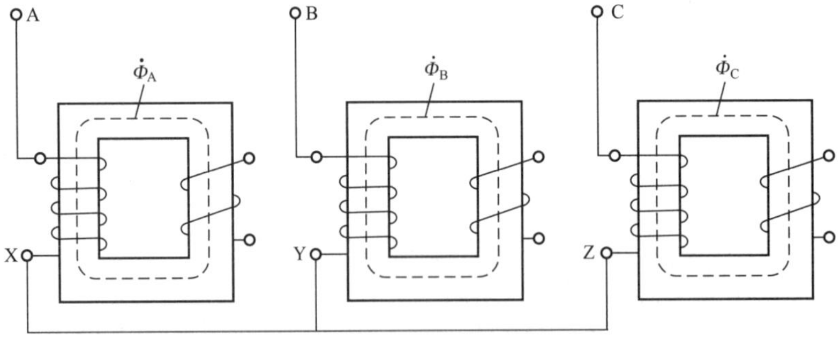

图 4 - 1　三相组式变压器的磁路

三相铁心式变压器的磁路如图 4 - 2（a）所示。它的结构可以看成是从三台单相变压器的铁心演变而来。若将三台单相变压器的铁心合并成图 4 - 2（a）所示形式，则中间公共铁心柱内的磁通应为三相主磁通的相量和。当外施电压对称时、三相主磁通也必然对称，即 $\dot{\Phi}_A+\dot{\Phi}_B+\dot{\Phi}_C=0$。由于通过公共铁心柱内的磁通为零，因此可把公共铁心柱取消，如图 4 - 2（b）所示。另外，为了制造上的方便以及使结构更趋合理，最后采用将三相铁心柱布置在同一平面上的形式，如图 4 - 2（c）所示。在这样的磁路系统中，每相主磁通都要借另外两相磁路而闭合（类似于没有中线的三相电路），所以这种磁路系统是彼此相关的。

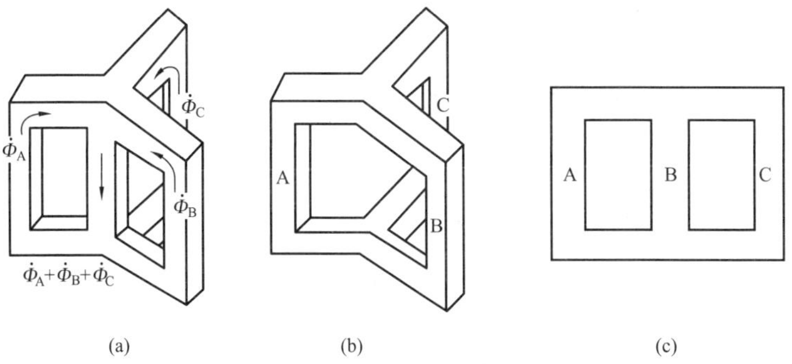

图 4 - 2　三相铁心式变压器的磁路

由于三相铁心式变压器各相磁路长度不相等，A、C 相较长，B 相最短，三相磁阻不一样。因此，在外施三相对称电压时，三相的空载电流不等。显然，B 相的空载电流较小。不过，在变压器负载运行时由于空载电流的差别而带来的影响很小，可不予考虑。

近代巨型的电力变压器，由于受到安装场所空间高度的限制或者铁路运输条件的限制，必须设法降低铁心的高度。为此，常采用三相旁轭式铁心，也就是在三相铁心式变压器的铁心两边加上两个旁轭，如图 4 - 3 所示。中间三个铁心柱上分别套上 A、B、C 三相绕组，边上两个旁轭上没有绕组。设铁轭上部各段的磁通分别为 $\dot{\Phi}_1$、$\dot{\Phi}_2$、$\dot{\Phi}_3$、$\dot{\Phi}_4$，则按图 4 - 3 所示的磁通正方向，可得

$$\left.\begin{aligned}\dot{\Phi}_A&=\dot{\Phi}_2-\dot{\Phi}_1\\ \dot{\Phi}_B&=\dot{\Phi}_3-\dot{\Phi}_2\\ \dot{\Phi}_C&=\dot{\Phi}_4-\dot{\Phi}_3\end{aligned}\right\}\tag{4-1}$$

当外施三相电压对称时，三相铁心中的磁通必然也是对称的。从 $\dot{\Phi}_A+\dot{\Phi}_B+\dot{\Phi}_C=0$ 的关系中，可得 $\dot{\Phi}_1=\dot{\Phi}_4$。于是式（4 - 1）的关系，与普通三相系统中星形连接时相电压与线电压的关系一样，如图 4 - 4 所示。从图中可知，铁轭中的磁通（$\dot{\Phi}_1$、$\dot{\Phi}_2$、$\dot{\Phi}_3$、$\dot{\Phi}_4$）将为铁心柱中的磁通（$\dot{\Phi}_A$、$\dot{\Phi}_B$，Φ_C）的$\dfrac{1}{\sqrt{3}}$，从而使整个铁心的高度降低，这对变压器的运输是有利的。但整个铁心的质量却较三柱式铁心的略有增加。

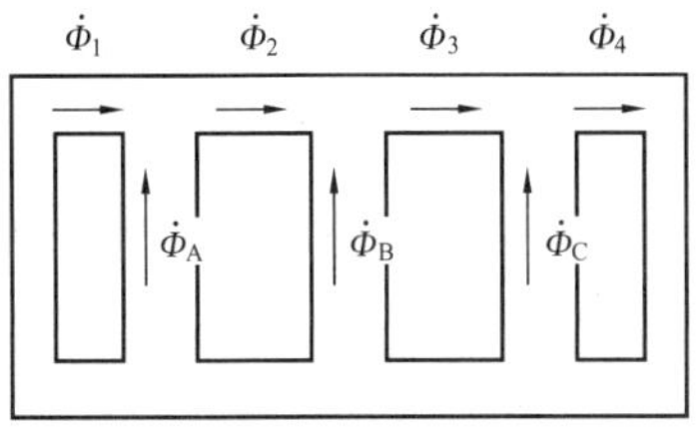

图 4 - 3　三相旁轭式铁心

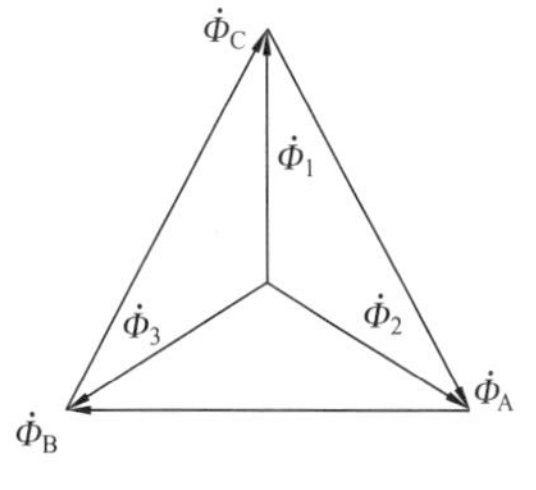

图 4 - 4　三相旁轭式铁心中，铁心柱和铁轭中的磁通的关系

目前使用得最多的是三相铁心式变压器，它具有消耗材料少、效率高、占地面积小、维护简单等优点。但对大容量的巨型变压器以及受运输条件限制的地方，为了便于运输及减少

备用容量，有时也采用三相组式变压器。

4.2　绕组的端点标志及极性

4.2.1　绕组的端点标志

如前所述，三相变压器绕组的电路连接比单相变压器的要复杂得多。由于变压器绕组之间存在电磁联系，绕组是一个有极性的线圈。因此变压器绕组的端点应明确标出其首、尾端，以便于变压器的电路连接。

按照 GB 1094.4 的规定，变压器绕组的首、尾端标志如表 4-1 所示。

表 4-1　　电力变压器绕组的首尾端标志

绕组名称	单相变压器		三相变压器		中性点
	首端	尾端	首端	尾端	
高压绕组	A	X	A、B、C	X、Y、Z	N
低压绕组	a	x	a、b、c	x、y、z	n
中压绕组	A_m	X_m	A_m、B_m、C_m	X_m、Y_m、Z_m	N_m

4.2.2　变压器极性与高、低压绕组电动势（或电压）的相位关系

在明确了端点标志以后，变压器的极性对高、低压绕组之间感应电动势的相位关系有直接的影响。图 4-5 表示一个单相变压器或三相变压器中的一相，高压绕组 AX 和低压绕组 ax 位于同一铁心柱上。由于变压器的高、低压绕组被同一主磁通 ϕ 所交链，因此当 ϕ 交变时，在高、低压绕组内感应出的电动势有一定的极性关系。当高压绕组的某一端点瞬时电位为正时，同时在低压绕组必有一电位为正的对应端点，这两个对应端点称为同极性端，用符号“$*$”表示。同极性端可能在两个绕组的相同端，如图 4-5（a）中的 A 与 a；也可能在两个绕组不同的两端，如图 4-5（b）中的 A 与 x，这取决于绕组的绕向。

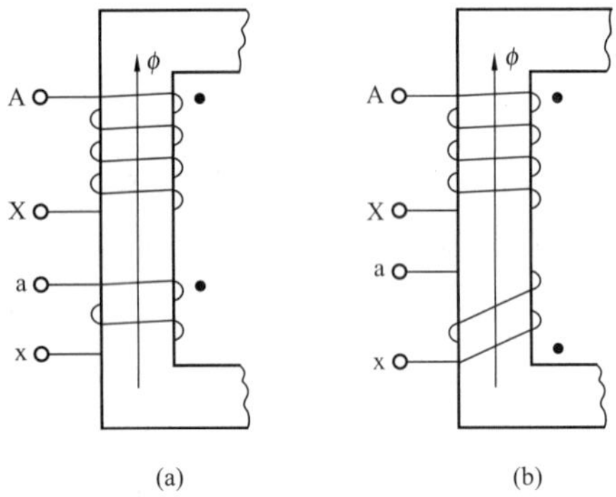

图 4-5　相同和不同绕向时高、低绕组的同名端

（a）绕向相同时；（b）绕向不同时

对于高、低压绕组绕向相同的变压器，若仍按第 3 章的惯例来规定变压器的正方向，如图 4-6（a）所示，高、低压绕组内电动势 $\dot{E}_A$ 和 $\dot{E}_a$ 的正方向都是从绕组的首端指向尾端，而其电压正方向在高压侧为首端 A 指向尾端 X，低压侧则为由尾端 x 指向首端 a。在忽略内部压降时，根据高、低压绕组的电动势平衡关系，可画出其相应的相量图。由于 $\dot{E}_A$、$\dot{E}_a$ 与 $\dot{\Phi}$ 之间的正方向均符合右手螺旋关系，因此 $\dot{E}_A$ 和 $\dot{E}_a$ 同相。但 $\dot{U}_A$ 与 $\dot{U}_a$ 的相位则相反，这是由于电压正方向规定在高、低压绕组内有不同的指向。

在研究变压器电路连接时，若将图 4-6（a）中低压侧电压 $\dot{U}_a$ 正方向规定予以倒置，即将 $\dot{U}_a$ 的正方向由首端 a 指向尾端 x。如图 4-6（b）所示，则与之相应的低压侧电压相量方向也应变反。从图 4-6（b）可以看出：当变压器高、低压绕组的电压正方向均由首端指向

尾端时，电动势之间的相位关系也就是电压之间的相位关系。显然，采用这种正方向规定对分析变压器的电路连接比较有利。如前所述，正方向规定是一种分析问题的工具或手段，不是客观规律，正方向规定应为研究对象服务。当研究变压器电路连接时，理应选择不同于前的新正方向规定。

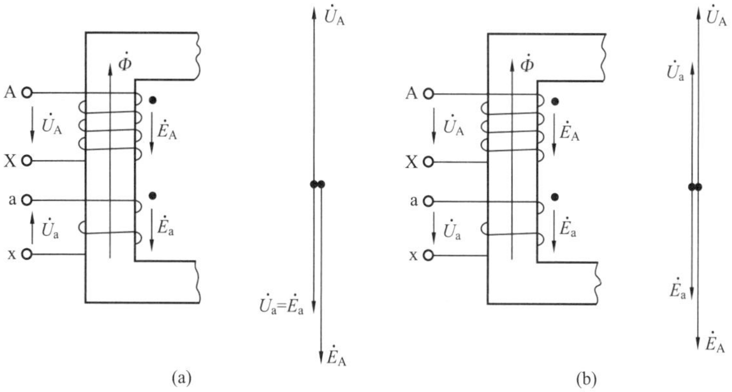

图 4-6　变压器在不同正方向规定时的电压相位关系

综合以上所述可知：

(1) 变压器的极性只与绕组的绕向有关，一旦绕向确定，绕组的相对极性也就确定了。为此，在表达变压器绕组的绕向时，有时可省略铁心不画，而以同极性端来表示高、低压绕组的相对绕向。

(2) 高、低压绕组之间电压的相位关系，与其所采用的正方向规定有关。当采用图 4-6 (b) 所述正方向规定后，则电压之间的相位关系与电动势之间的相位关系一致。

根据绕组的绕向以及端点标志的不同，当采用图 4-6 (b) 所述正方向规定后，变压器可能存在图 4-7 所示的四种情况。

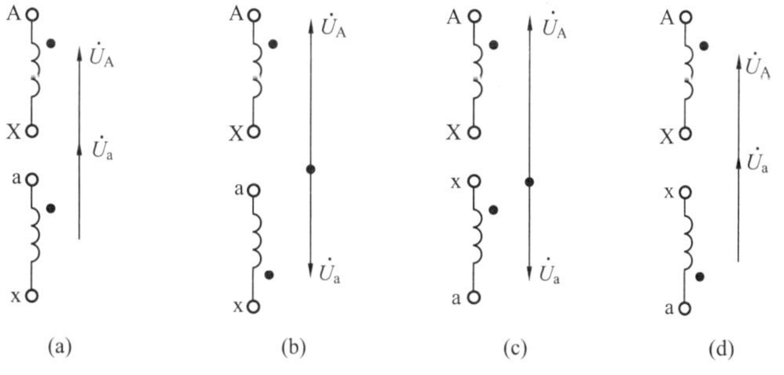

图 4-7　绕组的绕向、极性、端点标志与电压相位关系

在图 4-7 (a) 中，高、低压绕组绕向一致，A 与 a 为同极性端，即同极性端均在首端。根据图 4-6 (b) 可知，此时 $\dot{U}_A$ 与 $\dot{U}_a$ 同相。

在图 4-7 (b) 中，高、低压绕组绕向相反，但端点标志仍同图 4-7 (a)，此时同极性端一个在首端 A，另一在尾端 x，由于 $\dot{U}_A$ 及 $\dot{U}_a$ 的正方向仍由首端指向尾端（图中未标出），根据图 4-5 (b) 可知，此时 $\dot{E}_A$ 与 $\dot{\Phi}$ 符合右手螺旋关系，但 $\dot{E}_a$ 与 $\dot{\Phi}$ 不符合右手螺旋关系，因此 $\dot{E}_a$ 与 $\dot{E}_A$ 相位相反，可推知 $\dot{U}_a$ 与 $\dot{U}_A$ 相位也相反。

在图 4-7 (c) 中，高、低压绕组绕向相同，但端点标志与前不同，同极性端一在首端 A，另一在尾端。由前知此时 $\dot{E}_A$ 与 $\dot{E}_a$ 相位相反，因此 $\dot{U}_A$ 与 $\dot{U}_a$ 相位也相反。

在图 4-7 (d) 中，高、低压绕组绕向相反，但端点标志与图 4-7 (c) 不同，此时同极性端均在首端，因此无论 $\dot{E}_A$ 与 $\dot{E}_a$，或 $\dot{U}_A$ 与 $\dot{U}_a$ 均应同相。

综合以上所述可知，对于单相变压器或三相变压器中同一铁心柱上的两个绕组，高、低压绕组之间电压（或电动势）的相位不是同相就是反相，只有这两种情况。当高、低压绕组的首端极性相同时，电压同相；当高、低压绕组的首端极性相异时，电压反相。

4.2.3 变压器极性的测定

对于一台已经制造好的变压器，可采用下列方法来测出同一铁心柱上的两个绕组（高压绕组和低压绕组）间电压的相位关系。如图 4-8（a）所示，将绕组的尾端 x 和 X 相连，在变压器的高压侧加以适当大小的交流电压 U_{AX}，然后读取低压侧的电压 U_{ax} 及 A、a 端的电压 U_{Aa}。

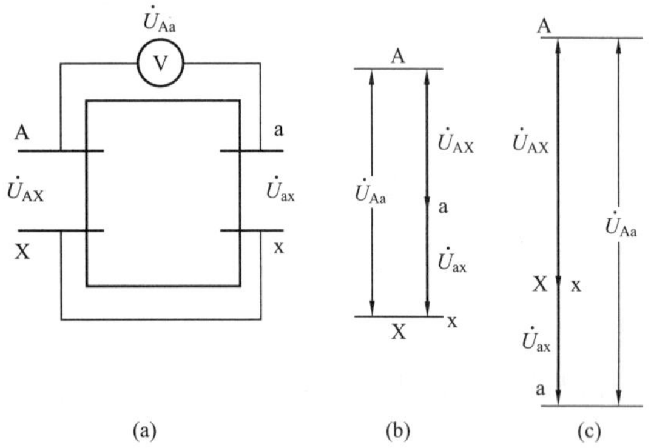

图 4-8 测定变压器极性的接线图及相量图

（1）如果 $U_{Aa}\approx U_{AX}-U_{ax}$，则 A、a 为同极性端。因此高压侧电压 $\dot{U}_{AX}$ 与低压侧电压 $\dot{U}_{ax}$ 同相，如图 4-8（b）所示。这时 A、X 和 a、x 的端点标志称为减极性标志。

（2）如果 $U_{Aa}\approx U_{AX}+U_{ax}$，则 A、a 不是同极性端。因此 $\dot{U}_{AX}$ 与 $\dot{U}_{ax}$ 相位相反，如图4-8（c）所示。这时的端点标志称为加极性标志。

我国生产的单相变压器一般按减极性标志，即高压侧与对应低压侧的相电压相位相同。

4.3 三相变压器绕组的接线方式与连接组

连接组包括高、低压绕组的接线方式及组别。

组别反映变压器高、低压间对应线电压之间的相位移。在工程上，连接组别采用时钟表示法：即把高压侧的线电压相量看作时钟的长针，对应低压侧线电压相量看作时钟的短针，把长针指向数字 12，则短针所指数字，即为该连接组的标号。

4.3.1 三相变压器绕组的接线方式

将三台单相变压器连接成三相绕组有许多接法，但其中最基本的是星形及三角形接法。另外，在星形接法中还可将其中性点引出。

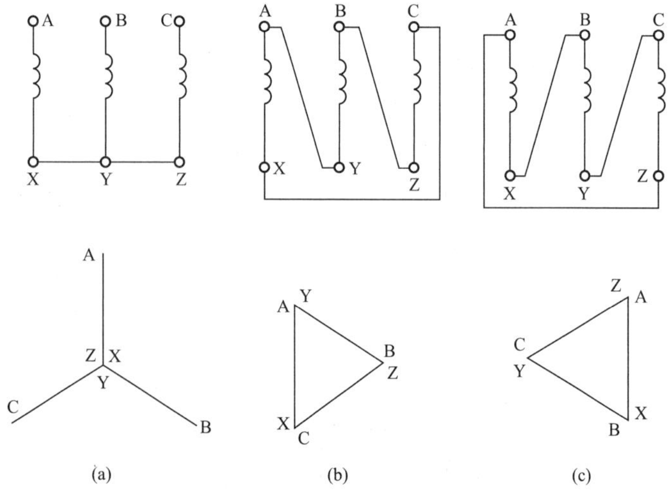

图 4-9 三相变压器绕组的连接图

在星形接法中，将三相绕组的尾端 X、Y、Z（x、y、z）连在一起接成中性点 N（n），而将三相绕组的首端 A、B、C（a、b、c）引出来，如图 4-9（a）所示。

三角形接法有两种：一种是将 A 连到 Y，B 连到 Z，C 连到 X，并由 A、B、C 引出，如图 4-9（b）所示；另一种是 A 连到 Z，B 连到 X，C 连到 Y，如图 4-9（c）所示。这两种接法对应线电压的相位相差 60°。

4.3.2 单相变压器的连接组

图 4-7（a）如果是台单相变压器，则连接组应为 Ii0，其中 Ii 表示高、低压侧都是单相绕组，0 表示高、低压绕组的电压同相，零点。图 4-7（b）应标为 Ii6，显然数字 6 表示高、低压绕组的电压相位相反，6 点。

按 GB 1096.4 规定，单相变压器的标准连接组为 Ii0。

4.3.3 三相变压器的连接组

将三相变压器高、低压绕组分别按星形、三角形等不同接法进行组合，可以得出许多接线方式。例如：高压绕组接成星形，低压绕组接成三角形，可得到 Yd 接线方式；高压绕组接成三角形，低压绕组接成星形，可得到 Dy 接线方式；高、低压绕组均接成星形，且均有中性点引出时，可得到 YNyn 接线方式。除此之外，变压器还可以接成 Yy 或 Yyn 以及 Dd 等接线方式。

但是只用 Yd 之类的连接方式还不足以完全说明变压器高、低压绕组连接的全部情况，还应当进一步说明高、低压绕组间对应线电压的相位关系。

下面举例说明，如何判断变压器的连接组。

例 4-1 判断图 4-10（a）所示变压器的连接组。

解：（1）如图 4-10 所示，高、低压绕组均作星形连接，为 Yy 连接。

（2）作高压侧位形图，顺时针方向依次为：A、B、C，如图 4-10（b）所示。

（3）作低压侧 $\overline{by}$（也可作 $\overline{ax}$ 或 $\overline{cz}$）。分为三步：

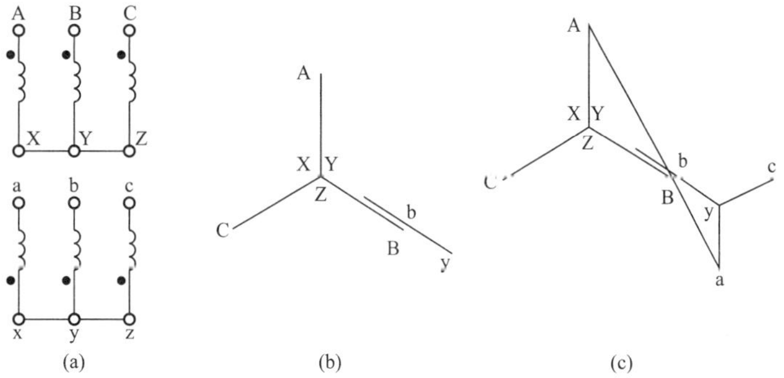

图 4-10 Yy 连接

1）高、低压侧 B、b 同点；

2）过 b 点，作直线与 $\overline{BY}$ 平行（因低压绕组 by 与高压绕组 BY 同柱，因此 $\overline{by}$ 与 $\overline{BY}$ 平行）；

3）因高、低压侧的同极性端不都在首端。由此可知其相电压应该反相，即 $\overline{by}$ 与 $\overline{BY}$ 反向，由此确定 y 点，如图 4-10（b）所示。

（4）根据连接方式，作低压侧位形图（x、y、z 同点，$\overline{ax}$、$\overline{by}$、$\overline{cz}$ 互差 120°），如图 4-10（c）。

（5）连接 AB 与 ab，判钟点 $\left(\overline{AB}\text{与}\overline{ab}\text{相差 }180°\text{，因此为}\frac{180}{30}=6\text{ 点}\right)$。

因此，图 4-10（a）所示变压器的连接组为 Yy6。

Yy 或 Dd 接法只能得到偶数的连接组。

例 4-2 判断图 4-11（a）所示变压器的连接组。

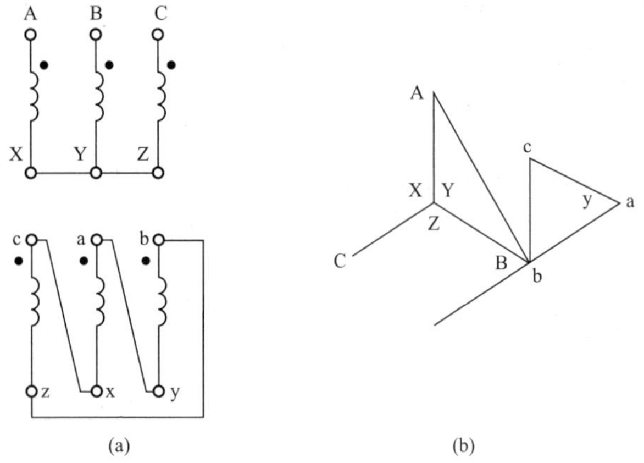

图 4-11　Yd 连接

解：步骤同前。注意：

（1）Yd 接法。

（2）by 与高压绕组 CZ 同柱，因此$\overline{by}$与$\overline{CZ}$平行。

（3）因高、低压侧的同极性端都在首端。由此可知其相电压应该同相，即$\overline{by}$与$\overline{CZ}$同向，由此确定 y 点，如图 4-11（b）所示。

（4）由图 4-11（a），低压侧为三角形接法，且 a 与 y 相连，因此低压侧位形图上 a 与 y 同点。

图 4-11（a）所示变压器的连接组为：Yd3。

Yd 或 Dy 接法只能得到奇数的连接组。

以上是根据变压器的连接方式求连接组，即已知变压器绕组的接线，求连接组标号。但是在工程上应用时，有些需要根据变压器的连接组标号求绕组的接线。对于这种情况，可根据同样原理反推，下面举实例来加以说明。

例 4-3　如图 4-12（a）所示三相变压器，试将这台变压器连接为 Dy9 接线。

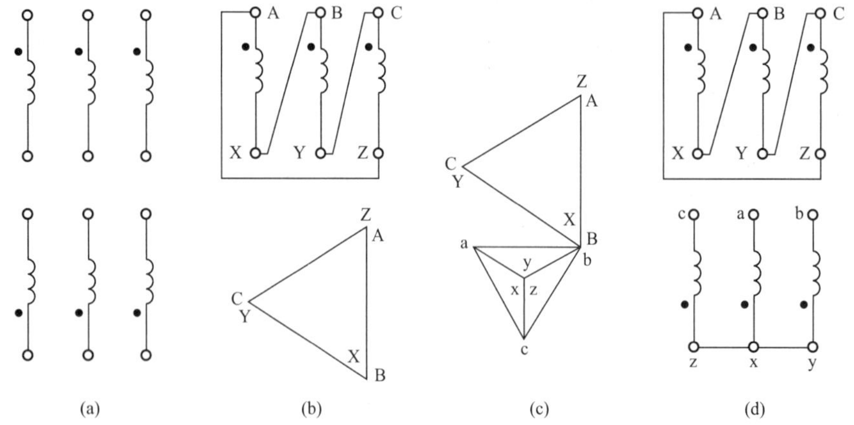

图 4-12　Dy9 连接

解：（1）高压侧三相绕组接成三角形，并作对应位形图，如图 4-12（b）所示。

注意：1）A、B、C 顺时针方向排列；

2）X 与 B 或 C 相连均可（图中与 B 相连），但在位形图上，X、Y、Z 的位置应与绕组连接对应。

（2）在位形图上，高、低压侧 B、b 同点，根据要求的连接组别，作$\overline{ab}$超前$\overline{AB}$ 90°。

（3）据$\overline{ab}$，作等边三角形△abc，还是应注意，a、b、c 顺时针方向排列。

（4）由于低压侧作星形连接。必须找出其中性点。因此取低压侧△abc 的中性点，该点即为低压侧尾端 xyz 三点连接之处，如图 4-12（c）所示。

(5) 低压侧绕组定端点标志：由图 4-12 (c)：因 $\overline{cz}$ 与 $\overline{AX}$ 平行，因此它们同铁心柱；因 $\overline{cz}$ 与 $\overline{AX}$ 反向，则 A、c 不是同极性端，由此得到端点 c、z。同理可得端点 a、b、x 及 y。

(6) 根据要求的连接方式，低压侧连线。

三相变压器 Dy9 连接组的接线图如图 4-12 (d) 所示。

4.3.4 标准连接组

为了使用和制造上的方便，国家标准规定三相两绕组变压器的常用连接组为 Yy0、YNy0、Yyn0、Yd11、YNd11 等五种。它们的使用范围分述如下。

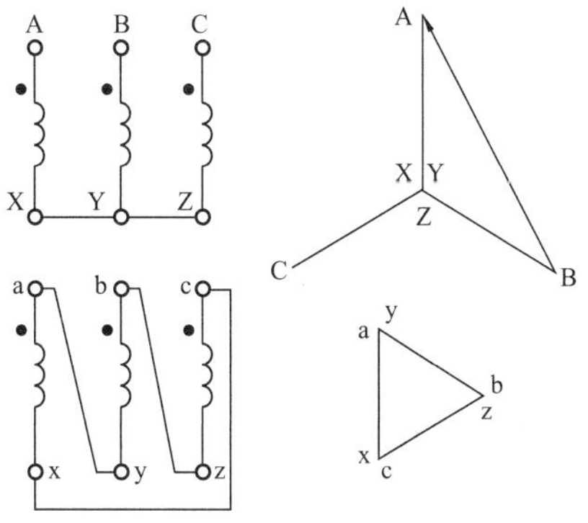

图 4-13 Yd11 连接组

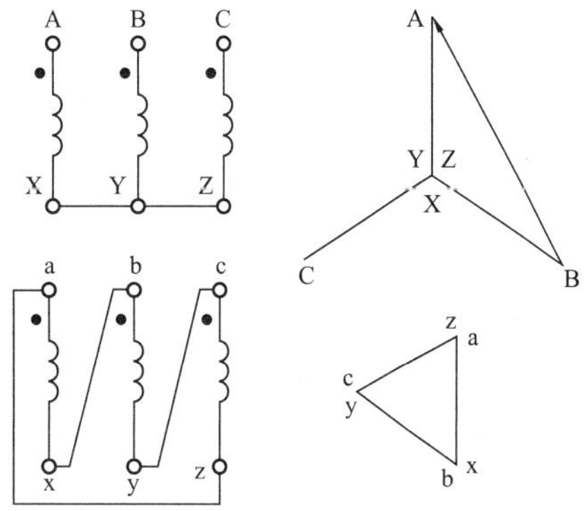

图 4-14 YNd11 连接组

(1) 连接组 Yyn0 用在低压侧为 400(230)V 的配电变压器中，以供给动力与照明混合负载，三相动力负载用 400V 的线电压，单相照明负载用线到中性点的 230V 电压。这种连接的变压器其容量不超过 1800kVA。

(2) 连接组 Yd11 (见图 4-13) 用于低压侧电压超过 400V 的线路中，高压侧的电压则在 35kV 以下，最大容量不超过 5600kVA。

(3) 连接组 YNd11 (见图 4-14) 用于高压侧需要中性点接地的变压器中，在电压为 110kV 及以上的高压线路中，一般需要将中性点直接接地或通过阻抗接地。

(4) 连接组 YNy0 用在高压侧中性点需要接地的变压器。

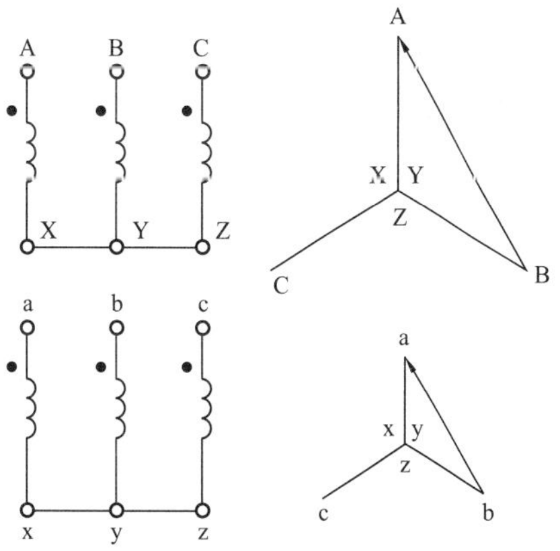

图 4-15 Yy0 连接组

(5) 连接组 Yy0 (见图 4-15) 用在只供给三相动力负载的变压器。

4.3.5 三相变压器连接组别的测定

对于一台已经制造好的变压器，可以通过试验来测定它的连接组别。如图 4-16 所示，将高、低压侧的 A、a 相连，在高压侧加上降低了的三相对称线电压 $U_{AB}=U_{BC}=U_{CA}$，测量低压侧线电压，应有 $U_{ab}=U_{bc}=U_{ca}$，以及高、低压间其他几个端点之间的电压 U_{Bb}、U_{Bc}、U_{Cb}、U_{Cc}。由这些电压就可以确定变压器的连接组别。

(1) 以边长 U_{AB} 作等边三角形，ABC 三个顶点顺时针方向排列；

(2) A 点即为 a 点，因为 A 和 a 连在一起，它们的电位相等；

（3）分别以 A、B、C 点为圆心，以 U_{Ab}、U_{Bb}、U_{Cb}为半径作圆弧，交点即为 b 点；

（4）由线段$\overline{AB}$、$\overline{ab}$就可确定变压器的连接组别；

（5）同理可作 c 点以验证。

例见图 4 - 17，可见该变压器组别为 11。

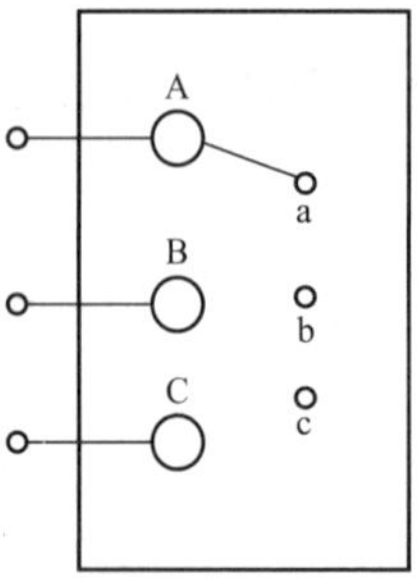

图 4 - 16　测定变压器连接组的接法

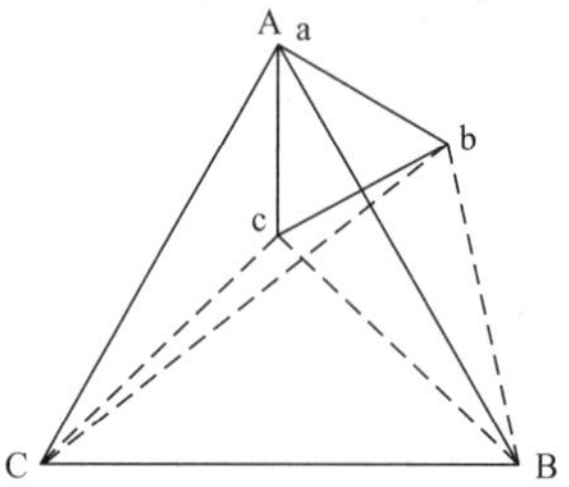

图 4 - 17　连接组别为 11 的高、低压侧电压关系

4.4　三相变压器空载运行时电流、磁通、电动势的波形问题

在分析单相变压器空载运行时曾经指出，当外施电压 u_1 为正弦波时，与之相平衡的电动势 e_1 及对应的主磁通 ϕ 也应是正弦波。但是，由于变压器铁心的磁路饱和，磁通和励磁电流之间具有非线性关系，因此空载电流 i_0 必定为尖顶波，其中除基波外还有较强的三次谐波 i_{03} 及更高的奇次谐波。

在三相变压器中，各相基波互差 120°。空载电流的三次谐波应是：

A 相　$i_{03A}=I_{03m}\sin3\omega t$

B 相　$i_{03B}=I_{03m}\sin3(\omega t-120°)=I_{03m}\sin3\omega t$

C 相　$i_{03C}=I_{03m}\sin3(\omega t-240°)=I_{03m}\sin3\omega t$

可见，三相空载电流中的三次谐波是大小相等、相位相同的。变压器三相绕组的连接方法一般有 Y、YN 和 D 三种，其中作 Y 连接时，三个大小相等、相位相同的三次谐波电流是不能存在的，而作 YN 和 D 连接时，三次谐波电流则可以存在。

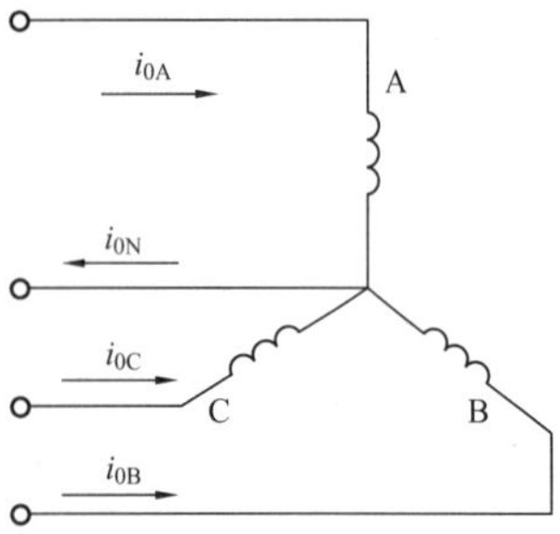

图 4 - 18　三相变压器一次侧有中性线引出的星形连接时的空载电流

如果三相变压器的一次侧是 YN 接法，如图 4 - 18 所示，每相绕组都与电源接通，当电源电压为正弦波形时，就每相而言，它的情况和单相变压器一样，三相变压器也就是由这三个相绕组构成，只是各相的相电压、相电流、电动势、磁通的相位不同而已。

如果三相变压器的一次侧为 Y 接法，空载电流中的三次谐波不能流通，这种接法的相绕组并没有直接接到电源，即使电源电压（线电压）是正弦波，相绕组端的电压不一定是正弦形的，下面就要着重分析这一情况。

4.4.1　Yy 连接的三相变压器

在 Yy 连接里，因为没有中性线，所以有

$$i_{0N}=i_{0A}+i_{0B}+i_{0C}=3I_{03m}\sin 3\omega t=0$$
$$I_{03}=0$$

空载电流中不可能有三次谐波，所以空载电流近于正弦波。由于铁心的磁饱和现象，因此由正弦波形的空载电流产生的主磁通波形，还取决于铁心的结构。

1. 各相磁路独立的三相变压器组

由三台单相变压器连接而成的三相变压器组，各相主磁通有单独的磁路，互不干涉，在分析磁路问题时，各相可以单独考虑（三相旁轭式铁心也属此类）。在 Yy 连接时空载电流近似正弦波，利用变压器铁心的磁化曲线可求得主磁通波形为平顶波，如图 4-19 所示。用谐波分析的方法，可以把平顶波形的主磁通，分解成基波和高次谐波，除基波磁通 ϕ_1 外，三次谐波磁通 ϕ_3 最为突出，与研究空载电流的波形一样，我们主要研究三次谐波磁通的影响。由于三相变压器组各相磁路是独立的，各相的基波磁通 ϕ_1，及三次谐波磁通 ϕ_3 也沿各自的铁心闭合。如图 4-1 所示。此时磁路的磁阻小，因此三次谐波磁通的数值较大，有时可达基波磁通的 15%～20%。又因为三次谐波磁通在绕组中感应三次谐波电动势 e_3 的频率是基波的 3 倍，因此三次谐波电动势 e_3 的幅值可达基波电动势 e_1 幅值的 45%～60%，甚至更大，将 e_1 与 e_3 相加，即得尖顶波形的相电动势，如图 4-20 所示。由于尖顶波形相电动势的幅值较正弦波形相电动势的幅值升高很多，可能将绕组绝缘击穿，因此三相变压器组是不能采用 Yy 连接的。

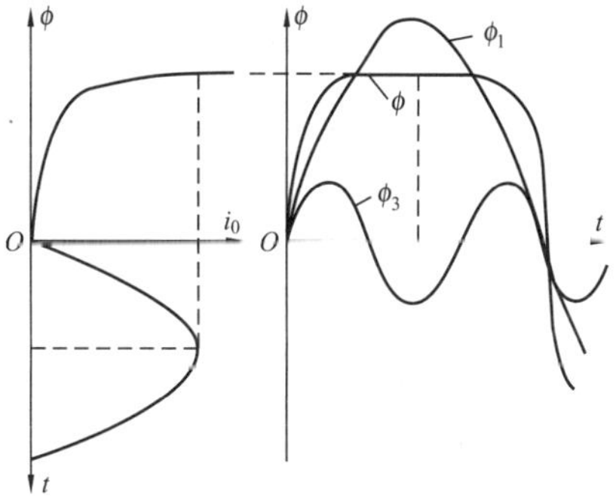

图 4-19 磁路饱和时正弦空载电流产生的主磁通波形

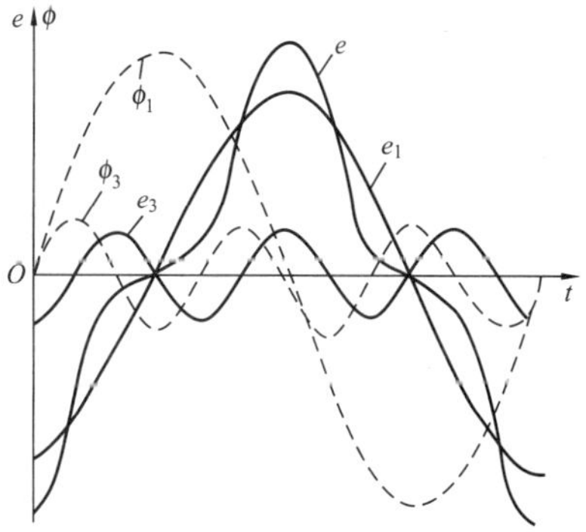

图 4-20 平顶磁通波所产生的电动势波形

在三相线电动势中，因三次谐波电动势互相抵消，线电动势的波形仍为正弦形。

2. 磁路彼此相关的三相铁心式变压器

在三相铁心式变压器里，情况就大不相同了。

因为三相磁路是相互关联的，各相的三次谐波磁通又大小相等、相位相同，不能沿铁心闭合，只能经油箱壁等形成闭路，如图 4-21 所示。

而三相基波磁通大小相同、相位互差 120°，$\phi_{1A}+\phi_{1B}+\phi_{1C}=0$。可在铁心中形成闭合回路，对应的磁阻很小。

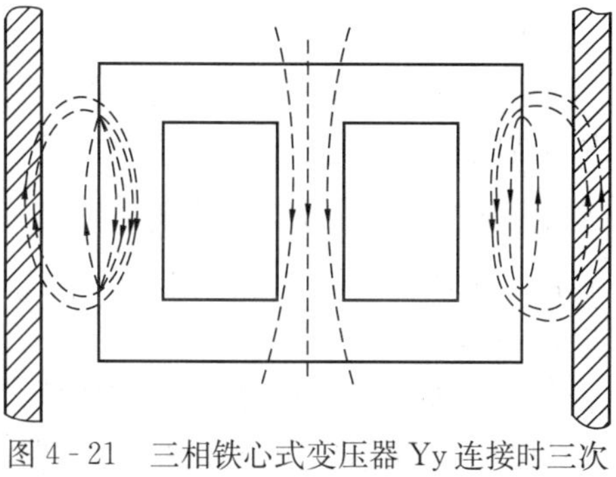

图 4-21 三相铁心式变压器 Yy 连接时三次谐波磁通的路径

可见在三相铁心式变压器中，基波磁通 ϕ_1

与三次谐波磁通 ϕ_3 走的是不同的磁路，对应于不同的磁化曲线。

由前面分析可知，由于基波磁路铁心饱和，基波磁通是由尖顶波励磁电流 $i_{01}+i_{03}$ 产生；三次谐波磁通 ϕ_3 因走的是基本不饱和的漏磁路，因此励磁电流的波形与磁通相似为三次谐波 i_{03}。但 Yy 连接的三相变压器，$i_0=i_{01}$ 为正弦波，何来 i_{03} 呢？可作如下转换：

$$
\begin{aligned}
i_0 &= i_{01} = i_{01} + i_{03} - i_{03} \\
&= (i_{01} + i_{03}) + (-i_{03})
\end{aligned}
$$

上式中（$i_{01}+i_{03}$）形成尖顶波励磁电流，据铁磁材料的磁化曲线，在铁心中产生较大的基波磁通 ϕ_1；三次谐波电流 i_{03} 据非磁性材料的磁化曲线在漏磁路中产生 ϕ_3。由于这些磁路的磁阻很大，因此三次谐波磁通很小。

此时合成的主磁通仍接近于正弦波形，相电动势波形也近于正弦波。但是，由于三次谐波磁通的存在，将会在油箱壁和其他铁夹件中产生涡流，引起局部发热，增加损耗，降低效率，因此 Yy 连接（包括 Yyn 连接）的三相铁心式变压器，其容量一般不超过 1800kVA。

4.4.2 Yd 和 Dy 连接

1. Yd 连接

当变压器作 Yd 连接时，一次侧绕组中的空载电流缺少三次谐波分量，致使主磁通中出现了三次谐波分量，并在绕组中感应出三次谐波电动势。由于二次侧作三角形连接，三相绕组中的三次谐波电动势大小相等而且相位相同，因而在三角形回路内产生三次谐波电流 i_3，如图 4-22 所示。对于磁路来说，二次侧中的三次谐波电流和一次侧三次谐波电流的励磁作用是一样的，实际上二次侧的三次谐波电流补充了一次侧空载电流中缺少的三次谐波分量。此时二次侧三角形回路内电动势平衡关系为

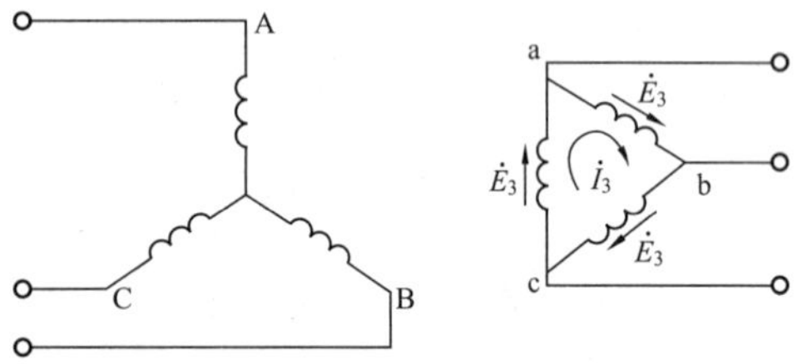

图 4-22 Yd 连接中的三次谐波电流

$$3\dot{E}_3 - 3\dot{I}_3 Z_3 = 0$$

即

$$\dot{E}_3 = \dot{I}_3 Z_3$$

式中，Z_3 为二次侧每相三次谐波漏阻抗，其数值不大。由于 $\dot{I}_3$ 仅相当于一次侧空载电流中的三次谐波分量，其数值也不大，因此 $\dot{E}_3$ 和 $\dot{\Phi}_3$ 的数值均较小，磁通和电动势的波形都接近于正弦波。

2. Dy 连接

变压器一次侧作三角接法时，虽然从电源流入变压器的空载电流（线电流）不可能含有三次谐波电流，但是在三角形回路内部，三次谐波电流是可以流通的。在 Yd 连接时，三角形回路内部产生了三次谐波电流 $\dot{I}_3$，那么，在 Dy 连接时，三角形内部同样会产生三次谐波电流 $\dot{I}_3$，因此一次侧各相绕组中的空载电流（相电流）波形为尖顶波，而磁通及电动势均接近于正弦波形。

对于大容量、超高压的电力变压器，由于电力系统运行的需要，要求变压器一、二次侧绕组的中性点都接地，这时可把变压器接成 YNyn 接法，然后再加上一个三角形接法的附加绕组，如图 4-23 所示。这个三角形接法的附加绕组可不带负载，主要任务是提供三次谐波

励磁电流，以保证主磁通接近于正弦波形从而改善电动势及磁通的波形。

图 4-23 带附加绕组的 YNyn 连接变压器

4.5 三相变压器的不对称运行

三相变压器在运行中，可能出现三相负载不对称的情况。例如变压器的二次侧接有较大的单相电炉或电焊机等单相负载，或者照明负载三相分布不平衡，或者因故障而引起变压器的不对称短路，此外，当一相断电检修，另外两相继续供电等，都可能出现变压器的不对称运行情况。

在一般情况下，当三相负载电流不对称时，变压器内部的阻抗压降也不对称，造成二次侧三相电压不对称。在一定的不对称负载下，变压器二次侧电压不对称的程度是可以分析计算的。但在一般电力变压器中，由于变压器内部阻抗压降不大，因此电流的不对称对电压的不对称程度影响不显著。但是在某种绕组连接（例如 Yyn 连接）及某种磁路系统（例如磁路独立的组式变压器）中，负载的不对称可能会引起电压的显著不对称，致使变压器无法正常工作，严重影响供电质量，因此研究变压器的不对称运行问题具有很大的实用意义。

在包括变压器在内的电力系统中，分析不对称运行的基本工具是对称分量法。在这一节里将先介绍对称分量法原理，然后分析各种不同连接组的不对称运行情况。

4.5.1 对称分量法

对称分量法是一种线性变换。对称分量法的原理，就是将一组任意的不对称三相系统，看成是各自独立的正序、负序和零序三组对称系统的叠加。后者即称为前者的对称分量。每组对称分量的三相之间都大小相等、彼此间相位差相等。上述正序系统的三个量应是大小相等、相位互差 120°、相序（达到最大值的先后次序）为 A→B→C；负序系统的三个量大小也相等，相位也互差 120°，但相序为 A→C→B；零序系统的三个量大小相等、相位也相同。

根据同样道理，如果反过来，将任意三组正序、负序、零序对称系统叠加起来，则可以得到一组不对称的三相系统。

在各序分量中，常用复数算子 α 来表达相位关系，即

$$\alpha=e^{j120^\circ}=\cos120^\circ+j\sin120^\circ=-\frac{1}{2}+j\frac{\sqrt{3}}{2}$$

$$\alpha^2=e^{j240^\circ}=\cos240^\circ+j\sin240^\circ=-\frac{1}{2}-j\frac{\sqrt{3}}{2}$$

$$\alpha^3=1$$

因此

$$\alpha+\alpha^2+\alpha^3=0$$

任何相量乘以 α 则逆时针转 120°，乘以 α^2 则逆时针转 240°，或顺时针转 120°。

下面以电流为例具体说明上述原理。

图4-24中的（a）、（b）、（c）是三组互不相关的三相电流，它们都是对称的，但是有不同的相序。在图4-24（a）中，$\dot I_A$超前$\dot I_B$ 120°，$\dot I_B$超前$\dot I_C$ 120°。这是一般三相制的情况，通常称为正相序，或简称正序；在图4-24（b）中，相序相反，$\dot I_C$超前$\dot I_B$ 120°，$\dot I_B$超前$\dot I_A$120°，通常称为负相序，简称为负序；在图4-24（c）中三相电流同相，不分先后，可称为零序。正序、负序、零序分量分别在右上角加注"+"、"−"、"0"的符号以示区别。如果这三组对称电流同时存在于同一系统之中，则它们的合成电流如图4-24（d）所示，这是一组三相不对称的电流，其中

$$\left.\begin{aligned}\dot I_A&=\dot I_A^+ + \dot I_A^- + \dot I_A^0\\ \dot I_B&=\dot I_B^+ + \dot I_B^- + \dot I_B^0\\ \dot I_C&=\dot I_C^+ + \dot I_C^- + \dot I_C^0\end{aligned}\right\}\tag{4-2}$$

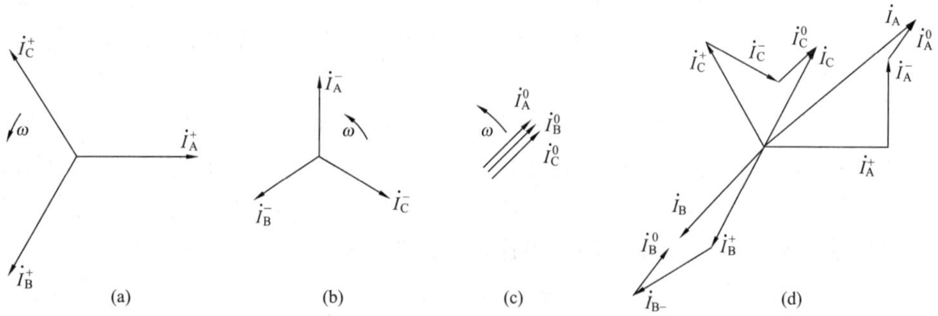

图4-24　对称分量的合成

（a）正序电流；（b）负序电流；（c）零序电流；（d）不对称三相电流

由图4-24（a）、（b）、（c）可知：当已知A相的正序、负序和零序分量时，则B相和C相的正序、负序和零序分量分别为

$$\left.\begin{aligned}&\text{零序分量电流}\quad \dot I_A^0=\dot I_B^0=\dot I_C^0\\ &\text{正序分量电流}\begin{cases}\dot I_A^+\\ \dot I_B^+=\alpha^2\dot I_A^+\\ \dot I_C^+=\alpha\dot I_A^+\end{cases}\\ &\text{负序分量电流}\begin{cases}\dot I_A^-\\ \dot I_B^-=\alpha\dot I_A^-\\ \dot I_C^-=\alpha^2\dot I_A^-\end{cases}\end{aligned}\right\}\tag{4-3}$$

将式（4-3）代入式（4-2）可得

$$\left.\begin{aligned}\dot I_A&=\dot I_A^+ + \dot I_A^- + \dot I_A^0\\ \dot I_B&=\alpha^2\dot I_A^+ + \alpha\dot I_A^- + \dot I_A^0\\ \dot I_C&=\alpha\dot I_A^+ + \alpha^2\dot I_A^- + \dot I_A^0\end{aligned}\right\}\tag{4-4}$$

从式（4-4）可以看出，如果 $\dot{I}_A$、$\dot{I}_B$、$\dot{I}_C$ 是已知的三相不对称电流，则解联立方程组式（4-4），可求得 A 相的三个对称分量为

$$\left.\begin{aligned}\dot{I}_A^+&=\frac{1}{3}(\dot{I}_A+\alpha\dot{I}_B+\alpha^2\dot{I}_C)\\\dot{I}_A^-&=\frac{1}{3}(\dot{I}_A+\alpha^2\dot{I}_B+\alpha\dot{I}_C)\\\dot{I}_A^0&=\frac{1}{3}(\dot{I}_A+\dot{I}_B+\dot{I}_C)\end{aligned}\right\}\tag{4-5}$$

再利用式（4-3），便可求得其他两相的对称分量。

以上是以电流为例，对于不对称的三相电压、电动势、磁动势和磁通，其关系式与式（4-5）完全相同。

例 4-4 有一组三相不对称电压，$\dot{U}_A=220\angle 0^\circ$ V，$\dot{U}_B=200\angle -100^\circ$ V，$\dot{U}_C=210\angle -250^\circ$ V，试把它分解为对称分量。

解： 由式（4-5）得

$$\begin{aligned}\dot{U}_A^+&=\frac{1}{3}(\dot{U}_A+\alpha\dot{U}_B+\alpha^2\dot{U}_C)\\&=\frac{1}{3}\left(220\angle 0^\circ+200\angle -100^\circ+120^\circ+210\angle -250^\circ+240^\circ\right)\\&=205\angle 2.96^\circ\ (\text{V})\end{aligned}$$

$$\begin{aligned}\dot{U}_A^-&=\frac{1}{3}(\dot{U}_A+\alpha^2\dot{U}_B+\alpha\dot{U}_C)\\&=\frac{1}{3}\left(220\angle 0^\circ+200\angle -100^\circ+240^\circ+210\angle -250^\circ+120^\circ\right)\\&=-25.2\angle 25.4^\circ\ (\text{V})\end{aligned}$$

$$\begin{aligned}\dot{U}_A^0&=\frac{1}{3}(\dot{U}_A+\dot{U}_B+\dot{U}_C)\\&=\frac{1}{3}\left(220\angle 0^\circ+200\angle -100^\circ+210\angle -250^\circ\right)\\&=37.8\ (\text{V})\end{aligned}$$

对称分量法本身是一种线性变换，只能用在线性参数的系统，在非线性参数的系统里，只有在允许采用近似的线性化假设时，才能用对称分量法得出近似的结果，不然会引起较大的误差。

4.5.2 三相变压器各相序等效电路

在分析三相变压器不对称运行时，对称分量法并不是唯一的方法。例如对于由三台单相变压器组成的三相变压器组，除了用对称分量法以外，还可以用普通的电路理论来求

解。此时由于三相不对称，不能用第3章所述的只取一相来分析，而必须同时考虑三相关系，所以分析起来比较复杂。如果系统是线性的，按照叠加原理，采用对称分量法，各分量的电压、电流、电动势等相互之间就无影响，即正序电流只会产生正序压降，不会产生负序或零序压降，负序或零序电流也不会产生其他相序的压降，因此可以把三个分量分别予以考虑。鉴于每一分量都是对称的，所以只需分析其一相，就达到简化的目的，也体现了对称分量法的优越性。最后把三个相序的分析结果叠加起来，就得到不对称运行时实际三相的数值。

在三相变压器中，对应于正序、负序和零序分量，分别有正序、负序和零序等效电路。前面第3章所讲的等效电路，实际上是三相变压器的正序等效电路。因为三相正序电流也是相位上彼此相差120°的对称系统，就一相而言和第3章所讲的情况一样，因此图3-11即为正序简化等效电路。对负序分量来说，其等效电路与正序等效电路没有什么不同，因为三相负序电流在相位上仍然彼此相差120°，至于是B相超前还是C相超前，对变压器的结构来说，没有什么区别，所以图3-11也是负序的简化等效电路。而零序分量情况就不同了，三相零序电流同相位、同大小，三相绕组的连接方式和磁路结构对零序电流和零序磁通有很大的影响。因此三相变压器的零序等效电路与正、负序的不一样，不同的连接方式和不同的磁路结构，其零序等效电路也不同，下面就具体地分析零序等效电路。

1. 磁路结构的影响

零序系统的等效电路，仍然是T形等效电路，如图3-9所示。由于各相绕组的电阻和漏电抗与电流的相序没有关系，图3-9中的r_1、$x_{1\sigma}$及r_2、$x_{2\sigma}$与正序时完全一样；但是对应于零序的励磁阻抗，则要受到磁路结构的影响。为了与正序的励磁阻抗z_m区别，用z_m^0表示，分两种情况讨论。

(1) 三相变压器组（包括三相旁轭式铁心）。对于组式三相变压器，各相磁路独立，彼此无关，三相同相位的零序磁通，可沿各自的铁心闭合，与正序时相同。因此这种铁心结构的零序励磁阻抗与正序时完全一样，即

$$z_m^0=z_m$$

(2) 三相铁心式变压器。三相铁心式变压器三相磁路互相关联，三相零序磁通不能沿铁心形成闭合回路，只能像图4-21的三次谐波磁通那样，沿油箱壁而闭合。这样零序磁通所经过路径的磁阻较大，零序励磁阻抗z_m^0就比较小。在一般的电力变压器中，零序励磁阻抗标么值z_m^{0*}在0.3～1.0，平均值为0.6。一般变压器的励磁阻抗标么值z_m^*在20以上，而短路阻抗标么值z_k^*在0.05～0.10。可见，三相铁心式变压器的z_m^0更接近于z_k的大小。

2. 绕组连接的影响

三相绕组的连接方式，不会影响漏阻抗的大小，但对零序电流的流通有很大的影响。

(1) Y连接。三相绕组作Y连接时，因无中性线，三相同相位的零序电流不能流通，因此在零序等效电路中其Y接法一侧的电路，应是断开的，在图中用一断开符号表示。其零序阻抗$Z_0=\infty$。

(2) YN连接。三相绕组作YN连接时，三相零序电流能经中性线流通，因此零序等效电路的YN一侧应为通路。

(3) D连接。三相绕组在作D连接时，三相同相的零序电流可在三角形内流通，相绕组

形成一个短接的闭合回路；但是线电流没有零序电流，从外电路看，零序电流既流不进，也流不出。因此在零序等效电路的三角形连接一侧内部应短接，但从外部看进去应是开路，用断开符号表示。

3. 各种连接组的零序等效电路

图 4-25～图 4-27 分别是 YNyn、Yyn 及 Dyn 连接时的零序等效电路。图 4-25（a）、图 4-26（a）、图 4-27（a）是零序电流的流动情况，图 4-25（b）、图 4-26（b）、图 4-27（b）是零序等效电路。z_0 是从该侧看入的零序阻抗，其值可用试验测定。

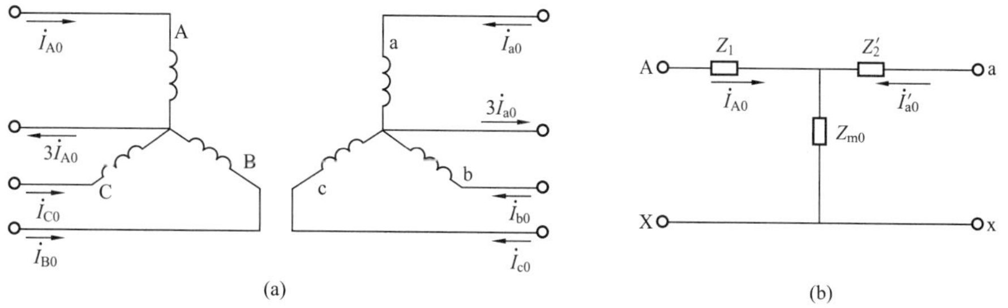

图 4-25 YNyn 连接的零序电流和等效电路

（a）绕组中的零序电流；（b）零序等效电路

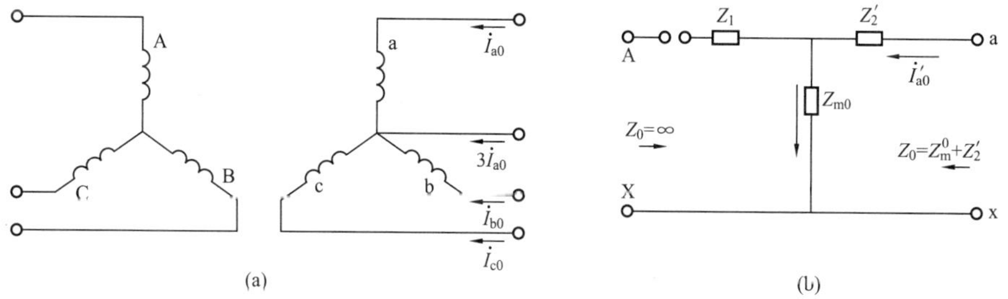

图 4-26 Yyn 连接的零序电流和等效电路

（a）绕组中的零序电流；（b）零序等效电路

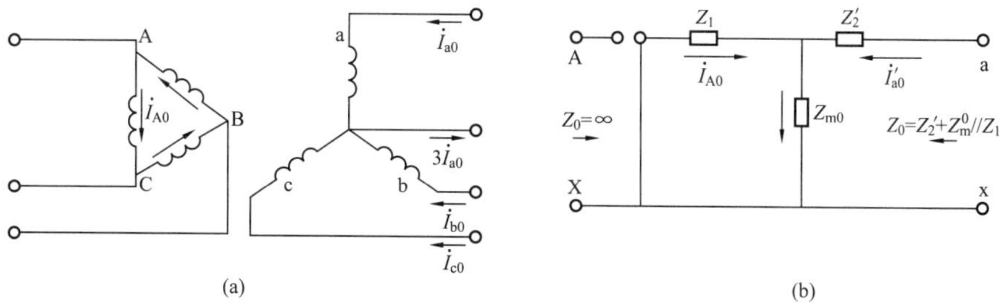

图 4-27 Dyn 连接的零序电流和等效电路

（a）绕组中的零序电流；（b）零序等效电路

4. 零序励磁阻抗的测定

变压器的零序励磁阻抗可以通过试验方法来测定。试验时在变压器的一侧（如二次侧）将三相绕组予以串联，加上单相电源，而另一侧开路，如图 4-28 所示。这时流入三相绕组的电流大小相等、相位同相，相当于通入零序电流。测得 I^0、U^0 和 p^0 后，所测得的折算

到二次侧的零序阻抗为

$$\left.\begin{aligned} z^0 &= \frac{U^0}{3I^0} \\ r^0 &= \frac{p^0}{3(I^0)^2} \\ x^0 &= \sqrt{(z^0)^2-(r^0)^2} \end{aligned}\right\} \tag{4-6}$$

由于另一侧开路，因此所测得的折算到二次侧的零序励磁阻抗为

$$\left.\begin{aligned} r_m^0 &= r^0 - r_2 \\ x_m^0 &= x^0 - x_2 \\ z_m^0 &= \sqrt{(r_m^0)^2+(x_m^0)^2} \end{aligned}\right\} \tag{4-7}$$

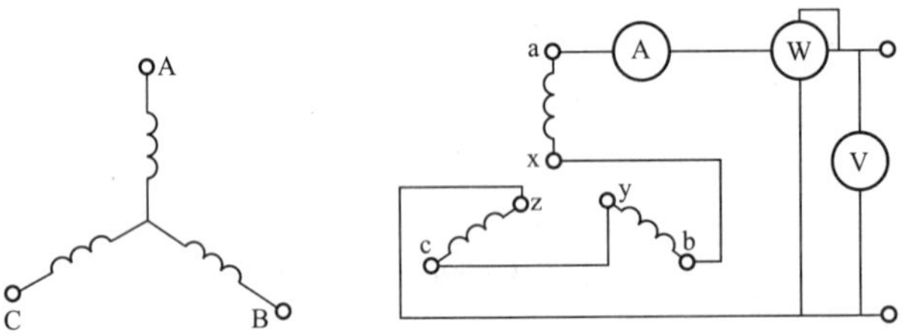

图 4-28 测定零序励磁阻抗的接线图

4.5.3 各种连接的变压器不对称运行

根据上面所述的对称分量法，以及各相序等效电路，可分析各种不同连接方式的变压器不对称运行问题。其中主要讨论 Yyn 连接的三相变压器能不能带单相负载，因为这将涉及该种接法的变压器能否用作配电变压器，供应照明和动力等混合负载。

1. Yyn 连接的变压器供线到中性点的单相负载

对于变压器的不对称运行问题，需要分析和讨论的一般有以下几个方面：

（1）一、二次侧绕组的电流关系，这一问题对后续继电保护课程尤为重要；

（2）不对称负载时，负载电流的计算；

（3）不对称负载时，一、二次侧相电压的变化。

以下分别说明之。

（1）一、二次侧绕组的电流关系。如图 4-29 所示，设变压器的一次侧接到对称的三相电源，二次侧 a 相端点至中性线之间接上负载阻抗 Z_L。为分析简便起见，令一、二次侧各量均以标么值表示，同时在符号上省去“*”。求解一、二次侧电流时，有一定的步骤。一般先标出有关各量的正方向，如图 4-29 中，一、二次侧电流正方向都取为首端指向尾端，而负载电流 $\dot{I}$ 的正方向和 a 相电流 $\dot{I}_a$ 的正方向一致，$\dot{U}_a$ 的正方向和 $\dot{I}_a$ 一致。

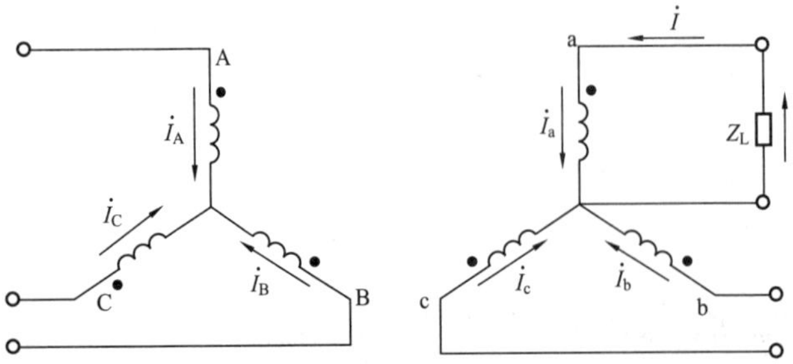

图 4-29 Yyn 连接的三相变压器单相负载时的接线图

然后根据不对称发生在哪一侧，列出边界条件。上题中，一次侧电源电压对称，二次侧负载不对称，所以应列出二次侧的边界条件，即

$$\left.\begin{aligned}\dot{I}_a&=\dot{I}\\ \dot{I}_b&=\dot{I}_c=0\end{aligned}\right\}\tag{4-8}$$

$$\dot{U}_a=\dot{I}Z_L\tag{4-9}$$

再利用对称分量法求出二次侧的各相序电流，由式（4-5）可得

$$\left.\begin{aligned}\dot{I}_a^+&=\frac{1}{3}(\dot{I}_a+\alpha\dot{I}_b+\alpha^2\dot{I}_c)=\frac{1}{3}\dot{I}\\ \dot{I}_a^-&=\frac{1}{3}(\dot{I}_a+\alpha^2\dot{I}_b+\alpha\dot{I}_c)=\frac{1}{3}\dot{I}\\ \dot{I}_a^0&=\frac{1}{3}(\dot{I}_a+\dot{I}_b+\dot{I}_c)=\frac{1}{3}\dot{I}\end{aligned}\right\}\tag{4-10}$$

因此

$$\dot{I}_a^+=\dot{I}_a^-=\dot{I}_a^0=\frac{1}{3}\dot{I}\tag{4-11}$$

由二次侧各相序电流可求出一次侧的各相序电流。因为正序、负序和零序系统就其本身来说是一个独立的对称体系，其一、二次侧的电流关系，已在各相序等效电路中确定。对于正序和负序系统应符合第3章中所述的一、二次侧磁动势平衡关系，在正方向规定一致的情况下，其方程式的表达形式也完全一样。若略去励磁电流不计，可得

$$\left.\begin{aligned}\dot{I}_A^++\dot{I}_a^+=0,\quad \dot{I}_A^+=-\dot{I}_a^+=-\frac{1}{3}\dot{I}\\ \dot{I}_A^-+\dot{I}_a^-=0,\quad \dot{I}_A^-=-\dot{I}_a^-=-\frac{1}{3}\dot{I}\end{aligned}\right\}\tag{4-12}$$

对于零序系统，由于一次侧作星形连接，无中性线，因此零序电流无法流通，即

$$\dot{I}_A^0=0\tag{4-13}$$

最后根据一次侧的各相序电流和对称分量法的原理，求出一次侧的三相电流。按式（4-4）、式（4-12）、式（4-13），可得

$$\left.\begin{aligned}\dot{I}_A&=\dot{I}_A^++\dot{I}_A^-+\dot{I}_A^0=-\frac{2}{3}\dot{I}\\ \dot{I}_B&=\alpha^2\dot{I}_A^++\alpha\dot{I}_A^-+\dot{I}_A^0=(\alpha^2+\alpha)\left(-\frac{1}{3}\dot{I}\right)=\frac{1}{3}\dot{I}\\ \dot{I}_C&=\alpha\dot{I}_A^++\alpha^2\dot{I}_A^-+\dot{I}_A^0=(\alpha+\alpha^2)\left(-\frac{1}{3}\dot{I}\right)=\frac{1}{3}\dot{I}\end{aligned}\right\}\tag{4-14}$$

因此

$$\left.\begin{aligned}\dot{I}_A&=-\frac{2}{3}\dot{I}\\ \dot{I}_B&=\frac{1}{3}\dot{I}\\ \dot{I}_C&=\frac{1}{3}\dot{I}\end{aligned}\right\}\tag{4-15}$$

（2）单相负载电流的计算。在作电路计算时，应用等效电路是比较方便的。当变压器作Yyn连接时的正序、负序和零序等效电路，如图4-30所示。因为在分析中略去励磁电流不

计，因此对于正序和负序等效电路可用简化等效电路表示。同时由于电源电压三相对称，施于一次侧绕组中的电压只存在正序分量 $\dot{U}_A^+$，不存在负序分量，即 $\dot{U}_A^-=0$，因此在图 4-30（b）中一次侧用短接符号表示。

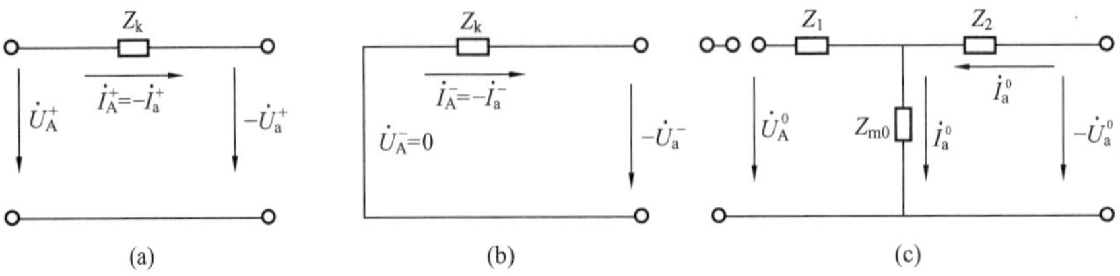

图 4-30　Yyn 连接时的各相序等效电路

（a）正序；（b）负序；（c）零序

根据图 4-30 所示的各相序等效电路，可列出其相应的电动势平衡方程式，即

$$\left.\begin{aligned}-\dot{U}_a^+&=\dot{U}_A^++\dot{I}_a^+Z_k\\-\dot{U}_a^-&=-\dot{I}_a^-Z_k\\-\dot{U}_a^0&=\dot{I}_a^0(Z_2+Z_m^0)\end{aligned}\right\}\tag{4-16}$$

各相序分量的端电压 $\dot{U}_A^+$、$\dot{U}_A^-$ 和 $\dot{U}_A^0$ 应满足式（4-9）所示的边界条件，即

$$\begin{aligned}-\dot{U}_a&=(-\dot{U}_a^+)+(-\dot{U}_a^-)+(-\dot{U}_a^0)\\&=\dot{U}_A^++\dot{I}_a^+Z_k+\dot{I}_a^-Z_k+\dot{I}_a^0(Z_2+Z_m^0)\\&=\dot{U}_A^++\frac{1}{3}\dot{I}(2Z_k+Z_2+Z_m^0)\\&=-\dot{I}Z_L\end{aligned}$$

或

$$-\dot{I}=\frac{\dot{U}_A^+}{\frac{2}{3}Z_k+\frac{1}{3}Z_2+\frac{1}{3}Z_m^0+Z_L}\approx\frac{\dot{U}_A^+}{\frac{1}{3}Z_m^0+Z_L}\tag{4-17}$$

从式（4-17）可知，零序励磁阻抗对单相负载电流有很大的影响，相当于在负载中多串入一个阻抗 $\frac{1}{3}Z_m^0$。对于三相变压器组，Z_m^0 很大，等于正序励磁阻抗 Z_m，因此负载电流主要受到 Z_m^0 的限制。此时即使负载阻抗很小，负载电流也大不起来。在负载阻抗等于零时，也就是二次侧一线对中点短路，短路电流 I_k 也不过为

$$I_k=\frac{3U_A^+}{Z_m^0}\approx 3I_0$$

即 3 倍于正序励磁电流，也就是说这种结构的三相变压器不能担负线到中性点的单相负载。

（3）一、二次侧相电压的变化。单相负载时变压器的相电压是否仍基本保持对称，这是判断这种连接方式能否采用的一个重要依据。因为如果相电压严重不对称，则对接在线到中性点的负载影响太大，这种连接方式就不宜采用。

如前所述，单相负载时，对于二次侧的正序电流和负序电流，一次侧都有相应的电流来取得磁动势平衡，因此除了产生一些漏阻抗压降外，对主磁通影响不大。但是零序电流不然，由于仅存在于二次侧，而一次侧无法流通，因此二次侧的零序电流带有励磁性质，在铁心中

建立零序磁通叠加在正序主磁通上，致使变压器的相电动势发生变化，不再保持三相对称，因此变压器的三相电压也不再继续对称。

为了具体地说明这一问题，令零序磁通在二次侧的感应电动势为 $\dot{E}_a^0$，并忽略漏阻抗压降不计，则变压器二次侧各相序的电压表达式，可由式（4-16）得出

$$\left.\begin{aligned} -\dot{U}_a^+ &= \dot{U}_A^+ \\ -\dot{U}_a^- &= 0 \\ -\dot{U}_a^0 &= \dot{I}_a^0 Z_m^0 = -\dot{E}_a^0 \end{aligned}\right\} \tag{4-18}$$

从图 4-30（a）、（b）、（c）的一次侧看，可得

$$\left.\begin{aligned} \dot{U}_A^+ &= -\dot{U}_a^+ \\ \dot{U}_A &= 0 \\ \dot{U}_A^0 &= -\dot{E}_A^0 \end{aligned}\right\} \tag{4-19}$$

将式（4-18）、式（4-19）代入式（4-4），经整理后最后得出

$$\left.\begin{aligned} \dot{U}_A &= \dot{U}_A^+ + (-\dot{E}_a^0) = -\dot{U}_a \\ \dot{U}_B &= \dot{U}_B^+ + (-\dot{E}_a^0) = -\dot{U}_b \\ \dot{U}_C &= \dot{U}_C^+ + (-\dot{E}_a^0) = -\dot{U}_c \end{aligned}\right\} \tag{4-20}$$

根据式（4-20）所列的关系，可画出 Yyn 连接的三相变压器在线到中性点接单相负载时的相量图，如图 4-31 所示。在三相变压器组里，由于 Z_m^0 很大，也就是很小的零序电流就能产生相当大的零序磁通，在一、二次侧绕组中感应出很大的零序电动势 $\dot{E}_a^0$（$\dot{E}_a^0=\dot{E}_b^0=\dot{E}_c^0$）。根据图 4-31所示的相量关系，由于 $\dot{E}_a^0$ 的作用使有负载的一相端电压（$-\dot{U}_a$）急剧下降，加不上负载；没有负载的两相电压则相应升高，但各线电压仍保持对称，这种现象称为电压中性点位移。

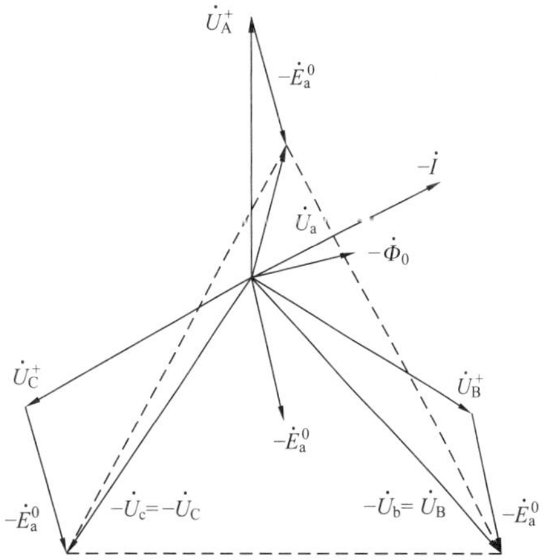

图 4-31　Yyn 连接的变压器在线到中性点接单相负载时的相量图

在三相铁心式变压器中，由于磁路的特点，零序磁通 $\dot{\Phi}^0$ 不可能很大，因此 $\dot{E}_a^0$ 也不可能很大，电压中性点位移现象不严重。所以能供应线到中性点的单相负载。

我国规定的标准连接组 Yyn 只适用于三相铁心式变压器，因为要求它能供线到中性点的单相负载。这种变压器运行时，为了减少零序磁通，以减少相电压的不对称程度，必须限制中性线电流（中性线电流等于 3 倍的零序电流），因此在《变压器运行规程》中规定，中线电流不得超过额定电流的 25%。这个规定是根据一般变压器平均的 Z_m^0 而定的。由于 Z_m^0 数值的范围很大，当 Z_m^0 较小时，可以容许较大的中性线电流。

2. Dyn 连接的变压器供线到中性点的单相负载

图 4-32 表示 Dyn 连接变压器单相运行情况。对于这种连接方式的一、二次侧绕组电流

关系和单相负载电流的计算等问题，仍可以用上述方法，即对称分量法分别求解。但是这种连接方式，有时还可以用另一种较简便方法而得到同样的结果。这种方法按照对称分量法的原理，而无需用对称分量法反复地运算。下面以 Dyn 连接变压器单相运行的分析为例来说明这种方法。

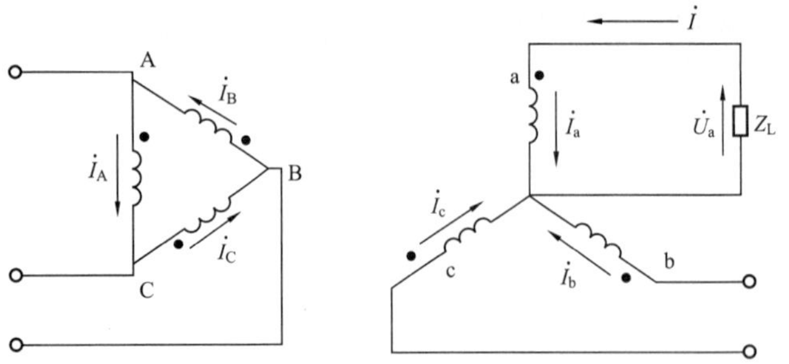

图 4-32 Dyn 连接的三相变压器单相负载时的接线图

（1）一、二次侧绕组的电流关系。如图 4-32 所示，二次侧三相负载不对称，因此可以将其分解为正序、负序和零序系统。这时 a 相电流 $\dot{I}_a$ 可写为

$$\dot{I}_a=\dot{I}_a^+ + \dot{I}_a^- + \dot{I}_a^0$$

由于正、负序系统和变压器在对称运行时并无差别，因此可得

$$\dot{I}_A^+ = -\dot{I}_a^+$$

$$\dot{I}_A^- = -\dot{I}_a^-$$

对于零序系统，由图 4-27 零序等效电路看出，此时一次侧相绕组内有零序电流通过。至于是否能和正序、负序一样，通过磁动势平衡关系求出一次侧的零序电流，还要视变压器的磁路结构而定。对于三相组式变压器，磁路独立，即 $Z_m^0=Z_m$，因此分析时可以忽略零序励磁电流，这样就可以用磁动势平衡关系求出一次侧的零序电流，即 $\dot{I}_A^0=-\dot{I}_a^0$。对于三相铁心式变压器，磁路不独立，z_m^{0*} 只有 0.3～1.0，也就是零序励磁电流有较大的数值，如果也予以忽略，而用公式 $\dot{I}_A^0=-\dot{I}_a^0$ 来分析，这样造成的误差有时可能较大。

为了简便起见，以组式变压器为例进行分析。根据对称分量法的原理和各相序的磁动势平衡关系，可得一次侧的各相电流为

同理

$$\left.\begin{aligned}\dot{I}_A&=\dot{I}_A^+ + \dot{I}_A^- + \dot{I}_A^0\\&=(-\dot{I}_a^+)+(-\dot{I}_a^-)+(-\dot{I}_a^0)=-\dot{I}_a\\\dot{I}_B&=\dot{I}_B^+ + \dot{I}_B^- + \dot{I}_B^0\\&=(-\dot{I}_b^+)+(-\dot{I}_b^-)+(-\dot{I}_b^0)=-\dot{I}_b\\\dot{I}_C&=\dot{I}_C^+ + \dot{I}_C^- + \dot{I}_C^0\\&=(-\dot{I}_c^+)+(-\dot{I}_c^-)+(-\dot{I}_c^0)=-\dot{I}_c\end{aligned}\right\}\tag{4-21}$$

式（4-21）表示不对称运行时各相绕组的磁动势平衡关系，因此可以从二次侧的三相不对称电流中求出一次侧的各相的电流。由图 4-32 可知，二次侧的三相电流为

$$\left.\begin{aligned}\dot{I}_a&=\dot{I}\\\dot{I}_b&=0\\\dot{I}_c&=0\end{aligned}\right\}$$

因此一次侧的三相电流为

$$\left.\begin{aligned}\dot{I}_A&=-\dot{I}_a=-\dot{I}\\\dot{I}_B&=-\dot{I}_b=0\\\dot{I}_C&=-\dot{I}_c=0\end{aligned}\right\}$$

可见，在一、二次侧都有零序电流流通时，一、二次侧电流间的关系可直接用磁动势平衡求解，而不用分解为正、负、零序分量后再求。

（2）单相负载电流的计算和相电压的变化。计算 Dyn 连接变压器的单相负载电流时，也需用各相序等效电路或相应的电动势平衡方程式。由于正序、负序等效电路或相应的电动势平衡方程式与绕组的连接方式无关，因此按图 4-30 可写出正序和负序电动势平衡方程式为

$$\left.\begin{aligned}-\dot{U}_a^+&=\dot{U}_A^++\dot{I}_a^+Z_k\\-\dot{U}_a^-&=\dot{I}_a^-Z_k\end{aligned}\right\}\tag{4-22}$$

零序等效电路与绕组连接方式有关，当作 Dyn 连接时，由图 4-27 所示的零序等效电路，其相应的零序电动势平衡方程式为

$$-\dot{U}_a^0=\dot{I}_a^0Z_k\tag{4-23}$$

将式（4-22）和式（4-23）相加，可得

$$\begin{aligned}-\dot{U}_a&=(-\dot{U}_a^+)+(-\dot{U}_a^-)+(-\dot{U}_a^0)\\&=\dot{U}_A^++(\dot{I}_a^++\dot{I}_a^-+\dot{I}_a^0)Z_k\\&=\dot{U}_A^++\dot{I}_aZ_k\end{aligned}\tag{4-24}$$

同理可得

$$\left.\begin{aligned}-\dot{U}_b&=\dot{U}_B^++\dot{I}_bZ_k\\-\dot{U}_c&=\dot{U}_C^++\dot{I}_cZ_k\end{aligned}\right\}\tag{4-25}$$

从式（4-24）、式（4-25）可画出不对称运行时 A、B、C 三相的等效电路，如图 4-33 所示。

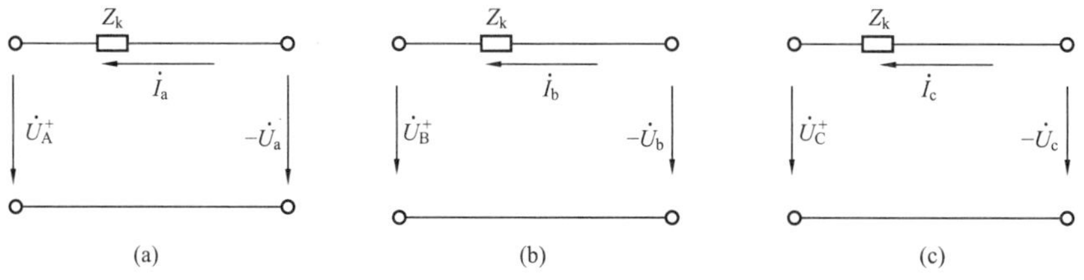

图 4-33　Dyn 连接变压器单相运行时 A、B、C 三相等效电路
（a）A 相；（b）B 相；（c）C 相

根据各相等效电路或相应的电动势平衡方程式，结合不对称运行的具体边界条件，即可求出不对称运行时电流的计算公式及其相电压的表达式。以 Dyn 连接变压器单相负载为例，如将 $\dot{I}_a=\dot{I}$，$\dot{I}_b=0$，$\dot{I}_c=0$ 代入式（4-24）和式（4-25），可得

$$\left.\begin{aligned}-\dot{U}_a &= \dot{U}_A^+ + \dot{I}Z_k\\ -\dot{U}_b &= \dot{U}_B^+\\ -\dot{U}_c &= \dot{U}_C^+\end{aligned}\right\} \tag{4-26}$$

从式（4-26）看出，如漏阻抗压降可以忽略不计，则单相负载后二次侧三相电压仍保持对称关系。这一点和 Yyn 连接的变压器有明显差别。若将 $\dot{U}_a=\dot{I}\cdot Z_L$ 代入式（4-26）中 $-\dot{U}_a$ 的表达式，可得

$$-\dot{I}Z_L=\dot{U}_A^+ + \dot{I}Z_k$$

或

$$-\dot{I}=\frac{\dot{U}_A^+}{Z_k+Z_L} \tag{4-27}$$

式（4-27）即为单相负载电流的计算公式。

3. 其他连接组的变压器作单相运行时的情况

从上面的分析中知道，三相变压器的单相运行，一般均可用对称分量法求解。但在一、二次侧绕组均有零序电流通过，且零序励磁电流容许忽略（即 Z_m^0 标么值在 20 以上）；或者一、二次侧绕组均无零序电流的情况下，则一、二次侧绕组的电流关系，可用各相的磁动势平衡关系解出。单相负载电流的计算公式，可用各相的等效电路或各相的电动势平衡关系导出。因此，对于 Yd、Dy 或 Yy 等其他各种连接方式，均可仿照分析 Dyn 连接方式时的方法，求出一、二次侧绕组的电流以及导出单相负载电流的计算公式。为说明这一情况，以下举一实例。

例 4-5 Yy 连接的三相变压器，一次侧加三相对称电压，二次侧 b 相和 c 相之间短路。试求一、二次侧绕组各相的电流和电压。

解： 画 Yy 连接图，并在图中标上所求各量的正方向，如图 4-34 所示。

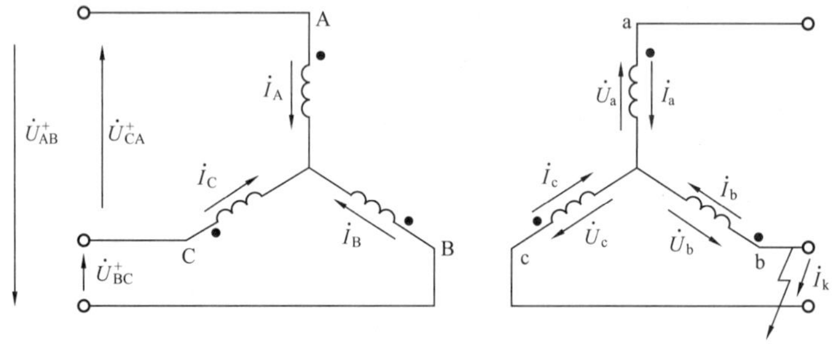

图 4-34 例 4-5 的图

根据二次侧的边界条件，可得

$$\left.\begin{aligned}\dot{I}_a &= 0\\ \dot{I}_b &= -\dot{I}_c=-\dot{I}_k\end{aligned}\right\} \tag{4-28}$$

$$\dot{U}_{bc}=\dot{U}_b-\dot{U}_c=0 \tag{4-29}$$

由于一、二次侧绕组均无零序电流，因此可根据各相的磁动势平衡关系求出一次侧各相电流，即

$$\left.\begin{aligned}\dot{I}_A &= -\dot{I}_a = 0\\ \dot{I}_B &= -\dot{I}_b = \dot{I}_k\\ \dot{I}_C &= -\dot{I}_c = -\dot{I}_k\end{aligned}\right\}$$

短路电流 $\dot{I}_k$ 的表达式可根据各相的等效电路或相应的电动势平衡方程式导出。因此将式（4-28）代入式（4-24）、式（4-25），可得

$$\left.\begin{aligned}-\dot{U}_a &= \dot{U}_A^+\\ -\dot{U}_b &= \dot{U}_B^+ - \dot{I}_k Z_k\\ -\dot{U}_c &= \dot{U}_C^+ + \dot{I}_k Z_k\end{aligned}\right\} \tag{4-30}$$

将方程组式（4-30）中的$-\dot{U}_b$、$-\dot{U}_c$ 表达式代入式（4-29），得

$$\begin{aligned}-\dot{U}_{bc} &= (-\dot{U}_b) - (-\dot{U}_c)\\ &= \dot{U}_B^+ - \dot{I}_k Z_k - \dot{U}_C^+ - \dot{I}_k Z_k\\ &= 0\end{aligned}$$

即

$$\dot{I}_k = \frac{\dot{U}_B^+ - \dot{U}_C^+}{2Z_k} = \frac{\dot{U}_{BC}^+}{2Z_k} \tag{4-31}$$

式中　$\dot{U}_{BC}^+$——一次侧 B、C 两相间的线电压。

将式（4-31）代入式（4-30）中的$-\dot{U}_b$、$-\dot{U}_c$ 表达式，得

$$-\dot{U}_b = \dot{U}_B^+ - \frac{\dot{U}_B^+ - \dot{U}_C^+}{2Z_k} Z_k = \frac{\dot{U}_B^+ + \dot{U}_C^+}{2} = -\frac{\dot{U}_A^+}{2}$$

$$-\dot{U}_c = \dot{U}_C^+ + \frac{\dot{U}_B^+ - \dot{U}_C^+}{2Z_k} Z_k = \frac{\dot{U}_B^+ + \dot{U}_C^+}{2} = -\frac{\dot{U}_A^+}{2}$$

因此

$$\left.\begin{aligned}-\dot{U}_a &= \dot{U}_A^+\\ -\dot{U}_b &= -\frac{\dot{U}_A^+}{2}\\ -\dot{U}_c &= -\frac{\dot{U}_A^+}{2}\end{aligned}\right\}$$

4.6　V 形连接的三相变压器

三相电压的变换可以只用两台单相变压器，将它们的一、二次侧绕组都接成 V 形，如图 4-35 所示。它可以看成是 Dd 连接的三相变压器组中拆走一台单相变压器后所形成。由图中看出，当一次侧加上三相对称线电压 $\dot{U}_{AB}$、$\dot{U}_{BC}$、$\dot{U}_{CA}$时，此时二次侧的空载电压为

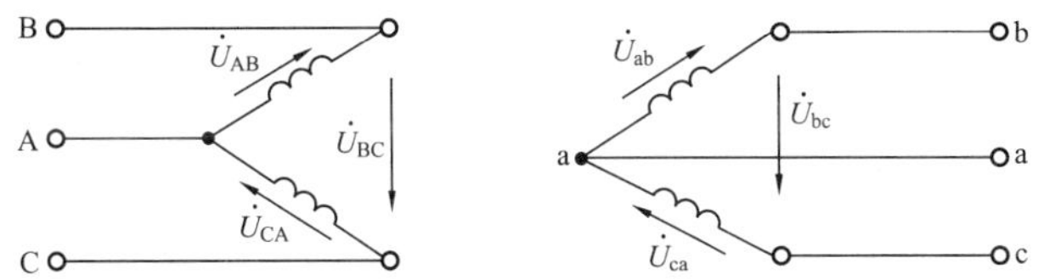

图 4-35　三相变压器的 V 形接法

$$\left.\begin{aligned}\dot{U}_{ab}&=\frac{\dot{U}_{AB}}{k}\\ \dot{U}_{ca}&=\frac{\dot{U}_{CA}}{k}\\ \dot{U}_{bc}&=-\dot{U}_{ab}-\dot{U}_{ca}\\ &=-\frac{1}{k}(\dot{U}_{AB}+\dot{U}_{CA})=-\frac{\dot{U}_{BC}}{k}\end{aligned}\right\}\tag{4-32}$$

可知二次侧得到的也是一组三相对称电压。带上负载后，由于变压器三相的阻抗不等，所以即使负载三相对称，变压器二次侧电压也略有不对称，但一般数值不大，可不予考虑。这种变压器也可以带不对称负载。

两台单相变压器一、二次侧绕组都作 V 形连接时的有效容量，比两台单相变压器的设备容量要小。由于 V 形连接的三相变压器容量为$\sqrt{3}U_NI_N$，这里U_N及I_N为线电压和线电流（在 V 形连接时线电流等于相电流），而两台单相变压器的设备容量为 $2U_NI_N$，可见接成 V 形连接时，变压器可输出的有效容量只有设备容量的$\frac{\sqrt{3}U_NI_N}{2U_NI_N}=\frac{\sqrt{3}}{2}=86.6\%$。这种设备容量不能充分利用的现象，是 V 形连接的一个主要缺点。

V 形接法不是标准接法，仅应用于某些特殊场合或仪用变压器中。例如，在新建线路上，当负载尚轻时，可先装两台变压器作 V 形连接使用，以后随着负载的发展，再增加一台变压器接成 Dd 运行。又如，当 Dd 连接的三相变压器组中有一台需要检修时，其他两台变压器也可以临时作 V 形连接，继续供部分重要负载。此外，为了节省设备的投资，仪用变压器常用 V 形连接法。

结 语

三相变压器在电路和磁路两方面均和单相变压器不尽一致。因此在运行过程中有其本身的特点，本章主要逐项分析这些特点。

特点之一是连接组问题。单相变压器的电路连接比较简单，一次侧绕组接入电源，二次侧绕组接上负载，高、低压绕组的电压不是同相就是反相。而三相绕组的基本接法有星形及三角形两种，三相变压器的连接方式经过不同的组合有 Yd、Dy、Yy 和 Yyn 等多种。虽然同一铁心柱上高、低压绕组的相电压仍保持同相或反相，但是由于相电压与线电压存在相位移以及采用不同的端点标志，所以高、低压绕组对应的线电压的相位问题要比单相变压器的复杂得多。这样就构成了一个需要专门研究的问题。经过分析知道，三相变压器如果高、低压绕组有相同的接法，像 Yy 或 Dd，则其连接组别为偶数；如果高、低压绕组的接法不同，像 Yd 或 Dy，则其连接组别为奇数。

连接组对变压器的并联运行，以及后续继电保护课程有重要的意义。

特点之二是空载运行时电动势的波形问题。由于三相变压器的电路有独立（如三角形接法）和不独立（星形接法）之分，磁路也有独立（如组式变压器）和不独立（心式变压器）两种，因此它和单相变压器在空载运行时电动势波形不完全一样。一般来说，由于磁路的非线性，要产生正弦波的磁通以得到正弦波的感应电动势，励磁电流必须为尖顶波，即包含有三次谐波分量。此三次谐波励磁电流可以存在于一次侧，或者存在于二次侧，因为它们所产生的磁动势是等效的。为此，一、二次侧绕组中只要有一侧为三角形接法时，则电动势波形为正弦波或接近于正弦波，运行情况大致和单相变压器一样。当一、二次侧绕组中三次谐波电流均不能流通时（如 Yy 接法），铁心中将产生三次谐波磁通，如果磁路独立（三相组式变压器），将在一、二次侧绕组中感应出相当大的三次谐波电动势，叠加在基波电动势之上使其合成电动势变为尖顶波，从而使相电动势幅值升高，危及绕组绝缘。为此三相组式变压器不宜接成 Yy 或 Yyn 接线，而三相铁心式变压器可以采用这种接法，因为三次谐波磁通只能在空气及非磁性介质中通过，数值较小，因而三次谐波电动势较小，相电动势波形接近于正弦形。

特点之三是不对称运行问题。分析不对称运行的常用工具是对称分量法，即把一组不对称的三相电流（或电压，电动势、磁通）分解为正序、负序和零序三组各自独立的三相对称系统。对于每组分量来说都有各自相应的等效电路或电动势平衡方程式。计算时先分别对各组分量按题意求解，然后把三组对称分量叠加，即可得到所需求的不对称电流或电压。对于 Yyn 连接的三相组式变压器，必须用对称分量法进行分析。这种接法在加上单相负载时，由于二次侧存在零序电流而一次侧没有，因而二次侧的零序电流带有励磁性质，产生零序主磁通在绕组中感应零序电动势，使相电动势的中性点发生位移。对于三相组式变压器，因磁路独立，零序主磁通数值可观，达到不可允许的程度，因而组式变压器不宜采用这种接法。而三相心式变压器，由于磁路不独立，中性点位移数值较小，在限制中线电流的情况下可以采用这种接法。

对于其他各种连接方式，如 Dyn、YNyn、YNd、Yd、YNy 和 Yy 等接法，因一、二次侧都有或都无零序电流，因此一、二次侧绕组的电流关系可用各相的磁动势平衡关系直接求出，不对称电流的计算公式也可用各相的等效电路或相应的电动势平衡方程式导出。

习　题

4-1　三相变压器 Yd 接法，如误将三角形接法的一相绕组头和尾接错，一次侧接入三相对称电压，这样做会产生什么后果？在接线时如何防止这种错误？

4-2　根据图 4-36 接线图，定出连接组。

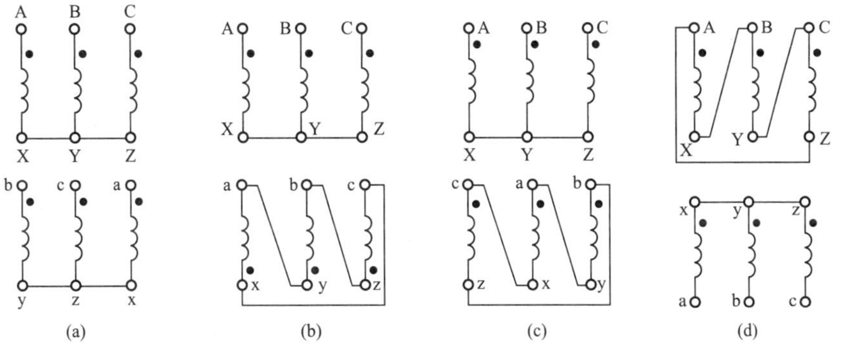

图 4-36　习题 4-2 图

4-3 根据下列连接组画出接线图：

(1) Yy10；

(2) Yd5；

(3) Dy1；

(4) Yy8。

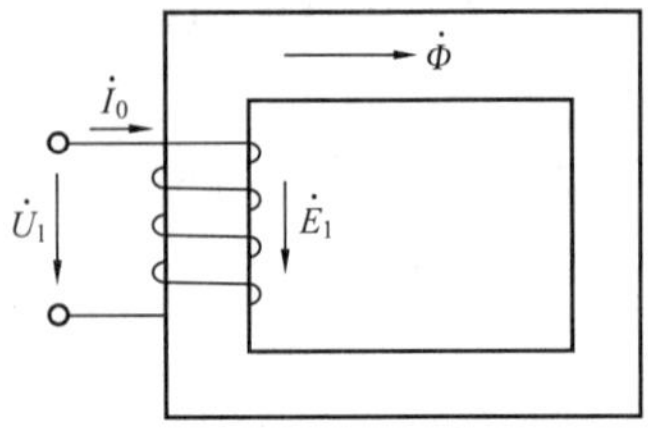

图 4-37 习题 4-4 图

4-4 单相变压器按图 4-37 规定一次侧电压、电流、电动势的正方向，如空载时外施电压为

$$u_1 = 150\sin\omega t - 50\sin 3\omega t \ (\text{V})$$

试画出 u_1、e_1、ϕ 的波形。

4-5 Yd 接法的三相变压器，一次侧加上额定电压，将二次侧三角形连接打开测量开口电压，再将三角形连接闭合测量回路电流，试问在三相组式变压器与三相铁心式变压器中，各次测量所得电压、电流大小有何不同？为什么？

4-6 三相组式变压器和一台三相铁心式变压器，容量相同，额定电压相同，且都是 Yy 连接组。在它们的一次侧加额定电压 380V，观察相电压波形，三次谐波占基波的比例前者为 50%，后者为 5%。试比较这两台变压器相电压大小（忽略五次以上谐波电压）、线电压与相电压比值的大小。

4-7 一台 Yd 连接的三相变压器，高压侧加对称正弦额定电压，作空载运行。试分析：

(1) 一次侧电流、二次侧相电流和线电流中有无三次谐波成分；

(2) 主磁通及一、二次侧绕组相电动势中有无三次谐波成分；

(3) 一次侧相电压及二次侧相电压和线电压中有无三次谐波成分。

4-8 将下列不对称三相电压和电流分解为对称分量：

(1) $\dot{U}_A = 220\angle 0°\text{V}$，$\dot{U}_B = 220\angle -110°\text{V}$，$\dot{U}_C = 210\angle -250°\text{V}$；

(2) $\dot{I}_A = 200\angle 0°\text{A}$，$\dot{I}_B = 220\angle -150°\text{A}$，$\dot{I}_C = 180\angle -240°\text{A}$。

4-9 试比较下列三相变压器从二次侧看入的零序阻抗标么值的大小：

(1) Yyn 接法三相组式变压器；

(2) Yyn 接法三相铁心式变压器；

(3) Yyn 接法三相旁轭式变压器；

(4) Dyn 接法的三相变压器。

4-10 三相旁轭式变压器，若作 Yy 接法，其相电压和线电压的关系是否还是 $1/\sqrt{3}$？在 Yyn 接法下能否供单相到中性线的负载？

4-11 有一台容量为 100kVA，作 Yyn0 连接的三相铁心式变压器，额定电压 U_{1N}/U_{2N} = 6000/400V，$Z_k^* = 0.02 + j0.05$，$Z_{m0}^* = 0.1 + j0.6$。如发生单相短路，试求：

(1) 一次侧绕组的三相电流；

(2) 二次侧绕组的三相电压；

(3) 中性点移动的数值。

4-12 如题 4-11 的变压器，二次侧接一 $R_L^* = 1$ 的单相负载，设 $Z_2^* = \frac{1}{2} Z_k^*$，试求：

(1) 一次侧三相电流；

(2) 二次侧三相电压；

(3) 中性点移动的数值。

4-13　Yd11 连接的三相变压器，一次侧绕组外施三相对称的线电压，二次侧绕组的 b 相和 c 相之间接一个单相负载 Z_L。设负载电流为 $\dot{I}$，试求一、二次侧绕组各相电压和电流。

4-14　Dy1 连接的三相变压器，一次侧绕组外施三相对称的线电压，二次侧绕组的 b 相和 c 相之间短路。试求一、二次侧绕组各相电压和电流。

4-15　某变电所有三台 1000kVA 的单相变压器，接成 Dd0 运行。今因其中一台发生故障，须退出检修。试问：另外两台可否接成 V 形接法继续运行？此时可供给的最大功率是多少？

4-16　若题 4-15 中变压器是三相铁心式变压器，其中一相发生事故时，能否将其他两相接成 V 形接法继续运行？说明理由。

第 5 章　变压器的并联运行

现代发电厂和变电站的容量越来越大，一台变压器往往不能担负起一个变电站（所）的全部负载，因此常常采用多台变压器并联运行的方式。并联运行是指将两台或多台变压器的一次侧出线端并联在一起，二次侧出线端也并联在一起，分别接到公共的母线上，并同时向负载供电的运行方式，如图 5-1（a）所示，图 5-1（b）是它的简化图。

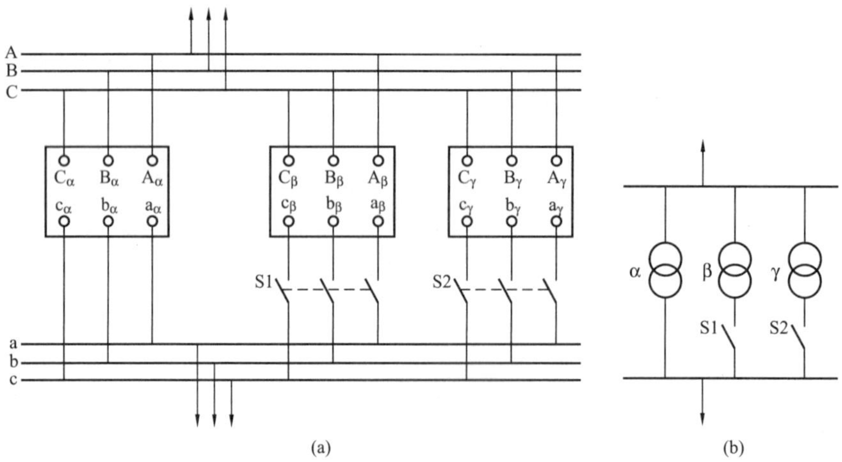

图 5-1　变压器并联运行时的接线图
（a）接线图；（b）简化图

并联运行的优点在于：

（1）可以提高供电的可靠性。并联运行时，如果某台变压器发生故障或需要检修时，把它从电网切除，并投入备用变压器，则电网仍能继续供电；

（2）可以根据负荷的大小调整投入并联运行变压器的台数，以提高运行效率；

（3）可以减少备用容量，并可随着用电量的增加分批增加新的变压器。当然并联变压器的台数太多也是不经济的，因为一台大容量的变压器的造价要比总容量相同的几台小变压器的造价低，占地面积小。

由此可见，变压器的并联运行在电力系统中有着重要的意义。

5.1　变压器的理想并联条件

并联运行的变压器，比较理想的运行情况是：当变压器已并联，但还没有加负载时，各台变压器之间应该没有循环电流，即各台变压器如同单独空载运行一样，仅有各自的空载电流；当带上负载后，各台变压器能合理分担负载。容量大的多担负载，也就是说各变压器所担负载的大小应和各自的容量成正比。

为了达到上述比较理想的状态，并联运行的各变压器必须具备以下三个条件：

（1）各变压器一、二次侧额定电压相等，即各变压器的变压比相同（变压比为线电压之比）；

（2）各变压器二次侧线电压对一次侧线电压的相位移相同，即各变压器的连接组别相同；

（3）各变压器短路阻抗标么值 z_k^* 相等，即短路电压 u_k 相等。

如果满足了前两个条件，图 5-1（a）中开关 S1、S2 两端之间的电位差，在合闸之前为零；合闸以后变压器中没有任何平衡电流或循环电流。

在实际运行中，上述的第二个条件必须严格遵守，至于第一和第三个条件，允许稍有出入，但也不宜相差太多，现分别在下面加以讨论。

5.2　变压器一、二次侧额定电压不等时的并联运行

假如并联变压器的连接组别和漏阻抗标么值都相同，只是一、二次侧额定电压不等。为了简便，以两台变比不同的单相变压器的并联运行来进行分析，并略去励磁电流不计，且将一次侧各量均折算至二次侧。

图 5-2 中两台单相变压器 T1 和 T2 的一次侧已接到电源 $\dot{U}_1$ 上，二次侧通过开关 S 并联在一起。设变比 $k_{T1}<k_{T2}$，则当 S 及 S′断开，两台变压器各自处于空载状态时，其二次侧空载电压不等，在开关 S 两端出现了电压差 $\Delta\dot{U}$，其大小为

$$\Delta\dot{U}=\dot{U}_{2T1}-\dot{U}_{2T2}=\left(-\frac{\dot{U}_1}{k_{T1}}\right)-\left(-\frac{\dot{U}_1}{k_{T2}}\right) \tag{5-1}$$

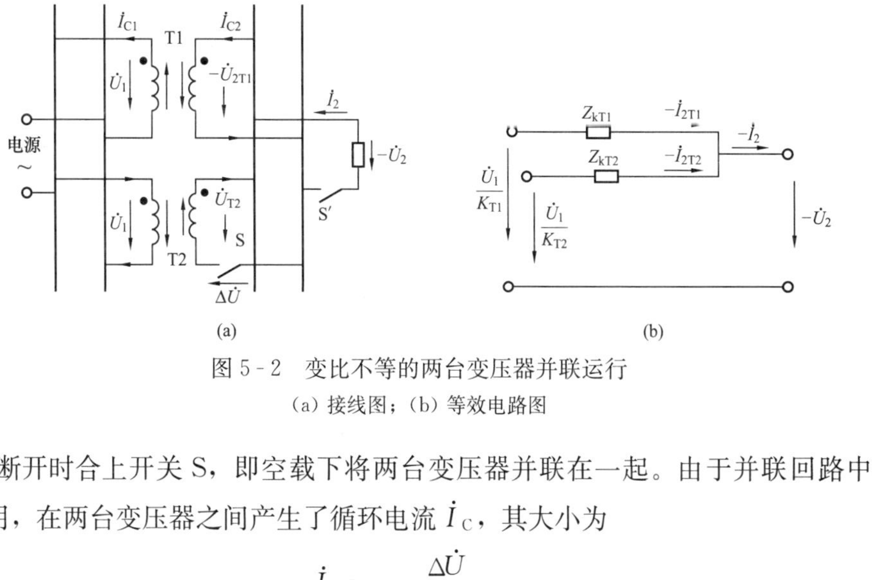

图 5-2　变比不等的两台变压器并联运行

（a）接线图；（b）等效电路图

在 S′断开时合上开关 S，即空载下将两台变压器并联在一起。由于并联回路中电压差 $\Delta\dot{U}$ 的作用，在两台变压器之间产生了循环电流 $\dot{I}_C$，其大小为

$$\dot{I}_C=\frac{\Delta\dot{U}}{Z_{kT1}+Z_{kT2}} \tag{5-2}$$

式中，Z_{kT1} 和 Z_{kT2} 是已折算到二次侧的两台变压器的漏阻抗。此环流同时存在于两台变压器的一、二次侧绕组之中。对二次侧来说，环流就是式（5-2）所计算得出的 $\dot{I}_C$；对一次侧来说，T1 的环流为 $\dfrac{\dot{I}_C}{k_{T1}}$，T2 的环流为 $\dfrac{\dot{I}_C}{k_{T2}}$。显然由于 $k_{T1}<k_{T2}$，两台变压器一次侧的环流

是不等的，其差值由电源输入，以补偿由于环流存在而引起的损耗。

由于一般电力变压器的漏阻抗很小，即使变压比相差不大，也能引起较大的环流。例如有两台容量相同的变压器并联运行，它们的短路阻抗 $|Z^*_{kT1}|=|Z^*_{kT2}|=0.05$，当二次侧开路电压相差 2%时，据计算环流近似等于额定电流的 20%。

为了保证变压器并联运行时空载环流不超过额定电流的 10%，通常规定并联运行的变压器其变压比的差值 $\Delta k=\dfrac{|k_{T1}-k_{T2}|}{\sqrt{k_{T1}k_{T2}}}\times100\%$不应大于 1%。

当合上开关 S′后，并联变压器带上负载，各变压器输出的负载电流分别为 $\dot{I}_{2T1}$ 和 $\dot{I}_{2T2}$，由图 5-2 可知，当 $\dot{I}_C$ 与 $\Delta\dot{U}$ 正方向取为一致时，变压器绕组中电流分别为

$$\dot{I}_{2T1}=\dot{I}_{T1}+\dot{I}_C$$
$$\dot{I}_{2T2}=\dot{I}_{T2}+(-\dot{I}_C) \tag{5-3}$$

可见，负载运行时，每一变压器绕组中的电流是由该变压器负载电流与环流之和组成。由于环流的存在，使变压比小的变压器绕组中电流加大。因而该变压器的容量不能充分利用。

5.3　变压器的连接组别对并联运行的影响

上面已经说明，变压器在并联运行时，要尽量限制环流的数值，也就是要尽量减少二次侧电压差 $\Delta\dot{U}$ 的大小，因为 $\Delta\dot{U}=\dot{U}_{2T1}-\dot{U}_{2T2}$ 是两个电压的相量差，因此不但要让 $\dot{U}_{2T1}$ 与 $\dot{U}_{2T2}$ 在数值上相等，同时还要求它们在相位上同相，如果相位不一样，即使数值相等，仍会有电压差 $\Delta\dot{U}$，产生环流 $\dot{I}_C$。

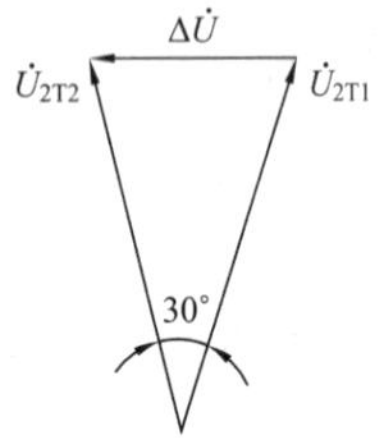

图 5-3　分别为 Yy0 和 Yd11 连接的两台变压器并联运行时二次侧电压的相量图

第 4 章中已分析到，变压器的连接组别一定时，二次侧线电压对一次侧线电压就有固定的相位关系。在并联运行对，要求各台变压器二次侧对应线电压都同相，这就要求并联运行的各变压器能归化到相应一致的连接组别，如果把不同连接组别的变压器并联起来，二次侧对应线电压之间的相位差至少是 30°或 30°的倍数。例如把 Yy0 与 Yd11 两台变压器并联运行，其二次侧对应线电压相位相差 30°，如图 5-3 所示。$\Delta\dot{U}$ 的大小达额定电压的 51.8%，这么大的 $\Delta\dot{U}$，据式（5-2）可知能产生几倍于额定电流的环流，它将损坏变压器的绕组，所以连接组别不同的变压器是不允许并联运行的。

5.4　短路阻抗标么值不等时变压器的并联运行

设并联运行的变压器已满足变压比相等和连接组别相同两个条件。这时变压器之间不会有环流存在，变压器绕组中的电流即为各自承担的负载电流。为了简单起见，在分析负载分配问题时，可忽略它们的励磁电流。在三相对称情况下，可用一相的简化等效电路来分析，

如图 5-4 所示。

从简化等效电路可看出，在 a、b 两点间的电压降为

$$-\dot{I}_{2T1}Z_{kT1}=-\dot{I}_{2T2}Z_{kT2}=\frac{-\dot{I}_2}{Y}$$

式中 Y——并联电路的总导纳。

$$Y=\frac{1}{Z_{kT1}}+\frac{1}{Z_{kT2}}$$

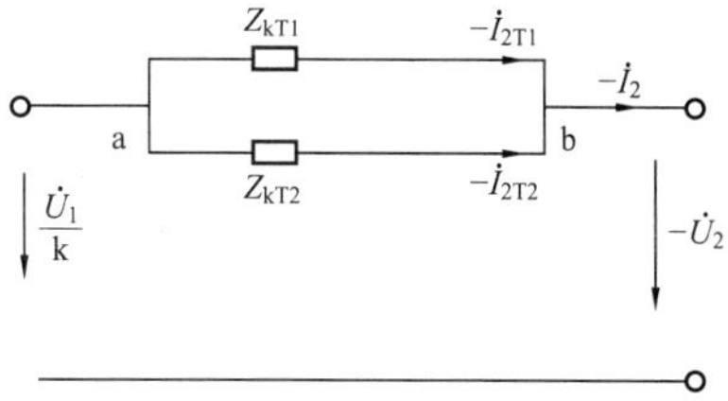

图 5-4 变压比相等、连接组标号相同，但短路阻抗标么值不等的两台变压器并联运行时的简化等效电路

并联电路的电流关系为

$$\dot{I}_{2T1}+\dot{I}_{2T2}=\dot{I}_2$$

从上述关系中有

$$\left.\begin{aligned}\dot{I}_{2T1}&=\frac{\dot{I}_2}{Z_{kT1}Y}\\ \dot{I}_{2T2}&=\frac{\dot{I}_2}{Z_{kT2}Y}\end{aligned}\right\}\tag{5-4}$$

且

$$\dot{I}_{2T1}:\dot{I}_{2T2}=\frac{1}{Z_{kT1}}:\frac{1}{Z_{kT2}}\tag{5-5}$$

即并联变压器之间电流的分配与短路阻抗成反比。

电流 $\dot{I}_{2T1}$、$\dot{I}_{2T2}$之间的相位差与短路阻抗 $Z_{kT1}=z_{kT2}e^{j\varphi kT1}$ 及 $Z_{kT2}=z_{kT2}e^{j\varphi kT2}$ 的阻抗角有关。为了使各台变压器的负载电流在相位上一致，必须使短路阻抗角 $\varphi_{kT1}=\varphi_{kT2}$。实际上容量相近的变压器，它们的短路阻抗角相差是不大的。因此，电流的相量和的模 $|\dot{I}_{2T1}+\dot{I}_{2T2}|$ 与它们的算术和（$I_{2T1}+I_{2T2}$）相差很小。因此一般就近似地用阻抗的模来计算负载分配，因此有

$$\begin{aligned}y&=\frac{1}{z_{kT1}}+\frac{1}{z_{kT2}}\\&=\frac{1}{z_{kT1}^*\dfrac{U_{2N}}{I_{2NT1}}}+\frac{1}{z_{kT2}^*\dfrac{U_{2N}}{I_{2NT2}}}\\&=\frac{1}{U_{2N}}\left(\frac{I_{2NT1}}{z_{kT1}^*}+\frac{I_{2NT2}}{z_{kT2}^*}\right)\\&=\frac{1}{U_{2N}}\sum\frac{I_{2N}}{z_k^*}\end{aligned}$$

将这个总导纳的数值代入式（5-4）得

$$\begin{aligned}I_{2T1}&=\frac{I_2}{z_{kT1}y}=\frac{I_2}{z_{kT1}^*\dfrac{U_{2N}}{I_{2NT1}}\dfrac{1}{U_{2N}}\sum\dfrac{I_{2N}}{z_k^*}}\\&=\frac{I_2U_{2N}}{\dfrac{z_{kT1}^*}{I_{2NT1}}\sum\dfrac{I_{2N}U_{2N}}{z_k^*}}=\frac{S}{\dfrac{z_{kT1}^*}{I_{2NT1}}\sum\dfrac{S_N}{z_k^*}}\end{aligned}$$

或

$$\left.\begin{aligned}\beta_{T1}&=\frac{S}{z_{kT1}^{*}\sum\frac{S_N}{z_k^{*}}}\\ \beta_{T2}&=\frac{S}{z_{kT2}^{*}\sum\frac{S_N}{z_k^{*}}}\end{aligned}\right\}\tag{5-6}$$

式中 β——变压器的负载系数，即实际负载与额定容量的比值；

S——全部并联变压器的总负载。

式（5-6）可以应用到任何并联台数的变压器。

由于变压器的铭牌上都给出短路阻抗 z_k^* 和额定容量 S_N 的数值，在任何总负载时，很快可求出各台变压器的负载系数。

由式（5-6）可知，各并联变压器的负载系数与它们短路阻抗标么值成反比，即

$$\frac{\beta_{T1}}{\beta_{T2}}=\frac{\frac{1}{z_{kT1}^{*}}}{\frac{1}{z_{kT2}^{*}}}$$

由此可见，并联运行时短路阻抗标么值最小的变压器的负载系数最大，一般情况下为避免浪费设备容量，短路阻抗标么值相差应小于10%。并联运行的各变压器的容量比，最好不超过3∶1。

例5-1 三台具有相同额定电压和连接组的变压器，它们的额定容量和短路阻抗标么值为 $S_{NT1}=1000\text{kVA}$，$z_{kT1}^*=0.0625$；$S_{NT2}=1600\text{kVA}$，$z_{kT2}^*=0.065$；$S_{NT3}=2000\text{kVA}$，$z_{kT3}^*=0.067$。

试求：(1) 当总负载为4200kVA时，各变压器的负载为多少？

(2) 在不允许任何变压器过载的情况下，这三台变压器所能担负的总负载为多少？总设备利用率为多少？

解：(1)

$$\sum\frac{S_N}{z_k^*}=\frac{1000}{0.0625}+\frac{1600}{0.065}+\frac{2000}{0.067}=70466$$

据式（5-6）有

$$\beta_{T1}=\frac{4200}{0.0625\times70466}=0.954$$

$$\beta_{T2}=\frac{4200}{0.065\times70466}=0.917$$

$$\beta_{T3}=\frac{4200}{0.067\times70466}=0.89$$

因而有

$$S_{T1}=0.954\times1000=954\ (\text{kVA})$$

$$S_{T2}=0.917\times1600=1467\ (\text{kVA})$$

$$S_{T3}=0.89\times2000=1780\ (\text{kVA})$$

(2) 因短路阻抗标么值最小的一台负载系数最大，当其达到满载时即 $\beta=1$ 时，总负载最大。因此，最大总负载为

$$S_{max}=1\times 0.0625\times 70466=4404\ (kVA)$$

这时变压器总设备容量的利用率为

$$\frac{4404}{1000+1600+2000}=0.957$$

结　语

在电力系统中，为了提高供电的可靠性和经济性，常采用多台变压器并联运行供电。要使并联运行达到理想的结果，各台变压器应满足：①连接组别相同；②变压比相等；③短路阻抗标么值相等。在这三个条件中连接组别相同的条件一定要满足，否则会对变压器造成破坏性的影响。变压比相等，可使并联运行的各台变压器之间，无论是空载还是负载均不会产生环流。短路阻抗标么值相等则可使并联运行的各台变压器所承担的负载按容量成比例分配。但在实际工作中，并联运行的各台变压器，由于型号和容量的差异，很难达到变压比和短路阻抗标么值完全相等。这时为了设备容量能得到充分利用，最好使并联运行的各台变压器其变压比之差不超过1%，短路阻抗标么值之差不超过10%。由此可知，这三个条件中，有些是必须遵守的，有些允许有些偏差。

习　题

5-1　并联运行的变压器，在短路阻抗的标么值或变压比不相等时会出现什么现象？如果各变压器的容量不相等则以上两量对容量大的变压器是大些好呢还是小些好？为什么？

5-2　试判断图5-5 (a)、(b) 所示两台变压器的连接组？如它们的一、二次侧额定电压分别相等，且短路阻抗的标么值相同，试问采取怎样的措施可以使它们投入并联运行？

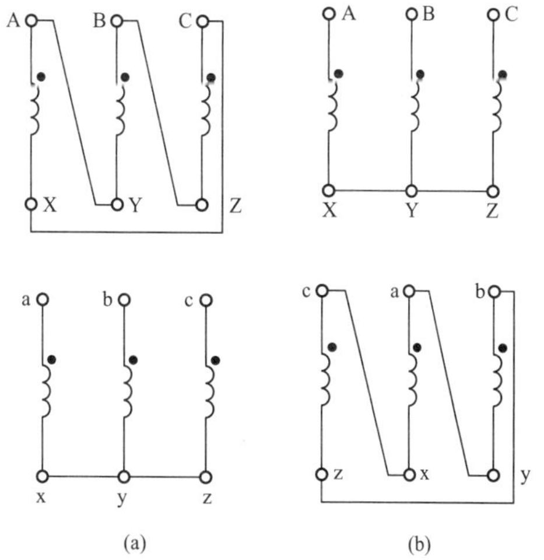

图5-5　习题5-2图

5-3　两台三相变压器并联运行，它们的连接组均为Yd11，数据如下。

变压器T1：5600kVA，6000/3050V，$z_{kT1}^{*}=0.055$；

变压器T2：3200kVA，6000/3000V，$z_{kT2}^{*}=0.055$。

两台变压器的短路电阻与短路电抗之比相等，试求空载时每一变压器中的循环电流及其标么值。

5-4　某变电所有两台变压器，连接组别相同，数据如下。

第一台：$S_{NT1}=3200kVA$，$U_{1N}/U_{2N}=35/6.3kV$，$u_{kT1}=6.9\%$。

第二台：$S_{NT2}=5600kVA$，$U_{1N}/U_{2N}=35/6.3kV$，$u_{kT2}=7.5\%$。

试求：

(1) 两台变压器并联运行，输出的总负载为6000kVA时，每台变压器应分担多少？

（2）在没有任何一台变压器过载的情况下，可输出的最大总负载为多少？

5-5 某工厂由于生产发展，用电量由 500kVA 增为 800kVA，原有变压器 $S_N=500kVA$，$U_{1N}/U_{2N}=6300/400V$，Yyn0，$u_k=6.5\%$。现有三台备用变压器数据如下：

（1）$S_N=320kVA$，$U_{1N}/U_{2N}=6300/400V$，Yyn0，$u_k=5\%$；

（2）$S_N=240kVA$，$U_{1N}/U_{2N}=6300/400V$，Yyn4，$u_k=6.5\%$；

（3）$S_N=320kVA$，$U_{1N}/U_{2N}=6300/420V$，Yyn0，$u_k=6.5\%$。

试计算说明在不允许变压器过载的情况下，选用哪一台运行恰当？如负载增加后需用三台变压器并联运行，选两台变压比相同的与已有的一台并联运行，问最大总负载容量可能是多少？哪一台变压器最先满载？

5-6 如图 5-6 所示，欲在 110kV 及 0.4kV 母线间接一台 110/0.4kV 的变压器（如图中虚线所示），试求该变压器的连接组别。

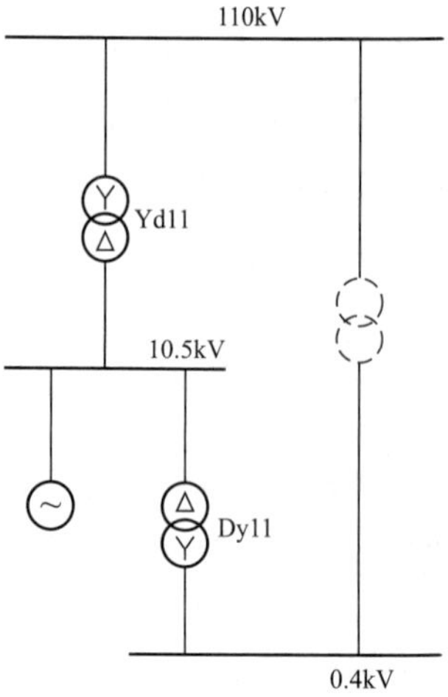

图 5-6 习题 5-6 图

第6章 变压器的瞬变过程

前面几章所讨论的变压器的各种运行情况，包括对称运行和不对称运行在内，都属于稳态运行。在稳态运行时，无论是外施电压或负载电流，都不发生突然的急剧变化，因而作用在绕组上的电压、流过绕组的电流和铁心中的磁通都有稳定的幅值，即在所考虑的一段时间内能够保持不变。但在实际运行中，当负载突然变化、空载合闸到电源、二次侧突然短路和受到过电压的冲击等情况发生时，变压器将从一种稳定运行状态，过渡到另一种稳定运行状态，这段变化过程称为变压器的瞬变过程。

在瞬变过程中，由于电场和磁场能量不能突然变化，可能会使绕组中的电压和电流超过额定值许多倍，即出现所谓过电压和过电流现象。因此，虽然瞬变过程持续的时间很短，但是可能使变压器遭到破坏。例如，突然短路的过电流会使绕组受到很大的电磁力和过热，可能损坏变压器，而过电压则可能使变压器的绝缘损坏。因此，分析瞬变过程无论对设计人员或运行人员来说，都是必要的。

本章将讨论空载合闸和突然短路时的过电流现象以及过电压对变压器的影响。

6.1 变压器空载合闸时的瞬变过程

变压器在稳态运行时，空载电流仅为额定电流的0.6%～5%，可是当变压器二次侧开路而把一次侧绕组接入电源时（空载合闸），却有可能出现很大的冲击电流，如不采取适当措施，则可能引起变压器电源开关跳闸，不能顺利投入电网。空载合闸时的过电流现象是和铁心中磁场的建立密切联系在一起的，因此要计算空载合闸电流，必须先分析空载合闸时，磁场建立的过程。设电源电压随时间按正弦规律变化，据图6-1，合闸时变压器一次侧回路的电动势平衡方程式为

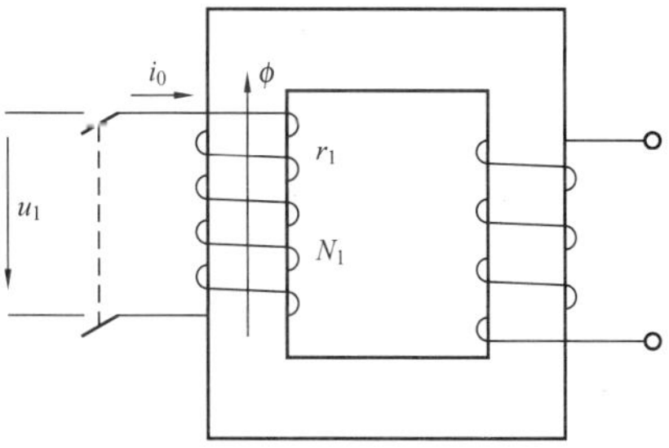

图6-1 变压器的空载合闸

$$i_0 r_1 + N_1 \frac{d\phi}{dt} = u_1 = U_{1m}\sin(\omega t + \alpha) \tag{6-1}$$

式中 ϕ——与一次绕组匝数 N_1 相链的全磁通，包括主磁通和漏磁通；

α——合闸瞬间电压 u_1 的初相角；

r_1——一次侧绕组的电阻；

i_0——空载合闸电流。

由于空载合闸时电流和磁通之间存在的关系为

$$i_0 = \frac{N_1}{L_1}\phi \tag{6-2}$$

式中 L_1——一次侧绕组的全自感系数。

将式（6-2）代入到式（6-1）得

$$\frac{\mathrm{d}\phi}{\mathrm{d}t}+\frac{r_1}{L_1}\phi=\frac{U_{1\mathrm{m}}}{N_1}\sin(\omega t+\alpha) \tag{6-3}$$

因变压器的铁心有饱和现象，一次侧绕组自感系数 L_1 不是常数。因此式（6-3）是一个非线性微分方程，难于用解析法求解。但是，由于电力变压器的电阻 r_1 比较小，式（6-3）等号左面第二项比第一项小得多，如将 L_1 视为常数（即假设铁心没有饱和现象），求得的结果不会有很大的误差。这样线性化处理后，式（6-3）是一个常系数微分方程，它的解为

$$\phi=\frac{L_1}{N_1}\frac{U_{1\mathrm{m}}}{\sqrt{r_1^2+(\omega L_1)^2}}\sin\left(\omega t+\alpha-\arctan\frac{\omega L_1}{r_1}\right)+C\mathrm{e}^{-\frac{r_1}{L_1}t} \tag{6-4}$$

式中 $\dfrac{L_1}{N_1}\dfrac{U_{1\mathrm{m}}}{\sqrt{r_1^2+(\omega L_1)^2}}$——强制分量（稳态分量）磁通幅值，$\dfrac{L_1}{N_1}\dfrac{U_{1\mathrm{m}}}{\sqrt{r_1^2+(\omega L_1)^2}}=\Phi_{\mathrm{m}}$。

由于 $r_1\ll\omega L_1$，所以 $\arctan\dfrac{\omega L_1}{r_1}\approx 90°$；将此关系代入式（6-4）得

$$\begin{aligned}\phi&=\Phi_{\mathrm{m}}\sin(\omega t+\alpha-90°)+C\mathrm{e}^{-\frac{r_1}{L_1}t}\\&=-\Phi_{\mathrm{m}}\cos(\omega t+\alpha)+C\mathrm{e}^{-\frac{r_1}{L_1}t}\end{aligned} \tag{6-5}$$

式中 C——积分常数，由初始条件决定。

假设在合闸初瞬铁心中没有剩磁，即 $t=0$ 时 $\phi=0$，代入式（6-5）得

$$0=-\Phi_{\mathrm{m}}\cos\alpha+C$$

因此得

$$C=\Phi_{\mathrm{m}}\cos\alpha$$

于是空载合闸时与一次侧绕组交链的总磁通为

$$\begin{aligned}\phi&=-\Phi_{\mathrm{m}}\cos(\omega t+\alpha)+\Phi_{\mathrm{m}}\cos\alpha\,\mathrm{e}^{-\frac{r_1}{L_1}t}\\&=\phi'+\phi''\end{aligned} \tag{6-6}$$

式中 ϕ'——磁通的强制分量（稳态分量），$\phi'=-\Phi_{\mathrm{m}}\cos(\omega t+\alpha)$；

ϕ''——磁通的自由分量（暂态分量），$\phi''=\Phi_{\mathrm{m}}\cos\alpha\,\mathrm{e}^{-\frac{r_1}{L_1}t}$。

式（6-6）表明，磁通的大小与合闸时电压 u_1 的初相角 α 有关。下面分两种情况讨论。

（1）在电压 u_1 的初相角 $\alpha=\dfrac{\pi}{2}$，$u_1(0)=U_{1\mathrm{m}}$时合闸，这时由式（6-6），磁通为

$$\phi=-\Phi_{\mathrm{m}}\cos\left(\omega t+\frac{\pi}{2}\right)=\Phi_{\mathrm{m}}\sin\omega t \tag{6-7}$$

式（6-7）中磁通 ϕ 随时间 t 变化的曲线如图 6-2 所示。这表明磁通没有自由分量，只有强制分量，即一合闸就建立了稳态磁通，于是建立此磁通的合闸电流也没有经过瞬变过程直接就达到了稳态空载电流。

（2）在电压 u_1 初相角 $\alpha=0$，$u_1(0)=0$ 时合闸，由式（6-6），磁通为

$$\phi=-\Phi_{\mathrm{m}}\cos(\omega t)+\Phi_{\mathrm{m}\alpha}\mathrm{e}^{-\frac{r_1}{L_1}t} \tag{6-8}$$

此时磁通随时间变化的曲线如图 6-3 所示。从图中可以看出，当时间 $t=\pi$ 时，磁通 ϕ 达到最大数值，如果磁通 ϕ 中的自由分量 ϕ''衰减较慢，变压器的总磁通差不多达 $2\Phi_{\mathrm{m}}$。再考虑到变压器在合闸前铁心中还有剩磁，当剩磁方向与自由分量磁通方向一致时，合闸过程中铁心中总磁通还将超过 $2\Phi_{\mathrm{m}}$。

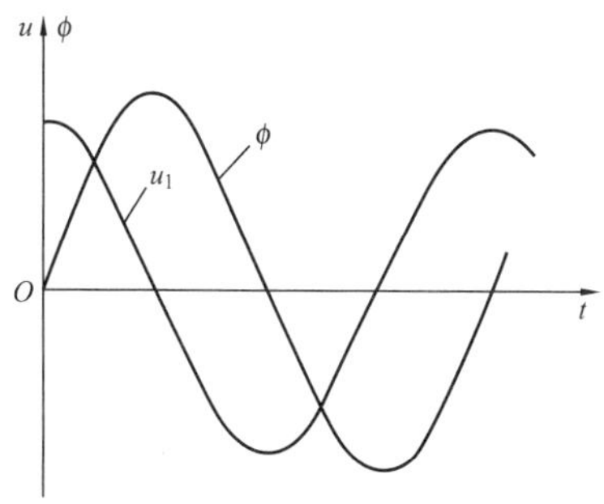

图 6-2　当 $\alpha=\frac{\pi}{2}$ 时空载合闸磁通的变化曲线

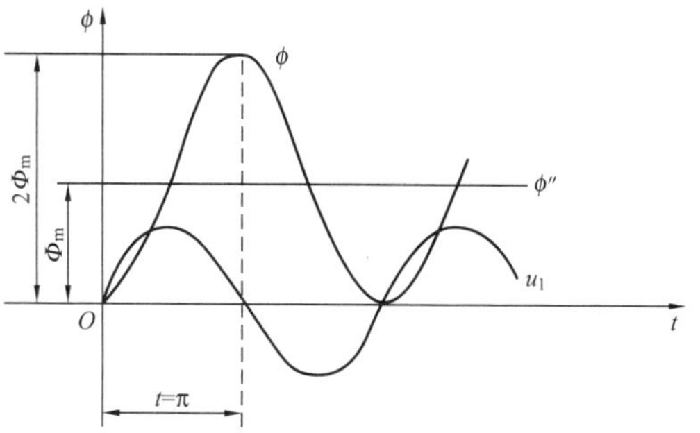

图 6-3　$\alpha=0°$ 合闸时磁通变化曲线

以上分析说明，变压器在空载合闸的瞬变过程中，自由分量磁通的大小与合闸瞬间电压的初相角 α 有关。在最不利的情况下，磁通将超过稳定时磁通的 2 倍。由于变压器铁心有磁饱和特性，因此空载合闸电流的倍数，远远超过磁通增加的倍数，这可以从图 6-4 看出。对一般的电力变压器，如空载运行时铁心中的磁通密度为 $1.4\mathrm{Wb/m^2}$ 左右，处于图 6-4 铁心磁化曲线的 A 点运行。当在最不利情况下（$\alpha=0$）合闸，磁通超过稳态磁通的 2 倍时，根据磁化曲线，空载合闸电流为正常空载电流的 50～80 倍，可达额定电流的 3～5 倍，如果空载运行时铁心的磁通密度更大，铁心的饱和程度更高，则合闸电流的倍数更大。图 6-5 是用示波器记录下来的空载合闸电流的波形。

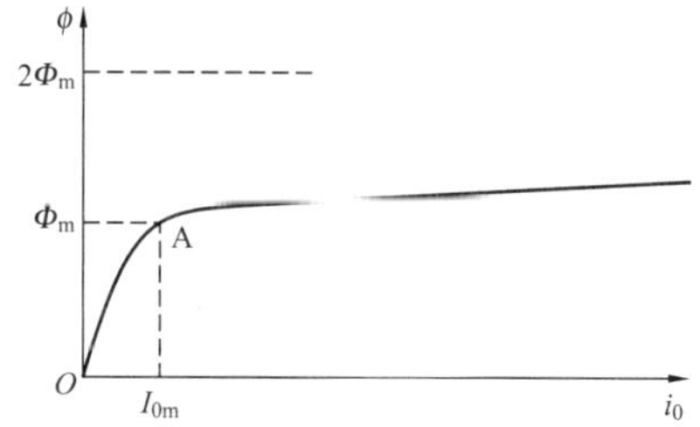

图 6-4　变压器铁心的磁化曲线

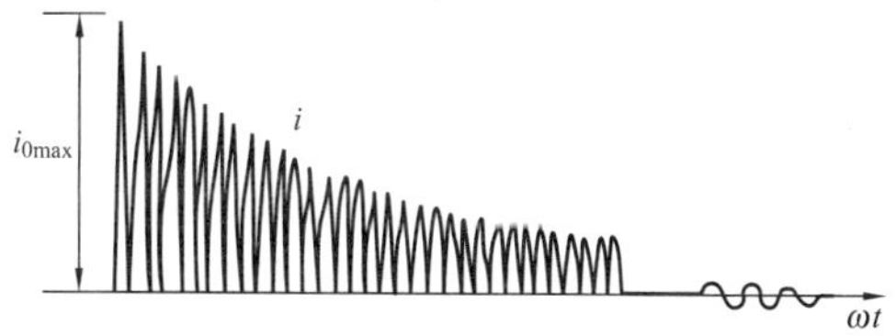

图 6-5　空载合闸电流变化曲线

空载合闸的瞬变过程中，随着自由分量磁通的衰减，空载合闸电流也要衰减，衰减的时间常数是 $T=\frac{L_1}{r_1}$，一般小型变压器衰减得快，约几个周波就可达到稳态值，大型变压器衰减得慢，有的甚至可延续 20s 之久。

空载合闸电流对变压器本身没有多大的危害，但当它衰减较慢时，可能引起变压器的过电流保护装置动作而跳闸。为了避免这种现象，需要设法使合闸电流加速衰减。为此，可在变压器一次侧串联一个合闸电阻，合闸以后，将该电阻切除。

在三相变压器中，由于三相电压彼此相差 120°，因此合闸时总有一相电压的初相角接近于零，因此总有一相的空载合闸电流较大。

6.2　变压器二次侧突然短路时的瞬变过程

在第 3 章中我们讨论过变压器二次侧稳态短路，由于变压器的短路阻抗 z_k 很小，在一次侧外施额定电压下，二次侧稳定短路电流可达额定电流的10～20倍。如果变压器在运行中二次侧发生突然短路，短路电流还将更大。虽然变压器的保护装置会使开关跳闸，但是开关动作需要一定的时间，因此变压器还是会受到短路电流的冲击。如果变压器设计得不好，在这样大的短路电流下，变压器有可能要损坏。为此，除了在运行中要尽量防止变压器发生突然短路外，还应在设计制造变压器时考虑这个问题。

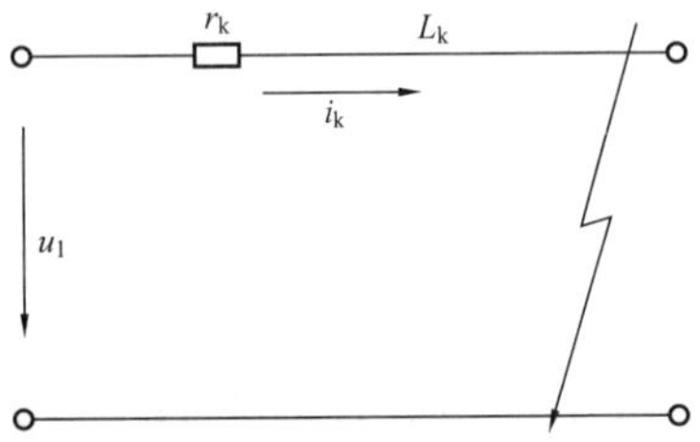

图6-6 变压器突然短路时的简化等效电路

6.2.1 突然短路电流

分析变压器的突然短路时，可以忽略空载电流，因而可用图6-6所示的简化等效电路。图中短路电阻 r_k 和短路电感 $L_k=\dfrac{x_k}{\omega}$（其中 x_k 是短路电抗）都是常数，因此变压器二次侧突然短路时的情况就与 RL 串联电路突然接到正弦电压上去的瞬变过程相似。

设电网容量很大，短路电流不致引起电网电压下降，则由图6-6可写出突然短路时一次侧回路的微分方程式为

$$L_k\frac{di_k}{dt}+r_ki_k=U_{1m}\sin(\omega t+\alpha) \tag{6-9}$$

式中 α——短路发生时电压 u_1 的初相角；

i_k——一次侧绕组中的突然短路电流；

r_k——短路电阻，$r_k=r_1+r_2'$；

L_k——短路电感，$L_k=L_1+L_2'$。

解此常系数微分方程式可得

$$i_k=\frac{U_{1m}}{\sqrt{r_k^2+(\omega L_k)^2}}\sin\left(\omega t+\alpha-\arctan\frac{\omega L_k}{r_k}\right)+Ce^{-\frac{r_k}{L_k}t} \tag{6-10}$$

式中 $\dfrac{U_{1m}}{\sqrt{r_k^2+(\omega L_k)^2}}$——稳定短路电流幅值，$\dfrac{U_{1m}}{\sqrt{r_k^2+(\omega L_k)^2}}=\sqrt{2}L_k$。

在大型变压器中，$\omega L_k\gg r_k$，因此 $\arctan\dfrac{\omega L_k}{r_k}\approx 90°$，于是

$$\begin{aligned}i_k&=\sqrt{2}I_k\sin(\omega t+\alpha-90°)+Ce^{-\frac{r_k}{L_k}t}\\&=-\sqrt{2}I_k\cos(\omega t+\alpha)+Ce^{-\frac{r_k}{L_k}t}\end{aligned} \tag{6-11}$$

式中 C——积分常数，由初始条件决定。

一般情况下变压器发生突然短路之前，可能已经带上了负载。但是，负载电流与短路电流相比是很小的，因此可以忽略不计，即认为 $t=0$ 时，$i_k=0$，代入式（6-11）可得

$$0=-\sqrt{2}I_k\cos\alpha+C$$

因此得

$$C=\sqrt{2}I_k\cos\alpha$$

将上式代入式（6-11）便得突然短路电流为

$$\begin{aligned}i_k&=-\sqrt{2}I_k\cos(\omega t+\alpha)+\sqrt{2}I_k\cos\alpha\, e^{-\frac{r_k}{L_k}t}\\&=i_k'+i_k''\end{aligned} \tag{6-12}$$

式（6-12）表明，突然短路电流也是由强制分量 i'_k 和自由分量 i''_k 所组成，其中：

$$i'_k = -\sqrt{2} I_k \cos(\omega t + \alpha)$$

$$i''_k = \sqrt{2} I_k \cos\alpha \, e^{-\frac{r_k}{L_k} t}$$

突然短路电流的大小，与短路发生时电压 u_1 的初相角 α 有关，以下分两种情况来讨论。

（1）当电压初相角 $\alpha = \frac{\pi}{2}$，$u_1(0) = U_{1m}$ 时发生突然短路，自由分量 i''_k 为零，突然短路一开始就进入稳定状态，短路电流数值最小，其值为

$$i_k = \sqrt{2} I_k \sin\omega t \tag{6-13}$$

（2）当电压初相角 $\alpha = 0$ 时发生突然短路，由式（6-12）得

$$i_k = \sqrt{2} I_k (e^{-\frac{r_k}{L_k} t} - \cos\omega t) \tag{6-14}$$

与式（6-14）相对应的电流变化曲线如图6-7所示，由图可见，短路电流的最大值 i_{kmax} 出现在突然短路开始以后半个周波的瞬间，即 $t = \frac{\pi}{\omega}$ 时，以 $t = \frac{\pi}{\omega}$ 代入式（6-14）可得

$$i_{kmax} = \sqrt{2} I_k (e^{-\frac{r_k}{L_k} t} + 1) = K_y \sqrt{2} I_k \tag{6-15}$$

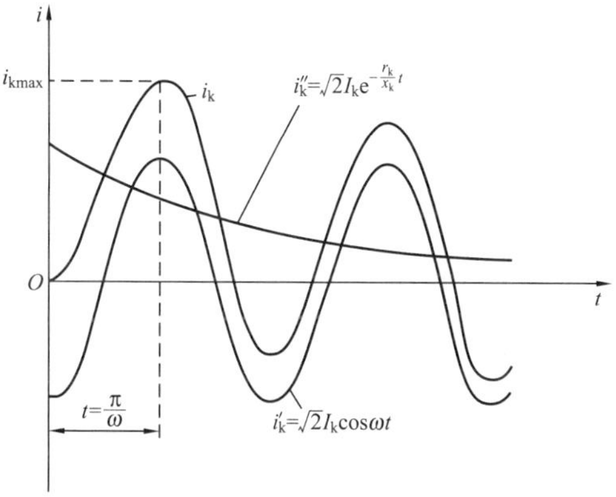

图6-7 当 α—0°时突然短路电流变化波形图

式中，$K_y = (e^{-\frac{r_k}{L_k} t} + 1)$，是突然短路电流最大值与稳态短路电流最大值之比，它的大小与变压器的 $\frac{r_k}{x_k}$ 的数值有关。小容量变压器一般 $\frac{r_k}{x_k} = \frac{1}{3.5} \sim \frac{1}{2}$，这时 $K_y = 1.2 \sim 1.4$，大容量变压器 $\frac{r_k}{x_k} = \frac{1}{9} \sim \frac{1}{14}$，这时 $K_y = 1.7 \sim 1.8$。

当用标么值表示式（6-15）时，得

$$i^*_{kmax} = \frac{i_{kmax}}{\sqrt{2} I_N} = K_y \frac{I_k}{I_N} = K_y \frac{U_N}{I_N z_k} = K_y \frac{1}{z^*_k} \tag{6-16}$$

式（6-16）表明，i^*_{kmax} 与 z^*_k 成反比，即短路阻抗越小，突然短路电流越大。若 $z^*_k = 0.06$，则 $i^*_{kmax} = (1.2 \sim 1.8) \times \frac{1}{0.06} = 25 \sim 30$。这是一个很大的冲击电流，它会在变压器绕组上产生很大的电磁力，对变压器有严重的影响。为了限制 i^*_{kmax}，z^*_k 不宜过小，但 z^*_k 大时变压器运行时的电压变化率也大，因此在设计变压器时，必须全面地考虑 z^*_k 数值的选择。

对于三相变压器，由于各相电压彼此相差120°，发生三相突然短路时，总有一相会处在短路电流最大或接近最大的状态。

6.2.2 突然短路时的电磁力

变压器绕组中的电流与漏磁场相互作用，在绕组的各导线上产生电磁力，其大小由漏磁场的磁通密度与电流的乘积所决定。由于电流增大时漏磁场也正比增强，因此电磁力与电流的平方成正比。当变压器在额定负载下运行时，作用在绕组上的电磁力很小。但突然短路

时，如前所述，最大短路电流可达额定电流的 20～30 倍，由于电磁力与电流的平方成正比，所以短路时绕组所受的电磁力将为额定时的 400～900 倍，可能使变压器绕组变形和绝缘损坏。为了防止这些不良情况，应加强绕组的支撑和紧固。下面简单地分析两绕组变压器中当一、二次侧绕组高度相等，磁动势沿高度分布均匀时，同心式绕组所受的电磁力。

图 6-8（a）是一、二次侧绕组所产生的漏磁场分布图形。沿绕组高度方向称为轴向，与轴向垂直的方向称为径向，或者辐向。由于图 6-8 中两绕组变压器的漏磁力线并不完全与轴向平行，所以，在分析计算绕组受力时，就很复杂。为此，将漏磁密分为两个分量：一个分量是沿着轴向分布的，如图 6-8（a）所示的轴向漏磁密 B_d；另一个分量是沿着径向分布的，如图 6-8（b）所示的径向漏磁密 B_q。一、二次侧绕组电流与轴向漏磁密 B_d 作用产生径向电磁力 F_{q1} 和 F_{q2}，如图 6-8（c）所示。它们在绕组圆周上的分布，如图 6-9 所示。径向电磁力企图将外面的绕组拉伸而将里面的绕组压缩。同时一、二次侧绕组中电流与径向漏磁密 B_q 作用产生轴向的电磁力 F_{d1} 和 F_{d2}，如图 6-8（c）中所示，它是将两个绕组沿高度方向压缩。

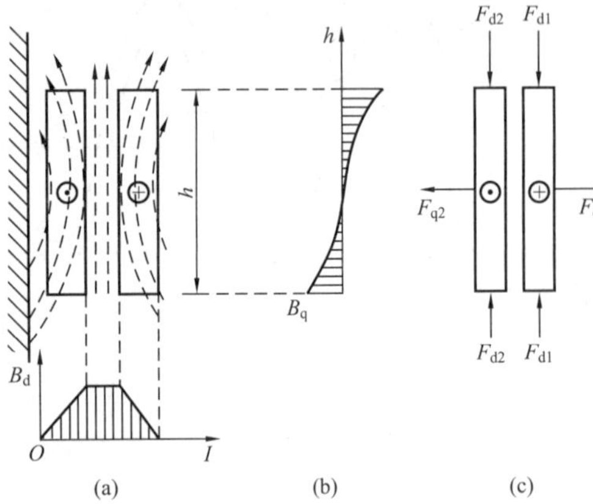

图 6-8　两绕组变压器漏磁通密度分布及绕组受力情况

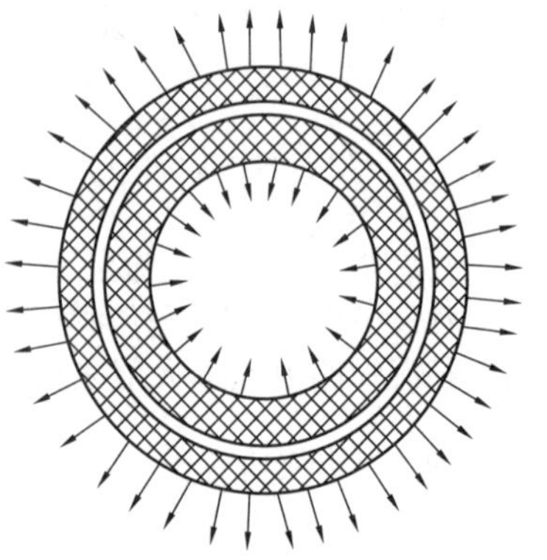

图 6-9　同心式绕组径向力分布图

在变压器中，由于径向漏磁密 B_q 沿高度方向是变化的，所以轴向电磁力 F_{d1} 及 F_{d2} 沿绕组高度方向的分布是不均匀的。如果轴向电磁力过大，就可能把绕组压得变形，并把支撑件压坏。在一般的电力变压器中，漏磁密的轴向分量 B_d 远大于径向分量 B_q，因而径向电磁力 F_{q1} 和 F_{q2} 比轴向电磁力 F_{d1} 和 F_{d2} 大很多。但从对绕组的破坏作用来看，因圆形绕组能承受较大的径向力而不变形，因此轴向电磁力的危害性更大。

6.3　变压器的过电压现象

变压器在正常运行情况下，其工作电压的幅值是一定的。如果由于某种原因，使加在变压器上的电压幅值超过了它的最大允许工作电压时，变压器就遭受了过电压。产生过电压的原因主要有两方面，一是当输电线直接遭受雷击或雷云放电时在输电线上感应产生的过电压，称为大气过电压；二是当变压器或线路上的开关合闸与跳闸时，因系统中电磁能量振荡和聚积而产生的过电压，称为内部过电压或操作过电压。内部过电压的数值一般为额定电压的 3.0～4.5 倍，而大气过电压数值更高，可达额定相电压的 8～12 倍。无论是哪种过电压，持续时间都是很短的，仅有几十微秒。但它对变压器的危害很大，可能使绝缘击穿。因此必须采取有效措施，防止过电压的发生或进行有效的保护。

过电压在变压器中破坏绝缘有两种情况，一是将绕组与铁心（或油箱）之间的绝缘或高压绕组与低压绕组之间的绝缘（这种绝缘称为主绝缘）击穿；另一种是在同一绕组内将匝与匝之间或一段绕组与另一段绕组之间的绝缘（这些绝缘称为纵绝缘）击穿。下面以大气过电压的波过程来说明这种危害。

大气过电压是输电线直接受到雷击或雷云放电时在输电线上感应所引起的。输电线遭受雷击时，雷云所带的大量电荷，通过放电渠道落到输电线上，这时大量的自由电荷沿输电线向两端传播，就在输电线上引起冲击过电压波，称为雷电波。雷电波是非周期性的冲击电压波。它向输电线两端传播的速度接近于光速。典型的雷电波形如图 6-10 所示，它持续的时间只有几十微秒，而电压由零上升到最大值的时间只有几微秒。曲线由零上升到最大值的部分称为波头，下降部分称为波尾。变压器作冲击电压试验时的标准波形为 1.5/40μs 波。如果把波头所占时间看成是周期性波的四分之一周期，则上述冲击波可看成是频率极高的周期性波（其频率在 50 万 Hz 以上）。因此，在分析变压器的过电压现象时，不能像正常运行那样把变压器看成是一个由电阻和电感组成的集中参数电路。这是因为实际变压器中绕组线匝之间，高、低压绕组之间，以及绕组与铁心（对地）之间，都存在着一定数值的电容。在正常运行时，电网频率为 50Hz，这些电容的容抗$\dfrac{1}{\omega C}$很大，而感抗 ωL 很小，因此可以忽略电容的影响，认为电流完全由绕组内通过。但对高频性质的过电压波来说，变压器的容抗$\dfrac{1}{\omega C}$变成很小，而感抗 ωL 变成很大，此时电流主要从电容流过，所以必须考虑电容的影响。考虑电容影响后变压器的分布参数电路如图 6-11 所示，图中：

C_{Fe1}、C_{Fe2}——高、低压绕组每单位长度上的对地电容；

C_1、C_2——高、低压绕组每单位长度上的匝间电容；

C_{12}——高、低压绕组之间每单位长度上的电容；

r_1'、r_2'——高、低压绕组每单位长度上的电阻；

L_1'、L_2'——高、低压绕组每单位长度上的漏电感。

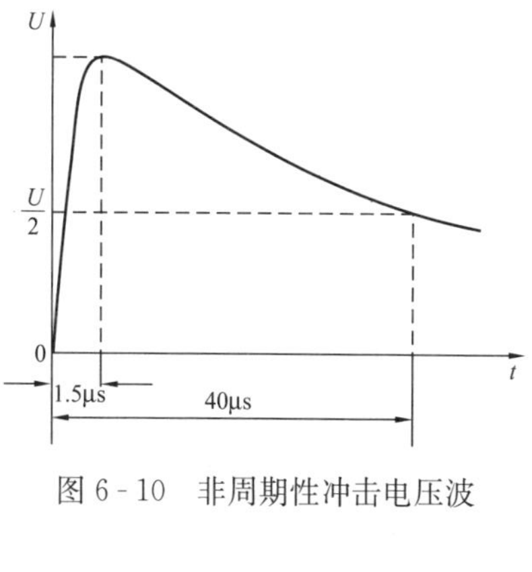

图 6-10　非周期性冲击电压波

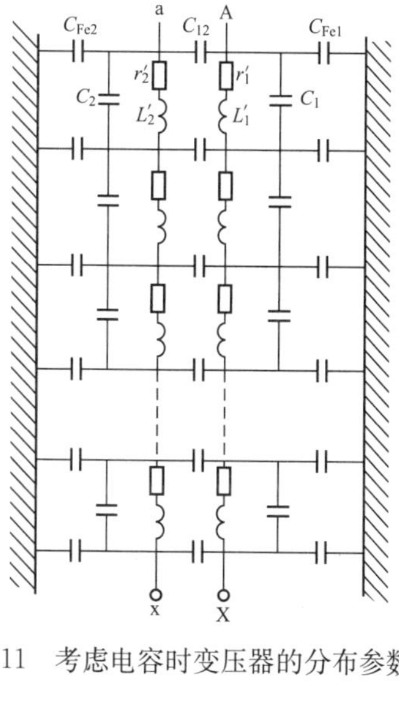

图 6-11　考虑电容时变压器的分布参数电路

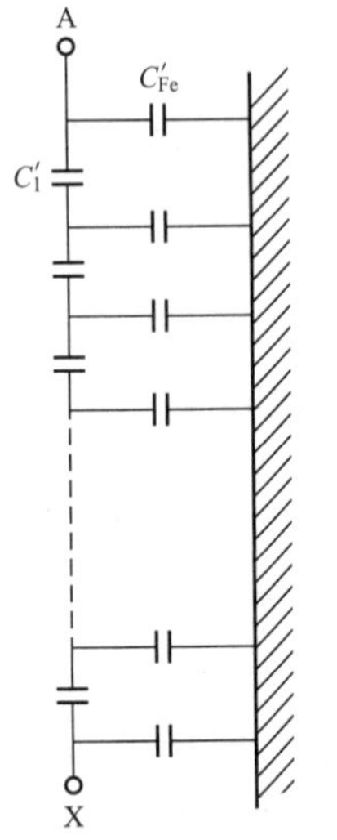

图 6-12　过电压时高压绕组的电容等效电路

当过电压波到达变压器高压绕组出线端时，相当于在高压绕组端头加了一个频率极高的高电压。在高频下，ωL 很大，$\frac{1}{\omega C}$很小，图 6-11 中凡是有电感的支路均可视为开路。由于低压绕组靠近铁心，它的对地电容 C_{Fe2}很大（即容抗很小），可近似地认为低压绕组接地，于是图 6-11 可用图 6-12 的电容等效电路来代替，图中：

C'_{Fe}——过电压时高压绕组单位长度上的对地电容；

C'_1——过电压时高压绕组的匝间电容。

由图 6-12 的等效电路可知，沿绕组高度上的电压分布取决于匝间电容 C'_1和对地电容 C'_{Fe}的比例。假定对地电容 C'_{Fe}不存在，则由过电压波引起的电流只从匝间电容 C'_1中流过，于是每个匝间电容C'_1中流过的电流相同，沿绕组高度上的电压分布是均匀的。如果匝间电容 C'_1很小，而对地电容 C'_{Fe}很大，在极端情况下，匝间电容为零，则电流全部从第一个对地电容中流过，于是整个电压将全部加在靠近出线端的部分线匝上。在一般情况下，由于两种电容都存在，过电压时一部分电流由对地电容 C'_{Fe}分流，因此每个匝间电容 C'_1中流过的电流不等，上面的C'_1中流过的电流最大，越往下面则越小，因此电压沿绕组高度的分布变为不均匀。如图6-13 所示。图中 U 是过电压波加在变压器高压绕组上的电压。从图中可见，起始电压分布很不均匀，靠近输电线 A 端的头几个匝间出现很大的电压梯度，因此在头几个线匝里，匝间绝缘和线盘之间的绝缘都受到很大威胁。这时最高匝间电压可能高达额定情况下的 50～200 倍。为了防止绕组绝缘在过电压时被击穿，必须采取适当的过电压保护措施。目前主要采用下列措施：

（1）避雷器保护。避雷器是在雷击过电压时能够很快地对地放电的一种电器，它装在变压器的出线端。如图 6-14 所示，当雷电波从输电线侵入时，先将保护间隙击穿，然后过电压波经过避雷器对地放电。这样就限制了进入变压器的雷电波的幅值，从而保护了变压器的绝缘。

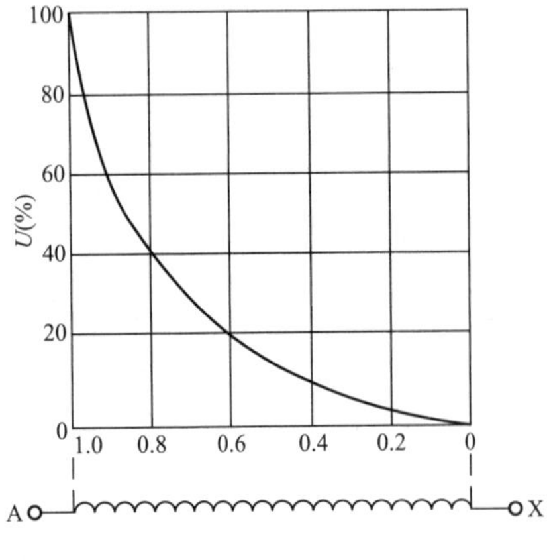

图 6-13　起始电压分布

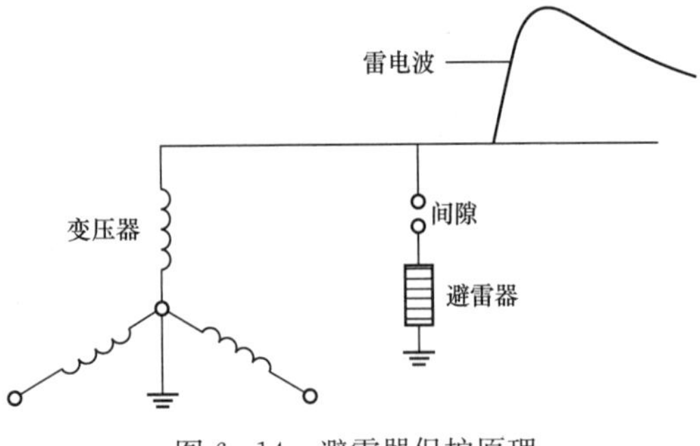

图 6-14　避雷器保护原理

（2）加强绝缘。除了加强高压绕组对地绝缘外，还要加强首端及末端附近部分线匝的匝间绝缘，以承受由于起始电压分布不均匀或振荡时出现的较高的匝间电压。这种方法比较简单，但效果有限，同时加厚绝缘后，对线匝散热不利，目前仅在 35kV 级以下的变压器中采用。

(3) 增大匝间电容。从前面的分析可知，当匝间电容 C_1' 相对于对地电容 C_{Fe}' 越大时，则起始电压分布越均匀，电压梯度也越小，因此增大匝间电容是行之有效的过电压保护措施。增大匝间电容的方法很多，过去采用过电容环（又称静电极）或静电屏（又称静电圈）的方法，但其制造工艺复杂，成本增高，效果却有限，目前已用得不多。现在110kV以上的高压变压器中，广泛采用纠结式绕组。这种绕组能显著增大线盘之间的电容，比静电屏简单而有效。

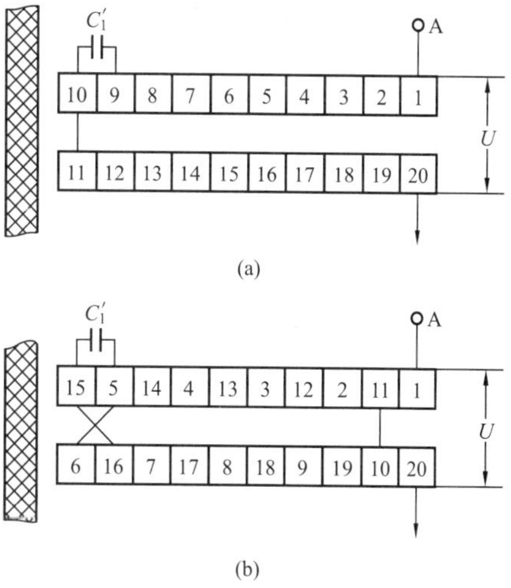

图6-15 连续式绕组与纠结式绕组的比较

(a) 连续式两个线盘；(b) 纠结式两个线盘

纠结式绕组与连续式绕组的比较如图6-15所示，在连续式绕组的两个线盘内，1～20匝导线都是连续排列的；而纠结式绕组的两个线盘内，1～20匝导线是交错排列的。在过电压的起始瞬间，过电压波引起的电流通过两线盘的情况如下：

(1) 对连续式绕组，电流先通过第1匝到第10匝间的9个匝间电容，然后经过两线盘间的连接线到第11匝，再通过从第11匝到第20匝间的9个匝间电容。因此不考虑连接线的电抗和电容时，两线盘间的等效电容等于18个匝间电容串联的结果，即 $\frac{C_1'}{18}$。

(2) 对纠结式绕组，电流的路径之一是通过第1匝与第11匝之间的匝间电容 C_1'，经过连接线到第10匝，再经过第10匝与第20匝间的一个匝间电容 C_1' 就到达第20匝，因此不考虑连接线的电抗和电容时，这一路径的等效电容等于两个匝间电容 C_1' 串联的结果，即 $\frac{C_1'}{2}$。除这一路径外，电流尚可通过1、11、2、12、3、13、…、18、9、19、10、20等匝之间的匝间电容而到达第20匝。上述这两条路径是并联的，其总电容等于两条路径电容之和。

由此可见，纠结式绕组与连续式绕组比较，线盘之间的等效电容显著增大。这就大大有利于改善起始电压的分布，另外纠结式绕组的制造工艺比连续式绕组的并不复杂多少，所以现在高压大型电力变压器的高压绕组大多采用了纠结式绕组。

结　语

变压器的瞬变过程有过电流和过电压两种。瞬变过程所经历的时间虽然很短，但是可能使变压器遭到损坏。

过电流发生在空载合闸和突然短路瞬间。空载合闸电流很大是由于变压器铁心的磁饱和现象所引起。为了考虑铁心的磁饱和的影响，分析时先求解磁通，再利用铁心的磁化曲线从而求出最大磁通值时的空载合闸电流。

突然短路时由于短路电阻 r_k 和短路电抗 x_k 都是常数，因此可直接就电流解微分方程式。突然短路电流的数值与短路阻抗 z_k 的大小和暂态分量衰减的快慢有关，通常为稳态短路电流的1.2～1.8倍，为额定电流的20～30倍。这样大的短路电流所产生的电磁力可达额定运行情况下的400～900倍，可能造成变压器绕组的支撑件和绝缘损坏。不论是空载合闸还是突然短路，冲击电流的大小都与初始条件有关。

过电压现象主要有内部过电压和大气过电压两种。过电压虽然持续的时间很短，但是由于冲击电压波相当于高频电压，绕组的分布电容决定了起始电压的分布，为了增大匝间电容，使起始电压分布均匀，目前110kV以上的高压绕组多采用纠结式绕组。

习 题

6-1 变压器空载电流很小，但空载合闸电流可能很大，这是为什么？

6-2 变压器在什么情况下空载合闸电流最大？如磁路不饱和，空载合闸电流的最大值是多少？如磁路饱和，空载合闸电流可达到额定电流的多少倍？

6-3 变压器在什么情况下突然短路电流最大？大致是额定电流的多少倍？对变压器有何危害？

6-4 变压器突然短路电流的大小与短路阻抗有什么关系？为什么大容量变压器的 z_k^* 设计得大些？

6-5 有一台60000kVA，$U_{1N}/U_{2N}=220/11\text{kV}$，Yd11连接的三相变压器，$Z_k^*=0.008+j0.072$。试求：

(1) 高压侧的稳态短路电流值及其为额定电流的倍数。

(2) 在最不利情况下突然短路时，最大短路电流是多少？

6-6 为什么分析过电压时变压器的等效电路必须考虑电容？绕组对地电容的存在给变压器带来了什么不良影响？

6-7 从变压器本身来讲，常采用的过电压保护方法有哪几种？在运行中对变压器进行过电压保护的措施有哪些？

第7章　特 种 变 压 器

在电力系统中，使用得最多和最广的是两绕组变压器，但在某些情况下也使用三绕组变压器、分裂绕组变压器以及一、二次侧之间不仅有磁场耦合而且有电的直接联系的自耦变压器。这些变压器在各自的使用条件下，能显示其独有的优点，因此在符合使用条件的场合，采用这些变压器能获得一定的效益。

7.1　自 耦 变 压 器

7.1.1　自耦变压器的结构特点

自耦变压器与两绕组变压器相似，在铁心柱上套有两个同心式绕组，如图 7 - 1（a）所示。通常将里面靠近铁心的一个绕组称为低压绕组，外面的称为高压绕组。在电路上，两绕组串联起来，作为变压器的高压侧，低压绕组引出为变压器低压侧，其绕组连接图如图 7 - 1（b）所示。这种连接方式称为自耦式。在图 7 - 1 所示的自耦变压器中，匝数为 N_2 的低压绕组 ax 供高、低压两侧共用，因此称为公共绕组。匝数为 N_{Aa} 的高压绕组 Aa，称为串联绕组，因它与低压绕组 ax 串联后供高压侧使用。从原理上看，自耦变压器是只有一个绕组的变压器，既可以用作升压，也可以用作降压。

7.1.2　基本方程式、等效电路、相量圈

当自耦变压器的一次侧接于电网、二次侧接上负载以后，采用与两绕组变压器相同的正方向规定，如图 7 - 2 所示，在串联绕组 Aa 中流过电流为 $\dot{I}_1$，感应电动势为 $\dot{E}_{Aa}$，这段绕组的漏阻抗为 Z_{Aa}。公共绕组中电流为 $\dot{I}$，感应电动势为 $\dot{E}_2$，漏阻抗为 Z_{ax}。因此有

一次侧回路的电动势平衡方程式为

$$\dot{U}_1 = -\dot{E}_{Aa} - \dot{E}_2 + \dot{I}_1 Z_{Aa} + \dot{I} Z_{ax} \tag{7-1}$$

二次侧回路电动势平衡方程式为

$$\dot{U}_2 = \dot{E}_2 - \dot{I} Z_{ax} \tag{7-2}$$

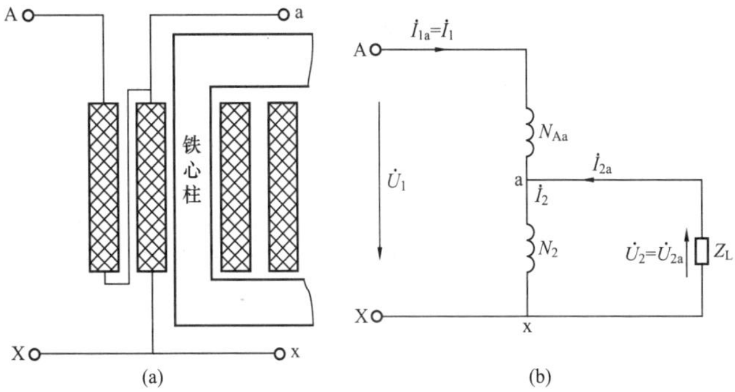

图 7 - 1　降压自耦变压器
（a）接线图；（b）原理图

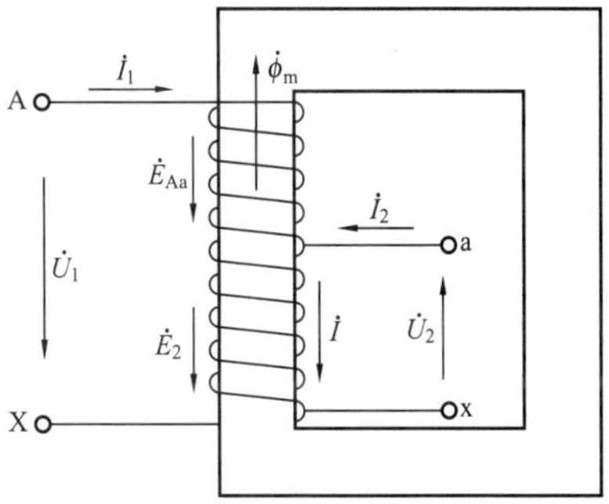

图 7 - 2　自耦变压器的绕组连接与正方向规定

在节点 a 电流关系为

$$\dot{I}_1+\dot{I}_2=\dot{I} \tag{7-3}$$

由于变压器的励磁电流很小，当略去励磁电流不计时，其磁动势平衡关系为

$$\dot{I}_1N_{Aa}+\dot{I}N_2=0 \tag{7-4}$$

将式（7-3）的 $\dot{I}$ 代入式（7-4）得

$$\dot{I}_1N_{Aa}+\dot{I}_1N_2+\dot{I}_2N_2=0$$

或

$$\dot{I}_1+\dot{I}_2\frac{N_2}{N_{Aa}+N_2}=0 \tag{7-5}$$

令 k_a 为自耦变压器的变比，即

$$k_a=\frac{E_{Aa}+E_2}{E_2}=\frac{N_{Aa}+N_2}{N_2}$$

将式（7-5）代入上式得

$$\dot{I}_1+\frac{\dot{I}_2}{k_a}=0$$

或

$$\dot{I}_1+\dot{I}'_2=0 \tag{7-6}$$

式中 $\dot{I}'_2$——折算到高压侧的低压侧电流，$\dot{I}'_2=\frac{\dot{I}_2}{k_a}$。

因此式（7-3）可写为

$$\dot{I}=\dot{I}_1+k_a\dot{I}'_2=\dot{I}_1(1-k_a) \tag{7-7}$$

为了求得自耦变压器的简化等效电路，将式（7-2）两端同乘以 k_a，并以式（7-5）及式（7-7）代入，得

$$k_a\dot{U}_2=\dot{E}_{Aa}+\dot{E}_2+\dot{I}_1(k_a-1)Z_{ax}k_a$$

或

$$\dot{U}'_2=\dot{E}_{Aa}+\dot{E}_2+\dot{I}_1(k_a-1)Z_{ax}k_a$$

式中，$\dot{U}'_2=k_a\dot{U}$ 为低压侧电压折算到高压侧的数值，将上式与式（7-1）相加得

$$\begin{aligned}\dot{U}_1+\dot{U}'_2&=\dot{I}_1Z_{Aa}+\dot{I}Z_{ax}+\dot{I}_1(k_a-1)Z_{ax}k_a\\&=\dot{I}_1Z_{Aa}+\dot{I}_1(1-k_a)Z_{ax}+\dot{I}_1(k_a-1)k_aZ_{ax}\\&=\dot{I}_1[Z_{Aa}+(k_a-1)^2Z_{ax}]\end{aligned}$$

或

$$\dot{U}_1=-\dot{U}'_2+\dot{I}_1[Z_{Aa}+(k_a-1)^2Z_{ax}] \tag{7-8}$$

由式（7-8）可画出自耦变压器的简化等效电路，如图 7-3 所示。

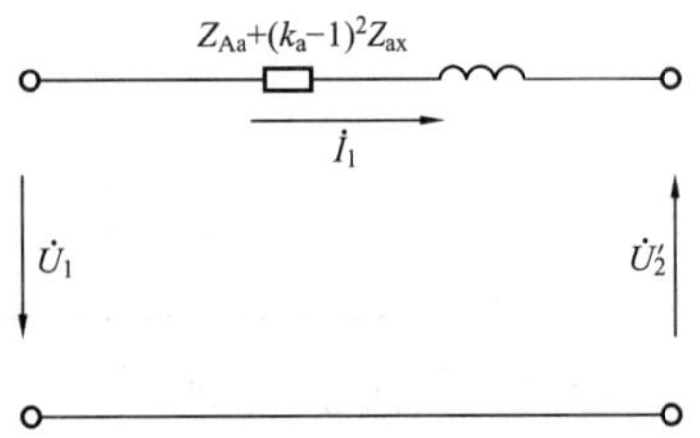

图 7-3　自耦变压器简化等效电路

7.1.3　容量关系

自耦变压器的额定容量（又称通过容量）和绕组容量（又称电磁容量）是不相等的。用 S_N 表示的额定容量指的是总输入或总输出容量，即

$$\begin{aligned}&\text{一次侧} && S_{1N}=U_{1N}I_{1N}\\&\text{二次侧} && S_{2N}=U_{2N}I_{2N}\\&\text{且} && S_{1N}=S_{2N}\end{aligned}\Bigg\} \tag{7-9}$$

电磁容量指的是绕组上的电压与电流的乘积，串联绕组 Aa 的电磁容量为

$$S_{Aa}=U_{Aa}I_{1N}\approx\frac{N_{Aa}}{N_{Aa}+N_2}U_{1N}I_{1N}=\left(1-\frac{1}{k_a}\right)S_{1N}$$

公共绕组 ax 的电磁容量为

$$S_{ax}=U_{ax}I_N\approx U_{2N}(I_{2N}-I_{1N})=\left(1-\frac{1}{k_a}\right)U_{2N}I_{2N}=\left(1-\frac{1}{k_a}\right)S_{2N} \tag{7-10}$$

由以上关系可知，两段绕组的电磁容量是相等的。与电磁容量对应的功率，是公共绕组和串联绕组之间，通过电磁感应作用传递给负载的，即通常所说的电磁功率。电磁功率的大小决定了自耦变压器的主要尺寸和材料消耗，是自耦变压器设计的依据，因此又称为计算容量。

由于变比 $k_a>1$，因此电磁容量总是小于额定容量，两者之差称为传导容量。与传导容量对应的功率是由电流 I_1 通过传导作用直接传到负载上的，不需经过绕组的电磁感应作用，因而它不占用绕组的容量。这种现象在两绕组变压器中是没有的，因为在两绕组变压器中，一、二次侧没有电的直接联系，因而也没有传导的作用。自耦变压器之所以比两绕组变压器优越，就是多了这个传导容量。由式（7-10）可知，当 k_a 越接近于1，电磁容量在额定容量中所占的比例越小，传导容量所占的比例越大，变压器的有效材料消耗越少（同时损耗小、效率高），造价也越低。当 k_a 较大时，电磁容量接近于额定容量，它的优越性就降低了。因此，自耦变压器的变比 k_a，一般不大于2，即串联绕组的匝数比公共绕组的匝数少。

7.1.4 短路试验、短路阻抗、电压变化率和短路电流

从图7-3的简化等效电路可看出，自耦变压器折算至高压侧的短路阻抗为

$$Z_{ka}=Z_{Aa}+(k_a-1)^2Z_{ax}$$

其数值可以在设计时计算出来，也可以通过短路试验求得。图7-4（a）是自耦变压器在高压侧作试验时的接线图。当低压侧短路时，如图7-4（b）所示短路电压相当于加在串联绕组 Aa 上，它相当于图7-4（c）所示的一台以串联绕组为一次侧，公共绕组为二次侧的两绕组变压器的短路试验。测得的短路阻抗为

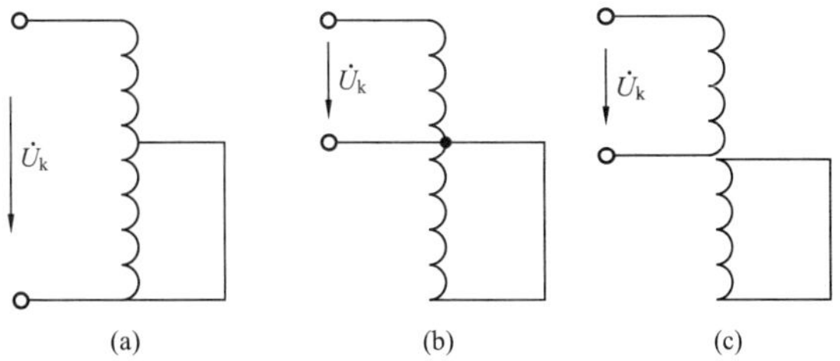

图7-4 自耦变压器的短路试验

$$Z_k=Z_{Aa}+\left(\frac{N_{Aa}}{N_2}\right)^2Z_{ax}=Z_{Aa}+(k_a-1)^2Z_{ax}=Z_{ka}$$

式中，Z_k 是对应两绕组变压器的短路阻抗；Z_{ka}是自耦变压器的短路阻抗。

这说明自耦变压器折算至高压侧的短路阻抗数值与上述两绕组变压器的短路阻抗值在绝对值上是相等的。但是由于自耦变压器的阻抗基值 $Z_{Ba}=\dfrac{U_{1N}}{I_{1N}}$是上述两绕组变压器阻抗基值

$Z_B=\frac{U_{Aa}}{I_{1N}}$的$1\Big/\left(1-\frac{1}{k_a}\right)$倍，因此自耦变压器的短路阻抗标么值$Z_{ka}^*$较上述两绕组变压器短路阻抗标么值$Z_k^*$小，即

$$Z_{ka}^*=\left(1-\frac{1}{k_a}\right)Z_k^* \tag{7-11}$$

比起同容量两绕组变压器来更小。

由于短路阻抗标么值小，自耦变压器在负载时的电压变化率也小，约为两绕组变压器的$\left(1-\frac{1}{k_a}\right)$倍。但发生突然短路时，短路电流则比两绕组变压器的大，约为$1\Big/\left(1-\frac{1}{k_a}\right)$倍。这点对自耦变压器来说是不利的，因此必须加固自耦变压器的机械结构，以防止短路电流产生的电磁力所引起的破坏作用。

7.1.5 自耦变压器的运行问题

（1）由于自耦变压器的一、二次绕组有电的直接联系，为了防止高压侧单相接地时引起低压侧过电压，运行在电网上的三相自耦变压器的中点必须可靠地接地，如图 7-5 所示。

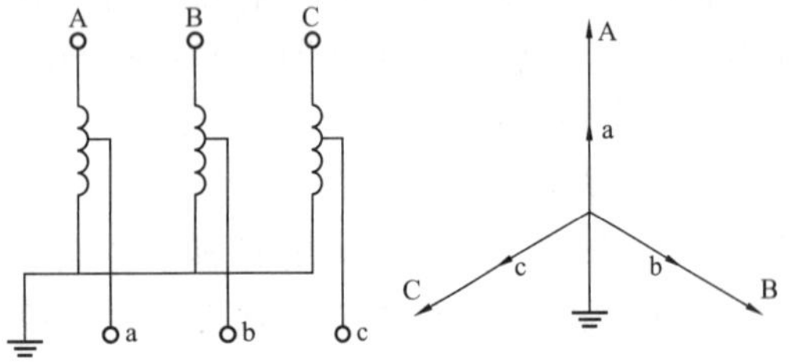

图 7-5 自耦变压器的中性点接地

（2）由于自耦变压器的一、二次侧之间有电的直接联系，当高压侧遭到过电压时，也会传到低压侧，为了避免危险，须在一、二次侧都装上避雷器。

（3）由于自耦变压器的短路阻抗标么值小，突然短路电流比两绕组变压器的大。为此，运行中必须采取限制短路电流的措施。

7.2 三 绕 组 变 压 器

当需要在三个不同电压等级的电网间输送功率时，为了经济起见，可以不用两台两绕组变压器，而采用一台三绕组变压器。三绕组变压器的结构和两绕组变压器相似，在每一个铁心柱上套有三个同心式绕组，即低压绕组 3、中压绕组 2 和高压绕组 1，如图 7-6 所示。为了方便绕组的绝缘。高压绕组放在最外面，低压绕组或中压绕组放在最里层。一般说来，相互之间传递功率多的绕组应靠得近些。如发电厂里的升压变压器，多半是从低压侧向高、中压侧传递功率，就选用中压绕组放在最里层、低压绕组放在中间的方案，如图 7-6（a）所示。变电站里的降压变压器，多半是从高压侧向中、低压侧传递功率，最理想的方案是把高压绕组放在中间，但这增加了绝缘的困难，因此常采用中压绕组放在中间、低压绕组放在最里层的方案。如图 7-6（b）所示。

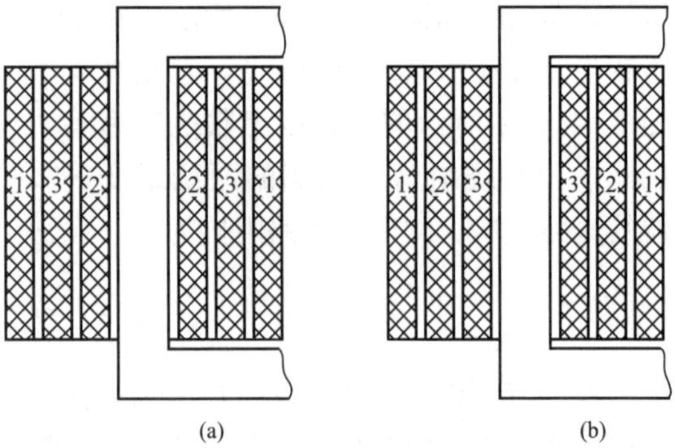

图 7-6 三绕组变压器的绕组布置图
（a）升压变压器；（b）降压变压器
1、2、3—高、中、低压绕组

7.2.1 三绕组变压器的基本方程式、等效电路、相量图

当三绕组变压器的绕组 1 接到电压为 U_1 的电源上，绕组 2、3 开路时的情况称为空载运行状态。三绕组变压器空载运行时与两绕组变压器没有什么区别，只是多了两个变比。设 N_1、N_2、N_3 分别是绕组 1、2、3 的匝数，三个绕组间的变比分别是

$$\left.\begin{aligned} k_{12}&=\frac{N_1}{N_2}\approx\frac{U_1}{U_2}\\ k_{13}&=\frac{N_1}{N_3}\approx\frac{U_1}{U_3}\\ k_{23}&=\frac{N_2}{N_3}\approx\frac{U_2}{U_3}\end{aligned}\right\}\qquad(7-12)$$

式中，U_1、U_2、U_3 分别是绕组 1、2、3 的端电压。

由于三绕组变压器有三个绕组在磁路方面互相耦合，因此不可能像对两绕组变压器那样简单地应用主磁通和漏磁通的概念。在建立基本电压方程式时，我们必须应用每一绕组的自感以及任何一对绕组之间的互感的概念。设 r_1、r_2、r_3 是各绕组的电阻，L_1、L_2、L_3 是各绕组的全自感，$M_{12}=M_{21}$是绕组 1 与绕组 2 之间的互感，$M_{13}=M_{31}$是绕组 1 与绕组 3 之间的互感，$M_{23}=M_{32}$是绕组 2 与绕组 3 之间的互感。在正弦电压作用下稳定运行时，按两绕组变压器正方向规定，其电压方程式为

$$\left.\begin{aligned} \dot U_1&=\dot I_1r_1+j\omega L_1\dot I_1+j\omega M_{12}\dot I_2+j\omega M_{13}\dot I_3\\ -\dot U_2&=\dot I_2r_2+j\omega L_2\dot I_2+j\omega M_{21}\dot I_1+j\omega M_{23}\dot I_3\\ -\dot U_3&=\dot I_3r_3+j\omega L_3\dot I_3+j\omega M_{31}\dot I_1+j\omega M_{32}\dot I_2\end{aligned}\right\}\qquad(7-13)$$

把绕组 2、3 的各量都折算至绕组 1，即

$$\left.\begin{aligned} &\dot U'_2=k_{12}\dot U_2,\quad \dot U'_3=k_{13}\dot U_3\\ &\dot I'_2=\frac{\dot I_2}{k_{12}},\quad \dot I'_3=\frac{\dot I_3}{k_{13}}\\ &r'_2=k_{12}^2r_2,\quad r'_3=k_{13}^2r_3\\ &L'_2=k_{12}^2L_2,\quad L'_3=k_{13}^2L_3\\ &M'_{12}=k_{12}M_{12}=M'_{21}\\ &M'_{13}=k_{13}M_{13}=M'_{31}\\ &M'_{23}=k_{12}k_{13}M_{23}=M'_{32}\end{aligned}\right\}\qquad(7-14)$$

将式（7-14）中各关系代入式（7-13）中，则有

$$\left.\begin{aligned} \dot U_1&=\dot I_1r_1+j\omega L_1\dot I_1+j\omega M'_{12}\dot I'_2+j\omega M'_{13}\dot I'_3\\ -\dot U'_2&=\dot I'_2r'_2+j\omega L'_2\dot I'_2+j\omega M'_{12}\dot I_1+j\omega M'_{23}\dot I'_3\\ -\dot U'_3&=\dot I'_3r'_3+j\omega L'_3\dot I'_3+j\omega M'_{13}\dot I_1+j\omega M'_{23}\dot I'_2\end{aligned}\right\}\qquad(7-15)$$

负载时，如果忽略励磁电流，则有

$$\dot I_1+\dot I'_2+\dot I'_3=0\qquad(7-16)$$

为了用一个等效电路来表示三绕组变压器，应用式（7-16）所示的关系，在式（7-15）的第一式和第二式中消去 $\dot I'_3$，并把两式相减；同样在式（7-15）的第一式和第三式中消去

$\dot{I}_2'$，并把两式相减，则得一次侧绕组与各个二次侧绕组之间的电压降如下：

$$\left.\begin{aligned}\Delta\dot{U}_{12}=\dot{U}_1-(-\dot{U}_2')=\dot{I}_1[r_1+\mathrm{j}\omega(L_1-M_{12}'-M_{13}'+M_{23}')]\\-\dot{I}_2'[r_2'+\mathrm{j}\omega(L_2'-M_{12}'-M_{23}'+M_{13}')]\\\Delta\dot{U}_{13}=\dot{U}_1-(-\dot{U}_3')=\dot{I}_1[r_1+\mathrm{j}\omega(L_1-M_{12}'-M_{13}'+M_{23}')]\\-\dot{I}_3'[r_3'+\mathrm{j}\omega(L_3'-M_{13}'-M_{23}'+M_{12}')]\end{aligned}\right\}\tag{7-17}$$

式（7-17）中如令

$$\left.\begin{aligned}x_1&=\omega(L_1-M_{12}'-M_{13}'+M_{23}')\\x_2'&=\omega(L_2'-M_{12}'-M_{23}'+M_{13}')\\x_3'&=\omega(L_3'-M_{13}'-M_{23}'+M_{12}')\end{aligned}\right\}\tag{7-18}$$

则式（7-17）可写为

$$\left.\begin{aligned}\Delta\dot{U}_{12}=\dot{I}_1(r_1+\mathrm{j}x_1)-\dot{I}_2'(r_2'+\mathrm{j}x_2')=\dot{I}_1Z_1-\dot{I}_2'Z_2'\\\Delta\dot{U}_{13}=\dot{I}_1(r_1+\mathrm{j}x_1)-\dot{I}_3'(r_3'+\mathrm{j}x_3')=\dot{I}_1Z_1-\dot{I}_3'Z_3'\end{aligned}\right\}\tag{7-19}$$

和两绕组变压器不一样，式（7-18）中的 x_1、x_2'、x_3'并不代表各绕组的漏抗，而是由各绕组的自感和绕组间的互感组合而成的等效电抗，与之相应的 $Z_1=r_1+\mathrm{j}x_1$、$Z_2'=r_2'+\mathrm{j}x_2'$、$Z_3'=r_3'+\mathrm{j}x_3'$便称为等效阻抗。由于决定等效电抗的各自感和互感在相减过程中消去了其中的非线性部分，因此 x_1、x_2'、x_3'是不受磁路饱和影响的常数。

根据式（7-19），可以作出三绕组变压器的简化等效电路，如图 7-7 所示。

7.2.2 参数测定

三绕组变压器简化等效电路中的参数，可以通过三次短路试验测出。

作第一次短路试验时，将电压加在绕组 1 上，绕组 2 短路，绕组 3 开路，如图 7-8（a）所示。这时测得的短路阻抗为

$$Z_{k12}=Z_1+Z_2'=(r_1+r_2')+\mathrm{j}(x_1+x_2')=r_{k12}+\mathrm{j}x_{k12}\tag{7-20}$$

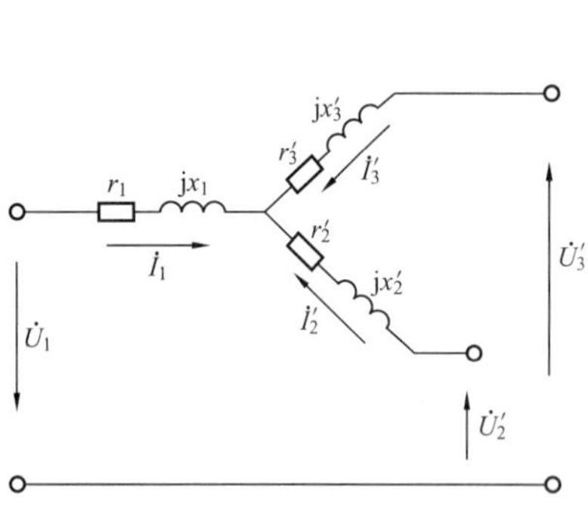

图 7-7 三绕组变压器的简化等效电路

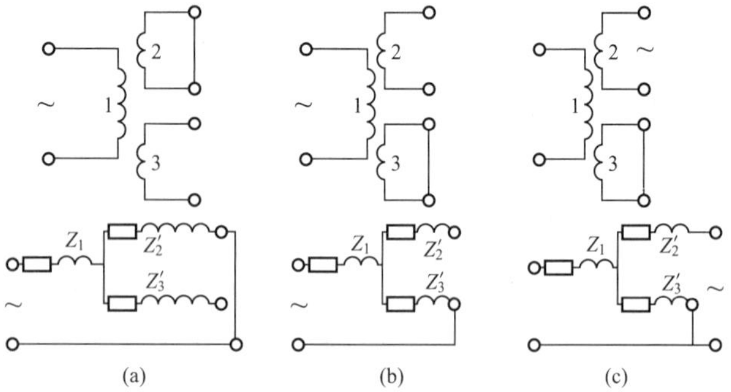

图 7-8 三绕组变压器短路试验方法

作第二次短路试验时，将电压加在绕组 1 上，绕组 2 开路，绕组 3 短路，如图 7-8（b）所示。这时测得的短路阻抗为

$$Z_{k13}=Z_1+Z_3'=(r_1+r_3')+\mathrm{j}(x_1+x_3')=r_{k13}+\mathrm{j}x_{k13}\tag{7-21}$$

作第三次短路试验时，将电压加在绕组 2 上，绕组 3 短路，绕组 1 开路，如图 7-8（c）所示。这时测得的短路阻抗为折算到绕组 2 的短路阻抗，即绕组 2 与绕组 3 之间的短路阻抗

Z_{k23}。再将其折算至绕组 1 时需乘以 k_{12}^2，即

$$Z'_{k23}=Z'_2+Z'_3=(r'_2+r'_3)+j(x'_2+x'_3)=r'_{k23}+jx'_{k23} \tag{7-22}$$

将式（7-20）～式（7-22）中的实数部分和虚数部分分别求解，即可得出

$$\left.\begin{aligned} r_1&=\frac{1}{2}(r_{k12}+r_{k13}-r'_{k23})\\ r'_2&=\frac{1}{2}(r_{k12}+r'_{k23}-r_{k13})\\ r'_3&=\frac{1}{2}(r_{k13}+r'_{k23}-r_{k12}) \end{aligned}\right\} \tag{7-23}$$

$$\left.\begin{aligned} x_1&=\frac{1}{2}(x_{k12}+x_{k13}-x'_{k23})\\ x'_2&=\frac{1}{2}(x_{k12}+x'_{k23}-x_{k13})\\ x'_3&=\frac{1}{2}(x_{k13}+x'_{k23}-x_{k12}) \end{aligned}\right\} \tag{7-24}$$

作短路试验测出的短路电抗 x_{k12}、x_{k13}、x'_{k23} 三者的大小，与三个绕组安排的位置有很大关系。图 7-6（b）的安排法，绕组 1、3 之间距离最远漏电抗最大，其次是绕组 1、2 之间的漏电抗，最小的是 2、3 之间的漏电抗，所以 $x_{k13}>x_{k12}>x'_{k23}$。把试验测得的短路电抗值代入式（7-24），有可能出现 x'_2 接近于零或者略为变负。由于 x'_2 是等效电抗，接近于零甚至为负都是可能的。作短路试验测得的短路电抗 x_{k12}、x_{k13}、x'_{k23} 是试验时相应绕组间的漏电抗，它们不会出现负值。

7.2.3 三绕组变压器的额定容量和标准连接组

变压器绕组的容量等于该绕组额定电压和额定电流的乘积。两绕组变压器的一、二次侧绕组容量是相等的，而三绕组变压器的各个绕组的容量，可以相等也可以不相等。三绕组变压器铭牌上标出的额定容量是指容量最大的那个绕组的容量，其他两个绕组的容量可以等于额定容量，也可以小于额定容量。为了使产品标准化起见，国家标准对高压绕组、中压绕组和低压绕组的额定容量，规定了表 7-1 所列的几种配合。

表 7-1　　变压器绕组的额定容量

变压器种类	绕组			备注
	高压	中压	低压	
三绕组变压器	100	100	50	以变压器额定容量的百分数表示
	100	50	100	
	100	100	100	
三绕组自耦变压器	100	100	50	

注　1. 三绕组变压器容量均为 100%的品种，仅供应升压变压器。

2. 三绕组自耦变压器的容量分配，指电压为 220kV 与 110kV 级侧自耦连接的品种。

表 7-1 中三个绕组容量搭配关系，代表每个绕组传递功率的能力，并不是三个绕组按此比例传递功率。例如一台三绕组降压变压器，它所传递的功率是由高压绕组输入，然后由中压绕组及低压绕组输出，高压绕组的输入功率为其他两个绕组输出功率之和。但在实际运行时，输向中压绕组的功率和输向低压绕组的功率，并非固定不变，有时可向一方多输一

些，有时也可向另一方多输一些。而中压绕组和低压绕组的额定容量，决定了各绕组可能传输的最大功率。

三相三绕组电力变压器的标准连接组有 YNyn0d11 和 YNyn0y0。单相三绕组电力变压器的标准连接组为 II0I0。

三绕组变压器的容量一般都较大，三相三绕组变压器的容量在 6300kVA 以上，单相三绕组变压器的容量在 5000kVA 以上。三个电压中如有 220kV 和 110kV 时，在它们之间则采用自耦式接法。这种三绕组变压器称为三绕组自耦变压器。

7.3 分裂绕组变压器

7.3.1 分裂绕组变压器的结构与特点

分裂绕组变压器是目前应用于大容量发电厂中的一种特殊形式变压器。当一台电力变压器的一个绕组（通常是低压绕组），分成相同的两部分（每一部分称为分裂变压器的一个支路），这两个部分在电气上彼此不相连接，而仅有微弱的磁的联系，它们的容量之和等于变压器的额定容量，这种变压器就称为分裂绕组变压器，简称分裂变压器。分裂变压器两个分裂绕组之间的阻抗，称为分裂阻抗，用 Z_F 来表示。

分裂变压器设计的原则是，每个分裂绕组与高压绕组之间的短路阻抗应相同，即每个分裂绕组与高压绕组之间的相对位置应一致，并要使分裂阻抗 Z_F 有较大的数值。图 7-9 是单相和三相两绕组分裂变压器的结构示意图和原理接线图。高压绕组 AX 为不分裂的绕组，由两部分并联组成。低压绕组分裂成独立的两个支路 a_2x_2（绕组 2）和 a_3x_3（绕组 3），并各自经套管引出。分裂绕组的各支路间，没有电的直接联系，因此各绕组的额定电压可以不同，但应比较接近（如 6kV 和 10kV）。在运行中，每个支路可以单独运行，也可以在不同容量下同时运行。当分裂绕组各支路的额定电压相同时，各支路还可以并联运行（各支路并联后就是一台不分裂的两绕组变压器）。

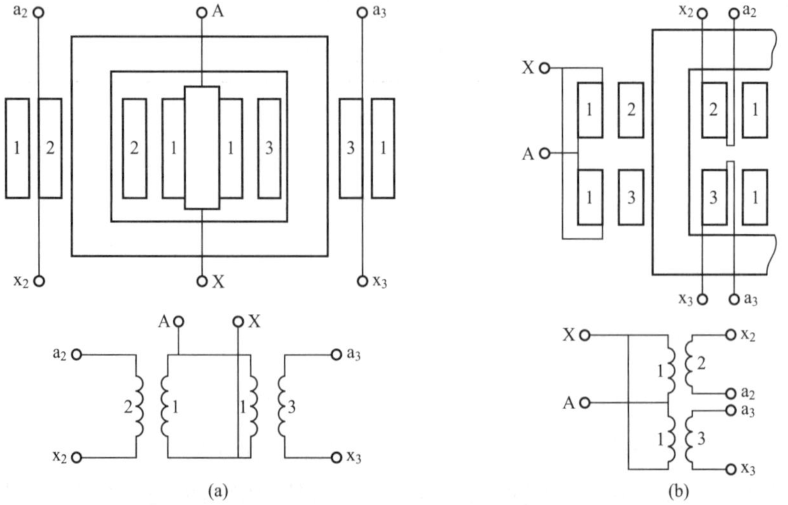

图 7-9 分裂变压器的绕组连接图

(a) 单相两绕组分裂变压器；(b) 三相两绕组分裂变压器（只画出其中一相）

三相分裂变压器常用的接线方式，为Yd11d11，即高压接成星形，两个分裂绕组接成三角形。

7.3.2 参数及等效电路

图7-9所示的两绕组分裂变压器，可以当作具有三个绕组1、2、3的三绕组变压器来研究，因此两绕组分裂变压器的等效电路如图7-10所示。图中各等效阻抗为

$$\left.\begin{aligned} Z_1 &= \frac{1}{2}(Z_{k12}+Z_{k13}-Z'_{k23}) \\ Z'_2 &= \frac{1}{2}(Z_{k12}+Z'_{k23}-Z_{k13}) \\ Z'_3 &= \frac{1}{2}(Z_{k13}+Z'_{k23}-Z_{k12}) \end{aligned}\right\} \tag{7-25}$$

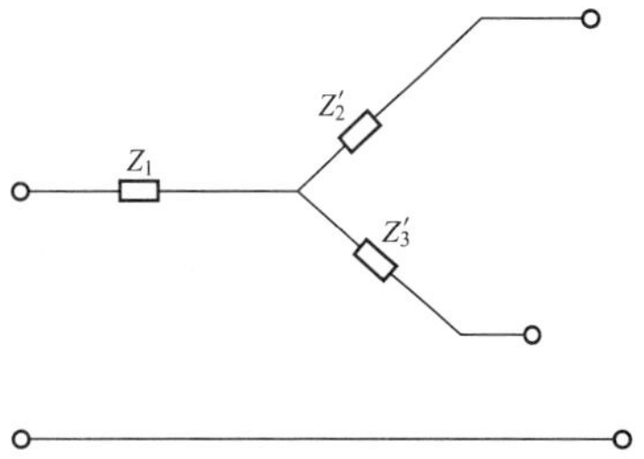

图7-10 两绕组分裂变压器的等效电路

当高压绕组开路时，分裂绕组的两个支路之间的短路阻抗 Z'_{k23} 即为分裂阻抗 Z_F。又由于分裂绕组的两个支路与高压绕组之间的短路阻抗相等，因此有

$$Z_{k13}=Z_{k12} \tag{7-26}$$

将式（7-26）代入到式（7-25）得

$$\left.\begin{aligned} Z_1 &= Z_{k12}-\frac{Z'_{k23}}{2}=Z_{k12}-\frac{Z_F}{2} \\ Z'_2 &= Z'_3=\frac{Z'_{k23}}{2}=\frac{Z_F}{2} \end{aligned}\right\} \tag{7-27}$$

分裂绕组的两个支路并联时，变压器高、低压绕组之间的短路阻抗称为分裂变压器的穿越阻抗，用 Z_{ks} 表示（即相当于普通两绕组变压器的短路阻抗），据图7-10有

$$\left.\begin{aligned} Z_{ks} &= Z_1+\frac{Z'_2}{2}=Z_{k12}-\frac{Z_F}{4} \\ Z'_2 &= Z'_3=\frac{Z'_{k23}}{2}=\frac{Z_F}{2} \end{aligned}\right\} \tag{7-28}$$

分裂变压器的分裂阻抗 Z_F 与穿越阻抗 Z_{ks} 之比，称为分裂变压器的分裂系数，用 K_F 表示，即

$$K_F=\frac{Z_F}{Z_{ks}} \tag{7-29}$$

分裂系数是分裂变压器的一个重要参数，将式（7-29）代入式（7-28），则有

$$\left.\begin{aligned} Z_1 &= \left(1-\frac{K_F}{4}\right)Z_{ks} \\ Z'_2 &= Z'_3=\frac{K_F}{2}Z_{ks} \end{aligned}\right\} \tag{7-30}$$

由此可见，根据分裂系数和穿越阻抗，就可简单地求出等效电路中的各个参数。分裂系数 K_F 的数值由分裂绕组两支路的相互位置来决定。一般情况下 K_F 为0～4。

在极端情况下，当 $K_F=4$ 时，$Z_1=0$、$Z'_2=Z'_3=2Z_{ks}$，其等效电路如图7-11（a）所示。

此时绕组2与3之间磁的联系最弱，犹如两台独立的两绕组变压器一般，绕组2的负载变化只会引起绕组2本身的端电压变化，而对绕组3的端电压没有任何影响。反之亦然。

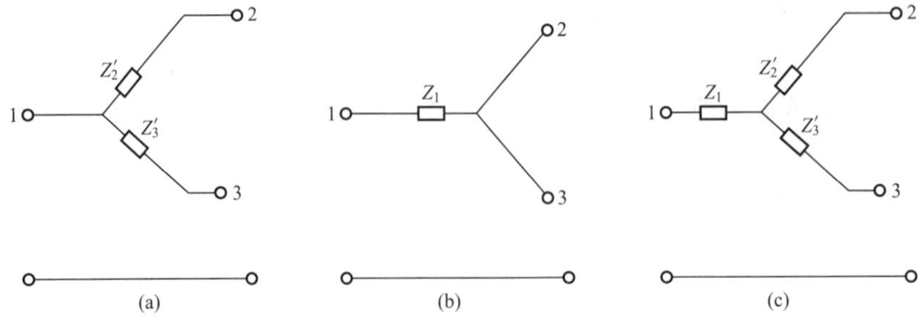

图 7-11　不同 K_F 值时分裂绕组变压器的等效电路

(a) $K_F=4$；(b) $K_F=0$；(c) $0<K_F<4$

当 $K_F=0$ 时，$Z_1=Z_{ks}$，$Z_2'=Z_3'=0$，其等效电路如图 7-11（b）所示。此时绕组 2 与绕组 3 之间磁的联系最紧密，犹如一台普通的两绕组变压器一般（绕组 2 与 3 并联运行的状态），绕组 2 的端电压就是绕组 3 的端电压。

一般情况下 $0<K_F<4$，绕组 2 与 3 间有一定的磁的联系，其等效电路如图 7-11（c）所示，是正常分裂变压器的等效电路。

在使用分裂变压器时，分裂系数的具体数值应根据变压器正常运行状态及事故状态对电压的要求来选取。

7.3.3　分列变压器的优缺点

目前在我国，分裂变压器大多被用作大容量机组（单机容量 20 万 kW 及以上）的厂用变压器，在这种情况下，它比两绕组变压器有如下优点：

（1）限制短路电流作用显著。当分裂绕组一个支路出口端短路时，由电网供给的短路电流经过的阻抗较大。从图 7-10 可知，它等于 $\left(1-\frac{K_F}{4}\right)Z_{ks}+\frac{K_F}{2}Z_{ks}=\left(1+\frac{K_F}{4}\right)Z_{ks}$，比穿越阻抗大 $\frac{K_F}{4}Z_{ks}$，因此所供给的短路电流要比用两绕组变压器时小，而由分裂绕组另一支路电动机所供给短路点的反馈电流，因要经过分裂阻抗，也减小很多。

（2）当分裂绕组一个支路发生短路故障时，分裂绕组另一支路的母线电压降低很少（残压较高），从而提高了厂用电的供电可靠性。这可以从图 7-12 的等效电路图中看出。当绕组 3 的出口端短路时，电压 $U_3=0$，O 点的电压如用 U_0 表示，当忽略负荷电流时，则另一支路的电压大小为

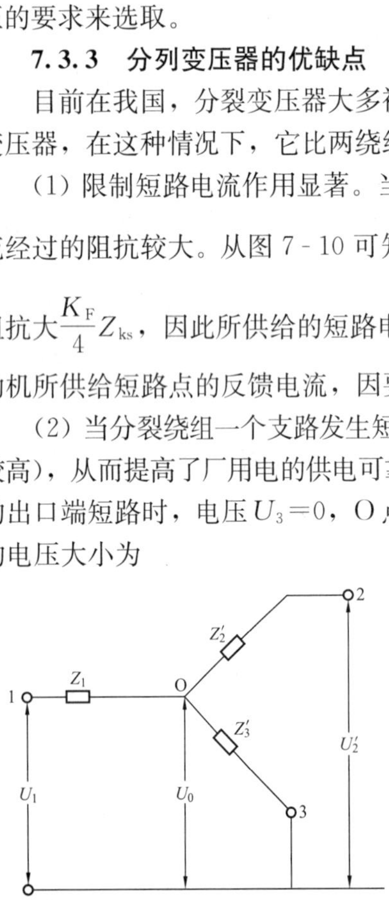

图 7-12　分裂变压器一支路短路时的等效电路

$$U_2'\approx U_0=\frac{z_3'}{z_1+z_3'}U_1=\frac{\frac{1}{2}K_F z_{ks}}{\left(1-\frac{K_F}{4}\right)z_{ks}+\frac{K_F}{2}z_{ks}}U_1$$

$$=\frac{2K_F}{4+K_F}U_1 \tag{7-31}$$

可见另一支路残余电压的大小与变压器的分裂系数有关。例如国产 SFFL-15000/10 型三相两绕组分裂变压器，其分裂系数 $K_F=3.42$，代入式（7-31）得 $U_2'\approx U_0=0.92U_1$。如短路时变压器高压侧电压降低不多（$U_1\approx U_{1N}$），则另一支路可保持额定电压的 92%。这

个电压已大大超过了高温高压电厂必须维持残余电压为65%的规定，从而达到了提高厂用电供电可靠性的目的，同理，当分裂绕组一支路的电动机自起动时，另一支路电压几乎不受影响。

分裂变压器的缺点是价格较贵。

结语

本章在前几章的基础上，分析了几种电力系统中常用的特殊变压器。

自耦变压器的特点在于一、二次侧绕组之间不仅有磁的联系而且还有电的联系，因此从一次侧传递的功率 S_N 中，$\left(1-\frac{1}{k_a}\right)S_N$ 是通过电磁感应关系传递的，而 $\frac{1}{k_a}S_N$ 是通过电的联系直接传递的。由于通过电磁感应关系传递的功率小于额定容量，因此与同容量的两绕组变压器相比，计算容量小了，从而节省材料，降低损耗，提高效率和缩小尺寸。但自耦变压器短路阻抗的标么值较小，短路电流较大，一、二次侧之间无隔离作用。

三绕组变压器的工作原理与两绕组变压器相同，同样可以利用基本方程式、等效电路和相量图分析变压器内部的电磁关系。三绕组变压器内部的磁场分布比两绕组变压器的更为复杂，因此三绕组变压器的参数是用等效电抗和等效阻抗来表示的。

分裂变压器由于结构的特殊性，造成分裂绕组的两个支路之间有较大的阻抗值。用它作为热力发电厂的厂用变压器时，可以减小厂用电系统短路故障时的短路电流，从而降低了对母线、断路器等电气设备的要求。由于分裂绕组两支路之间的相互影响小，使厂用电系统运行的可靠性提高。

习题

7-1 自耦变压器的绕组容量（即电磁容量）为什么小于变压器的额定容量？一、二次侧的功率是如何传递的？这种变压器最合适的变比范围是多大？

7-2 有一台5600kVA，6.6/3.3kV，Yyn0连接的三相两绕组变压器，$z_k^* = 0.105$。现将其改接成9.9/3.3kV的降压自耦变压器，试求：

(1) 自耦变压器的额定容量。

(2) 在额定电压下发生短路时，稳态短路电流有多大？并与原来两绕组变压器的稳态短路电流相比较。

7-3 三绕组变压器中，为什么二次侧一个绕组的负载变化会影响另一个二次侧绕组的端电压？

7-4 三绕组变压器简化等效电路中的等效电抗，与两绕组变压器的漏电抗在概念上有什么不同？

7-5 有一台三绕组变压器，额定电压为110/38.3/11kV，YNyn0d11连接，额定容量为10000/10000/10000kVA，短路试验数据如表7-2所示。

试计算简化等效电路中的各参数。

表7-2 短路试验数据

绕组	短路损耗（kW）	阻抗电压（%）
高-中	111.20	$u_{k12}=16.95$
高-低	148.75	$u_{k13}=10.1$
中-低	82.7	$u_{k23}=6.06$

7-6 分裂变压器在结构上有何特点？大型火电厂的厂用电系统使用分裂变压器的目的何在？

7-7 两台变压器参数如下：

$$S_{NT1}=2000kVA,\quad U_{1N}/U_{2N}=10/6kV,\quad u_{kT1}=5\%$$

$$S_{NT2}=1000kVA,\quad U_{1N}/U_{2N}=6/4kV,\quad u_{kT2}=11\%$$

试问：

（1）如何能使这两台变压器并联运行？

（2）并联后它们所带的总负载为4000kVA，则两台变压器各负担多少？

第2篇　交流绕组及其电动势与磁动势

旋转交流电机可分为同步电机和异步电机两大类型，同步电机主要用作发电机，也可用作电动机或调相机。异步电机主要用作电动机，有时也作发电机。两类电机虽然在励磁方式和运行特性上有很大差别，但是电机内部所发生的电磁现象和机电能量转换的原理是基本一致的，因此有许多共同性的问题需要研究，这就是本篇所要阐述的交流电机的绕组、电动势及磁动势等问题。这些问题对今后研究同步电机或异步电机都有重要意义。

第8章　交流绕组及其感应电动势

在旋转电机中进行能量转换必须通过绕组来实现，由感应于绕组中的电动势以及通过绕组中的电流产生电磁力矩来传递电磁功率，从而达到实现机电能量转换的目的。所以绕组是电机的重要部件。

本章先讨论交流绕组的类型和绕制方法，再分析交流感应电动势的特点及其计算方法。从构成绕组的最基本单元导体开始，逐步扩展到线圈、线圈组，在此基础上导出绕组的相电动势和线电动势的计算公式。

为了说明绕组及其感应电动势在具体交流电机中的作用，先介绍同步电机和异步电机的基本工作原理。

8.1　交流电机的基本工作原理

8.1.1　同步电机的基本工作原理

同步电机主要用作为发电机，现以发电机为例来说明同步电机的基本工作原理。同步电机的基本结构由定子和转子两部分组成。定子是固定的，转子是旋转的，在定子和转子之间有气隙，如图8-1所示。在定子上置有AX、BY、CZ三相绕组，它们的空间位置彼此相差120°电角度，且每相匝数相等。转子是磁极，也称主极，上面装有励磁绕组，由直流电励磁，使磁通从转子的N极出来，经过气隙、定子铁心、气隙，进入S极而构成回路，如图8-1中虚线所示。

当发电机的转子，由原动机拖动沿逆时针方向作恒速旋转时，主极的磁力线切割定子绕组的导体，将在其中感应出交变电动势。假设主磁极磁场的气隙磁通密度沿圆周为正弦分布，由电磁感应定律可知，导体中的感应电动势也按正弦规律变化。由于三相绕组之间位置彼此相差120°电角度，在图8-1所示的旋转方向下，转子磁极将先切割定子A相，依次为B相、C相；因此定子绕组的三相电动势，它们的幅值相等，相位彼此互差120°电角度，而相序为A→B→C，其波形图如图8-2所示。

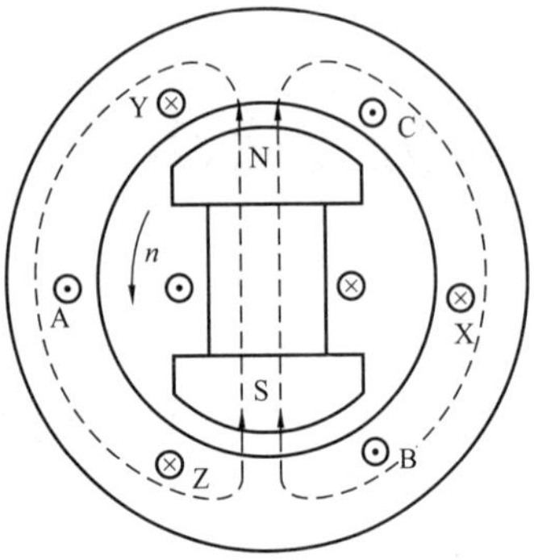

图 8-1　同步发电机的工作原理图

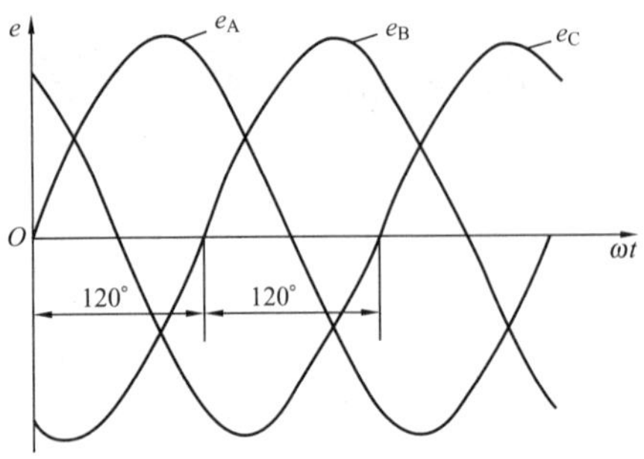

图 8-2　定子绕组三相电动势的波形

至于定子感应电动势的频率，可以这样来确定：当转子为一对极时（见图 8-1），转子旋转一周，绕组中的感应电动势正好变化一个周期（见图 8-2）；当电机有 p 对极时，则转子旋转一周，感应电动势将变 p 个周期；设转子每分钟的转速为 n 转，即每秒钟为 $n/60$ 转，则定子绕组感应电动势每秒钟变化 $pn/60$ 周期。因此定子绕组感应电动势的频率为

$$f=\frac{pn}{60} \tag{8-1}$$

由式（8-1）可以知道：当电机的极对数和转速为一定时，定子绕组感应电动势的频率也是一定的。我国国家标准规定工业交流电动势的频率为 50Hz，因此电机的磁极对数与转速成反比。例如，若 $p=1$，则 $n=3000$r/min；若 $p=30$，则 $n=100$r/min。与频率相对应的转速称为同步转速。

从以上分析中可以知道，当磁极数一定时，同步电机的转速 n 和电网频率 f 之间有严格的关系。这是同步电机的一个特点。至于异步电机，它的转速和频率之间就没有同步电机这样的严格关系。

8.1.2　异步电机的基本工作原理

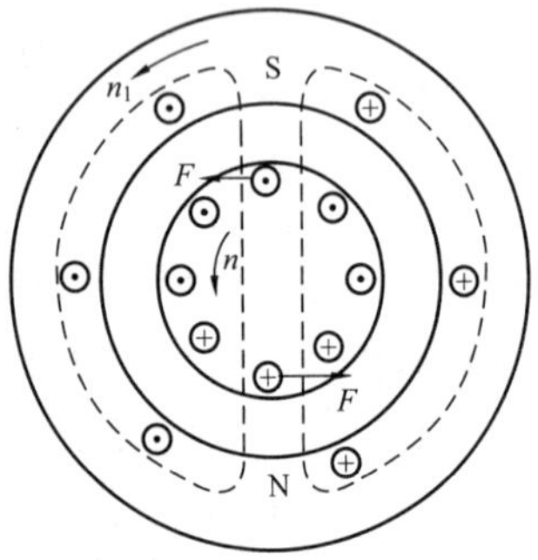

图 8-3　异步电动机的工作原理图

异步电机主要用作电动机，现以电动机为例来说明异步电机的基本工作原理。从结构上看，异步电机和同步电机的定子是一样的，只是转子结构并不相同。图 8-3 是异步电动机的工作原理图。转子槽内有导体，导体两端用短路环连接起来，形成一个闭合绕组。当定子绕组外施三相对称交流电压时，定子绕组中即有三相对称电流通过，由此产生一个定子旋转磁场（将在第 9 章中介绍），在图 8-3 中用 N、S 极表示。若定子旋转磁场的转速为 n_1（称为同步转速），转向为逆时针方向，则由于磁力线切割转子绕组将在其中感应电动势，其方向可由右手定则确定，在图 8-3 中用叉和点表示。在该电动势的作用下，转子导体内即有电流通过，电流的有功分量与电动势同相位。由电磁力定律可知，转子导体的电流与旋转磁场相互作用使转子导体受到电磁力 F，方向可由左手定则确定，如图 8-3 所示。在电磁力 F 的作用之下，电动机转子就转动起来，转向与旋转磁场方向一致。此时，若在转子轴上加上机械负载，电动机就拖动机械负载旋转，输出机械功率。这样，电动机从电网吸取电功率转换为轴上的机械功率输出。

异步电动机的转速不可能达到同步转速。因为如果达到同步转速，转子导体与旋转磁场之间就没有相对运动，随之在转子导体中不会感应出电动势和电流，也就是不能产生推动转子旋转的电磁力 F。所以异步电动机的转子转速总是低于同步转速，这就是称为异步的原因。

8.2　交流绕组的基本概念

8.2.1　交流绕组的基本要求与分类

交流绕组是指同步电机和异步电机的定子绕组以及绕线式异步电机的转子绕组。这些绕组在绕制时有共同的要求，这就是：

（1）在一定的导体数下，获得较大的基波电动势和基波磁动势；

（2）三相绕组必须对称，即三相绕组的结构相同，轴线位置互差 120°电角度；

（3）电动势和磁动势的波形力求接近正弦波，为此要求电动势和磁动势中所包含的谐波分量尽可能小；

（4）用铜量少，绝缘性能和机械性能可靠，散热条件好；

（5）制造工艺简单，修理方便。

交流绕组的种类很多。按槽内层数可分为单层绕组和双层绕组；双层绕组又分为叠绕组和波绕组；单层绕组又分为等元件式、交叉式和同心式绕组。按每极每相槽数是整数还是分数可分为整数槽绕组和分数槽绕组。按相数可分为单相、两相、三相和多相绕组。各种不同形式的交流绕组适用于不同类型的交流电机。

8.2.2　绕组的几个术语

1. 机械角度与电角度

圆周的空间几何角度称为机械角度，电机定子铁心内表面圆周一周用机械角度表示为 360°。在旋转电机中，若转子上有一对磁极，它旋转一周机械角度为 360°，定子导体就掠过一对磁极，导体感应电动势就变化一个周期，即 360°，这种每掠过一对磁极，电磁关系就变化一个周期，即 360°的计量电磁变化的角度称为空间电角度。因此，对于 p 对磁极电机，电角度与机械角度之间满足

$$电角度 = p \times 机械角度 \tag{8-2}$$

2. 极距

一个磁极在定子铁心圆周表面所占的距离称为极距，用符号 τ 表示，常用一个磁极面下所占的槽数表示，如定子槽数为 Z_1，磁极对数为 p，则

$$\tau = \frac{Z_1}{2p} \tag{8-3}$$

一个极距范围相当于 180°电角度或 π 电弧度。

3. 节距

一个线圈的两个有效边（嵌入槽中的线圈边）之间所跨过的定子槽数称为节距，用符号 y_1 表示。

由于线圈的两个有效边的感应电动势是反相串联的，当线圈节距等于极距时，线圈的两个有效边的感应电动势相位差为 180°，线圈的电动势最大，为一个有效边的感应电动势的两

倍。因此，线圈节距 y_1 应等于或接近于极距 τ，将 $y_1=\tau$ 的绕组称为整距绕组；$y_1<\tau$ 的绕组称为短距绕组；$y_1>\tau$ 的绕组称为长距绕组。为了节省线圈的端部材料，一般采用短距绕组。

4. 槽距角

用电角度表示的相邻两槽之间的距离称为槽距角，用符号 α 表示，则

$$\alpha=\frac{p\times 360^\circ}{Z_1} \tag{8-4}$$

5. 相带

为了使 m 相绕组在空间上对称分布，通常把每个极面下的导体平均分为 m 相，并把每个磁极面下每相绕组所占的范围（用空间电角度表示）称为相带。由于一个磁极范围占 180°电角度，如果电机定子相数为 m，则每个相带的宽度为 $180^\circ/m$，通常三相电机的相带为 60°电角度，按 60°相带排列的绕组称为 60°相带。如果把每对磁极的范围分为 3 等份，每相占三分之一，即为 120°相带。为了使每相绕组产生最大电动势，通常采用 60°相带。

6. 每极每相槽数

每个磁极下每相绕组所占有的槽数，称为每极每相槽数，用符号 q 表示，则

$$q=\frac{Z_1}{2pm} \tag{8-5}$$

8.3 三 相 绕 组

如前所述，按槽内层数来区分，交流电机定子绕组有单层和双层两种。单层绕组每槽内只置有一个线圈边。双层绕组每槽内分上、下两层，每层内各置有一个线圈边。由于单层绕组的分析较之于双层绕组要简单，因此先分析三相单层绕组。

8.3.1 三相单层绕组

在绕制三相单层绕组时，除了应考虑每一线圈组能获得较大的基波电动势以及使电动势波形接近于正弦形外，还要求三相电动势保持对称，即要求三相电动势大小相等，基波相位相差 120°电角度。因此三相绕组在定子槽内的安排上，除了有以上两节所述的特点外，还有其自身的规律性。下面举一个具体例子来说明这一问题。

已知电机定子槽数 $Z_1=36$，极数 $2p=4$，并联支路数 $a=1$。试绘出三相单层绕组的展开图。

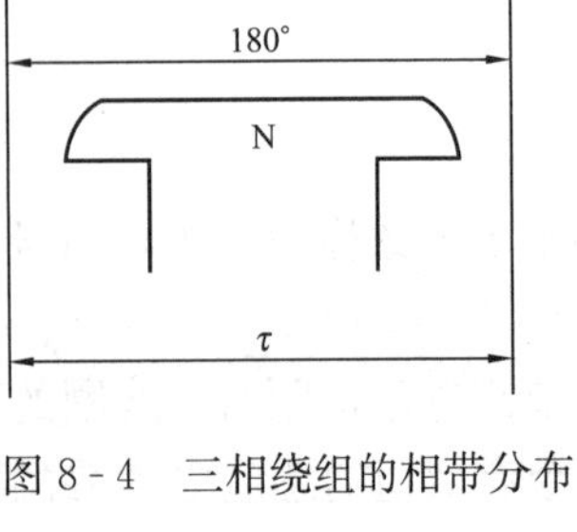

图 8-4 三相绕组的相带分布

绘制绕组展开图，一般可分几个步骤，以下按次序加以说明。

1. 先求出每极每相槽数

要得到三相对称电动势，每相绕组的线圈数必须相等，即每个磁极下、每相绕组所占用的槽数应当相等。这样必须将每一极距内的槽数分成三等份（见图 8-4），于是每极每相槽数 q 可以根据式（8-5）求出。

大多数交流电机均采用 60°相带。只有在双层绕组中，部分的变极电机采用 120°相带。另外还有一些超巨型的汽轮

发电机和带整流负载的同步发电机采用30°相带。

就本例而言，对于60°相带的每极每相槽数为

$$q=\frac{Z_1}{2pm}=\frac{36}{2\times2\times3}=3$$

2. 画电动势星形图

槽中每一导体，就基波电动势来说，具有相同的幅值，而相位按槽的位置依次相差槽距角 α。

本例中 $\alpha=\frac{2\times360°}{36}=20°$。于是可画出表示每一导体的电动势相量图，如图8-5（a）所示。图中相量1～18代表第一极对下第1～18槽中导体的电动势相量，相量19～36代表第二极对下第19～36槽中导体的电动势相量。由于两对极下各槽的位置均相对应，所以这两组电动势相量完全重合。

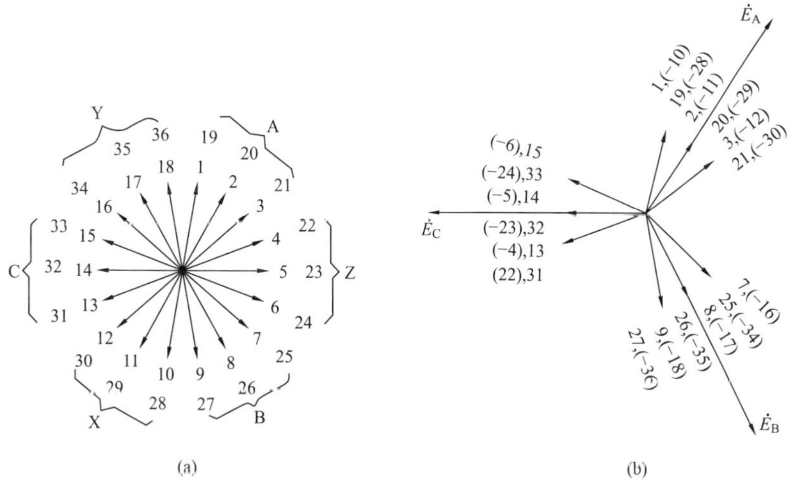

图8-5　导体和线圈的电动势相量图

（a）各槽内导体电动势相量图；（b）线圈电动势相量图

在单层绕组中，每一线圈占有两个槽位，所以线圈数为总槽数的一半。单层绕组一般均为整距，因此第1和第10两槽导体组成第1线圈；第2和第11两槽导体组成第2线圈；其余可类推。各线圈的电动势相量如图8-5（b）所示，其中处于第一极对下的线圈1、2、3分别与对应处于第二极对下的线圈19、20、21同相。

3. 三相绕组的连接

按图8-5（b）的电动势相量图，可以划分三相绕组各相应有的线圈，以便得到对称的三相电动势。以A相为例，由1、2、3和19、20、21两组线圈组成。B相由7、8、9和25、26、27两组线圈组成。C相包括13、14、15和31、32、33两组线圈。这样划分后各线圈的合成电动势具有相同的幅值、而相位互差120°电角度，这当然是属于三相对称电动势。

4. 单层绕组的几种接法

三相单层绕组有三种绕法，第一种是等元件式，也称链式，它的特点是每个线圈节距大小都是相等的，如图8-6所示。

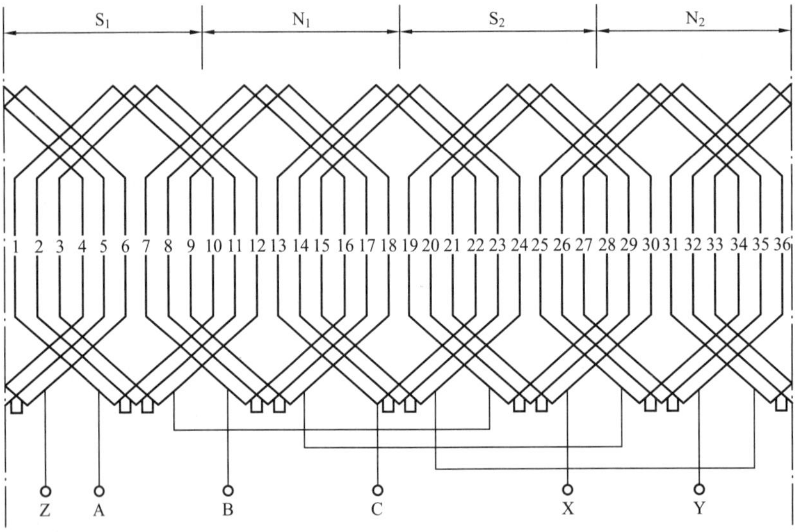

图 8-6 三相单层等元件式绕组展开图（$2p=4$，$Z_1=36$，$a=1$）

其他两种是同心式（见图 8-7）和交叉式（见图 8-8）。对于前者，同组的各线圈具有不同的形状，但其中心线是重合的。至于交叉式绕组的连接方式是把每一相带中一部分槽的导体与相邻极面下相间相带中的另一部分槽的导体连接成一线圈。比较上述三种绕法可知，对每相而言，它们都占有相同的槽号。因此，所连接的绕组无论电动势大小或波形都是相同的，只是端接部分的形式、节距、线圈连接前后的次序不同而已。对于同心式和交叉式绕组的节距，从形式上来看，可能有长距（$y_1>\tau$）、短距或整距；但从每相电动势的角度来看，所有绕组都是属于相差 180°电角度的两个相带内的导体所组成，因此它们都是整距绕组。

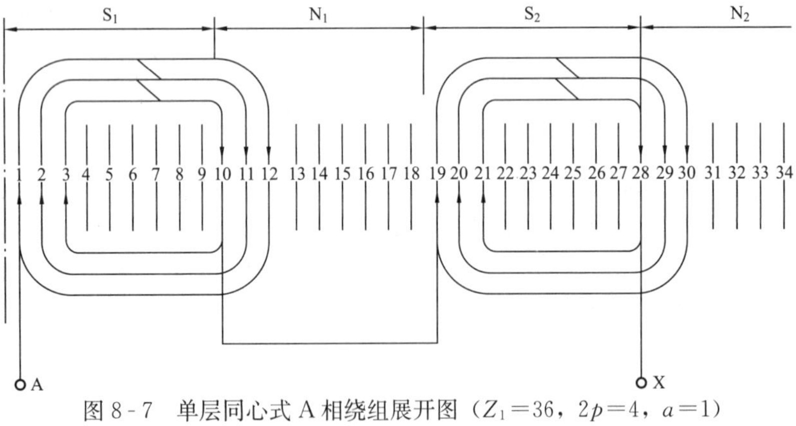

图 8-7 单层同心式 A 相绕组展开图（$Z_1=36$，$2p=4$，$a=1$）

上述三种绕法，由于各自的特点，用途也有差别。同心式绕组的两边可以同时嵌入槽内，不会影响其他线圈的嵌放，下线方便，节省工时，便于机械化生产，一般用于功率较小的两极异步电机。它的缺点是端部较长，用铜量较多，同心的各组线圈尺寸不同，绕线模子大小也不一样。等元件式绕组各个线圈的尺寸虽然相同，但是嵌线比较困难，一般用于 $q=2$ 的两极、四极、六极、八极的小型电机。至于交叉式绕组则可以节省端部铜线。

单层绕组的共同优点是：槽内无需层间绝缘，槽的利用率高。这对于功率较小的电机来

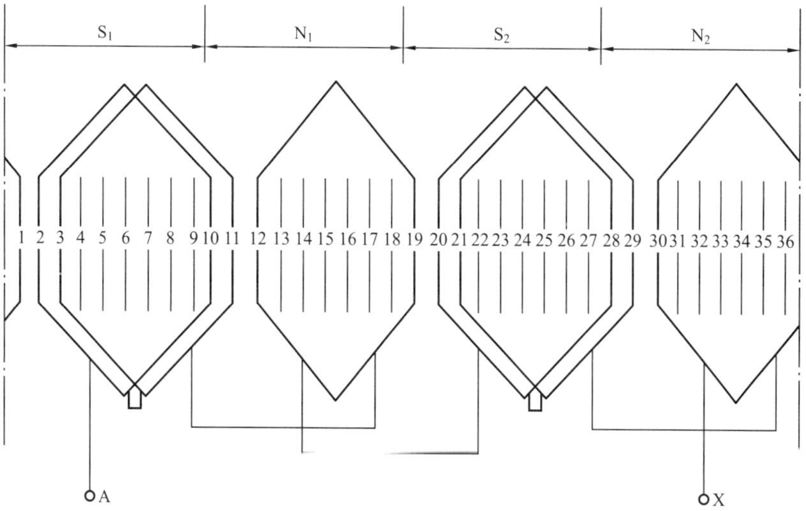

图 8-8　单层交叉式 A 相绕组展开图（$2p=4$，$Z_1=36$，$a=1$）

说具有很大的意义，因为功率较小的电机槽截面积较小，槽内绝缘物占槽内空间的比例较大。另外线圈个数仅为双层的一半，嵌线也较方便，提高了劳动生产率。它的主要缺点是：不易制成短距绕组，对削弱高次谐波不利；对功率较大的电机，单层绕组的安装也较困难。因此，单层绕组一般用于功率小于 10kW 的异步电机。

8.3.2　三相双层绕组

采用双层绕组的交流电机，它的每一槽内置有上、下两个线圈边，而每一线圈是由某一槽的上层导体与另一槽的下层导体所组成。双层绕组的每一线圈形状相同，绕组的节距可以根据需要来加以选择，一般做成短距，以削弱谐波电动势改善电动势波形。双层绕组的端部排列整齐，有利于散热和增强机械强度，因此容量较大的电机均采用之。

以下仍以 $2p=4$、$Z_1=36$、$a=1$ 的电机为例来说明双层绕组的连接方式。

1. 电动势星形图和每相绕组的构成

双层绕组的连接方法，和分析单层绕组一样用电动势星形图来划分每相绕组由哪些线圈组成，先算出每极每相槽数 q 和槽距角 α，再利用电动势星形图来划分每相绕组由哪些线圈组成，然后据此来连接电路。

在本例中 q 仍等于 3，α 仍等于 20°。若选 $y_1=\frac{7}{9}\tau=7$ 槽，则第 1 线圈的始边为第 1 槽的上层导体，而它的终边是 1+7=8 槽的下层导体。同理，第 2 线圈是由第 2 槽的上层导体与第 9 槽的下层导体组成，其余类推。

在单层绕组中，两根相邻编号的导体在磁场中的距离为槽距角 α；而在双层绕组中，两个相邻的线圈在磁场中的位移也是槽距角 α。由于现在所讨论的单层和双层绕组两个例子其极对数和槽数都是相同的，所以双层绕组各线圈的电动势星形图仍可用图 8-5（a）来表示。其差别在于：在单层绕组中，每一相量表示一根导体的电动势相量；而在双层绕组中，每一相量表示一个线圈的电动势相量。

与前面分析单层绕组一样，按三相对称的原则划分各相所占有的线圈，仍可以将图 8-5（a）的电动势星形图分为 6 个 60°区域。由图可见：A 相绕组由 1、2、3、10、11、

12、19、20、21、28、29、30 等 12 个线圈组成；B 相绕组由 7、8、9、16、17、18、25、26、27、34、35、36 等 12 个线圈组成；C 相绕组由 13、14、15、22、23、24、31、32、33、4、5、6 等 12 个线圈组成。

2. 双层绕组的几种绕法

如果将相邻的第 1、2、3 三个线圈串联起来组成一个线圈组 1～3；同样也将线圈 10、11、12，线圈 19、20、21 及线圈 28、29、30 分别串联起来组成 10～12、19～21 及 28～30 三个线圈组。从电动势星形图可见：这四个线圈组电动势大小相等；但相位方面，线圈组 10～12 及 28～30 的电动势相位与线圈组 1～3 及 19～21 相差 180°电角度。所以只要在连接时注意这个特点，就可以任意串联或并联。就本例而言，$a=1$，每相线圈全部串联，线圈组 10～12 及 28～30 必须反方向与线圈组 1～3 及 19～21 串联，得到的 A 相绕组如图 8-9（a）所示。

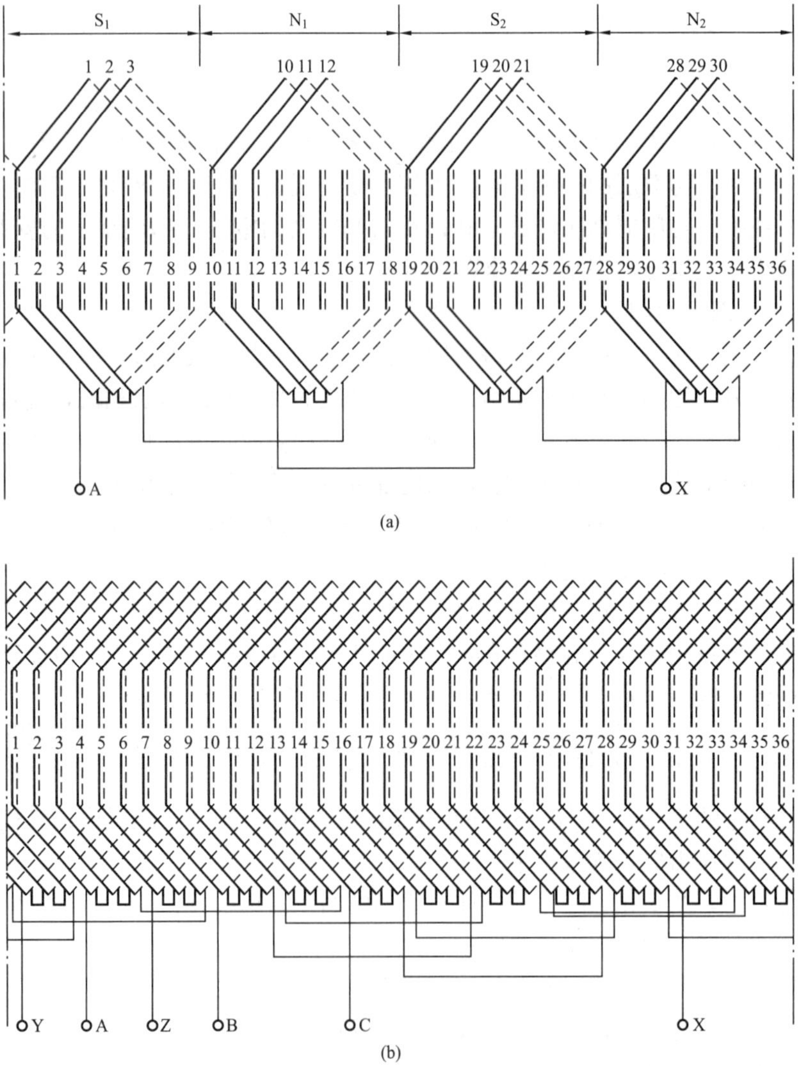

图 8-9　三相双层叠绕组展开图（$2p=4$，$Z_1=36$，$a=1$）

（a）A 绕组展开图；（b）三相绕组展开图

在绕制上述绕组时，任何两个串联的线圈都是后一个紧叠在前一个上面，因此称为叠绕组。一般汽轮发电机的定子绕组均采用这个绕法。

叠绕组的优点在于短距时能节省端部用铜，以及便于得到较多的并联支路；缺点是线圈组之间的连接线较长，在多极电机中这些连接线用铜量较大。为了避免这个缺点往往采用波绕组，因为不论极数多少，波绕组每相只要一根连接线。波绕组的特点是：两个相邻连接的线圈成波浪式前进，分别处于两对不同的磁极下，如图 8-10 所示。

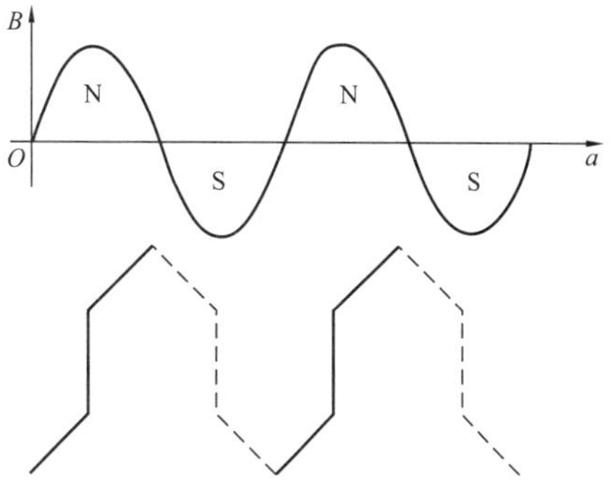

图 8-10　波绕组原理图

用波绕组来连接上例的电机时，A 相仍由 1、2、3、10、11、12、19、20、21、28、29、30 等 12 个线圈组成，其区别只是连接次序不同。在连接时仍按电动势相加的原则把各个线圈串联起来，首先把电动势星形图上一区域内的六个线圈按 3→21→2→20→1→19 的次序串联连接得到一个线圈组；然后把 X 区域内的六个线圈按 12→30→11→29→10→28 的次序串联，得到另一个线圈组。最后把这两个线圈组按电动势相加的原则串联起来，便得到 A 相绕组（见图 8-11）。

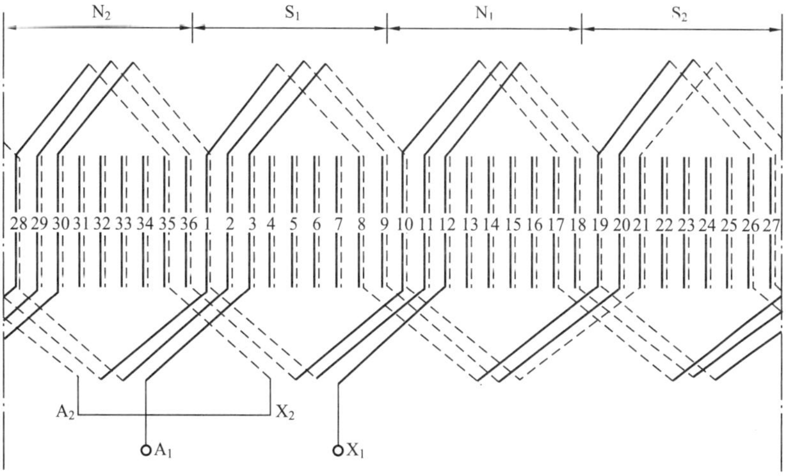

图 8-11　三相双层波绕组的 A 相展开图（$2p=4$，$Z_1=36$，$a=1$）

由此可见，在波绕组中，对应于电动势星形图上 A 区域的全部线圈串联起来得到一个线圈组，而对应于电动势星形图上 X 区域的所有线圈串联起来又得到另一个线圈组。因而不论磁极多少，波绕组每相只有两个线圈组，只要一根组间连接线。所以对于多极单匝线圈的电机可以节省连接线的用铜量，并且连接线少，便于端部绑扎固定。

由于上述原理，低速水轮发电机的定子绕组，以及绕线式异步电动机的转子绕组往往采用波绕组。因为连接线减少以后，绕线式异步电动机的转子绕组在质量上也更易于平衡。

8.4 交流绕组的感应电动势

8.4.1 导体的感应电动势

当绕组与磁场有相对运动时，将在绕组中感应电动势，而导体是组成绕组的最基本单元，以下先分析一根导体所感应的电动势，以便得到整个绕组的感应电动势。

交流电机的感应电动势可以从大小、频率、波形三方面来说明，如果是多相绕组，还应当加上第四个方面即它的对称性。以上方面在工程上可作为考核电能质量的指标。感应电动势的频率在8.1节中已作过分析，这里着重讨论感应电动势的大小和波形。

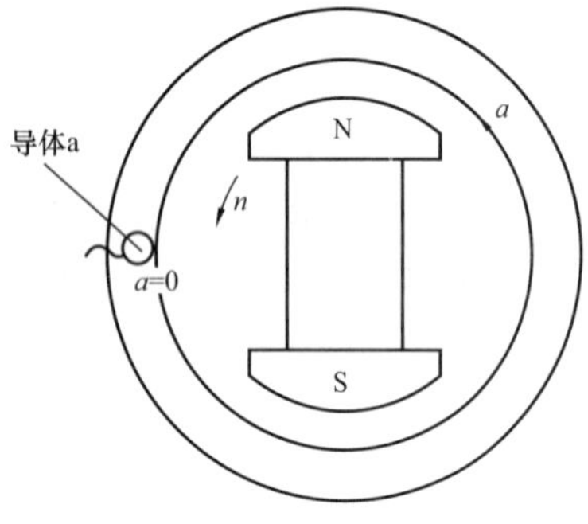

图8-12 同步发电机定子绕组上的任一导体

工程上希望电动势的波形为正弦变化，因为非正弦波电动势中含有高次谐波，将使电网损耗增加、效率降低，并且易在线路中导致过电压，以及对通信线路产生干扰。感应电动势的波形与电机内气隙磁场的分布情况有密切关系。

图8-12表示一台两极发电机的示意图，a为定子绕组上的任一导体。若转子磁极以恒定转速作逆时针方向旋转，这时转子磁场切割定子导体并在其中感应出电动势。根据电磁感应定律，导体中感应电动势的瞬时值为

$$e = b_\delta l v$$

式中，b_δ 为转子磁场的气隙磁通密度；l 为导体切割气隙磁通密度的有效长度；v 为导体切割气隙磁通密度的线速度。对于一台已经制造好的电机来说，l 及v 均为常数，因而有

$$e \propto b_\delta$$

上式表明，导体中感应电动势瞬时值 e 变化的规律，取决于电机内气隙磁通密度 b_δ 的分布情况。若要使导体的感应电动势 e 接近于正弦变化，气隙磁通密度 b_δ 的分布必须尽可能接近于正弦波形。

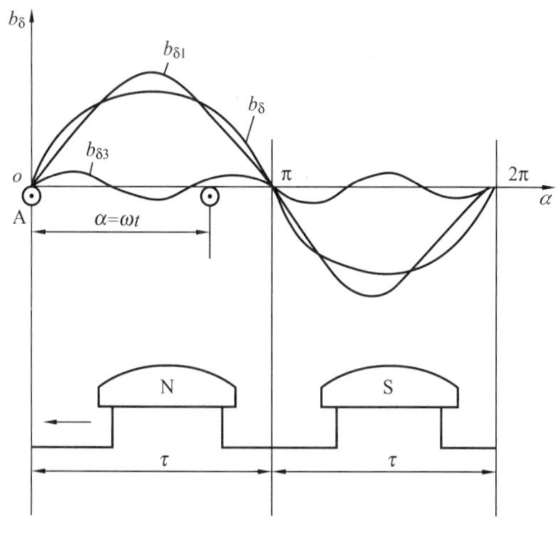

图8-13 转子磁极及其气隙磁通密度分布曲线

电机转子磁场气隙磁通密度的分布，一般只能是接近于正弦波形，因而气隙磁通密度 b_δ 中，除了有基波磁通密度 $b_{\delta 1}$ 外尚有其他高次谐波。图8-13表示转子磁极及其气隙磁通密度的分布情况。由于 b_δ 在空间的分布是一个奇函数，因此磁通密度波中不会含有偶次谐波和恒定分量。假定 $t=0$ 时定子导体A恰好位于转子N极和S极的中间，并取该点作为参考坐标的原点，则经过 t 秒后，导体A位于与原点相距 α 电角度处。由此可写出导体A所切割的气隙磁通密度为

$$b_\delta = b_{\delta 1} + b_{\delta 3} + \cdots + b_{\delta v} + \cdots$$

$$=B_{\delta 1m}\sin\alpha+B_{\delta 3m}\sin 3\alpha+\cdots+B_{\delta v\,m}\sin v\alpha+\cdots$$
$$=\sum_{v=1,\ 3,\ 5,\ \cdots}B_{\delta v\,m}\sin v\alpha \tag{8-6}$$

式中，$B_{\delta 1m}$、$B_{\delta 3m}$、$B_{\delta v\,m}$分别是气隙磁通密度的基波和三次、v 次谐波的幅值；α 为 t 秒内导体所经过的角位移（单位为电角度）。

设转子转速为 n（r/min），相应的机械角速度为 $\Omega=\dfrac{2\pi n}{60}$(rad/s)，其电角速度为 $\omega=p\Omega=p\dfrac{2\pi n}{60}=2\pi f$(rad/s)。故

$$\alpha=\omega t=2\pi ft \tag{8-7}$$

将式（8-7）代入式（8-6）后再代入 $e=b_\delta lv$ 公式，得

$$\begin{aligned}e&=b_\delta lv\\&=\Big(\sum_{v=1,\ 3,\ 5,\ \cdots}B_{\delta v m}\sin v\alpha\Big)lv\\&=B_{\delta 1m}lv\sin\omega t+B_{\delta 3m}lv\sin 3\omega t+\cdots+B_{\delta vm}lv\sin v\omega t+\cdots\\&=E_{1m}\sin\omega t+E_{3m}\sin 3\omega t+\cdots+E_{vm}\sin v\omega t+\cdots\end{aligned} \tag{8-8}$$

式中，E_{1m}、E_{3m}、E_{vm}分别代表基波和三次、v 次谐波电动势的幅值。

从式（8-8）可以知道，定子导体所感应的电动势 e，除了基波分量 $E_{1m}\sin\omega t$ 外，还包含了一系列的奇次谐波分量。其中基波电动势是电动势 e 的主要组成部分，它的大小对 e 的数值具有决定性的影响；谐波电动势对电动势 e 的数值影响并不显著，但谐波分量越大，电动势 e 偏离正弦波的程度越是严重。因此，基波电动势和谐波电动势都是属于反映电能质量的指标，前者可用以确定电动势的数值，后者则可说明电动势的波形。在以下的电动势分析中，两者都应当作为研究的对象。

基波电动势 $e_1=E_{1m}\sin\omega t=B_{\delta 1m}lv\sin\omega t$，当用有效值表示时，则有

$$E_{c1}=\frac{E_{1m}}{\sqrt{2}}=\frac{B_{\delta 1m}lv}{\sqrt{2}}=\frac{B_{\delta 1m}l}{\sqrt{2}}\times\frac{2p\tau}{60}n=\sqrt{2}fB_{\delta 1m}l\tau \tag{8-9}$$

式中 τ——用长度表示的极距。

基波磁通密度 $b_{\delta 1}$在空间按正弦规律分布，因此$\dfrac{2}{\pi}B_{\delta 1m}$就是基波磁通密度的平均值，$\tau l$ 是基波磁通通过磁极的截面积。设 Φ_1 代表每极的基波磁通，则 $\Phi_1=\dfrac{2}{\pi}B_{\delta 1m}\tau l$。将此关系代入式（8-9），导体基波电动势的有效值为

$$E_{c1}=\frac{\pi}{\sqrt{2}}f\Phi_1=2.22f\Phi_1 \tag{8-10}$$

当磁通 Φ_1 的单位为 Wb，频率 f 的单位为 Hz 时，则电动势 E_{c1}的单位为 V。

谐波电动势的计算方法与基波电动势类似。从图 8-13 可见，v 次谐波磁场的极对数是基波的 v 倍，而极距则为基波的$\dfrac{1}{v}$，即

$$\left.\begin{aligned}p_v&=vp\\\tau_v&=\frac{1}{v}\tau\end{aligned}\right\} \tag{8-11}$$

由于 v 次谐波磁场也随转子一起旋转，因此 $n_v=n$，但因 $p_v=vp$，所以在定子导体上感应出高次谐波电动势，其频率为

$$f_v=\frac{p_v n_v}{60}=\frac{vpn}{60}=vf \tag{8-12}$$

根据与式（8-10）相似的推导，可求得导体谐波电动势的有效值为

$$E_{cv}=2.22f_v\Phi_v=2.22vf\Phi_v \tag{8-13}$$

式中 Φ_v——气隙磁通密度中 v 谐波的每极磁通量，$\Phi_v=\frac{2}{\pi}B_{\delta v\mathrm{m}}\frac{\tau}{v}l$。

8.4.2 线圈的感应电动势

在定子上如将不同槽的两根导体，在端部用导线加以连接就构成了最简单的单匝线圈。定子线圈的槽部导体切割气隙磁通密度从而产生感应电动势所以也称为有效边，而端部连接线只是起连接槽部导体的作用。定子线圈的感应电动势和线圈的宽度有关。线圈的宽度，通常称为节距，若等于一个极距，称为整距线圈；如线圈的节距小于一个极距，则称为短距线圈。以下分别讨论这两种线圈的感应电动势。

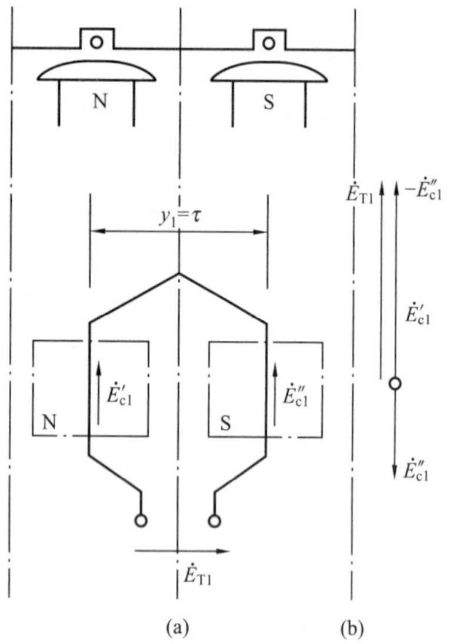

图 8-14 单匝整距线圈的基波电动势

1. 整距线圈的电动势

图 8-14 表示一单匝的整距线圈。线圈节距以符号 y_1 表示之。整距线圈的 $y_1=\tau$。对于单匝的整距线圈，当一根导体位于 N 极下时，另一根导体必定在相邻 S 极的相应位置上，如图 8-14（a）所示。为了便于分析，仍将基波和谐波分开来讨论。

对基波电动势而言，由于它随时间按正弦规律变化，因此可用相量表示。在图 8-14（a）中，若两根导体的电动势 $\dot{E}'_{c1}$ 和 $\dot{E}''_{c1}$ 都取由下向上作为正方向，则单匝线圈的电动势 $\dot{E}_{T1}$，是两根导体 $\dot{E}'_{c1}$ 和 $\dot{E}''_{c1}$ 的相量差，即 $\dot{E}_{T1}=\dot{E}'_{c1}-\dot{E}''_{c1}$。至于两导体电动势 $\dot{E}'_{c1}$ 和 $\dot{E}''_{c1}$ 在时间上的相位关系可以通过它们在空间位置上相差的电角度而求得。整距线圈的两根导体在空间位置上相隔一个极距 τ，也就是 π 电弧度，因而 $\dot{E}'_{c1}$ 和 $\dot{E}''_{c1}$ 在时间上也相差 π 电弧度。这样单匝线圈的基波电动势 $\dot{E}_{T1}=2\dot{E}'_{c1}$，其有效值应为

$$E_{T1(y1=\tau)}=4.44f\Phi_1 \tag{8-14}$$

若每个线圈有 N_c 匝，则基波电动势有效值 E_{y1} 等于单匝线圈电动势的 N_c 倍，即

$$E_{y1(y1=\tau)}=4.44f\Phi_1 N_c \tag{8-15}$$

谐波电动势的分析方法与基波电动势的相似。两导体的 v 次谐波电动势 $\dot{E}'_{cv}$ 和 $\dot{E}''_{cv}$ 之间的相位相差 $v\pi$ 电弧度，当 $v=3, 5, 7, \cdots$ 奇数时即为 π 电弧度，因而单匝线圈的谐波电动势有效值为

$$E_{Tv(y1=\tau)}=4.44f_v\Phi_v=4.44vf\Phi_v \tag{8-16}$$

同理，对于有 N_c 匝的线圈，其谐波电动势有效值为

$$E_{yv(y1=\tau)}=4.44vf\Phi_v N_c \tag{8-17}$$

综上所述可知，整距线圈电动势的有效值是导体电动势有效值的 $2N_c$ 倍，基波和谐波都是如此。因此，线圈电动势的波形与导体电动势波形相同，两者都取决于气隙磁通密度的波形。

2. 短距线圈的电动势与短距系数

当电机功率达到一定数值时，交流电机的绕组常采用短距线圈，也就是线圈的节距 $y_1<\tau$。图 8-15（a）表示一单匝的短距线圈。由于构成线圈的两导体在空间位置上相隔不到一个极距，因此两导体之间的基波电动势在时间上的相位差小于 π 电弧度。令此相位差为 γ，则当 $y_1=\tau$ 时，$\gamma=\pi$。于是可得

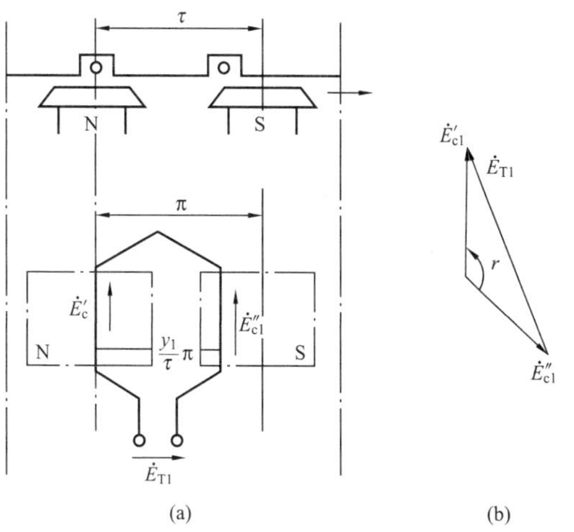

图 8-15　单匝短距线圈的基波电动势

$$\frac{y_1}{\gamma}=\frac{\tau}{\pi}$$

即

$$\gamma=\frac{y_1}{\tau}\pi \tag{8-18}$$

图 8-15（b）是短距线圈的基波电动势相量图。由图中可以看到短距线圈的基波电动势比整距线圈的基波电动势小，它的有效值为

$$E_{\mathrm{T1}(y1<\tau)}=2E'_{\mathrm{c1}}\sin\frac{y_1}{\tau}\frac{\pi}{2}=4.44f\Phi_1\sin\frac{y_1}{\tau}\frac{\pi}{2} \tag{8-19}$$

式中，$4.44f\Phi_1$ 是单匝整距线圈的基波电动势 $E_{\mathrm{T1}(y1=\tau)}$。短距线圈的基波电动势与整距线圈的基波电动势之比值称为基波短距系数，以 k_{y1} 表示，即

$$k_{y1}=\frac{E_{\mathrm{T1}(y1<\tau)}}{E_{\mathrm{T1}(y1=\tau)}}=\sin\frac{y_1}{\tau}\frac{\pi}{2} \tag{8-20}$$

k_{y1} 值为 0～1，将式（8-20）代入式（8-19），得

$$E_{\mathrm{T1}(y1<\tau)}=4.44f\Phi_1k_{y1} \tag{8-21}$$

同理，对于有 N_c 匝的短距线圈，其基波电动势是式（8-21）的 N_c 倍，因此有

$$E_{y1(y1<\tau)}=4.44f\Phi_1N_ck_{y1} \tag{8-22}$$

至于短距线圈的谐波电动势，可以参照基波电动势的分析方法求出。对气隙磁通密度中的 v 次谐波而言，短距线圈两导体所夹的电角度为 $v\frac{y_1}{\tau}\pi$，因而两导体中的 v 次谐波电动势相量的相角差也是 $v\frac{y_1}{\tau}\pi$，所以短距线圈的 v 次谐波电动势有效值为

$$E_{yv(y1<\tau)}=4.44vf\Phi_vN_ck_{yv} \tag{8-23}$$

式中　k_{yv}——v 次谐波的短距系数，$k_{yv}=\sin v\frac{y_1}{\tau}\frac{\pi}{2}$。

大型交流电机的定子绕组之所以采用短距线圈，这是因为短距线圈比整距线圈在多方面更为适合。从制造方面来看，采用短距线圈可缩短端部连接线，从而节约材料；另外，在两极的汽轮发电机中，短距线圈还便于嵌线。因此采用短距线圈符合工艺和经济方面的要求。

采用短距线圈还有一个更为主要的优点，这就是消除或削弱不需要的谐波电动势，改善电动势的波形。下面用生产上已经采用的具体例子来说明这一问题。

例 8-1 国产 300MW 汽轮发电机（QFS-300-2 型）和 200MW 汽轮发电机（QFQS-200-2 型）的定子绕组槽数 $Z_1=54$，线圈节距 $y_1=22$ 槽（即两导体分别置于第 1 槽和第 23 槽，依次类推），转子极数 $2p=2$，试计算其基波及三、五、七次谐波的短距系数。

解： 极距
$$\tau=\frac{54}{2}=27\text{ 槽}$$

基波短距系数
$$k_{y1}=\sin\frac{y_1}{\tau}\frac{\pi}{2}=\sin\frac{22}{27}\frac{\pi}{2}=0.95799$$

三次谐波短距系数
$$k_{y3}=\sin3\frac{y_1}{\tau}\frac{\pi}{2}=\sin3\frac{22}{27}\frac{\pi}{2}=-0.64279$$

五次谐波短距系数
$$k_{y5}=\sin5\frac{y_1}{\tau}\frac{\pi}{2}=\sin5\frac{22}{27}\frac{\pi}{2}=0.11609$$

七次谐波短距系数
$$k_{y7}=\sin7\frac{y_1}{\tau}\frac{\pi}{2}=\sin7\frac{22}{27}\frac{\pi}{2}=0.448799$$

由上例可以看出，采用短距线圈后使基波电动势比整距线圈时减少了 4.3%，但同时却使谐波电动势数值受到更大程度的削弱，从而使电动势波形比整距线圈更接近于正弦形。

如果合理地选择线圈的节距，使 v 次谐波短距系数 $k_{yv}=0$，即令 $\sin v\frac{y_1}{\tau}\frac{\pi}{2}=0$，或 $v\frac{y_1}{\tau}\frac{\pi}{2}=\pi$，或 2π，3π，…则可以完全消除 v 次谐波电动势。例如，要消除五次谐波电动势，可令 $k_{y5}=0$，即 $5\frac{y_1}{\tau}\frac{\pi}{2}=\pi$，或 2π，相应地可求得 $y_1=\frac{2}{5}\tau$，或 $y_1=\frac{4}{5}\tau$。如取 $y_1=\frac{2}{5}\tau$，虽然可以消除五次谐波电动势，但是对基波电动势也有较大的削弱。如取 $y_1=\frac{4}{5}\tau$，五次谐波电动势仍可以消除、而对基波电动势的影响则较前者为小，因此取 $y_1=\frac{4}{5}\tau$。

同理，如要消除七次谐波电动势，可令 $k_{y7}=0$，即
$$7\frac{y_1}{\tau}\frac{\pi}{2}=3\pi,\quad \text{或 } y_1=\frac{6}{7}\tau$$

因此要消除谐波电动势的一般规律是：若线圈的节距缩短 $\frac{\tau}{v}$，就可以完全消除 v 次谐波电动势。

从物理意义上怎样来理解当 $k_{yv}=0$ 时就可以消除 v 次谐波电动势？这是因为线圈的节距缩短 $\frac{\tau}{v}$ 后，构成线圈的两根导体，就 v 次谐波磁场来说，正好处于同极性两个磁场的相应位置上，使两根导体所感应的 v 次谐波电动势恰好互相抵消。以五次谐波为例，取线圈的节距 $y_1=\frac{4}{5}\tau$，如图 8-16 所示。由于五次谐波的极距为 $\frac{\tau}{5}$，构成线圈的两导体正好处于五次谐波两个 N 极下的相应位置上，因而五次谐波磁场在两导体中所感应的五次谐波电动势，大小相等、相位相同，就整个线圈而言恰好抵消。

总之，采用短距线圈后可以减少谐波电动势，改善定子绕组感应电动势的波形，因此这也是提高电能质量的一项重要措施。

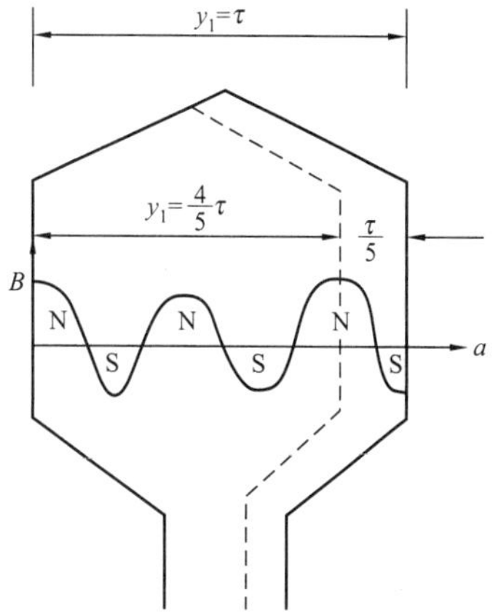

图 8-16　短距线圈消除谐波电动势的原理图

8.4.3　线圈组的感应电动势

交流电机的定子绕组通常每相不是只有一个线圈。一般在每一磁极下每相由几个线圈构成，而这几个线圈分布在相邻的各槽内构成一个线圈组，在电机的术语中又称为极相组，如图 8-17（a）所示。线圈组内的各个线圈，由于在定子上位置不同，它们所感应的电动势在相位上也不同相，所以线圈组中各个线圈电动势有效值不能直接进行代数相加。这就必须对分布于各槽内的线圈电动势，不仅求出其幅值大小，而且还要找出相位关系。

如图 8-17（a）所示，线圈组由三个线圈组成，即组成线圈组的线圈数 $q=3$。设线圈 1、2、3 的基波电动势分别为 $\dot{E}_{y1}$、$\dot{E}_{y2}$、$\dot{E}_{y3}$。由于每一线圈具有相同的结构，并且切割同一磁极下的基波磁通密度，所以在每一线圈中基波电动势的幅值应该相等。设槽与槽之间的距离在空间上相差 α 电角度，因而处于相邻槽内各线圈的基波电动势在时间上也相差 α 相位角，如图 8-17（b）所示。将此三个线圈的基波电动势相加，即可得到线圈组的基波电动势 $\dot{E}_{q1}$，如图 8-17（c），即

$$\dot{E}_{q1}=\dot{E}_{y1}+\dot{E}_{y2}+\dot{E}_{y3} \tag{8-24}$$

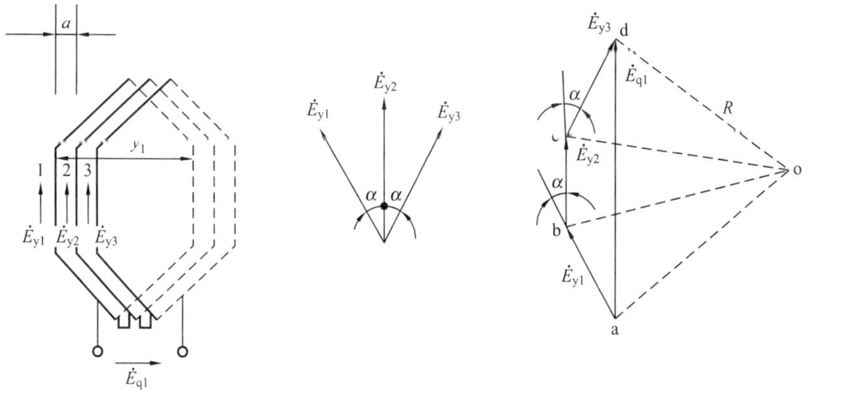

图 8-17　线圈组及其感应电动势相量图

（a）线圈组的线圈；（b）各线圈的电动势相量；（c）线圈组的电动势相量和

在求 $\dot{E}_{q1}$时可以利用下面关系：图 8-17（c）中各相量的交点 a、b、c、d 是一个正多边形的顶点，o 是正多边形外接圆的圆心。根据几何学的原理，$\angle aob=\angle boc=\angle cod=\alpha$。若正多边形的外接圆半径为 R，由$\triangle aod$，得

$$E_{q1}=\overline{ad}=2R\sin\frac{q\alpha}{2}$$

另外根据$\triangle aob$，得

$$E_{y1}=2R\sin\frac{\alpha}{2}$$

从上列两式消去外接圆半径 R，可得

$$E_{q1}=E_{y1}\frac{\sin\frac{q\alpha}{2}}{\sin\frac{\alpha}{2}}=qE_{y1}\frac{\sin\frac{q\alpha}{2}}{q\sin\frac{\alpha}{2}} \tag{8-25}$$

式中，qE_{y1} 可理解为同样结构的 q 个线圈集中放置在一个槽内所感应的基波电动势，这就是所谓集中绕组的电动势；而 E_{q1} 是 q 个线圈分布在相邻槽内所感应的基波电动势，也就是所谓分布绕组的基波电动势。两者之比值称为基波分布系数，以 k_{q1} 表示，因此

$$k_{q1}=\frac{E_{q1}}{qE_{y1}}=\frac{\sin\frac{q\alpha}{2}}{q\sin\frac{\alpha}{2}} \tag{8-26}$$

其中，k_{q1} 值小于 1，其物理意义可以这样来理解：若 q 个线圈集中于同一槽内，则各线圈的电动势同相，合成电动势即为每一线圈电动势的 q 倍。现在 q 个线圈分布在不同槽内，各个线圈电动势不同相。按照相量和加在一起的合成电动势要比集中绕组的电动势为小，但计算时仍可按集中绕组计算，然后乘以小于 1 的系数才得到实际电动势，此系数即为分布系数。分布系数反映了同样数目的线圈，分布放置于各槽内和集中放置于一个槽内两者相比其电动势削弱的程度。

这样线圈组的基波电动势可写为

$$E_{q1}=qE_{y1}k_{q1}=4.44f\Phi_1(qN_c)k_{y1}k_{q1}=4.44f\Phi_1(qN_c)k_{N1} \tag{8-27}$$

式中，$k_{N1}=k_{y1}k_{q1}$ 称为基波电动势的绕组系数。它的意义是：采用分布和短距绕组后，比集中和整距绕组的合成电动势在数值上有所减小，k_{N1} 反映了减小的程度。

对于谐波电动势来说，相邻两槽在空间相差的电角度应为 $v\alpha$，因而各线圈间的电动势相位差也为 $v\alpha$。这样线圈组的 v 次谐波电动势有效值仍可用分布系数的概念来计算，只不过应按 v 次谐波的相位差 $v\alpha$ 来代替原来基波的相位差 α，即

$$E_{qv}=qE_{yv}\frac{\sin\frac{qv\alpha}{2}}{q\sin\frac{v\alpha}{2}}=qE_{yv}k_{qv} \tag{8-28}$$

式中 k_{qv} ——v 次谐波的分布系数，$k_{qv}=\dfrac{\sin\frac{qv\alpha}{2}}{q\sin\frac{v\alpha}{2}}$。

采用分布绕组的一个主要优点是可以削弱谐波电动势，改善电动势的波形。以下仍以生产上已经采用的具体例子予以说明。

例 8-2 国产 300MW 和 200MW 汽轮发电机的每一线圈组由 9 个线圈组成（$q=9$），试计算其基波和三、五、七次谐波的分布系数。

解： 槽距角（电角度）$\alpha=\dfrac{p\times360^\circ}{Z_1}=\dfrac{1\times360^\circ}{54}=6.66667^\circ$

基波分布系数
$$k_{q1}=\frac{\sin\frac{9\times 6.6667}{2}}{9\times\sin\frac{6.66667}{2}}=0.95547$$

三次谐波分布系数
$$k_{q3}=\frac{\sin\frac{9\times 3\times 6.6667}{2}}{9\times\sin\frac{3\times 6.66667}{2}}=0.63986$$

五次谐波分布系数
$$k_{q5}=\frac{\sin\frac{9\times 5\times 6.6667}{2}}{9\times\sin\frac{5\times 6.66667}{2}}=0.19371$$

七次谐波分布系数
$$k_{q7}=\frac{\sin\frac{9\times 7\times 6.6667}{2}}{9\times\sin\frac{7\times 6.66667}{2}}=-0.14026$$

从上例可以看出：采用分布绕组会使谐波电动势比基波电动势受到更大程度的削弱，从而使线圈组的合成电动势更接近于正弦波。采用分布绕组的另外一个优点是可以有效地利用定子周缘空间，同时也有利于电机散热。所以在交流电机中分布绕组得到了广泛的应用。只有在电机的功率极小时，限于尺寸，才采用集中绕组，以使冲制铁心和绕组嵌线比较方便。

将式（8-23）代入式（8-28），线圈组的谐波电动势为

$$E_{qv}=4.44vf\Phi_v qN_c k_{yv}k_{qv}=4.44vf\Phi_v qN_c k_{Nv} \tag{8-29}$$

式中，$k_{Nv}=k_{yv}k_{qv}$ 称为谐波电动势的绕组系数，它反映了 v 次谐波电动势由于采用短距和分布以后所削弱的程度。

在一般交流电机中，k_{Nv} 是很小的。如仍以前述国产 300MW 和 200MW 汽轮发电机的绕组结构为例来说明这一问题，对于：

基波绕组系数　$k_{N1}=k_{y1}k_{q1}=0.95799\times 0.95547=0.91533$

三次谐波绕组系数　$k_{N3}=k_{y3}k_{q3}=-0.64279\times 0.63986=-0.41129$

五次谐波绕组系数　$k_{N5}=k_{y5}k_{q5}=0.11609\times 0.19371=0.02249$

七次谐波绕组系数　$k_{N7}=k_{y7}k_{q7}=0.448799\times(-0.14026)=-0.06295$

可见采用短距和分布绕组后，谐波电动势有很大程度的削弱，从而改善了电动势的波形。

8.4.4 单层绕组的相电动势

在三相单层绕组中（见图 8-6～图 8-8），每一对磁极下只有一个线圈组，因而对于 p 对磁极的电机有 p 个线圈组。在电路连接上可以串联，也可以并联，以组成一定数目的支路数；而每相绕组的电动势决定于一条支路电动势的大小。设 a 代表每相的并联支路数，显然 a 至少等于 1，最多等于 p。于是每相绕组的基波电动势有效值为

$$E_{ph1}=\frac{p}{a}E_{q1}=\frac{pqN_c}{a}4.44f\Phi_1 k_{N1}=4.44f\Phi_1 Nk_{N1} \tag{8-30}$$

式中　N——一相绕组串联的总匝数，$N=\dfrac{pqN_c}{a}$。

至于单层绕组的谐波相电动势，可以根据同样的原理，只要以 vf、Φ_v、k_{Nv} 分别代替式（8-30）中的 f、Φ_1、k_{N1}，就可以得到一相绕组的谐波相电动势有效值为

$$E_{phv}=4.44vf\Phi_v Nk_{Nv} \tag{8-31}$$

8.4.5 双层绕组的相电动势

双层绕组不管采用叠绕组还是波绕组，只要极对数 p、槽数 Z_1、并联支路数 a 保持不变，它所产生的一相绕组电动势总是相同的。现以叠绕组为例计算双层绕组的相电动势。

由图 8-9（a）可知，在双层绕组中每一磁极下就有一个线圈组，对于 $2p$ 个磁极的电机就有 $2p$ 个线圈组。根据和单层绕组同样的原理，双层绕组的每相基波电动势有效值为

$$E_{ph1}=\frac{2p}{a}E_{q1}=\frac{2pqN_c}{a}4.44f\Phi_1 k_{N1}=4.44f\Phi_1 Nk_{N1} \tag{8-32}$$

式中 N——一相绕组串联的总匝数，$N=\dfrac{2pqN_c}{a}$。

可见不论是双层绕组还是单层绕组，若用 N 表示一相绕组的串联总匝数，则交流电机定子绕组每相基波电动势有效值的计算公式是相同的。

同理，可推导出双层绕组谐波电动势有效值的计算公式与式（8-31）相同，即

$$E_{phv}=4.44vf\Phi_v Nk_{Nv}$$

8.4.6 三相绕组的线电动势

三相绕组可以有两种接法：星形连接或三角形连接。当绕组接成星形时，各相基波电动势相位互差 120°电角度，因而线电动势 E_{l1} 等于相电动势 E_{ph1} 的$\sqrt{3}$倍，如图 8-18（a）所示。接成三角形时，则线电动势的基波与相电动势的基波相等，即 $E_{l1}=E_{ph1}$。

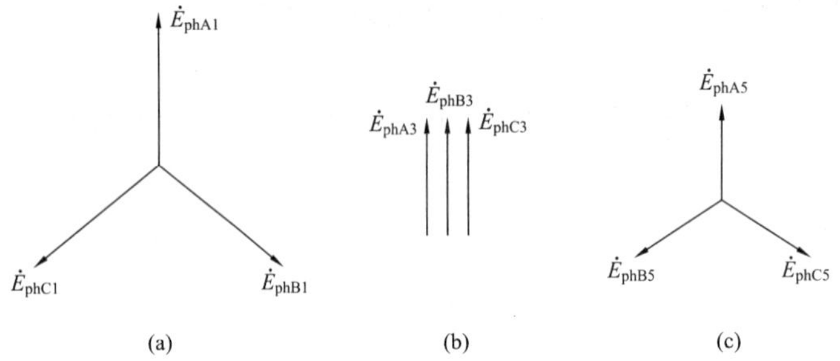

图 8-18 三相电动势相量图
（a）基波；（b）三次谐波；（c）五次谐波

相电动势中的三次谐波，在三相之间的相位差为 3×120°＝360°，或者说它们在三相中是同相的，如图 8-18（b）所示。因而三相绕组接成星形时，在线电动势中三次谐波被抵消，例如 $\dot{E}_{ab3}=\dot{E}_{pha3}-\dot{E}_{phb3}=0$，正好抵消。若接成三角形，则在三角形闭合回路中总电动势为相电动势的 3 倍，将产生三次谐波电流。在回路内电流在内阻抗上的压降与电动势相平衡，因而在出线端仍然没有三次谐波电压。但回路中的三次谐波电流将引起杂散损耗，这是我们所不希望的，因此发电机一般均采用星形接法。

五次谐波电动势在 B 相中滞后于 A 相 5×120°＝600°，即 240°；C 相又滞后于 B 相 240°，如图 8-18（c）所示。它的三相相序与基波相反，线电动势的数值也是相电动势的$\sqrt{3}$倍，即

$$E_{l5}=\sqrt{3}E_{ph5}$$

同样分析七次谐波和所有（$6k+1$）次（$k=1, 2, 3, \cdots$）谐波电动势都和基波电动势

的相序相同，线电动势为相电动势的$\sqrt{3}$倍。所有（$6k-1$）次谐波都和基波电动势的相序相反，其线电动势也为相电动势的$\sqrt{3}$倍。所有三次及其三的倍数次谐波，三相电动势均属同相，线电动势中没有这些次谐波。

8.4.7　感应电动势与绕组交链磁通的相位关系

从电磁感应定律 $e=-N\dfrac{d\phi}{dt}$ 可见，绕组中的感应电动势在时间相位上滞后于绕组交链磁通 90°电角度，这一点在本书变压器一篇中已作过介绍。旋转电机与变压器的差别在于：在变压器中，与绕组交链磁通的变化是由于主磁通本身随时间变化（脉振）所引起；而在旋转电机中，一般是气隙磁通密度本身的大小并不变化，但随时间相对于定子绕组旋转，因此它与定子绕组交链的磁通也随时间而交变。虽然引起绕组交链磁通随时间而变化的原因是不相同的，但从“交链磁通发生变化会感应电动势”这一原理来看，则是一致的，因此都得出电动势滞后于所交链磁通 90°电角度的同样结论，如图8-19所示。

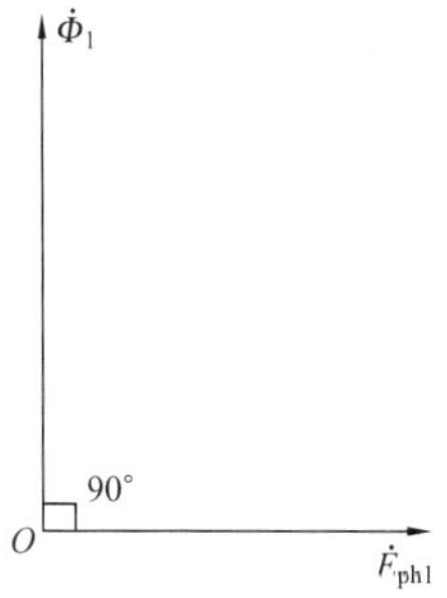

图 8-19　感应电动势和磁通的相位关系

8.5　齿谐波电动势及其削弱方法

8.5.1　齿谐波电动势

对同步发电机空载电动势进行波形分析表明，电动势中的高次谐波以$\left(\dfrac{Z_1}{p}\pm1\right)$次较为显著，式中 Z_1 是定子槽数，p 是极对数。这种与一对极下的齿数$\dfrac{Z_1}{p}$之间有特定关系的高次谐波称为齿谐波。齿谐波电动势在每极每相 q 为整数以及气隙较小的凸极同步发电机中尤为明显。

产生齿谐波的根本原因在于转子气隙磁场中含有$\left(\dfrac{Z_1}{p}\pm1\right)$次谐波磁通密度。由于$\left(\dfrac{Z_1}{p}\pm1\right)$次谐波的绕组系数与基波绕组系数相同，因此定子绕组的短距和分布对齿谐波影响甚微，致使定子绕组电动势中仍含有较为明显的$\left(\dfrac{Z_1}{p}\pm1\right)$次谐波。

上述齿谐波绕组系数与基波绕组系数相同，可证明如下。

由前知，v 次谐波的分布系数 k_{qv} 和短距系数 k_{yv} 分别为

$$k_{qv}=\frac{\sin\dfrac{qv\alpha}{2}}{q\sin\dfrac{v\alpha}{2}}$$

$$k_{yv}=\sin\frac{y_1}{\tau}\frac{v\pi}{2}$$

齿谐波的次数为 $v=\dfrac{Z_1}{p}\pm1=2mq\pm1$，代入上列两式，齿谐波的分布系数为

$$k_{q\nu}=\frac{\sin(2mq\pm1)\dfrac{q\alpha}{2}}{q\sin(2mq\pm1)\dfrac{\alpha}{2}}=\frac{\sin\left[(2mq\pm1)\dfrac{\pi}{2m}\right]}{q\sin\left[(2mq\pm1)\dfrac{\pi}{2mq}\right]}$$

$$=\frac{\sin\left(q\pi\pm\dfrac{\pi}{2m}\right)}{q\sin\left(\pi\pm\dfrac{\pi}{2mq}\right)}=\pm\frac{\sin\dfrac{q\alpha}{2}}{q\sin\dfrac{\alpha}{2}}=\pm k_{q1} \tag{8-33}$$

齿谐波的短距系数为

$$k_{y\nu}=\sin\frac{y_1}{\tau}\frac{\nu\pi}{2}=\sin(2mq\pm1)\frac{y_1}{\tau}\frac{\pi}{2}$$

$$=\sin\left(mqy_1\frac{\pi}{\tau}\pm\frac{y_1}{\tau}\frac{\pi}{2}\right)=\pm\sin\frac{y_1}{\tau}\frac{\pi}{2}$$

$$=\pm k_{y1} \tag{8-34}$$

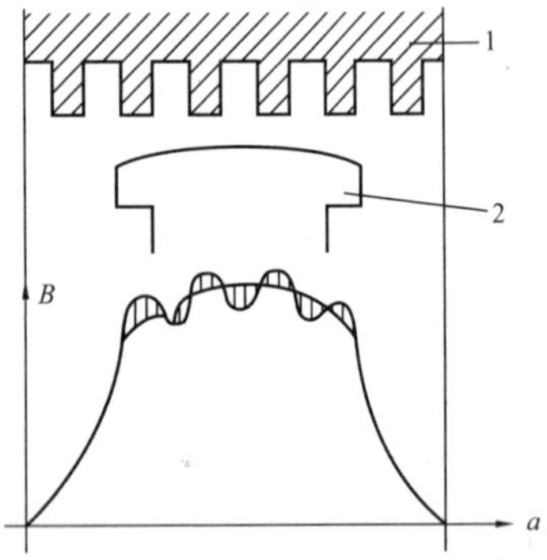

图 8-20　定子开槽后单位面积下的气隙磁导

1—定子；2—转子磁极

可见，齿谐波的绕组系数与基波的相同，为了保证基波电动势有相当的数值，齿谐波电动势必然较为显著。

定子铁心齿和槽的存在是使齿谐波电动势增幅的原因。对于具有开口槽和半开口槽的定子铁心，由于开槽的结果，单位面积下的气隙磁导变为不均匀。对应于齿的位置气隙较小，单位面积下的磁导就大；对应于槽的位置气隙较大，单位面积下的磁导就小。因此在开槽以后，在原先不开槽的气隙磁导波上要叠加一个与定子齿数相对应的附加周期性磁导分量。前者如图 8-20 中虚线所示，后者在图中用阴影线表示。

进一步分析可以证明：若转子磁场原先为正弦分布，则在定子开槽以后，转子磁场虽然会发生畸变，使槽部磁场减弱，但是由于定子齿和槽均属静止，空间周期性的附加磁导不随时间而变化，因此根据 $e=-\frac{d\phi}{dt}$ 公式可以推导出定子绕组的感应电动势仍属正弦波，不会出现其他谐波和齿谐波。但是，如果转子磁场中原先已经含有 $\left(\frac{Z_1}{p}\pm1\right)$ 次的齿谐波磁场，则在定子开槽以后，由于周期性空间附加磁导具有“放大”作用，在整数槽绕组和气隙较小的情况下，定子绕组中的齿谐波电动势可能会比不开槽时增大很多倍，从而使电动势波形出现明显的波纹。

另外，大型凸极同步发电机转子磁极上，多数装有闭合的阻尼绕组。研究表明，对整数槽绕组，若阻尼条之间的距离选择不当，可以明显地使齿谐波电动势增大，电动势波形进一步变坏。

8.5.2　削弱齿谐波的方法

（1）采用磁性槽楔或半闭口槽，以减少由于槽开口而引起的气隙磁通密度变化。半闭口槽一般用于小型电机。磁性槽楔一般用于中型电机。

（2）增大每极每相槽数 q。当 q 值增大后，则定子铁心内表面趋向于光滑，气隙磁通密度的齿谐度影响减小，因而齿谐波也减小。在汽轮发电机中，一般 $p=1$，其 q 值较大，齿谐波电动势较小，所以对于汽轮发电机，不必再采取什么措施来削弱齿谐波电动势。然而在水轮发电机或低速同步电机中，由于极数多 q 值小，就应采取措施来削弱齿谐波电动势。

（3）把定子槽扭斜一个齿距 t_1，如图 8-21 所示。这样一来，定子同一根导体所感应的齿谐波电动势相位就不相同，可以使齿谐波电动势削弱。斜槽主要用于中、小型电机。大型电机采用斜槽时，铁心的叠压工艺较复杂。在凸极同步电机中，可用斜极或把极靴分段错位来削弱齿谐波电动势。

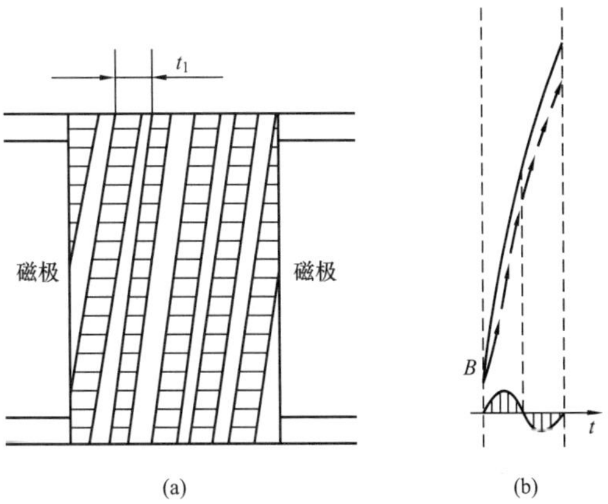

图 8-21　削弱齿谐波的斜槽

（a）斜槽；（b）采用斜槽削弱齿谐波电动势原理

（4）采用分数槽绕组。这是一种较为有效的削弱齿谐波电动势的方法，在水轮发电机和低速同步电机中得到了广泛的应用。

分数槽绕组是每极每相槽数 q 为一分数的绕组。这时有

$$q=\frac{Z_1}{2pm}=b+\frac{c}{d} \qquad (8-35)$$

式中，b 为整数；$\frac{c}{d}$是不可约的分数。

事实上，由于每极下每相所占有的槽数只能是整数，不能是分数，因此分数槽绕组，每相在每极下所占有的槽数不相等，有的极下多一个槽，有的极下少一个槽，而 q 是一个平均值。

例如一台凸极同步发电机，$2p=16$，$Z_1=108$，$m=3$，则有

$$q=\frac{Z_1}{2pm}=\frac{108}{16\times 3}=\frac{9}{4}=2\frac{1}{4}$$

是指在四个磁极下每相占有 9 个槽。实际分配情况对某一相来说可能是：第一个极下 3 个槽，其他三个极下都是每极 2 槽，平均每相在每极下占有$\frac{9}{4}$槽。

分数槽绕组能够削弱齿谐波电动势的原理可用图 8-22 来说明。

图 8-22（a）是整数槽绕组（$q=2$）在四个极下串联的情况。从图中可以看出，各个线圈组在磁极下处于相同的相对位置，所以各个线圈组所感应的齿谐波电动势同相位，四个线圈组的齿谐波电动势可以直接相加，它的合成电动势为算术和，因而使相电动势中具有较强的齿谐波。

图 8-22（b）是分数槽绕组$\left(q=2\frac{1}{4}\right)$在四个极下串联的情况。从图中可以知道，各个线圈组在磁极下处于不同的相对位置，因而各个线圈组的齿谐波电动势是相量相加，大部分可以相互抵消，从而使相绕组中的齿谐波电动势大为削弱。

同样的原因，分数槽绕组也能削弱由于转子磁场非正弦分布所带来的其他谐波电动势。有关分数槽绕组的详细分析可见其他有关的专著。

（5）改变阻尼绕组的节距 t_2。对于大、中型的同步发电机，在一些认为采用整数槽比较合理的场合，可以改变阻尼绕组节距 t_2 的办法来削弱电动势波形中的齿谐波。实践证明，

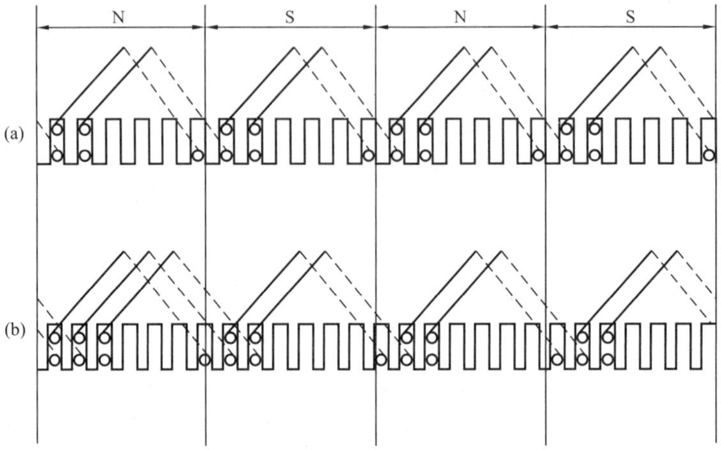

图 8-22 整数槽和分数槽绕组的四个线圈组在磁极下的位置

(a) 整数槽绕组（$q=2$）；(b) 分数槽绕组$\left(q=2\frac{1}{4}\right)$

当 t_2 与 t_1（定子齿距）的比值$\frac{t_2}{t_1}=0.75\sim0.8$ 时，能较有效地削弱齿谐波电动势。

结 语

本章是同步电机和异步电机的共同理论基础。在讨论电动势时，虽以同步电机为例进行分析，但其结论也完全适用于异步电机。电动势的数值、频率、波形以及在多相绕组中的对称性是研究本章的四个主要问题。

电动势的计算有两种途径：一是按电磁感应定律，$e=Blv$；另一是按交链磁通变化 $e=-\frac{\mathrm{d}\phi}{\mathrm{d}t}$。在分析变压器时，采用了后一方法。当分析旋转电机时则宜采用前一方法。当然如用交链磁通变化的方法，其结果也完全一样，但用公式 $e=Blv$ 计算较为简单。这两种概念都是需要的，因为在以后分析电动势相量图时，交链磁通是以时间相量出现，它联系着空间的磁动势矢量与时间的电动势相量。

定子一相绕组的电动势就基波而言，其计算公式与变压器类似，只不过旋转电机由于采用短距和分布绕组，计算公式上多乘一个绕组系数而已。由于转子磁场分布的非正弦规律，在定子绕组中还会有谐波电动势。采用短距、分布绕组有助于电动势波形的改善。三相绕组不论采用星形或三角形连接，线电动势中均不存在三和三的倍数次谐波。所以，选择节距时主要应考虑削弱五、七次谐波。

三相绕组的构成原则是：力求获得最大的基波电动势，尽量削弱谐波电动势；保证三相电动势的对称性；同时要材料节省和工艺方便。

为了得到最大的基波电动势，三相绕组一般采用 60°相带。不同极性下线圈组互相串联时要反向连接，即首端与首端相连或尾端与尾端相连。为使三相对称，分相时应使 B 和 C 相的槽号分别与 A 相相距 120°电角度和 240°电角度对应。对单层同心式和交叉式绕组，还应使每相绕组里大、小线圈的配置情况相同。

各种形式绕组的应用范围并无绝对的界限。一般说来，双层短距绕组的电磁性能良好，线圈制造方便，因此现代大、中型交流电机基本上采用这种绕组；单层绕组的嵌线比较方便，槽的利用较好，多用于10kW以下的小型异步电机；水轮发电机多采用分数槽绕组；绕线式异步电动机的转子和大型水轮发电机的定子多采用波绕组。在系列生产中，为了提高冲片的通用性，中型电机有时也采用分数槽绕组。

齿谐波电动势产生的根本原因是转子气隙磁通密度中含有$\left(\frac{Z_1}{p}\pm1\right)$次谐波。定子开槽只是使齿谐波电动势比原有幅值更为升高。齿谐波的绕组系数与基波的相同，因此不能采用短距和分布绕组来削弱齿谐波电动势。为了削弱齿谐波电动势，可采用斜槽、斜极、半闭口槽或磁性槽楔，以及分数槽绕组等。对于有阻尼绕组的凸极同步发电机，也可以改变阻尼绕组的节距来削弱齿谐波电动势。

习　题

8-1　什么是短距系数？若采用长距线圈 $y_1>\tau$，其短距系数是否会大于1，为什么？在一台24槽4极电机中，当选取不同节距时：$y_1=\frac{4}{6}\tau$，$y_1=\tau$，$y_1=\frac{7}{6}\tau$，$y_1=\frac{8}{6}\tau$，试求它的短距系数各为多少？

8-2　短距系数 k_{y1} 与分布系数 k_{q1} 的物理意义是什么？如何从物理意义上解释采用短距与分布绕组可以改善电动势波形？此时基波电动势是否减小？为什么？

8-3　若希望完全消除电动势中的 v 次谐波，在采用短距方法时，应取节距 y_1 为多少？

8-4　什么是分布系数？试证明在槽数相等的情况下，无论每极每相槽数等于多少，三相60°相带和120°相带绕组的分布系数总有下列关系：

$$k_{q1(60°)}=1.16k_{q1(120°)}$$

8-5　已知 $Z_1=24$，$2p=4$，$a=1$，试绘制三相单层交叉式和同心式绕组展开图。

8-6　有一三相双层绕组，$Z_1=48$，$2p=4$，$a=2$，$y_1=\frac{5}{6}\tau$，试画出：

（1）电动势星形图；

（2）叠绕组展开图；

（3）波绕组展开图。

8-7　有一台三相同步发电机，$f=50\text{Hz}$，$n_N=1500\text{r/min}$；定子采用双层短距分布绕组，$q=3$，$y_1=\frac{8}{9}\tau$，每相串联匝数 $N=108$，采用星形连接，每极磁通量 $\Phi_1=1.015\times10^{-2}\text{Wb}$，$\Phi_3=0.66\times10^{-2}\text{Wb}$，$\Phi_5=0.24\times10^{-2}\text{Wb}$，$\Phi_7=0.09\times10^{-2}\text{Wb}$。试求：

（1）发电机的极对数；

（2）定子槽数；

（3）绕组系数 k_{N1}、k_{N3}、k_{N5}、k_{N7}；

（4）相电动势 E_{ph1}、E_{ph3}、E_{ph5}、E_{ph7} 及合成相电动势 E_{ph} 和线电动势 E_1。

8-8　三相双层短距绕组，60°相带，每极每相槽数 $q=5$，五次谐波绕组系数 $k_{N5}=0.10$，求基波绕组系数 k_{N1} 以及七次谐波绕组系数 k_{N7}。

8-9 一台两极汽轮发电机，$f=50\text{Hz}$，定子槽数 $Z_1=54$，定子绕组为双层绕组，每槽内有两根导体，$a=1$，$y_1=22$ 槽，星形接法。已知空载电压 $U_0=6300\text{V}$，求每极的基波磁通 Φ_1。

8-10 有一三相同步发电机，$2p=2$，$n_1=3000\text{r/min}$，定子总槽数 $Z_1=60$，绕组为双层，每相串联总匝数 $N=20$，每极基波磁通 $\Phi_1=1.505\text{Wb}$，试求：

（1）基波电动势的频率；

（2）整距时五次谐波的绕组系数；

（3）如要消除五次谐波，节距应选为多少，此时的基波电动势有多大？

8-11 一台三相同步发电机，$f=50\text{Hz}$，$n_N=1000\text{r/min}$；定子采用双层短距分布绕组，$q=2$，$y_1=\frac{5}{6}\tau$，每相串联匝数 $N=72$，星形连接，每极的基波磁通量 $\Phi_1=8.9\times10^{-3}\text{Wb}$，$B_{\delta1m}:B_{\delta3m}:B_{\delta5m}:B_{\delta7m}=1:0.3:0.2:0.15$。试求：

（1）发电机的极对数；

（2）定子槽数；

（3）绕组系数 k_{N1}、k_{N3}、k_{N5}、k_{N7}；

（4）相电动势 E_{ph1}、E_{ph3}、E_{ph5}、E_{ph7} 及合成相电动势 E_{ph} 和线电动势 E_1。

8-12 齿谐波电动势是由什么原因引起的？在中小型异步电机和小型凸极同步电机中，常用转子斜槽来削弱齿谐波电动势，斜多少槽合适？

8-13 在低速水轮发电机中，定子绕组常采用分数槽绕组，为什么？

第9章 交流绕组的磁动势

当交流电机定子绕组内通有电流时，载流绕组将会产生磁动势。定子磁动势产生的磁通按其所经磁路的不同，可分为两部分：一部分穿过气隙进入转子铁心，然后又回到定子铁心而闭合，即同时与定、转子绕组相交链，称为气隙磁通；另一部分仅与定子绕组相交链，称为漏磁通。图 9-1 表示气隙磁通和漏磁通的磁路。由于气隙磁通是电机进行机电能量转换的媒介，在电机的分析中具有重要的意义，因此本章主要分析产生气隙磁通的磁动势。

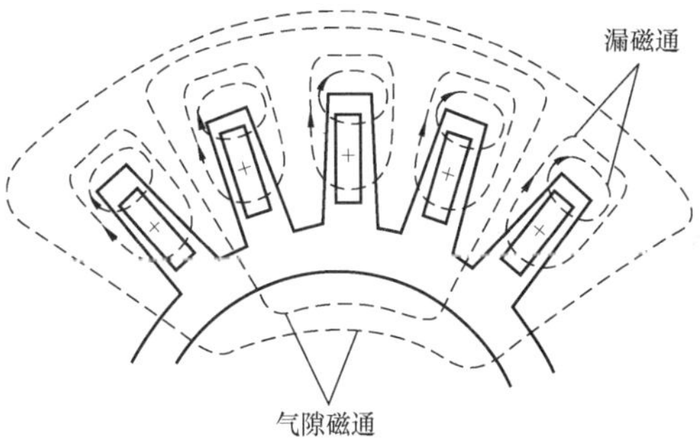

图 9-1　气隙磁通和漏磁通的磁路

交流电机的气隙磁通，可由定子磁动势建立，也可由转子磁动势建立。当交流电机的定、转子绕组中都有电流通过时，则由定、转子电流共同建立。为了便于分析，以下仅研究定子电流产生的磁动势，所得到的结论同样适用于转子磁动势。

与分析电动势一样，本着由浅入深，由简到繁的原则，本章先分析一个线圈的磁动势，然后到单相绕组的磁动势，再到三相绕组的磁动势。为简化分析，特假定：①绕组中的电流按正弦规律变化；②槽内电流集中在槽中心处；③转子为圆柱形，气隙均匀；④铁心未饱和，因而铁心的磁压降落可忽略不计。

9.1　单相绕组的磁动势——脉振磁动势

9.1.1　单个整距线圈的磁动势

线圈是构成绕组的最基本单元，所以磁动势的分析先从线圈开始；又由于整距线圈的磁动势比短距线圈磁动势简单，因此先分析整距线圈的磁动势。

图 9-2（a）是一台两极电机的示意图。定子和转子都是同心的圆柱体，所以定子和转子间的气隙是均匀的。在定子上置有一整距线圈，当线圈中有电流 i 通过时，就产生一两极磁场。根据右手螺旋定则，磁通方向如图 9-2 中的虚线所示。

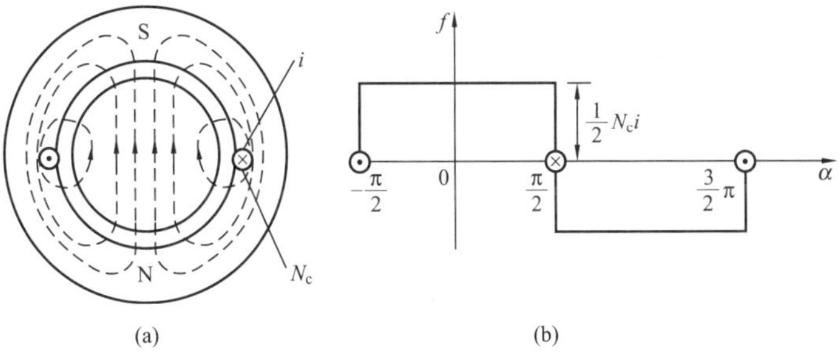

图 9-2　单个整距线圈所产生的磁动势

由全电流定律可知，作用于任一闭合磁路内的磁动势，等于其所包围的全部电流，即 $H\Delta l=\sum i$。在图 9-2（a）中每条磁力线路径所包围的电流等于 N_ci，其中 N_c 为线圈的匝数。从图中可以看到：每一条磁力线都要通过定子铁心、转子铁心以及两次穿过气隙。由于铁心的磁阻与空气相比可以忽略不计，全部磁动势 $N_c i$，降落在两个气隙中，于是作用于每一气隙的磁动势为$\frac{1}{2}N_c i$，即沿气隙周缘的磁动势分布是均匀的。如以定子表面进入转子的磁动势，即 N 极的磁动势作为正值，以转子进入定子表面的磁动势，即 S 极的磁动势作为负值，则将图 9-2（a）予以展开，可得到图 9-2（b）所示的磁动势波形图。由图可见，整距线圈的磁动势在空间分布为一矩形波，矩形波的幅值为$\frac{1}{2}N_c i$。若以线圈轴线处作为坐标的原点，用方程式表示时，则有

$$f_c(\alpha)=\pm\frac{1}{2}N_c i \tag{9-1}$$

式（9-1）中，当$-\frac{\pi}{2}<\alpha<\frac{\pi}{2}$时，$f_c$ 应取正值；当$\frac{\pi}{2}<\alpha<\frac{3\pi}{2}$时，$f_c$ 应取负值。如 i 的单位为 A，则每一气隙（相当于一个磁极）的磁动势也称为每极磁动势等于$\frac{1}{2}N_c i$（A）。

若线圈中流过的电流 $i=\sqrt{2}I_c\sin\omega t$，因而每一气隙中磁动势的大小也随电流频率而变化，即

$$f_c(\alpha,\ t)=\pm\frac{1}{2}N_c i=\pm\frac{1}{2}\sqrt{2}N_c I_c\sin\omega t=\pm F_m\sin\omega t \tag{9-2}$$

$$F_m=\frac{1}{2}\sqrt{2}N_c I_c \tag{9-3}$$

式中　F_m——矩形波磁动势的最大幅值。

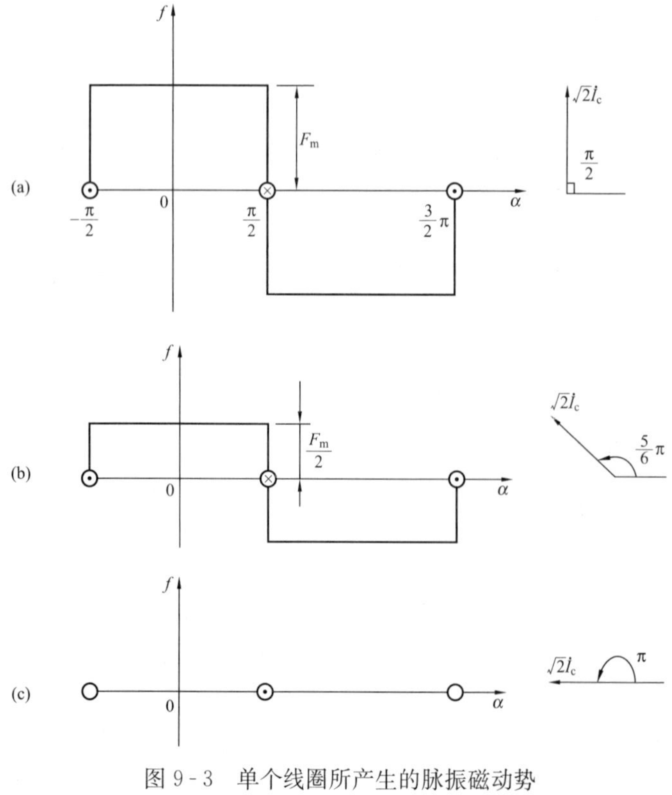

图 9-3　单个线圈所产生的脉振磁动势

由上面两式可知，在整距线圈内通以正弦电流时，所产生的矩形波磁动势随时间而作正弦变化。当电流达到最大值时，矩形波的幅值也达到最大值 F_m。当电流为零时，矩形波的幅值也为零。如果电流为负值，则磁动势也随之改变方向。矩形波随时间而变化的关系如图 9-3 所示。由此可以把磁动势的空间和时间关系区别清楚：在任一瞬间，磁动势在空间的分布是一个矩形波，而空间任一点的磁动势，它的大小随时间而作正弦规律变化。这种空间位置固定，而大小随时间变化的磁动势通常称为脉振磁动势。

以上所分析的是一对极的

电机。当电机的极对数大于1时，由于各对极的情况完全相同，所以只要取一对磁极来分析就可以了。它的分析方法与两极电机完全一样。

实际上定子一相绕组不会只有一个线圈，一般每一线圈组总是由放置在相邻槽内的 q 个线圈组成。如果把 q 个空间位置不同的矩形波相加，合成波形就会发生变化。这将会给分析带来困难。为了便于分析，根据傅里叶级数，可以把矩形波磁动势分解为一系列正弦形的基波和谐波，如图9-4所示。然后将不同槽内的基波磁动势和谐波磁动势分别相加，由于不同槽内的正弦波磁动势相加后仍为正弦波，这样可使分析方法简化。

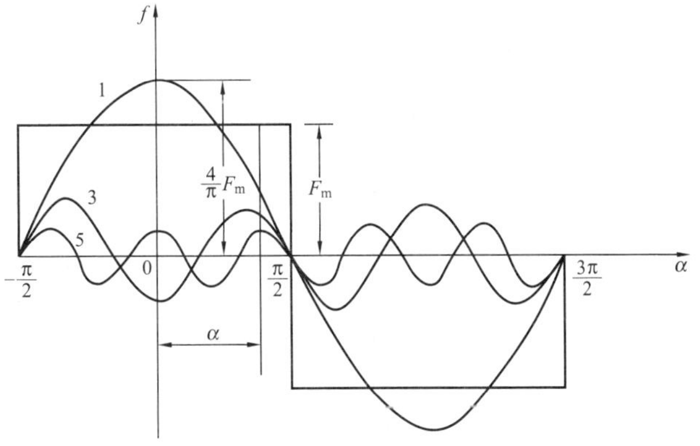

图9-4 用傅里叶级数将矩形磁动势分解为各次谐波

在图9-4中，磁动势的分布波是一个奇谐函数，所以只包含有基波及三、五、七等奇次谐波。基波磁动势的幅值是矩形波磁动势的$\frac{4}{\pi}$倍。当矩形波的幅值达到最大值 F_m时，基波磁动势的波幅也达到最大值 F_{m1}，有

$$F_{m1}=\frac{4}{\pi}F_m=\frac{4}{\pi}\times\frac{1}{2}\sqrt{2}I_cN_c=0.9I_cN_c \tag{9-4}$$

对于 v 次谐波磁动势的最大波幅为

$$F_{mv}=\frac{1}{v}F_{m1}=\frac{1}{v}0.9I_cN_c \tag{9-5}$$

在图9-4中，如取线圈的轴线为纵坐标，于是对图中任一点 α（空间电角度）处的磁动势分布波可写成下列表达式：

$$\begin{aligned}f_c(\alpha, t)&=(F_{m1}\cos\alpha-F_{m3}\cos3\alpha+F_{m5}\cos5\alpha-\cdots)\sin\omega t\\&=0.9I_cN_c\left(\cos\alpha-\frac{1}{3}\cos3\alpha+\frac{1}{5}\cos5\alpha-\cdots\right)\sin\omega t\end{aligned} \tag{9-6}$$

若把空间坐标由电角 α 改为距离 x 来表示，显然 $\alpha=\frac{\pi}{\tau}x$，则

$$f_c(x, t)=0.9I_cN_c\left(\cos\frac{\pi}{\tau}x-\frac{1}{3}\cos3\frac{\pi}{\tau}x+\frac{1}{5}\cos5\frac{\pi}{\tau}x-\cdots\right)\sin\omega t \tag{9-7}$$

例9-1 一台两极电机，其中有一个100匝的整距线圈，分别通以下三种不同的电流：

(1) 若通入正弦电流 $i=\sqrt{2}\cdot5\sin\omega t$（A），试求出基波和三次谐波脉振磁动势的最大波幅。

(2) 若通入平顶波电流 $i=\sqrt{2}\cdot5\left(\sin\omega t+\frac{1}{3}\sin3\omega t\right)$（A），试写出该电流所产生的基波和三次谐波脉振磁动势的表达式，并说明三次谐波电流能否产生的基波磁动势？

(3) 若通入5A的直流电，此时产生的磁动势分布波其形状如何？基波及三次谐波磁动势的幅值又各为多少？

解：（1）整距线圈内当通有正弦电流时，基波和三次谐波磁动势均为脉振波。基波磁动势的最大波幅为

$$F_{m1}=0.9I_cN_c=0.9\times5\times100=450\ (A)$$

三次谐波磁动势的最大波幅为

$$F_{m3}=\frac{1}{3}0.9I_cN_c=\frac{1}{3}\times0.9\times5\times100=150\ (A)$$

（2）若通入平顶波电流，则基波磁动势的表达式为

$$f_{c1}(\alpha,\ t)=450\times\left(\sin\omega t+\frac{1}{3}\sin3\omega t\right)\cos\alpha\ (A)$$

三次谐波磁动势的表达式为

$$\begin{aligned}f_{c3}(\alpha,\ t)&=-450\times\frac{1}{3}\times\left(\sin\omega t+\frac{1}{3}\sin3\omega t\right)\cos3\alpha\\&=-150\times\left(\sin\omega t+\frac{1}{3}\sin3\omega t\right)\cos3\alpha\ (A)\end{aligned}$$

可见，三次谐波电流（时间波）可以产生脉振的基波磁动势（空间波），只是其脉振的频率是基波电流所产生的基波磁动势脉振频率的3倍，以使其合成的基波磁动势随时间变化的规律与电流变化规律相同。

（3）当通以直流电时，单个线圈所产生的磁动势是一个不随时间脉振而空间分布为两极对称的矩形波，其基波幅值为

$$F_{m1}=\frac{4}{\pi}\times\frac{1}{2}\times5\times100=318\ (A)$$

三次谐波磁动势的幅值为

$$F_{m3}=\frac{1}{3}F_{m1}=\frac{1}{3}\times318=106\ (A)$$

9.1.2 整距分布线圈组的磁动势

如前所述，交流绕组有单层和双层两种。单层绕组一般是整距、分布绕组，现在以这种绕组为例来说明磁动势的计算。

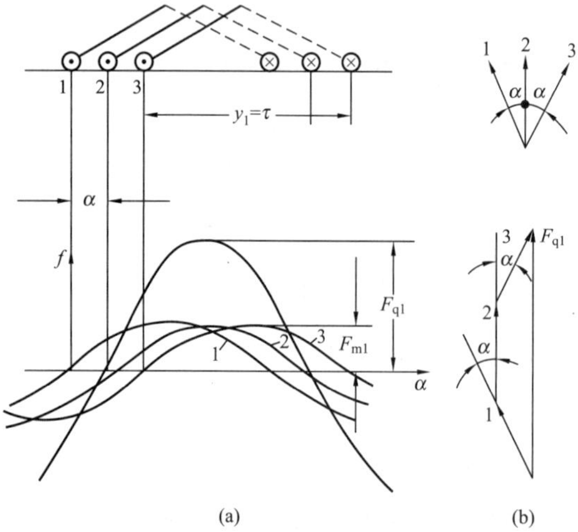

图9-5 单层整距分布线圈组（$q=3$）的基波合成磁动势

仍取图9-5所示的三相单层绕组来分析。从图中看到，由于每个线圈在空间位置上相隔槽距角α电角度，因而每个线圈所产生的矩形波磁动势也相互移过α电角度。如用傅里叶级数把各矩形波都分解为基波及一系列的谐波，则基波之间在空间的电角也是α电角度，如图9-5（a）所示。把q个线圈的基波磁动势逐点相加，就可求得基波合成磁动势的最大波幅F_{q1}。

在求合成磁动势的最大波幅F_{q1}时，可以用空间矢量相加来代替波形图中磁动势的逐点相加，即将按正弦规律分布的基

波磁动势，用空间矢量 $\overline{F}$ 来表示，表示的方法是，空间矢量的长度代表各个基波的幅值，矢量的位置代表正波幅的所在处，这样各矢量之间移过的角度就是基波磁动势在空间的位移角，将代表基波磁动势的 q 个空间矢量相加，就可以得到如图 9-5（b）所示的磁动势矢量图，由此可求得矢量 $\overline{F}_{q1}$。比较图 9-5（b）和求合成电动势的相量图［见图 9-9（c）］，发现两者之间类同，因而可沿用求合成电动势的方法，q 个线圈基波合成磁动势的最大波幅为

$$F_{q1}=qF_{m1}k_{q1}=0.9I_{c}qN_{c}k_{q1} \tag{9-8}$$

式中，基波磁动势的分布系数 $k_{q1}=\dfrac{\sin\dfrac{q\alpha}{2}}{q\sin\dfrac{\alpha}{2}}$ 与式（8-23）所示的电动势分布系数完全相同。

同理，对于 v 次谐波磁动势来说，它在空间也按正弦规律分布，因而也可用空间矢量来表示，只是由于 v 次谐波磁动势的极距是基波极距的 $\dfrac{1}{v}$，所以槽距角 α 电角度这段距离就 v 次谐波而言相当于移过了 $v\alpha$ 电角度，即 v 次谐波磁动势矢量之间的相位差为 $v\alpha$，因此可求得 v 次谐波磁动势的分布系数为

$$k_{qv}=\frac{\sin\dfrac{qv\alpha}{2}}{q\sin\dfrac{v\alpha}{2}}$$

q 个线圈的 v 次谐波合成磁动势的最大波幅为

$$F_{qv}=qF_{mv}k_{qv}=\frac{1}{v}0.9I_{c}qN_{c}k_{qv} \tag{9-9}$$

由上所述可见：磁动势分布系数和电动势分布系数，无论是对基波或谐波，其作用都是相同的。因此，采用分布绕组的结果对基波磁动势虽然略有减小，但是对谐波磁动势来说则减小得更多，即分布绕组可以削弱谐波磁动势，改善磁动势的波形。

9.1.3　双层短距绕组的磁动势

大型电机的定子绕组，一般既采用分布又采用短距的绕法，这也是绕组中的一种普遍情况。所以有必要来讨论采用短距绕组对磁动势所造成的影响。现以图 8-15（a）所示的双层短距绕组为例来予以说明。在图 9-6（a），画出了它的一对极下 A 相绕组的两个线圈组。双层绕组的线圈总是由一个槽的上层导体与另一槽的下层导体所组成。但从绕组通过电流产生磁动势的观点看，磁动势的大小及波形只取决于导体的分布情况以及导体中电流的方向，而与导体之间连接次序无关。为了分析问题的方便，可以认为上层导体组成了一个 $q=3$ 的整距线圈组，而下层导体又组成了另一个 $q=3$ 的整距线圈组。这两个线圈组在空间相互移过的距离 β 正好等于线圈所缩短的电角度 $\left(\dfrac{\tau-y_1}{\tau}\pi\right)$。上层和下层线圈组产生的基波磁动势最大波幅可利用式（9-8）求得。由于两个线圈组在空间相互相差 β 电角度，因而这两个线圈组所产生的基波磁动势在空间也相互相差 β 电角度，如图 9-6（b）所示。将这两个基波磁动势逐点相加可求得它们的合成磁动势。若把这两个基波磁动势用空间矢量来表示，则这两个矢量的夹角等于这两个基波磁动势在空间的位移 β，如图 9-6（b）所示。因而它们的合成

磁动势，也就是一相绕组基波磁动势的最大波幅为

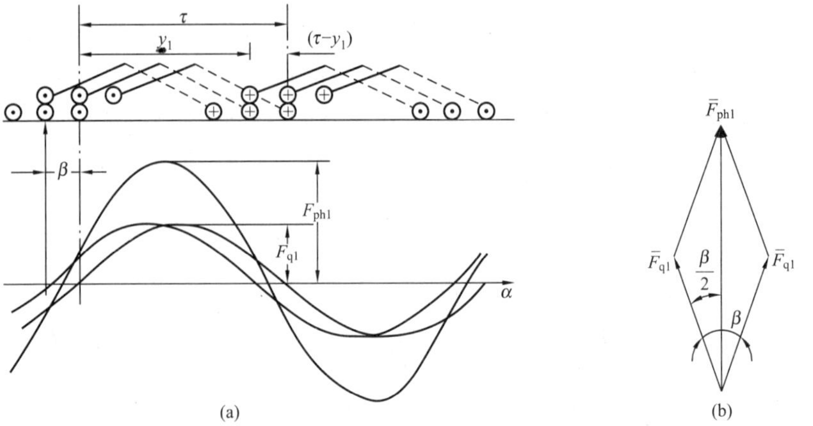

图 9-6 双层短距绕组的基波磁动势

$$F_{ph1}=2F_{q1}\cos\frac{\beta}{2} \tag{9-10}$$

式中，$\beta=\frac{\tau-y_1}{\tau}\pi$，因此 $\cos\frac{\beta}{2}=\cos\left(\frac{\pi}{2}-\frac{y_1}{\tau}\frac{\pi}{2}\right)=\sin\frac{y_1}{\tau}\frac{\pi}{2}=k_{y1}$。这样式（9-10）也可写为

$$F_{ph1}=2F_{q1}k_{y1}=2\times(0.9I_cqN_ck_{q1})k_{y1} \tag{9-11}$$

式中，k_{y1} 为基波磁动势的短距系数，它和感应电动势短距系数的计算公式完全相同。

为了使公式在实际使用时更为简便起见，一般在公式中都用每相电流，及每相串联匝数 N 来表示。因为 I_c 是线圈中流过的电流，也就是每一支路中的电流，如果 a 代表绕组支路数，则 $I_c=\frac{I}{a}$。对于双层绕组每相串联匝数 $N=\frac{2pqN_c}{a}$，即 $N_c=\frac{aN}{2pq}$。把这一关系代入式（9-11），于是一相绕组基波磁动势的最大波幅为

$$F_{ph1}=2\times\left(0.9\frac{I}{a}q\frac{aN}{2pq}k_{q1}\right)k_{y1}=0.9\frac{IN}{p}K_{N1} \tag{9-12}$$

式中 K_{N1}——基波磁动势的绕组系数，与第 8 章中电动势的绕组系数相同，$K_{N1}=k_{q1}k_{y1}$。

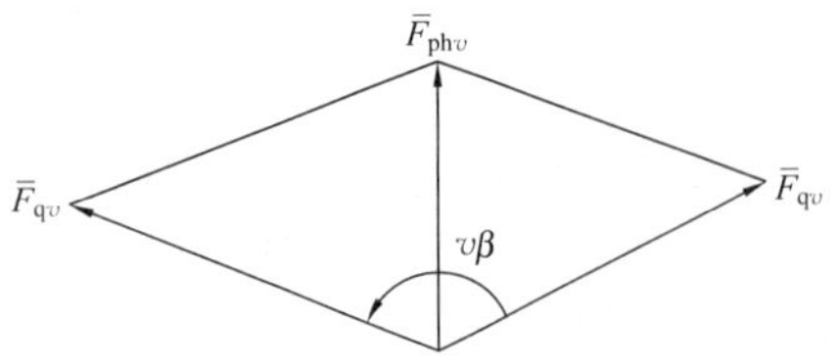

图 9-7 双层短距绕组的谐波磁动势矢量图

同理，上层和下层两个线圈组所产生的基波磁动势在空间位移了 β 电角度，相对 υ 次谐波而言相当于 $\upsilon\beta$ 电角度，因而它们产生的 υ 次谐波磁动势用空间矢量表示时，其夹角为 $\upsilon\beta$，如图 9-7 所示。于是一相绕组 υ 次谐波磁动势的最大波幅为

$$F_{ph\upsilon}=2\times F_{q\upsilon}\cos\frac{\upsilon\beta}{2}=2F_{q\upsilon}k_{y\upsilon}=\frac{1}{\upsilon}0.9\frac{IN}{p}K_{N\upsilon} \tag{9-13}$$

式中 $K_{N\upsilon}$——υ 次谐波磁动势的绕组系数，$K_{N\upsilon}=k_{q\upsilon}k_{y\upsilon}$。

综上所述可知：磁动势的短距系数和磁动势的分布系数一样，对基波磁动势影响较小，但可以使谐波磁动势有很大的削弱，因此采用短距绕组也可以改善磁动势的波形。

若取相绕组的轴线为纵坐标，则可得相绕组的脉振磁动势表达式为

$$f_{ph}(\alpha,\ t)=(F_{ph1}\cos\alpha+F_{ph3}\cos3\alpha+F_{ph5}\cos5\alpha+\cdots)\sin\omega t$$
$$=0.9\frac{IN}{p}\left(k_{N1}\cos\alpha+\frac{1}{3}k_{N3}\cos3\alpha+\frac{1}{5}k_{N5}\cos5\alpha+\cdots\right)\sin\omega t \quad (9-14)$$

在导出式（9-14）时所用绕组的相带为60°，所以式（9-13）是指60°相带下定子一相绕组磁动势的分布情况。

交流电机在某些情况下，其谐波绕组系数可能为负值，这时式（9-13）中谐波磁动势的幅值也将随之变负。例如，对于前述两极、单个整距绕组的磁动势，可理解为 $p=1$，$q=1$，$y_1=\tau$，这样有

$$k_{N1}=k_{y1}k_{q1}=1\times1=1$$
$$k_{N3}=k_{y3}k_{q3}=(-1)\times1=-1$$
$$k_{N5}=k_{y5}k_{q5}=1\times1=1$$
$$k_{N7}=k_{y7}k_{q7}=(-1)\times1=-1$$

将上列数据代入式（9-14），得

$$f_{ph}(\alpha,\ t)=0.9IN\left(\cos\alpha-\frac{1}{3}\cos3\alpha+\frac{1}{5}\cos5\alpha-\frac{1}{7}\cos7\alpha+\cdots\right)\sin\omega t$$

将上式与式（9-6）相比，发现它们是一致的。因此式（9-14）是一相绕组磁动势的普遍表达式，它适用于各种不同的 p、q、y_1 情况。

根据上面分析，对单相绕组的磁动势可得到下列结论：

（1）单相绕组的磁动势是空间位置固定的脉振磁动势，它是由一系列的谐波所组成，每一个谐波的幅值在时间上均按绕组中电流变化规律而脉振，对于60°相带的绕组，这一系列谐波都是奇次波。

（2）单相绕组基波磁动势的最大波幅 $F_{ph1}=0.9\frac{IN}{p}k_{N1}$，各次谐波磁动势的最大波幅和谐波次数 v 成反比，而与谐波绕组系数 k_{Nv} 成正比，因而谐波次数越高，最大波幅越小。

（3）采用短距和分布绕组对谐波磁动势影响较小，而对各高次谐波磁动势有较大的削弱，从而改善了磁动势的波形。因此在一般情况下可以只考虑基波磁动势的作用。这一现象反映了电动势计算和磁动势计算的相似性，时间波和空间波的统一性。

（4）对于60°相带的绕组，单相绕组基波磁动势波幅的位置与相绕组轴线重合。

9.2　三相绕组的基波磁动势——旋转磁动势

现代电力系统都是三相制，这样无论同步电机或异步电机大多数为三相，因此分析三相绕组的合成磁动势是研究交流电机的基础。和单相绕组磁动势相仿，三相绕组合成磁动势除了基波以外，还包含了一系列的高次谐波。但是由于基波磁动势对电机的性能有决定性的影响，在磁动势的分析中占有主导地位，因此本节先分析三相绕组基波合成磁动势。

三相绕组合成磁动势的分析方法有三种，即数学分析法、波形叠加法和空间矢量法。本节将依次用这三种方法来分析三相绕组合成磁动势的基波。

9.2.1　数学分析法

三相电机的定子绕组是对称放置的，即A、B、C三相绕组的轴线在空间相互相差120°

电角度；因此，三相绕组所产生的基波磁动势在空间位置上彼此相差120°电角度。另外，对称运行时，三相电流也属对称，即三相电流幅值相等，在时间上互差120°电角度；因此A、B、C三相所产生的三个脉振磁动势在时间上也互差120°电角度。考虑到这两方面的特点，即可写出A、B、C三相绕组基波磁动势的表达式。

在写磁动势表达式之前必须首先确定参考坐标。若取A相绕组的轴线作为空间坐标α（电弧度）的原点，并以顺相序方向作为α的正方向；同时选取A相绕组电流为零的瞬间作为时间t的起始点。则A、B、C三相绕组各自产生的脉振磁动势基波表达式为

$$\left.\begin{aligned}f_{\mathrm{ph1}}(\alpha,\ t)&=F_{\mathrm{ph1}}\cos\alpha\sin\omega t\\ f_{\mathrm{ph1}}(\alpha,\ t)&=F_{\mathrm{ph1}}\cos\left(\alpha-\frac{2}{3}\pi\right)\sin\left(\omega t-\frac{2}{3}\pi\right)\\ f_{\mathrm{ph1}}(\alpha,\ t)&=F_{\mathrm{ph1}}\cos\left(\alpha-\frac{4}{3}\pi\right)\sin\left(\omega t-\frac{4}{3}\pi\right)\end{aligned}\right\}\tag{9-15}$$

式中 F_{ph1}——每相脉振磁动势基波的最大波幅。

利用三角公式：

$$\sin\alpha\cos\beta=\frac{1}{2}\sin(\alpha+\beta)+\frac{1}{2}\sin(\alpha-\beta)$$

可以将上式变为

$$\left.\begin{aligned}f_{\mathrm{ph1}}(\alpha,\ t)&=\frac{F_{\mathrm{ph1}}}{2}\sin(\omega t-\alpha)+\frac{F_{\mathrm{ph1}}}{2}\sin(\omega t+\alpha)\\ f_{\mathrm{ph1}}(\alpha,\ t)&=\frac{F_{\mathrm{ph1}}}{2}\sin(\omega t-\alpha)+\frac{F_{\mathrm{ph1}}}{2}\sin\left(\omega t+\alpha-\frac{4}{3}\pi\right)\\ f_{\mathrm{ph1}}(\alpha,\ t)&=\frac{F_{\mathrm{ph1}}}{2}\sin(\omega t-\alpha)+\frac{F_{\mathrm{ph1}}}{2}\sin\left(\omega t+\alpha-\frac{2}{3}\pi\right)\end{aligned}\right\}\tag{9-16}$$

将式（9-16）中的三式相加。由于等式右边后三项表达的三个正弦波，在空间相位上互差120°电角度，因此后三项相加的结果为零，于是三相绕组合成磁动势的基波为

$$\begin{aligned}f_1(\alpha,\ t)&=f_{\mathrm{ph1}}(\alpha,\ t)+f_{\mathrm{ph1}}(\alpha,\ t)+f_{\mathrm{ph1}}(\alpha,\ t)\\ &=\frac{3}{2}F_{\mathrm{ph1}}\sin(\omega t-\alpha)\\ &=F_1\sin(\omega t-\alpha)\end{aligned}\tag{9-17}$$

$$F_1=\frac{3}{2}F_{\mathrm{ph1}}=1.35\,\frac{IN}{p}k_{\mathrm{N1}}\tag{9-18}$$

式中 F_1——三相合成磁动势基波的幅值。

若电流I的单位为A，则每极（即作用于每一气隙）基波磁动势幅值F_1的单位也应为A。以下来分析$F_1\sin(\omega t-\alpha)$的物理意义。

当$t=0$时，即$\omega t=0$，由式（9-17）可知$f_1(\alpha,\ 0)=F_1\sin(-\alpha)=-F_1\sin\alpha$。说明此时磁动势波$f_1(\alpha,\ t)$是一个幅值为$F_1$且正波幅位于$\alpha=-\dfrac{\pi}{2}$处的正弦波，如图9-8中$t=0$波所示。经过$\dfrac{1}{4}$周期后，即$t=\dfrac{T}{4}=\dfrac{1}{4f}$s（$T$为电流变化的周期），或$\omega t=2\pi f\times\dfrac{1}{4f}=\dfrac{\pi}{2}$时，$f_1\left(\alpha,\ \dfrac{T}{4}\right)=F_1\sin\left(\dfrac{\pi}{2}-\alpha\right)=F_1\cos\alpha$。说明此时磁动势波$f_1(\alpha,\ t)$是一个幅值为$F_1$正波幅

在纵坐标上的正弦波，如图 9-8中的 $t=\frac{T}{4}$时所示。由此可以推知：$f_1(\alpha, t)$ 是一个沿空间按正弦规律分布，波幅 F_1 恒定不变，但随着时间的推移，整个正弦波沿 α 轴正方向移动的旋转磁动势波。

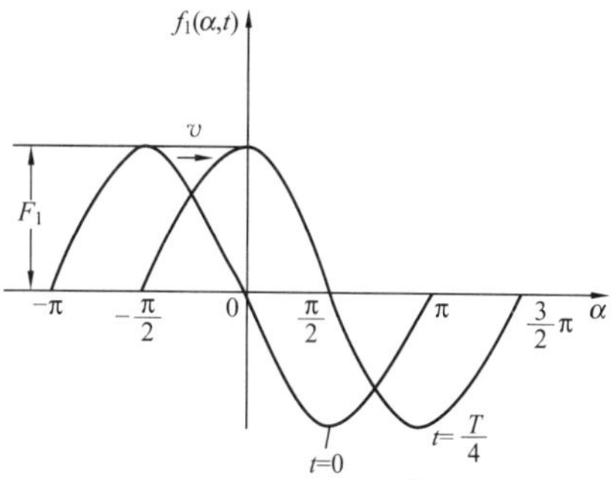

图 9-8 $t=0$ 和 $t=\frac{T}{4}$时磁动势 $f_1(\alpha, t)$ 的分布波形及位置

在明确三相合成磁动势的基波是一个正弦分布的旋转磁动势波以后，进一步地分析还可确定磁动势转速、波幅位置以及转向等问题。

关于旋转磁动势的转速，仍可以从图 9-8 的分析中获得。从图中可以看到：当时间从 0 变化到$\frac{T}{4}$时，即电流变化了$\frac{1}{4}$周期，而磁动势波沿横轴方向移动了$\frac{\pi}{2}$空间电角度，相当$\frac{1}{4}$波波长所占有的电弧度。可以推知：当电流变化一个周期 T 时，磁动势波将移动 $4\times\frac{\pi}{2}=2\pi$ 电弧度，即一个波长。若 f 代表电流的频率，即电流每分钟变化 $60f$ 个周期，因此磁动势波每分钟移动 $60f$ 个波长。由于定子全圆周共有 p 个波长，因此旋转磁动势的转速为

$$n_1=\frac{60f}{p} \tag{9-19}$$

式中，n_1 为同步转速，单位为 r/min。当用电角度来表达同步转速时，可以这样来理解：若电流变化一个周期所需的时间以 360°来表示，则时间上经过了多少角度，三相合成磁动势的基波在空间位置上转过同样数值的电角度。

接下来的问题是旋转磁动势波幅 F_1 位置的确定。从式（9-17）和图 9-8 的分析中可以看到，当 $\omega t=\frac{\pi}{2}$时，$i_A=\sqrt{2}I\sin\frac{\pi}{2}=\sqrt{2}I$，即 A 相电流达到最大值，这时二相合成磁动势 $f_1(\alpha, t)=F_1\sin\left(\frac{\pi}{2}-\alpha\right)=F_1\cos\alpha$，可见其波幅 F_1 位于 $\alpha=0$ 处，即纵坐标上。在列式（9-15）时已经指出，纵坐标是 A 相绕组的轴线。所以 A 相电流为最大值时，三相合成磁动势波的波幅就在 A 相轴线上。当 $\omega t=\frac{\pi}{2}+\frac{2}{3}\pi$ 时，$i_B=\sqrt{2}I\sin\left(\frac{\pi}{2}+\frac{2}{3}\pi-\frac{2}{3}\pi\right)=\sqrt{2}I$，这时 B 相电流达到最大值，三相合成磁动势波 $f_1(\alpha, t)=F_1\sin\left(\frac{\pi}{2}+\frac{2}{3}\pi-\alpha\right)$，其波幅 F_1 位于 $\alpha=\frac{2}{3}\pi$ 处。由于 B 相绕组轴线距 A 相绕组轴线$\frac{2}{3}\pi$ 电弧度，可见 $\alpha=\frac{2}{3}\pi$ 处就是 B 相绕组轴线。所以 B 相电流为最大值时，合成磁动势的波幅就位于 B 相轴线上。同理可证，当 C 相电流达到最大值时，三相合成磁动势的波幅就位于 C 相绕组的轴线上。由此可以得出以下结论：当某相电流达到最大值时，三相合成磁动势基波的波幅就和该相绕组的轴线相重合。

根据以上分析，还可以确定旋转磁动势的转向。例如，当电流的相序为 A—B—C 时，三相合成磁动势波的波幅先与 A 相绕组轴线重合，再依次与 B 相、C 相绕组的轴线重合。可见合成磁动势波沿着 A 轴、B 轴、C 轴方向旋转，即从电流超前相绕组的轴线转向电流滞后相绕组的轴线。如果改变电流的相序由原来的 A—B—C—A 改变为 A—C—B—A 时，则

合成磁动势的波幅将先与 A 相绕组轴线重合，然后与 C 相绕组轴线重合，再与 B 相绕组轴线重合。此时合成磁动势的旋转方向改变了，从原来的 A 轴—B 轴—C 轴方向改为沿 C 轴—B 轴—A 轴方向。所以改变交流电机定子旋转磁动势的转向，只要改变电流的相序，即把从电网接到电机的三根馈电线中任意两根对调就可以。

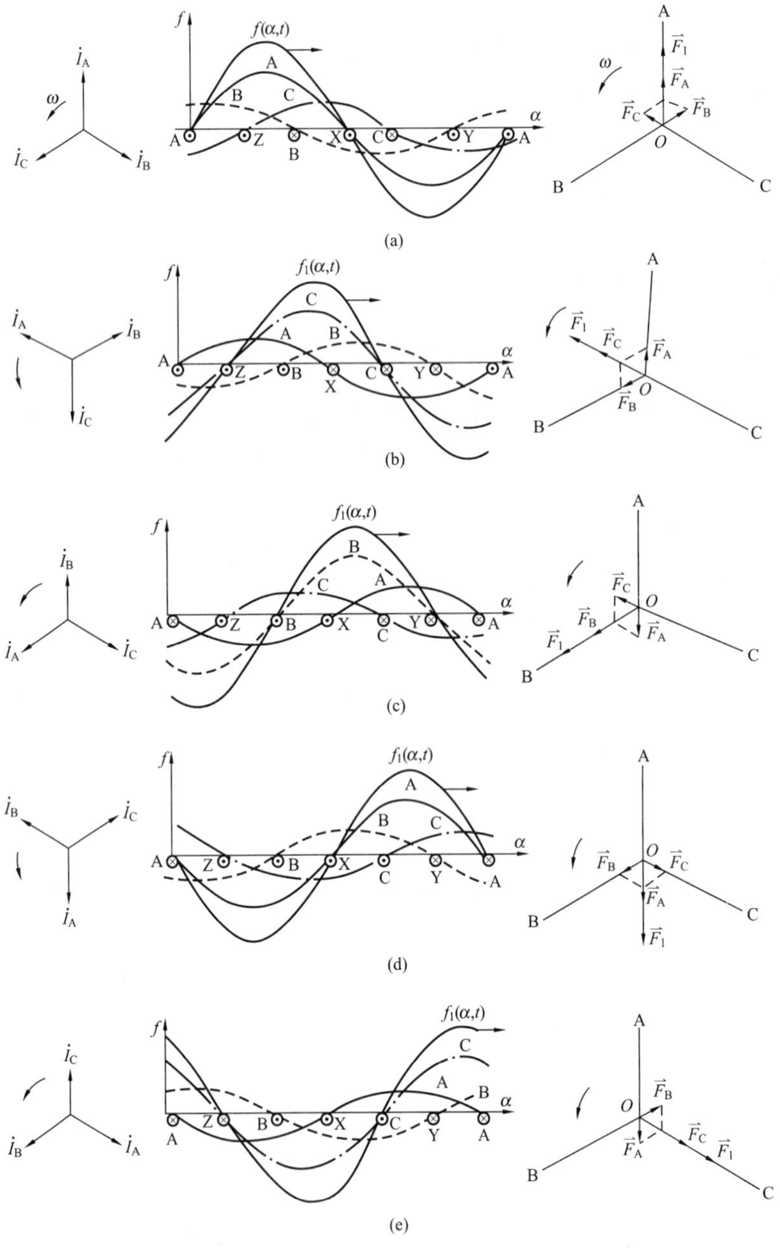

图 9-9 三相绕组基波合成磁动势的图解求法

(a) $\omega t=\frac{\pi}{2}$，$i_A=\sqrt{2}I$；(b) $\omega t=\frac{\pi}{2}+\frac{\pi}{3}$；(c) $\omega t=\frac{\pi}{2}+\frac{2\pi}{3}$，$i_B=\sqrt{2}I$；

(d) $\omega t=\frac{\pi}{2}+\pi$；(e) $\omega t=\frac{\pi}{2}+\frac{4\pi}{3}$，$i_C=\sqrt{2}I$

9.2.2　波形叠加法

分析三相绕组合成磁动势的另一种方法是用图解法将各相绕组的磁动势波形叠加，如图9-9所示。图中左边五个图表示五个不同瞬间的三相电流相量，中间五个图表示此一瞬间各个绕组所产生的基波磁动势和三相合成磁动势，右边五个图表示相应的磁动势空间矢量。图中A、B、C三相绕组用三个集中绕组来表示，各相产生的基波脉振磁动势在中间的图内用脉振的正弦波表示，在右边的图内用相应的空间脉振矢量表示。五个图中，第一个因为$\omega t=\frac{\pi}{2}$，即A相电流为最大值时的情况，其余四个图依次为$\omega t=\frac{\pi}{2}+\frac{\pi}{3}$、$\omega t=\frac{\pi}{2}+\frac{2\pi}{3}$、$\omega t=\frac{\pi}{2}+\pi$和$\omega t=\frac{\pi}{2}+\frac{4\pi}{3}$时的情况。

由图9-9（a）可见，当A相电流为正最大值时，A相脉振磁动势的基波幅值达到最大值F_{ph1}，B、C两相则等于$-\frac{1}{2}F_{ph1}$，因为$i_B=i_C=-\frac{\sqrt{2}}{2}I$。将三个磁动势波逐点相加，可得三相合成磁动势波，如图中粗线所示。此时三相合成磁动势的波幅恰好与A相绕组的轴线重合，大小则为F_{ph1}的$\frac{3}{2}$倍。当A相电流由正的最大值逐步变小，B相电流由负值逐渐变为正值，C相电流逐渐变为负最大值时，各相磁动势的数值将随之发生变化。此时合成磁动势的波幅将从A相绕组的轴线逐步向B相绕组的轴线推移，如图9-9（b）所示。当B相电流为正最大值时，如图9-9（c）所示，这时三相合成磁动势的波幅便移到B相绕组轴线上。依次类推，当C相电流为正最大值时，合成磁动势的波幅将与C相绕组轴线重合，如图9-9（e）所示。因此，当电流的相序为A—B—C—A时，合成磁动势的波幅便沿着A轴—B轴—C轴方向旋转。另外，从图9-9右边五个空间矢量图可见，在整个过程中，合成磁动势的幅值$F_1=\frac{3}{2}F_{ph1}$始终保持不变。因此三相合成磁动势的基波是一个恒幅的旋转波，这与前述所得结论完全一致。

9.2.3　空间矢量法

用空间矢量法来分析三相绕组的合成磁动势，即用空间矢量把一个正弦波的脉振磁动势分解为两个旋转磁动势，这是电机学的基本理论，也是研究交流电机的基础。

从式（9-17）的分析和图9-8可知，$F_1\sin(\omega t-\alpha)$是代表正弦分布的恒幅旋转磁动势波，其转速为$n_1=\frac{60f}{p}$（r/min），转向沿着α轴的正方向。同理可证$F_1\sin(\omega t+\alpha)$也属于正弦分布的恒幅旋转磁动势波，转速也是$n_1=\frac{60f}{p}$，只是其转向与上述相反，即沿着α轴的负方向旋转。由此可见，单相绕组脉振磁动势的基波（最大波幅为F_{ph1}）可以分解为两个波幅相等$\left(等于\frac{1}{2}F_{ph1}\right)$、转速相同$\left[均为\ n_1=\frac{60f}{p}\ (r/min)\right]$、转向相反的旋转磁动势波。

对于每个正弦分布的空间磁动势，当用空间矢量表示时，矢量的长度代表波幅的大小，矢量的位置就是正波幅的所在点。这样，用空间矢量来表达一相绕组脉振磁动势的基波时，如图9-10所示。图中$\overline{F}_{ph1}$是代表基波脉振磁动势的空间矢量。由于基波脉振磁动势的波幅

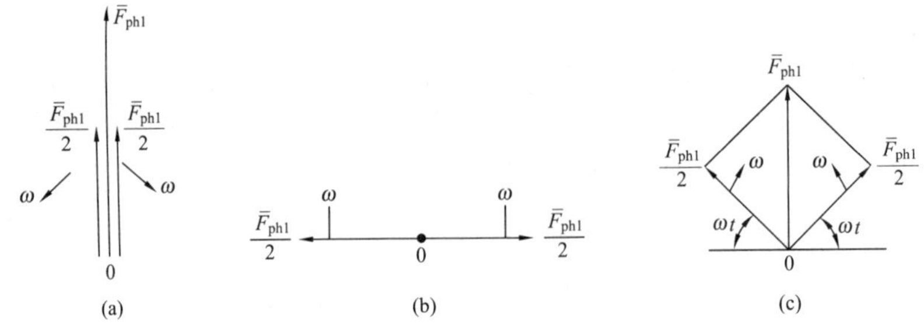

图 9-10 用空间矢量来表示脉振磁动势的分解

(a) $\omega t=\frac{\pi}{2}$；(b) $\omega t=0$；(c) ωt 为任意值

与相绕组轴线重合，所以 $\overline{F}_{ph1}$ 的位置也是相绕组的轴线。空间矢量 $\overline{F}_{ph1}$ 的长度随脉振频率而变化，但位置不变，当 $\omega t=\frac{\pi}{2}$ 时，脉振磁动势达到最大值，如图 9-10（a）所示；当 $\omega t=0$ 时，脉振磁动势 F_{ph1} 等于零，如图 9-10（b）所示；当 ωt 为任意值时，如图 9-10（c）所示。不论在任何瞬间，脉振磁动势 F_{ph1} 总是由两个幅值相等 $\left(\frac{1}{2}F_{ph1}\right)$、转速相同 $\left[n_1=\frac{60f}{p}\ (\text{r/min})\right]$、转向相反的旋转空间矢量相加而成。

根据以上原理，在求三相绕组合成磁动势的基波时，可将式（9-15）所示的三相脉振磁动势的基波各自分解为正、反向的两个旋转磁动势波，然后将每个旋转磁动势波用一个旋转的空间矢量来表示，如图 9-11 所示。图示瞬间，$\omega t=90°$，即 $i_A=\sqrt{2}I$，A 相电流达到最大值，因此 A 相的两个分量 $\overline{F}_{A+}$ 和 $\overline{F}_{A-}$ 位于 A 轴上。由于 i_B 在时间上经过 120°以后才能达到最大值，因此 $\overline{F}_{B+}$ 和 $\overline{F}_{B-}$ 应如图中所示位置，它们各自需经过 120°以后才能到达 B 轴。同理，i_C 应从图示瞬间经过 240°以后才能达到最大值，因此 $\overline{F}_{C+}$ 和 $\overline{F}_{C-}$ 应如图中所示位置，它们各转 240°后才能到达 C 轴。从图中可以清楚地看出：三个反向旋转磁动势波 $\overline{F}_{A-}$、$\overline{F}_{B-}$、$\overline{F}_{C-}$ 互差 120°。恰好抵消；而三个正向旋转磁动势波则同相位，它们直接相加后即为三相合成磁动势的基波，显然 $\overline{F}_1$ 的大小等于 $\frac{3}{2}\overline{F}_{ph1}$，与前述结论完全一致。

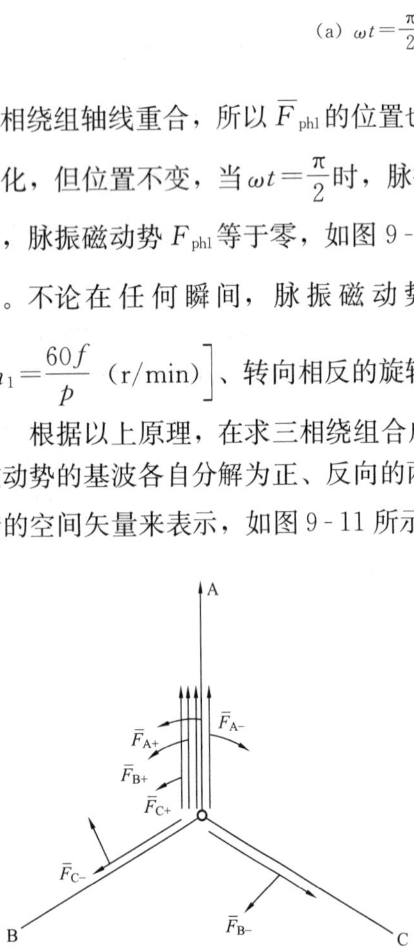

图 9-11 用空间矢量来分析三相合成磁动势的基波

通过以上分析，可得出下列结论：

（1）对称的三相绕组内通有对称的三相电流时，三相绕组合成磁动势的基波是一个正弦分布、波幅恒定的旋转磁动势波，其波幅为每相脉振磁动势波振幅的 $\frac{3}{2}$ 倍，即

$$F_1=\frac{3}{2}F_{\mathrm{ph1}}=1.35\frac{IN}{p}k_{\mathrm{N1}}$$

（2）合成磁动势波的转速，即同步转速为 $n_1=\frac{60f}{p}$ （r/min）；

（3）合成磁动势波幅的位置和电流为最大值一相绕组的轴线相重合；

（4）合成磁动势波的转向，从电流超前相绕组轴线转向电流滞后相绕组轴线。因此，如改变三相绕组中电流的相序，例如，将接到电机的三根馈电线中任何两根对调，则可以改变旋转磁动势的转向。

例 9-2 若在对称的两相绕组（两相绕组的有效匝数相等，轴线在空间上相差$\frac{\pi}{2}$电弧度）内通以对称的两相电流（两相电流幅值相等、相位相差$\frac{\pi}{2}$电弧度）。试用数学分析法和空间矢量法证明：两相绕组所产生的基波合成磁动势为一恒幅旋转磁动势波。

解：（1）数学分析法

设两相电流为

$$i_{\mathrm{A}}=\sqrt{2}I\sin\omega t$$

$$i_{\mathrm{B}}=\sqrt{2}I\sin\left(\omega t-\frac{\pi}{2}\right)$$

同时令A相轴线超前B相轴线$\frac{\pi}{2}$电弧度，并以A相轴线作为列磁动势方程式的参考轴，则有

$$\begin{aligned}f_{\mathrm{ph1}}&=F_{\mathrm{ph1}}\cos\alpha\sin\omega t\\&=\frac{F_{\mathrm{ph1}}}{2}\sin(\omega t-\alpha)+\frac{F_{\mathrm{ph1}}}{2}\sin(\omega t+\alpha)\end{aligned}$$

$$\begin{aligned}f_{\mathrm{ph1}}&=F_{\mathrm{ph1}}\cos\left(\alpha-\frac{\pi}{2}\right)\sin\left(\omega t-\frac{\pi}{2}\right)\\&=\frac{F_{\mathrm{ph1}}}{2}\sin(\omega t-\alpha)+\frac{F_{\mathrm{ph1}}}{2}\sin(\omega t+\alpha-\pi)\end{aligned}$$

式中 F_{ph1}——一相脉振磁动势基波的最大波幅。

将上列两相脉振磁动势相加，可求出两相绕组的基波合成磁动势为

$$\begin{aligned}f_1(\alpha,\ t)&=f_{\mathrm{ph1}}(\alpha,\ t)+f_{\mathrm{ph1}}(\alpha,\ t)\\&=\frac{2}{2}F_{\mathrm{ph1}}\sin(\omega t-\alpha)\\&=F_1\sin(\omega t-\alpha)\end{aligned}$$

上式表达了一个恒幅旋转磁动势渡，其波幅 $F_1=\frac{2}{2}F_{\mathrm{ph1}}$。

同理也可以证明，对于 m 相的对称绕组$\Big($每相有效匝数相等，相与相之间轴线在空间上相隔 $\frac{2\pi}{m}$ 电弧度$\Big)$通以 m 相的对称电流$\Big($每相电流幅值相等，相位互差 $\frac{2\pi}{m}$ 电弧度$\Big)$时，则其所产生的基波合成磁动势也为一恒幅旋转磁动势波，波幅 $F_1=\frac{m}{2}F_{\mathrm{ph1}}$。

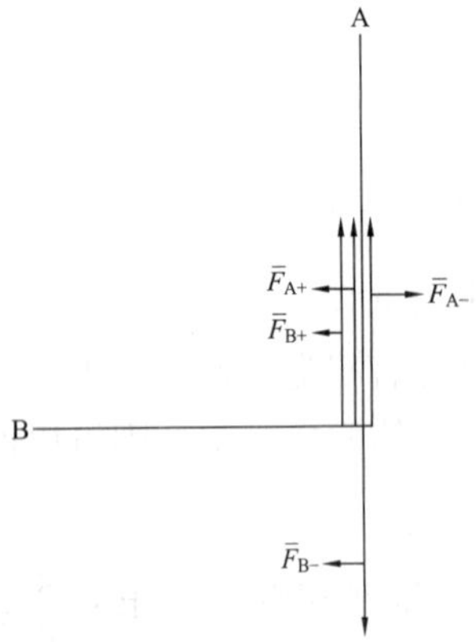

图 9-12 两相旋转磁动势的形成

（2）空间矢量法

将上列脉振磁动势表达式用空间矢量表示，取 $\omega t=90°$瞬时，则可得图 9-12 所示的空间矢量图。由于 $i_A=\sqrt{2}I=I_m$，因此 $\bar{F}_{A+}$和 $\bar{F}_{A-}$同在 A 轴上。但是 i_B 要经过 90°以后才能达到最大值，因此 $\bar{F}_{B+}$和 $\bar{F}_{B-}$要各自转过 90°电角度以后才能同时到达 B 轴。从图中可以看出：两个反向旋转磁动势 $\bar{F}_{A-}$、$\bar{F}_{B-}$恰好相差 180°电角度而互相抵消；两个正向旋转磁动势 $\bar{F}_{A+}$、$\bar{F}_{B+}$则同相位，它们直接相加后即为两相合成磁动势的基波 F_1。显然 $F_1=\frac{2}{2}F_{ph1}$，与上述结论一致。

9.3 三相绕组的谐波合成磁动势

从式（9-14）可知，对下 60°相带的绕组，每相脉振磁动势中除基波外，还有三、五、七等奇次谐波。这些谐波磁动势在时间上都随着绕组中电流的频率而脉振。因此，谐波脉振磁动势除了极对数为基波的 v（v 为谐波次数）外，其他性质并无差别。所以上节中分析三相基波磁动势的方法，完全适用于分析三相高次谐波磁动势。以下分别研究三相绕组中合成磁势的高次谐波。

9.3.1 三次谐波

各相的三次谐波磁动势，在时间上均随绕组中的电流而脉振，所以在时间相位上彼此相差$\frac{2}{3}\pi$电弧度。由于三次谐波磁动势的波长是基波的$\frac{1}{3}$，所以相对三次谐波而言，各相绕组的空间位置彼此相隔 $3\times\frac{2}{3}\pi=2\pi$ 电弧度，即各相绕组的三次谐波磁动势在空间位置上属于同相。如用教学公式推导，也能得出同样结论。参照式（9-15），可得

$$\left.\begin{aligned}
f_{ph3}(\alpha,\ t)&=F_{ph3}\cos3\alpha\sin\omega t\\
f_{ph3}(\alpha,\ t)&=F_{ph3}\cos3\left(\alpha-\frac{2}{3}\pi\right)\sin\left(\omega t-\frac{2}{3}\pi\right)\\
&=F_{ph3}\cos3\alpha\sin\left(\omega t-\frac{2}{3}\pi\right)\\
f_{ph3}(\alpha,\ t)&=F_{ph3}\cos3\left(\alpha-\frac{4}{3}\pi\right)\sin\left(\omega t-\frac{4}{3}\pi\right)\\
&=F_{ph3}\cos3\alpha\sin\left(\omega t-\frac{4}{3}\pi\right)
\end{aligned}\right\}\tag{9-20}$$

从式（9-20）中可以看出：三相绕组中的三次谐波磁动势，在空间上都是按 $\cos3\alpha$ 分布，所以在空间位置上同相。三相绕组的三次谐波合成磁动势为

$$\begin{aligned}
f_3(\alpha,\ t)&=f_{ph3}(\alpha,\ t)+f_{ph3}(\alpha,\ t)+f_{ph3}(\alpha,\ t)\\
&=F_{ph3}\cos3\alpha\left[\sin\omega t+\sin\left(\omega t-\frac{2}{3}\pi\right)+\sin\left(\omega t-\frac{4}{3}\pi\right)\right]=0
\end{aligned}\tag{9-21}$$

式（9－21）说明：三相绕组在对称电流下不会产生三次谐波合成磁动势。同理，也可以证明，在对称运行的三相电机中，不存在三的倍数次谐波合成磁动势，即 3 次、9 次、15 次等 $3k$ 次（$k=1, 3, 5, \cdots$，奇数）谐波合成磁动势均为零。

9.3.2 五次谐波

同样，各相的五次谐波磁动势表达式为

$$\left.\begin{aligned} f_{ph5}(\alpha, t) &= F_{ph5}\cos 5\alpha \sin\omega t \\ f_{ph5}(\alpha, t) &= F_{ph5}\cos 5\left(\alpha-\frac{2}{3}\pi\right)\sin\left(\omega t-\frac{2}{3}\pi\right) \\ &= F_{ph5}\cos\left(5\alpha-\frac{4}{3}\pi\right)\sin\left(\omega t-\frac{2}{3}\pi\right) \\ f_{ph5}(\alpha, t) &= F_{ph5}\cos 5\left(\alpha-\frac{4}{3}\pi\right)\sin\left(\omega t-\frac{4}{3}\pi\right) \\ &= F_{ph5}\cos\left(5\alpha-\frac{2}{3}\pi\right)\sin\left(\omega t-\frac{4}{3}\pi\right) \end{aligned}\right\}$$

利用三角公式，上三式可写为

$$f_{ph5}(\alpha, t)=\frac{1}{2}F_{ph5}\sin(\omega t-5\alpha)+\frac{1}{2}F_{ph5}\sin(\omega t+5\alpha)$$

$$f_{ph5}(\alpha, t)=\frac{1}{2}F_{ph5}\sin\left(\omega t-5\alpha-\frac{4}{3}\pi\right)+\frac{1}{2}F_{ph5}\sin(\omega t+5\alpha)$$

$$f_{ph5}(\alpha, t)=\frac{1}{2}F_{ph5}\sin\left(\omega t-5\alpha-\frac{2}{3}\pi\right)+\frac{1}{2}F_{ph5}\sin(\omega t+5\alpha)$$

五次谐波的合成磁动势为

$$\begin{aligned} f_5(\alpha, t) &= f_{ph5}(\alpha, t)+f_{ph5}(\alpha, t)+f_{ph5}(\alpha, t) \\ &= \frac{3}{2}F_{ph5}\sin(\omega t+5\alpha)=F_5\sin(\omega t+5\alpha) \end{aligned} \tag{9-22}$$

$$F_5=\frac{3}{2}F_{ph5}=1.35\frac{IN}{5p}k_{N5} \tag{9-23}$$

式中 F_5——五次谐波合成磁动势的幅值。

式（9－22）表明，三相绕组的五次谐波合成磁动势也是一个正弦分布、波幅恒定的旋转磁动势波，但是因为磁动势的波长仅为基波的$\frac{1}{5}$，因此其极对数为基波的 5 倍，转速为基波的$\frac{1}{5}$，即 $n_5=\frac{n_1}{5}=\frac{60f}{5p}$（r/min）；又因为 5α 前为正号，所以五次谐波磁动势的转向与基波的相反。

同理可以证明，对于 11，17，…，（$6k-1$）次（$k=1, 2, 3, \cdots$）谐波，其三相合成磁动势的转向均和基波磁动势转向相反。

9.3.3 七次谐波

按照同样的方法，将三相脉振磁动势中的七次谐波相加，可得七次谐波合成磁动势为

$$f_7(\alpha, t)=f_{ph7}(\alpha, t)+f_{ph7}(\alpha, t)+f_{ph7}(\alpha, t)$$

$$=\frac{3}{2}F_{\text{ph7}}\sin(\omega t-7\alpha)=F_7\sin(\omega t-7\alpha) \tag{9-24}$$

$$F_7=\frac{3}{2}F_{\text{ph7}}=1.35\frac{IN}{7p}k_{\text{N7}} \tag{9-25}$$

式中 F_7——七次谐波合成磁动势的幅值。

可见七次谐波合成磁动势是一个正弦分布、波幅不变、与基波同转向的旋转磁动势，其转速为基波的$\frac{1}{7}$，即$n_7=\frac{n_1}{7}=\frac{60f}{7p}$（r/min）。也可以证明，对于13，19，…（$6k+1$）次（$k=1$，2，3，…）谐波，其三相合成磁动势的转向均与基波磁动势转向一致。

综合以上所述，可得下列结论：

（1）三相绕组中的高次谐波合成磁动势，除三次及三的倍数次谐波其合成磁动势为零外，其余均为旋转磁动势。因此v次谐波磁动势（奇数）的表达式为

$$f_v(\alpha,\ t)=\frac{3}{2}F_{\text{ph}v}\sin(\omega t\mp v\alpha)=F_v\sin(\omega t\mp v\alpha) \tag{9-26}$$

（2）v次谐波磁动势（$v\neq 3k$）的波幅为

$$F_v=\frac{3}{2}F_{\text{ph}v}=1.35\frac{IN}{vp}k_{\text{N}v} \tag{9-27}$$

（3）v次谐波磁动势（$v\neq 3k$）的转速为

$$n_v=\pm\frac{n_1}{v} \tag{9-28}$$

当$v=(6k-1)$时，式（9-28）中$\frac{n_1}{v}$前应取“－”号，表示与基波磁动势转向相反；当$v=(6k+1)$时，式（9-28）中$\frac{n_1}{v}$前应取“＋”号，表示与基波磁动势转向一致。

三相电机的合成磁动势中包含有$v=(6k\pm1)$次谐波，普遍地说，对于定子绕组为m相的电机，则其合成磁动势中包含有$v=(2mk\pm1)$次谐波，其中$k=1$，2，3，…，当取正号时，谐波磁动势的转向和基波磁动势的转向一致；而取负号时，谐波磁动势的转向与基波磁动势的转向相反。

谐波磁动势或相应谐波磁场的存在会使同步电机的转子表面产生涡流损耗，因为定子谐波的转速为$\pm\frac{n_1}{v}$，它对转子表面的相对转速为$n_1\mp\frac{n_1}{v}=n_1\left(1\mp\frac{1}{v}\right)$，所以在转子表面上所感应的涡流频率为$f_v=\frac{vpn_1\left(1\mp\frac{1}{v}\right)}{60}=vf\left(1\mp\frac{1}{v}\right)=f(v\mp1)$。由于频率较高，可以引起转子表面发热以及降低电机的效率。对于异步电动机来说，它还会产生谐波力矩，使电动机的起动性能变坏。因此在设计电动机时应尽量削弱高次谐波磁动势，而采用短距和分布绕组是达到这个目的的重要方法。

9.4 椭圆形旋转磁动势

9.3节分析了三相对称电流通过三相对称绕组时，三相合成磁动势的基波将是一个恒幅

的旋转波，磁动势旋转时波幅的轨迹是一个圆，因而这种磁动势或相应的磁场可称为圆形旋转磁动势或圆形旋转磁场。但是实际上由于电力系统中有一些负载，例如大容量单相电炉，电力铁道中的单相牵引电机等，因为属于单相性质，可以导致电网的三相电压产生一定程度的不对称。因此交流电机在运行时，三相电流往往也会造成一定程度的不对称，这时旋转磁动势波幅的轨迹就不再是一个圆。以下具体来分析这一问题。

当三相电流不对称时，和研究变压器不对称运行一样，仍可以用对称分量法将一组不对称的三相电流分解为正序分量 $\dot{I}_A^+$、$\dot{I}_B^+$、$\dot{I}_C^+$、负序分量 $\dot{I}_A^-$、$\dot{I}_B^-$、$\dot{I}_C^-$ 和零序分量 $\dot{I}_A^0$、$\dot{I}_B^0$、$\dot{I}_C^0$ 等三组对称分量。

对于正序分量 $\dot{I}_A^+$、$\dot{I}_B^+$、$\dot{I}_C^+$ 通过定子绕组时所产生的正序旋转磁动势的基波，其分析方法和本章 9.3 节完全一样。因而正序旋转磁动势的基波表达式和式（9-17）、式（9-18）相同，设定子绕组正序相电流的有效值为 I^+，则正序旋转磁动势的基波表达式为

$$f_1^+(\alpha,\ t)=1.35\frac{I^+N}{p}k_{N1}\sin(\omega t-\alpha) \tag{9-29}$$

同理，对于负序分量 $\dot{I}_A^-$、$\dot{I}_B^-$、$\dot{I}_C^-$ 通过定子绕组时所产生的负序旋转磁动势的基波，也可以参照式（9-17）、式（9-18）写出其表达式。但是应注意负序分量的相序和正序分量相序相反，因此负序旋转磁动势的转向与正序旋转磁动势的转向相反。设定子绕组负序相电流的有效值为 I^-，则负序旋转磁动势的基波表达式为

$$f_1^-(\alpha,\ t)=1.35\frac{I^-N}{p}k_{N1}\sin(\omega t+\alpha) \tag{9-30}$$

关于零序分量的情况，和电源与定子绕组的接线方式有关。无论定子绕组接成星形或三角形，只要是三根线接到电源，则定子绕组内的电流就不存在零序分量。在个别情况下，如果电源有 A、B、C、O 四根线且定子绕组又接成有中线引出的星形接法时，则定子绕组内可能会有零序电流。

当定子绕组内有零序电流时，由于三相零序电流大小相等、相位同相，而定子三相绕组在空间位置上彼此相差 120°电角度，因此三相零序电流所产生的三个脉振基波磁动势在时间上同相而空间位置上相差 120°电角度，所以合成磁动势的基波等于零。证明如下：

$$\begin{aligned}f_{10}(\alpha,\ t)&=f_{ph10}(\alpha,\ t)+f_{ph10}(\alpha,\ t)+f_{ph10}(\alpha,\ t)\\&=F_{ph10}\sin\omega t\left[\cos\alpha+\cos\left(\alpha-\frac{2}{3}\pi\right)+\cos\left(\alpha-\frac{4}{3}\pi\right)\right]\\&=0\end{aligned} \tag{9-31}$$

根据以上分析，可写出不对称三相电流通过对称的三相绕组时所产生的基波磁动势表达式为

$$\begin{aligned}f_1(\alpha,\ t)&=f_1^+(\alpha,\ t)+f_1^-(\alpha,\ t)\\&=1.35\frac{I^+N}{p}k_{N1}\sin(\omega t-\alpha)+1.35\frac{I^-N}{p}k_{N1}\sin(\omega t+\alpha)\end{aligned} \tag{9-32}$$

若将正弦分布的空间磁动势波用空间矢量表示，则可令 $\overline{F}^+$ 代表正序旋转磁动势的基波 $f_1^+(\alpha,t)$，$\overline{F}^-$ 代表负序旋转磁动势的基波 $f_1^-(\alpha,t)$，$\overline{F}^+$ 和 $\overline{F}^-$ 各以同步速旋转，但转向相反。由于正弦波相加后仍为正弦波，因此在任一瞬间的合成磁动势波 $f_1(\alpha,t)$ 仍为一

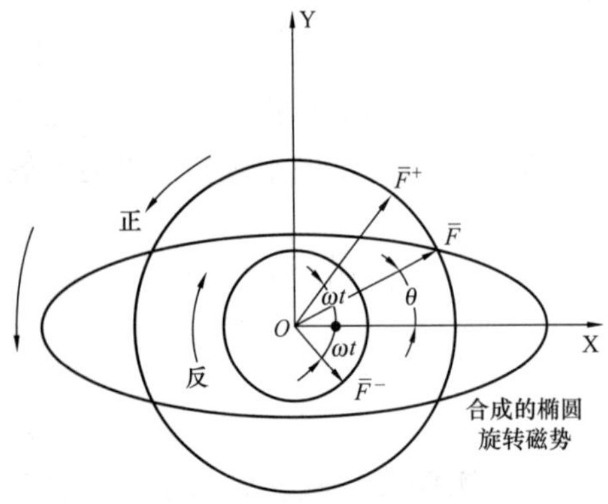

图 9 - 13 椭圆形旋转磁动势

按正弦规律分布的空间波。若用旋转矢量 $\overline{F}$ 代表 $f_1(\alpha, t)$，则 $\overline{F}$ 为 $\overline{F}^{+}$ 和 $\overline{F}^{-}$ 的矢量和。当 $\overline{F}^{+}$ 和 $\overline{F}^{-}$ 有不同的相对位置时，就有不同的振幅。磁动势旋转时矢量 $\overline{F}$ 的端点轨迹为一椭圆。因此称此种旋转磁动势为椭圆形旋转磁动势，如图 9 - 13 所示。

在图 9 - 13 中，X 轴的正方向定为 $\overline{F}^{+}$ 和 $\overline{F}^{-}$ 两矢量相重合位置，并以这一瞬间作为时间的起点（$t=0$）。当经过任一段时间 t 之后，正序旋转磁动势 $\overline{F}^{+}$ 沿逆时针方向转了 ωt 电角度，而负序旋转磁动势 $\overline{F}^{-}$ 沿顺时针方向转了 ωt 电角度。

设 $\overline{F}$ 的横轴分量为 X，纵轴分量为 Y，则

$$\left.\begin{aligned} X &= F^{+}\cos\omega t + F^{-}\cos\omega t = (F^{+}+F^{-})\cos\omega t \\ Y &= F^{+}\sin\omega t - F^{-}\sin\omega t = (F^{+}-F^{-})\sin\omega t \end{aligned}\right\} \tag{9-33}$$

将上两式平方后相加，可得

$$\frac{X^2}{(F^{+}+F^{-})^2} + \frac{Y^2}{(F^{+}-F^{-})^2} = 1 \tag{9-34}$$

式（9 - 34）是一个椭圆方程，表明合成磁动势 $\overline{F}$ 旋转一周时，矢量的端点轨迹为一椭圆。合成旋转磁动势的振幅 F 为

$$\begin{aligned} F &= \sqrt{X^2+Y^2} \\ &= \sqrt{(F^{+}+F^{-})^2\cos^2\omega t + (F^{+}-F^{-})^2\sin^2\omega t} \\ &= \sqrt{F^{+2}+F^{-2}+2F^{+}F^{-}\cos 2\omega t} \end{aligned} \tag{9-35}$$

由此可见，椭圆形旋转磁动势的振幅 F 不是常数。

以下讨论合成磁动势的旋转角速度。设合成磁动势 $\overline{F}$ 与 X 轴的夹角为 θ，可得

$$\tan\theta = \frac{Y}{X} = \frac{F^{+}-F^{-}}{F^{+}+F^{-}}\tan\omega t$$

即

$$\theta = \arctan\left(\frac{F^{+}-F^{-}}{F^{+}+F^{-}}\tan\omega t\right)$$

以 t 为变数对上式求导，可得矢量 $\overline{F}$ 的旋转角速度为

$$\frac{\mathrm{d}\theta}{\mathrm{d}t} = \omega\frac{F^{+2}-F^{-2}}{F^2} \tag{9-36}$$

式（9 - 36）说明角速度 $\frac{\mathrm{d}\theta}{\mathrm{d}t}$ 与合成磁动势 F 的平方成反比。因此在椭圆的长轴附近，$\overline{F}$ 有最大值，合成磁动势的角速度最低；而在椭圆的短轴附近处，$\overline{F}$ 有最小值，合成磁动势的角速度最高，所以角速度不是常数。至于合成磁动势的旋转方向则视正序旋转磁动势和负序旋转磁动势哪一个较强而定。

式（9-32）也是交流绕组磁动势的一个普遍表达式。当正序旋转磁动势 $\overline{F}^{+}$ 和负序旋转磁动势 $\overline{F}^{-}$ 中任一为零时，即为圆形旋转磁动势。当 $\overline{F}^{+}=\overline{F}^{-}$ 时，为一脉振磁动势。当 $\overline{F}^{+}$ 和 $\overline{F}^{-}$ 都存在且大小不相等时，则为椭圆形旋转磁动势。

9.5　非正弦电流时三相绕组的磁动势

以上讨论的绕组电流均为正弦电流，随着交流调速及电力电子变流装置的广泛应用，变流器供电电源系统产生的电压和电流为非正弦波，包含高次谐波分量。本节将讨论在非正弦电流情况下三相绕组的磁动势问题。

若通入电机的三相电流是非正弦电流，则可利用傅里叶级数将它分解为基波及一系列谐波电流。对于通常的三相变频电源，一般不存在偶次和三的倍数次谐波，假设三相对称，则相电流（例如A相）可表示为

$$i_{\mathrm{ph}}(t)=\sqrt{2}I_{\mathrm{ph1}}\sin\omega t+\sqrt{2}I_{\mathrm{ph5}}\sin(5\omega t+\theta_5)+\sqrt{2}I_{\mathrm{ph7}}\sin(7\omega t+\theta_7)+\cdots \quad (9-37)$$

式中，第 μ 次时间谐波电流可表为

$$i_{\mathrm{ph}\mu}(t)=\sqrt{2}I_{\mathrm{ph}\mu}\sin(\mu\omega t+\theta_{\mu}) \quad (9-38)$$

式中，$I_{\mathrm{ph}\mu}$ 为 μ 次时间谐波电流的有效值；θ_{μ} 为 μ 次时间谐波电流的初相位。当三相非正弦电流流入三相对称绕组，仿照式（9-22）和式（9-24），可得 μ 次时间谐波电流产生的 v 次空间谐波三相合成磁动势为

$$f_{\mu v}(\alpha,\ t)=\frac{3}{2}F_{\mathrm{ph}\mu v}\sin(\mu\omega t\pm v\alpha) \quad (9-39)$$

式中，$F_{\mathrm{ph}\mu v}$ 为 μ 次时间谐波电流产生的 v 次空间谐波每相磁动势的幅值为

$$F_{\mathrm{ph}\mu v}=0.9\frac{I_{\mathrm{ph}\mu}N}{vp}k_{\mathrm{N}v} \quad (9-40)$$

电力半导体变流装置供电电源，电流的谐波分量很难避免，高次谐波磁动势对电机的运行将产生多方面的不利影响，例如，变频器供电的鼠笼式异步电动机，电流有效值增加，功率因数降低，铁心损耗和附加铜损耗增加，效率降低，温升升高，高次谐波还将出现转矩脉动、转速波动以及振动和噪声，高频谐波还对电动机的绝缘造成危害，缩短电动机的使用寿命。因此应采取措施进行谐波治理。

9.6　定子漏磁通

当定子绕组有三相电流通过时，它所产生的磁通大部分经过气隙、进入转子而与转子绕组相交链。但也有一部分磁通只与定子绕组本身相交链而不进入转子，这部分磁通统称为漏磁通。交流电机的定子漏磁通按其经过的路径可分为三部分：

（1）槽漏磁通。

横穿定产槽的漏磁通称为槽漏磁通，如图9-14（a）所示。

（2）端部漏磁通。

交链定子绕组端部的漏磁通称为端部漏磁通，如图9-14（b）所示。

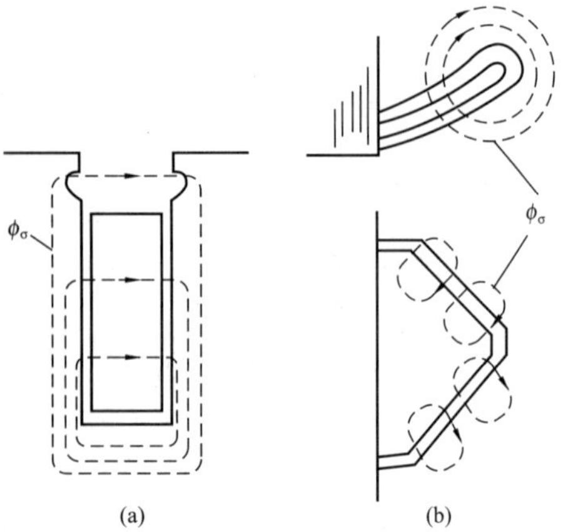

图 9-14 定子漏磁通
（a）槽漏磁通；（b）端部漏磁通

（3）谐波漏磁通。

气隙中除主磁通基波部分以外的谐波磁通称为谐波漏磁通，即气隙总磁通减去基波磁通后所剩下来的磁通，因此又称为差漏磁通。

谐波磁通主要由定子磁动势的高次谐波所产生。由于谐波磁通的极对数（vp）和转速$\left(\frac{n_1}{v}\right)$不同于基波（$p$ 和 n_1），因此虽然它也通过气隙而与转子绕组相交链，但是对电机不产生有用的力矩，而它在定子绕组中感应的电动势仍为基波频率 f，因为有

$$f_v=\frac{p_v n_v}{60}=\frac{vp\dfrac{n_1}{v}}{60}=\frac{pn_1}{60}=f$$

所以把它作为定子漏磁通处理，称为谐波漏磁通。

漏磁通所产生的漏电抗对交流电机的运行性能有很大的影响。在以后的分析中可以知道：在同步电机中，漏电抗影响到端电压且随负载而变化，影响励磁电流的大小，影响稳定短路电流特别是瞬变过程中电流的大小。在异步电机中，漏电抗影响起动电流的大小，最大电磁力矩和起动力矩的数值。漏电抗是决定异步电动机特性的主要参数。

结 语

交流电机绕组的磁动势和第 8 章的电动势一样，它也是研究交流电机的理论基础。掌握了定子绕组磁动势的性质和计算方法，将有助于进一步分析交流电机的运行原理和工作性能。

本章先分析单个线圈的磁动势，以整距、集中绕组为例来分析单相绕组磁动势的性质和计算方法，进而研究分布、短距对单相磁动势所造成的影响。在和电动势的分析方法作了比较以后，发现它们是属于同一现象而表现在两个不同的方面。前者是由于空间上存在相位移，后者则因为在时间上有相位差，因此分布和短距绕组对磁动势和电动势的高次谐波都会产生显著的影响。

单相绕组所产生的磁动势是脉振磁动势，对于 60°相带的绕组只含有奇次谐波。当然，如果不是 60°相带，例如 120°相带或分数槽绕组，情况还会更复杂一些（有偶次谐波或其他次谐波）。在这方面限于篇幅未作介绍。

磁动势既是时间函数又是空间函数。在对称三相绕组中通以对称的三相电流后，它所产生的合成磁动势基波是一个恒幅旋转磁动势波，波幅 $F_1=1.35\dfrac{IN}{p}k_{N1}$，转速 $n_1=\dfrac{60f}{p}$ (r/min)，转向由超前电流相绕组轴线到滞后电流相绕组轴线。除了基波磁动势以外，还包含有一系列的谐波磁动势。当谐波的次数 $v=3k$（$k=1$，3，5，…；奇数）时，它的合成磁动势等于零；当 $v=(6k+1)$（$k=1$，2，3，…）时，谐波磁动势的转向与基波磁动势的转向一致；当 $v=(6k-1)$（$k=1$，2，3，…）时，谐波磁动势的转向与基波磁动势的转向相反。

恒幅的旋转磁动势也可称为圆形旋转磁动势。当三相电流不对称时，则合成磁动势基波的波幅随时间而变化，这种磁动势也称为椭圆形旋转磁动势。椭圆形旋转磁动势包含有正序旋转磁动势 $\overline{F}^{+}$ 和负序旋转磁动势 $\overline{F}^{-}$。当 $\overline{F}^{+}=\overline{F}^{-}$ 时，就是脉振磁动势。当 $\overline{F}^{-}=0$ 时，就是圆形旋转磁动势。

无论脉振磁动势或者旋转磁动势其波幅均与每相的有效匝数 $Nk_{N\upsilon}$ 成正比，而与谐波的次数 υ 成反比。所以谐波次数越高，幅值越小。脉振磁动势的频率和旋转磁动势的转速都和电流的频率有关。

习　题

9-1　一台两极电机，在定了上置有一个 100 匝的整距线圈，若：

(1) 通入正弦电流 $i=\sqrt{2}\times 10\sin\omega t$ (A)，试求出基波和三次谐波脉振磁动势的最大波幅；

(2) 通入交变电流 $i=\sqrt{2}\times 10\left(\sin\omega t+\frac{1}{7}\sin 7\omega t\right)$ (A)，试写出该电流所产生的基波和三次谐波脉振振磁动势的表达式，并说明七次谐波电流能否产生基波磁动势？

9-2　如果在三相绕组中通入零序电流（三相电流大小及相位均相同），试问此时三、五、七次谐波合成磁动势的幅值和转速为多少？

9-3　分布和短距绕组为什么能改善磁动势的波形？试以单层整距绕组和双层短距绕组为例说明之。

9-4　三相定子绕组通过三相对称电流后所产生的 υ 次谐波磁场，它的极对数以及转速与基波磁动势的关系怎样？该 υ 次谐波磁场切割定子绕组所感应的电动势频率为多大？

9-5　国产 300MW 汽轮发电机，两极，50Hz，三相，$U_N=18000$V，星形接法，$\cos\varphi_N=0.85$，定子绕组为双层，定子槽数 $Z_1=54$ 槽，每个线圈 1 匝，每相绕组的支路数 $a=2$，绕组节距 $y_1=22$ 槽。试求当定子电流为额定值时，三相合成磁动势的基波以及三、五、七次谐波磁动势的幅值和转速，并说明转向。

9-6　若在对称两相绕组中通入不对称的两相电流：A 相电流 $i_A=\sqrt{2}I\sin\omega t$；B 相电流 $i_B=\sqrt{2}I\sin(\omega t-60^\circ)$。试用数学分析法证明：这时两相绕组的合成磁动势为一椭圆形的旋转磁动势。

9-7　试分析下列情况（见图 9-15）会不会产生旋转磁动势？转向怎样，顺时针还是逆时针？

(1) 图 9-15 (a)、(b) 中，三相对称绕组分别通以正序和负序对称电流；

(2) 图 9-15 (c)、(d) 中，施加的是三相正序电压，但三相绕组中有一相断线；

(3) 图 9-15 (e) 中，三相绕组有一相反接了，通以三相正序对称电流，电流相序为 A—B—C。

9-8　国产三相 6000kW 汽轮发电机，$2p=2$，$f=50$Hz，$U_N=6.3$kV，星形接法，$\cos\varphi_N=0.8$（滞后），$Z=36$，双层短距绕组，$y_1=15$ 槽，每个线圈有 2 匝，每相有两条并联支路。试求额定电流时：

(1) 一相绕组所产生的基波磁动势最大波幅；

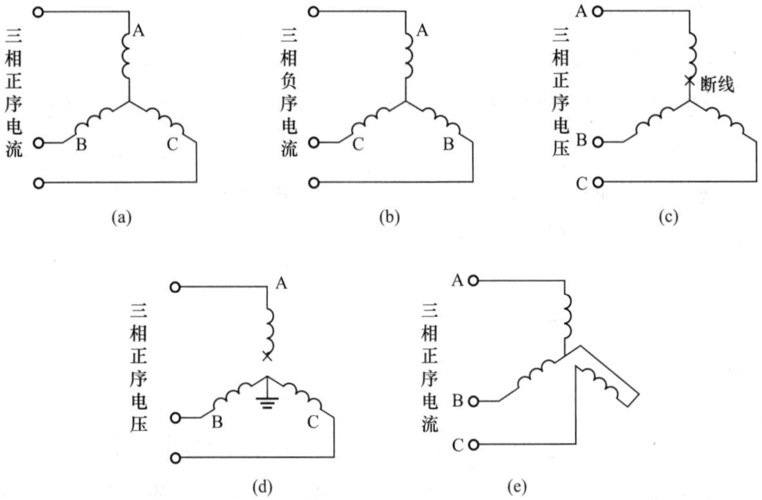

图 9-15 习题 9-7 图

（2）三相合成磁动势的基波幅值、转速和转向；

（3）三相合成磁动势中的五次谐波幅值、转速和转向。

9-9 为什么说椭圆形旋转磁动势是气隙磁动势的普遍形式，什么情况下将简化为脉振磁动势？什么情况下简化为旋转磁动势？

9-10 三相交流绕组中的电流有高次时间谐波（如五次、七次谐波），试分析所产生磁动势的转速和转向。该磁动势又将在交流绕组中感应电动势，该电动势的频率为多少？

第3篇 同 步 电 机

同步电机是一种交流电机，在稳态运行时其转子的转速正比于定子电流的频率。

同步电机的主要运行方式有三种，即作为发电机、电动机和调相机运行。作为发电机运行是同步电机最主要的运行方式，全世界的发电量几乎是由同步发电机发出的。作为电动机运行是同步电机的另一种重要的运行方式。同步电动机通过调节励磁电流可改变功率因数，在不要求调速的场合，应用大型同步电动机可以提高运行效率。近年来，小型同步电动机在变频调速系统中开始得到较多的应用。同步电机还可以接于电网作为同步调相机，这时电机不带任何机械负载，靠调节转子中的励磁电流向电网发出所需的感性或者容性无功功率，以达到改善电网功率因数或者调节电网电压的目的。

第10章 同步电机的基本原理与结构

10.1 同步电机的基本原理

同步电机的电磁结构模型如图10-1所示。从原理上讲，一台同步电机既可以作为发电机，也可以作为电动机或调相机，这就是电机的可逆性原理。下面以同步发电机为例来说明同步电机的基本原理。

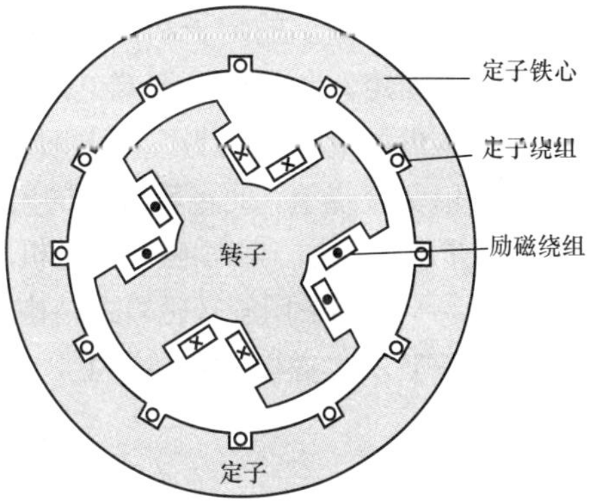

图10-1 同步电机的结构模型

同步发电机是用来将机械能转变为电能的能量转换机械。它的工作原理基于两条基本电磁定律：其一是关于在磁场中运动的导体产生感应电动势的电磁感应定律，其二是关于载流导体在磁场中受到力的作用的电磁力定律。这两条定律也概括了发电机进行能量转换时应具备的基本条件，即发电机必须具有相对运动的定子和转子两个基本部件，如图10-1所示。

同步电机的定子铁心由硅钢片叠成，在叠片上开有槽，在槽内放上导体，这些导体按一定的规律连接起来，称为定子绕组。转子铁心上装有制成一定形状的成对磁极，磁极上绕有励磁绕组，同步发电机在工作时，转子上的励磁绕组通入直流电流产生磁场，将会在发电机的气隙中形成极性相间的分布磁场，称为励磁磁场（也称主磁场、转子磁场）。当原动机拖动发电机的转子旋转，转子磁场与定子绕组有相对运动，于是就在定子绕组中感应出交流电动势。同步发电机定子绕组接成三相绕组，这样便得到三相交流电动势。

在电机中定子既作为磁路、又置放着导体，以产生感应电动势，从而担负机电能量转换的部分称为电枢。因此，图10-1中同步发电机的定子铁心和绕组又称为电枢铁心和电枢绕组。

三相交流电动势的基波和谐波的有效值及相序的分析参见第 8 章 8.4 节。而交流电动势的频率 f 取决于电机的极对数 p 和转子每分钟的转速 n（r/min）。由于电机每一转对应 p 对磁极，而转子每秒钟的转速为 $n/60$，因此每秒有 $pn/60$ 对磁极切割电枢导体，使它的感应电动势交变 $pn/60$ 个周期，而每秒变化的周期数称为频率，所以感应电动势的频率应为

$$f=\frac{pn}{60} \tag{10-1}$$

由式（10-1）可以看出，当电机的极对数 p 和转速 n 一定时，定子绕组感应电动势的频率 f 也是一定的。从供电品质考虑，由众多同步发电机并联构成的交流电网的频率应该是一个不变的值，这就要求发电机的频率应该和电网的频率一致。我国电网的频率为 50Hz，因此有

$$n=\frac{60f}{p}=\frac{3000}{p} \tag{10-2}$$

要使得发电机供给电网 50Hz 的工频电能，发电机的转速必须为某些固定值，这些固定值称为同步转速。例如 2 极电机的同步转速为 3000r/min，4 极电机的同步转速为 1500r/min，依次类推。只有运行于同步转速，同步电机才能正常运行，这也是同步电机名称的由来。

10.2　同步电机的基本类型

同步电机可按多种方式进行分类。

10.2.1　结构形式

同步电机由固定的定子和可旋转的转子两大部分组成。按其结构形式一般可分为旋转磁极式（电枢固定）和旋转电枢式（磁极固定）两种，分别如图 10-2 和图 10-3 所示。通常三相同步电机的电枢绕组与三相电网连接，励磁绕组则与直流电源连接。旋转电枢式（转子上嵌装三相交流绕组，通过转轴上的集电环及电刷与外电路接通）仅用于某些小型的或特殊用途的同步电机，如无刷励磁同步电机励磁系统中用的交流发电机。对于现代的高压、大中型同步电机，一般都采用旋转磁极式结构，这是由于励磁部分的容量和电压比电枢小很多，把电枢装在定子上，主磁极装在转子上，电刷和集电环的负荷大大减轻，工作条件得到改善。

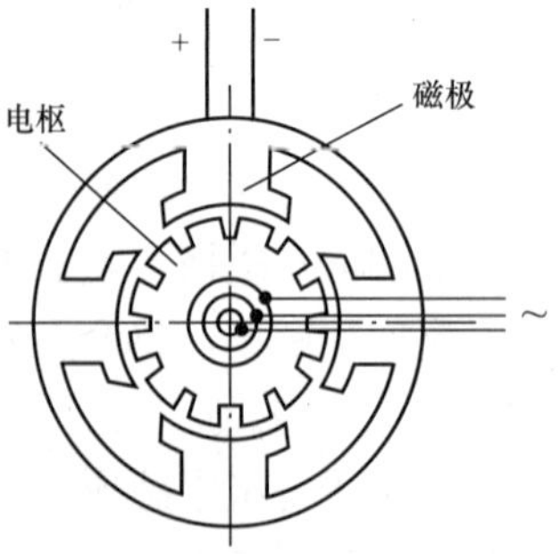

图 10-2　旋转电枢式同步电机

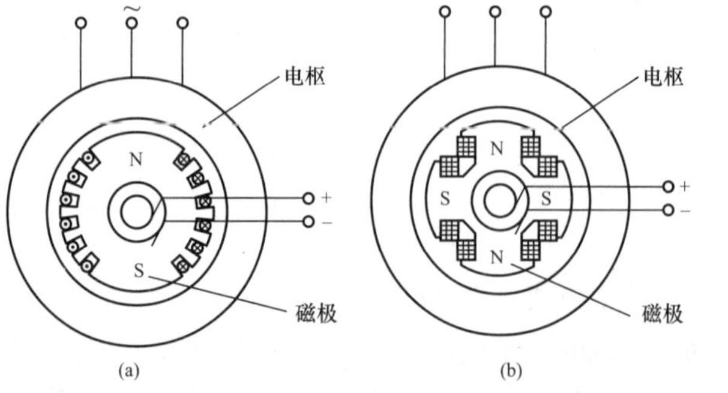

图 10-3　旋转磁极式同步电机

（a）隐极式；（b）凸极式

在旋转磁极式电机中，按磁极的形状又可分为隐极式和凸极式两种。隐极机的气隙是均匀的，转子的机械强度高，适合用于高速同步电机，如汽轮发电机。凸极机的气隙是不均匀的，转子结构比较简单安装方式，比较适合用于中、低速的场合，如水轮发电机。

10.2.2　按原动机分

按拖动发电机的原动机来分，同步发电机可分为汽轮发电机、水轮发电机、燃气轮发电机及柴油发电机等。我国电网的标准频率为 50Hz，在固定的电流频率下，同步发电机采用哪一种磁极形状的转子与电机的转速有关，主要由原动机的特性所决定。对于用汽轮机拖动的发电机，由于转速较高，这就要求有足够的机械强度，所以转子采用隐极式，卧式安装，这种发电机通常称为汽轮发电机。对于用水轮机拖动的发电机，由于转速较低，因此其极对数多，转子采用凸极式，大多为立式安装，这种发电机通常称为水轮发电机。

10.2.3　冷却方式

同步电机在运行时产生的损耗将转化为热量，为了使电机的温度不超过与其绝缘耐热等级相应的极限温度以及保证电机安全可靠地运行，应采取某种冷却方式使其有效地散热。

所谓冷却方式，主要是指发电机的发热体（定子绕组、转子绕组以及铁心）采用什么冷却方法和介质进行冷却。发电机的冷却方式根据冷却介质可分为空气冷却、氢气冷却和水冷却三种，根据冷却介质的流通路径又分为外冷（表面冷却）和内冷（直接冷却）两种。

1. 空气冷却

空气由转子两侧的风扇吸入，通过所设计的风道后，排出机外，将热量带走。热空气经机外的空气冷却器冷却后再送入机内重复利用。这样的空气封闭系统可以防止水分和灰尘等随空气进入机内，引起绝缘性能下降、风道堵塞等。空气冷却方式结构简单，运行维护方便。但空气的传热系数相对较小，冷却效果不理想。此外，加大通风量来提高散热作用，又会增大转子风扇的鼓风损耗和空气和转子间的风摩擦损耗。

2. 氢气冷却

以氢气代替空气作为冷却介质。其系统基本与空气冷却相同，但氢气的热导率比空气的大 6～7 倍。用同样体积氢气和空气，前者可带走的热量远大于后者。氢气密度较空气密度小 10 多倍，又可以大大减少通风和风摩擦损耗。此外，氢气冷却可防止绝缘材料氧化；氢气不助燃，当机内发生短路故障时，不会引起火灾。采取氢气冷却必须保持机内为正压力，机内氢气表压力应为 $(1.05\sim3)\times10^{6}$Pa，以防止空气渗入机内。因为氢气和空气混合是危险的，达到一定比例时可能发生爆炸。

3. 内冷

所谓内冷是指采用空心导体，把冷却介质通入导体内直接带走热量的冷却方式。大型汽轮发电机由于电压高、绝缘层厚，而绝缘材料的导热性能很差，如利用上述的表面冷却方式，即使绝缘层外表面已经很好地冷却了，而由于绕组绝缘层的热阻，绝缘内层的温度仍可超过它的极限容许值。采用内冷，绕组导体的热量不用再穿过绝缘层，就直接被冷却介质带走，这就大大提高了冷却效果，改善了绝缘材料的工作条件。

内冷的冷却介质可以是氢气，也可以是水。现有电机所应用的冷却介质中，以水的冷却能力最强，约为空气的 50 倍。内冷采用氢气作为介质时，可在绕组导体间夹置几个内部通氢气的管子。转子氢内冷时，转子绕组和槽楔上钻有与槽底通风槽相通的小孔，氢气自槽底通风槽进入，冷却转子导体后再由小孔径向流入空气隙。氢气的流动性好，容易吹过细孔是其一大优点。当内冷用水作介质时，绕组采用空心导体，冷却水沿着导体内孔流通，直接将导体热量带走。定子绕组是静止的，所以冷却水系统比较简单。绕组是带电体，冷却水必须通过一段绝缘水管才能引到绕组导体孔中去。

4. 混合冷却

在冷却系统中，冷却介质可以按照不同的方式组合。对于不同容量的汽轮发电机可以根据具体情况，进行技术经济分析，选用不同的冷却方式。

定子、转子绕组均采用水内冷，称为“双水内冷”，其定子铁心采用空气冷却，即水—水—空冷却方式，这种方式是我国于1958年首先研制成功的，其容量已制成125MW、200MW、300MW。有时为了避免转子水内冷结构的复杂性，也采用定子绕组水内冷、转子绕组氢内冷、机内用氢气作介质进行表面冷却的方式，称为水—氢—氢冷却方式，其容量达300MW、600MW。定子、转子绕组采用水内冷，定子铁心采用氢气冷却，即水—水—氢冷却方式。定子、转子绕组采用水内冷，定子铁心和其他发热结构件也采用水冷却，即全水冷冷却方式。

5. 新型空冷

空冷发电机可以使用于各种工况下运行，尤其可以在比较恶劣的条件下，包括频繁、快速起动工况和承担峰值负荷，供燃气轮机和蒸汽轮机装置使用。新型空冷汽轮发电机是世界各国在发展大中型水、氢冷汽轮发电机技术基础上，在科研、设计、制造、材料等各方面进行一系列优化改进而研制发展成功的。随着新技术、新材料的发展，空冷电机的固有特点和市场需求，空冷发电机又开始向中大容量加速了发展。目前已有多台300MVA的空冷发电机投入商业运行。

目前，随着燃汽轮发电机组效率的提高，联合循环电站的效率远高于一般的常规燃料发电厂，甚至超临界机组的发电厂。高效、高可靠性、绿色环保的联合循环电站与所配套的新型空冷发电机的发展势在必行。

水轮发电机由于直径大，轴向长度短，冷却条件较好，大都采用空气表面冷却方式。

10.3 隐极同步电机的基本结构

以汽轮发电机为例来说明隐极同步电机的基本结构。

现代的汽轮发电机一般都是两极的，同步转速为3000r/min（对50Hz的电机）。由于转速高，所以汽轮发电机的直径较小，长度较长。汽轮发电机均为卧式结构，图10-4表示一台水氢氢汽轮发电机的主要部件图。

10.3.1 定子

发电机的定子由定子铁心、定子绕组、机座以及端盖等部件组成。

定子铁心一般用厚0.5mm的硅钢片叠成，每叠厚度为3～6cm，每组叠片之间留有宽0.8～1cm的径向通风道。整个定子铁心用拉紧螺杆和非磁性端压板压紧，固定在机座上。如图10-5所示。

机座为钢板焊接结构，其作用除支撑定子铁心外，还需要构成所需的通风路径。

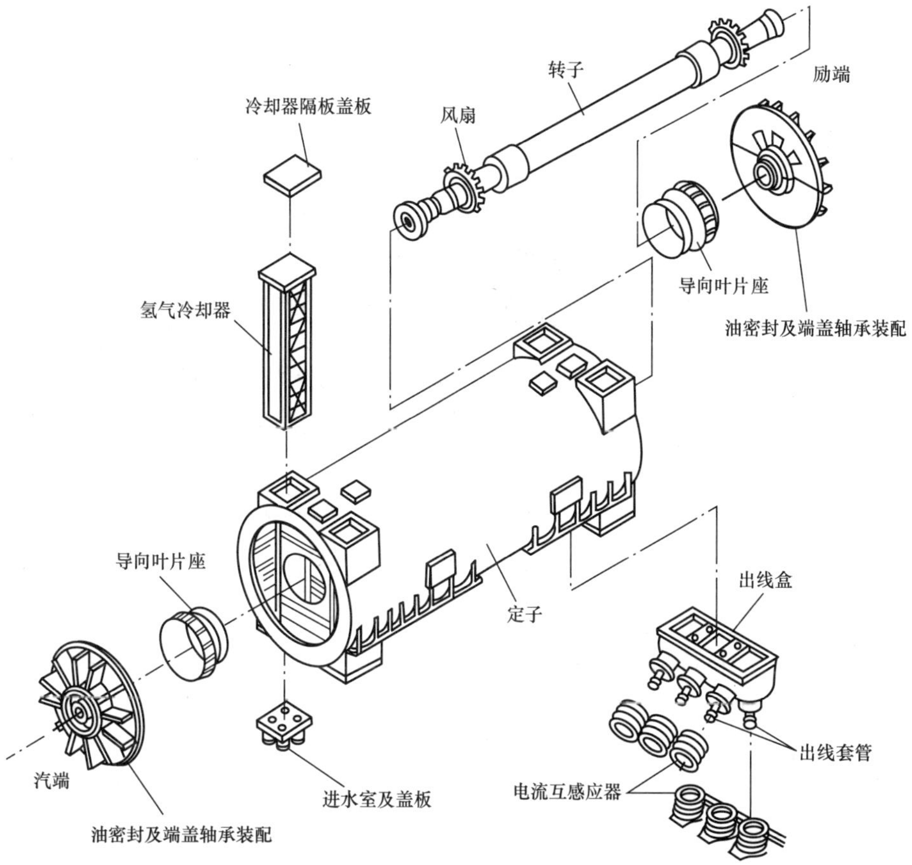

图 10-4　水氢氢汽轮发电机的主要部件图

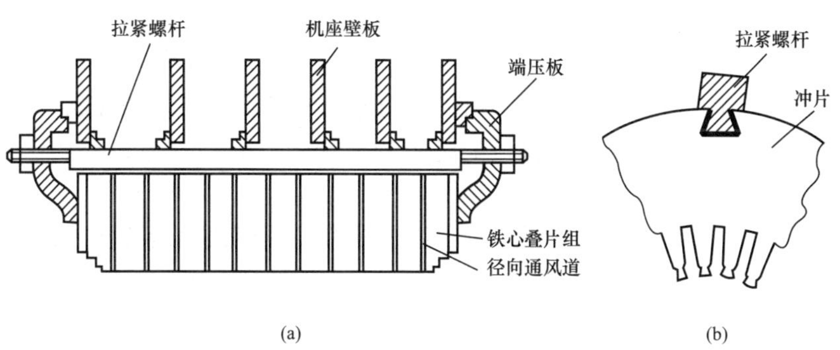

图 10-5　定子铁心结构

定子绕组一般采用双层短距叠绕组，每槽内嵌有上下两层绕组，每层绕组采用多股扁铜线制造成型包以绝缘，称为线棒，槽内每根线棒中扁铜线需进行编织换位。每根线棒分为直线部分和两个端接部分，直线部分放入开口槽内，槽口由槽楔压紧；端接部分由支架固定。

10.3.2　转子

转子由铁心、励磁绕组、护环、中心环、滑环及风扇等部件组成。图 10-6 为一台空气冷却汽轮发电机的转子结构。

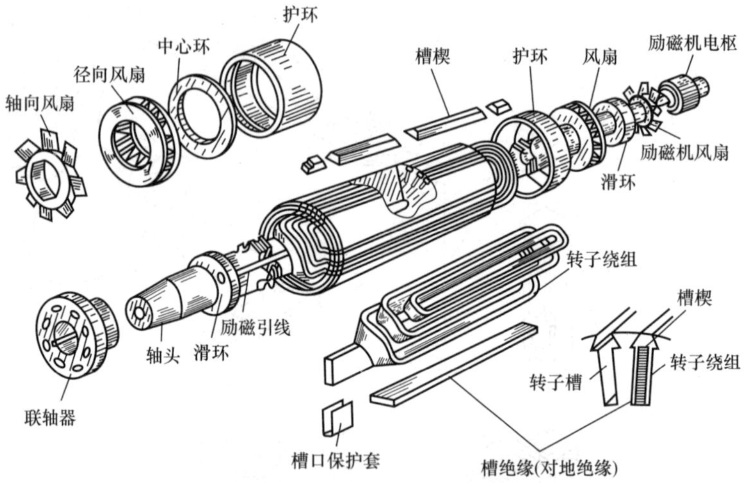

图 10-6 汽轮发电机的转子结构

转子在运转时，由于本身巨大的重量和高速旋转时的离心力将产生很大的机械应力，因此转子材料应有足够的机械强度。又由于转子是磁路的一部分，所以它还要求有良好的导磁性能。转子铁心和转轴做成一个整体，由一块实心的高强度的 CrNiMoV 合金钢锻造加工而成，经过机械、化学和冶金等方面的各项严格检测。

转子铁心上开有放置励磁绕组的轴向槽，转子槽在横断面上的分布为辐射槽。沿着转子外缘，有一部分表面开的槽较多，那里的齿较窄，称为小齿，在另外一部分没有开槽，形成了大齿。大齿的中心线就是磁极的中心线。

转子采用同心式绕组，由若干个线圈组成，转子绕组采用银铜合金的铜排制成。转子绕组靠槽楔来压紧和牢固地固定在槽内，因此，槽楔具有防止绕组产生位移的作用。当转子旋转时，槽楔要受到导体和槽楔自重的离心力，所以槽楔必须有足够的机械强度。为了减少槽漏磁，槽楔应是非磁性材料。此外，由于槽楔处于转子的表面，希望槽楔成为阻尼系统的一部分，在其表面感生出倍频电流，起阻尼绕组的作用，以提高发电机承受不对称负荷的能力。

转子两端各箍一个大护环，护环是一个套在转子绕组端部表面的圆环，其作用是保证绕组的端部不会因离心力而损坏。为了减小端部漏磁，护环由非磁性、高强度的 MnCr 合金钢做成。

10.4 凸极同步电机的基本结构

凸极同步电机通常分为卧式和立式两种结构。绝大部分同步电动机、同步调相机和用内燃机或冲击式水轮机驱动的同步发电机采用卧式结构。低速、大容量的水轮发电机和大型水泵电动机则采用立式结构。

凸极同步电机的转子由主磁极、磁轭、励磁绕组、集电环和转轴等部件组成。主磁极一般用 1～1.5mm 厚的钢板叠压而成。图 10-7 为一台卧式 6 极凸极同步电动机的转子，在磁极面上安装有阻尼绕组。

大型水轮发电机通常都是立式结构。和隐极式电机相比较，凸极式电机的特点是直径大，轴向长度短。在低速水轮发电机中，定子铁心的外径和长度之比可达 5～7 或更大，因而常制成分瓣定子，以便于运输和安装。目前，大型水轮发电机的定子铁心，一般都在运行现场叠装。图 10 - 8 为一台立式 36 极大型水轮发电机的转子。

图 10 - 7　一台卧式 6 极凸极同步电动机的转子

图 10 - 8　一台立式 36 极大型水轮发电机的转子

在立式水轮发电机中，整个机组转动部分的重量以及作用在水轮机上的水推力均由推力轴承支撑，并通过机架传递到地基上。按推力轴承安装的位置，立式水轮发电机可分为悬式和伞式两种结构形式，如图 10 - 9 所示。悬式是把推力轴承装在转子的上部，整个转子是悬挂在上机架上。伞式是把推力轴承安放在发电机转子的下部，状如伞形。悬式机组运行较稳定，适用于高水头电站。对于转速在 150r/min 以下的低水头电站，一般采用伞式结构，它可以显著节约钢材并降低厂房的高度，从而节省电站的投资。

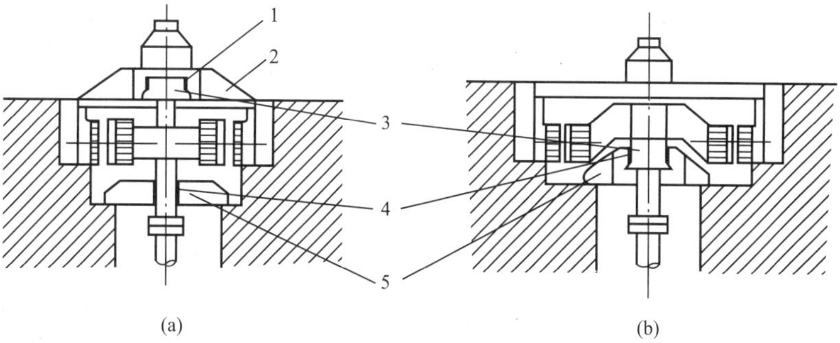

图 10 - 9　悬式和伞式水轮发电机的示意图

（a）悬式；（b）伞式

1—上导轴承；2—上机架；3—推力轴承；4—下导轴承；5—下机架

除励磁绕组外，同步电机的转子上还常装有阻尼绕组，如图 10 - 10 所示。同步电机的阻尼绕组与鼠笼式异步电动机转子的笼形绕组结构相似，它是由插入主极极靴槽中的铜条和两端的端环焊成的一个闭合绕组。在同步发电机中，阻尼绕组起抑制转子机械振荡的作用；在同步电动机和调相机中，阻尼绕组在电机起动时可产生异步电磁转矩，主要作为起动绕组用。

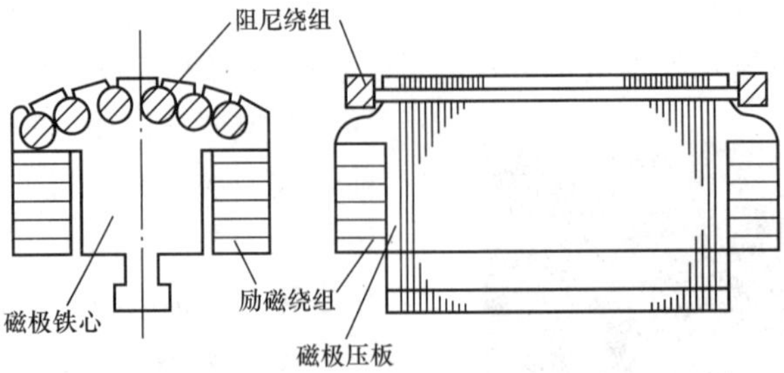

图 10-10 凸极式同步电机的磁极与绕组

10.5 同步电机的励磁方式

同步发电机转子采用直流励磁是实现机械能转变为电能的必要条件，一般把向同步发电机的励磁绕组提供直流励磁电流的源称为励磁功率单元（又称为励磁电源或励磁机、励磁器 Exciter）。根据发电机及电力系统运行要求对励磁功率单元输出的励磁电流进行调节与控制的单元称为励磁调节器（AVR）。包括励磁功率单元和励磁调节器在内的系统通常被称为励磁系统。励磁功率单元可能是直流发电机，也可能是带有整流的交流发电机；或者通过变压器从同步发电机出线端取得能量，再由整流器变成直流的装置。

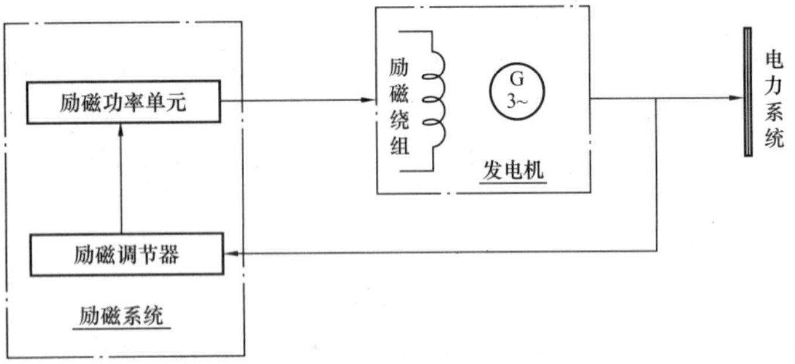

图 10-11 励磁自动控制系统框图

励磁系统及其控制对象——发电机共同组成的反馈控制系统称为励磁自动控制系统，其系统框图如图 10-11 所示。除此之外，励磁自动控制系统还包括一些保护设备，例如强励顶值限制、过励限制、低励限制、欠励限制、V/F 限制、误强励保护、灭磁和转子过电压保护等，这些设备能够在一些特殊运行状况下保护或控制发电机或其他设备的安全运行。

励磁系统是同步电机的重要组成部分，励磁系统对于发电机组以及整个电网的运行起着极其重要的作用。励磁系统及控制对于维持发电机的机端电压、发电机组之间的无功功率分配、静态及暂态稳定极限，以及抑制各种振荡现象，改善电力系统的动态品质等均有重大作用。

这里仅介绍同步发电机是如何获得直流励磁电流，其余设备将在有关专业课中讨论。

同步电机获得励磁电流的方法称为励磁方式。目前采用的励磁方式分为两大类：一类是用直流发电机作为励磁电源的直流励磁机励磁系统；另一类是用硅整流装置将交流转化成直流后供给励磁的整流器励磁系统。整流器励磁系统又可分为静止整流器励磁系统和旋转整流器励磁系统。现说明如下。

10.5.1　直流励磁机励磁系统

直流励磁机励磁系统利用直流发电机作为励磁功率的电源，通过滑环给同步发电机转子的励磁绕组提供直流电流。一般直流励磁机与同步发电机同轴，由同一原动机拖动。直流励磁机根据励磁方式（即直流励磁机励磁绕组的供电方式）可分为自励或他励。采用他励式，工作稳定性好，反应速度快，但需多装设一台副励磁机（PEX），副励磁机（PEX）和主励磁机（EX）都与同步发电机（G）同轴连接，如图 10-12所示。

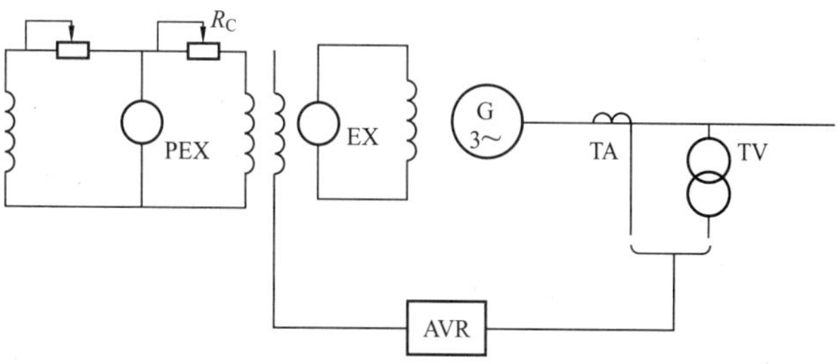

图 10-12　直流励磁系统

正常运行时，由自动电压调节器（AVR）改变主励磁机（EX）的励磁电流，实现发电机励磁的自动调节。自动电压调节器（AVR）的反馈信号通过装设在发电机机端的电压互感器（TV）和电流互感器（TA）取得。当自动电压调节器（AVR）退出运行时，则用手动变阻器（R_C）改变主励磁机（EX）励磁电流来调节发电机（G）的励磁。当主励磁机（EX）为他励接线时，改变副励磁机（PEX）输出回路电阻 R_C。副励磁机的端电压在运行中一般不作调整。发电机的强行励磁及强行减磁一般用继电强励及继电强减装置实现（在图 10-12 中未绘出）。

10.5.2　静止整流器励磁

静止不可控整流器励磁系统的原理接线如图 10-13 所示。发电机（G）的励磁电流由旋转磁场式的他励交流主励磁机（EX）经静止的硅整流器（VD）整流后供给，交流主励磁机的励磁电流则由一台交流副励磁机（PEX）经静止晶闸管整流器（VS）整流后供给。交流主、副励磁机都与主发电机（G）同轴旋转。自动电压调节器（AVR）的反馈信号通过装设在发电机机端的电流互感器（TA）和电压互感器（TV）取得。正常运行时，主发电机（G）的励磁调节通过自动电压调节器改变晶闸管的导通角来实现，并同时能实行强行励磁及强行减磁。

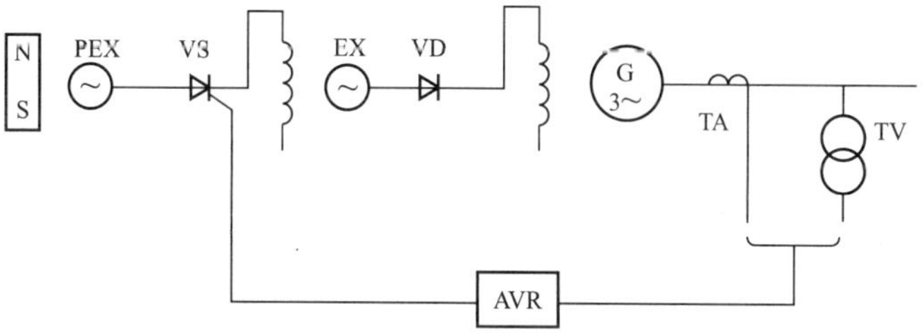

图 10-13　同轴交流励磁机静止不可控整流器励磁系统

为使主发电机励磁电流波形良好（波纹小），减小励磁机的体积，并提高系统励磁响应速度，交流主励磁机的频率一般采用 100～150Hz。与交流主励磁机连接的整流器通常采用三相桥式。交流副励磁机常采用 400～500Hz 的永磁式中频发电机，如图10-13所示。

10.5.3　旋转整流器励磁系统

静止整流器的直流输出必须经过电刷和集电环才能输送到旋转的励磁绕组，对于大容量的同步发电机，其励磁电流达到数千安培，使得集电环严重过热。因此，在大容量的同步发电机中，常采用不需要电刷和集电环的旋转整流器励磁系统，如图 10-14 所示。这种系统

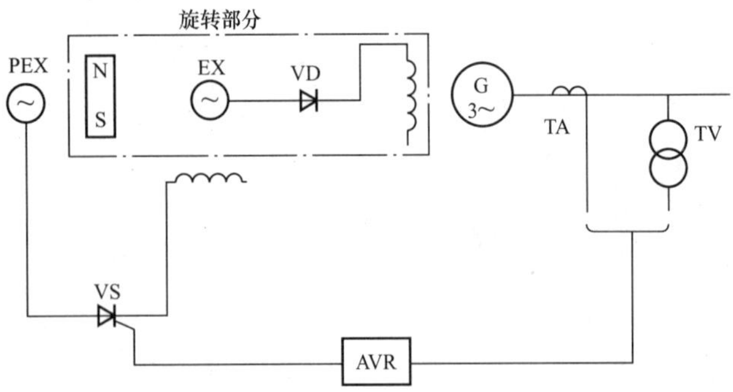

图 10-14　无刷励磁系统

的组成元件与同轴交流励磁机静止硅整流的励磁系统相似，但该系统中同轴交流励磁机系统采用旋转电枢式的三相交流同步发电机，与它连接的硅整流器也装在轴上，和发电机励磁绕组一起旋转。这样，交流励磁机的电枢绕组输出到硅整流器，整流后输出给发电机的励磁绕组都用埋入轴内的导体直接固定连接，而无需通过电刷和集电环装置。因此，这种励磁系统称之为有旋转电机的无刷励磁系统或旋转硅整流器的励磁系统。

发电机（G）的励磁功率由旋转电枢式的交流励磁机（EX）经旋转整流器（VD）整流后提供；而交流励磁机（EX）的励磁功率则由永磁发电机（PEX）经自动电压调节器（AVR）改变晶闸管导通角进行整流和调节后供给。发电机（G）励磁功率的大小由 AVR 进行自动或手动调节。

10.5.4　静止整流器励磁系统

自并励静止整流器励磁系统由励磁变压器、励磁调节装置、功率整流装置、发电机灭磁及过电压保护装置、起励设备及励磁操作设备等部分组成。图 10-15 所示为自并励整流器励磁系统的原理接线图。在这个系统中，发电机（G）的励磁电流由接在机端的励磁变压器（T）经晶闸管（VS）整流后供给。在各种运行状态下，发电机的端电压由自动电压调节器（AVR）调节改变晶闸管（VS）的导通角以实现励磁调节。

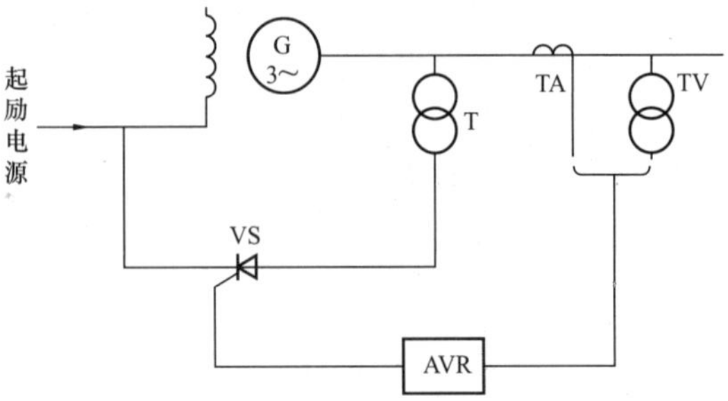

图 10-15　自并励整流器励磁系统

自并励整流器励磁系统在机组正常运行时性能良好，反应速度快，接线和结构较简单，可靠性高，造价低廉，维护工作量也较小，因此在各种容量的发电机中得到较为广泛的应用，并已成为大中型汽轮发电机组的主要励磁方式之一。

10.6　同步电机的额定值

每台同步电机都装有一块铭牌，铭牌上标明同步电机的额定值。额定值是由制造厂对电机的每一个电量或机械量作出的规定。同步电机的额定值有：

（1）额定电压 U_N。U_N 指在额定运行时电机定子绕组出线端的线电压，单位为 V 或 kV。

（2）额定电流 I_N。I_N 指电机在额定运行时流过定子绕组的线电流，单位为 A。

（3）额定功率因数 $\cos\varphi_N$。$\cos\varphi_N$ 指电机在额定运行时的功率因数。

（4）额定效率 η_N。η_N 指电机在额定电压、额定电流、额定功率因数下运行时的效率。

（5）额定容量 S_N（或额定功率 P_N）。对同步发电机，S_N 是指发电机出线端的额定视在功率，单位为 V·A、kV·A 或 MV·A；而额定功率 P_N 是指发电机输出的额定有功功率，单位为 W、kW 或 MW。对同步电动机，P_N 是指轴上输出的有效机械功率，单位为 W、kW 或 MW。对同步调相机，则用出线端的额定无功功率表示，单位为 var、kvar 或 Mvar。

对三相同步发电机：$P_N=S_N\cos\varphi_N=\sqrt{3}U_N I_N\cos\varphi_N$。

对三相同步电动机：$P_N=\sqrt{3}U_N I_N\cos\varphi_N\eta_N$。

（6）额定转速 n_N。n_N 指电机在额定运行时对应电网频率的同步转速，单位为 r/min。

（7）额定频率 f_N。f_N 指电机在额定运行时的频率，用 Hz 表示。我国标准工频规定为 50Hz。

此外，还有额定励磁电压 U_{fN} 和额定励磁电流 I_{fN} 等。

结　语

同步电机的基本原理仍然是电磁感应原理。同步电机与其他电机比较，其基本特点是转速、磁极对数和电流频率三者之间保持严格的关系，即同步转速 $n_1=60f/p$。另一个特点是多采用旋转磁极式。旋转磁极分为隐极式和凸极式两种，隐极式多用于高速同步发电机，而凸极式多用于低速发电机和同步电动机。

发电机运行是同步电机的最主要和最普遍的运行方式，由于原动机的要求，汽轮发电机和水轮发电机在设计结构上有较大的差别。汽轮发电机常制成隐极式转子结构，机身细长，转动惯量较小，适合于汽轮机的高速拖动；而水轮发电机常制成多极的凸极式转子结构、转子呈扁盘形，适合于水轮机的低速拖动。

习　题

10-1　同步电机和异步电机在结构上有哪些异同之处？

10-2　现代大容量的同步电机为什么都采用旋转磁极式结构？

10-3　汽轮发电机和水轮发电机的主要结构特点是什么？为什么有该特点？

10-4　同步电机有哪几种运行状态？如何区分？

10-5　同步电机的频率、极数和同步速度之间有何关系？试求下列电机的极对数或同步速度：

（1）同步电动机 $f=50$Hz，$n=750$r/min，$2p=?$

（2）水轮发电机 $f=50$Hz，$2p=32$，$n=?$

10-6　国产 200MW 的汽轮发电机，已知其额定电压 $U_N=15750$V，定子绕组采用星形接法，$\cos\varphi_N=0.85$，求发电机的额定电流。

10-7　一台同步电动机，已知 $P_N=100$kW，$U_N=6.3$kV，定子绕组采用星形接法，$\cos\varphi_N=0.8$（超前），$\eta_N=95.61\%$，求电动机的额定电流。

第 11 章　同步发电机的对称运行

11.1　同步发电机的空载运行

同步发电机被原动机拖动以同步转速旋转，转子励磁绕组通入直流励磁电流，电枢（定子）绕组开路或电枢电流为零时的运行状态，称为同步发电机的空载运行。

空载运行时，由于电枢电流为零，发电机内只有由直流励磁电流所建立的主极磁场。发电机励磁电流建立的空载磁场与其磁路如图 11 - 1 所示。从图 11 - 1 可见，主极磁通分为主磁通 Φ_0 和主极漏磁通 $\Phi_{f\sigma}$两部分，前者穿过气隙并与电枢绕组和转子励磁绕组同时相交链，能在电枢绕组中感应三相交流电动势；后者不通过气隙，仅与励磁绕组相交链。主磁通所经过的路径称为主磁路。从图 11 - 1 可见，主磁路包括空气隙、电枢齿、电枢轭、磁极极身和转子轭五部分。

当转子以同步速度旋转时，主极磁场在气隙中形成一个旋转磁场，它“切割”对称的三相电枢绕组后，在电枢绕组内感应出频率为 f 的一组对称三相电势，称其为励磁电动势，忽略高次谐波时，励磁电动势的有效值 E_0（相电动势）为

$$E_0=\sqrt{2}\pi f N_1 k_{N1}\Phi_0 \tag{11 - 1}$$

式中，N_1k_{N1}为电枢每相绕组的有效匝数；Φ_0 为每极的主磁通。这样，改变直流励磁电流 I_f，便可得到不同的主磁通 Φ_0 和相应的励磁电动势 E_0，从而得到 E_0 与 I_f 之间的关系曲线 $E_0=f(I_f)$，如图 11 - 2 所示。将曲线 $E_0=f(I_f)$ 称为发电机的空载特性曲线。

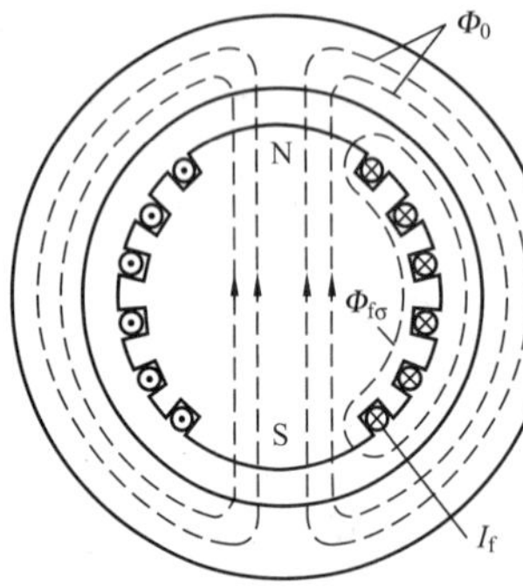

图 11 - 1　同步发电机空载磁场

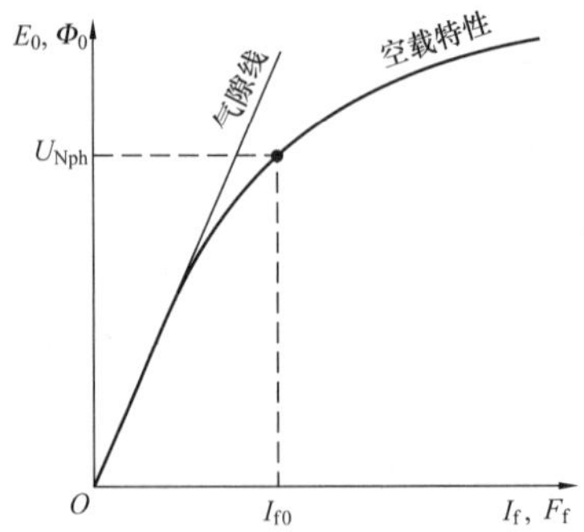

图 11 - 2　同步发电机的空载特性

由于 $E_0\propto\Phi_0$，$I_f\propto F_f$，所以空载特性曲线实质上就是电机的磁化特性曲线。

当 I_f 很小时，即磁通 Φ_0 很小，整个磁路处于不饱和状态，绝大部分磁动势消耗于气隙，所以空载特性曲线下部是一条直线。与空载特性曲线下部相切的直线称为气隙线。随着 I_f 的增大，即 Φ_0 的增大，铁心逐渐饱和，空载特性曲线就逐渐弯曲。为了合理地利用材料，空载电压等于额定电压的运行点通常设计在空载特性曲线开始弯曲的附近。

空载特性是发电机的基本特性之一。空载特性一方面表征了发电机磁路的饱和情况，另一方面将它和短路特性、零功率因数负载特性配合在一起，还可以确定发电机的同步电抗。利用间接法确定发电机的额定励磁电流、电压变化率等基本运行数据时，都要用到空载特性。

11.2　对称负载时的电枢反应

11.2.1　电枢反应的基本概念

同步发电机空载运行时，气隙中仅有转子励磁磁动势 F_f 所产生的同步旋转的主磁极磁场。

当同步发电机带上三相对称负载以后，电枢绕组中流过三相对称电流，这时电枢绕组就会产生电枢磁动势及相应的电枢磁场；若仅考虑其基波，则电枢磁动势与转子同向、同速旋转。因此，发电机负载运行时，气隙内的磁场由电枢磁动势与励磁磁动势共同作用所产生。通常将电枢磁动势基波 F_a 对励磁磁动势基波 F_{f1} 的影响称为电枢反应。

由于电枢磁场与主磁极磁场是相对静止的，因此电枢反应的结果是不随时间变化的。电枢反应除气隙磁场发生变化，从而直接关系到能量转换之外，还有去磁或增磁作用，对发电机的运行性能产生重要影响。电枢反应的性质（增磁、去磁或交磁）取决于电枢磁动势基波和励磁磁动势基波在空间的相对位置。分析表明，这一相对位置与励磁电动势 $\dot{E}_0$ 和负载电流 $\dot{I}$ 之间的相角差 ψ 有关，ψ 称为内功率因数角。角度 ψ 值不同时，电枢磁场对主磁极磁场的影响就不同。

11.2.2　三种特殊情况的电枢反应

1. $\dot{I}$ 与 $\dot{E}_0$ 同相（$\psi=0°$）时的电枢反应

图 11-3（a）是一台同步发电机的原理图。为了简单起见，图中电枢绕组的每一相都用匝数为 N_1k_{N1}/p 的等效整距集中线圈来表示。这是因为任何发电机，不论其极对数或绕组形式如何变化，它所产生的基波电动势或磁动势的数值都和匝数为 N_1k_{N1}/p 的整距集中绕组等效。转子画成凸极式。励磁磁动势和电枢磁动势只考虑其基波，并选取 A 相励磁电动势为最大值时来分析，这时转子磁极的轴线（d 轴）超前于 A 相轴线 90°。当转子磁场旋转时，在定子三相绕组中感应出对称的三相电动势 $\dot{E}_{0A}$、$\dot{E}_{0B}$、$\dot{E}_{0C}$，其方向可由右手定则决定，在图 11-3（a）中 A 相电动势方向为 X→A，B 相为 B→Y，C 相为 C→Z。若在绕组中选取电动势的正方向为尾端朝向首端，则 $e_{0A}=+$，$e_{0B}=-$，$e_{0C}=-$。绕组中感应电动势的数值和绕组所处的位置有关。A、B、C 三相绕组由于所处磁场位置不同，其所切割的磁密也不相等。在图 11-3（a）所示瞬间，$e_{0A}=+E_m$，$e_{0B}=-E_m/2$，$e_{0C}=-E_m/2$。在图

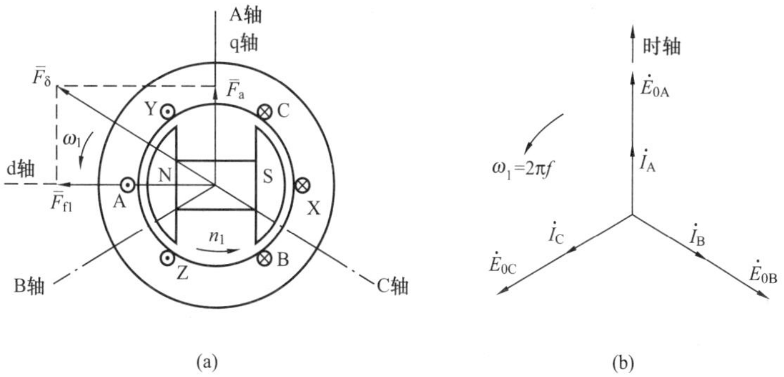

图 11-3　$\psi=0°$时的电枢反应

（a）空间矢量图；（b）时间相量图

11-3（b）中，如取垂直轴线作为时间参考轴，就可以把 $\dot{E}_{0A}$、$\dot{E}_{0B}$、$\dot{E}_{0C}$ 画上；再根据 $\psi=0°$，$\dot{I}$ 与 $\dot{E}_0$ 同相，可以将 $\dot{I}_A$、$\dot{I}_B$、$\dot{I}_C$ 也画在相量图上。由于选取 A 相励磁电动势为最大值时刻来绘图，而 $\psi=0°$，此时 A 相电流 $\dot{I}$ 也为最大值，所以三相绕组产生的合成电枢磁动势的基波 $\overline{F}_a$ 位置在 A 相绕组轴线上，如图 11-3（a）中的 $\overline{F}_a$ 所示。从图中可以看出：电枢磁动势 $\overline{F}_a$ 的轴线和转子磁极轴线（d 轴）相差 90°电角度，而和转子交轴（q 轴）相重合。我们把这种电枢反应称为交轴电枢反应，而这时的电枢磁动势 $\overline{F}_a$，也可称为交轴电枢磁动势 $\overline{F}_{aq}$。

在图 11-3（a）中，如果把两个空间相差 90°的矢量 $\overline{F}_{f1}$ 和 $\overline{F}_a$ 用矢量相加而得出气隙合成磁动势矢量 $\overline{F}_\delta$，这样 $\overline{F}_\delta$ 和空载时的气隙合成磁动势即励磁磁动势 $\overline{F}_{f1}$ 相比较后移了一个锐角，即电枢反应磁动势 $\overline{F}_{aq}$ 起到了歪扭的作用，而其幅值有所增加。

2. $\dot{I}$ 滞后 $\dot{E}_0$ 90°（$\psi=+90°$）时的电枢反应

在图 11-4 画出了 $\dot{I}$ 滞后 $\dot{E}_0$ 90°时的情况。这时定子三相的励磁电动势和电枢电流的相量图如图 11-4（b）所示，三相电流瞬时值的方向示于图 11-4（a）中。由图中可见，电枢磁动势的轴线滞后于励磁磁动势轴线 180°电角度，即 $\overline{F}_a$ 和 $\overline{F}_{f1}$ 两个空间矢量的方向相反。两者相减可得到气隙中的合成磁动势 $\overline{F}_\delta$，因此 $\overline{F}_a$ 起到了减磁作用，从而使气隙磁场被减弱。电枢反应的这种作用，称为直轴去磁作用。由于这时电枢磁动势 $\overline{F}_a$ 位于直轴（d 轴）上，所以也可以称为直轴电枢反应磁动势 $\overline{F}_{ad}$。

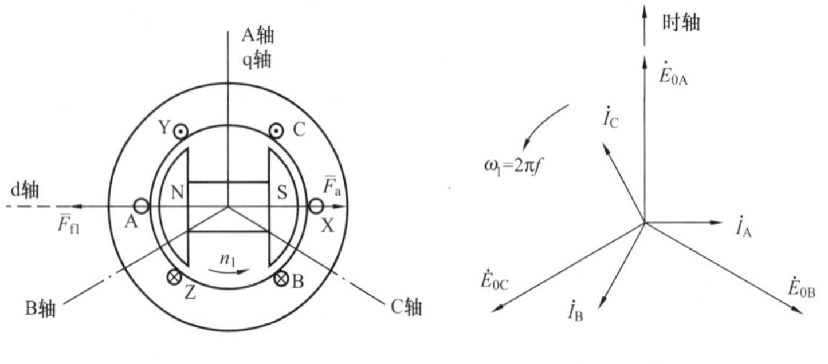

图 11-4 $\psi=+90°$时的电枢反应

（a）空间矢量图；（b）时间相量图

3. $\dot{I}$ 超前 $\dot{E}_0$ 90°（$\psi=-90°$）时的电枢反应

在图 11-5 中画出了 $\dot{I}$ 超前 $\dot{E}_0$ 90°时的情况。这时 $\overline{F}_a$ 和 $\overline{F}_{f1}$ 两个空间矢量的相位相同，即两个矢量的方向一致，$\overline{F}_a$ 起到了助磁作用，从而使气隙磁场增加。电枢反应的这种作用称为直轴增磁作用。

11.2.3 用时-空矢量图分析电枢反应

1. 时-空矢量图

电流和电动势是时间函数，磁动势和磁场是空间分布函数。如只考虑它们的基波分量，则可以分别用时间相量和空间矢量表示。在上述三种特殊情况的电枢反应分析中，所涉及的

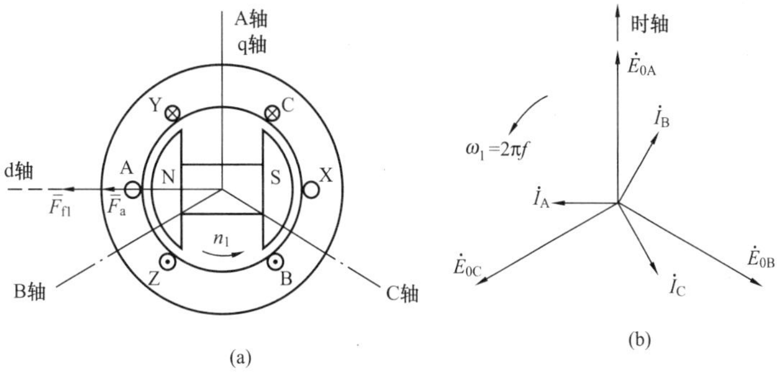

图 11-5　$\psi=-90°$时的电枢反应

(a) 空间矢量图；(b) 时间相量图

电磁量有时间相量和空间矢量，在图 11-3 (b) 中的 $\dot{E}_{0A}$、$\dot{E}_{0B}$、$\dot{E}_{0C}$和 $\dot{I}_A$、$\dot{I}_B$、$\dot{I}_C$ 分别表示随时间按正弦变化的电动势和电流。在图 11-3 (a) 中的 $\overline{F}_a$ 和 $\overline{F}_{f1}$ 表示在空间按正弦分布的磁动势。

随时间按正弦变化的电动势 $e_0(t)=\sqrt{2}E_0\cos(\omega t+\varphi_0)$ 用时间相量 $\dot{E}_0$ 表示的方法，一般是先选取一个时间参考轴（简称时轴），然后用一个逆时针方向旋转、角速度为 $\omega=2\pi f$ 的旋转相量 $\dot{E}_0$ 来表示电动势的变化，相量 $\dot{E}_0$ 与时轴的夹角即为电动势 e_0 的初始角 φ_0，而任何瞬间$\sqrt{2}E_0$ 在时轴上的投影，即为交变电动势的瞬时值。

在空间按正弦分布的励磁磁动势基波 $f(\alpha)=F_{f1}\cos(\alpha-\alpha_0)$ 用空间矢量 $\overline{F}_{f1}$ 表示的方法，一般选取绕组的轴线为空间参考轴（简称相轴），α_0 表示转子 S 极中心在空间坐标的位置，用 $\overline{F}_{f1}$ 的长度来表示正弦分布空间磁动势波的波幅，而 $\overline{F}_{f1}$ 所在位置和方向表示励磁磁动势波正波幅所在的地点。空间矢量 $\overline{F}_{f1}$ 也以转子角速度 $\omega=2\pi f$ 旋转。在电机学中为了使时间相量和空间矢量表示上有所区别，以后对时间相量加上“·”，如“$\dot{I}$”；而对空间矢量加上“—”，如“$\overline{F}_a$”。

对于隐极电机，根据 $\omega t=0$ 时转子的位置，可以找到这一瞬时感应电动势 $\dot{E}_0$ 在时间相量图上的相位。先看转子的两个特殊初始位置。第一个特殊位置如图 11-6 (a) 所示，即$\omega t=0$ 时转子 S 极中心在空间坐标上的位置是 $\alpha_0=0$。图中规定了定子相绕组中电动势的正方向，它与轴线＋A 是符合右手定则关系的。由于该瞬间 S 极中心与 A 相轴线重合，这时 $\overline{F}_{f1}$ 与＋A 轴重合，如图 11-6 (b) 所示。这时 A 相线圈边处于极间，磁通密度为 0，这时 A 相绕组的感应电动势瞬时值为 0。将时间相量 $\dot{E}_0$ 表示在图 11-6 (c) 中，$\dot{E}_0$ 应画在水平位置，这时对时间轴＋j 的投影为零，表示这一瞬间电动势瞬时值为零，其初相角 $\varphi_0=-90°$。转子第二个特殊位置如图 11-7 所示，即 $\omega t=0$ 时 S 极中心在空间坐标上的位置是 $\alpha_0=90°$。这时 $\overline{F}_{f1}$ 超前＋A 轴 90°，如图11-7 (b) 所示。由于该瞬间转子 S 极中心在空间超前＋A 轴 90°，A 相线圈边处于磁极中心，磁通密度最大，A 相绕组感应电动势瞬时值为正最大值。将时间相量 $\dot{E}_0$ 画在图 11-7 (c) 中，$\dot{E}_0$ 与＋j 轴重合，初相角 $\varphi_0=0°$。从上述两种情况可以看到，空间矢量 $\overline{F}_{f1}$ 在空间参考轴＋A 上的初相角 α_0 与 A 相时间相量 $\dot{E}_0$ 在时间参考轴+j 的初相角 φ_0 之间存在一定的关系，即 $\varphi_0=\alpha_0-90^\circ$。这个结论不仅适合于 $\omega t=0$ 时转子处于上述两种位置，也适合于转子在任何位置的情况。因为转子在空间转过任何一个电角度，一相电动势相量在时间上也会移过同样的电角度。

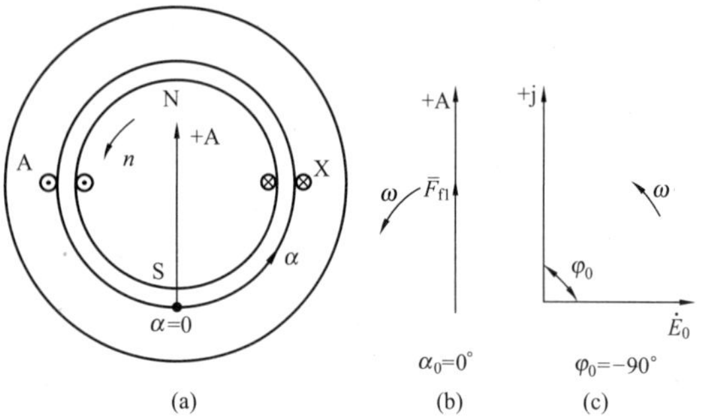

图 11-6 $\alpha_0=0$ 的空间矢量图与时间相量图

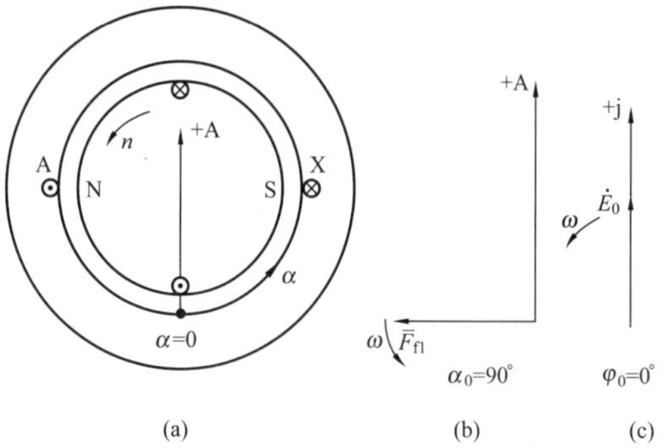

图 11-7 $\alpha_0=90^\circ$的空间矢量图与时间相量图

因为空间矢量与时间相量都有相同的同步角频率，所以可以将它们画在同一坐标平面上。这种合并画在同一坐标上的时间相量和空间矢量图简称为时-空矢量图。如果将相绕组轴线（+A）作为空间矢量参考轴，并设令时间相量参考轴（+j）与空间矢量参考轴(+A)重合，将对分析同步发电机的电磁关系带来方便。图11-6和图 11-7 的两种情况下的时-空矢量图分别如图 11-8（a）、（b）所示。从时-空矢量图上可以看到，时间相量 $\dot{E}_0$ 滞后于空间矢量 $\overline{F}_{f1}$ 90°电角度。当然，时间相量和空间矢量的物理意义是截然不同的，放在一个图上本来是没有意义的，现在把它们重合在一个图上的目的是为了找矢量方便，为后面画同步发电机时-空矢量图打下基础。如果知道空间矢量可以很快找到时间相量，反之，如果知道时间相量，也可以很快找到空间矢量。至于 $\overline{F}_{f1}$ 与 $\dot{E}_0$ 相差 90°电角度，也是没有明确的物理意义的，这是在+A 与+j 轴重合的特定条件下造成的。

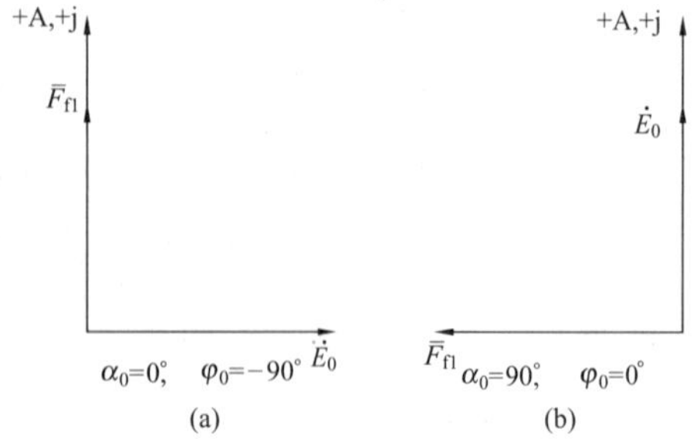

图 11-8 同步发电机空载时的时-空矢量图

2. 时-空矢量图分析电枢反应

在时-空矢量图中，如果选取时轴+j 与相轴+A 轴重合，则时间相量 $\dot{E}_0$ 滞后于空间矢量 $\overline{F}_{f1}$ 90°电角度。在三相电机中，当某相电流达到最大值时，三相合成磁动势基波正波幅的位置恰好与该相绕组轴线重合，也即当某相电流相量 $\dot{I}$ 与其时轴重合时，三相合成磁动势矢量 $\overline{F}_a$ 恰好与该相绕组的轴线重合，所以如果我们取时间相量的参考轴与相绕组的轴线重合，则时间相量 $\dot{I}$ 就和空间矢量 $\overline{F}_a$ 重合。又因为时间相量 $\dot{I}$ 和空间矢量 $\overline{F}_a$ 的旋转速度两者均随频率而变化，因此 $\dot{I}$ 和 $\overline{F}_a$ 两者保持同步旋转，使相对位置不变。若以图 11-3、图 11-4 和图 11-5 的三种电枢反应为例来说明，当时轴与 A 相的相轴重合时，所得到的时-空矢量图如图 11-9 中（a）、（b）、（c）所示。根据三个图形中任何一个，可以看到：空间矢量 $\overline{F}_a$ 与时间相量 $\dot{I}$ 重合；空间矢量 $\overline{F}_{f1}$ 超前时间相

量 $\dot{E}_0$ 90°。

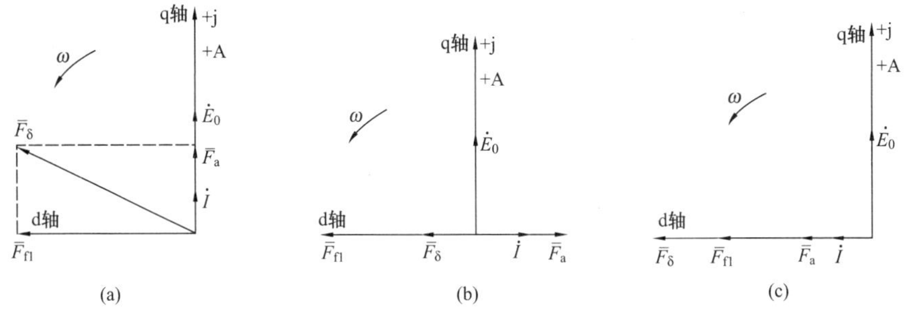

图 11-9　用时-空矢量图分析 $\psi=0°$ 和 $\psi=\pm90°$ 时的电枢反应

（a）$\psi=0°$；（b）$\psi=+90°$；（c）$\psi=-90°$

应用时-空矢量图来分析电枢反应是比较方便的。首先根据负载的性质定出 ψ，再画出和 ψ 相对应的时间相量 $\dot{E}_0$ 和 $\dot{I}$，根据时轴和相轴重合时的规律，$\overline{F}_{f1}$ 超前 $\dot{E}_0$ 90°，$\overline{F}_a$ 与 $\dot{I}$ 重合，就可以定出 $\overline{F}_{f1}$ 和 $\overline{F}_a$ 在空间的位置，这样就可以求出电枢反应的结果。时-空矢量图还可以用来分析同步发电机负载时深入一步的电磁现象。同步发电机负载后，由于电枢磁动势 $\overline{F}_a$ 的作用，使空气隙中的磁动势由原来的 $\overline{F}_{f1}$ 变为 $\overline{F}_{f1}+\overline{F}_a=\overline{F}_\delta$，而 $\overline{F}_\delta$ 在气隙中产生气隙磁通 Φ_δ 使定子绕组中的电动势由 $\dot{E}_0$ 变为 $\dot{E}_\delta$，从而使端电压发生变化，决定了电机的主要运行特性。

11.2.4　$\dot{I}$ 滞后 $\dot{E}_0$ 一个锐角 ψ 时的电枢反应

在一般负载情况下，发电机的 $0<\psi<90°$，也就是说电枢电流 $\dot{I}$ 滞后励磁电动势 $\dot{E}_0$ 一个锐角 ψ。下面用时-空矢量图来分析这种情况下的电枢反应。

用时-空矢量图来分析电枢反应一般可按下列步骤进行：

（1）先作出时间相量 $\dot{E}_0$，若 $0<\psi<90°$，则 $\dot{I}$ 应滞后 $\dot{E}_0$ 一个锐角 ψ，画出时间相量 $\dot{I}$。

（2）根据时-空矢量图的规律，如果选取时轴与相轴重合，则有 $\overline{F}_a$ 与 $\dot{I}$ 重合，$\overline{F}_{f1}$ 超前 $\dot{E}_0$ 90°，由此可画出空间矢量 $\overline{F}_{f1}$ 和 $\overline{F}_a$ 在空间的位置。

（3）对于隐极同步发电机，气隙均匀，空间各点的磁阻 R_m 不随位置而变化。根据磁路欧姆定律 $\Phi_\delta=\dfrac{F_\delta}{R_m}$ 可得，当 R_m 等于常数时，由气隙磁动势 $\overline{F}_\delta$ 在空间所产生的气隙磁通 Φ_δ，它的磁通密度分布波 $\overline{B}_\delta$ 应和磁动势波 $\overline{F}_\delta$ 同相。这样矢量 $\overline{B}_\delta$ 与电枢任一相所交链的磁通时间相量 $\dot{\Phi}_\delta$ 应在同一位置上，所以 $\overline{F}_\delta$ 应与 $\dot{\Phi}_\delta$ 重合。在这种情况下，可以将 $\overline{F}_a$ 和 $\overline{F}_{f1}$ 相加求得 $\overline{F}_\delta$，再由 $\overline{F}_\delta$ 求得 $\dot{\Phi}_\delta$，根据 $\dot{\Phi}_\delta$ 求出其在电枢绕组上所感应的对应电动势 $\dot{E}_\delta$，$\dot{E}_\delta$ 称为气隙电动势。图 11-10（a）为用时-空矢量图分析隐极发电机电枢反应的情况。

（4）对于凸极同步发电机，气隙不均匀，空间各点的磁阻 R_m 随位置而变化。根据磁路欧姆定律 $\Phi_\delta=\dfrac{F_\delta}{R_m}$ 可得，当 R_m 为变数时，气隙磁通密度波的波幅与气隙磁动势波的波幅不吻合，$\overline{F}_\delta$ 与 $\overline{B}_\delta$ 不同相，这样不可能根据 $\overline{F}_\delta$ 求出 $\overline{B}_\delta$ 或 $\dot{\Phi}_\delta$。如果再将 $\overline{F}_a$ 和 $\overline{F}_{f1}$ 相加求得 $\overline{F}_\delta$

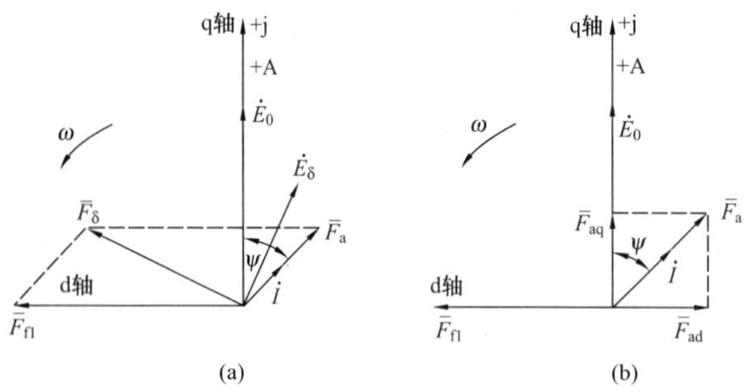

图 11 - 10　用时 - 空矢量图分析 $0<\psi<90°$时的电枢反应

（a）隐极同步发电机；（b）凸极同步发电机

已变得没有实用意义。由于凸极同步发电机的交轴（g 轴）或直轴（d 轴）各自所构成磁路的磁阻，对各自轴线来说是对称的，因此交轴电枢磁动势的基波波幅与交轴电枢磁通密度的基波波幅重合，直轴电枢磁动势的基波波幅与直轴电枢磁通密度的基波波幅重合。所以可将电枢磁动势 $\overline{F}_a$ 分解为直轴分量 $\overline{F}_{ad}$ 和交轴分量 $\overline{F}_{aq}$。由 $\overline{F}_{ad}$ 和 $\overline{F}_{aq}$ 分别求出电枢反应的结果，然后予以叠加。图 11 - 10（b）为用时 - 空矢量图分析凸极同步发电机电枢反应的情况。在图中，显然有

$$\left.\begin{aligned}F_{ad}&=F_a\sin\psi\\F_{aq}&=F_a\cos\psi\end{aligned}\right\}\tag{11 - 2}$$

11.2.5　电枢反应与同步发电机的能量传递

当同步发电机空载时，负载电流 $I=0$，没有电枢反应，因此也不存在由转子到定子的能量传递。当同步发电机带有负载时，$I\neq0$，将产生电枢反应磁动势 $\overline{F}_a$，将 $\overline{F}_a$ 分解为直轴分量 $\overline{F}_{ad}$ 和交轴分量 $\overline{F}_{aq}$，图 11 - 11（a）和（b）分别表示了 $\overline{F}_{aq}$、$\overline{F}_{ad}$ 与转子电流相互作用产生电磁力的情况。在图 11 - 11（a）中，根据左手定则，电枢反应磁动势的交轴分量 $\overline{F}_{aq}$ 产生的磁场与转子电流作用，产生电磁力，并形成和转子转向相反的电磁转矩。发电机要输出有功功率，原动机必须增大驱动转矩，克服 $\overline{F}_{aq}$ 引起的阻力转矩，才能维持发电机的转速保持不变。能量就是这样由原动机输送给同步发电机转子再传递到电枢绕组，最后输出的。图 11 - 11（b）表示直轴分量 $\overline{F}_{ad}$ 产生的磁场与转子电流作用的情况。它们产生的电磁力不形成转矩，因此不需要原动机增加驱动转矩，增大输给同步发电机能量。但是直轴电枢反应对主磁极磁场起着去磁（或磁化）作用，为维持同步发电机的端电压保持不变，须相应地增加（或减小）同步发电机转子的直流励磁电流。

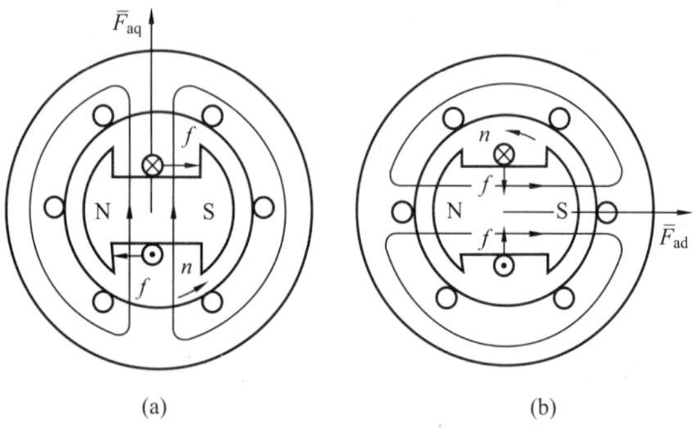

图 11 - 11　电枢反应磁场与转子电流的相互作用

（a）$\overline{F}_{aq}$的作用；（b）$\overline{F}_{ad}$的作用

交轴电枢反应磁动势和励磁磁动势的相互作用，发电机转子受到一个电磁转矩，从而实现了发电机内部的能量转换。直轴电枢反应磁动势对励磁磁动势起去磁或增磁作用，使气隙磁场削弱或增强，进而改变发电机的端电压，从而决定了发电机的主要运行特性。为了维持发电机的转速不变，必须随着有功负载的变化调节由原动机输入的功率。为保持发电机的端电压不变，必须随着无功负载的变化相应地调节转子的直流励磁电流。

同理，对同步电动机可作出类似的结论。这时 $\overline{F}_{aq}$ 产生的电磁转矩为驱动转矩。当所驱

动的机械负载变化时，$\overline{F}_{aq}$ 及其产生的电磁转矩必须相应地变化，才能维持电动机的转速。当电网电压保持不变，电动机的端电压也就不能变化，调节转子直流励磁电流只能引起无功电流的变化，也即调节同步电动机与电网交换的无功功率的大小及性质。增大直流励磁电流可以向电网输出感应性无功。

11.3　隐极同步发电机的负载运行

运用电磁感应定律和基尔霍夫定律，可写出隐极同步发电机的电压方程，并画出相应的相量图和等效电路。

11.3.1　不考虑磁饱和时

同步发电机负载运行时，除了主极磁动势 $\overline{F}_{f1}$ 之外，还有电枢磁动势 $\overline{F}_a$。如果不计磁饱和（即认为磁路为线性），则可应用叠加原理，把主极磁动势和电枢磁动势的作用分别单独考虑，再把它们的效果叠加起来。设 $\overline{F}_{f1}$ 和 $\overline{F}_a$ 各自产生主磁通 $\dot{\Phi}_0$ 和电枢磁通 $\dot{\Phi}_a$，并在电枢绕组内感应出相应的励磁电动势 $\dot{E}_0$ 和电枢反应电动势 $\dot{E}_a$，把 $\dot{E}_0$ 和 $\dot{E}_a$ 相加，可得电枢一相绕组的合成电动势 $\dot{E}_\delta$（也称为气隙电动势）。各磁动势、磁通及电动势的关系可表示如下：

$$I_f \rightarrow \overline{F}_{f1} \rightarrow \dot{\Phi}_0 \rightarrow \dot{E}_0$$

$$\dot{I} \rightarrow \overline{F}_a \rightarrow \dot{\Phi}_a \rightarrow \dot{E}_a$$

此外，电枢电流 I 还要形成电枢漏磁场，由此在电枢绕组中产生漏磁电动势 E_σ，即

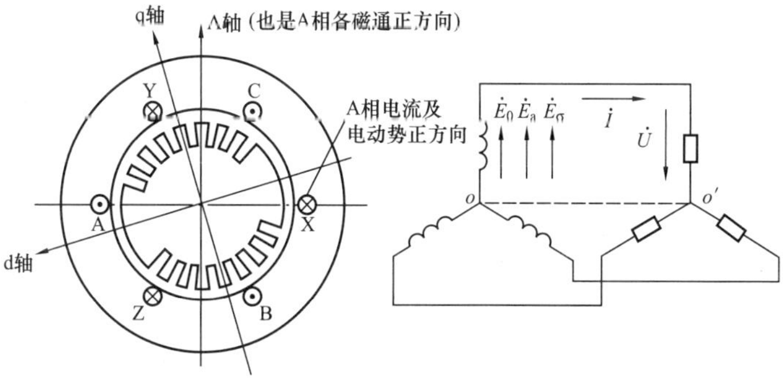

图 11 - 12　同步发电机各物理量正方向的规定

$$\dot{I} \rightarrow \dot{\Phi}_\sigma \rightarrow \dot{E}_\sigma$$

采用发电机惯例，以输出电流作为电枢电流的正方向，因此同步发电机各物理量正方向的规定如图 11 - 12 所示。根据基尔霍夫电压定律，可写出隐极同步发电机电枢绕组任一相的电压方程为

$$\dot{E}_0 + \dot{E}_a + \dot{E}_\sigma = \dot{U} + \dot{I}R_a \tag{11-3}$$

和变压器一样，电枢绕组漏磁电动势 E_σ 可用电枢电流 I 在电枢绕组漏电抗（即定子漏电抗）x_σ 上的压降表示，在相位上 $\dot{E}_\sigma$ 滞后于 $\dot{I}$ 90°，即

$$\dot{E}_\sigma = -\mathrm{j}\dot{I}x_\sigma \tag{11-4}$$

漏抗 x_σ 的值较小，用标么值表示时，x_σ^* 在 0.1～0.2 之间，但它仍较电枢绕组电阻要大。

因为电枢反应电动势 E_a 正比于电枢反应磁通 Φ_a，不计磁饱和时，Φ_a 又正比于电枢磁动势 F_a 和电枢电流 I，即

$$E_a \propto \Phi_a \propto F_a \propto I$$

因此 E_a 正比于 I，在时间相位上，$\dot{E}_a$ 滞后 $\dot{\Phi}_a$ 90°电角度；若不计定子铁心损耗，$\dot{\Phi}_a$ 与 $\dot{I}$ 同相位，所以 $\dot{E}_a$ 滞后 $\dot{I}$ 90°电角度。于是 $\dot{E}_a$ 也可近似地写成负电抗压降的形式，即

$$\dot{E}_a \approx -\mathrm{j}\dot{I}x_a \tag{11-5}$$

式中，x_a 是与电枢反应磁通相应的电抗，称为电枢反应电抗；x_a 的值为 $x_a = E_a / I$，即等于单位电枢电流所产生的电枢反应电动势。将式（11-4）和式（11-5）代入式（11-3），经过整理，可得

$$\dot{E}_0 = \dot{U} + \dot{I}r_a + \mathrm{j}\dot{I}x_\sigma + \mathrm{j}\dot{I}x_a = \dot{U} + \dot{I}r_a + \mathrm{j}\dot{I}x_t \tag{11-6}$$

式中，x_t 称为同步电抗，即

$$x_t = x_a + x_\sigma \tag{11-7}$$

同步电抗是表征同步发电机对称稳态运行时电枢反应和电枢漏磁这两个效应的一个综合参数，不计磁饱和时，它是一个常值。

图 11-13（a）表示与式（11-3）相对应的相量图，图中既有时间相量（如电动势），又有空间矢量（如磁动势），它是一个时-空矢量图。

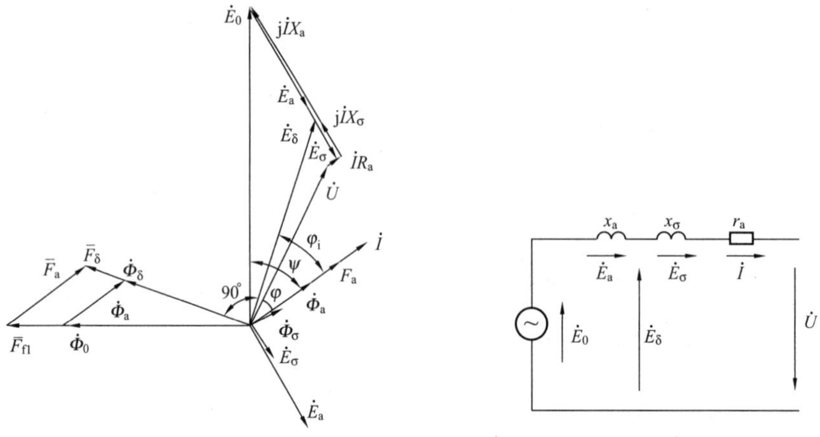

(a)　　　　(b)

图 11-13　不考虑磁饱和时隐极同步发电机的时-空矢量图和等效电路

（a）时-空矢量图；（b）等效电路

图 11-14（a）、（b）分别表示与式（11-6）相对应的相量图和等效电路。从图 11-14（b）可以看出，同步发电机的等效电路是一个由励磁电动势 E_0 和同步阻抗 $r_a + \mathrm{j}x_t$ 相串联所组成的电路，其中 E_0 表示主磁极磁场的作用，x_t 表示电枢基波旋转磁场（电枢反应）和电枢漏磁场的作用，r_a 表示电枢绕组的电阻。

11.3.2　考虑磁饱和时

实际的同步发电机常常运行在接近于磁饱和的区域。考虑磁饱和时，由于磁路的非线

性，叠加原理便不再适用。此时，应先求出作用在主磁路上的合成磁动势 $\overline{F}_\delta$，然后利用发电机的空载特性曲线求出负载时的气隙磁通 $\dot{\Phi}_\delta$ 及相应的气隙电动势 $\dot{E}_\delta$，即

$$\left.\begin{array}{l} I_f \rightarrow \overline{F}_{f1} \rightarrow \\ \dot{I} \rightarrow \overline{F}_a \rightarrow \end{array}\right\} \rightarrow \overline{F}_\delta \rightarrow \dot{\Phi}_\delta \rightarrow \dot{E}_\delta$$

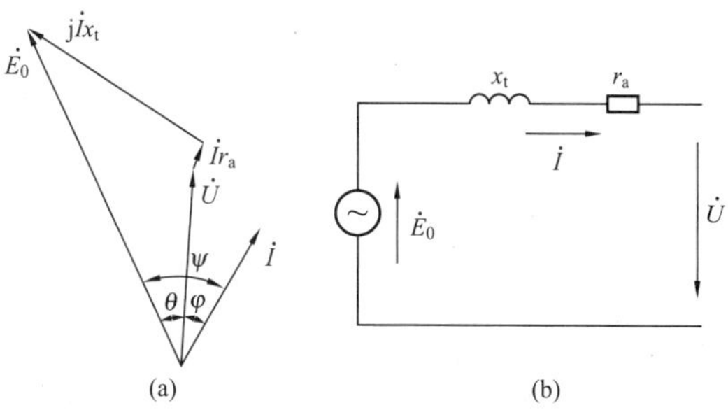

图 11-14　不考虑磁饱和时隐极同步发电机的相量图和等效电路
(a) 相量图；(b) 等效电路

再从气隙电动势 $\dot{E}_\delta$ 减去电枢绕组的电阻和漏电抗压降，便得电枢端电压 $\dot{U}$，即

$$\dot{E}_\delta - \dot{I}(r_a + \mathrm{j}x_\sigma) = \dot{U} \qquad (11-8)$$

或

$$\dot{E}_\delta = \dot{U} + \dot{I}(r_a + \mathrm{j}x_\sigma) \qquad (11-9)$$

此时气隙中的合成磁动势（简称气隙磁动势）$\overline{F}_\delta$ 为

$$\overline{F}_\delta = \overline{F}_{f1} + \overline{F}_a \qquad (11-10)$$

式中，F_{f1}、F_a 和 F_δ 均为基波磁动势的幅值。

1. 电枢磁动势的折算

为了从 F_δ 求出 E_δ，需要利用同步发电机的空载特性曲线，但问题是通常的空载特性曲线（换个比例尺即为磁化曲线）都是用励磁磁动势的幅值 $F_f = N_f I_f$（其中 N_f 为转子每极匝数）（对于隐极同步发电机励磁磁动势为一梯形波，如图 11-15 所示）或励磁电流 I_f 作为横坐标，而电枢磁动势 F_a 的幅值是基波的幅值，这样电枢磁动势 F_a 必须再换算（或折算）成等效的励磁磁动势的幅值。

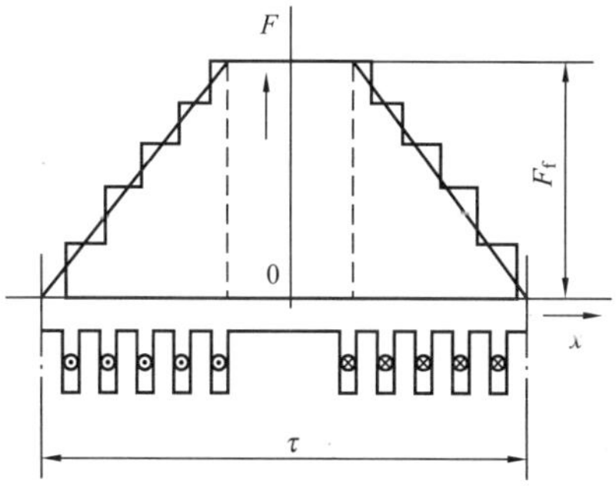

图 11-15　隐极同步发电机励磁磁动势的分布

为了把幅值为 F_a 的正弦分布电枢磁动势波折算为等效的幅值为 F'_a 的阶梯形分布励磁磁动势波，可把电枢磁动势基波 F_a 乘以系数 K_a，就可得到换算为励磁磁动势时电枢的等效磁动势 F'_a，条件是阶梯波 F'_a 的基波幅值等于实际的 F_a，即

$$F'_a = K_a F_a \qquad (11-11)$$

式中，K_a（$K_a = 1/K_f$，$K_f = F_{f1}/F_f$）称为励磁磁动势的折算系数，它的意义为产生同样大小的基波气隙磁场时，1 安匝的电枢磁动势相当于多少安匝的梯形波励磁磁动势。对于通常的汽轮发电机 K_a 为 0.97～1.035。

将式（11-10）中每一项都乘以 K_a，可得

$$K_a\overline{F}_\delta = \overline{F}_f + K_a\overline{F}_a \qquad (11-12)$$

在式（11-12）中 $F'_\delta = K_a F_\delta$ 和 $F'_a = K_a F_a$ 分别表示折算到励磁磁动势波形后的气隙磁动势和电枢磁动势，则可得

$$\overline{F}'_\delta = \overline{F}_f + \overline{F}'_a \qquad (11-13)$$

这样由式（11-13）求出 F'_δ 之后，即可直接从空载特性 $E_0 = f(I_f)$ 曲线，取 $F_f = F'_\delta$ 查

出 E_δ 值。所以实际上整个过程的关键是将正弦分布的 F_a 折算成幅值为 F'_a 的梯形分布波（即折算为等效的主极磁动势），然后将 $\overline{F}'_a$ 与 $\overline{F}'_f$ 进行矢量相加求出等效的梯形分布的合成磁动势 $\overline{F}'_\delta$，即可直接利用空载特性由 F'_δ 值求出合成电动势 E_δ（也称气隙电动势）。

2. 考虑磁饱和时隐极同步发电机的时 - 空矢量图

由式（11 - 9）、式（11 - 10）和式（11 - 13）可以得出考虑磁饱和时隐极同步发电机的时 - 空矢量图如图 11 - 16 所示。显然，图中 $\overline{F}_{f1}$、$\overline{F}_a$ 和 $\overline{F}_\delta$ 组成的三角形和由 $\overline{F}_f$、$\overline{F}'_a$ 和 $\overline{F}'_\delta$ 所组成的三角形（阴影部分所示）是相似的，它们彼此一一对应，只是在数值上后者为前者的 K_a 倍。

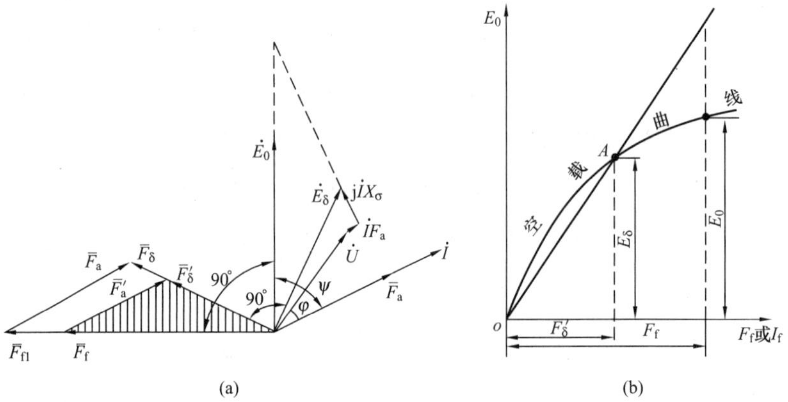

图 11 - 16 考虑磁饱和时隐极同步发电机的时 - 空矢量图

（a）时 - 空矢量图；（b）由合成磁动势 F'_δ 求气隙电动势 E_δ

11.4 凸极同步发电机的负载运行

11.4.1 双反应理论

凸极同步发电机气隙不均匀，直轴上的气隙远较交轴的小，因此直轴磁路的磁阻远较交轴的小，在同样大小的电枢反应磁动势 $\overline{F}_a$ 作用在直轴上或交轴上，其所产生的直轴电枢反应磁通和交轴电枢反应磁通显然就不相等。由 11.2 节可知，$\overline{F}_a$ 的空间位置随负载性质而变，$\overline{F}_a$ 和 $\overline{F}_{f1}$ 之间的夹角为 $90°+\psi$，在凸极同步发电机中，随 $\overline{F}_a$ 的空间位置不同将有不同的磁阻，$\dot{\Phi}_a$ 的流通路径介于直轴磁路和交轴磁路之间，电枢反应电抗的大小也就介于最大和最小之间。若采用隐极同步发电机的分析方法，则 X_a 将是个随负载而变的量，这就对分析和计算带来了诸多不便。Blondel 采用了正交分解法和叠加原理来解决这一问题，在分析凸极发电机时，把 $\overline{F}_a$ 分解成直轴分量 $\overline{F}_{ad}$ 和交轴分量 $\overline{F}_{aq}$ 两个量，如图 11 - 10（b）及式（11 - 2）所示。$\overline{F}_{ad}$ 固定作用在直轴磁路上，$\overline{F}_{aq}$ 固定作用在交轴磁路上，分别对应着各自的磁路，且有固定的磁阻，分别研究 $\overline{F}_{ad}$ 和 $\overline{F}_{aq}$ 的作用，然后进行叠加，得出 $\overline{F}_a$ 的作用，这就是所谓的双反应理论。

11.4.2 不计磁饱和时凸极同步发电机的电动势方程式和相量图

1. 电动势方程式

不计磁饱和时，根据双反应理论，把电枢磁动势 $\overline{F}_a$ 分解成直轴磁动势 $\overline{F}_{ad}$ 和交轴磁动势 $\overline{F}_{aq}$，$\overline{F}_{ad}$ 单独激励直轴电枢反应磁通 $\dot{\Phi}_{ad}$，其流通路径为直轴磁路，并在电枢每相绕组中产生直轴电枢反应电动势 $\dot{E}_{ad}$；$\overline{F}_{aq}$ 单独激励交轴电枢反应磁通 $\dot{\Phi}_{aq}$，其流通路径为交轴磁路，并在电枢每相绕组中产生交轴电枢反应电势 $\dot{E}_{aq}$。再与主磁通 $\dot{\Phi}_0$ 所产生的励磁电动势 $\dot{E}_0$ 相加，便得一相绕组的合成电动势 $\dot{E}_\delta$（通常称为气隙电动势）。凸极同步发电机负载运行时电磁关系可表示如下：

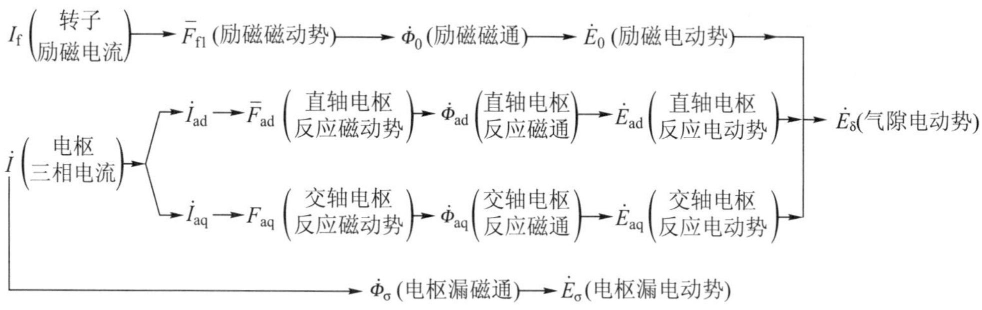

采用发电机惯例，以输出电流作为电枢电流的正方向，与隐极同步发电机类似，根据基尔霍夫电压定律，可写出凸极同步发电机电枢绕组任一相的电动势方程为

$$\dot{E}_0+\dot{E}_{ad}+\dot{E}_{aq}+\dot{E}_\sigma=\dot{U}+\dot{I}r_a \tag{11-14}$$

与隐极同步发电机类似，不计磁饱和时，应有

$$E_{ad}\propto\Phi_{ad}\propto F_{ad}\propto I_d \tag{11-15}$$

$$E_{aq}\propto\Phi_{aq}\propto F_{aq}\propto I_q \tag{11-16}$$

因此 E_{ad} 正比于 I_d，E_{aq} 正比于 I_q，在时间相位上，$\dot{E}_{ad}$ 和 $\dot{E}_{aq}$ 又分别滞后于 $\dot{\Phi}_{ad}$ 和 $\dot{\Phi}_{aq}$ 以 90°电角度；若不计定子铁心损耗，$\dot{\Phi}_{ad}$ 和 $\dot{\Phi}_{aq}$ 分别与 $\dot{I}_d$ 和 $\dot{I}_q$ 同相位，所以 $\dot{E}_{ad}$ 和 $\dot{E}_{aq}$ 将分别滞后于 $\dot{I}_d$ 和 $\dot{I}_q$ 以 90°电角度。于是 $\dot{E}_{ad}$ 和 $\dot{E}_{aq}$ 也可近似地写成负电抗压降的形式，即

$$\dot{E}_{ad}\approx-\mathrm{j}\dot{I}_d x_{ad} \tag{11-17}$$

$$\dot{E}_{aq}\approx-\mathrm{j}\dot{I}_q x_{aq} \tag{11-18}$$

式中，x_{ad} 和 x_{aq} 分别称为直轴电枢反应电抗和交轴电枢反应电抗。将式（11-17）和式（11-18）代入式（11-14），并考虑到 $\dot{E}_\sigma=-\mathrm{j}\dot{I}x_\sigma$ 及 $\dot{I}=\dot{I}_d=\dot{I}_q$，可得

$$\begin{aligned}\dot{E}_0&=\dot{U}+\dot{I}r_a+\mathrm{j}\dot{I}x_\sigma+\mathrm{j}\dot{I}_d x_{ad}+\mathrm{j}\dot{I}_q x_{aq}\\&=\dot{U}+\dot{I}r_a+\mathrm{j}\dot{I}_d(x_\sigma+x_{ad})+\mathrm{j}\dot{I}_q(x_\sigma+x_{aq})\\&=\dot{U}+\dot{I}r_a+\mathrm{j}\dot{I}_d x_d+\mathrm{j}\dot{I}_q x_q\end{aligned} \tag{11-19}$$

其中

$$\left.\begin{aligned}x_d&=x_{ad}+x_\sigma\\x_q&=x_{aq}+x_\sigma\end{aligned}\right\} \tag{11-20}$$

式中，x_d 和 x_q 分别称为凸极同步发电机的直轴同步电抗和交轴同步电抗，它们是表征对称稳态运行时电枢漏磁和直轴或交轴电枢反应的一个综合参数。

对于凸极同步发电机 $x_{ad}>x_{aq}$，因为在直轴磁路上，气隙较小，即磁阻较小，则 x_{ad} 值较大；而在交轴磁路上，气隙较大，即磁阻较大，则 x_{aq} 值较小。因此在凸极同步发电机中，$x_d>x_q$。对于隐极同步发电机，直轴磁路和交轴磁路的空气隙相等，即 $x_{ad}=x_{aq}$，则 $x_d=x_q=x_t$。

2. 相量图

对于一台凸极同步发电机，在已知相电压 U、相电流 I、负载功率因数 $\cos\varphi$ 以及发电机参数 r_a、x_d、x_q 的情况下，如果能够知道 $\dot{E}_0$ 与 $\dot{I}$ 之间的相位差 ψ，根据式（11-21）可画出不计磁饱和时凸极同步发电机的电动势相量图，如图 11-17 所示。

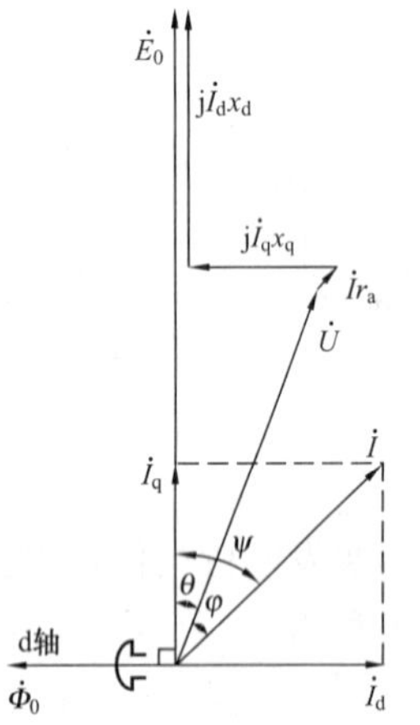

图 11-17 不计磁饱和时凸极同步发电机的相量图

实际上，$\dot{E}_0$ 与 $\dot{I}$ 之间的夹角 ψ 不是作为已知条件而给出，这样无法把电流 $\dot{I}$ 分解为 $\dot{I}_d$ 和 $\dot{I}_q$，因此按照上述步骤就无法绘制相量图。为此，必须首先设法根据已知条件求出 ψ 角，然后再来绘制相量图。

为了求出 ψ 角，在式（11-19）的等式两边都减去 $j\dot{I}_d x_d$，再加上 $j\dot{I}_d x_q$，得

$$\dot{E}_0-j\dot{I}_d(x_d-x_q)=\dot{U}+\dot{I}r_a+j(\dot{I}_d+\dot{I}_q)x_q \quad (11-21)$$

即

$$\dot{E}_0-j\dot{I}_d(x_d-x_q)=\dot{U}+\dot{I}r_a+j\dot{I}x_q \quad (11-22)$$

从图 11-17 可看出，相量 $\dot{E}_0$ 与相量 $\dot{I}_d$ 垂直，所以相量 $-j\dot{I}_d(x_d-x_q)$ 必然与相量 $\dot{E}_0$ 在同一方向。因此式（11-22）左边的合成相量必然与 $\dot{E}_0$ 同相位，所以将式（11-22）右边加起来就能找到 $\dot{E}_0$ 的相位，即确定 ψ 角。

根据以上分析，由式（11-22）和式（11-19）可以画出凸极同步发电机的相量图，其步骤如下：

（1）以电压 $\dot{U}$ 作为参考相量，在垂直方向作出电压相量 $\dot{U}$。

（2）当已知负载功率因数角 φ 时，电流相量 $\dot{I}$ 的相位已定，可画出电流相量 $\dot{I}$。

（3）根据式（11-22）将 $\dot{U}$、$\dot{I}r_a$ 和 $j\dot{I}x_q$ 相加后，求得相量 $\dot{E}_0$ 的位置线，即确定 ψ 角。

（4）相量 $\dot{E}_0$ 的位置线就是转子的 q 轴，超前 q 轴 90°为转子的 d 轴，按 ψ 角将电流 $\dot{I}$ 分解为 $\dot{I}_d$ 和 $\dot{I}_q$，其中 $\dot{I}_d$ 位于 d 轴，$I_d=I\sin\psi$，$\dot{I}_q$ 位于 q 轴，$I_q=I\cos\psi$。

（5）根据式（11-19），在相量 $\dot{U}+\dot{I}r_a$ 上再加上 $j\dot{I}_q x_q$ 和 $j\dot{I}_d x_d$，最后得到 $\dot{E}_0$。

图 11-18 为按照上列步骤绘制所得到的凸极同步发电机相量图。

相量图的另一种绘制方法是先根据已知条件通过计算求出 ψ 角。如图 11-18 所示，若将相电压 $\dot{U}$ 沿着 $\dot{I}$ 和垂直于 $\dot{I}$ 的方向分解为 $U\cos\varphi$ 和 $U\sin\varphi$ 两个分量，于是可求解 ψ 角的计算公式，即

$$\psi = \arctan \frac{Ix_q + U\sin\varphi}{Ir_a + U\cos\varphi} \qquad (11-23)$$

在求得 ψ 角后，即可按式（11－19）画出图 11－18 所示的相量图。

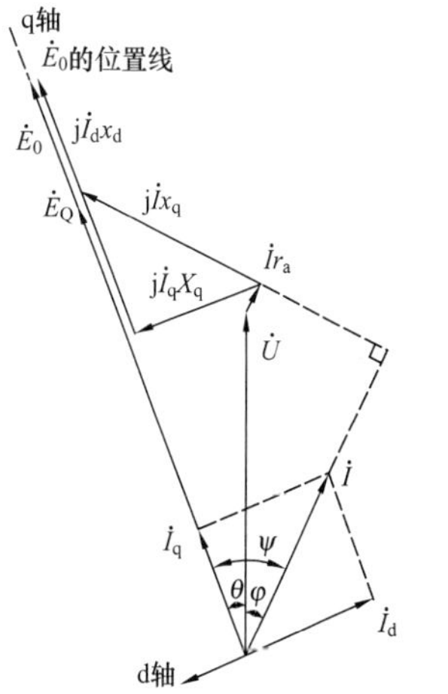

图 11－18　凸极同步发电机 ψ 角的求法和相量图的绘制过程

如果式（11－22）的右边记为 $\dot{E}_Q$，即令

$$\dot{E}_Q = \dot{U} + \dot{I}r_a + j\dot{I}x_q \qquad (11-24)$$

式中，$\dot{E}_Q$ 为虚拟电动势，是一个实际上测量不到的电动势，但由式（11－24）可得凸极同步发电机的等效电路，如图 11－19所示。此电路在计算凸极同步发电机在电网中的运行性能和功角时常常用到。

对于实际的同步发电机，由于交轴下的气隙较大，交轴磁路可以近似认为不饱和，直轴磁路则要受到饱和的影响。如果近似认为直轴和交轴方面的磁场相互没有影响，则可应用双反应理论分别求出直轴和交轴上的合成磁动势，再用发电机的磁化曲线来计及直轴磁路饱和的影响。另一种办法是，采用适当的饱和参数来计及饱和的影响。

例 11－1　有一台凸极同步发电机，其直轴和交轴同步电抗分别为 $x_d^* = 1.0$，$x_q^* = 0.6$，电枢电阻 R_a 略去不计。试计算发电机运行于额定电压、额定电流、$\cos\varphi = 0.8$（滞后）时的励磁电动势的标么值 $\dot{E}_0^*$，并作出相量图。

解： 以发电机的端电压 $\dot{U}$ 作为参考相量，用标么值计算，即设 $\dot{U}^* = 1.0\angle 0^\circ$。则对应于 $\cos\varphi = 0.8$（滞后）可得 $I^* = 1.0\angle -36.8^\circ$。于是虚拟电动势 $\dot{E}_Q$ 为

$$\dot{E}_Q^* = \dot{U}^* + j\dot{I}^* x_q^* = 1.0\angle 0^\circ + j1.0 \times 0.6\angle -36.8^\circ = 1.44\angle 19.4^\circ$$

因为 $\dot{E}_0^*$ 与 $\dot{E}_Q^*$ 同相位，所以 $\psi = 19.4 + 36.8 = 56.2$。

因此可得电枢电流的直轴和交轴分量（见图 11－20）为

$$I_d^* = I^* \sin\psi = 1 \times \sin 56.2^\circ = 0.832$$

$$\dot{I}_d^* = 0.832\angle -(90^\circ - 19.4^\circ)$$

$$= 0.832\angle -70.6^\circ$$

$$I_q^* = I^* \cos\psi = 1 \times \cos 56.2^\circ = 0.555$$

$$\dot{I}_q^* = 0.555\angle 19.4^\circ$$

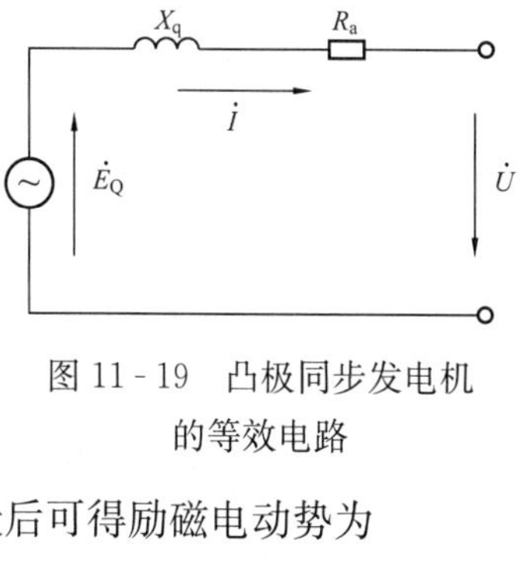

图 11－19　凸极同步发电机的等效电路

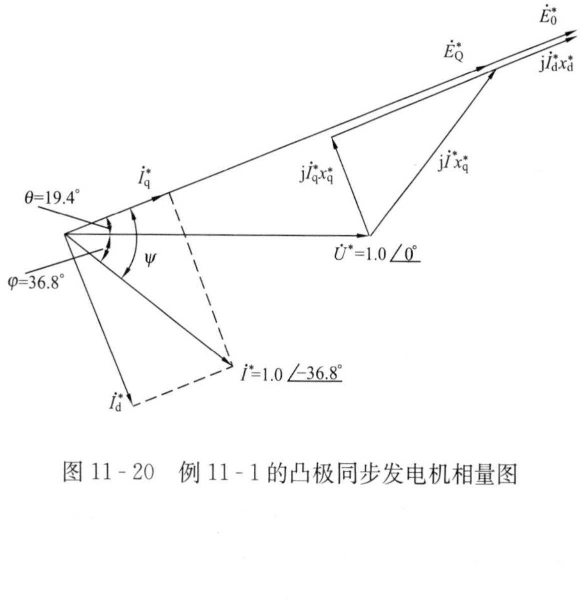

图 11－20　例 11－1 的凸极同步发电机相量图

最后可得励磁电动势为

$$
\begin{aligned}
\dot{E}_0^* &= \dot{U}^* + \mathrm{j}\dot{I}_d^* x_d^* + \mathrm{j}\dot{I}_q^* x_q^* \\
&= 1.0\angle 0° + \mathrm{j}0.832\times 1.0\angle -70.6° + \mathrm{j}0.555\times 0.6\angle 19.4° \\
&= 1.77\angle 19.4°
\end{aligned}
$$

结　语

空载运行时，同步发电机气隙磁场仅由旋转励磁磁动势 $\overline{F}_{f1}$ 单独激励，它“切割”电枢绕组时，在其中感应出空载电动势 E_0（或称励磁电动势），其大小 E_0 由励磁电流 I_f 决定，E_0 和 I_f 之间的关系曲线称为空载特性曲线。

对称负载运行时，电枢绕组中通过对称负载电流，并产生电枢磁势 $\overline{F}_a$，$\overline{F}_a$ 和 $\overline{F}_{f1}$ 均以同步速旋转，在空间处于相对静止状态，$\overline{F}_a$ 对 $\overline{F}_{f1}$ 的影响称为电枢反应。在分析同步发电机的电磁过程时，电枢反应占有重要的地位。而电枢反应的结果取决于负载的性质和发电机内部的参数，它主要取决于 $\dot{E}_0$ 与 $\dot{I}$ 的夹角 ψ 的数值。当 $\psi=0$ 时，属交轴电枢反应，使气隙磁场轴线逆发电机转向位移一个角度；而当 $\psi=\pm 90°$ 时，属直轴电枢反应，使气隙磁场削弱（$\psi=+90°$）或增强（$\psi=-90°$）。在一般运行情况下 $0<\psi<90°$，电枢反应既有交轴分量，又有直轴去磁分量。

时 - 空矢量图不但是同步电机，而也是交流电机的重要分析工具。在同步电机中，$\overline{F}_{f1}$、$\overline{F}_a$、$\overline{F}_\delta$ 等属于空间矢量、而 $\dot{\Phi}_0$、$\dot{E}_0$、$\dot{U}$、$\dot{I}$ 等属于时间相量。在将空间矢量和时间相量绘制在同一图上时，必须取时轴与相轴重合，这样可以使电枢电流时间相量 $\dot{I}$ 与电枢磁动势空间矢量 $\overline{F}_a$ 重合，以及励磁电动势时间相量 $\dot{E}_0$ 滞后于励磁磁动势空间矢量 $\overline{F}_{f1}$ 90°电角度，而便于在时间相量与空间矢量之间相互演化。在分析同步电机特性时，弄清楚时间相量和空间矢量之间的关系将会有很大的帮助。

不计饱和时，可以认为电枢磁动势和励磁磁动势各自产生相应的磁通，并在电枢绕组中分别产生感应电动势。对于隐极同步发电机，电枢反应电动势为 $\dot{E}_a=-\mathrm{j}\dot{I}x_a$，$x_a$ 称为电枢反应电抗；$x_t=x_a+x_\sigma$，x_σ 称为隐极同步发电机同步电抗。对于凸极同步发电机，因直轴磁路和交轴磁路的磁阻不同，将电枢磁动势分解为 $\overline{F}_{ad}$ 和 $\overline{F}_{aq}$，对应的电枢反应电动势分别为 $\dot{E}_{ad}=-\mathrm{j}\dot{I}_d x_{ad}$ 和 $\dot{E}_{aq}=-\mathrm{j}\dot{I}_q x_{aq}$。$x_{ad}$ 和 x_{aq} 分别为直轴和交轴电枢反应电抗，$x_d=x_{ad}+x_\sigma$ 和 $x_q=x_{aq}+x_\sigma$ 则分别为直轴和交轴同步电抗。

将电枢反应的效应化成一个电抗压降来处理，就可以导出同步发电机的电动势平衡方程式。对于隐极同步发电机有 $\dot{E}_0=\dot{U}+\dot{I}r_a+\mathrm{j}\dot{I}x_t$；对于凸极同步发电机有 $\dot{E}_0=\dot{U}+\dot{I}r_a+\mathrm{j}\dot{I}_d x_d+\mathrm{j}\dot{I}_q x_q$。根据电动势方程式可以画出相量图，它是分析同步发电机性能的有力工具。

习　题

11-1　同步电机在对称负载下稳定运行时，电枢电流产生的磁场是否与励磁绕组匝链？它会在励磁绕组中感应电动势吗？

11-2　一台旋转电枢式的三相同步发电机，电枢以转速 n（r/min）逆时针方向旋转，当发电机输送三相对称负载时，试问其电枢反应磁动势对电枢的转速和转向如何？对定子上主磁极的相对转速又是多少？在主极的励磁绕组中会感应出电动势吗？

11-3　同步电机在对称负载下运行时，气隙磁场由哪些磁动势建立？它们各有什么特点？

11-4　同步电机的内功率因数角 ψ 由什么因素决定？

11-5　什么是同步电机的电枢反应？电枢反应的性质是由什么决定的？

11-6　在交流电机中把时间相量和空间矢量绘制在同一图上有何方便之处？时-空矢量图中的时间相量与空间矢量分别代表什么意义，两者有何本质上的不同？

11-7　为什么说同步电抗是与三相有关的电抗而它的数值又是每相值？

11-8　同步电抗的物理意义是什么？它和哪些因素有关？隐极机和凸极机的同步电抗有何异同？

11-9　负载时同步发电机中电枢磁动势与主极磁动势的大小、位置和转速由哪些因素决定？

11-10　在凸极同步电机的电枢电流一定时，若 ψ 在 0°与 90°间变化，其电枢反应电动势 E_a 是否为恒值？若是隐极同步电机，情况又如何？

11-11　同步发电机的电枢反应结果和哪些因素有关？在下列情况下的电枢反应属助磁还是去磁？试说明之。

（1）三相对称纯电阻负载；

（2）三相对称纯电容负载，$x_C^*=0.8$，发电机的同步电抗 $x_t^*=1.5$；

（3）三相对称纯电感负载，$x_L^*=0.8$。

11-12　试画出对称容性负载下不计饱和时隐极同步发电机和凸极同步发电机的相量图。

11-13　一台汽轮发电机，$P_N=25000$kW，$U_N=10.5$kV，Y 接法，$\cos\varphi_N=0.8$（滞后），$x_t^*=2.13$，$r_a^*\approx 0$，若不考虑饱和，试求额定负载下发电机的励磁电动势 E_0 及 $\dot{E}_0$ 与 $\dot{I}$ 的夹角 ψ。

11-14　一台水轮发电机，$P_N=72500$kW，$U_N=10.5$kV，Y 接法，$\cos\varphi_N=0.8$ 滞后，$x_d^*=1$，$x_q^*=0.554$，$r_a^*\approx 0$，试求额定负载下发电机的励磁电动势 E_0 及 $\dot{E}_0$ 与 $\dot{U}$ 的夹角（不计饱和）。

11-15　有一台三相同步发电机，$P_N=2500$kW，$U_N=10.5$kV，Y 接法，$\cos\varphi_N=0.8$（滞后），作单机运行。已知同步电抗 $x_t=7.52\Omega$，电枢电阻不计。每相的励磁电动势 $E_0=7520$V。求下列几种负载下的电枢电流，并说明电枢反应的性质。

（1）相值为 7.52Ω 的三相平衡纯电阻负载；

（2）相值为 7.52Ω 的三相平衡纯电感负载；

（3）相值为 15.04Ω 的三相平衡纯电容负载；

（4）相值为 7.52−j7.52Ω 的三相平衡电阻电容负载。

11-16　有一台三相凸极同步发电机，电枢绕组Y接法，每相额定电压 $U_N=230$V，额定相电流 $I_N=9.06$A，额定功率因数 $\cos\varphi_N=0.8$（滞后）。已知该机运行于额定状态，每相励磁电动势 $E_0=410$V，内功率因数角 $\psi=60°$，不计电阻压降，试求：I_d，I_q，x_d 和 x_q 各为多少？

11-17　有一台三相隐极同步发电机，电枢绕组Y接法，额定电压 $U_N=6300$V，额定电

流 I_N=572A，额定功率因数 $\cos\varphi_N$=0.8（滞后）。该机在同步速度下运转，励磁绕组开路，电枢绕组端点外施三相对称线电压 U=2300V，测得电枢电流为 572A。如果不计电阻压降，求此发电机在额定运行下的励磁电势 E_0。

11-18 一台凸极同步发电机，电枢绕组Y接法，额定相电压 U_N=230V，额定电流 I_N=6.45A，额定功率因数 $\cos\varphi_N$=0.9（滞后），并已知其同步电抗 x_d=18.6Ω，x_q=12.8Ω，不计电阻压降，试求：在额定状态下运行时的 I_d，I_q 和 E_0。

11-19 有一台三相隐极同步发电机，电枢绕组Y接法，额定功率 P_N=25000kW，额定电压 U_N=10500V，额定转速 n_N=3000r/min，额定电流 I_N=1720A，并已知同步电抗 x_t=2.3Ω，如不计电阻，求：

（1）$I=I_N$，$\cos\varphi$=0.8（滞后）时的 E_0；

（2）$I=I_N$，$\cos\varphi$=0.8（超前）时的 E_0。

第 12 章 同步发电机的特性与参数

同步发电机在对称负载下稳定运行时，在转子转速 n=常数，负载的功率因数 $\cos\varphi$=常数的条件下，发电机的励磁电流 I_f，负载电流 I，定子端电压三个量中，保持其中一个量不变，另外两个量之间的函数关系即表示同步发电机的运行特性。它们是：

（1）空载特性：$I=0$，$U_0=f(I_f)$；

（2）短路特性：$U=0$，$I_k=f(I_f)$；

（3）零功率因数负载特性：$\cos\varphi=0$，I=常数，$U=f(I_f)$；

（4）外特性：I_f=常数，$U=f(I)$；

（5）调整特性：U=常数，$I_f=f(I)$。

其中空载特性、短路特性及零功率因数负载特性是其基本特性，通过它们可以求出同步发电机稳态运行时的同步电抗和漏抗。而外特性和调整特性等主要用来计算发电机的性能。

12.1 空 载 特 性

在 11.1 节中已给出了空载特性的定义，并说明了空载特性本质上就是同步发电机的磁化特性曲线，它既可以用实验方法测取，也可以用空载磁路计算的方法算出。

实验时，电枢绕组开路，用原动机将同步发电机拖动到额定转速，然后调节励磁电流 I_f，使端电压升至 $U_0\approx1.3U_N$，并记录上升时对应的电压 U_0 和励磁电流 I_f 值，然后逐步减小励磁电流，记取下降时对应的 U_0 和 I_f 值。如图 12-1 所示。由于磁滞现象，上升和下降的曲线不重合，一般采用从 $U_0\approx1.3U_N$ 开始直至 $I_f=0$ 的下降曲线，并作适当修正，如图 12-2所示。当 $I_f=0$ 时，$U_0>0$ 为剩磁电压。延长空载特性与横轴相交，以交点的横坐标绝对值 Δi_{f0} 作为校正量，加在测得的空载特性每一点的横坐标上，得到通过原点的校正曲线，就是同步发电机实用的空载特性 $E_0=f(I_f)$。在绘制空载特性曲线时，应注意将 U_0 换算成每相值。

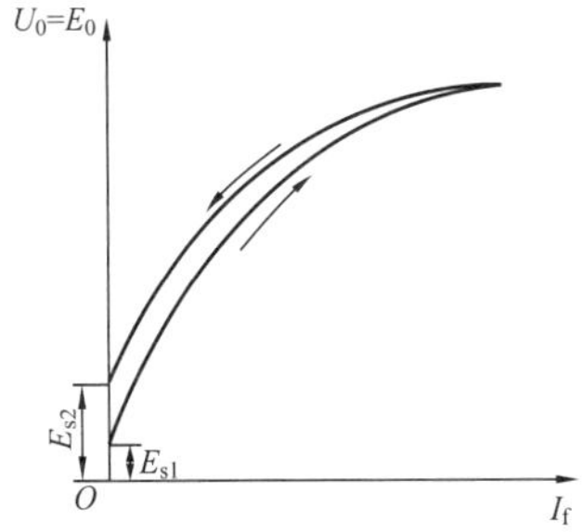

图 12-1 不同剩磁下的空载特性

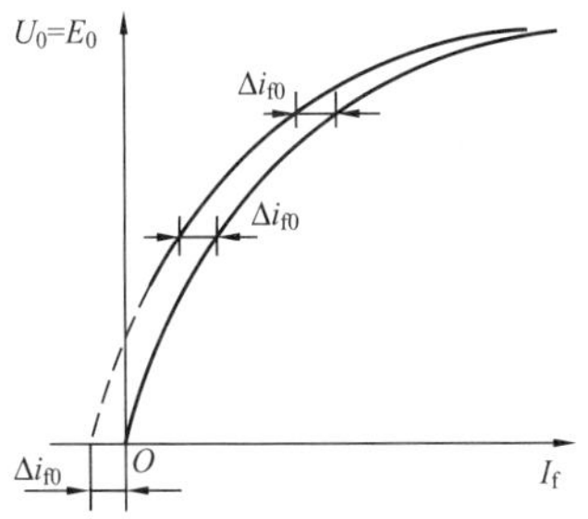

图 12-2 空载特性的校正

12.2 短　路　特　性

短路特性指同步发电机在同步速度下，电枢绕组端点短接时，电枢电流（短路电流 I_k）与励磁电流 I_f 之间的函数关系，即 $n=n_N$，$U=0$ 时，$I_k=f(I_f)$。

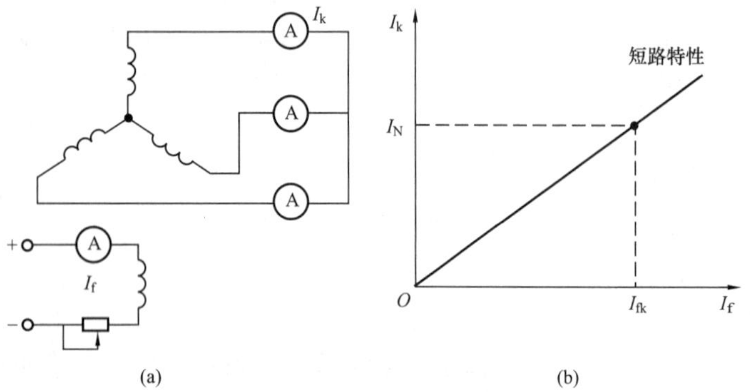

图 12-3　三相稳态短路试验和短路特性

（a）短路试验接线图；（b）短路特性

短路特性也是同步发电机的基本特性，短路特性也可由三相稳态短路试验测得。试验线路如图 12-3（a）所示。

从图 12-3（b）可见，短路特性是一条直线。由于电枢绕组电阻很小，可略去不计，所以发电机出线端短路，短路电流可以认为是纯感性，即 $\psi=90°$，电枢磁动势接近于纯去磁的直轴磁动势。这样，发电机气隙中的合成磁动势很小，相应的气隙电动势也很小。因此短路时发电机的磁路处于不饱和状态。在磁路不饱和的情况下，$E_0\propto I_f$，而短路电流 $I=E_0/x_d$，因此有 $I\propto I_f$，即短路特性是一条经过原点的直线。

12.3　零功率因数负载特性

负载特性表示同步发电机在额定转速（$n=n_N$）下，保持负载电流 I 及功率因数 $\cos\varphi$ 不变的条件下，发电机的端电压 U 与励磁电流 I_f 之间的关系曲线 $U=f(I_f)$。

图 12-4 为同步发电机在不同功率因数时的负载特性，从曲线可知，迟相状态（功率因数滞后）下的电压低于空载电压，这是由于感性负载的去磁电枢反应造成的。进相状态（功率因数超前）则相反，带负载时的电压反而高于空载时的电压，显然这是由于容性负载的助磁电枢反应形成的。

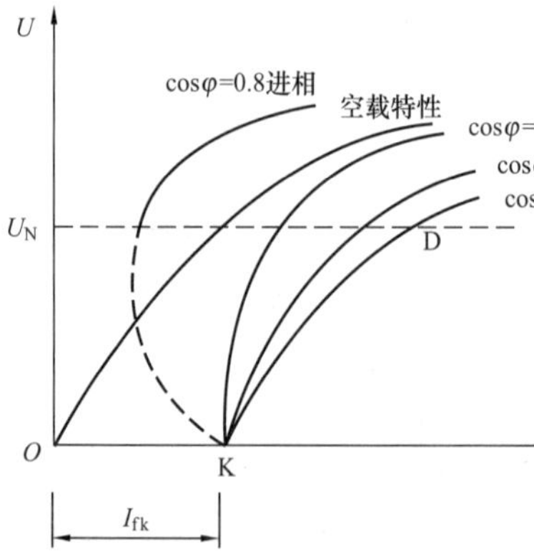

图 12-4　同步发电机在不同功率因数时的负载特性

负载特性是恒电流特性，其中最有实用价值的是纯感性负载特性，即零功率因数负载特性。所谓零功率因数负载特性是指在转速 $n=n_N$，负载电流 $I=I_N=$ 常数、功率因数 $\cos\varphi=0$ 的条件下，发电机的端电压 U 与励磁电流 I_f 之间的关系曲线 $U=f(I_f)$。零功率因数负载特性可以确定发电机的电枢漏电抗 x_σ 和特定负载电流时的电枢反应磁动势。下面对零功率因数负载特性加以分析。

图 12-5（a）为零功率因数负载情况的相量图，由于功率因数角 $\varphi=90^\circ$，而发电机电枢绕组的电阻 R_a 又远远小于同步电抗 X_t，因此此时 $\dot{E}_0$ 与 $\dot{I}$ 的夹角 $\psi\approx90^\circ$，可见，零功率因数负载时的电枢磁动势也是去磁的纯直轴磁动势。由图 12-5（a）可见，此时磁动势之间、电动势之间的相量关系均简化为代数关系，即

$$E_\delta \approx U + Ix_\sigma \tag{12-1}$$

$$F'_\delta \approx F_f - F'_a \tag{12-2}$$

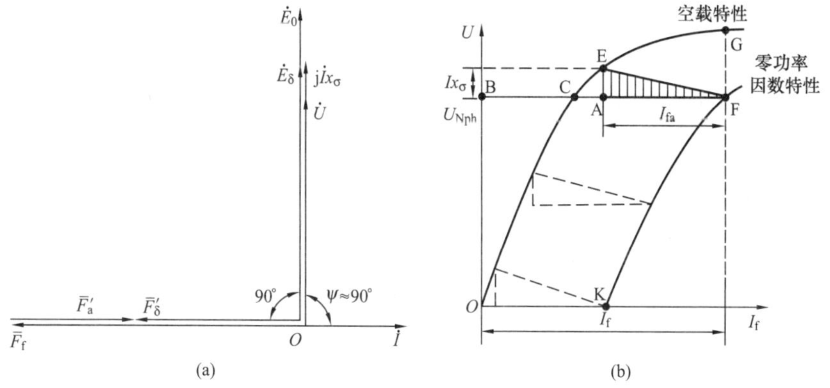

图 12-5　零功率因数负载特性的分析

（a）零功率因数负载时的相量图；（b）零功率因数负载特性与空载特性之间的关系

这样，在图 12-5（b）中，用 $\overline{OB}$ 表示额定相电压，$\overline{BC}$ 表示空载时产生额定电压所需的励磁电流。在零功率因数负载时，由于需克服定子漏抗压降和去磁电枢反应，励磁电流显然比 $\overline{BC}$ 大才能保持同一电压 U_N。如果从空载特性作 $\overline{BF}$ 的垂线 $\overline{EA}$，使其等于定子漏抗压降 Ix_σ，则 $\overline{CA}$ 即为克服定子漏抗压降所需增加的励磁电流。再作延长线 $\overline{AF}$，使 $\overline{AF}=F'_a/N_f=k_{ad}F_a/N_f=I_{fa}$，其中 $K_{ad}F_a$ 为电枢等效磁动势，N_f 为转子每极匝数。则 $\overline{AF}$ 即为克服电枢去磁磁动势所增加的励磁电流 I_{fa}，最后得出零功率因数负载特性上的 F 点和对应的励磁电流值：

$$I_f = \overline{BF} = \overline{BC} + \overline{CA} + \overline{AF} \tag{12-3}$$

由此可知，零功率因数特性和空载特性之间只相差一个特性三角形△AEF，其垂直边为漏抗压降 IX_σ，水平边为克服电枢反应磁通所需的励磁电流 I_{fa}。由于测取零功率因数特性时电流 I 保持不变，因而特性三角形的大小、形状不会改变。这样，把特性三角形的底边保持水平而使其顶点 E 沿空载曲线移动，则其右顶点 F 的轨迹即为零功率因数特性。当特性三角形移到其底边与横坐标重合时，可得 K 点，由于该点端电压 $U=0$，因此 K 点为短路点。

如对大型汽轮发电机用试验方法求取零功率因数负载特性时，找不到这样大的无功负载，可以将发电机并入电网作无功负载的过励运行，并调节发电机的励磁电流，使它发出的无功电流达到额定值 I_N，即得到零功率因数负载特性上的 F 点；再作发电机稳态短路试验，测出 $I_k=I_N$ 所对应的励磁电流 I_{fk}，则 $I_f=I_{fk}$，又 $U=0$，则得到零功率因数负载特性上的另一点［图 12-5（b）中 K 点］。实用上有这两点就够了。

12.4 外 特 性

外特性指发电机在 $n=n_N$，I_f=常数，$\cos\varphi$=常数时，端电压 U 随负载电流 I 变化的关系曲线，即 $U=f(I)$。它既可用负载法直接测出，也可用作图法间接求出。

图 12-6 表示不同功率因数的负载时，同步发电机的外特性。从图 12-6 可见，在感性负载和纯电阻负载时，外特性是下降的，因为电枢反应的去磁作用，且定子漏抗压降也使端电压降低。在容性负载且 ψ 角达到 $\dot{I}$ 超前 $\dot{E}_0$ 时，由于电枢反应的助磁作用和容性电流的漏抗压降使端电压上升，所以外特性是上升的。

发电机电枢电流 $I=I_N$ 时，在感性负载下要得到 $U=U_N$ 应供给较大的励磁电流，此时称发电机在过励状态下运行，而在容性负载下得到 $U=U_N$ 可供给较小的励磁电流，此时称发电机在欠励状态下运行。

从图 12-6 可见，负载变化时将引起发电机端电压的波动，为此引入电压调整率。

从外特性可以求出发电机的电压调整率。发电机在额定负载时（即 $I=I_N$，$\cos\varphi=\cos\varphi_N$）得到额定电压所需的励磁电流称为额定励磁电流 I_{fN}。若保持 I_{fN} 及转速 $n=n_N$ 不变，卸去负载，即得到外特性上 $I=0$ 对应的电压值，此值等于励磁电势 E_0，如图 12-7 所示。这一过程中端电压升高的百分比，就称为同步发电机的电压调整率，用 ΔU 表示，即

$$\Delta U=\frac{E_0-U_N}{U_N}\times 100\% \tag{12-4}$$

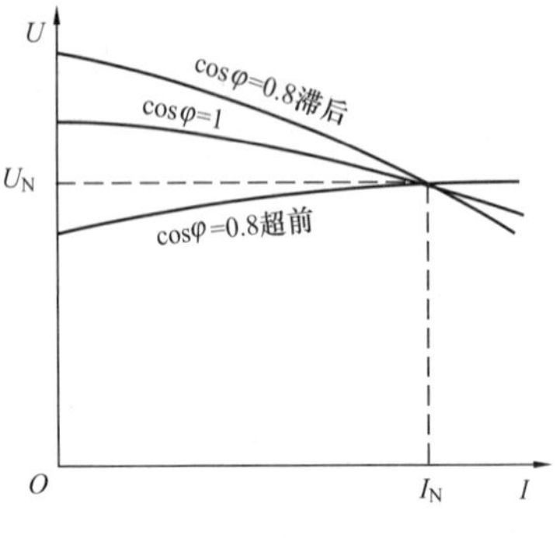

图 12-6 同步发电机的外特性

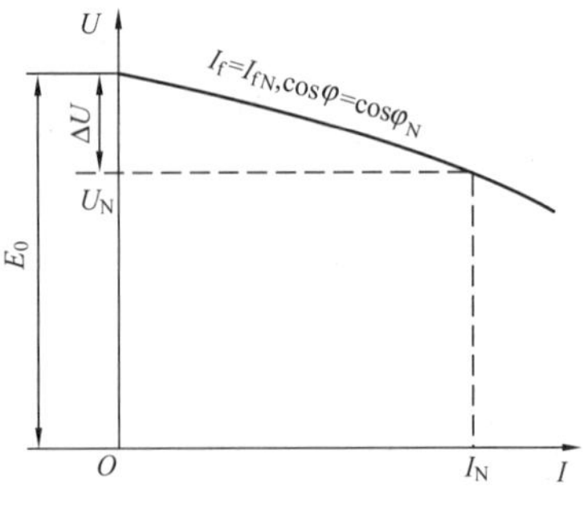

图 12-7 从外特性求电压调整率

ΔU 是表征发电机运行性能的重要数据之一。由于现代同步发电机都装有快速自动调压装置，可随时自动调整励磁以维持电压基本不变，所以对 ΔU 的限制大为放宽，只是为了防止因故障跳闸切断负载时电压上升太多而击穿绝缘，要求 $\Delta U<50\%$。

12.5 调 整 特 性

当发电机的负载发生变化时，为了保持端电压不变，必须同时适当地调节发电机的励磁电流。调整特性表示在发电机的转速为同步转速、端电压为额定电压、负载的功率因数保

持不变时，励磁电流与电枢电流之间的关系，即 $n=n_N$，$U=U_N$，$\cos\varphi=$常值时，$I_f=f(I)$。

图 12-8 表示带有不同功率因数的负载时，同步发电机的调整特性。由图 12-8 可见，在感性负载和纯电阻负载时，为补偿电枢电流所产生的去磁性电枢反应和漏阻抗压降，随着电枢电流的增加，必须相应地增加励磁电流，因此此时的调整特性是上升的。在容性负载时，调整特性也可能是下降的。

从调整特性也可以确定同步发电机的额定励磁电流 I_{fN}，它是对应于额定电压、额定电流和额定功率因数时的励磁电流（见图 12-8）。

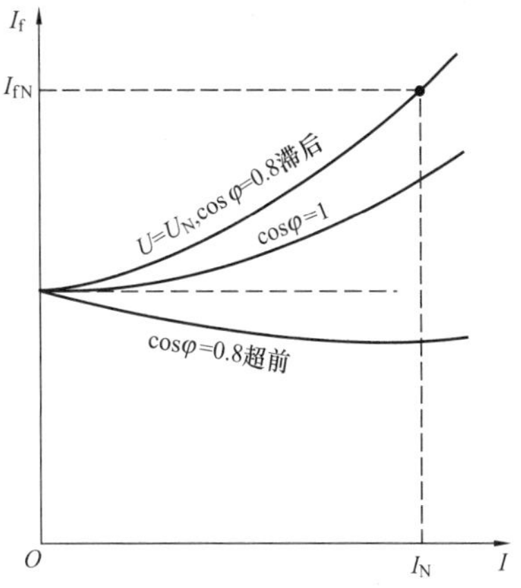

图 12-8　同步发电机的调整特性

12.6　特性曲线的应用

12.6.1　用零功率因数特性和空载特性确定 x_σ 与 F'_{ad}

由于在空载特性与 12.3 节中作图法得出的零功率因数负载特性之间夹着一个不变的特性三角形，利用此关系，可以从给定的空载特性和零功率因数特性求出未知的定子漏电抗 x_σ 和直轴电枢反应的等效励磁磁动势 F'_{ad}。具体方法是：在图 12-9 所示的零功率因数特性上任取一点 A′（一般取额定电压点），通过 A′点向左取水平线 $\overline{A'O'}=AO$；再过 O′点作平行于空载特性起始段的直线，交空载特性于 B′点；连 $\overline{B'A'}$ 且过 B′点作垂直线交 $\overline{O'A'}$ 于 C′点，即得特性三角形△A′B′C′。将特性三角形的底边保持水平而使其顶点 B′沿空载曲线移动到其底边与横坐标重合时，得三角形△ABC，A 点为短路点，则有 $\overline{C'A'}=\overline{CA}=I_{fa}$，而 $\overline{B'C'}=\overline{BC}=I_N x_\sigma$，于是定子漏电抗为

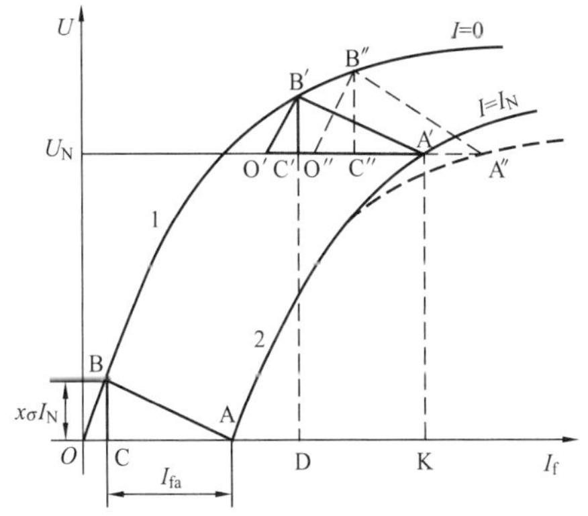

图 12-9　由空载和零功率因数特性求出特性三角形

$$x_\sigma=\frac{\overline{B'C'}}{I_N} \tag{12-5}$$

直轴电枢反应的等效励磁磁动势

$$F'_{ad}=k_{ad}F_{ad}=I_{fa}N_f=\overline{C'A'}\,N_f \tag{12-6}$$

12.6.2　保梯电抗

实践表明，由实验测得的零功率因数负载特性与 12.3 节中用特性三角形作图法得出的零功率因数特性并不完全重合，如图 12-9 所示（虚线为实测），其原因如下。

首先考虑空载用 $I_f=\overline{OD}$ 的情况，此时励磁电流除产生气隙磁通并在定子感应出气隙电动势 $E_\delta=E_0=\overline{DB'}$ 之外，还产生少量的主磁极漏磁通。

当发电机在纯电感负载下运行且 $I_f=\overline{OK}$，$I_{fa}=\overline{DK}$ 时，产生气隙合成磁通所对应的等

效励磁电流 $I_{f\delta}$ 值也为 $\overline{OD}$。这两种情况的气隙合成磁势虽然相同，但是它们的主磁极漏磁情况却不相同，空载时产生主磁极漏磁的励磁电流为 $\overline{OD}$，零功率因数负载时产生主极漏磁的励磁电流值却是比 $\overline{OD}$ 大得多的 $\overline{OK}$，因而主磁极漏磁将显著增大，转子磁极和磁轭两段更饱和，整个主磁极磁路的磁阻变大。所以尽管气隙合成磁势相同，但气隙电势受饱和度增加的影响，其数值将有所减少，即 $E_\delta \leqslant \overline{DB'}$，于是在扣除漏抗压降 $I_N x_\sigma = \overline{B'C'}$ 后能得的实际电压值小于 $\overline{DC'}$。这说明同样励磁电流下实际的零功率因数负载特性（虚线）上的电压值要低于前述的理想化曲线（实线）上的电压值。由此可见，当用实测的零功率因数负载特性作图求特性三角形时，对应于 $U=U_N$ 的点是 A″点，取 $\overline{A''O''}=\overline{AO}$，所得的特性三角形是△A″B″C″，其纵边 $\overline{B''C''} > \overline{B'C'}$，而 $\overline{B'C'} = I_N x_\sigma$，所以由 $\overline{B''C''}$ 算出的电抗比 x_σ 大，为区别起见用 x_p 表示，因此得

$$x_p = \frac{\overline{B''C''}}{I_N} \tag{12-7}$$

上述分析表明，当考虑转子漏磁影响后，在空载特性和零功率因数负载特性之间的特性三角形是逐渐变化的。在三相稳态短路时，特性三角形的纵边长为 $I_N x_\sigma$，这时的特性三角形称为短路三角形。随着电压增高，三角形的纵边将逐渐增高，在 $U=U_N$ 点特性三角形的纵边长为 $I_N x_p$，此特性三角形称为保梯（Potier）三角形，相应的漏抗称为保梯电抗 x_p。

对一般的同步发电机来说，试验法与作图法求出的零功率因数负载特性的差别是不大的。在隐极同步发电机中极间漏磁较小，因此 $x_p=(1.05\sim1.10)x_\sigma$，而在凸极同步发电机中 $x_p=(1.1\sim1.3)x_\sigma$。

12.6.3　用空载特性和短路特性确定 x_d 的不饱和值

由实验可测得同步发电机的空载特性和短路特性如图 12-10 所示。短路时磁路不饱和，且 $U=0$，$I_k=I_d$，此时的电动势方程式为

$$\dot{E}'_0 = \mathrm{j}\dot{I}_d x_{d(n-sat)} = \mathrm{j}\dot{I}_k x_{d(n-sat)} \tag{12-8}$$

则直轴同步电抗的不饱和值为

$$x_{d(n-sat)} = \frac{E'_0}{I_k} \tag{12-9}$$

其标么值为

$$x^*_{d(n-sat)} = \frac{x_{d(n-sat)}}{z_b} = \frac{E'_0}{I_k}\frac{I_{Nph}}{U_{Nph}} = \frac{E'^*_0}{I^*_k} \tag{12-10}$$

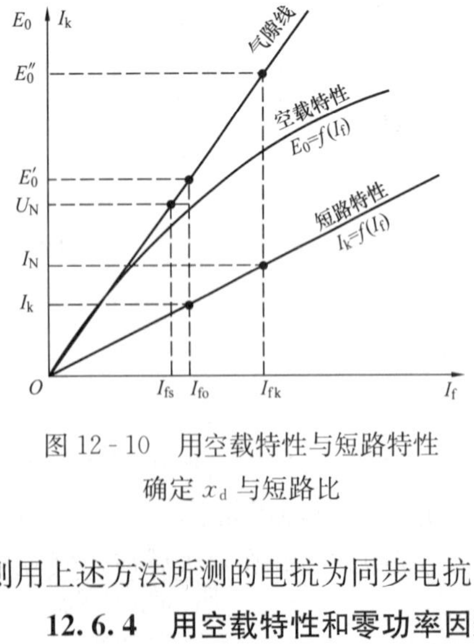

图 12-10　用空载特性与短路特性确定 x_d 与短路比

式中，E'_0 为励磁电动势的不饱和值，可从空载特性的气隙线中查出。在图 12-10 中，对应某一励磁电流 I_f，从空载特性的气隙线上查 E'_0，再从短路特性上查得 I_k，两者的比值即为直轴同步电抗的不饱和值。如空载短路实验所用发电机是隐极同步发电机，则用上述方法所测的电抗为同步电抗 x_t 的不饱和值。

12.6.4　用空载特性和零功率因数特性确定 x_d 的饱和值

当发电机在额定电压下运行时，磁路已处于饱和状态，这时应采用电动势-磁动势时-

空矢量图，先从气隙磁动势矢量 F'_δ 在空载特性上求出气隙电动势 E_δ，再由 $\dot{E}_\delta=\dot{U}+\dot{I}r_a+j\dot{I}x_\sigma$ 绘出电动势相量图。由于同步发电机经常在额定电压下运行，在不同负载电流和不同功率因数下时气隙电动势 E_δ 值虽有所不同，使发电机的饱和程度也不同，但其变化并不大（因为定子漏抗压降远小于 U_N）。为简化分析可以近似地取零功率因数特性上 $I=I_N$ 和 $U=U_N$ 的运行点（见图 12-11 中 A 点）的气隙电动势值 $E_\delta=\overline{BL}$ 作为考虑发电机额定运行时饱和程度的依据，过$\overline{OB}$两点画一直线作为此时的线性化空载特性，再与$\overline{KA}$延长相交于点 T，则$\overline{KT}$为励磁电动势$E_0\approx U_{Nph}+I_N x_{d(sat)}=\overline{KA}+\overline{AT}$，$\overline{AT}=I_N x_{d(sat)}$，则 X_d 的饱和值为

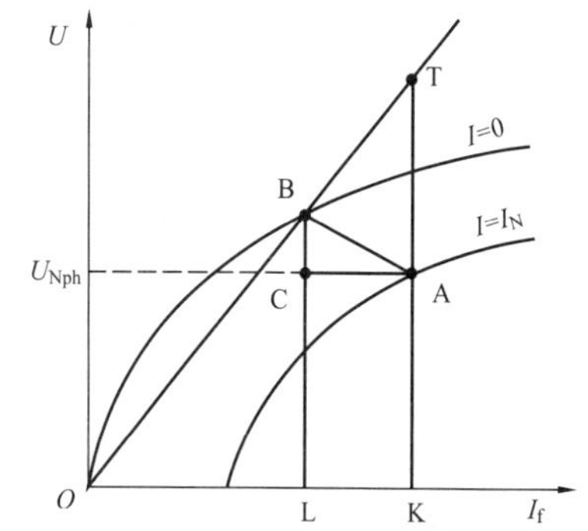

图 12-11　用空载特性和零功率因数特性确定 X_d 的饱和值

$$x^*_{d(sat)}=\frac{\overline{AT}}{\overline{KA}} \tag{12-11}$$

12.6.5　短路比

短路比是同步发电机的一个重要数据，其大小对发电机的设计和运行都有很大的影响。所谓短路比就是发电机在空载额定电压的励磁电流 I_{f0} 下，电枢绕组的稳态短路电流 I_k 与额定电流 I_N 的比值，即

$$SCR=\frac{I_k}{I_N} \tag{12-12}$$

短路比也可以用励磁电流来表示，从图 12-10 可见，$I_k/I_N=I_{f0}/I_{fk}$，于是式（12-12）可以写成：

$$SCR=\frac{I_{f0(U=U_{Nph})}}{I_{fk(I=I_N)}} \tag{12-13}$$

式中，I_{fk}为短路时产生额定电流所需的励磁电流。因此短路比又等于产生空载额定电压所需的励磁电流 I_{f0}与产生短路额定电流所需的励磁电流 I_{fk}之比。

由励磁电流 I_{f0}按气隙线查出的空载电动势为 E'_0，而由励磁电流 I_{fk}按气隙线查出的空载电动势为 E''_0。在短路试验时，$E''_0\approx I_N x_{d(n-sat)}$，于是有

$$SCR=\frac{I_{f0}}{I_{fk}}=\frac{E'_0}{E''_0}=\frac{E'_0}{U_N}\frac{U_N}{E''_0}\approx\frac{E'_0}{U_N}\frac{U_N}{I_N x_{d(n-sat)}}=\frac{E'_0}{U_N}\frac{1}{x^*_{d(n-sat)}} \tag{12-14}$$

式中，$x^*_{d(n-sat)}=I_N x_{d(n-sat)}/U_N$ 是 $x_{d(n-sat)}$的标么值。

从图 12-10 可看到，如果发电机的磁路不饱和，空载时产生 U_N 只需要 I_{fs}大小的励磁电流就够了。当有饱和时，需要 I_{f0}。比值 I_{f0}/I_{fs}反映了发电机在空载电压为 U_N时磁路的饱和程度，该比值称为空载额定电压时的磁路饱和系数，用 k_μ 表示。于是短路比

$$SCR=\frac{E'_0}{U_N}\frac{1}{x^*_{d(n-sat)}}=\frac{I_{f0}}{I_{fs}}\frac{1}{x^*_{d(n-sat)}}=k_\mu\frac{1}{x^*_{d(n-sat)}} \tag{12-15}$$

可见，短路比等于用标么值表示的直轴同步电抗不饱和值的倒数再乘上空载额定电压时主磁路的饱和系数 k_μ（通常 $k_\mu=1.1\sim1.25$），所以它是一个计及饱和影响的参数。

短路比的大小对同步发电机的影响主要表现在以下几个方面：

（1）影响发电机运行的静态稳定度。短路比大，则 X_d 小，静稳定极限就高。

（2）短路比大，则电压随负载的波动幅度就小，励磁电流随负载波动也小。

（3）短路比大，则短路电流较大。

（4）影响发电机的尺寸。短路比大，即发电机的气隙大，转子的额定励磁安匝增多，因此要增加发电机的尺寸，增加用铜量和发电机的造价。

近年来，随着单机容量的增大，为了提高材料利用率，短路比有所降低。一般汽轮发电机的短路比为 0.4～1.0，而水轮发电机的短路比为 0.8～1.8，这是因为水电站输电距离较长，稳定性问题较严重，因此要求有较大的短路比。

12.6.6　额定励磁电流和电压调整率求法

同步发电机的额定励磁电流和电压调整率既可以用直接负载法测定，也可以用考虑磁饱和时的电动势 - 磁动势时 - 空矢量图求出。

1. 用时 - 空矢量图确定凸极同步发电机的额定励磁电流和电压调整率

图 12 - 12（a）是根据双反应理论并考虑饱和影响的同步发电机的时 - 空矢量图。设已知凸极同步发电机额定负载时数据 $U=U_N$、$I=I_N$、$\cos\varphi=\cos\varphi_N$ 和发电机参数 r_a、x_σ、k_{ad}和 k_{aq}，则可按图 12 - 12（a）画出 $\dot{U}$、$\dot{I}$ 和 $\dot{E}_\delta=\overline{OA}=\dot{U}+\dot{I}R+j\dot{I}x_\sigma$。下面的问题是如何确定内功率因数角 ψ。因为$\overline{AB}=I_q x_{aq}$，$\overline{AM}=\dfrac{I_q x_{aq}}{\cos\psi}=Ix_{aq}$。因此$\overline{AM}=\overline{XT}$的长度可以由磁动势$\dfrac{k_{aq}F_{aq}}{\cos\psi}=k_{aq}F_a=\overline{OX}$查空载特性的直线部分（气隙线）求得。这样单独处理交轴磁动势的依据是交轴气隙大，磁路不饱和，且基本上不增加直轴磁路的饱和程度。确定 M 的位置之后，可画$\overline{OM}$得 ψ 角。由此可得出直轴电枢反应等效励磁磁动势 $F'_{ad}=k_{ad}F_{ad}=k_{ad}F_a\sin\psi$。

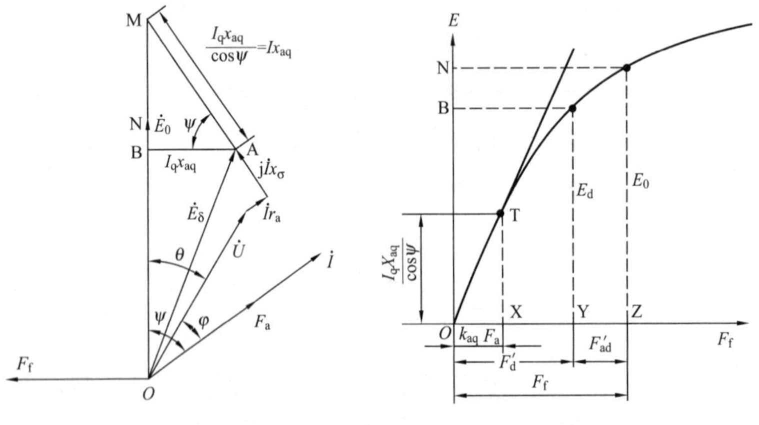

图 12 - 12　凸极发电机的 I_{fN}与 ΔU 的求法

过 A 点作$\overline{OM}$的垂线交于 B 点，则$\overline{OB}$即为气隙电动势 $\dot{E}_\delta$ 的直轴分量 $\dot{E}_d$。用$\overline{OB}$由空载特性求得$\overline{OY}$，即为直轴合成磁动势 F'_d，再加上已求得的 F'_{ad}求得 $F_f=F'_d+F'_{ad}=\overline{OZ}$，再用$\overline{OZ}$从空载特性上求得 $E_0=\overline{ON}$，于是电压调整率为

$$\Delta U=\frac{E_0-U_N}{U_N}\times 100\% \tag{12-16}$$

额定励磁电流为

$$I_{fN}=\frac{F_f}{N_f}=\frac{\overline{OZ}}{N_f} \tag{12-17}$$

2. 用时-空矢量图确定隐极同步发电机的额定励磁电流和电压调整率

设发电机的空载特性 $E_0=f(I_f)$、电枢电阻 R_a、电枢漏电抗 x_σ（x_σ 通常用实验测量的保梯电抗 x_p）、额定电流时的电枢等效磁动势 $F'_a=k_aF_a$ 以及发电机的额定数据（每相值）均为已知，则额定励磁电流和电压调整率可按如下方法确定。

首先，由已知数据可以求出额定情况下发电机的气隙电动势 $\dot{E}_\delta$，即

$$\dot{E}_\delta=\dot{U}+\dot{I}r_a+j\dot{I}x_p \tag{12-18}$$

相应的相量图如图 12-13 所示，图中相量 $\dot{U}$ 画在纵坐标上。然后在空载曲线上查取产生 $\dot{E}_\delta$ 所需的等效气隙磁动势 F'_δ，并在超前 $\dot{E}_\delta 90^\circ$ 处作矢量 F'_δ，再根据 $\overline{F}'_\delta=\overline{F}_f+\overline{F}'_a$ 求出 $\overline{F}_f$，

即

$$\overline{F}_f=\overline{F}'_\delta+(-k_a\overline{F}_a) \tag{12-19}$$

式中，$k_a\overline{F}$ 与 $\dot{I}$ 同相，相应的矢量图也画在图 12-13 中。把额定励磁磁动势 F_{fN} 除以励磁绕组的匝数，即可得额定励磁电流 I_{fN}。

把 $\overline{F}_f$ 的值转投到空载特性曲线上，即可求出该励磁下的空载电动势 E_0，然后按式（12-4）可算出发电机的电压调整率 ΔU。

图 12-13 所示电动势-磁动势时-空矢量图，通常也称为保梯图。

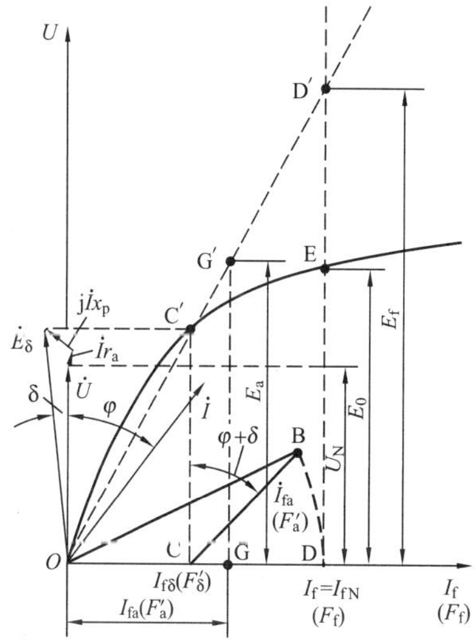

图 12-13　用空载特性和保梯图确定 I_{fN} 与 ΔU

从理论上讲，这种方法仅适用于隐极同步发电机。但是实践表明，对于凸极同步发电机，若以 $k_{ad}\overline{F}_{ad}$ 代替 $k_a\overline{F}_a$，所得结果误差不大，因此工程上也用此法来确定凸极同步发电机的 I_{fN} 和 ΔU。

在图 12-13 中，$\overline{CC''}=E_\delta$，经过点 C′作线性化空载特性 OC′D′，并取 $\overline{OG}=\overline{CB}=I_{fa}$，可得 $\overline{GG'}=E_a$，因此隐极同步发电机电枢反应电抗的饱和值为

$$x_{a(sat)}=\frac{E_a}{I}=\frac{\overline{GG'}}{I} \tag{12-20}$$

例 12-1　有一台水轮发电机，其额定容量 $P_N=15\text{MW}$，额定电压 $U_N=13.8\text{kV}$（Y连接），额定功率因数 $\cos\varphi_N=0.8$（滞后），额定转速 $n_N=100\text{r/min}$，保梯电抗的标么值 $x_p^*=0.24$，交轴同步电抗的标么值 $x_q^*=0.62$，电枢电阻忽略不计。发电机的短路特性为一直线，当短路电流等于额定电流时，励磁电流 $I_{fk}=178\text{A}$。空载特性的数据如表 12-1 所示。求该发电机的额定励磁电流和电压调整率。

解：（1）额定电流时电枢的等效磁动势。

表 12-1 空 载 特 性

$E_{0\Phi}$ (V)	2000	3600	6300	7800	8900	9550	10000	10200
I_f (A)	45	80	150	200	250	300	350	400

画出空载特性曲线，并根据 $I_{fk}=178A$ 确定短路点 K，如图 12-14 所示。

在空载特性曲线上取 R 点，即使 $\overline{RT}=I^* x_p^*=0.24$，于是可查得与 $I^* x_p^*$ 对应的励磁磁动势折算为励磁电流 $\overline{OT}=43A$。因为短路时主磁极的励磁磁动势 $\overline{OK}$ 包括两部分，一部分用以克服漏抗压降，另一部分用以克服电枢的去磁磁动势，由此可得额定电流时电枢的等效磁动势 F_a' 按直轴折算成励磁电流为

$$I_{fa}=k_{ad}F_a/N_f=\overline{TK}=\overline{OK}-\overline{OT}=178-43=135\text{ (A)}。$$

（2）用考虑磁饱和时凸极同步发电机的时-空矢量图求解 I_{fN} 与 ΔU。

用标么值计算，$U^*=1.0$，$I^*=1.0$，先求 ψ 角，从图 12-15 可得

$$\psi=\arctan\frac{I^* x_q^*+U^*\sin\varphi_N}{I^* r_a^*+U^*\cos\varphi_N}=\arctan\frac{1.0\times0.62+1.0\times0.6}{0+1.0\times1.8}=56.75°$$

$$\theta=\psi-\varphi_N=56.75°-36.87°=19.88°$$

$$E_d^*=U^*\cos\theta+I^*\sin\psi x_\sigma^*=1.0\times\cos19.88°+1.0\times\sin56.75°\times0.24=1.1411$$

$$E_d=E_d^* U_{Nph}=1.1411\times13800/\sqrt{3}=9091\text{ (V)}$$

查空载特性得 F_d' 折算的励磁电流为

$$I_{fd}=F_d'/N_f=264\text{ (A)}$$

而直轴电枢磁动势 $F_{ad}=F_a\sin\psi$ 折算成励磁电流为

$$I_{fad}=k_{ad}F_{ad}/N_f=k_{ad}F_a\sin\psi/N_f=I_{fa}\sin\psi=135\times\sin56.75°=113\text{ (A)}$$

所以额定负载时的励磁电流为

$$I_{fN}=I_{fd}+I_{fad}=264+113=377\text{ (A)}$$

按此值查空载特性得在 I_{fN} 时卸去负载后的空载电压为

$E_0=10148V$，其标么值为 1.2736。

则电压调整率为

$$\Delta U=(1.2736-1.0)/1.0\times100\%=27.36\%$$

（3）用空载特性和保梯图确定 I_{fN} 与 ΔU。

上述求解 I_{fN} 与 ΔU 的方法虽然比较严格，但是计算比较复杂，特别是需要先测出交轴同步电抗 x_q 的数值，这在实用上感到不太方便。如果改用保梯图法，那就简便得多。

先求气隙电动势 $\dot{E}_\delta$，认为 $x_p^*\approx x_\sigma^*$，额定负载 $U^*=1.0$，$I^*=1.0$，由图 12-14 可得

$$\delta+\varphi=\arctan\frac{I^* x_p^*+U\sin\varphi}{U\cos\varphi}=\arctan\frac{1.0\times0.24+1.0\times0.6}{1.0\times0.8}=46.397°$$

而

$$\varphi=\varphi_N=\arccos0.8=36.87°$$

则气隙电动势

$$E_\delta^*=U^*\cos\delta+I^* x_p^*\sin(\delta+\varphi)$$
$$=1.0\times\cos9.527°+1.0\times0.24\times\sin46.397°=1.160$$

因此

$$E_\delta=E_\delta^* U_{Nph}=1.160\times13800/\sqrt{3}=9242\text{ (V)}$$

由此可求出对应的气隙合成磁动势 F'_δ 折算成励磁电流为 $I_{f\delta}=F'_\delta/N_f=275.66$A，而前面已求出电枢的等效磁动势 $F'_a=k_{ad}F_a$ 按直轴折算成励磁电流为 $I_{fa}=k_{ad}F_a/N_f=135$A，根据时 - 空矢量图的规律，矢量 $\overline{F}'_\delta$ 超前于 $\dot{E}^*_\delta$ 90°，矢量 $\overline{F}'_a$ 与电流 $\dot{I}$ 同向。把 $\overline{F}'_\delta$ 与 $-k_{ad}\overline{F}_a$ 矢量相加，即得额定励磁磁动势 $\overline{F}_{fN}$。在图 12 - 14 中，为紧凑起见，把整个磁动势矢量图也画在第一象限内，所以各个磁动势均增加一个负号。

从图 12 - 14 中可得与 F_{fN} 对应的额定励磁电流 I_{fN} 为

$$\dot{I}_{fN}=\dot{I}_{f\delta}+\dot{I}_{fa}=275.66\angle 0°+135\angle(90°-46.397°)=384.85\angle 14°\text{ A}$$

由 $I=384.85$A 查空载特性得 $E^*_0=1.2771$，从而 $E_0=10175$V，可求得 $\Delta U=27.71\%$。

可见，此法所求得的确定 I_{fN} 值与 ΔU 值都和前法相当接近。例 12 - 1 的相量图如图 12 - 15 所示。

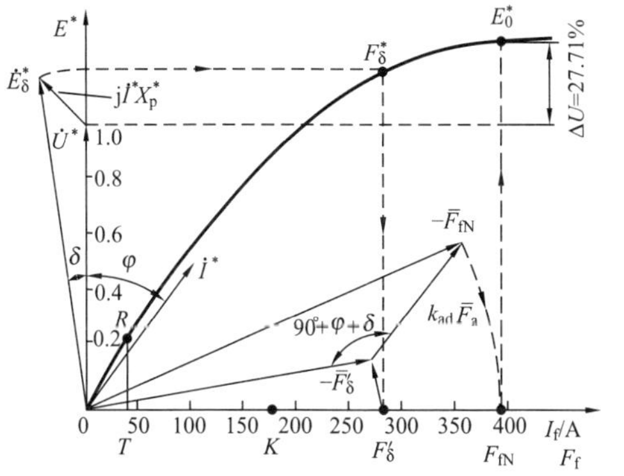

图 12 - 14　例 12 - 1 的保梯图

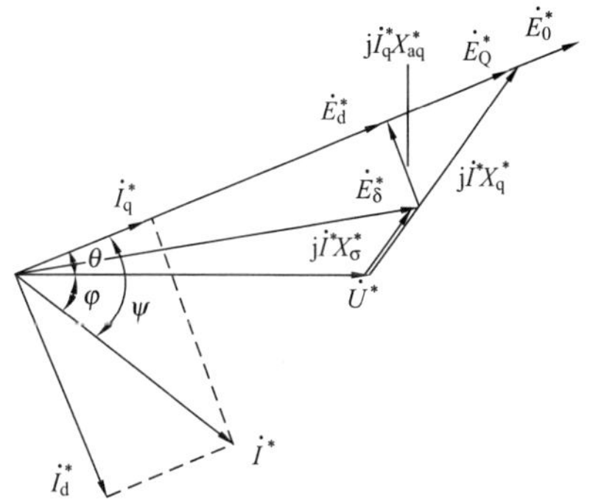

图 12 - 15　例 12 - 1 的相量图

例 12 - 2　用空载特性和保梯图确定 I_{fN} 和 ΔU 的 MATLAB 实现。

解：（1）MATLAB 源程序。

```
clc; clear;
If = [0. 0, 45, 80, 150, 200, 250, 300, 350, 400];
Eo = [0. 0, 2000, 3600, 6300, 7800, 8900, 9550, 10000, 10200];
Pie = spline (If, Eo);
xIf = min (If): 0. 01: max (If);
yEo = spline (If, Eo, xIf);
plot (If, Eo, 'o', xIf, yEo)
grid on
xlabel ('励磁电流 If (A) ')
ylabel ('励磁电动势 Eo (V) ')
PN = 15000000;
UN = 13800;
PF = 0. 8;
XPP = 0. 24;
INp = PN/ (sqrt (3) * UN * PF);
```

```
UNp = UN/sqrt (3);
XP = XPP * UNp/INp;
phi = acos (PF);
CU = UNp + 0 * i;
CI = INp * cos ( - phi) + INp * sin ( - phi) * i;
CED = CU + CI * XP * i;
D = angle (CED);
ED = abs (CED);
PIf = spline (Eo, If);
IfD = spline (Eo, If, ED);
Ifa = 135. 0;
CIfD = IfD + 0 * i;
CIfa = Ifa * cos (pi/2 - (phi + D) ) + Ifa * sin (pi/2 - (phi + D) ) * i;
CIfN = CIfD + CIfa;
IfN = abs (CIfN);
Eo = spline (If, Eo, IfN);
deltaU = (Eo - UNp) /UNp;
fprintf ('\ n');
fprintf ('用空载特性和保梯图确定的 IfN 和△U 如下: \ n');
fprintf ('额定励磁电流: IfN = %5. 2fA \ n', IfN);
fprintf ('电压调整率: △U = %5. 4f \ n', deltaU);
```

（2）运行结果。

用空载特性和保梯图确定的 I_{fN} 和 ΔU 如下：

额定励磁电流：$I_{fN}=384.85\text{A}$

电压调整率：$\Delta U=0.2771$

12.7 同步发电机稳态参数的测定

同步发电机的稳态参数有 x_d、x_q、x_p、x_σ 和 r_a 等。前面结合空载特性、短路特性和零功率因数特性已讨论了 x_σ，x_p，x_d（不饱和），x_d（饱和），x_a（饱和）等参数的确定方法，但对 x_q 的测定方法还未作介绍（电阻 r_a 用常规方法测定，故从略）。下面介绍一种能测出 x_q，同时也能测出 x_d 的方法——转差法。

将被试同步发电机用原动机拖动到接近同步转速（转差率小于 1%），令其励磁绕组开路，然后在定子侧加额定频率的相序与转子转向一致的三相对称低电压（0.02～0.15）U_N，以保证被试发电机不被牵入同步，同时又不使剩磁电压引起太大误差为度。用示波器拍摄端电压和电枢电流波形，如图 12 - 16 所示。

由于没有励磁电流，即 $E_0=0$，忽略 r_a，有

$$\dot{U}=-\mathrm{j}(\dot{I}_d x_d+\dot{I}_q x_q) \tag{12-21}$$

这是转速为同步速时的电动势平衡方程。现在转速稍低于同步速，即电枢磁场轴线会依次交

替地与转子直轴和交轴重合。相应地，电枢所表现的电抗也将在其最大值 x_d 与最小值 x_q 之间按转差频率作周期性变化。

当电枢旋转磁场的轴线与直轴重合时，有 $\dot{I}=\dot{I}_d$，$\dot{I}_q=0$，直轴磁路的磁阻最小，相应电枢电抗达到最大值 X_d，因此电枢电流为最小值 I_{min}，致使供电线路压降减小，定子端电压为最大值 U_{max}，若忽略电枢电阻，即有

$$x_d=\frac{U_{max}}{I_{min}} \tag{12-22}$$

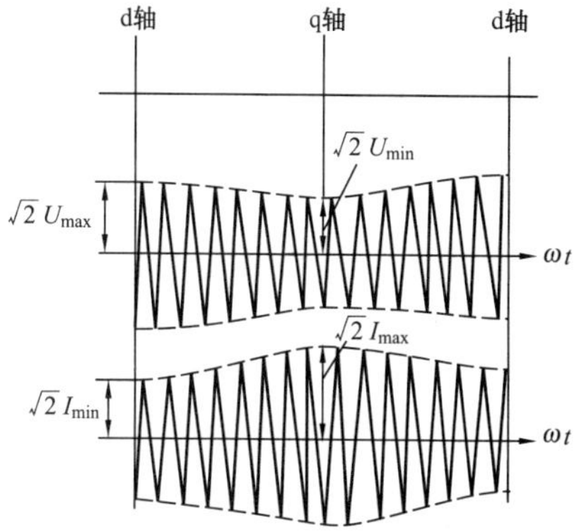

图 12-16　转差法试验时的端电压和电枢电流波形

同理，当电枢旋转磁场的轴线与交轴重合时，$\dot{I}=\dot{I}_q$，$\dot{I}_d=0$，交轴磁路的磁阻最大，相应电枢电抗达最小值 x_q，定子电流为 I_{max}，端电压为 U_{min}，若忽略电枢电阻，从而有

$$x_q=\frac{U_{min}}{I_{max}} \tag{12-23}$$

由于试验中所加电压很低，磁路不饱和，所以转差法测得的 x_d 和 x_q 都是不饱和值。

12.8　同步发电机的损耗与效率

12.8.1　损耗

同步发电机在将机械能转变为电能的过程中，发电机内部会产生各种损耗。同步发电机的损耗分为电气损耗和机械损耗两类，而电气损耗又包括基本损耗和附加损耗两部分，现将各损耗简述说明如下。

1. 定子绕组的基本铜损耗 p_{Cu}

p_{Cu}指定子绕组通过电流的电阻损耗，它的大小取决于负载时绕组的电流密度、导线铜的质量及设计计算依据的温度。由于导线截面上电流密度不均，所增加的损耗归入附加损耗。

2. 定子铁心的基本铁损耗 p_{Fe}

p_{Fe}指定子铁心齿、轭在交变磁场中引起的磁滞及涡流损耗，它的大小取决于铁心磁通密度的大小、磁通变化频率、铁心质量、电工钢片性能及加工工艺等。同步发电机在正常运行时，转子铁心处于恒定磁场中，因此无铁损。

3. 励磁损耗 p_f

p_f 指转子励磁回路的损耗，包括励磁绕组电阻、电刷与滑环的接触电阻、变阻器内的损耗等。若装有同轴励磁机，还需计入励磁机的损耗。

4. 附加损耗 p_{ad}

(1) 附加铜损耗。由于漏磁通、集肤效应引起的定子绕组中的附加铜损耗。

(2) 附加铁损耗主要包括：

1) 由定子齿、槽引起的气隙磁通波动而导致转子或磁极表面的发热损耗；

2）由定、转子齿、槽相对位置的变化引起磁通脉动而在定、转子铁心产生的涡流损耗；

3）定子的高次谐波磁通和齿谐波磁通在转子或磁极表面产生的高频涡流损耗；

4）由转子磁场的高次谐波磁通和齿谐波磁通在定子表面产生的高频涡流损耗；

5）定子绕组端接部分金属部件由于端部漏磁通而引起的附加损耗等。

附加损耗在总损耗中所占比例不大，但有时在不利条件下会使某项损耗特别大，引起局部过热。可采用一些措施来减小附加损耗，如采用短距、分布电枢绕组，以减小高次谐波的影响；又如电枢绕组导线采用多股并联并进行换位，以减小因漏磁的趋表效应而引起的附加铜损耗；又如合理布置发电机的金属构件，并用非磁性材料作压环及绑线，以减小定子端部漏磁引起的附加铁损耗等。

5．机械损耗 p_{mec}

p_{mec}包括通风损耗和摩擦损耗，在机轴上装冷却风扇所引起的风扇和通风系统的损耗；转子旋转时，冷却气体与转子表面的摩擦损耗；电刷与滑环的摩擦损耗；轴承的摩擦损耗等。

12.8.2 效率

效率的定义为

$$\eta=\frac{P_2}{P_1}\times 100\% \qquad (12-24)$$

式中，P_1 为输入有功功率；P_2 为输出有功功率。

同步发电机效率一般不采用实测法来求取，而是通过损耗及输出功率求取，即

$$\eta=\left(1-\frac{\sum p}{P_2+\sum p}\right)\times 100\% \qquad (12-25)$$

式中，$\sum p$ 为总损耗，即$\sum p=p_{Cu}+p_{Fe}+p_f+p_{ad}+p_{mec}$。

随着同步发电机功率的增大，单位功率的损耗相对减小，因而大功率同步发电机的效率相对就高，效率也是同步发电机重要的运行指标之一。一般小容量同步发电机 $\eta=82\%\sim92\%$，大中型同步发电机可达 $95\%\sim98\%$。

结 语

同步发电机正常运行的工作特性主要有外特性和调整特性，外特性是指在励磁电流、转速不变时，发电机端电压随负载电流变化的情况，电压变化情况不仅与电流大小有关，还与负载性质有关。调整特性是指发电机端电压保持不变，励磁电流随负载变化的调节情况。外特性、调整特性都与电枢反应有关即与电枢电流产生的磁场有关。

其他如空载特性、短路特性、零功率因数负载特性则主要用于测量同步发电机参数。通过空载试验和短路试验可以求得同步电抗的不饱和值，通过空载试验和零功率因数试验可以得到同步电抗的饱和值和漏抗值。

短路比、直轴和交轴同步电抗及效率是同步发电机稳定运行性能的主要数据。短路比表征同步发电机的静态稳定度，它与直轴同步电抗的标么值成反比，在实质上短路比是一个计及饱和的参数。各电抗数值则是定量分析同步发电机稳定运行的有用工具。

习　题

12-1　测定发电机短路特性时，如果发电机转速由额定值降为原来的一半，对测量结果有何影响？

12-2　为什么同步发电机稳态对称短路电流不太大而变压器的稳态对称短路电流值却很大？

12-3　如何通过试验来求取同步电抗的饱和值与不饱和值？

12-4　为什么当 $\cos\varphi=1$ 时，同步发电机外特性曲线随负载电流的增大而下降？

12-5　同步发电机供给一对称电感负载，当负载电流增加时，怎样才能保持端电压不变？

12-6　一台同步发电机定子绕组上加一定大小的三相对称电压，试问：在抽出转子和转子不加励磁但以同步转速顺定子旋转磁场方向旋转这两种情况下，哪种情况定子电流更大？

12-7　一台同步发电机的气隙比正常气隙长度偏大，X_d 和 ΔU 将如何变化？

12-8　什么是短路比？短路比和同步电抗有什么关系？

12-9　同步发电机的电压调整率 ΔU 和哪些因素有关？

12-10　测定同步发电机的空载特性和短路特性时，如果转速降为 $0.95n_N$，对实验结果有什么影响？

12-11　为什么零功率因数特性与空载特性曲线形状相似？

12-12　三相水轮发电机，$P_N=72500$kW，$U_N=10.5$kV，Y 接法，$\cos\varphi_N=0.8$ 滞后。测得发电机的空载、短路和零功率因数负载特性如下：

空载特性

U_0^*	0.55	1.00	1.21	1.27	1.33
I_f^*	0.52	1.00	1.51	1.76	2.09

短路特性

I_k^*	0	1
I_f^*	0	0.965

零功率因数特性（$I=I_N$）

U^*	1
I_f^*	2.115

试求：(1) X_d^*（不饱和值）；

(2) 短路比 k_c；

(3) 保梯电抗 X_p^*。

12-13　有一台三相水轮发电机，电枢绕组Y接法，额定容量 $S_N=7500$kVA，额定电压 $U_N=6300$V，额定功率因数 $\cos\varphi_N=0.8$（滞后），频率 $f=50$Hz。由试验测得如下数据：

空载试验

I_f (A)	103	200	272	360	464
E_0 (V)	3460	6300	7250	7870	8370

短路试验

I_f（A）	50	100	150	200	250
I_k（A）	180	360	540	720	900

$I=I_N$ 时的零功率因数试验

I_f（A）	183	330	380	433	475
U（V）	0	4720	5660	6330	6600

转差试验　当外施线电压为 $U=1400$V 时测得 $I_{max}=240$A；$U=1420$V 时测得 $I_{min}=160$A。

（1）通过空载特性和短路特性求出 X_d 的不饱和值；

（2）通过空载特性和零功率因数特性求出保梯电抗 X_p；

（3）由转差试验求出 X_d 和 X_q；

（4）求出额定负载运行时的励磁电流 I_{fN} 及电压调整率 ΔU。

12-14　一台汽轮发电机，额定功率 $P_N=12000$kW，额定电压 $U_N=6300$V，Y接法，额定功率因数 $\cos\varphi_N=0.8$（滞后）。空载试验与短路试验数据如下（忽略电枢电阻）。

空载试验

线电压（V）	0	4500	5500	6000	6300	6500	7000	7500	8000
励磁电流（A）	0	60	80	92	102	111	130	190	286

短路试验

电枢电流（A）	0	I_N
励磁电流（A）	0	158

试求：

（1）同步电抗 X_t 的不饱和值；

（2）额定负载运行时的励磁电流 I_{fN}；

（3）电压调整率 ΔU。

第 13 章　同步发电机的并联运行

在现代发电厂中，通常将几台同步发电机并联起来接到共同的汇流条上，这种方式称为并联运行。这样一方面可以根据负载的变化来调整投入运行的机组数目，使原动机和发电机在较高的效率下运行；另外，也便于轮流检修，提高供电的可靠性。距离很远的许多发电厂又通过升压变压器和高压输电线彼此再并联起来，形成一个巨大的电力系统。这样，负载变化时电网电压和频率的变化就会很小，可以提高供电的质量及供电的可靠性。此外，电力系统中的火电厂和水电厂可以相互配合，在枯水期间主要由火电厂供电，丰水期间则由水电厂发出大量廉价的电力。这样，水电厂和火电厂并联可以综合利用能源，降低电能成本，从而使整个电力系统在最经济的条件下运行。

我国电力系统（电网）容量日益扩大，由于电网的容量远远大于某一台发电机组的容量，因而并联在电网上的发电机组有功功率与无功功率的调节对电网的频率和电压影响都很小，可以近似认为电网的频率和电压都是恒定不变的，即 $f=$常数，$U=$常数。这种情况称为同步发电机与无限大电网并联。下面主要讨论同步发电机并联在"无限大电网"的运行状况。

13.1　同步发电机并联运行的条件和方法

13.1.1　投入并联的条件

将同步发电机并联到电网的过程称为投入并联，或称并列、并车、整步。在并车时，为了避免在发电机和电网中产生冲击电流，及由此在发电机转轴产生冲击转矩，应使发电机每相电动势的瞬时值与电网电压的瞬时值完全相等，即要求待并发电机应满足下列条件：

（1）发电机与电网的相序应一致；

（2）发电机与电网的电压波形应相同；

（3）发电机与电网的频率应相同；

（4）发电机的励磁电动势 E_0 与电网电压 U 大小相等；

（5）发电机的励磁电动势 $\dot{E}_0$ 与电网电压 $\dot{U}$ 相位相同。

上述条件中，除相序一致是绝对条件外，其他条件都是相对的，因为通常发电机可以承受一些小的冲击电流。下面说明一下为什么投入并联时必须满足这些条件。

图 13-1 表示两台同步发电机，其中 S 代表系统中已工作的等效发电机，G 代表将要并入电网的发电机。

若相序不同而并网，则相当于在发电机的出线端加上一组负序电压，这是一种严重的故障，电流冲击和转矩冲击都很大，因此必须避免。

若波形不同，例如电网为正弦波，而发电机的感应电动势为非正弦波，则将在发电机和电网内产生一系列谐波环流，使发电机损耗和温升增高。

若发电机的频率与电网的频率不同，$\dot{E}_0$ 与 $\dot{U}$ 之间便有相对运动，两相量间的夹角将在

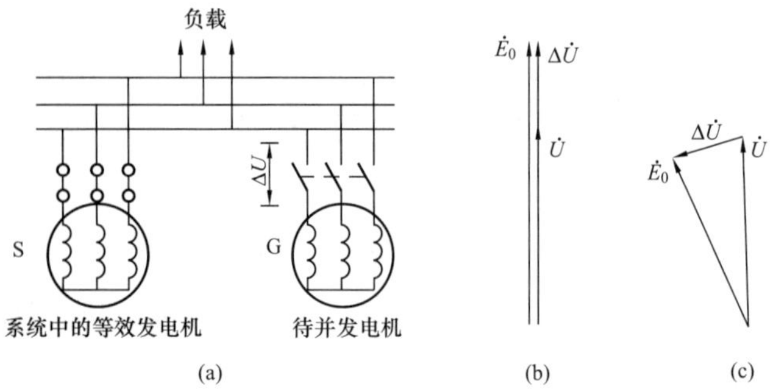

图 13-1 同步发电机并列

(a) 并列示意图；(b) $\dot{E}_0$ 和 $\dot{U}$ 大小不等；(c) $\dot{E}_0$ 和 $\dot{U}$ 相位不同

0～360°之间发生变化，差值电压 $\Delta\dot{U}$ 忽大忽小。频率相差越大，这个变化越剧烈，投入并联的操作就越困难；若投入电网，也不易拉入同步，而会引起很大的冲击电流和功率振荡。

若 $\dot{E}_0$ 与 $\dot{U}$ 大小不等［见图 13-1（b）］或相位不同［见图 13-1（c）］，而把发电机投入并联，则在发电机与电网组成的回路中将产生一定的冲击电流；在严重的情况下，该电流可达到额定电流的 5～8 倍，此时由于电磁力的冲击，定子绕组端部就可能受到损伤。由于很大的电磁转矩和机组的扭振，机组的轴系也可能受到损伤。

综上所述，为了避免电流、功率和转矩的冲击，发电机投入并联时应该满足上述条件。一般情况下，条件（1）、（2）可由设计、制造和安装来予以满足。所以在投入并联时，只要注意检查条件（3）、（4）、（5）就行了。

根据发电机电动势的频率 $f=pn/60$ 和 $E_0=4.44fN_1k_{N1}\Phi_0$ 可知，在整步过程中，要使发电机的频率、电动势与电网相同，只要分别调节原动机的转速和发电机的励磁电流就可以达到。电动势的相位则可通过调节发电机的瞬时速度来调整。

凡已励磁的发电机，不符合并列条件而进行并列时，称为非同期并列。非同期并列时可能产生很大的冲击电流，会严重损坏发电机及其他有关电气设备。所以，非同期合闸是电力系统恶性事故之一，应该杜绝。

13.1.2 投入并联的方法

将发电机投入电网并联有两种不同的方法，即准确同步法和自同步法。正常并联操作一般采用准确同步法。

1. 准确同步法

用准确同步法将发电机 G 投入电网并联，就是要求在发电机 G 投入电网的瞬间不产生电流的冲击和其他有害的后果，这就要求待并发电机 G 和电网等效发电机 S 的端电压在任何瞬间都相等。为了满足这个要求，发电机 G 必须调整到完全符合投入并联的条件，然后投入电网。

在发电机用准确同步法并联合闸的过程中，怎样判断发电机是否满足并联条件，如果不满足又怎样进行调节，最简明易懂的方法是灯光法，它分为灯光明暗法（直接接法）和灯光旋转法（交叉接法）两种。尽管现在自动化并联装置已经发展到很复杂的程度，但基本原理与灯光法是一致的。现代发电生产中的并车操作都采用半自动或全自动装置。

因此用准确同步法将发电机 G 投入电网的工作是检查并车条件和确定合闸时刻。通常用电压表测量电网电压和发电机电压，并调节发电机的励磁电流使得发电机的输出电压与电网电压大小相等。再借助同步指示器检查并调整频率和相位以确定合闸时刻。同步指示器通常采用灯光明暗法与灯光旋转法。

(1) 灯光明暗法。

采用灯光明暗法时同步指示灯的连接图如图 13-2 所示，每组相灯跨接在同一开关的两端。令相量以 $\dot{U}_A$，$\dot{U}_B$，$\dot{U}_C$ 表示电网电压，$\dot{U}_{A'}$，$\dot{U}_{B'}$，$\dot{U}_{C'}$ 表示发电机电压，两组相量分别以角速度 ω 和 ω' 旋转。从图 13-3 可以清楚地看到：每组相灯上所承受的电压为发电机端电压 U' 与电网电压 U 的差值 $\Delta\dot{U}=\dot{U}'-\dot{U}$。如果两组相量大小相等、相序一致、频率接近，则两组相量转向相同且存在缓慢的相对角速度 $\omega-\omega'$，ΔU 的大小在 $0\sim2U$ 之间变化，灯光呈现出明暗交替变化。调整发电机的转速使得 ω' 十分接近 ω，等待两组相量完全重合时，$\Delta U=0$，三相相灯都熄灭，此时刻是合闸并车的最佳时刻。

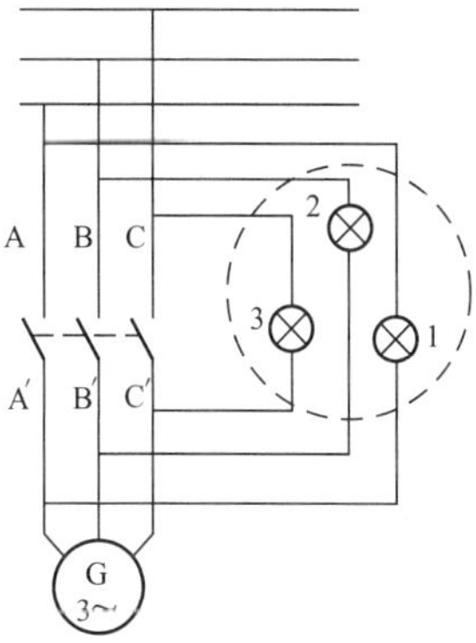

图 13-2　灯光明暗法接线图

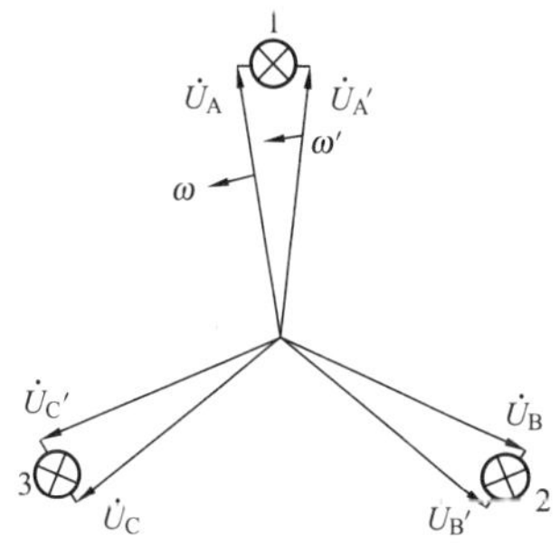

图 13-3　灯光明暗法电压相量图

综上所述，灯光明暗法并列方法为：①通过调节发电机励磁电流的大小使得 $U'=U$；②电压调整好后，如果相序一致，灯光应表现为三个灯同时明暗交替，如果灯光不是三个灯同时明暗交替，则说明相序不一致，这时应调整发电机的出线相序或电网的引线相序，严格保证相序一致；③通过调节发电机的转速改变 U' 的频率，直到灯光明暗交替十分缓慢时，说明 U' 与 U 的频率已十分接近，这时等待灯光完全变暗的瞬间到来，即可合闸并车。

(2) 灯光旋转法。

采用灯光旋转法时同步指示灯的连接图如图 13-4 所示，与灯光明暗法相比，第一组灯的接法并未改变，第二和第三组则交叉跨接在电网与发电机两端。此时发电机电压与电网电压的相量如图 13-5 所示。如果两组相量大小相等、相序一致、频率接近，则加于三只指示灯的电压 $\Delta\dot{U}_{\mathrm{I}}=\dot{U}_A-\dot{U}_{A'}$，$\Delta\dot{U}_{\mathrm{II}}=\dot{U}_B-\dot{U}_{C'}$，$\Delta\dot{U}_{\mathrm{III}}=\dot{U}_C-\dot{U}_{B'}$ 的大小将交替变化，同步指示灯的交替亮暗，形成灯光旋转现象。如果 ω' 快于 ω，则发电机的电压相量绕电网电压相量旋转。在发电机的电压相量绕电网电压旋转一周的过程中，先是灯 1 最亮，接着灯 2 最亮，最后是灯 3 最亮，好像灯光按逆时针方向旋转。同理，如果 ω 快于 ω'，则灯光顺时针旋转。调整发电机转速，直到灯光旋转十分缓慢，等待灯 1 完全熄灭，灯 2 和灯 3 亮度相同时，迅速合闸并列。

综上所述，灯光旋转法并列方法为：①通过调节发电机励磁电流的大小使得 $U'=U$；②电压调整好后，如果相序一致，则灯光旋转，否则说明相序不一致，这时应调整发电机的出线相序或电网的引线相序，严格保证相序一致；③通过调节发电机的转速改变 U' 的频率，直到灯光旋转十分缓慢时，说明 U' 和 U 频率已十分接近，这时等待灯 1 完全熄灭的瞬间到来，即可合闸并车。

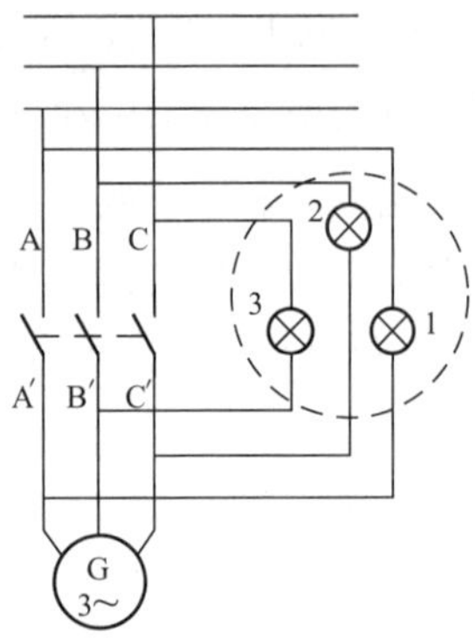

图 13-4　灯光旋转法接线图

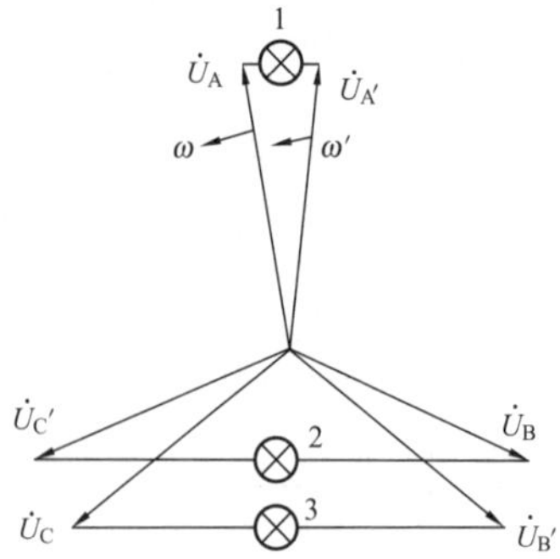

图 13-5　灯光旋转法电压相量图

2. 自同步法

准确同步法的优点是合闸时没有冲击电流，缺点是操作复杂，它对每一并车条件都要进行检查和调节，所以费时较多。当电力系统出现故障情况，而又急需发电机并入电网予以补充时，准确同步法就嫌太慢；而且由于电网的频率和电压可能因事故而发生波动，准确同步法往往很难实行。这时可采用简单的同步方法，称为自同步法。这一方法是在已知发电机的相序与电网的相序一致的情况下，先将励磁绕组通过适当的电阻短接，同时把发电机转子拖动到接近同步转速（相差 2%～5%），在没有通直流励磁电流的情况下，将发电机投入电网，然后再将直流电加于励磁绕组上，调节励磁使发电机的转子由自同步作用牵入同步。这种方法的优点是操作简单、迅速，不需要增加复杂的并联装置；其缺点是合闸后，有电流冲击。

13.2　同步发电机的电磁功率

发电机投入电网的目的在于向电网输出功率，以满足电网上负载变化的需要。为此应首先研究发电机的能量转换过程，分析其内在的基本关系，并找出它的规律性。

13.2.1　功率与转矩平衡方程式

同步发电机是将转轴上输入的机械功率，通过电磁感应作用，转换成电功率输出。同步发电机的功率流程如图 13-6 所示。

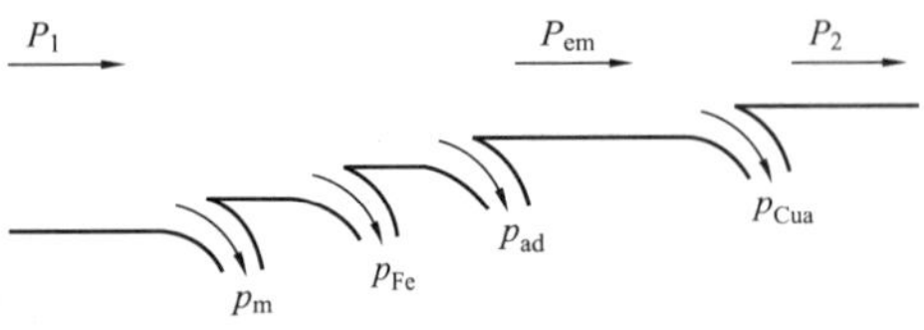

图 13-6　同步发电机的功率流程图

同步发电机在对称负载下稳定运行时，由原动机输入的机械功率 P_1 在扣除发电机的机械损耗 p_m、铁耗 p_{Fe} 和附加损耗 p_{ad} 后，剩下来的就通过电磁感应作用，通过气隙磁场的作用，转换为定子上的电功率 P_{em}。P_{em} 是由电磁感应作用而产生的电功率，因此称它为电磁功率。于是得

$$P_{em}=P_1-(p_m+p_{Fe}+p_{ad}) \tag{13-1}$$

若发电机带有同轴励磁机，则 P_1 中还应减去励磁机的输入功率才是 P_{em}，若由另外的

直流电源供给励磁，则励磁损耗与发电机损耗无关。

电磁功率 P_{em} 是通过电磁感应作用传递到定子绕组的全部电功率，从其中减去定子绕组的铜耗 p_{Cua} 之后，才是发电机定子出线端输出的电功率 P_2，因此有

$$P_2 = P_{em} - p_{Cua} \tag{13-2}$$

同步发电机的转矩平衡方程可直接由式（13-1）两侧同除发电机转子机械角速度 $\Omega = 2\pi n/60$ 得出，即

$$\frac{P_{em}}{\Omega} = \frac{P_1}{\Omega} - \frac{p_m + p_{Fe} + p_{ad}}{\Omega} \tag{13-3}$$

或

$$T_{em} = T_1 - T_0 \tag{13-4}$$

式中，T_{em} 为作用于转子的电磁转矩；T_1 为原动机作用于转子的驱动转矩；T_0 为对应于（$p_m + p_{Fe} + p_{ad}$）各种损耗所产生的制动力矩，由于上述各种损耗在发电机空载情况下就存在，因此 T_0 称为空载制动力矩。

式（13-4）称为转矩平衡方程式。从式（13-4）可得，发电机的输入力矩 T_1 扣除空载制动力矩 T_0 后等于电磁力矩 T_{em}。（$T_1 - T_0$）属于发电机的有效拖动力矩，它的方向与转子转向一致；T_{em} 属于发电机的制动力矩，它的方向与转子转向相反。当转子以等速旋转时，有效拖动力矩和制动力矩处于平衡状态，即两者大小相等、方向相反。

电磁功率 P_{em} 在机电能量转换过程中是一个十分重要的物理量，通过它来联系机械功率和电功率。下面再分析电磁功率，由图 13-6 可知：

$$P_{em} = P_2 + p_{Cua} = mUI\cos\varphi + mI^2R_a = mE_\delta I\cos\varphi_i \tag{13-5}$$

对于不饱和的凸极同步发电机，由图 13-7 可知

$$E_\delta\cos\varphi_i = E_Q\cos\psi = [E_0 - I_d(X_d - X_q)]\cos\psi \tag{13-6}$$

因此代入式（13-5）后整理得凸极同步发电机电磁功率为

$$P_{em} = mE_0I\cos\psi - mI_qI_d(X_d - X_q) \tag{13-7}$$

对于隐极同步发电机，因 $X_d = X_q = X_t$，因此代入式（13-7）得不饱和的隐极同步发电机电磁功率为

$$P_{em} = mE_0I\cos\psi \tag{13-8}$$

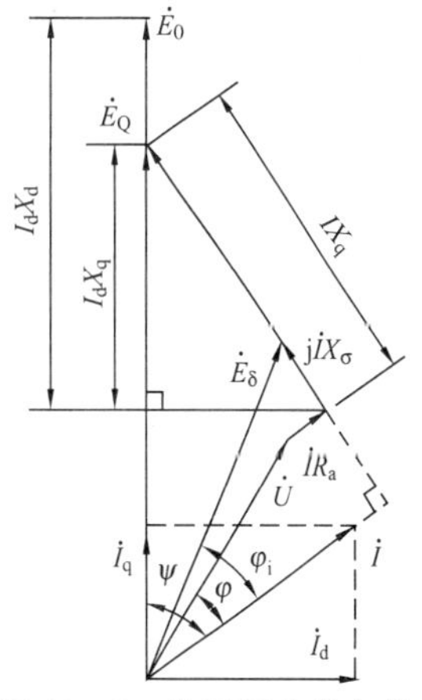

图 13-7　凸极同步发电机的电动势相量图

13.2.2　功角特性

在同步发电机中，电磁功率 P_{em} 是通过电磁感应作用由机械功率转换而来的全部电功率，因此电磁功率是能量形态转换的基础。下面对电磁功率的特性进行较详细的研究。

现代大、中型同步发电机的定子铜损耗与其额定功率相比甚小，通常 $p_{Cua} < 1\%P_N$，为了分析简单起见，可以把它略去。从式（13-2）可知，电磁功率 P_{em} 就等于输出的电功率 P_2，即

$$P_{em} \approx P_2 = mUI\cos\varphi \tag{13-9}$$

式中，U、I 和 $\cos\varphi$ 为定子绕组一相的电压、电流和功率因数，而 I 和 $\cos\varphi$ 主要由负载的情况来确定。在研究同步发电机的能量转换时，需要导出与同步发电机有关的参数来表达上述电磁功率公式。为此，要将式（13-9）进行适当的变换，使之能够反映同步发电机运行的状态参数。变换的方法可以通过不饱和的同步发电机电动势相量图。在图 13-7 中 $\varphi = \psi - \theta$，代入式（13-9）得

$$P_{em}=mUI\cos(\psi-\theta)=mUI(\cos\psi\cos\theta+\sin\psi\sin\theta)=mUI_q\cos\theta+mUI_d\sin\theta \quad (13-10)$$

从凸极同步发电机的相量图（见图 13-7）可以看出

$$\left.\begin{aligned}I_q&=U\sin\theta/X_q\\I_d&=(E_0-U\cos\theta)/X_d\end{aligned}\right\} \quad (13-11)$$

将式（13-11）代入式（13-10），得

$$P_{mec}=m\frac{E_0U}{X_d}\sin\theta+m\frac{U^2}{2}\left(\frac{1}{X_q}-\frac{1}{X_d}\right)\sin2\theta \quad (13-12)$$

式中，第一项称为基本电磁功率，它和运行时转子的励磁电流有关；第二项称为附加电磁功率，它只有在 $X_d\neq X_q$ 时才存在。

对于隐极同步发电机，$X_d=X_q=X_t$，附加电磁功率为零，所以隐极同步发电机的电磁功率只有基本电磁功率，即

$$P_{em}=m\frac{E_0U}{X_t}\sin\theta \quad (13-13)$$

对于并联于无限大电网上的同步发电机，发电机的端电压 U 即为电网的电压，因此电压 U 及频率 f 为常数。发电机运行过程中，如果不调节励磁电流 I_f，则 E_0 也为常数。在正常运行情况下发电机参数也可认为保持不变。于是电磁功率的大小将只取决于 θ 角的大小，因此 θ 称为功率角（或功角）。当 U 与 E_0 不变时，由 $P_{em}=f(\theta)$ 画出的曲线便称为功角特性曲线，如图 13-8 所示。隐极同步发电机的功角特性曲线是一正弦曲线，当 $\theta=90°$时，出现最大电磁功率 P_{emmax}，如图 13-8（a）所示。对于凸极同步发电机，由于附加电磁功率 P''_{em}的存在，其功角特性曲线不再按正弦变化。如图 13-8（b）所示，电磁功率的最大值 P_{emmax}发生在 $\theta<90°$处。

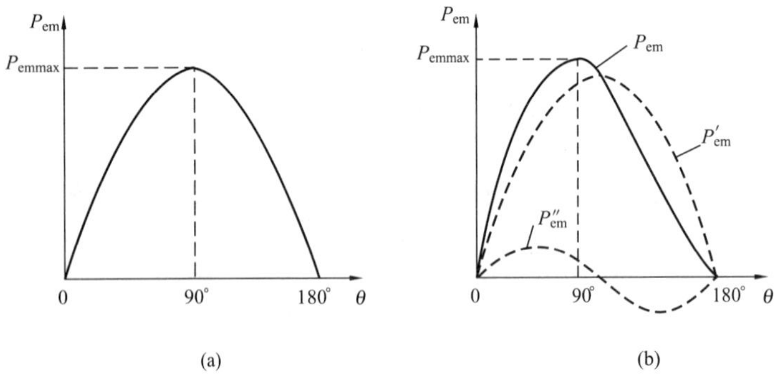

图 13-8 同步发电机的功角特性
（a）隐极同步发电机；（b）凸极同步发电机

下面以隐极同步发电机为例进一步来分析功角 θ。角度 θ 有两重含义，一种是指 $\dot{E}_0$ 与 $\dot{U}$ 的相位角（见图 13-9），即把 θ 理解为时间角。鉴于 $\dot{E}_0$ 和转子励磁磁动势 $\overline{F}_{f1}$ 相对应，在时-空矢量图中，$\overline{F}_{f1}$ 超前 $\dot{E}_0 90°$；端电压 $\dot{U}$ 和电枢合成磁动势 $\overline{F}_R$ 相对应（见图 13-9），同样 $\overline{F}_R$ 也超前 $\dot{U}90°$。这里的 $\overline{F}_R$ 是 $\overline{F}_{f1}$、$\overline{F}_a$ 和 $\overline{F}_\sigma$ 三矢量的合成，而 $\overline{F}_\sigma$ 是和漏磁通 $\dot{\Phi}_\sigma$（或漏电动势 $\dot{E}_\sigma$，见图 13-9）相对应的磁动势，$\overline{F}_\sigma$的大小等于相应电流作短路试验时的气隙磁动势；$\overline{F}_R$ 与前述气隙磁动势 $\overline{F}_\delta$ 的区别在于 $\overline{F}_R=\overline{F}_\delta+\overline{F}_\sigma$。这样在图 13-9 中，由时间相量 $\dot{E}_0$、$\dot{U}$ 和 $\mathrm{j}\dot{I}X_t$ 所组成的电动势三角形，分别与 $\overline{F}_{f1}$、$\overline{F}_R$ 和（$\overline{F}_a+\overline{F}_\sigma$）所组成的磁动势三角形相对应。因此，从空间矢量来看，功角 θ 也可以理解为 $\overline{F}_{f1}$ 和 $\overline{F}_R$ 之间的空间相位角，即转子磁极中心线与电枢合成等效磁极（以下简称电枢磁极）中心线在空间相差的电角度，如图 13-10 所示，$\overline{F}_{f1}$ 和 $\overline{F}_R$ 两者都以同步转速旋转。所以并联在电网上运行的

同步发电机，其工作过程可以理解为两个磁场的相互作用，由这两个磁场在空间的相对位置来确定发电机输向电网的有功功率。当转子磁场超前电枢合成磁场 θ 角时（见图 13 - 10），转子磁极上受到电枢磁极的电磁拉力，此电磁拉力的切线分量使转子受到一电磁力矩 T_{em}，电磁力矩的方向与转子旋转方向相反，属于制动力矩性质。由于发电机轴上有输入力矩 T_1 的作用，转子仍以同步转速旋转，在减去空载制动力矩 T_0 后，(T_1-T_0) 必然与 T_{em} 相平衡。这样，发电机将输入的机械功率 $T_1\Omega_1$，扣除转换过程中的损耗 $T_0\Omega_1$ 后，通过气隙磁场的作用转换为定子绕组上的电磁功率输向电网，即

$$P_{em}=T_{em}\Omega_1=m\frac{E_0U}{X_t}\sin\theta \tag{13-14}$$

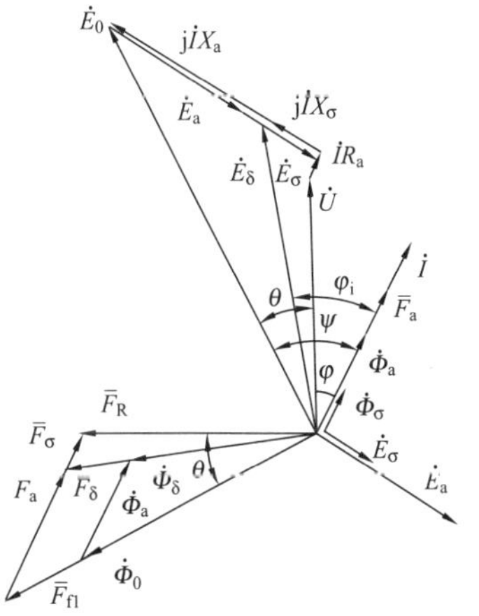

图 13 - 9　隐极同步电机的时 - 空矢量图

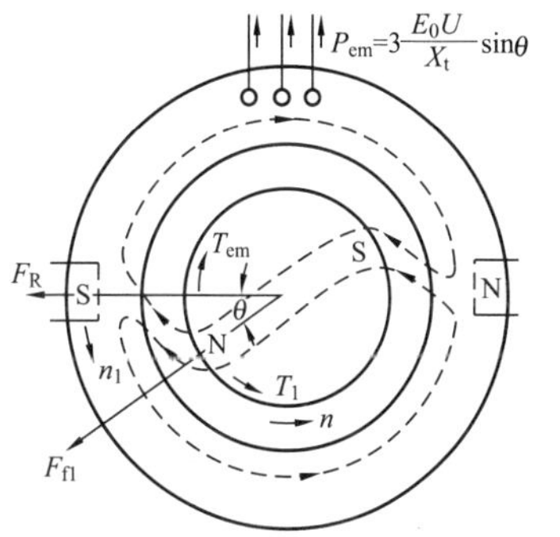

图 13 - 10　同步发电机工作时的物理模拟

综合以上所述可知，发电机中通过电磁力矩 T_{em} 所吸收的一部分机械功率，根据电磁感应原理转化为电功率，这部分功率就是电磁功率。在电动机中则反之。

13.3　同步发电机有功功率的调节与静态稳定

以下以隐极同步发电机为例来分析同步发电机有功功率的调节方法以及与之有关的稳定问题。

13.3.1　有功功率的调节

当发电机并入电网后，该发电机尚处于空载状态（$E_0=U$，$I=0$），这时原动机输入的机械功率 P_1 与发电机的空载损耗 $p_0=p_m+p_{Fe}+p_{ad}$ 相平衡，没有多余部分可以转化为电磁功率，因此 $\theta=0$，$P_{em}=0$。如果加大励磁电流，使 $E_0>U$，发电机有电流输出，但它是无功电流，即只有直轴分量 I_d，而没有交轴分量 I_q，仍然有 $\theta=0$，$P_{em}=0$，如图 13 - 11（a）所示。

从功率平衡的观点来看，要发电机输出有功功率，必须增大原动机输入的机械功率 P_1 及相应的输入转矩。当 T_1 增大后，由于 $T_1>T_0$，就出现剩余转矩 (T_1-T_0) 使转子瞬时加速，转子直轴或励磁磁动势 F_{f1} 开始超前电枢合成磁动势 F_R，相应地使 $\dot{E}_0$ 超前于 $\dot{U}$ 一个 θ 角，如图 13 - 11（b）所示。$P_{em}>0$，发电机开始向电网输出有功电流，即出现交轴分量

I_q，从而转子会受到相应的电磁转矩 T_{em}的制动作用；当 θ 增大到某一数值以使电磁转矩 T_{em}正好与剩余转矩（T_1-T_0）相等时，发电机转子就不再加速，而在此 θ_a 处稳定运行，如图 13-11（b）、（c）中所示。此时，原动机输入的有效机械功率与发电机输出的电磁功率平衡，即功率平衡关系为

$$P_T=P_1-p_0=P_{em}=m\frac{E_0U}{X_t}\sin\theta_a \tag{13-15}$$

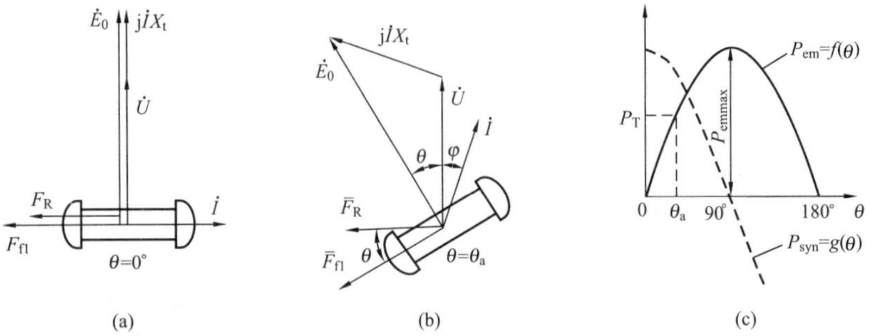

图 13-11 与无穷大电网并联时同步发电机有功功率的调节

由此可见，要增加发电机输出的有功功率，必须增加原动机的输入功率，使 θ 角增大，从而改变 P_{em}，以达到新的平衡关系。

13.3.2 静态稳定

并联在电网上运行的同步发电机，在电网或原动机发生微小扰动时，运行状态将发生变化，当扰动消失后，发电机能回复到原先的状态下稳定运行，则称发电机是静态稳定的，反之，就是不稳定的。

在图 13-11（c）中，如果逐步增加输入力矩 T_1 使 $\theta=90°$，那么电磁功率 P_{em}就达到最大值。此时如继续增大输入力矩而使 $\theta>90°$，从图中可以看出，电磁功率 P_{em}反而减小。于是作用在发电机转子上的电磁力矩也减小，使转子轴上的有效拖动力矩与制动力矩之间不能保持平衡，即（T_1-T_0）$>T_{em}$，转子继续加速，θ 继续增大。如此下去，使发电机的转速大大超过同步转速，这相当于电枢磁极和转子磁极的电磁联系超过极限而遭到破坏，这种现象称为“失去同步”，简称“失步”。同步发电机在失去同步时，如不采取保护措施，转子转速将会达到很高，从而导致破坏。另外，由于发电机的电动势频率与电网的频率不同，在电枢绕组上将出现一个很大的电流，使电枢损坏。在这种情况下，当然发电机就不可能继续与电网并联运行了。

因此，在图 13-11（c）所示的功角特性中，$\theta<90°$区域是发电机稳定工作范围，而 $\theta>90°$ 区域是发电机不稳定工作范围。发电机稳定工作的极限是 $\theta=90°$时，即 $P_{em}=P_{emmax}=mE_0U/X_t$ 时。对于发电机在 U、f 均保持不变，而 T_1 逐步增大所达到的稳定极限，称为静态稳定极限，相应所取得的稳定称为静态稳定。

综上所述可知，判断同步发电机能否保持静态稳定的标志是 θ 角增大后，电磁功率 P_{em}是否增大。如以数学形式来表示，可写为$\frac{dP_{em}}{d\theta}>0$ 或$\frac{dP_{em}}{d\theta}<0$。导数$\frac{dP_{em}}{d\theta}$是同步发电机保持稳定运行能力的一个客观衡量，因此称之为整步功率系数或比整步功率，用符号 P_{syn}来表示。其值越大，表明保持同步的能力越强，发电机的稳定性越好。对于隐极同步发电机，对

式（13-13）求导得

$$P_{syn}=\frac{dP_{em}}{d\theta}=m\frac{E_0U}{X_t}\cos\theta \tag{13-16}$$

如 $P_{syn}>0$，则能保持静态稳定；如 $P_{syn}<0$，则不能保持静态稳定。图 13-11（c）中的虚线即为隐极同步发电机的 $P_{syn}=g(\theta)$ 曲线。由曲线看出，当 $\theta>90°$时，P_{syn}为负值，即不能保持静态稳定。

对于凸极同步发电机，其比整步功率由式（13-12）求导得出

$$P_{syn}=\frac{dP_{em}}{d\theta}=m\frac{E_0U}{X_t}\cos\theta+mU^2\left(\frac{1}{X_q}-\frac{1}{X_d}\right)\cos2\theta \tag{13-17}$$

发电机在运行过程中，如果考虑到电网电压、电网频率以及输入力矩 T_1 有时会发生突然变化，为了保证供电的可靠性，发电机额定运行时的功角 θ_N 应比 90°要小得多，即应使发电机的额定运行点距其稳定极限一定距离。为此，同步发电机中最大电磁功率与额定功率之比定义为静态过载倍数或过载能力，用符号 k_M 表示，即

$$k_M=\frac{P_{emmax}}{P_N} \tag{13-18}$$

由于忽略电枢电阻后有 $P_N\approx P_{emN}$，因此对于隐极同步发电机有

$$k_M=\frac{P_{emmax}}{P_N}=\frac{1}{\sin\theta_N} \tag{13-19}$$

一般要求 $k_M>1.7$，所以同步发电机运行时 θ_N 一般不大于 36°。

为了提高同步发电机的过载能力，必须减小功角 θ_N。在输出功率 P_{emN}一定时，减小 θ_N 的方法如下：①增大发电机的空载电势 E_0；②减小发电机的同步电抗 X_t。因此，增大励磁电流（即增大 E_0）和减小同步电抗（即增大短路比）可以提高同步电机的极限功率，从而提高过载能力和静态稳定性是有利的，因而可作为同步发电机设计和运行的基本准则之一。

13.4　同步发电机无功功率的调节与 V 形曲线

接在电网上运行的负载类型很多，多数负载除了消耗有功功率外，还要消耗电感性无功功率，如接在电网上运行的异步电机、变压器、电抗器等。所以电网除了供应有功功率外，还要供应大量滞后性的无功功率。电网所供给的全部无功功率一般由并网的发电机分担。本节所研究的问题是无功功率按照什么规律来分配，或者说无功功率与什么因素有关，目的是掌握调节一台发电机输出的无功功率大小的方法。

13.4.1　调节有功功率时对无功功率的影响

当发电机的励磁电流 I_f 不变时，调节原动机输入的力矩 T_1 能够改变发电机输向电网的有功功率。实际上，从图 13-11（b）可以看到，若不改变励磁电流 I_f，在调节有功功率的过程中，功角 θ 的变化也将引起功率因数角 φ 的变化，进而导致无功功率的变化。这可以从下面简单的分析中看出。隐极同步发电机输向电网的无功功率 Q 为

$$Q=mUI\sin\varphi \tag{13-20}$$

由图 13-11（b）可得

$$E_0\cos\theta=U+X_tI\sin\varphi$$

即
$$I\sin\varphi=(E_0\cos\theta-U)/X_t$$
代入式（13-20）并整理得

$$Q=m\frac{E_0U}{X_t}\cos\theta-m\frac{U^2}{X_t} \tag{13-21}$$

式（13-21）说明，当 E_0、U、X_t 为常数时，无功功率 Q 与功率角 θ 之间为余弦关系，$Q=f(\theta)$ 称为隐极同步发电机的无功功率功角特性，相应曲线如图 13-12 所示。由图 13-11（b）所示相量图可知，当 $Q>0$ 时，$\dot{I}$ 滞后于 $\dot{U}$，这时发电机输向电网的无功功率属于感性。同理，可以推知当 $Q<0$ 时，$\dot{I}$ 超前于 $\dot{U}$，这时发电机输向电网的无功功率属于容性。应当指出：超前无功电流的相位与滞后无功电流相反，发电机向电网输出超前无功电流就是从电网吸取滞后无功电流。

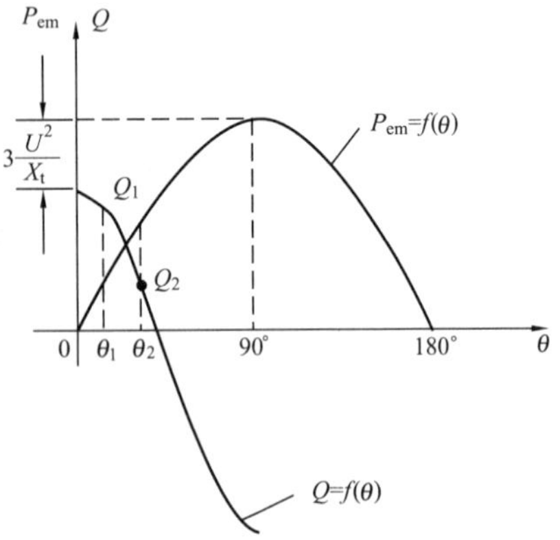

图 13-12 隐极同步发电机的有功和无功功角特性

从图 13-12 可见，若不改变励磁电流 I_f，无功功率随着有功功率（或 θ 角）的增加而减少，甚至可能导致无功功率改变符号，这是应当避免的。因此如果只要求改变发电机所承担的有功功率时，应该在调节发电机有功功率的同时适当调节发电机的无功功率。

13.4.2 无功功率的调节方法

同步发电机与电网并联运行时，调节发电机的励磁电流，就可以调节其无功功率。

为了分析简单，假定调节发电机励磁时原动机提供的输入功率保持不变，于是根据功率平衡关系可知，在调节励磁电流的前后，发电机的电磁功率及输出的有功功率也应该近似不变，即

$$\left.\begin{aligned}P_2&=mUI\cos\varphi=\text{常数}\\P_{em}&=m\frac{E_0U}{X_t}\sin\theta=\text{常数}\end{aligned}\right\} \tag{13-22}$$

由于电网电压 U 和发电机的同步电抗 X_t 均为定值，所以有

$$\left.\begin{aligned}I\cos\varphi&=\text{常数}\\E_0\sin\theta&=\text{常数}\end{aligned}\right\} \tag{13-23}$$

图 13-13 中，E_0 为发电机在功率因数等于 1 时的励磁电动势。在 $\cos\varphi=1$ 时，发电机的全部输出均为有功功率，此时的励磁称为“正常励磁”。

调节发电机的励磁，E_0 将随之变化。由于 $E_0\sin\theta=$ 常值，$I\cos\varphi=$ 常值，所以 $\dot{E}_0$ 的端点只能落在铅垂线 $\overline{AB}$ 上，$\dot{I}$ 的端点只能落在水平线 $\overline{CD}$ 上。

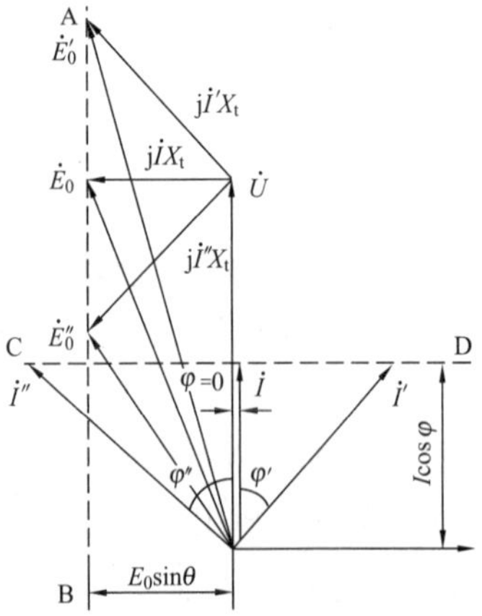

图 13-13 同步发电机无功功率的调节

增加发电机的励磁电流，使它超过“正常励磁”（这种情况称为过励磁），则励磁电动势将从 $\dot{E}_0$ 变为 $\dot{E}_0'$，$E_0'>$

E_0，而其端点仍落在铅垂线$\overline{AB}$上，相应地，电枢电流将从 $\dot{I}$ 变为 $\dot{I}'$，而其端点仍落在水平线 $\overline{CD}$上。此时，电枢电流将滞后于电网电压；换言之，除有功功率外，发电机还将向电网送出一定的滞后无功功率。

如果减小发电机的励磁电流，使其小于正常励磁（这种情况称为欠励磁），则励磁电动势将从 $\dot{E}_0$ 变为 $\dot{E}_0''$，相应地，电枢电流将从 $\dot{I}$ 变为 $\dot{I}''$，此时电枢电流将超前于电网电压；换言之，除有功功率外，发电机还将向电网送出一定的超前无功功率。

调节励磁电流就可以调节无功功率这一现象，也可以用电枢电流的相位与电枢反应的性质（增磁、去磁）之间的联系来解释。

因为隐极同步发电机并联在无限大容量电网上，其端电压恒定不变，因此电枢绕组的合成磁通应基本不变。当增加励磁电流并达到“过励磁”时，主极磁通增多，为了维持电枢绕组的合成磁通不变，发电机应输出滞后电流，使去磁性的电枢反应增加，以补偿过多的主极磁通。反之，减少励磁电流而变为“欠励磁”时，主极磁通减弱，为了维持合成磁通不变，发电机必须输出超前电流，以减少去磁性的电枢反应，甚至使电枢反应变为增磁性，以补偿不足的主极磁通。所以，调节励磁电流就可以调节无功功率。

综上所述，当发电机与无限大容量电网并联运行时，调节励磁电流的大小就可以改变发电机输出无功功率，不仅能改变无功功率的大小，而且还能改变无功功率的性质。当过励磁时，电枢电流是滞后电流，发电机输出感性无功功率；当欠励磁时，电枢电流是超前电流，发电机输出电容性无功功率。单独调节励磁电流时只能调节无功功率，而不能调节有功功率，这是隐极同步发电机与电网并联运行时的特点。

13.4.3　V 形曲线

在向电网输送一定的有功功率的情况下，发电机电枢电流 I 和励磁电流 I_f 之间的关系 $I=f(I_f)$，相应的曲线如图 13-14 所示，因其形状而被称为发电机的 V 形曲线。在输出不同的有功功率时，电流的有功分量不同，V 形曲线也不同，从而形成一组曲线。每一曲线都有一个最小电流值，此时 $\cos\varphi=1$，把曲线中所有最低点连起来，就得到与 $\cos\varphi=1$ 对应的线，这条线微微向右倾斜，即说明输出功率增大时必须相应增加一些励磁电流才能保持 $\cos\varphi$ 不变。在 $\cos\varphi=1$ 的左边为欠励磁状态，功率因数是超前的，表示发电机输出的无功功率为容性；在 $\cos\varphi=1$ 的右边为过励磁状态，功率因数是滞后的，表示发电机输出的无功功率为感性。

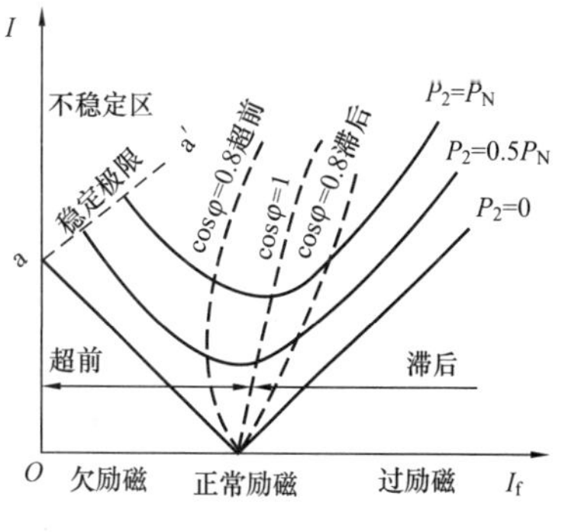

图 13-14　同步发电机的 V 形曲线

在 V 形曲线上的左侧有一个不稳定区。虚线 aa′表示发电机的静态稳定极限。当发电机输出某一有功功率而励磁电流小于 aa′上对应的数值时，发电机将不能稳定运行。对应于虚线上的点，发电机的功角 $\theta=90°$，此时，励磁电动势 $\dot{E}_0$ 超前电网电压 $\dot{U}$90°，发电机产生的最大电磁功率与驱动功率相平衡，即 $P_1-p_0=mE_0U/X_t$。由于发电机的输入功率不变，如果再减小励磁电流，则由于发电机所产生的最大电磁功率减小，驱动转矩将大于电磁转矩与空载转矩之和，使发电机加速以致失去同步。

V 形曲线有助于发电厂运行管理人员了解电枢电流与励磁电流之间的关系，从而控制发电机的运行状况。根据负载大小，给定励磁电流，就能知道电枢电流的大小，以及功率因数的数值；反之，也可以在励磁电流不变时，了解负载变化对电枢电流和功率因数的影响；若要维持功率因数不变，当负载变化后，可根据V形曲线正确地调节发电机的励磁电流。

结　语

同步发电机并联运行的目的在于提高供电可靠性、提高发电机利用率、提高供电质量等。投入并联运行的条件、检测方法、操作方法、有功功率调节、无功功率调节，对同步发电机能否投入并联并保证稳定运行有着极其重要的意义，读者须认真掌握。

功角θ被定义为$\dot{E}_0$与$\dot{I}$之间的时间相角差，它在发电机的气隙圆周空间上表现为转子磁场轴线与合成磁场轴线之间夹角，即$\overline{F}_{f1}$与$\overline{F}_R$之间的夹角。在电网电压、频率、励磁电流和发电机内部参数不变时，电磁功率P_{em}与功角θ之间的关系曲线$P_{em}=f(\theta)$称为功角特性，可以通过调节原动机的输入功率来达到调节发电机有功功率目的，当$0<\theta<\theta_m$之间调节时，同步发电机能够稳定运行，而当$\theta>\theta_m$时，同步发电机将失去同步。

通过调节励磁电流的大小可以达到调节发电机无功功率的目的。处于过励磁状态时，发电机向电网输送滞后的无功功率；处于欠励磁状态时，发电机向电网输送超前的无功功率。在有功功率一定时，电枢电流I随励磁电流I_f变化的曲线称为发电机的V形曲线。有功功率和无功功率之间互有影响，在调节有功功率时励磁电流不变将会引起无功功率的变化。在一定负载下励磁电流过低，发动机可能会失去稳定。

习　题

13-1　三相同步发电机投入并联时应满足哪些条件？怎样检查发电机是否已经满足并网条件？如不满足某一条件，并网时，会发生什么现象？

13-2　功角θ在时间上及空间上各表示什么含义？功角改变时，有功功率如何变化？无功功率会不会变化？为什么？

13-3　并网运行时，同步发电机的功率因数由什么因素决定？

13-4　为什么V形曲线的最低点随有功功率增大而向右偏移？

13-5　同步发电机的并联运行与变压器并联运行相比较在条件上有何相同和不同之处？从这些条件来分析，哪些属于对设备的要求？哪些是属于对运行操作的要求？

13-6　怎样检查发电机是否已符合了并联运行的条件？若按灯光旋转法接线，而灯光并不旋转，这说明什么？

13-7　同步发电机与电网并联运行，为什么在电压、频率略大于电网电压、频率时投入比略小于投入时要好？试进行分析说明。

13-8　并联在电网上运行的同步发电机，为什么它的负载大小和它的同步电抗的大小无关（这和并联运行的变压器不同），若要改变它的负载分配应采取什么措施？

13-9　对并联于无穷大电网的同步发电机保持输入的有功功率不变，仅改变转子励磁电流I_f，θ角是否变化？输出有功功率是否变化？此时输出无功功率及电枢电流按什么规律变化？

13-10　一台同步发电机单独供给一个对称负载（R 及 I 一定）且转速保持不变时，电枢电流的功率因数 $\cos\varphi$ 由什么决定？当此发电机并联于无穷大电网时，电枢电流的 $\cos\varphi$ 又由什么决定？为什么？此时电网对发电机而言，相当于什么样性质的电源？

13-11　调节并联于大电网的隐极同步发电机的有功功率输出并保持无功功率输出不变，问此时 θ 角及励磁电流 I_f 是否改变？此时 $\dot{I}$ 和 $\dot{E}_0$ 各按什么轨迹变化？为什么？

13-12　试比较在下列情况下对同步发电机的稳定性的影响：

(1) 当短路比较大时；

(2) 在过励磁状态下运行时；

(3) 在轻载下运行时；

(4) 发电机通过长输电线接到电网时。

13-13　画出凸极同步发电机失去励磁时的电动势相量图。此时的功角特性是怎样的？θ 角代表什么意义？

13-14　一台发电机铭牌如下：$P_N=100000$kW，$\cos\varphi_N=0.8$（滞后），$U_N=13800$V，Y接法。已知 $X_t^*=2$，用准确同步法将此发电机接入电网后，先调节励磁使发电机立即带上 $50\%I_N$，试问：

(1) 此电流是有功？还是无功？画出此时的相量图；

(2) 保持励磁电流不变，再使发电机加上 5 万 kW 的有功负载，求此时发电机运行的功角 $\theta=$？无功功率 $Q=$？定子电流 $I=$？功率因数 $\cos\varphi=$？并画此时的相量图。

13-15　一台汽轮发电机并联于无穷大电网，额定负载时功角 $\theta=20°$，现因外线发生故障，电网电压降为 $60\%U_N$。为使 θ 角保持在 25°范围内，问 E_0 应加大多少倍？

13-16　一台汽轮发电机的数据为：$S_N=31250$kVA，$U_N=10500$V，Y接法，$\cos\varphi_N=0.8$（滞后），$X_t=7.0\Omega$，$R_a\approx0$。试求：

(1) 当输出额定负载时的 θ_N，P_{em}，过载能力 k_m 及输出的无功功率 Q 各是多少？

(2) 若维持上述额定情况下的励磁电流不变，但输出的有功功率减为一半，则此时的 θ，P_{em}，$\cos\varphi$ 及无功功率 Q 将变为何值？

(3) 发电机原来在额定状态下运行，现仅将其励磁电流加大 10%，问 θ，P_{em}，$\cos\varphi$ 和 I 各为多少？

13-17　一台三相隐极同步发电机并网运行，电网电压 $U=400$V，发电机每相同步电抗 $X_t=1.2\Omega$，电枢绕组Y接法，当发电机输出有功功率为 80kW 时，$\cos\varphi=1$，若保持励磁电流不变，减少有功功率至 20kW，不计电阻压降，试求发电机的功角 θ、功率因数 $\cos\varphi$、电枢电流 I 和输出的无功功率 Q。

13-18　有一台三相水轮发电机并网运行，额定数据为：$S_N=8750$kVA，$U_N=11$kV，电枢绕组Y接法，$\cos\varphi_N=0.8$（滞后），同步电抗 $X_d=18.2\Omega$，$X_q=9.6\Omega$，电阻不计，试求：

(1) 同步电抗的标么值；

(2) 该机在额定运行情况下的 θ_N 及 E_0；

(3) 该机的最大电磁功率 P_{emmax}、过载能力 k_m、产生最大功率时的 θ。

13-19　一台水轮发电机并联于大电网上，Y接法，50000kW，13800V，$\cos\varphi_N=0.8$（滞后），$R_a\approx0$，$X_d^*=1.1$，$X_q^*=0.7$，忽略磁饱和，试求：

（1）输出功率为 10000kW，$\cos\varphi=1.0$ 时发电机的 I_f^* 和 θ；

（2）当调节水轮机、发电机输出的有功功率增加 20%，此时发电机的功角 θ、电枢电流 I、功率因数 $\cos\varphi$、有功功率 P_2 及无功功率 Q 各为多少？

（3）若保持此输入有功功率不变，逐渐减小励磁电流直至零时，θ 应为多少？发电机还能稳定运行吗？这时电枢电流 I 和 $\cos\varphi$ 各为多少？画出此时的相量图。

第 14 章 同步电动机及同步调相机

作为电动机运行是同步电机又一种重要的运行方式。同步电动机接于频率一定的电网上运行，其转速恒定，不会随负载变动而变动。另外，同步电动机的功率因数可以调节，在需要改变功率因数和不需要调速的场合，例如大型空气压缩机、粉碎机、离心泵等常常优先采用同步电动机。

同步调相机运行时，吸取电网的有功功率。由其能量来源看，同步调相机实际为不带机械负载的同步电动机。

14.1 同步电机运行的可逆性

先分析同步电机从发电机过渡到电动机。一台并网在无穷大电网上运行的隐极同步电机，从发电机过渡到电动机运行时，其物理状态和相量图如图 14 - 1 所示。同步电机的气隙中同时存在着对应于电网电压 $\dot{U}$ 的电枢合成磁动势 $\overline{F}_R$ 和对应于励磁电动势 $\dot{E}_0$ 的转子励磁

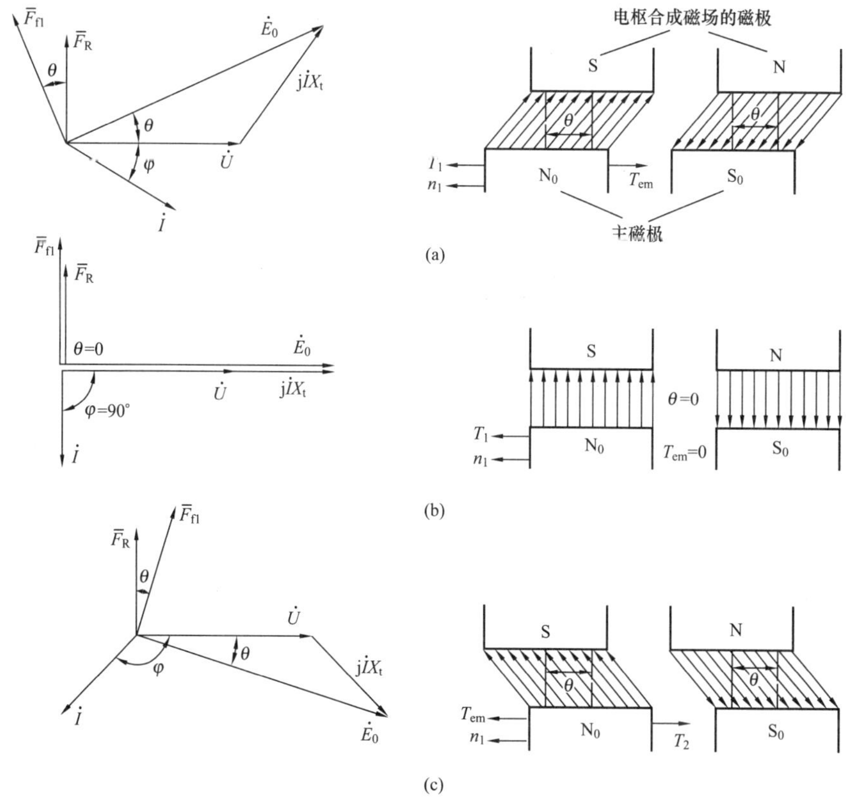

图 14 - 1 同步电机运行状态的改变

(a) 发电状态；(b) 空载状态；(c) 电动状态

磁动势 $\overline{F}_{f1}$，$\overline{F}_{R}$的转速由电网频率决定，是固定不变的。

在发电运行状态时，$\overline{F}_{f1}$超前于$\overline{F}_{R}$一个θ角，或者说，$\overline{F}_{f1}$拖着$\overline{F}_{R}$一起旋转，两者之间的电磁力矩T_{em}对转子来说是阻力矩。转子在原动机的带动下克服阻力矩，将转子边的机械能转化为定子边的电能［见图 14-1（a）］。如果减少原动机输出给转子的机械功率，则θ角逐渐减小，在不计空载损耗时，当θ缩小到 0 时，电机处于理想空载状态，既不向电网提供有功功率，也不从电网吸收有功功率［见图 14-1（b）］。

如果拆去原动机，就变成了空转的同步电动机，此时的空载损耗全部由电网输入的电功率供给。如果在电机转子上加上机械负载，则$\overline{F}_{f1}$将落后于$\overline{F}_{R}$，或者说，$\overline{F}_{R}$拖着$\overline{F}_{f1}$一起旋转，两者之间的电磁力矩T_{em}对转子来说是动力矩，T_{em}带动转子上的机械负载做机械功，从而将电网提供的电能转化为转子边的机械能。此时同步电机运行于电动机状态［见图14-1（c）］。

由以上分析可知，同步电机可以从发电机运行方式过渡为电动机运行方式。产生这一过程的本质在于转子旋转磁动势$\overline{F}_{f1}$和合成旋转磁动势$\overline{F}_{R}$（由交流电网决定）之间主从关系的改变。当$\overline{F}_{f1}$超前于$\overline{F}_{R}$时，同步电机处于发电状态，功角$\theta>0$，有功功率从电机流向电网；当$\overline{F}_{R}$超前于$\overline{F}_{f1}$时，同步电机处于电动状态，功角$\theta<0$，有功功率从电网流向电机。

14.2 同步电动机的电动势方程式和相量图

研究同步电动机的方法和研究同步发电机的方法相似。各量正方向的标注可以采用发电机惯例也可采用电动机惯例。

由于同步电机从发电机状态过渡到电动机状态时，功角θ改变了符号（即电动机的端电压$\dot{U}$超前电动势），电动机便向电网输入有功功率。因此，用发电机观点表达电动机运行时的相量图如图 14-1（c）所示。此时功率因数角$\varphi>90°$，电功率$P=mUI\cos\varphi<0$，表示电动机向电网输送负的有功功率。显然，这样表达很不方便。如果规定电动机电流的正方向与发电机时的相反，$\dot{U}$为外施电压，$\dot{I}$为输入电流，$\dot{E}_0$为反电动势，则其等值电路如图 14-2（a）所示。此时φ角由滞后于电压$\dot{U}$变为超前，且$\varphi<90°$，于是电功率$P=mUI\cos\varphi$为正，这就很好地表达了电动机从电网吸取有功功率的实质。由此，按发电机惯例表达的电动机相量图 14-1（c）改用电动机惯例表达时，则如图 14-2（b）所示。

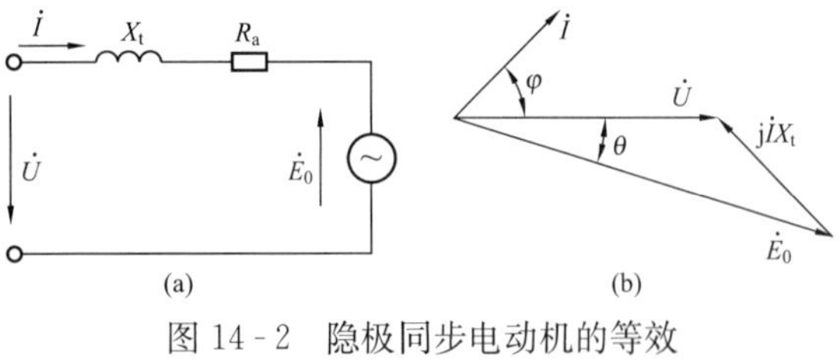

图 14-2 隐极同步电动机的等效电路和相量图（按电动机惯例）

根据图 14-2（a）等效电路，很容易写出隐极同步电动机的电动势方程式：

$$\dot{U}=\dot{E}_0+\dot{I}R_a+j\dot{I}X_t \tag{14-1}$$

对于凸极同步电动机，用电动机观点直接写出其电压平衡方程式：

$$\dot{U}=\dot{E}_0+\dot{I}R_a+j\dot{I}_dX_d+j\dot{I}_qX_q \tag{14-2}$$

14.3　同步电动机的功角特性

同步电动机以凸极转子结构比较多，因此以凸极同步电动机的功角特性为例来研究。

同步电动机的功角特性公式和发电机的一样可以从相量图中导出来。电动机的功角 θ 是 $\dot{U}$ 超前 $\dot{E}_0$ 的角度，如将发电机功角特性中的 θ 用 $-\theta$ 来替代，这样电磁功率就变成了负值，电动机状态下是电网向电动机提供有功功率，所以写电动机公式时，将负号去掉，于是功角特性就和发电机的功角特性具有相同的形式：

$$P_{em}=m\frac{E_0U}{X_d}\sin\theta+m\frac{U^2}{2}\left(\frac{1}{X_q}-\frac{1}{X_d}\right)\sin2\theta \tag{14-3}$$

相应的电磁转矩为

$$T_{em}=\frac{P_{em}}{\Omega}=m\frac{E_0U}{\Omega X_d}\sin\theta+m\frac{U^2}{2\Omega}\left(\frac{1}{X_q}-\frac{1}{X_d}\right)\sin2\theta=T'_{em}+T''_{em} \tag{14-4}$$

从式（14-3）或式（14-4）可以看出：同步电动机的电磁转矩包括基本电磁转矩 T'_{em} 和附加电磁转矩 T''_{em} 两部分，当励磁电流为零时，即 $E_0=0$ 时，仍具有附加电磁转矩 T''_{em}。利用此原理，可以制成所谓的磁阻同步电动机。这种电动机的转子上没有励磁绕组，是凸极式的，靠它的直轴与交轴磁阻不相等而产生电磁转矩。它的容量一般很小，常常做成 10kW 以下的电动机，能在变频、变压的电源下运行，而且速度比较均匀，常在转速需要均匀的情况下被采用，如精密机床工业、人造纤维工业、电子计算机等方面。

14.4　同步电动机功率因数的调节与 V 形曲线

接在电网上的负载绝大部分是感性负载（如异步电动机、电抗器等），都需要从电网吸收大量滞后性电流，使得电网及其输电线路可供给的有功功率减小、损耗增加、压降增大。因此发电厂要求用户的功率因数限制在一定的数值以内，以使电网能得到合理、经济的利用。那么用户怎样提高功率因数呢？方法有二：其一是在线路上并联电容器来补偿电网的落后性功率因数；其二是用同步电动机代替部分异步电动机，因为同步电动机能吸收超前性电流，可以改善电网的功率因数。

与发电机类似，同步电动机的功率因数可以通过改变励磁电流的大小来调节。隐极同步电动机在输出机械功率恒定而调节励磁电流时，电动势相量图如图 14-3 所示（不计定子绕组电阻）。

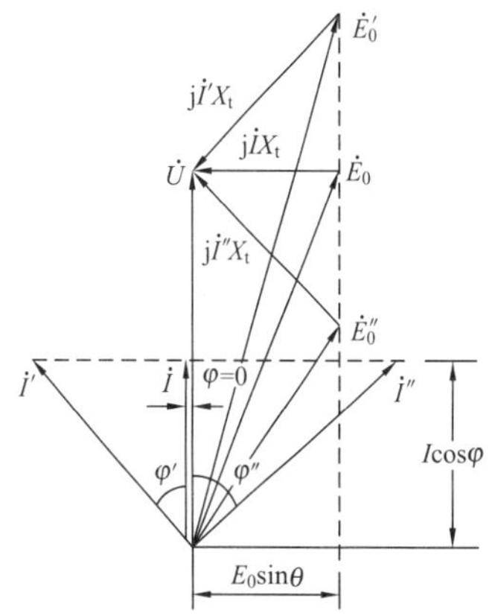

图 14-3　恒功率、变励磁时隐极同步电动机的相量图

在图 14-3 中，当 $\dot{I}$ 与 $\dot{U}$ 同相位，功率因数 $\cos\varphi=1$，同步电动机为正常励磁状态，此时其无功功率 $Q=mUI\sin\varphi=0$。

如果此时增加励磁电流使电动机处于过励状态，则 $\dot{E}_0$ 相应增大为 $\dot{E}_0'$，定子绕组出现超前于电压 $\dot{U}$ 的电流 $\dot{I}'$，产生压降 $jI'X_t$，满足 $\dot{U}=\dot{E}_0'+j\dot{I}'X_t$ 的关系，如图

14-3 所示。此时 $\cos\varphi$ 超前，无功功率为负值，表示吸收电网容性无功功率，电网输出给电动机超前电流相当于电网从电动机处吸取了滞后电流，正好满足了附近电感性负载的需要，使得电网的功率因数得到补偿。

与此相反，如果此时减少其励磁电流，使电动机处于欠励磁状态，则 $\dot{E}_0$ 相应减小为 $\dot{E}''_0$，定子绕组出现滞后于电压 $\dot{U}$ 的电流 $\dot{I}''$，产生压降 $\mathrm{j}I''X_t$，满足 $\dot{U}=\dot{E}''_0+\mathrm{j}\dot{I}''X_t$ 的关系，如图 14-3 所示。此时 $\cos\varphi$ 滞后，无功功率为正，表示从电网吸收感性无功功率。这种情况和异步电动机的情况类似，所以同步电动机一般不采用欠励运行。

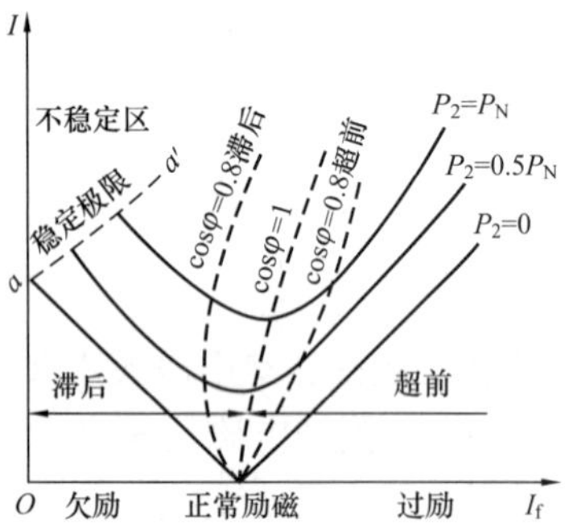

图 14-4 同步电动机 V 形曲线

如果保持机械负载不变（相当于有功功率不变），调节励磁电流 I_f，对应的电枢电流 I 随之而变，和发电机一样可画出同步电动机的 V 形曲线，如图 14-4 所示。

但是同步电动机也有一些缺点，如起动性能较差，结构上较异步电动机复杂，还要有直流电源来励磁，价格比较贵，维护又较为复杂，所以一般在小容量设备中还是采用异步电动机。在中大容量的设备中，尤其是在低速、恒速的拖动设备中，应优先考虑选用同步电动机，如拖动恒速轧钢机、电动发电机组、压缩机、离心泵、球磨机、粉碎机以及通风机等。

14.5 反应式同步电动机

磁阻电动机是一种转子上没有装设励磁绕组的凸极同步电动机，它依靠直轴和交轴两条磁路上磁阻不等而产生电磁转矩，所以称为磁阻同步电动机。由式（14-3）和式（14-4）可知，只要是凸极转子，且当 $X_d\neq X_q$ 时，即使转子上不装设励磁绕组，也会存在电磁功率和对应的电磁转矩，其大小为

$$P_{em}=m\frac{U^2}{2}\left(\frac{1}{X_q}-\frac{1}{X_d}\right)\sin2\theta \tag{14-5}$$

$$T_{em}=m\frac{U^2}{2\Omega}\left(\frac{1}{X_q}-\frac{1}{X_d}\right)\sin2\theta \tag{14-6}$$

由式（14-6）可见，电磁转矩与功角 θ 的关系是按 $\sin2\theta$ 规律变化的。当 $\theta=0°$时，转矩等于零；$\theta=45°$时，转矩最大；$\theta=90°$时，转矩又变为零，这种情况可由图 14-5 来说明。

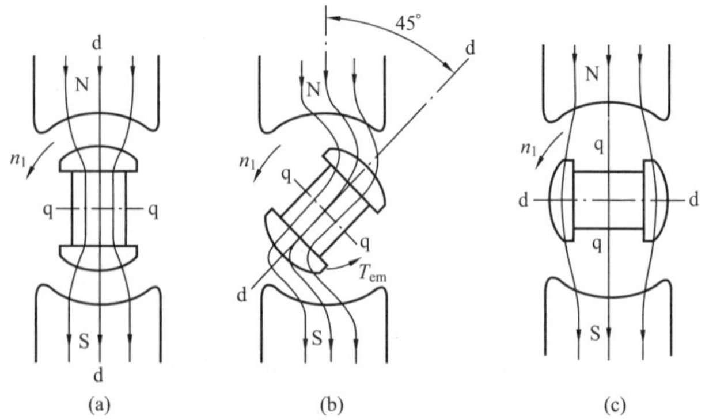

图 14-5 磁阻同步电动机运行模型

(a) $\theta=0°$；(b) $\theta=45°$；(c) $\theta=90°$

图 14-5（a）是磁阻电动机的空载情况。不计机械损耗时，电动机产生的电磁转矩 $T_{em}\approx0$，因此定子磁场轴线与磁极轴线重合（即$\theta=0°$），磁力线不发生扭弯。当电动机加上

负载时，转子直轴将落后于定子旋转磁场轴线 θ 角，如图 14-5（b）所示（图中 $\theta=45°$），由图可见，这个磁场被扭歪了。由于磁通具有使其所经路径的磁阻为最小的性质，从而力图使转子直轴方向与定子磁场轴线取得一致。因此产生与定子旋转磁场同转向的磁阻转矩 T_{em}，与负载转矩相平衡。当 θ 角增大到 90°时，由图 14-5（c）可见，气隙磁场又对称分布，其合成转矩又变成零。

磁阻同步电动机只存在电枢反应磁场，因此又称为反应式同步电动机。

由式（14-5）和式（14-6）可见，电磁功率和电磁转矩的最大值为

$$P_{emmax}=m\frac{U^2}{2}\left(\frac{1}{X_q}-\frac{1}{X_d}\right)=m\frac{U^2}{2X_d}\left(\frac{X_d}{X_q}-1\right) \tag{14-7}$$

$$T_{emmax}=m\frac{U^2}{2\Omega}\left(\frac{1}{X_q}-\frac{1}{X_d}\right)=m\frac{U^2}{2\Omega X_d}\left(\frac{X_d}{X_q}-1\right) \tag{14-8}$$

可以看出，当电动机的 X_d/X_q 的数值越大，则 T_{emmax} 的数值也越大。为了增大 X_d 与 X_q 的差别，转子常采用如图 14-6 所示的钢片和非磁性材料（如铝、铜）相间镶嵌的结构，其中铝或铜部分可起到笼形绕组的作用使电动机起动。在电动机正常运行时，由于交轴磁路多次跨过非磁性区域，遇到的磁阻很大，对应的 X_q 很小。

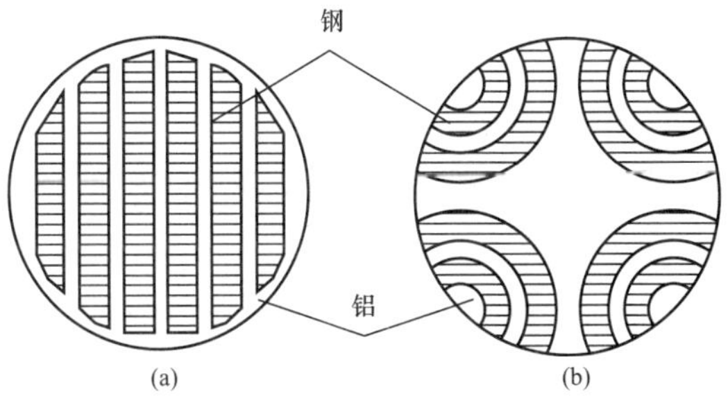

图 14-6　磁阻同步电动机转子
（a）2 极；（b）4 极

磁阻电动机一般靠实心转子的感应涡流并借助于铝或铜所起笼形绕组的作用起动。当转子转度接近同步转速时，借助凸极效应产生的磁阻转矩，转子会自动拉入同步。磁阻电动机转子上既无励磁绕组也没有集电环而使得其结构简单，工作可靠。在控制系统、自动记录装置、电钟等需要保持恒速的场合，磁阻电动机获得了广泛的应用。

14.6 同步调相机

如前所述，同步发电机运行时是供给电网有功功率；同步电动机运行时是吸取电网有功功率。它们的无功功率，随其励磁电流的调节，不仅改变数值大小，也能方便地实现两种性质（滞后或超前）间的转换。利用同步电动机能够改变电网功率因数这一优点，专门用作改变电网功率因数的电动机，不带任何机械负载，这种不带机械负载的同步电动机称之为同步补偿机或同步调相机。

14.6.1 同步调相机的运行状态及其功能

同步调相机运行时，随着励磁电流的调节，其定子电流的变化如图 14-7 所示。其运行状态由过励磁、正常励磁转入欠励磁、无励磁运行或者相反转换时，无功功率的数值和性质随之变化。

同步调相机的电动势方程式为 $\dot{U}=\dot{E}_0+j\dot{I}X_d$，其电动势相量图如图 14-7 所示。

图 14-7（b）为同步调相机正常励磁状态。此时，调相机电动势 $\dot{E}_0=\dot{U}$，其定子绕组内

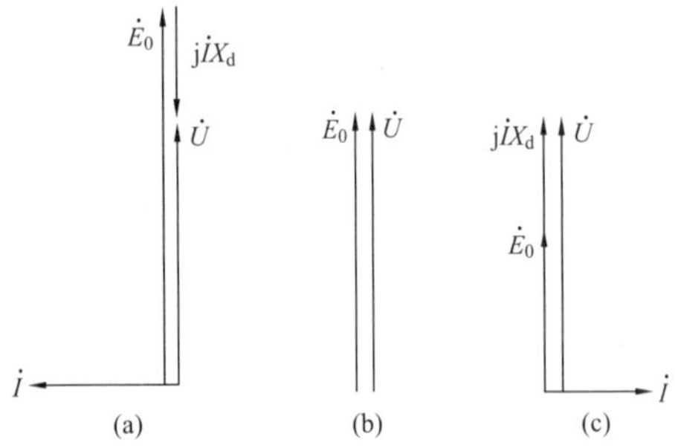

图 14-7 同步调相机电动势相量图
（a）过励磁；（b）正常励磁；（c）欠励磁

无电流，即调相机为空载运行状态。

图 14-7（a）为同步调相机的过励磁状态。此时其励磁电流大于空载励磁电流，定子电流 $\dot{I}$ 超前于电压 $\dot{U}$，空载电动势也较高。调相机的额定容量即指其过励磁运行时的最大无功功率，通常由其转子额定电流值决定，并且转子绕组的温升不得超过限额。

图 14-7（c）为调相机的欠励磁运行状态。此时其励磁电流低于空载励磁电流，定子电流 $\dot{I}$ 落后于电压 $\dot{U}$，其空载电动势较低。

由于电力负荷主要是大量的异步电动机和变压器，电网在重负荷时负担着很大一部分感性无功功率，因而整个电网的功率因数较低。而电网的传输容量是一定的，$\cos\varphi$ 值低则能传输的有功功率减少。况且 $\cos\varphi$ 值低时，线路的损耗和压降增大，电压降低，输电质量变坏，整个电力系统的设备利用率和效率则降低。因此在电网中选择适当地点（一般在负荷枢纽点）安装同步调相机，并且通常是运行于过励磁状态，其作用等效于电容器，对负荷所需的感性无功功率实现就地供给，从而避免远程输送，既减少了线路损耗和电压降，也充分利用了发电设备的容量。这是电网对同步调相机运行的基本需要，或者说是同步调相机在电网的基本功能。

当电网在低负荷运行时，若电网或部分网络出现容性无功功率超过感性无功功率（感性无功负荷与网络无功损耗之和）时，即会引起电网电压升高，其中枢纽点电压可能超过规定的上限值。此时将同步调相机欠励磁运行，其作用又等效于电抗器，从而平衡容性无功功率，抑制和改善电压升高的状况。这是针对电网调压的新问题，扩大了同步调相机的运行功能。

由此可见，同步调相机运行时要随着电网调压的需要而改变运行状态，以充分利用它实现电压调整、提高电网电压的稳定性。

14.6.2 同步调相机无励磁运行问题

运行实践表明，同步调相机在切换励磁中出现失磁时，或在正常运行中突然失去励磁时能保持同步继续运行，此时其无功功率表指示负值，定子端电压较失磁前降低。

凸极同步电机的基本电磁功率与励磁电流有关，附加电磁功率却与励磁电流无关。附加电磁功率是由于电机纵、横轴方向磁阻不等而出现的，因此也称为磁阻功率或凸极功率。同步调相机运行时的有功功率（即损耗）与其产生的制动转矩很小，励磁消失后，依靠此反应转矩仍然足以克服制动转矩，驱动调相机与电网同步运转。剩磁建立的同步转矩也增加其同步运行的稳定性。

对于隐极同步调相机，其转子有大、小齿之差别，仍然存在着 $X_d > X_q$，因此也具备无励磁同步运行能力，这也为实践所证实。

同步调相机的无励磁运行实为欠励磁运行的极限，其吸收无功功率的能力达到最大值。由于此时转子励磁绕组内无直流电流，调相机又保持同步运行，因此不会在转子部件感应电流，并不存在转子发热的问题。此时调相机各电气参数的仪表指示稳定，并无摇摆现象，其物理本质与同步发电机在稳定运行中因失去励磁而失步的情况是不同的（关于同步发电机的失磁异步运行将在 16.3 节中分析）。

对于具备无励磁运行能力的调相机，且系统有富裕无功容量，在运行中发生失磁时，若其母线电压降低的程度允许，可以让其无励磁继续运行，找出失磁原因后，再恢复励磁运行，这样可以减少开停机的操作。

结　语

同步电动机是发电机的一种逆运行，其基本结构、内部电磁关系是一样的，不同的只是功率传递方向及某些物理量相位关系上有所不同而已。同步电机的运行状态取决于定、转子磁动势之间的相对位置，即取决于功角 θ。同步电机作为发电机运行，转子磁动势 $\overline{F}_{f1}$ 超前于定子合成磁动势 $\overline{F}_{R}$，功角 θ 为正值，即把机械能转换为电能；作为电动机运行，转子磁动势 $\overline{F}_{f1}$ 滞后于定子合成磁动势 $\overline{F}_{R}$，功角 θ 为负值，即把电能转换为机械能；而作为调相机运行，定、转子磁动势轴线互相重合，功角 θ 为零。同步调相机中基本上没有有功功率的转换，它既可看成是空载运行的同步电动机，又可看成是专门发出无功功率的无功发电机。

同步电动机接于频率一定的电网上运行，其转速恒定，不会随负载变动而变动；另外，同步电动机的功率因数可以调节，在需要改变功率因数和不需要调速的场合，常优先采用同步电动机。通过调节励磁电流可以方便地改变同步电动机的无功功率。过励磁时，同步电动机从电网吸取超前电流；欠励磁则吸取滞后电流。能够改善电网的功率因数是同步电动机的最大优势。

从同步电动机的原理来看，它不能自行起动；一般采用在同步电动机的转子上装设起动绕组，借助异步电动机的原理来完成其起动过程。

磁阻电动机是一种转子上没有装设励磁绕组的凸极同步电动机，它依靠直轴和交轴磁路上磁阻不等而产生电磁转矩，所以称为磁阻同步电动机。磁阻同步电动机只存在电枢反应磁场，因此又称为反应式同步电动机。

习　题

14-1　怎样使得同步电机从发电机运行方式过渡到电动机运行方式？其功角、电流、电磁转矩如何变化？

14-2　同步电动机的电动势方程式、相量图及功角特性与发电机相比较有无异同之点？

14-3　增加或减少同步电动机与同步发电机的励磁电流各产生什么样的效应？对电网的影响如何？

14-4　在直流电动机中，$E>U$ 还是 $E<U$ 是判断电机作为发电机运行还是电动机运行的主要依据之一，在同步电机中这个结论还正确吗？决定同步电机运行于发电机还是电动机状态的主要依据是什么？

14-5　分别按电动机惯例与发电机惯例画出同步电机在下列运行状态下的电动势相量图。

（1）输出有功功率，输出电感性无功功率；

（2）输出有功功率，输出电容性无功功率；

（3）吸收有功功率，输出电感性无功功率；

（4）吸收有功功率，输出电容性无功功率。

14-6 同步电动机带额定负载且 $\cos\varphi=1$ 时，若保持励磁电流大小不变，而降低电动机的输出功率，试问它的功率因数和电流将作如何变化？

14-7 为什么当 $\cos\varphi$ 滞后时电枢反应在发电机的运行中显示出去磁作用，而在电动机的运行中为助磁作用？

14-8 有一台同步电动机在额定电压、额定频率、额定负载下运行，功角 $\theta=30°$。设在励磁保持不变的情况下，运行情况发生了下述变化，问功角 θ 有何变化？（忽略定子电阻和凸极效应）

（1）电网电压下降5%，负载转矩不变；

（2）电网频率下降5%，负载转矩不变；

（3）电网频率和电网电压各下降5%，负载转矩不变。

14-9 同步电动机为什么没有起动转矩？一般怎样起动它？使同步电动机起动到同步转速，应该有什么步骤？应该注意哪些问题？

14-10 当转子转速等于同步转速时，为什么同步电动机能够产生电磁转矩，而异步电动机的电磁转矩则为零？而当转子转速低于同步转速时，为什么异步电动机能产生电磁转矩，而同步电动机的平均电磁转矩则为零？

14-11 为什么同步电动机的功率因数可以很方便地调节，而异步电动机的功率因数则不能调节，永远为滞后性的？

14-12 同步调相机的原理和作用是什么？

14-13 如果将一台同步调相机装在用户端的变电站内或装在发电站内，试问这两种情况有何不同之点？

14-14 有一台三相凸极同步电动机，额定电压 $U_N=6000V$，Y接法，额定频率 $f_N=50Hz$，额定转速 $n_N=300r/min$，额定电流 $I_N=57.8A$，额定功率因数 $\cos\varphi_N=0.8$（超前），同步电抗 $X_d=64.2\Omega$，$X_q=40.8\Omega$，忽略定子电阻。试求：

（1）在额定负载下的励磁电动势 E_0；

（2）在额定负载下产生的电磁功率 P_{em} 及电磁转矩 T_{em}。

14-15 有一台三相隐极同步电动机，$U_N=380V$，$I_N=23.6A$，定子绕组为Y接法，同步电抗 $X_t=5.8\Omega$，电阻可略去不计。当输入功率为15kW时，试求：

（1）功率因数 $\cos\varphi=1$ 时的功角 θ；

（2）每相励磁电动势 $E_0=250V$ 时的功角 θ 和功率因数 $\cos\varphi$。

14-16 某厂变电站的容量为2000kVA，变电所本身的负荷为1200kW，功率因数 $\cos\varphi=0.65$（滞后）。今该厂欲添一同步电动机，额定数据为：$P_N=500kW$，$\cos\varphi_N=0.8$（超前），效率 $\eta_N=95\%$。问当同步电动机额定运行时，全厂功率因数是多少？变电站是否过载？

14-17 某企业电源电压为6000V，内部使用了多台异步电动机，其总输出功率为1500kW。平均效率70%，功率因数为0.8（滞后）。企业新增一台400kW设备，计划采用运行于过励状态的同步电动机拖动，补偿企业的功率因数到1（不计发电机本身损耗）。

试求：

（1）同步电动机的容量为多大？

（2）同步电动机的功率因数为多少？

14-18　一发电厂通过一输电线供电给一个 100000kW 的负载，负载的端电压为 10.5kV，功率因数为 0.8（滞后）。今欲把线路的功率因数提高到 0.9（滞后），试求所需装设的同步调相机容量。同步调相机应装在线路何处？它应在过励磁还是欠励磁情况下运行？为什么？

第 15 章　同步发电机的三相突然短路

同步发电机的同步电抗数值较大，所以它的稳态短路电流不太大，通常在空载额定电压下的三相稳态短路电流比额定电流小。但在突然短路时，这是一个从正常运行状态变化到稳态短路运行的过渡过程。在突然短路初瞬的冲击电流峰值可达额定电流的十几倍到二十几倍，这样大的电流将在发电机内部产生极大的电磁力，使定子端部受到损伤；此外，巨大的冲击电磁转矩的交变分量会激起大型汽轮发电机组轴系的扭转振动，引起轴系的疲劳寿命损失，影响机组的安全运行。因此，尽管突然短路的电磁暂态过程时间很短，却是一种对发电机组有严重威胁的过渡过程。

发电机突然短路之所以有这么严重的危害，主要是因为在突然短路过程中发生于发电机内部的物理现象与稳态短路有很大区别。在三相对称稳定短路时，电枢反应磁场是一个幅值恒定不变，且在空间以同步转速旋转的圆形旋转磁场，它不会在转子绕组中感应电动势和电流，因此从电路角度分析，它不会影响电枢反应电抗的大小，因而稳态短路电流并不很大。但在三相突然短路时，由于定子电流的突变，电枢反应磁场虽然仍以同步转速旋转（因频率未变）、它与转子绕组仍保持相对静止，但由于电枢反应磁场的大小发生了突变，它便在转子绕组中感应电动势和电流，这电流反过来又会影响定子绕组中的电流。这种定、转子绕组间的相互作用，犹如变压器一、二次磁动势的相互作用。此时的转子绕组起着短路绕组的作用，从电路角度分析，使电枢反应电抗大为减小，因此定子电流就急剧增大，这就是三相突然短路区别于三相稳定短路的根本原因。

同步发电机突然短路过程定子与转子绕组之间的相互影响，其严格分析需要联立求解一组机、电、磁耦合的非线性微分方程，这比较复杂。然而，作为传统电机学中的经典内容，在分析突然短路时，为了避免复杂的数学运算，而又具有清晰的物理概念，常常利用超导体回路的磁链守恒原理。

在电力系统中，多数故障性短路都是不对称短路，但因三相突然短路的分析比较典型，三相突然短路试验又是测定瞬变参数的试验。因此，正确认识突然短路的特点和规律具有重要的意义。所以，本章从超导体回路磁链守恒原理出发，形象地阐明突然短路时发电机内的电磁过程，重点弄清三相突然短路时发电机参数和电流变化的物理概念，作为发电机动态过程分析的基础。

15.1　超导体闭合回路的磁链守恒原理

分析同步发电机三相突然短路的物理过程时，通常应用超导体闭合回路磁链守恒原理。

图 15-1（a）上部为一无源的超导体闭合回路，下部为一磁极。在图 15-1（a）的初始位置时，回路中交链的磁链为 ψ_0。在图 15-1（b）中，当磁极移开超导体闭合回路时，由于 ψ_0 变化，便在回路中感应电动势 e_0，即

$$e_0=-\frac{d\psi_0}{dt} \tag{15-1}$$

由于回路是闭合的，e_0便在该回路中产生一短路电流 i_a，而 i_a产生一自感磁链 ψ_a 和自感电动势 e_a，其值分别为

$$\psi_a=L_a i_a \tag{15-2}$$

$$e_a=-\frac{d\psi_a}{dt} \tag{15-3}$$

式中　L_a——回路的自感。

由于超导体闭合回路的电阻 r 为零，因此此时回路的电动势方程式为

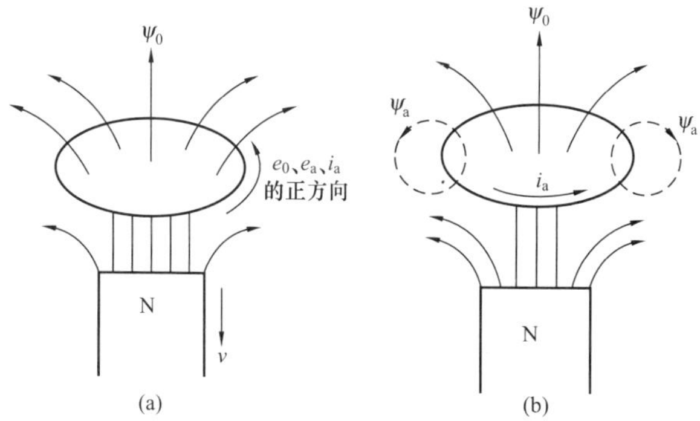

图 15-1　超导体闭合回路磁链守恒原理

(a) 磁极原来位置；(b) 磁极移动后

$$\sum e = e_0+e_a=-\frac{d\psi_0}{dt}-\frac{d\psi_a}{dt}=i_a r=0 \tag{15-4}$$

即

$$\frac{d}{dt}(\psi_0+\psi_a)=0 \tag{15-5}$$

因此

$$\psi_0+\psi_a=常量 \tag{15-6}$$

式（15-6）说明，无论外磁场交链回路的磁链如何变化，由感应电流所产生磁链恰好抵消这种变化，此闭合回路的总磁链总是不变的，这就是超导体闭合回路的磁链守恒原理。

然而，实际电机中，定、转子绕组都不是超导回路，都存在一定的电阻。而由于电阻总要消耗一定的能量，因此，突然短路后绕组电流 i_a 及其所产生的磁链 ψ_a 将发生衰减。

下面分析同步发电机的突然短路过程时，就是先假定所有定、转子各回路的电阻均为零并对各回路运用磁链守恒原理求出相应的各种磁链和电流的初值，然后再计入电阻的影响(即考虑衰减)，引入一系列的时间常数，并由此写出短路电流的方程式。这样，原来需要求解各个回路的电动势方程式（联立微分方程组），变成只需求解相应的磁链方程式（代数方程式组)，使问题大为简化。

15.2　三相突然短路时定子绕组电抗的变化

同步电抗为电枢反应电抗和定子漏抗之和。它们所对应的是电枢反应磁通和定子漏磁通。在三相突然短路时，由于暂态过程的影响，电枢反应磁通路径与稳态对称运行时电枢反应磁通的路径大不相同，同时电枢反应磁通路径又处在暂态过程之中，因此与之对应的电枢反应电抗及同步电抗也是瞬息变化的，本节就研究在三相突然短路时定子绕组电抗的变化。

研究电抗就要联系到磁通，并考虑该磁通的路径，也即需考虑该磁路的磁阻。任一绕组产生一定数量的磁通所需电流的大小，将因磁通所经路径的不同而不同，即因所遇磁阻的不同而不同。若为铁心磁路，因其磁阻小，所需的电流就小；若为空气磁路，因其磁阻大，所需的电流就大。从电路角度看，前者的电抗大，而后者的电抗小。我们就利用这一概念来分

析同步发电机三相突然短路时定子绕组的电抗，也可用它来分析同步发电机三相突然短路电流大的原因。

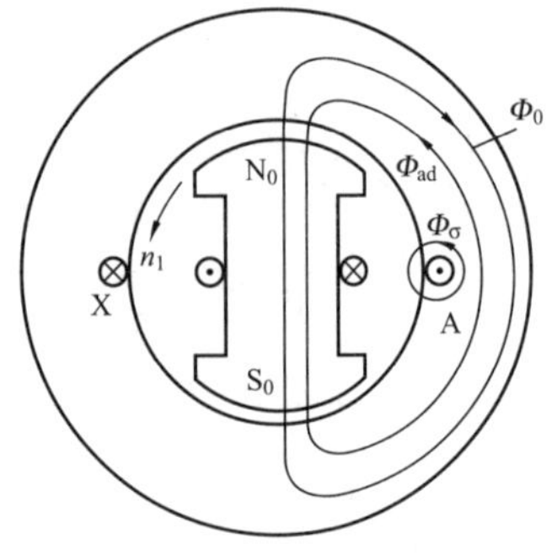

图 15-2 无阻尼绕组同步发电机出线端三相稳态短路时各磁通的路径

同步发电机出线端三相稳态短路时定子电流产生的电枢反应磁通 Φ_{ad} 有直轴去磁作用，其磁路与励磁电流所激励的主磁通 Φ_0 磁路相同，但方向相反，如图 15-2 所示（设同步发电机无阻尼绕组，为清晰起见，定子绕组只画一相，图中也只画出一侧的磁通）。由于此时 Φ_{ad} 幅值大小恒定不变，并与转子同速同向旋转，尽管它穿链于转子绕组，但不会在转子绕组中感应电动势。图中 Φ_σ 和 $\Phi_{f\sigma}$ 分别为定子绕组和励磁绕组的漏磁通。由图可见，此时电枢反应磁通 Φ_{ad} 穿过转子铁心闭合，它所遇到的磁阻较小，因此产生此电枢反应磁通的电流（即稳态短路电流不很大）。从电路角度而言，定子电流所遇到的电抗即为数值较大的直轴同步电 X_d。

设同步发电机三相突然短路前为空载运行，此时转子上的励磁绕组只交链主磁通 Φ_0，当出线端三相突然短路，这样与之对应的定子电流和直轴去磁电枢反应磁通就有一个突变过程，由于穿链于励磁绕组的直轴去磁电枢反应磁通的突变，励磁绕组要保持磁链守恒，将在励磁绕组内感应电动势和电流 Δi_{f-}，其方向与正常励磁电流方向相同，该电流产生的磁动势除与定子三相突然短路电流的磁动势联合产生直轴去磁电枢反应磁通外，还将产生励磁绕组漏磁通 $\Phi'_{f\sigma}$，由右手螺旋定则可判断该磁通方向，在励磁绕组内部与直轴去磁电枢反应磁通方向相反，而在励磁绕组外部与直轴去磁电枢反应磁通方向相同，这样就把此直轴去磁电枢反应磁通"挤"到了励磁绕组外部，此磁路的直轴去磁电枢反应磁通用 Φ'_{ad} 表示，以便与 Φ_{ad} 区别，如图 15-3 所示。由图可见，此时与励磁绕组交链的磁通仍只有主磁通 Φ_0，保持了励磁绕组的磁链守恒。同时可见，Φ'_{ad} 是一个穿过气隙进入转子磁极，只交链于定子绕组而不交链于励磁绕组的直轴电枢反应磁通，因此可理解为它仅有定子电流（即三相突然短路电流）所产生。由于 Φ'_{ad} 被"挤"到了励磁绕组外侧的漏磁路径，其磁阻就很大，所以为建立此磁通所需的定子电流就很大，这就是同步发电机三相突然短路电流为什么很大的物理本质。从电路角度看，在三相突然短路初瞬，定子绕组的同步电抗大大减小了，致使三相突然短路电流就很大。对应于此瞬间的定子绕组同步电抗称之直轴瞬变电抗，用 X'_d 表示，显然 $X'_d \ll X_d$，此时定子三相突然短路电流 I'（称瞬变短路电流）将为 X'_d 所限制，即 $I'=E_0/X'_d$。

图 15-3 无阻尼绕组同步发电机出线端三相突然短路时各磁通的路径

(a) 励磁磁通、电枢反应磁通和漏磁通等；(b) 等效磁通路径

由于励磁绕组电阻的影响，上述由直轴电枢反应磁通突变在励磁绕组内感应的电动势和电流 Δi_{f-} 将衰减。当 Δi_{f-} 衰减到零时，直轴电枢反应磁通又将重新穿过励磁绕组，恢复到图 15-2 的路径，这时同步发电机就从三相突然短路的暂态状态过渡到了三相稳定短路状

态，它所对应的定子绕组电抗即为直轴同步电抗 X_d，显然三相稳态短路电流 I 就为 X_d 所限制，即 $I=E_0/X_d$。

对有阻尼绕组的同步发电机，在三相突然短路瞬间，由于直轴去磁电枢反应磁通的突变，为保持磁链守恒，除在励磁绕组内感应电流 Δi_{f-}，产生漏磁通 $\Phi''_{f\sigma}$ 外，同样还将在阻尼绕组内感应电动势及电流 i_{D-}，其方向如图 15-4 所示，产生漏磁通 $\Phi_{Dd\sigma}$。Δi_{f-} 流经励磁绕组产生的磁动势、i_{D-} 流经阻尼绕组产生的磁动势和定子三相突然短路电流流经定子绕组产生的磁动势联合产生直轴去磁电枢反应磁通。同样，由于 $\Phi''_{f\sigma}$ 和 $\Phi_{Dd\sigma}$ 在励磁绕组和阻尼绕组内部与直轴去磁电枢反应磁通方向相反，外部却与直轴去磁电枢反应磁通方向相同，因此把直轴去磁电枢反应磁通"挤"到了励磁绕组和阻尼绕组外部，此磁路的直轴去磁电枢反应磁通用 Φ''_{ad} 表示，以便与 Φ'_{ad} 及 Φ_{ad} 区别，如图 15-4 所示。由图可见，此时与励磁绕组交链的磁通仍只有主磁通 Φ_0。同时可见，Φ''_{ad} 是一个依次经过定子铁心、气隙、阻尼绕组外侧漏磁路径和励磁绕组外侧漏磁路径而闭合，它也是只交链于定子绕组而不交链于转子阻尼和励磁绕组的直轴电枢反应磁通，因此同样可理解为它仅由定子电流（即三相突然短路电流）所产生。由于 Φ''_{ad} 被"挤"到了阻尼绕组和励磁绕组外侧的漏磁路径，其磁阻就更大。或者说，从电路角度看，此时的定子绕组的同步电抗变得更小了，对应于此瞬间的定子绕组同步电抗称之直轴超瞬变电抗，用 X''_d 表示，显然 $X''_d \ll X'_d$。此时定子三相突然短路电流 I''（称超瞬变短路电流）将为 X''_d 所限制，即 $I''=E_0/X''_d$。

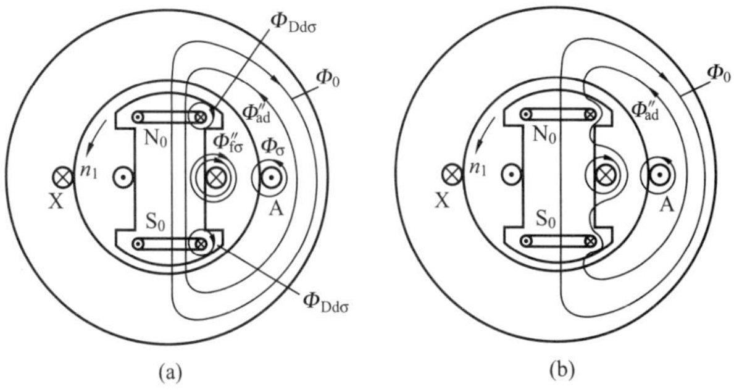

图 15-4　有阻尼绕组同步发电机出线端三相突然短路时各磁通的路径

(a) 励磁磁通、电枢反应磁通和漏磁通等；(b) 等效磁通路径

由于受阻尼绕组电阻的影响 i_{D-} 要衰减，且它衰减比 Δi_{f-} 还要快，当 i_{D-} 衰减完毕后，直轴电枢反应磁通就穿过阻尼绕组，恢复到图 15-3 的路径，Φ''_{ad} 变为 Φ'_{ad}，所对应的定子绕组同步电抗由 X''_d 变为 X'_d，这时同步发电机定子电流就由超瞬变短路电流 I'' 变为了瞬变短路电流 I'。待励磁绕组的电流 Δi_{f-} 也衰减完毕后，发电机就进入到稳态短路运行状态，此时直轴电枢反应磁通就穿过励磁绕组，恢复到图 15-2 的路径，Φ'_{ad} 变为 Φ_{ad}，所对应的定子绕组同步电抗由 X'_d 变为 X_d，定子电流就由瞬变短路电流 I' 变为了稳态短路电流 I。

下面再定量分析瞬变参数。

15.2.1　直轴超瞬变电抗

有阻尼绕组的同步发电机定子三相突然短路电流所产生的磁通包括电枢反应磁通 Φ''_{ad} 和定子漏磁通 Φ_σ（见图 15-4），该两磁通路径的磁阻分别为 R''_{ad} 和 R_σ，其中磁阻 R''_{ad} 包括气隙磁阻 R_{ad}、励磁绕组外侧漏磁路径磁阻 $R_{f\sigma}$ 和阻尼绕组外侧漏磁路径磁阻 $R_{Dd\sigma}$（忽略定、转子铁心内的磁阻），有

$$R''_{ad}=R_{ad}+R_{f\sigma}+R_{Dd\sigma} \tag{15-7}$$

电抗的大小由磁导决定，为找出电抗的表达式，将式（15-7）用磁导表示，因磁导为磁阻的倒数，则有

$$\Lambda''_{ad}=\frac{1}{R''_{ad}}=\frac{1}{R_{ad}+R_{f\sigma}+R_{Dd\sigma}}=\frac{1}{\frac{1}{\Lambda_{ad}}+\frac{1}{\Lambda_{f\sigma}}+\frac{1}{\Lambda_{Dd\sigma}}} \tag{15-8}$$

再加上定子漏磁通的磁导，定子三相突然短路电流产生的磁通所经直轴磁路的总磁导为

$$\Lambda''_{d}=\Lambda_{\sigma}+\Lambda''_{ad}=\Lambda_{\sigma}+\frac{1}{\frac{1}{\Lambda_{ad}}+\frac{1}{\Lambda_{f\sigma}}+\frac{1}{\Lambda_{Dd\sigma}}} \tag{15-9}$$

由于电抗正比于磁导，因此直轴超瞬变电抗 X''_d 为

$$X''_{d}=X_{\sigma}+\frac{1}{\frac{1}{X_{ad}}+\frac{1}{X_{f\sigma}}+\frac{1}{X_{Dd\sigma}}} \tag{15-10}$$

式中：X_σ 为定子漏电抗；X_{ad} 为直轴电枢反应电抗；$X_{f\sigma}$ 为折算到定子侧的励磁绕组漏电抗；$X_{Dd\sigma}$ 为折算到定子侧的直轴阻尼绕组漏电抗。

由式（15－10）可得直轴超瞬变电抗 X''_d 的等效电路如图 15－5 所示。由于突然短路时，定、转子绕组间存在着变压器式的耦合（由于电枢反应磁通 Φ''_{ad} 的突变，在转子两绕组中感应电动势），定子绕组相当于变压器一次侧绕组，转子的励磁和阻尼绕组相当于变压器的二次侧绕组，阻尼绕组本身是短接的，而励磁绕组是通过内阻很小的励磁电源短接，因此它相当于三绕组变压器当两二次侧绕组短接时从一次侧看过去的等效电路，如图 15－5 所示，直轴电枢反应磁通 Φ''_{ad} 相当于这台三绕组变压器主磁通（互感磁通），它对应的电抗 X_{ad} 相当于这台变压器的励磁电抗，定子绕组漏磁通所对应的漏电抗 X_σ 相当于变压器一次侧漏电抗，励磁和阻尼绕组漏磁通 $\Phi''_{f\sigma}$ 和 $\Phi_{Dd\sigma}$ 所对应的漏电抗 $X_{f\sigma}$ 和 $X_{Dd\sigma}$ 相当于变压器二次侧漏电抗。从物理意义上看，直轴次暂态电抗就是考虑到励磁和阻尼绕组反磁动势作用后的变压器短路电抗。

15.2.2　直轴瞬变电抗

如果转子上没有阻尼绕组，或阻尼绕组中的感应电流 $i_{D=}$ 已衰减完毕，直轴电枢反应磁通就穿过阻尼绕组，恢复到图 15－3 的路径，Φ''_{ad} 变为 Φ'_{ad}，则相当于阻尼绕组开路，断开图 15－5 中的 $X_{Dd\sigma}$ 并联支路，所对应的定子绕组同步电抗由 X''_d 变为 X'_d，得直轴瞬变电抗 X'_d 的等效电路如图 15－6 所示，相应的数学表述为

$$X'_{d}=X_{\sigma}+\frac{1}{\frac{1}{X_{ad}}+\frac{1}{X_{f\sigma}}} \tag{15-11}$$

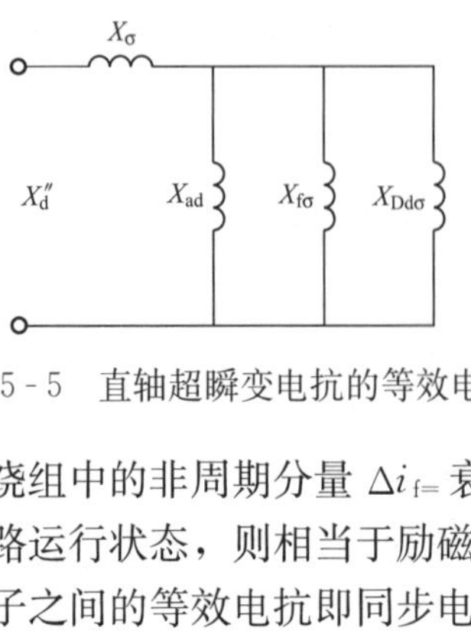

图 15－5　直轴超瞬变电抗的等效电路

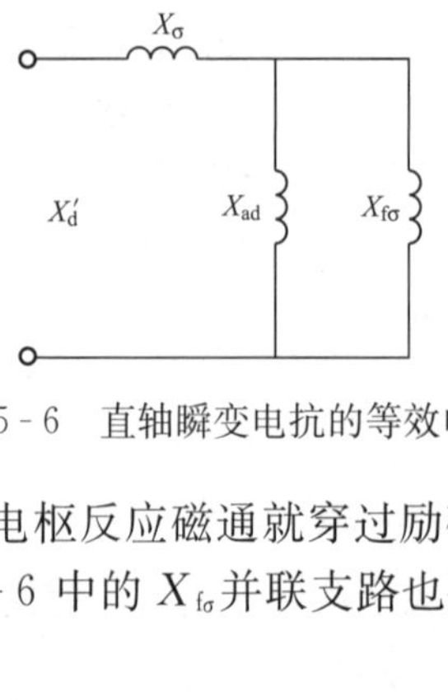

图 15－6　直轴瞬变电抗的等效电路

当励磁绕组中的非周期分量 $\Delta i_{f=}$ 衰减完毕后，直轴电枢反应磁通就穿过励磁绕组，进入到稳态短路运行状态，则相当于励磁绕组开路，图 15－6 中的 $X_{f\sigma}$ 并联支路也要断开。这时，定、转子之间的等效电抗即同步电抗 $X_d=X_\sigma+X_{ad}$。

15.2.3　交轴瞬变参数

如果突然短路不是发生在发电机出线端，而是在电网上某处，则由于线路阻抗使发电机定子电流中不仅含有直轴分量，而且还有交轴分量，因而，还要分析交轴的瞬变参数。

交轴瞬变参数也有超瞬变电抗和瞬变电抗之分，用 X''_q 和 X'_q 表示，分析方法及过程与直轴相似。由于交轴上没有励磁绕组，因此交轴超瞬变电抗为

$$X''_q = X_\sigma + \frac{1}{\frac{1}{X_{aq}} + \frac{1}{X_{Dq\sigma}}} \tag{15-12}$$

通常情况下，$X''_d < X''_q$。

如果交轴上没有阻尼绕组，或交轴阻尼绕组中的电流衰减完毕，则交轴瞬变电抗为

$$X'_q = X_\sigma + X_{aq} = X_q \tag{15-13}$$

综上所述，可将交轴超瞬变电抗和瞬变电抗的等效电路绘于图 15-7（a）、（b）。

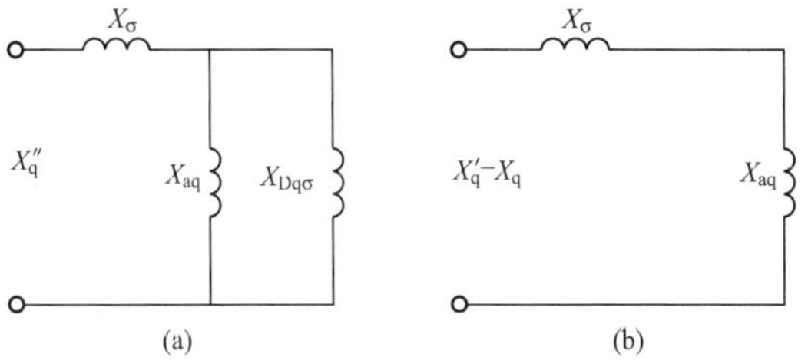

图 15-7　交轴超瞬变电抗和的等效电路

（a）交轴超瞬变电抗；（b）交轴瞬变电抗

15.3　瞬变电抗和超瞬变电抗的测定方法

同步发电机的瞬变电抗和超瞬变电抗，可以用静测法来测量。试验的接线图如图 15-8 所示。转子绕组通过一交流电流表而短接，定子绕组的一相开路，另外两相的出线端加一单相额定频率的低电压。然后缓慢地用手拨动转子使转子绕组中感应电流达到最大值，读取定子电流 I_1、外施电压 U_1 和输入功率 P_1。再拨动转子使转子绕组中的感应电流为最小值（接近于零），读取此时的电枢电流 I_2、外施电压 U_2 和输入功率 P_2。在试验中应将定子电流控制在一定数值（为 $0.05 \sim 0.25 I_N$），以免发电机过热。

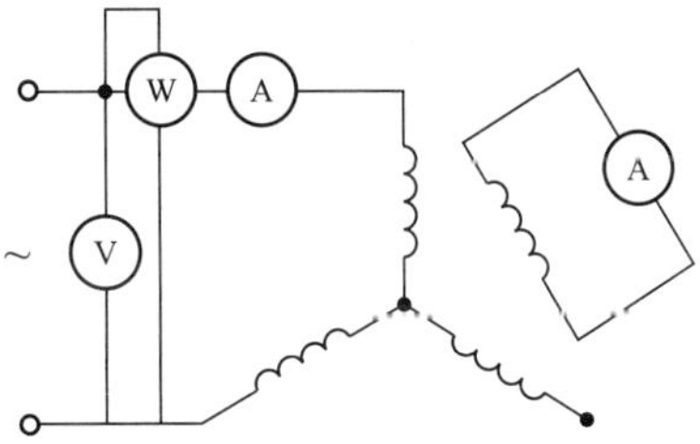

图 15-8　用静测法测定 X''_d 与 X''_q

由于定子磁动势为单相脉振磁动势，转子绕组将产生一定的感应电流。这时定、转子之间的电磁感应关系和变压器一样，定子绕组相当于变压器的一次侧而转子各绕组相当于二次侧。定子和转子间变压器式耦合的程度则随转子位置而变化。

若外施电压 U_1 不变，当定子脉振磁场对准转子 d 轴时，定子和转子间的变压器式耦合最强，转子绕组中感应电流最大，对应此时的电枢电流 I_1 也达到最大值。此时定子绕组的电抗应为直轴超瞬变电抗 X''_d。如果计及各绕组的电阻，则有

$$Z''_q = \frac{U_2}{2I_2} \tag{15-14}$$

$$R''_q = \frac{P_2}{2I_2^2} \tag{15-15}$$

$$X''_q = \sqrt{Z''^2_q - R''^2_q} \tag{15-16}$$

如果转子没有阻尼绕组，并且磁极用叠片构成，则式（15-16）测出的是直轴瞬变

电抗 X'_d。

当定子脉振磁场对准转子 q 轴时，则定子和转子间的变压器式耦合最弱，转子感应电流接近于零，对应的电枢电流也为最小，此时定子绕组的电抗应为交轴超瞬变电抗 X''_q。如果计及各绕组的电阻，则有

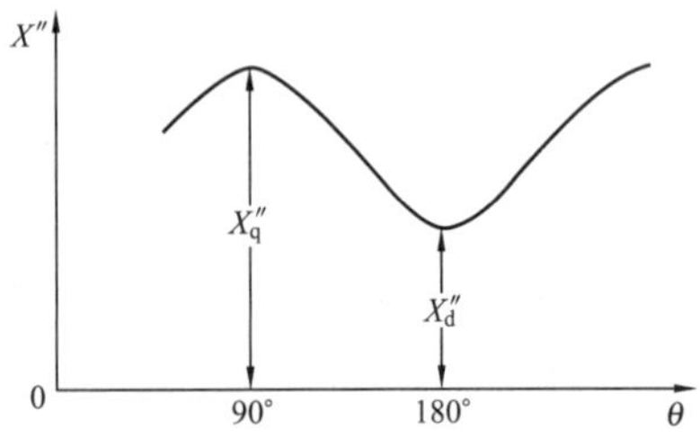

图 15-9 X''_d及 X''_q与转子位置的关系

$$Z''_d=\frac{U_1}{2I_1} \tag{15-17}$$

$$R''_d=\frac{P_1}{2I_1^2} \tag{15-18}$$

$$X''_d=\sqrt{Z''^2_d-R''^2_d} \tag{15-19}$$

如果是凸极同步发电机而交轴上无阻尼绕组时，则上面测出的电抗是交轴瞬变电抗 X'_q。

超瞬变电抗与转子位置的关系如图 15-9 所示，图中 θ 为转子直轴与电枢磁动势轴线之间的夹角。

15.4 三相突然短路电流

15.4.1 简化假设

突然短路时，发电机内部的物理过程与稳态短路时的情况有很大差别。稳态短路时，电枢反应磁动势的大小不变，并随转子以同步转速旋转，不会在转子绕组中感应电流。而在突然短路时，定子电流的幅值是变化的，因而电枢反应磁通也在变化，将在转子绕组中感应电流，这个电流产生的磁动势反过来又影响定子电流，其物理过程是复杂的。为了简化分析，特作如下假定：

（1）突然短路前发电机为空载运行；

（2）短路发生在发电机机端，而且是三相同时突然短路；

（3）突然短路瞬态过程中，发电机转速保持为同步转速不变；

（4）发电机磁路不饱和，可以应用叠加原理；

（5）突然短路发生后，励磁系统提供的励磁电流始终保持不变。

假设（3）意在解除机械耦合，在突然短路过程中将速度作常数处理，其合理性来自于机械时间常数大于电磁时间常数，即在考虑电磁过渡过程时，可以不考虑机械过渡过程。假设（4）剔除了磁场的非线性因素，隐含着分析中可应用叠加原理，并可把电磁耦合问题简化为纯电路问题。假设（5）进一步保证了作为激励量的励磁电动势 E_0 为恒压源。假设（2）认为短路发生在发电机出线端，如果在输电线上发生突然短路，则可把机端到短路点的线路阻抗归入发电机的漏电抗中。假设（1）将问题归结为一个三相对称 RL 串并联电路的零状态响应。这样，只要能确定任一相等效电路中状态变量（即短路电流）的初、终值及其衰减时间常数，就有可能由电路分析中的三要素法和对称法得出三相短路电流的表达式。

在突然短路瞬态过程的开始瞬间，由于时间很短，能量损失不多，可以认为磁场储能不变，即可将各绕组看成磁链守恒的超导体闭合回路，找出保持绕组磁链不变所需的电流，先忽略各绕组的电阻，求出各绕组电流的初始值；然后，再考虑能量损失，通过引入相应的衰减时间常数，求出电流衰减的情况，写出其表达式。由于要利用超导体闭合回路磁链守恒原

理，因此从绕组磁链入手进行分析，进而找到与磁链变化相应的绕组电流。

15.4.2　定子绕组突然短路的初始磁链

与前面 11.2 节一样，规定磁通出定子进转子的为正，相反的为负；磁链的正方向与磁通的正方向相同，因此绕组电动势和电流的正方向以及空间坐标的正方向如图 15-10（a）所示。在突然短路之前，发电机处于空载状态，气隙磁场只由励磁磁动势产生，励磁磁通分别与各相定子绕组匝链。当转子磁极轴线与 A 相绕组轴线重合时，A 相匝链的磁链达最大值 ψ_m。转子基波励磁磁动势 F_{f1} 在空间转动时，A 相绕组的磁链随 F_{f1} 与该绕组轴线的夹角 α 作余弦变化，根据时-空矢量图的规律（在 11.2 节中），如果选取时轴与相轴重合，则 $\overline{F}_{f1}$ 超前 $\dot{E}_0$ 90°，同步发电机空载运行的时-空矢量图如图 15-10（b）所示。B、C 两相绕组在空间位置上依次差 120°，因而它们的时间量在时间上也差 120°。在所规定的正方向下，A 相绕组的感应电动势 e_{0A} 为

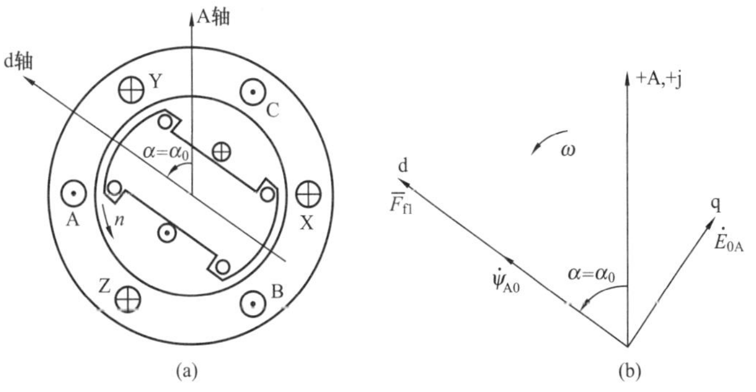

图 15-10　三相突然短路开始时的转子位置与时-空矢量图

（a）$t=0$ 时的转子位置；（b）时-空矢量图

$$e_{0A}=-\frac{d\psi_A}{dt} \tag{15-20}$$

可见磁链 ψ_A 是随时间按正弦变化的量，可用时间相量 $\dot{\psi}_A$ 表示，并把它画在图 15-10（b）中，在时间上 $\dot{\psi}_A$ 超前 $\dot{E}_{0A}$ 90°电角度。知道了 $\dot{\psi}_A$，也就知道了 B、C 相绕组的磁链 $\dot{\psi}_B$ 和 $\dot{\psi}_C$，它们的大小相等、相位移互为 120°电角度。

根据定子绕组磁链与转子位置的关系，可以写出各相绕组磁链瞬时值的表达式。由图 15-10 可见，空间坐标 α 同时代表了励磁磁动势 F_{f1} 与 +A 轴之间的空间电角度，它等于 $\overline{F}_{f1}$ 从 $\alpha=0$ 位置即 +A 轴转到 α 处所需要的时间电角度。因此绕组磁链可表示为 α 的函数，即

$$\left.\begin{aligned}\psi_A&=\psi_m\cos\alpha\\ \psi_B&=\psi_m\cos(\alpha-120°)\\ \psi_C&=\psi_m\cos(\alpha-240°)\end{aligned}\right\} \tag{15-21}$$

式中，ψ_m 是励磁磁动势在各相绕组中产生的最大磁链。

设励磁磁动势 $\overline{F}_{f1}$ 转到 +A 轴前面一个空间电角度 $\alpha=\alpha_0$ 处定子绕组发生了三相突然短路，如图 15-10 所示。在分析中，把这个瞬间选作计算突然短路瞬态过程的时间起点，即 $t=0$ 时刻。

从式（15-21）可得 $t=0$ 时定子绕组突然短路各相的初始磁链为

$$\left.\begin{aligned}\psi_{A0}&=\psi_m\cos\alpha_0\\ \psi_{B0}&=\psi_m\cos(\alpha_0-120°)\\ \psi_{C0}&=\psi_m\cos(\alpha_0-240°)\end{aligned}\right\} \tag{15-22}$$

15.4.3　电枢绕组突然短路后的磁链

当忽略电枢绕组电阻时，在三相定子绕组突然短路后，它们就都成了超导体闭合回路。

对于超导体闭合回路，始终保持 $t=0$ 时的磁链不会改变。那么，各相定子绕组保持式（15－22）不变的初始磁链。突然短路后，即 $t>0$ 时，转子继续向前转，如图 15－11 所示。这时励磁磁动势 F_{f1} 已转过一个角度 $\alpha_1=\omega t$，而 $\alpha=\alpha_1+\alpha_0=\omega t+\alpha_0$，$\omega$ 为是发电机的同步电角速度。随着转子位置的改变，由励磁磁动势在定子各相绕组中产生的磁链相应地改变为

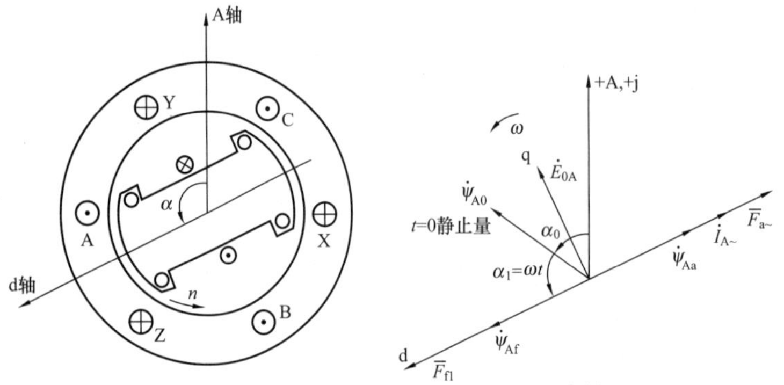

(a) (b)

图 15－11 三相突然短路后的转子位置与时－空矢量图

（a）转子位置；（b）时－空矢量图

$$\left.\begin{aligned}\psi_{Af}&=\psi_m\cos(\omega t+\alpha_0)\\ \psi_{Bf}&=\psi_m\cos(\omega t+\alpha_0-120^\circ)\\ \psi_{Cf}&=\psi_m\cos(\alpha+\alpha_0-240^\circ)\end{aligned}\right\}\qquad(15-23)$$

根据超导体闭合回路磁链守恒原理，定子各相绕组为了维持磁链不变，便产生了三相突然短路电流。这些突然短路电流，一方面要保持 $t=0$ 时三相绕组的初始磁链 ψ_{A0}、ψ_{B0}、ψ_{C0}，如图 15－10 所示；另一方面，还要产生三相交变的磁链 ψ_{Aa}、ψ_{Ba}、ψ_{Ca}，去抵消式(15－23)所示的由励磁磁动势产生的三相绕组磁链 ψ_{Af}、ψ_{Bf}、ψ_{Cf}，即

$$\left.\begin{aligned}\psi_{Aa}+\psi_{Af}&=\psi_{A0}\\ \psi_{Ba}+\psi_{Bf}&=\psi_{B0}\\ \psi_{Ca}+\psi_{Cf}&=\psi_{C0}\end{aligned}\right\}\qquad(15-24)$$

由式（15－24）得到，在发电机突然短路后，定子三相突然短路电流产生的三相绕组磁链为

$$\left.\begin{aligned}\psi_{Aa}&=-\psi_{Af}+\psi_{A0}=-\psi_m\cos(\omega t+\alpha_0)+\psi_m\cos\alpha_0=\psi_{A\sim}+\psi_{A-}\\ \psi_{Ba}&=-\psi_{Bf}+\psi_{B0}=-\psi_m\cos(\omega t+\alpha_0-120^\circ)+\psi_m\cos(\alpha_0-120^\circ)=\psi_{B\sim}+\psi_{B-}\\ \psi_{Ca}&=-\psi_{Cf}+\psi_{C0}=-\psi_m\cos(\omega t+\alpha_0-120^\circ)+\psi_m\cos(\alpha_0-120^\circ)=\psi_{C\sim}+\psi_{C-}\end{aligned}\right\}\qquad(15-25)$$

式中，$\psi_{A\sim}$、$\psi_{B\sim}$、$\psi_{C\sim}$ 为定子三相绕组磁链的周期性分量（交流分量）；ψ_{A-}、ψ_{B-}、ψ_{C-} 为三相定子绕组磁链的非周期性分量（直流分量）。

15.4.4 不计定子绕组电阻的突然短路电流

由于电流 I 正比于磁动势 F，不计饱和时，磁动势 F 正比于磁通 Φ，而磁通 Φ 又正比于磁链 ψ，因此定子电流和由它产生的磁场与定子绕组交链的磁链成正比，因此式(15－25)可改写成突然短路电流表达式，若不计定子绕组电阻（即突然短路电流不衰减），则突然短路电流的瞬时值表达式为

$$\left.\begin{aligned}i_A&=-I''_m\cos(\omega t+\alpha_0)+I''_m\cos\alpha_0=i_{A\sim}+i_{A-}\\ i_B&=-I''_m\cos(\omega t+\alpha_0-120^\circ)+I''_m\cos(\alpha_0-120^\circ)=i_{B\sim}+i_{B-}\\ i_C&=-I''_m\cos(\omega t+\alpha_0-240^\circ)+I''_m\cos(\alpha_0-240^\circ)=i_{C\sim}+i_{C-}\end{aligned}\right\}\qquad(15-26)$$

式中，$i_{A\sim}$、$i_{B\sim}$、$i_{C\sim}$ 为定子绕组三相突然短路电流的周期性分量（交流分量）；i_{A-}、

i_{B-}、i_{C-}为定子绕组三相突然短路电流的非周期性分量（直流分量）；I''_m为超瞬变电流的幅值。

因此根据超导体闭合回路磁链守恒原理，三相突然短路后，定子绕组的磁链变化归结为：

（1）定子绕组各相都产生一个非周期性的直流电流，共同产生不转的稳定定子磁动势 $\overline{F}_{a-}$，从而使各相绕组分别产生一个不变的磁链以维持其在短路瞬间的磁链。例如对于 A 相出现 ψ_{A0}，B 相和 C 相分别出现 ψ_{B0} 和 ψ_{C0}。

（2）定子绕组产生一组三相对称周期性的交变电流，由它们产生的定子磁动势 $\overline{F}_{a\sim}$ 为旋转磁动势，$\overline{F}_{a\sim}$ 在各相绕组中产生一个交变的磁链以抵消转子磁动势 $\overline{F}_{f1}$ 对定子各相绕组的磁链，所以 $\overline{F}_{a\sim}$ 作用在直轴上，始终与 $\overline{F}_{f1}$ 大小相等、方向相反。

15.4.5　转子绕组的电流和磁链

突然短路前，励磁绕组仅有励磁电流 I_{f0}，而阻尼绕组中没有电流。转子励磁绕组与阻尼绕组均为闭合电路，突然短路初瞬，它们也应遵循磁链守恒原理。突然短路后，定子磁动势 $\overline{F}_{a-}$ 与 $\overline{F}_{a\sim}$ 将分别与励磁绕组和阻尼绕组产生磁耦合作用。

由 $\overline{F}_{a\sim}$ 产生的旋转磁场与转子相对静止，它作用在 d 轴上，且与 $\overline{F}_{f1}$ 方向相反。它对励磁绕组和阻尼绕组分别产生去磁作用的磁链 ψ_{fad} 和 ψ_{Dad}，企图减少这两绕组的原磁链值。但对这两超导绕组而言，磁链不能突变，因此势必会在励磁绕组和阻尼绕组中分别产生与原励磁电流同向的非周期分量（直流分量）短路电流 Δi_{f-} 和 i_{D-}，它们分别产生恒定方向的直流分量磁链 ψ_{f-} 和 ψ_{D-} 以抵消 ψ_{fad} 和 ψ_{Dad} 的影响。

同理，由 $\overline{F}_{a-}$ 产生静止磁场与旋转的转子有相对运动，它分别在励磁绕组和阻尼绕组产生交变磁链 $\psi_{fa\sim}$ 和 $\psi_{Da\sim}$，因此，在励磁绕组和阻尼绕组还将分别感应交流分量短路电流 $i_{f\sim}$ 和 $i_{D\sim}$，它们分别产生交变磁链 $\psi_{f\sim}$ 和 $\psi_{D\sim}$，以抵消 $\psi_{fa\sim}$ 和 $\psi_{Da\sim}$ 的影响。

于是可得突然短路后励磁绕组和阻尼绕组的电流分别为

$$i_f = I_{f0} + \Delta i_{f-} + i_{f\sim} \tag{15-27}$$

$$i_D = i_{D-} + i_{D\sim} \tag{15-28}$$

15.4.6　定子绕组突然短路电流周期性分量的初始值

三相突然短路电流周期性分量 $i_{A\sim}$、$i_{B\sim}$、$i_{C\sim}$ 产生的 $\overline{F}_{a\sim}$ 作用在直轴上，始终与 $\overline{F}_{f1}$ 大小相等、方向相反。根据超导体闭合回路磁链守恒原理，转子的励磁绕组和阻尼绕组中要产生突然短路非周期电流分量，以产生反磁链，阻止电枢磁链从其中间穿过并保持自己的磁链不变，因此电枢磁通从这两个绕组的漏磁路径通过［见图 15-4（b）］，对应于此瞬间的定子绕组同步电抗为直轴超瞬变电抗 X''_d。

突然短路电流周期性分量是由励磁电动势 E_0 产生，而当它流过定子绕组时又受定子绕组直轴超瞬变电抗 X''_d所限制，于是超瞬变电流的最大值为

$$I''_m = \sqrt{2}\,\frac{E_0}{X''_d} \tag{15-29}$$

从式（15-29）可得三相突然短路电流周期性分量的瞬时值表达式为

$$\left.\begin{aligned} i_{A\sim} &= -\sqrt{2}\,\frac{E_0}{X''_d}\cos(\omega t+\alpha_0) \\ i_{B\sim} &= -\sqrt{2}\,\frac{E_0}{X''_d}\cos(\omega t+\alpha_0-120^\circ) \\ i_{C\sim} &= -\sqrt{2}\,\frac{E_0}{X''_d}\cos(\omega t+\alpha_0-240^\circ) \end{aligned}\right\} \tag{15-30}$$

如果转子无阻尼绕组，则有

$$I'_m=\sqrt{2}\,\frac{E_0}{X'_d} \tag{15-31}$$

式中，I'_m为瞬变电流的幅值。

15.4.7 定子绕组突然短路电流非周期分量的初始值

定子绕组突然短路电流的非周期分量初始值 i_{A-}、i_{B-}、i_{C-} 产生的初始磁链 ψ_{A0}、ψ_{B0}、ψ_{C0}中，也包括气隙磁链和漏磁链两部分。由于初始磁链是恒定不变的，因此产生气隙磁链的气隙磁通密度在空间上静止不动，因而它与转子上的绕组就有相对运动，企图使转子绕组的磁链改变。根据超导体磁链守恒原理，转子绕组中要产生突然短路周期电流分量，以产生反磁链，阻止定子磁链从其中间穿过并保持自己的磁链不变。于是，这个在空间静止不动的气隙磁通也只能沿着励磁绕组和阻尼绕组的漏磁路通过，所遇到的磁导，与上述周期分量的情况基本相同。所以，在计算定子绕组突然短路电流的非周期分量 i_{A-}、i_{B-}、i_{C-}时，也用直轴超瞬变电抗 X''_d，于是有

$$\left.\begin{aligned} i_{A-} &= -\sqrt{2}\,\frac{E_0}{X''_d}\cos\alpha_0 \\ i_{B-} &= -\sqrt{2}\,\frac{E_0}{X''_d}\cos(\alpha_0-120^\circ) \\ i_{C-} &= -\sqrt{2}\,\frac{E_0}{X''_d}\cos(\alpha_0-240^\circ) \end{aligned}\right\} \tag{15-32}$$

15.4.8 突然短路电流的衰减

由于实际发电机的绕组都有电阻，都要消耗能量，各绕组中的电流最终将衰减至稳态短路时的数值。下面分析电枢绕组突然短路电流衰减的规律。

转子阻尼绕组和励磁绕组电流的非周期分量 Δi_{f-} 和 i_{D-} 是同时开始衰减的，但一般来说，阻尼绕组电流 i_{D-} 衰减得较快。因此可以近似地认为：阻尼绕组电流的非周期分量衰减时，励磁绕组仍保持着超导体磁链守恒状态。而励磁电流开始衰减时，阻尼绕组电流已经衰减完毕，阻尼绕组如同开路一样。这样在计算励磁绕组电流非周期分量衰减的时间常数时，就不必考虑阻尼绕组的影响，而只需考虑定子绕组的作用。所以电枢绕组突然短路电流周期性分量 $i_{A\sim}$、$i_{B\sim}$、$i_{C\sim}$的衰减分为两个阶段：

（1）从超瞬变电流 I''_m衰减到瞬变电流 I'_m，这一阶段的衰减量（$I''_m-I'_m$）由阻尼绕组电流非周期分量 i_{D-} 的衰减而引起，其时间常数为 $T''_d=\dfrac{L''_{Dd}}{R_{Dd}}$（$L''_{Dd}$为对应于阻尼绕组的等效电感，$R_{Dd}$为阻尼绕组的电阻）。

（2）从瞬变电流 I'_m衰减到稳态电流 I_m，这一阶段的衰减量（I'_m-I_m）由励磁绕组电流

的非周期分量 Δi_{f-} 的衰减而引起，其时间常数为 $T'_d=\dfrac{L'_f}{R_f}$（L'_f为对应于励磁绕组的等效电感，R_f 为阻尼绕组的电阻）。

定子绕组突然短路电流的非周期性分量 i_{A-}、i_{B-}、i_{C-} 的衰减由定子绕组本身的电阻引起，其时间常数为 $T_a=\dfrac{L''_a}{R_a}$（L''_a为对应于定子绕组的等效电感，R_a 为定子绕组的电阻）。励磁绕组和阻尼绕组感应的周期性分量短路电流 $i_{f\sim}$ 和 $i_{D\sim}$ 随 i_{A-}、i_{B-}、i_{C-} 的衰减而衰减。

以上衰减过程结束后，发电机进入稳态短路，稳态短路电流变为 $I_m=\sqrt{2}\dfrac{E_0}{X_d}$。

根据以上分析，考虑电流的衰减时，定子绕组突然短路电流的瞬时值可以写为

$$\left.\begin{aligned}
i_A &= -\left[(I''_m-I'_m)e^{-\frac{t}{T''_d}}+(I'_m-I_m)e^{-\frac{t}{T'_d}}+I_m\right]\cos(\omega t+\alpha_0)+I''_m\cos\alpha_0 e^{-\frac{t}{T_a}}\\
i_B &= -\left[(I''_m-I'_m)e^{-\frac{t}{T''_d}}+(I'_m-I_m)e^{-\frac{t}{T'_d}}+I_m\right]\cos(\omega t+\alpha_0-120^\circ)+I''_m\cos(\alpha_0-120^\circ)e^{-\frac{t}{T_d}}\\
i_C &= -\left[(I''_m-I'_m)e^{-\frac{t}{T''_d}}+(I'_m-I_m)e^{-\frac{t}{T'_d}}+I_m\right]\cos(\omega t+\alpha_0-240^\circ)+I''_m\cos(\alpha_0-240^\circ)e^{-\frac{t}{T_d}}
\end{aligned}\right\}\tag{15-33}$$

从突然短路电流的表达式可知，定子绕组突然短路电流非周期分量的初始值与发生突然短路时转子的位置有关。短路发生时，如果定子某相绕组的轴线与转子的直轴重合（$\alpha_0=0^\circ$），即转子励磁磁动势在该相绕组匝链的磁链达到正的最大值，则在该相突然短路电流的非周期分量的初始值也达到正的最大值，于是可写出其突然短路电流为

$$i_k=-\left[(I''_m-I'_m)e^{-\frac{t}{T''_d}}+(I'_m-I_m)e^{-\frac{t}{T'_d}}+I_m\right]\times\cos\omega t+I''_m\cos 0^\circ e^{-\frac{t}{T_a}}\tag{15-34}$$

这是一种最不利的短路情况，它将导致最大短路的冲击电流。最大短路冲击电流发生在 $\cos\omega t=-1$ 时，即 $\omega t=\pi$，即在 $t=\dfrac{T}{2}$时，最大短路冲击电流出现在短路开始后的 1/2 周期时（即 $t=0.01$s），其值等于该瞬间短路电流的周期分量与非周期分量之和，如图 15-12 所示。

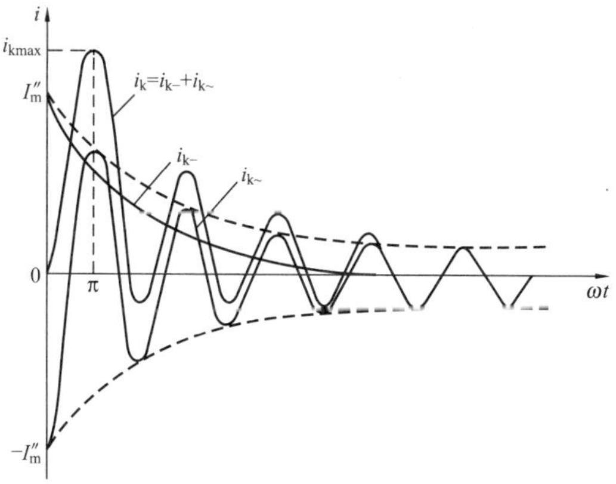

图 15-12　$\alpha_0=0^\circ$时定子突然短路电流

短路冲击电流的幅值为

$$\begin{aligned}
i_{kmax} &= \left[(I''_m-I'_m)e^{-\frac{t}{T''_d}}+(I'_m-I_m)e^{-\frac{t}{T'_d}}+I_m+I''_m e^{-\frac{t}{T_a}}\right]_{t=0.01}\\
&=\sqrt{2}E_0\left[\left(\frac{1}{X''_d}-\frac{1}{X'_d}\right)e^{-\frac{t}{T''_d}}+\left(\frac{1}{X'_d}-\frac{1}{X_d}\right)e^{-\frac{t}{T'_d}}+\frac{1}{X_d}+\frac{1}{X''_d}e^{-\frac{t}{T_a}}\right]_{t=0.01}\\
&=KI''_m
\end{aligned}\tag{15-35}$$

式中，K 为冲击系数，一般为 1.8～1.9，如果不考虑衰减，则 $K=2$ 。为了计算载流部件之间相互作用的电磁力，需要知道短路冲击电流。

国家标准规定，同步发电机必须能够承受空载电压为 105％额定电压下的三相突然短路，因此短路冲击电流可估算为

$$i_{\text{kmax}}=1.8\times\sqrt{2}\times\frac{1.05U_{\text{Nph}}}{X''_{\text{d}}} \tag{15-36}$$

通常，$i_{\text{kmax}}\leqslant 15\sqrt{2}I_{\text{N}}$。

15.5 时 间 常 数

如前所述，定子绕组、励磁绕组和阻尼绕组为维持磁链守恒所感应的电流，当计及绕组的电阻时，这些电流将逐步衰减，衰减的速度和电路的时间常数有关，即和 L/R 的比值有关。

对于只有一个绕组的单一电路，时间常数的概念是明确的，电阻即是指绕组本身的电阻，而电感则为绕组本身的自感。但是在多绕组的耦合电路中，在确定某一绕组中自由分量电流衰减的时间常数时，所用的电阻仍是这个绕组的电阻，而电感则应指这个绕组与其他绕组耦合后的等效电感，即应考虑所有磁耦合绕组对这个绕组存在反磁动势作用后，该绕组的磁通（由自由分量电流所引起）所对应的等效电感，也就是

$$T=\frac{L}{R}=\frac{X}{\omega R} \tag{15-37}$$

式中 L——绕组耦合后的等效电感；

R——绕组自身的电阻；

X——绕组耦合后的等效电抗。

根据这个概念，以下具体说明式（15-33）中的三个时间常数。

15.5.1 阻尼绕组非周期性电流衰减的时间常数 T''_{d}

已知阻尼绕组中非周期性电流 $i_{\text{D}-}$ 和定子周期性电流中的超瞬变分量［幅值为（$I''_{\text{m}}-I'_{\text{m}}$）］均按时间常数 T''_{d} 而衰减。T''_{d} 之值可表示为

$$T''_{\text{d}}=\frac{L_{\text{Dd}}}{R_{\text{Dd}}}=\frac{X''_{\text{Dd}}}{\omega R_{\text{Dd}}} \tag{15-38}$$

式中 R_{Dd}——直轴阻尼绕组的电阻；

X''_{Da}——考虑阻尼绕组与励磁绕组、定子绕组之间磁耦合作用后的等效电抗。

突然短路时 $i_{\text{D}-}$ 作用于磁路上的磁动势以及其相应的磁通，除了经过定子磁路的 Φ_{ad} 外，还有只和阻尼绕组相交链的漏磁通 $\Phi_{\text{Dd}\sigma}$，由于定子绕组和励磁绕组都要保持磁链守恒，因此在定子绕组和励磁绕组中都要感应相应的电流，并且各自产生相应的漏磁通 Φ_{σ} 和 $\Phi_{\text{f}\sigma}$，考虑了定子绕组和励磁绕组的反磁动势作用后，$i_{\text{D}-}$ 建立的气隙磁通 Φ''_{Dd} 被挤到定子绕组和励磁绕组外的漏磁路中［见图 15-13（a）］。这样，这三个绕组之间的电磁耦合关系好像一台二次侧短路的三绕组变压器，阻尼绕组作为一次侧，定子绕组和励磁绕组作为二次侧。由三绕组变压器的等效电路，代表二次侧的分支予以短接，就可以

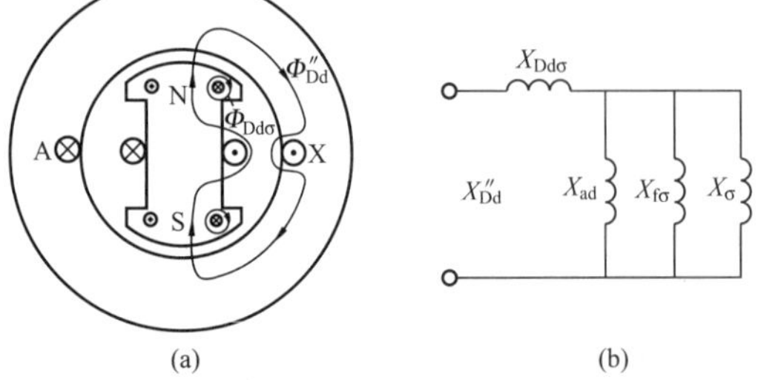

图 15-13 阻尼绕组非周期性电流建立的磁场与等效电路
（a）等效磁通路径；（b）等效电路

得到和 X''_{Dd} 相应的等效电路，如图 15 - 13（b）所示。因此阻尼绕组的等效电抗为

$$X''_{Dd}=X_{Dd\sigma}+\frac{1}{\frac{1}{X_{ad}}+\frac{1}{X_{f\sigma}}+\frac{1}{X_{\sigma}}} \tag{15-39}$$

15.5.2　励磁绕组非周期性电流衰减的时间常数 T'_d

如前所述，励磁绕组的非周期性电流 Δi_{f-} 和定子周期性电流的瞬变分量［幅值为 (I'_m-I_m)］均按时间常数 T'_d 而衰减。T'_d 可表示为

$$T'_d=\frac{L'_f}{R_f}=\frac{X'_f}{\omega R_f} \tag{15-40}$$

式中　R_f——励磁绕组的电阻；

X'_f——考虑励磁绕组与定子绕组之间磁耦合作用后的等效电抗。

在确定 X'_f 时，可以不考虑阻尼绕组的影响。这是因为 T''_d 很小，发电机由超瞬变状态进入瞬变状态的时间极其迅速，此时励磁绕组中的非周期性电流基本上还未衰减。为分析简单起见，在考虑励磁绕组电流衰减时，可认为阻尼绕组电流已全衰减完，不再考虑阻尼绕组的反磁动势作用。此时励磁绕组中非周期性电流 Δi_{f-} 所建立的磁场如图15 - 14（a）所示。仿照上述方法，仍可将它看作一台双绕组变压器，转子绕组作为一次侧，定子绕组作为二次侧，Φ_{ad} 为主磁通，$\Phi_{f\sigma}$、Φ_{σ} 为仅与励磁绕组、定子绕组本身各自相链的漏磁通。由此可得到相应的等效电路如图 15 - 14（b）所示。因此励磁绕组的等效电抗为

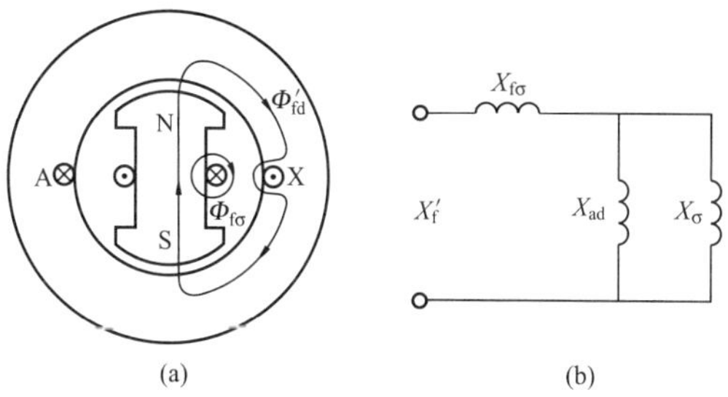

图 15 - 14　励磁绕组非周期性电流建立的磁场与等效电路

（a）等效磁通路径；（b）等效电路

$$X'_f=X_{f\sigma}+\frac{1}{\frac{1}{X_{ad}}+\frac{1}{X_{\sigma}}} \tag{15-41}$$

15.5.3　定子绕组非周期性电流衰减的时间常数 T_a

已知定子绕组的非周期性电流按时间常数 T_a 而衰减。T_a 为

$$T_a=\frac{L_a}{R_a}=\frac{X_-}{\omega R_a} \tag{15-42}$$

式中　R_a——定子绕组的电阻；

X——与定子非周期性电流所建立的静止气隙磁通相对应的等效电抗。

由于非周期性电流所建立的气隙磁场在空间是静止的，而转子在旋转，因而其磁通交替地经过 d 轴和 q 轴而闭合，于是定子绕组对应该磁通的电抗时而为 X''_d，时而为 X''_q。因此非周期性电流的平均值是

$$\frac{1}{2}\left(\sqrt{2}\frac{E_0}{X''_d}+\sqrt{2}\frac{E_0}{X''_q}\right)=\sqrt{2}\frac{E_0}{X_-}$$

$$X_-=\frac{2}{\frac{1}{X''_d}+\frac{1}{X''_q}} \tag{15-43}$$

式中 X_-——负序电抗，它的物理概念将在同步发电机不对称运行再加以讨论。

15.6 三相突然短路对同步发电机及电力系统的影响

15.6.1 对同步发电机的危害

同步发电机突然短路时，冲击电流将产生很大的电磁力和力矩，危及发电机绕组端部及发电机结构的可靠性，并引起绕组发热。

（1）冲击电流的电磁力作用。由于定子绕组端部伸出较长，而端部的紧固条件总是比槽内差得多，在突然短路电流产生的强大的电磁力冲击下很易发生损伤。要确切地计算出电磁力的数值是有困难的，因为端部的磁场分布极为复杂。突然短路时同步发电机定子和转子绕组端部之间的受力参见图 15-15，从定性的角度来分析，定子绕组的端部受到三种电磁力的作用：

1）定子绕组端部和励磁绕组端部间的电磁力 F_1。由于短路时定子磁动势是去磁的，因此定、转子导体中电流方向相反，产生的电磁力使定子端部向外胀开而使励磁绕组端部向内压缩。

2）定子绕组端部与定子铁心之间的吸力 F_2。此力是由于定子端部电流建立的漏磁通沿铁心闭合而引起。

3）定子绕组端部相邻导体之间的电磁力 F_3。如相邻导体中电流方向相同为吸力，电流方向相反为斥力。

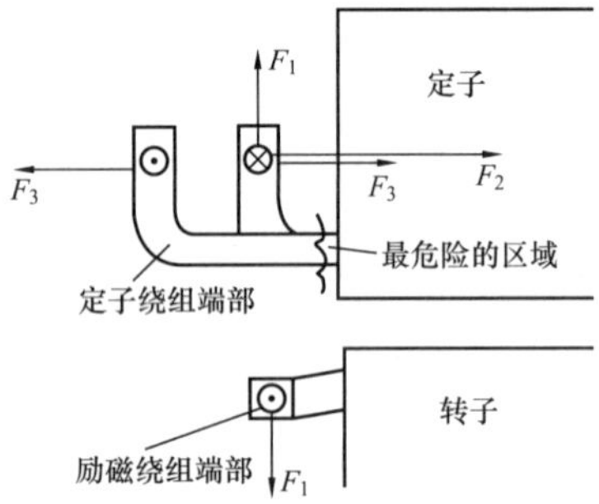

图 15-15 突然短路时定子和转子绕组端部之间的受力分析

（2）突然短路时的电磁转矩。突然短路时由于电流的增加而产生巨大的电磁转矩。它分为两类：一类是单向制动转矩，由于定、转子绕组有电阻，使定、转子相对静止的磁场轴线不重合而引起；另一类是交变转矩，由定子非周期性电流所产生静止磁场与转子非周期性电流所产生旋转磁场之间相互作用产生的。其方向每半个周期改变一次，轮换为制动转矩和驱动转矩。通常后一类的幅值比前一类更大。这些转矩作用于转轴上，同时也作用于定子机座的底脚螺钉上。因此设计结构时，必须对其强度加以考虑。

（3）定、转子绕组的发热。突然短路时各绕组都出现了很大的电流而使铜损耗剧增。但因冲击电流的持续时间很短，一般只有几秒，而发电机的热容量很大，因此定、转子绕组的温升增大得并不多。运行经验证明，在突然短路中，受到过热破坏的情况很少。

15.6.2 对电力系统的影响

当线路上发生突然短路时，发电机的运行电压将降低，由于发电机的输入功率一时来不及调节而仍维持原有数值，这样会使发电机的运行功角显著增大，对于汽轮发电机若功角大于 90°电角度，作用于转子上的力矩将无法保持平衡，导致发电机的转速上升而失去同步，破坏了电力系统的稳定性。

结　语

分析突然短路的物理过程，采用超导体回路磁链守恒原理。突然短路时，转子绕组和阻尼绕组为了保持磁链守恒，将在其中产生感应电流，使定子磁通的路线被挤到转子绕组和阻尼绕组的漏磁路上去，这时磁路的磁阻比稳态运行时大得多，也即磁导要小得多。因此X''_d、X'_d比X_d小得多，并使突然短路电流比稳态短路时大很多倍。

另外，定子绕组也要保持磁链守恒。定子绕组中的突然短路电流一般有周期性电流和非周期性电流两部分。两者分别在转子上感应出非周期性电流和周期性电流。

在定子周期性电流中，又可以分成三个分量，其中超瞬变分量的初始幅值为（$I''_m-I'_m$），它以阻尼绕组时间常数T''_d而衰减；瞬变分量的初始幅值为（I'_m-I_m），它以转子绕组时间常数T'_d而衰减；稳定分量的幅值I_m则不随时间而变化。定子非周期性电流将以定子绕组的时间常数T_a而衰减。

在确定时间常数时，首先注意定子电流和转子电流之间的主从关系。由于各绕组的时间常数均发生在多电路耦合的情况下，所以对时间常数中电感的理解应是指耦合后的等效电感。

习　题

15-1　什么是超导体回路的磁链不变原则？在分析突然短路时如何应用？

15-2　说明瞬变电抗和超瞬变电抗的物理意义。它们和定子绕组的漏抗有何不同？对于隐极同步发电机有均匀的气隙，同步电抗X_d和X_q相等，为什么超瞬变电抗X''_d和X''_q却又不相等？为什么沿交轴的瞬变电抗X'_q等于沿交轴的同步电抗X_q，而交轴超瞬变电抗X''_q却又和X_q不相等？

15-3　为什么同步发电机发生突然短路时，它的参数X''_d及X'_d不同于发生稳态短路时的参数X_d？

15-4　突然短路前定子各相绕组的磁链是怎样的？所链的磁通是什么绕组的电流产生的？突然短路瞬间定子绕组要维持什么磁链值不变？为此它必然会产生哪些磁链？与这些磁链相对应的定子电流有什么特点？

15-5　三相突然短路时，各相电流的大小和幅值与短路瞬间是否有关？为什么短路电流会出现非周期性分量？

15-6　突然短路发生后在电流衰减过程中，同步发电机中与定、转子绕组交链的磁通值有何变化？

15-7　三相突然短路时定、转子各分量电流为什么会衰减？哪几个电流分量互相联系、一同衰减，而衰减时谁是主动的、谁是随动的？

15-8　三相突然短路时，各绕组的周期性电流和非周期性电流的对应关系是怎样的？在什么情况下定子绕组中非周期性电流最大？

15-9　为什么有阻尼绕组的同步发电机突然短路电流要比无阻尼绕组的大？

15-10　一台Y接法汽轮发电机，$P_N=12000\text{kW}$，$U_N=6.3\text{kV}$，$\cos\varphi_N=0.8$（滞后），

在空载额定电压下发生出线端三相突然短路，已知 $X''^*_d=0.117$，$X'^*_d=0.192$，$X^*_d=1.86$，$T''_d=0.105s$，$T'_d=0.84s$，$T_a=0.162s$，设短路初瞬时 B 相所链的主极磁通为最大值，回答下面问题。

（1）试写出三相电流方程式；

（2）哪一相的短路电流最大？其值为多少？

15-11 一台汽轮发电机 $S_N=31250kVA$，$U_N=6.3kV$，Y接法，$\cos\varphi_N=0.8$（滞后）。由示波图得到三相突然短路时 A 相电流周期性分量的包络线方程为

$$i_{A\sim}=14200e^{-\frac{t}{0.145}}+15350e^{-\frac{t}{1.16}}+2025$$

非周期分量为

$$i_{A-}=27300e^{-\frac{t}{0.210}}$$

试求：

（1）X''_d、X'_d和 X_d；

（2）T''_d和 T'_d；

（3）短路初瞬主极轴线与 A 相轴线的夹角 α_0 及时间常数 T_a。

15-12 有一台三相同步发电机，$S_N=300000kVA$，已知 $X^*_d=2.27$，$X'^*_d=0.2733$，$X''^*_d=0.204$，$T''_d=0.993s$，$T'_d=0.317s$，$T_a=0.246s$，设该机在空载电压为额定值时发生三相短路，试求：

（1）在最不利情况下，定子突然短路电流表示式；

（2）最大瞬时冲击电流；

（3）分别求出在短路后 0.5s，2s，5s 时的短路电流瞬时值。

15-13 一台隐极同步发电机投入一无限大电网时，由于误操作，发电机的 $\dot{E}_0$ 和电网电压 $\dot{U}$恰好相反，试求这种情况下发电机中的瞬变电流（不计非周期分量）。投入时 $E^*_0=1$，$U^*=1$，发电机的参数为：$X^*_t=2$，$X'^*_d=0.2$。

第 16 章　同步发电机的非正常运行

同步发电机主要运行于正常运行状态，发电机的正常运行是指发电机按照制造厂规定的铭牌数据和技术条件，以及在此条件和数据允许变化的范围内的运行方式。但有时也难免会遇到某些异常情况。所谓非正常运行是介于正常运行和事故运行之间的一种运行情况。此时，发电机不一定马上要从电网中解列，它还允许运行一段时间。有的非正常运行可能是在运行时因某种特殊原因所造成（如失磁运行），这种非正常运行方式只要在规程所允许范围内，可抓紧这段允许持续运行时间来找出原因，排除故障。有的非正常运行是因电力系统的需要而人为改变的一种运行方式（如进相运行）。而不对称运行是同步发电机常见的一种非正常运行状况，它会使定子电流和发电机端电压不对称，从而影响接在电网上的变压器和电动机的运行。

16.1　同步发电机的不对称运行

同步发电机在三相负载对称情况下稳定运行称为对称稳定运行。在通常情况下，三相电力负载都是对称负载，即使有少许的不对称，一般仍可以按对称运行来分析。随着工业的发展，出现了大容量的单相负载，如冶金用的单相电炉，单相电气铁道干线等，它们作为三相电网的负载就会造成三相电压和电流的不对称，这时同步发电机就处于不对称运行状态。此外，发电机由于雷击或碰线造成不对称短路，在送电时断路器或隔离开关一相没合上，发电机、变压器、输电线路一相断线等不对称故障时，都会使同步发电机处于不对称运行状态。因此，研究同步发电机的不对称运行，具有重要的理论和实际意义。

16.1.1　不对称运行的分析方法

同步发电机在三相对称稳态运行时，各相电压和电流都是对称的，即大小相等、相位彼此相差 120°，分析时可按单相处理，比较简单。但当发电机担负的负载不对称时，发电机的三相端电压及定子电流都将不对称。由于流过定子各相的有效值各不相同，各相电流的磁动势叠加后，就不再具有三相对称电流合成磁动势那种性质，即不可能在气隙空间产生一个波幅不变的旋转磁动势。这时的电枢反应与对称运行时不同。由于转子励磁回路相对于定子绕组是独立的，它不受负载电流的影响，因此分析不对称运行的实质是分析不对称电流在发电机中的电枢反应情况。

分析不对称运行最常用的方法是对称分量法（有关对称分量法的原理，请参看变压器篇的有关内容），用对称分量法把不对称的三相电流分解成三套三相对称的电流分量，即正序电流分量、负序电流分量和零序电流分量。各相序的对称分量电流各自产生自己的定子磁动势。正序电流产生正转的波幅不变的旋转磁动势，负序电流产生反转的波幅不变的旋转磁动势，零序电流不产生基波空间磁动势。各个对称分量可视为相互独立，各电流磁动势独立产生磁通并在定子绕组中产生感应电动势，各相序有独立的电动势平衡方程式，分别研究它们独立作用的效果，然后叠加起来得到最后结果。用这个方法时假设了电路是线性的，即忽略了磁路饱和现象。

励磁电动势 $\dot{E}_{0A}$、$\dot{E}_{0B}$、$\dot{E}_{0C}$ 只和励磁电流有关，不受负载的影响，所以定子绕组的励磁电动势只有正序分量。在具体计算不对称运行时，常把实际负载端的不对称三相电压和电流分解成三组对称的分量，如图 16-1 所示。每组对称分量对各相绕组均对称，因此可以按一相的情况来分析。

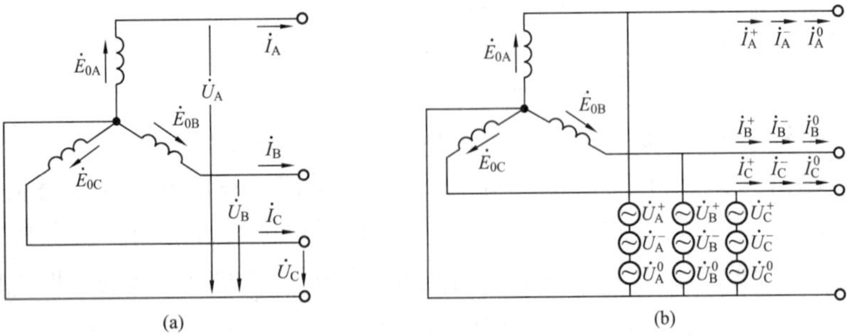

图 16-1 用对称分量法分析同步发电机不对称运行

(a) 不对称电路；(b) 对称分量电路

在图 16-1（b）中，按叠加原理，每相都可以列出三个相序的电动势平衡方程及画出它们的等效电路。应该注意到，励磁电动势只在正序的电动势平衡方程中出现。各相序电流流过定子绕组时的电枢反应情况，反映在等效电路和方程式中是各相序电流遇到不同的阻抗。设各相序电流遇到的阻抗分别为：正序阻抗为 Z^+，负序阻抗为 Z^-，零序阻抗为 Z^0。以 A 相为例，各相序等效电路如图 16-2 所示，而各相序的电动势平衡方程式为

$$\left.\begin{aligned}\dot{E}_{0A} &= \dot{U}_A^+ + \dot{I}_A^+ Z^+ \\ 0 &= \dot{U}_A^- + \dot{I}_A^- Z^- \\ 0 &= \dot{U}_A^0 + \dot{I}_A^0 Z^0\end{aligned}\right\} \tag{16-1}$$

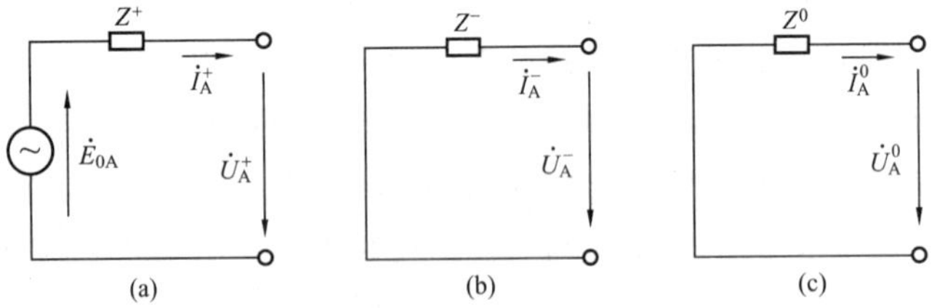

图 16-2 同步发电机各相序等效电路

(a) 正序；(b) 负序；(c) 零序

方程组式（16-1）适合于任何不对称负载或短路情况。根据这三个方程式，对于给定参数的发电机，若知道不对称的电流情况就能解出不对称的电压，反之亦然。下面对各相序电流遇到的阻抗加以说明。

1. 正序阻抗

所谓正序阻抗是指正序电流流过定子绕组时所遇到的阻抗。由于正序电流建立的合成磁

动势基波与转子无相对运动，这与发电机在对称运行时的电磁现象完全相同。所以同步发电机带对称负载稳态运行时的同步阻抗就是正序阻抗，对隐极同步发电机即为

$$Z^{+}=R^{+}+\mathrm{j}X^{+}=R_{\mathrm{a}}+\mathrm{j}X_{t} \tag{16-2}$$

对于凸极同步发电机，当定子磁场对准直轴时 $X^{+}=X_{\mathrm{d}}$；当对准交轴时 $X^{+}=X_{\mathrm{q}}$；在其他位置时 X^{+} 值将在 X_{d} 和 X_{q} 之间。在三相对称稳态短路时，如忽略电阻，$I^{+}=I_{\mathrm{d}}^{+}$，$I_{\mathrm{q}}^{+}=0$，所以可认为 $X^{+}\approx X_{\mathrm{d}}$。当发电机的定子电流发生瞬变过程时，此时的正序电抗应理解为直轴超瞬变电抗 X''_{d}。

2. 负序阻抗

所谓负序阻抗是指负序电流流过定子三相绕组时所遇到的阻抗。负序阻抗由负序电阻和负序电抗两部分组成，即 $Z^{-}=R^{-}+\mathrm{j}X^{-}$。

负序电流所建立的气隙磁场也是一个旋转磁场，转速等于同步转速，但转向与转子旋转方向相反。因此负序电流所产生的气隙磁场以 2 倍的同步转速切割转子各部分，在转子的励磁绕组、阻尼绕组以及转子本体中感应出 2 倍频率的电动势和电流。这样负序电阻 R^{-}，除了包含有定子绕组的有效电阻外，还包括由于转子回路中 2 倍频率的电流引起额外损耗等效于电阻增大的部分，所以负序电阻比正序电阻要大，即 $R^{-}>R^{+}$。

至于负序电抗的数值与负序电流所建立的磁场有关。负序电流流过定子绕组时建立了相应的磁场，包括定子磁场和漏磁场。前者的三相合成的基波分量是一个与转子磁极的旋转方向相反的旋转磁场，转速等于转子转速，这个磁场称为负序旋转磁场。由于负序定子磁场逆转子转向旋转，它时而与转子 d 轴重合，时而与转子 q 轴重合，当定子磁场与转子 d 轴重合时定子绕组的电抗为 X''_{d}，而当与转子 q 轴重合时定子绕组的电抗为 X''_{q}，因而负序电抗的数值在 X''_{d}与 X''_{q}之间变化，同步发电机负序阻抗等效电路如图 16 - 3 所示。在用对称分量法作计算时，负序电抗的变化是不能接受的。通常取这两个电抗的平均值作为负序电抗，至于如何采用对称分量法和发电机运行时的外电路情况有关。

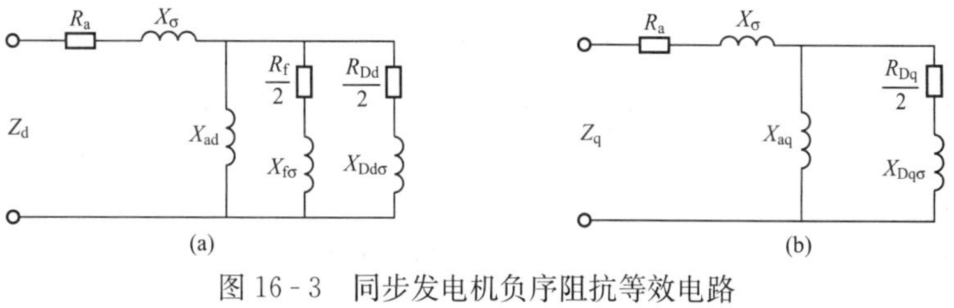

图 16 - 3　同步发电机负序阻抗等效电路

(a) 负序磁场轴线与转子直轴重合；(b) 负序磁场轴线与转子交轴重合

应当指出，在考虑负序电抗的数值时已经计及励磁绕组和阻尼绕组磁动势的反作用，所以无论是稳态运行还是瞬变过程 X^{-} 值不变。

负序阻抗可用试验的方法测得。其方法如下：将同步发电机的励磁绕组短接并用原动机拖动，以同步转速正向旋转，在定子绕组中外施低电压的三相对称电源电压，其相序应使定子绕组所产生的旋转磁场逆转子转向旋转，这时测量定子电压 U 和电流 I，以及输入功率 P。根据这些数据，就可计算出负序阻抗值，即

$$Z^{-}=\frac{U}{I} \tag{16-3}$$

$$R^{-}=\frac{P}{I^{2}} \tag{16-4}$$

$$X^{-}=\sqrt{(Z^{-})^{2}-(R^{-})^{2}} \tag{16-5}$$

上列式中各量均为每相值。

3. 零序阻抗

零序阻抗是零序电流所遇到的阻抗。由于三相零序电流的大小和相位都相同，它们建立的三个脉振磁动势在时间上同相而在空间彼此间隔120°电角度，因此其三相合成磁动势中的基波和（$6k\pm1$）次谐波分量（$k=1,2,3,\cdots$）都为零，只存在三次和三的倍数次脉振的谐波磁动势，它们是谐波磁场，应归于谐波漏磁，其电抗应计入漏电抗中。

零序电抗的大小与绕组的节距有关。在整距绕组中，所有各槽的上、下层导体属于同一相，与相序无关，因此定子漏电抗仍可认为是 X_σ，即当 $y_1=\tau$ 时有

$$X^{0}\approx X_{\sigma} \tag{16-6}$$

当 $y_1<\tau$ 时，有些槽的上、下层导体不属于同一相，因此零序电流和正序电流所产生的漏磁场有所不同，零序时漏电抗 $X_\sigma^0<X^0$，即

$$X^{0}\approx X_{\sigma}^{0}<X_{\sigma} \tag{16-7}$$

把三相绕组首尾串联起来接到单相电源上，绕组中通过的便是零序电流。测定零序阻抗时，可采用如图16-4所示的电路。发电机转子由原动机带动以同步转速旋转，转子励磁绕组应被短接，在端点上外施适当大小的、具有额定频率的电压，使得流入的零序电流数值为 $0.05I_N\sim0.25I_N$。测定电压 U、电流 I 和功率 P，则零序参数为

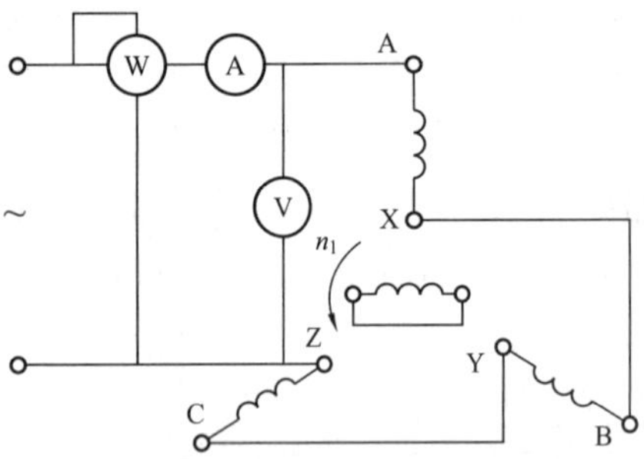

图16-4 测定零序阻抗电路图

$$Z^{0}=\frac{U}{3I} \tag{16-8}$$

$$R^{0}=\frac{P}{3I^{2}} \tag{16-9}$$

$$X^{0}=\sqrt{(Z^{0})^{2}-(R^{0})^{2}} \tag{16-10}$$

16.1.2 同步发电机的不对称短路分析

电力系统遇到的短路故障通常是不对称短路，例如线对中性点短路或线对线短路。短路故障的整个过程一般分为两个阶段：第一个阶段称为突然短路，是一个过渡过程；第二阶段为稳态短路。自短路故障开始瞬间起，到所出现的巨大冲击电流的衰减完，所经历的时间很短，冲击电流衰减完就进入稳态短路。为简化分析，均假定非短路相为空载，而短路都发生在发电机出线端。如果短路不发生在出线端，则可以把由发电机到输电线路短路点的线路阻抗加到发电机的漏阻抗上去。

1. 同步发电机单相对中性点短路

同步发电机单相对中性点短路一般是指单相对地短路而言，这种短路情况只在发电机中性点接地时才可能发生，其电路如图16-5所示。图中假定A相短路，而B、C相开路。

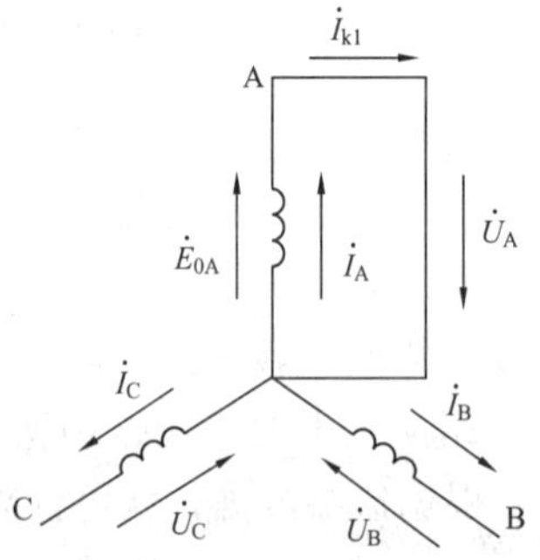

图16-5 同步发电机单相对中性点短路

（1）短路电流的基波。

根据假定，定子端点条件为

$$\left.\begin{aligned}\dot{U}_{\mathrm{A}}&=0\\ \dot{I}_{\mathrm{B}}=\dot{I}_{\mathrm{C}}&=0\\ \dot{I}_{\mathrm{A}}&=\dot{I}_{\mathrm{k1}}\end{aligned}\right\}\tag{16-11}$$

把式（16-11）中各式的各量分别用相应的对称分量表示，并加以简化后，可得

$$\left.\begin{aligned}\dot{U}_{\mathrm{A}}^{+}+\dot{U}_{\mathrm{A}}^{-}+\dot{U}_{\mathrm{A}}^{0}&=0\\ \dot{I}_{\mathrm{A}}^{+}=\dot{I}_{\mathrm{A}}^{-}=\dot{I}_{\mathrm{A}}^{0}&=\frac{1}{3}\dot{I}_{\mathrm{k1}}\end{aligned}\right\}\tag{16-12}$$

由式（16-12）可见，各序电流分量都相同，各序电压之和为零。由此条件可以得出一个等效电路，如图 16-6 所示。由等效电路可得短路电流的基波为

$$\dot{I}_{\mathrm{k1}}=\dot{I}_{\mathrm{A}}=\dot{I}_{\mathrm{A}}^{+}+\dot{I}_{\mathrm{A}}^{-}+\dot{I}_{\mathrm{A}}^{0}=3\dot{I}_{\mathrm{A}}^{+}=\frac{\dot{E}_{0\mathrm{A}}}{Z^{+}+Z^{-}+Z^{0}}\tag{16-13}$$

若忽略各相序电阻并取数值形式可得

$$I_{\mathrm{k1}}\approx\frac{3E_{0}}{X^{+}+X^{-}+X^{0}}\tag{16-14}$$

如果需要计算的短路电流是稳态短路电流，则 I_{k1} 为单相稳态短路电流，此时 X^{+} 应理解为同步电抗 X_{d}（或 X_{t}），即

$$I_{\mathrm{k1}}\approx\frac{3E_{0}}{X_{\mathrm{d}}+X^{-}+X^{0}}\tag{16-15}$$

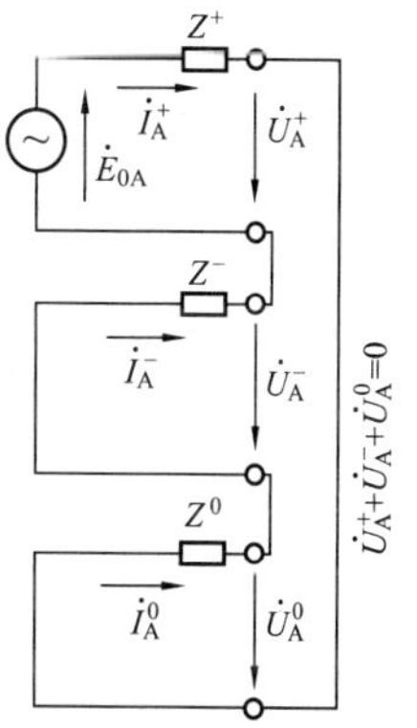

图 16-6　单相短路的等效电路

如果需要计算的短路电流是突然短路电流，则 I_{k1} 为突然短路电流中交变分量的起始有效值，此时 X^{+} 应该是直轴超瞬变电抗 X''_{d}；而 X^{-} 因为已考虑到励磁绕组和阻尼绕组的影响，其值不变；由于零序电流所产生的三相合成基波气隙磁通为零，因此与转子绕组无关，在瞬变过程中，X^{0} 值不变。因此单相突然短路电流中交变分量的起始有效值为

$$I''_{\mathrm{k1}}\approx\frac{3E_{0}}{X''_{\mathrm{d}}+X^{-}+X^{0}}\tag{16-16}$$

当考虑突然短路中直流分量的影响时，在最不利的情况下，只需要在式（16-16）中乘以冲击系数 K 及 $\sqrt{2}$，就可得到最大冲击电流，其处理方法与分析三相突然短路电流类似。

（2）短路电流中的高次谐波。

单相短路时，定子绕组电流所产生的磁场是脉振磁场。把此脉振磁场分解为两个大小相等、转向相反的旋转磁场，则反向旋转磁场将以 $2n_{1}$ 的相对速度切割转子，并在励磁绕组中感应一个频率为 $2f_{1}$（即 100Hz）的感应电流。由于励磁绕组相当于一个单相绕组，因此此感应电流又将产生一个频率为 $2f_{1}$ 的脉振磁场。将此脉振磁场再分解为两个大小相等、转向相反的旋转磁场，同时考虑到转子本身的旋转速度，可知该两磁场在空间的旋转速度应分别等于 $-n_{1}$ 和 $3n_{1}$。转速为 $3n_{1}$ 的这个旋转磁场将在定子绕组内感应一个频率 $3f_{1}$（即

150Hz）的电动势和电流。

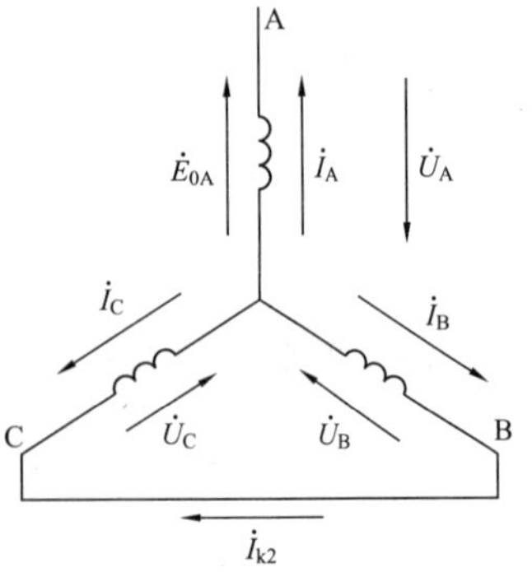

图 16-7　同步发电机线间短路

依次类推不难看出，单相短路时，除基波外，定子电流中将包含一系列奇次谐波。相应地，除直流励磁电流外，转子电流中将包含一系列偶次谐波。

2. 同步发电机线间短路

设同步发电机的 B、C 相之间发生线间短路，A 相为开路，如图 16-7 所示。此时定子端点条件为

$$\left.\begin{aligned}&\dot{I}_A=0\\&\dot{I}_B=-\dot{I}_C=\dot{I}_{k2}\\&\dot{U}_B=\dot{U}_C\end{aligned}\right\}\qquad(16-17)$$

利用对称分量法可得

$$\left.\begin{aligned}&\dot{I}_A^0=\frac{1}{3}(\dot{I}_A+\dot{I}_B+\dot{I}_C)=0\\&\dot{I}_A^+=\frac{1}{3}(\dot{I}_A+\alpha\dot{I}_B+\alpha^2\dot{I}_C)=\frac{1}{3}(\alpha-\alpha^2)\dot{I}_{k2}=\mathrm{j}\frac{1}{\sqrt{3}}\dot{I}_{k2}\\&\dot{I}_A^-=\frac{1}{3}(\dot{I}_A+\alpha^2\dot{I}_B+\alpha\dot{I}_C)=\frac{1}{3}(\alpha^2-\alpha)\dot{I}_{k2}=-\mathrm{j}\frac{1}{\sqrt{3}}\dot{I}_{k2}\end{aligned}\right\}\qquad(16-18)$$

所以有

$$\dot{I}_A^+=-\dot{I}_A^-\qquad(16-19)$$

又由

$$\left.\begin{aligned}&\dot{U}_A^+=\frac{1}{3}(\dot{U}_A+\alpha\dot{U}_B+\alpha^2\dot{U}_C)=\frac{1}{3}(\dot{U}_A-\dot{U}_B)\\&\dot{U}_A^-=\frac{1}{3}(\dot{U}_A+\alpha^2\dot{U}_B+\alpha\dot{U}_C)=\frac{1}{3}(\dot{U}_A-\dot{U}_B)\end{aligned}\right\}\qquad(16-20)$$

得

$$\dot{U}_A^+=\dot{U}_A^-\qquad(16-21)$$

将式（16-18）、式（16-20）与各相序电动势平衡方程式（16-1）联立可得

$$\dot{I}_A^+=-\dot{I}_A^-=\frac{\dot{E}_{0A}}{Z^++Z^-}\qquad(16-22)$$

式（16-22）也可以由式（16-19）与式（16-21）得到图 16-8 线间短路的相序等效电路中写出。

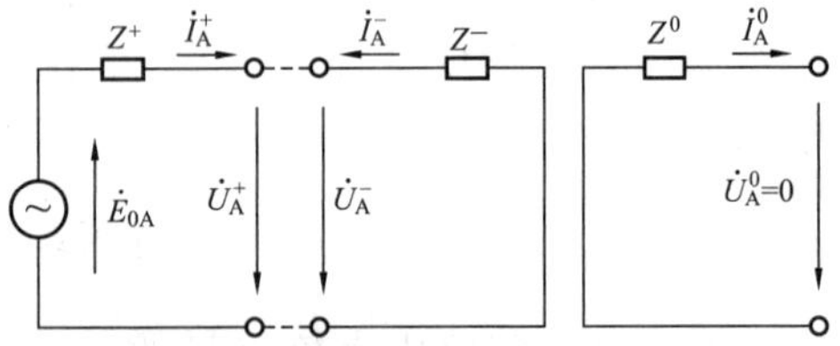

图 16-8　线间短路的相序等效电路

从而得线间短路电流

$$\dot{I}_{k2}=-\mathrm{j}\sqrt{3}\dot{I}_A^+=-\mathrm{j}\frac{\sqrt{3}\dot{E}_{0A}}{Z^++Z^-}\qquad(16-23)$$

如忽略各相序电阻并取数值形式可得

$$I_{k2}\approx\frac{\sqrt{3}E_0}{X^++X^-}\qquad(16-24)$$

对于两相线对线稳态短路电流，则式（16-24）可写为

$$I_{k2}\approx\frac{\sqrt{3}E_0}{X_d+X^-}\qquad(16-25)$$

对于两相线对线突然短路电流的交流分量起始有效值，则式（16-24）可写为

$$I_{k2} \approx \frac{\sqrt{3}E_0}{X''_d + X^-} \tag{16-26}$$

因为两相短路时，定子绕组电流所产生的磁场也是脉振磁场，所以除基波之外，短路电流中还将包含一系列的奇次谐波。

根据两相短路试验，可以测定同步发电机的负序电抗 X^-。两相短路时，由于 $\dot{I}_A^0=0$，于是 $\dot{U}_A^0=-\dot{I}_A^0 Z_0=0$，因此开路相（A相）的电压为

$$\dot{U}_A = \dot{U}_A^+ + \dot{U}_A^- - 2\dot{U}_A^- = -2\dot{I}_A^- Z^- = \frac{2\dot{E}_{0A}Z^-}{Z^+ + Z^-} \tag{16-27}$$

短路相（B、C相）的电压为

$$\dot{U}_B = \dot{U}_C = \dot{U}_B^+ + \dot{U}_B^- = \alpha^2\dot{U}_A^+ + \alpha\dot{U}_A^- = (\alpha^2+\alpha)\dot{U}_A^- = -\dot{U}_A^- = -\frac{\dot{E}_{0A}Z^-}{Z^+ + Z^-} \tag{16-28}$$

从而开路相出线端到两相短路点的线电压为

$$\dot{U}_{AB} = \dot{U}_{AC} = \dot{U}_A - \dot{U}_B = 3\dot{U}_A^- = \frac{3\dot{E}_{0A}Z^-}{Z^+ + Z^-} = j\sqrt{3}\dot{I}_{k2}Z^- \tag{16-29}$$

根据式（16-29），通过两相稳态短路试验，测量短路电流 I_{k2} 和开路相出线端到两相短路点的线电压 U_{AB}，可以测定同步发电机的负序阻抗 Z^-。

16.1.3　不对称运行的危害

不对称运行对同步发电机的主要影响是引起转子过热。不对称运行时定子负序电流所产生的负序旋转磁场对转子有2倍同步转速的相对运行，将在转子的绕组及转子的表面感应电流，这些电流将在相应的部分引起损耗和发热，特别是汽轮发电机的转子散热条件差，容易过热而烧坏。水轮发电机的转子散热条件较好，由负序旋转磁场所引起的转子过热的影响就小。

不对称运行对发电机本身的另一个影响是引起附加交变转矩并产生振动。负序旋转磁场和转子磁场，有2倍频率的相对运动，将产生100Hz的交变电磁转矩。该附加转矩同时作用在转子轴和定子机座上，并引起频率为100Hz的振动，有可能对机座的结构造成损害。

同步发电机的不对称运行，除了对本身不利以外，对外界也将造成不良影响。如果发电机的不对称运行导致电网电压不对称，则会对用户造成危害，特别是对电网中的主要负载三相异步电动机影响最严重，导致异步电动机的转速、输出功率和效率的降低以及转子的过热。

此外，由不对称运行引起的高次谐波电流在输电线路上流通时，将对输电线路附近与之平行的通信线路引起干扰。

由上可见，不对称运行所产生的影响，主要是负序电流所造成的。因此我国国家标准GB 755—2000规定：对一般同步发电机（不包括导体内部冷却的发电机），若每相电流均不超过额定值，且负序分量不超过额定电流的8%（凸极同步发电机）或10%（隐极同步发电机），应能长期工作。

16.2 同步发电机的进相运行

随着电力系统的发展，为了满足远距离输送电能的需求，输电线路的电压等级不断提高，配电网络不断增加，输电距离不断延伸，从而引起了电力系统电容电流的增加，相应地增大了无功功率的供给，使电压支撑能力得到提高。

电力用户主要是感性负荷。电网中无功功率的平衡与补偿是保证电压质量的基本条件。当电网重负荷时，若无功电源容量不足，会造成运行电压偏低，严重时还可能发生电压崩溃。为弥补高峰负荷时所需的感性无功功率，系统中设置了一定容量的静电电容器等补偿设备。但在电网轻负荷时，若网络容性无功功率出现过剩，则会引起运行电压升高，造成一些发电厂、变电所的母线电压过高，甚至超过允许的电压上限值，严重影响电网的电压质量。

过去通常采用并联电抗器或利用调相机来吸收剩余的无功功率，但这有一定的限度，并且增加了设备的投资。最经济的办法是在电力系统内选择适当的发电机作进相运行，以吸收系统多余的无功功率。研究表明，进相运行是一项切实可行的办法，不需要额外增加设备投资，只要改变发电机励磁运行工况即可达到预期调压目的，同时还具有显著节能效果。

16.2.1 同步发电机进相运行

同步发电机经常的运行工况是迟相运行，此时定子电流滞后于端电压，发电机处于过励磁运行状态。进相运行是相对于发电机迟相运行而言的，此时定子电流超前于端电压，发电机处于欠励磁运行状态。发电机直接与无限大容量电网并联运行时，保持其有功功率恒定，调节励磁电流可以实现这两种运行状态的相互转换。其基本电参数相量关系的变化已在6.4.4节中讨论过。若分别作出隐极同步发电机迟相与进相运行时的相量图，则如图16-9所示。

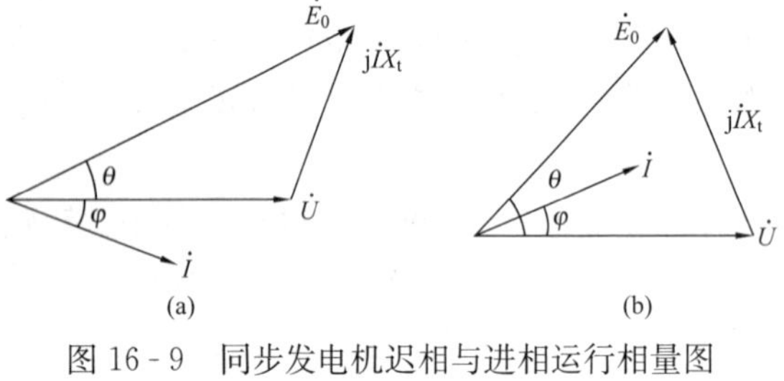

图16-9 同步发电机迟相与进相运行相量图
（a）迟相运行；（b）进相运行

同步发电机迟相运行时，供给系统有功功率和感性无功功率，其有功功率表和无功功率表的指示均为正值；而进相运行时供给系统有功功率和容性无功功率，其有功功率表指示正值，而无功功率表则指示负值，因此可以说此时从系统吸收感性无功功率。发电机进相运行时各电磁参数仍然是对称的，并且发电机仍然保持同步转速，因而是属于发电机正常运行方式中功率因数变动时的一种运行工况，只是拓宽了发电机通常的运行范围。在允许的进相运行限额范围内，只要电网需要同步发电机是可以长时间进相稳定运行的。

16.2.2 同步发电机进相运行的特点

同步发电机进相稳定运行是电网需要时采用的运行技术，其运行能力主要是由发电机本体的条件确定。我国国家标准GB/T 7064—2002中规定：“发电机带额定负荷进相运行范围，按功率因数为超前0.95设计，现场运行时再通过试验确定。进相运行的能力决定于发电机端部结构件的发热和在电网中运行的稳定性，”即发电机进相运行时就其本体而言有两个特点：①发电机端部的漏磁较迟相运行时增大，会造成定子端部铁心和金属结构件的温度增高，甚至超过允许的温度限值；②进相运行的发电机与电网之间并列运行的稳定性较迟相运行时降低，可能在某一进相深度时达到稳定极限而失步。因此，发电机进相运行时容许承担的电网有功功率和相应允许吸收的无功功率值是有限制的，其容许范围可根据发电机的类型、结构、冷却方式及容量的具体情况，通过理论计算和实际运行试验决定。

1. 发电机进相运行静态稳定性下降

以隐极发电机接在无限大容量电网母线上运行为例，则发电机的有功功率的功角关系为

$$P_{em}=\frac{E_0U}{X_t}\sin\theta \tag{16-30}$$

由式（16-30）可知，功率角 θ 为 90°时所对应的电磁功率是静态稳定理论上的最大值。当进相运行时，在输出有功功率一定的条件下，随着励磁电流的减少，发电机电动势 E_0 相应降低，端电压 U 相应也有所下降，功角 θ 就要增大，可能在某一进相深度时达到稳定极限而失步。实际系统中，发电机经变压器、线路接入系统，所以还要计及这些元件的电抗（系统等值电抗 X_s），因此静态稳定性降低。为了获得一定的静稳定储备，可用功角 θ 等于 70°作为静稳定容量限制，此时发电机的过载能力 $k_M=1/\sin 70°=1.06$，还有 6%的静稳定储备。因此，发电机进相运行时容许承担的电网有功功率和相应允许吸收的无功功率值受到静稳定限制，它的容许出力与发电机的短路比、系统等值电抗及自动电压调节器有关。投入自动励磁调节可以提高进相运行发电机组的静态稳定。研究结果表明，当投入自动电压调节器（AVR）、短路比大、系统等值电抗 X_s 小时，容许出力大。反之，则容许出力小。

2. 定子端部铁心和金属结构件的发热

定子端部漏磁引起端部铁心和金属结构件的温度增高而发热。发电机端部漏磁由定子绕组端部漏磁和转子绕组端部漏磁合成。它的大小除与发电机的形式、结构、材料等因素有关外，还与定子电流的大小，功率因数的高低等因素有关，发电机运行时，定子边端铁心、压板等结构件通过较大的端部漏磁，将产生涡流损耗，从而引起发热。端部漏磁随进相深度而增加，相应端部结构件的损耗与温升也随进相深度而增大。

发电机稳定运行时，该发电机中的磁通有励磁磁通 $\dot{\Phi}_0$、电枢反应磁通 $\dot{\Phi}_a$、定子漏磁通 $\dot{\Phi}_\sigma$、和转子漏磁通 $\dot{\Phi}_{f\sigma}$，图 16-10（a）为气隙磁通相量图。发电机端部的漏磁通是定子和转子漏磁通的合成，它是引起定子端部铁心和金属结构件发热的内在因素。端部漏磁通的大小与定子绕组的结构形式（节距、连接规律）、定子端部结构件和转子护环、中心环、风扇的材质及尺寸与位置、转子绕组端部相对定子绕组端部轴向伸出的长度等有关，也与发电机的运行参数有关。

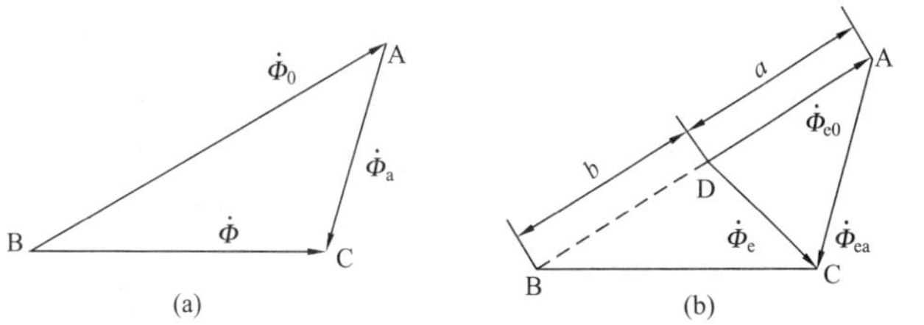

图 16-10　同步发电机磁通相量图

（a）气隙磁通相量图；（b）端部漏磁通相量图

$\dot{\Phi}_0$—励磁磁动势产生的磁通；$\dot{\Phi}_a$—电枢反应磁动势产生的磁通；

$\dot{\Phi}$—合成磁通；$\dot{\Phi}_e$—端部合成漏磁通

图 16-10（b）为端部漏磁通相量图，端部漏磁磁通由两部分组成：Φ_{ea}由电枢反应磁动势引起，铁心端部磁阻小，很容易通过；另一部分由转子励磁磁动势引起，由于气隙磁阻大，所以只有一小部分Φ_{e0}进入定子端部，即$\Phi_{e0}=\lambda\Phi_0$，λ是小于 1 的系数，随铁心端部位置而异。

在图 16-10 中，如果转子励磁磁通Φ_0和转子励磁磁动势引起的漏磁通Φ_{e0}用 AB 和 AD 表示，电枢反应磁动势引起的漏磁通Φ_{ea}用 AC 表示，则端部的合成漏磁通Φ_e等于 CD。如果保持定子电流不变，即Φ_{ea}不变（图中 AC 不变），当功率因数由迟相转为进相时，合成的漏磁通 CD 将要增大。图 16-11 所示为端部漏磁通Φ_e与功率因数的关系。

在图 16-11 中，电枢反应磁动势产生的漏磁通 AC 不变，随着功率因数由迟相变为进相运行，由于励磁电流的减小，所以励磁磁动势产生的漏磁通 AD 也相应地减小，其值等于$\lambda\cdot AB$。而定子端部合成漏磁通Φ_e则增大，如图中 CD。D 点在以 0 为圆心（0 点到 C 点的距离$OC=\lambda\cdot BC$），以 OD［$OD=(1-\lambda)AC$］为半径的半圆上移动。由图还可以看出，当功率因数由 1 到 0 逐渐降低时，吸收的无功功率增多，Φ_e值也越来越大，致使定子端部发热增加。如取功率因数为 1 时的Φ_e值等于 1，则定子端部某一点（其λ为小于 1 的定值）的合成漏磁通Φ_e值，随功率因数而变化的关系曲线如图 16-12所示。所以，发电机从迟相转为进相运行时，端部合成漏磁通增加，相应端部结构件的损耗与温升也增大。

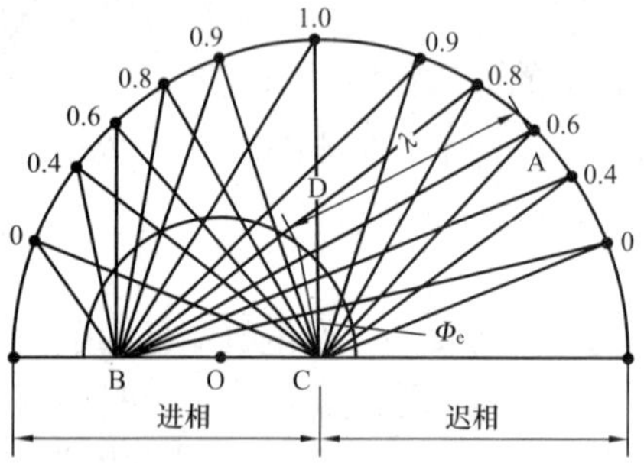

图 16-11 端部漏磁通Φ_e与功率因数的关系

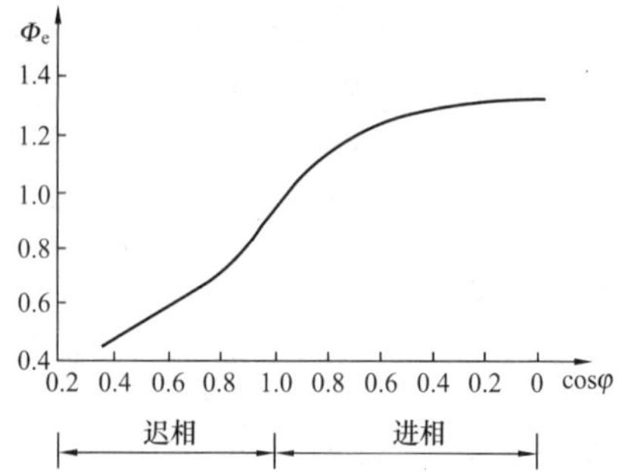

图 16-12 端部漏磁通Φ_e随功率因数变化的曲线

降低定子端部铁磁部件的发热，应着重于增大漏磁路径的磁阻，避免因漏磁集中而导致损耗急剧上升，引起过热。因此，制造发电机时，为了减少端部过热一般采用了如下一些措施：

（1）定子铁心端部做成阶梯齿。其作用是减少进入铁心端部的轴向漏磁通。

（2）定子端部结构件及转子护环（汽轮发电机）均采用非磁性材料。

（3）采用电屏蔽和磁屏蔽。磁屏蔽和电屏蔽都是为了避免端部漏磁不致集中于局部区域，防止端部产生局部高温所采取的措施。为避免边段铁心及压圈等部件的温度较高，需在可能过热的压圈上，安置导电性能好的金属板（铝板或铜板）做成电屏蔽，也称之为阻尼板。它的原理是利用在交变磁通的作用下，与磁通垂直的金属板上感应涡流而产生反磁场，阻碍磁通通过，从而起到了阻挡轴向磁通进入压圈和铁心的作用。磁屏蔽一般装设在铁心端部压指与压圈之间，它是由磁导率很高的硅钢片黏接而成的圆环，在发电机定子铁心端部起着磁分路的作用，因而减少了轴向进入发电机定子边段铁心的漏磁通。

综上所述，同步发电机从迟相转为进相运行时，静态稳定性能下降，端部发热加重；这两方面的影响与发电机的视在功率出力密切相关。发电机进相运行时，视在功率出力越大，静态稳定性能越差，其端部漏磁通也越大，端部发热也就越严重。因此发电机随着进相程度的增加其视在功率出力应相应减小。减小端部漏磁通和有效冷却端部是防止端部过热的有效方法。当前制造的大型汽轮发电机端部结构已采取各种措施（例如加铜屏蔽、磁屏蔽以及定子边端铁心齿部开小槽等），使端部结构件的温升明显降低，一般能够满足进相运行要求。

16.3　同步发电机的失磁异步运行

同步发电机失磁异步运行，是指发电机因某种原因失去直流励磁后，仍带一定的有功功率以低转差并在电网中继续运行，这是一种非正常运行方式。

目前我国许多电网中 300MW 及以上的汽轮发电机，已成为主力机组，担负基本负荷。当励磁系统故障造成发电机失磁后，如果采取立即解列以致停机的措施，并不是较好的方法。突然切机，甩负荷，对电力系统的稳定是不利的，对发电机组使用寿命也不利。如果发电机所处的电网，有一定的无功功率储备，在经过计算后确认，发电机失磁异步运行不会危及系统的稳定，也不会影响发电机的安全运行，则发电机失磁后，不必立即切机而可带一定有功功率在一定时间内异步运行，以争取这一短暂的时间排除失磁故障，这对保证安全和稳定运行具有重要意义。

16.3.1　失磁异步运行的电磁过程

同步发电机正常运行时，由原动机输入的驱动转矩与发电机的电磁制动转矩相平衡，发电机以同步转速稳定运行。当发电机失去励磁时由于励磁电流迅速减小，导致 E_0 减小，发电机输出的电磁功率减小，它所对应的电磁制动转矩就随之减小。但由于此瞬间原动机的调速系统还未来得及动作（即驱动转矩还未来得及变化），在转子上出现转矩不平衡，驱动转矩大于制动转矩，发电机转子就在剩余转矩作用下被加速，功角 θ 增大。直至 $\theta>90°$ 时，发电机就失去同步，进入异步运行状态，转子转速 n 就大于定子旋转磁场同步转速 n_1，此时发电机转子和定子旋转磁场之间有了相对运动，出现了转差，定子旋转磁场就以转差的速度切割转子，于是在转子绕组、阻尼绕组以及转子的齿与槽楔中，将分别感应出转差频率的交流电流。转子的感应电流在定子旋转磁场作用下产生制动性质的电磁转矩（异步转矩）和电磁功率（异步功率 P_y），发电机开始向电力系统送出有功功率。随着转速升高，调速器动作以减小进汽，因此原动机输入的功率 P_1 下降，当 $P_1=P_y$ 时，转矩重新达到了平衡，发电机就进入到异步稳定运行状态。此点决定了稳态异步运行时，有功功率的大小和转差率。这时由原动机来的驱动转矩便在克服这异步制动转矩的过程中做了功，把机械能转变成电能，发电机继续向电网输出有功功率（当然减小了），它就相当于一台异步发电机。

与此同时，发电机输出的无功功率将随励磁电流的减小而减小，到励磁电流减小到不足以维持电压所需的励磁时，它便转向从电网吸取感性无功功率来励磁，定子电流就由滞后于发电机端电压（迟相）变为超前（进相），在异步运行时发电机需从系统吸收大量的感性无功功率，所以发电机的电压以及附近用户处的电压将要下降。

由此可见，同步发电机失磁后便进入到 $n>n_1$ 的异步发电机运行状态，此时发电机从电网中吸取感性无功功率励磁，同时向电网输送一定的有功功率，便成了一台吸无功（感性）发有功的异步发电机了。

实践证明，大多数汽轮发电机具有良好的平均异步转矩特性，因而在千分之几的转差率下产生相当大的异步转矩，在这转差率下，转子电流不会过大，不会出现转子损耗过大而使发电机受到损伤，因此汽轮发电机短时内处在这种情况下（有功功率大、转差率小、电压降低不多）作异步运行是容许的。当励磁恢复后，汽轮发电机又可平稳拉入同步。

应该说明，对水轮发电机（尤为无阻尼绕组），只有在较大转差率下才能产生足够的异步功率输出，使发电机稳定异步运行，因此水轮发电机一般不允许失磁运行。因此发电机失磁后异步运行仅适用于汽轮发电机。至于汽轮发电机失磁后异步运行的时间和功率受到许多因素的限制，一般要根据发电机形式、参数、转子回路连接方式以及电力系统情况，进行具体分析，经过计算和试验后才能确定。

16.3.2 影响汽轮发电机失磁异步运行的因素

发电机失磁异步运行是一种非正常运行方式，需要考虑下列一些情况。

1. 电力系统

发电机多数是并在大容量电网中运行的，失磁后转子加速进入异步运行。发电机在同步运行时通常向电网输出无功，当进入异步运行后，变为从电网吸收无功。电力系统中无功功率的平衡是维持系统电压和系统稳定的主要条件。正常运行时，系统的无功功率是与系统的无功负荷相平衡的，为了运行的可靠性以及适应负荷的发展，还要求有一定的无功储备。发电机失磁以后，由原来输出无功功率而变成为吸收无功功率，必定影响系统的无功平衡，从而使系统电压和厂用电的电压下降，影响系统的稳定。

因此发电机能否允许失磁异步运行，对电网的要求就是要有一定的无功功率储备。根据国内对100MW以上汽轮发电机试验所得到的初步结果是：

(1) 系统无功功率储备 $Q_R=(1.3\sim1.5)P_N$，例如发电机额定容量为100MW，则无功储备需130～150Mvar。

(2) 系统母线电压降不低于90%额定电压、厂用母线电压不低于80%额定电压时，发电机是可以异步运行一段时间的。

2. 定子电流

发电机失磁异步运行在输出一定的有功功率时，定子电流最好不要超过额定电流值，这样不会影响电机安全运行。异步运行时，定子电流中有 $(1-2s)f$ 频率的交变分量，会引起 $2f$ 频率的周期性振荡（摇摆），振幅过大将会影响系统稳定。摆动幅值一般应小于30%的额定电流。

3. 定子端部铁心及结构件发热

随着汽轮发电机容量的增加和冷却方式的改进，电磁负荷越来越高，定子端部漏磁场引起的边端铁心和结构件的损耗也相应增加，进相运行高于迟相运行。失磁异步运行是进相运行的极端情况，端部发热情况要比额定工况下高许多，早期的发电机其端部温度可能是限制异步运行的条件之一。但后来制造的发电机，由于采取了改进端部结构、合理使用电磁屏蔽、在损耗较高部位通水管冷却等措施，使端部温升明显降低，有可能做到使定子端部铁心及结构件发热不是限制发电机异步运行的主要条件。

4. 转子发热

汽轮发电机异步运行时，平均转差率 s 一般较小，约1%。在转子本体中感应产生 sf

频率的交变电流，沿转子本体成闭合回路而引起发热，但由于透入深度较深、转子本体内的损耗分布较均匀、采用不同的冷却方式和转子槽楔材料等因素，转子过热限制的部位也不一样。根据经验，在目前运行的大型发电机中，转子损耗 p_2 近似等于 sP_N（s 为转差率，P_N 为发电机额定功率），在转子损耗小于或等于额定工况下励磁绕组的损耗时，转子一般不会过热。

失磁异步运行可能引起低频扭振问题需进一步研究分析。

16.3.3　失磁异步运行时各表计的指示情况

（1）转子励磁电流表指示接近于零或等于零。其指示情况与失磁原因直接相关。如励磁回路开路，则电流表指示为零。如励磁回路短路或经灭磁电阻闭合，由于转子回路有交流电流，直流电流表有指示，但数值很小。

（2）定子电流表指示升高并有摆动。定子电流升高原因是由于失磁异步运行后，既要送有功，又要吸收大量无功电流励磁所致。

摆动原因是由于转子中有交流电流以及转子的直轴和交轴磁路不对称。失磁异步运行时，转子回路中无直流分量，但有由定子方面感应产生其频率为 sf 的交流电流。定子回路中除基频（f）分量交流电流外，尚有（$1-s$）f 及（$1-2s$）f 分量的交流电流。

（3）有功功率表指示减小并摆动。由于失磁后，转速升高，调速汽门自动关小，即原动机输入功率减小所致。

有功功率表摆动原因同上。

（4）无功功率表指示负值，功率因数表指示进相。失磁后，由向系统输送感性无功变为吸取感性无功，因此无功功率表反指（指示负值），功率因数表由迟相变为进相。

（5）发电机母线电压下降并摆动。由于定子电流增大，线路压降随之增大所致，且母线电压随定子电流的摆动而摆动。

16.4　同步发电机的振荡

同步电机在实际运行中，有多种原因可能导致振荡。例如原动机输入转矩的突然变化、电网参数的改变、励磁调节器发生故障、外部负载不稳定或突然变化等因素都能引起发电机转速、电流、电压、功率以及转矩的振荡；用自整步法使同步发电机与电网并联以及同步电动机合闸时牵入同步过程也可能引起振荡。电机振荡对于电机本身及相关联的电力系统和其他电气设备都是不利的，严重时可能造成电机与电力系统失去同步、中断供电或使与电网相关联的电气设备受到损坏。因此，了解和研究同步电机振荡的本质有重要的实际意义。

在振荡过程中电机的转速不再是恒速，同步电机的方程式呈非线性，振荡问题的分析十分复杂。本节仅对同步电机的小值振荡进行定性分析。所谓小值振荡是指同步电机的功角 θ 围绕一个恒定值 θ_b 作小幅度周期性变化（变化幅度一般为 $\pm 10°$ 以下），电机转速也围绕着同步转速 n_1 作周期性变化。小值振荡是比较常见的，同步发电机有功功率的调节过程、同步电动机的拉入同步过程等都伴随有小值振荡。

当一台同步发电机与电网并联以后，气隙合成磁势 F 受电网频率的制约，以同步转速 n_1旋转，功角 θ 的大小仅决定于转子的转速及位置。如图 16 - 13 所示，设发电机原来

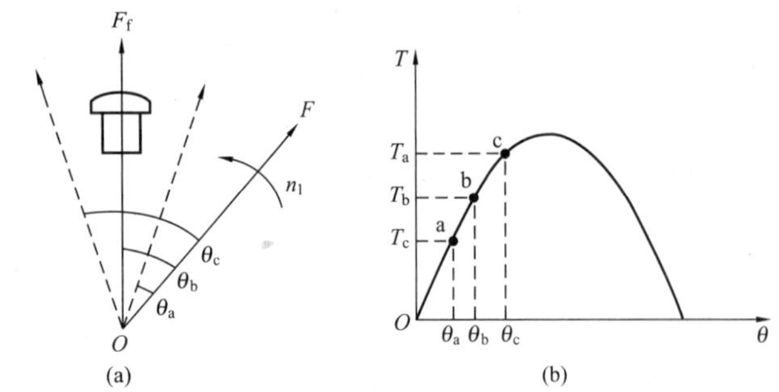

图 16-13　同步发电机的小值振荡

（a）磁极位置；（b）转矩变化

稳定运行于功角特性的 a 点，此时，原动机的输入功率 P_1 与发电机的电磁功率 P_M 相平衡，即 $P_{1a}=P_{Ma}$，原动机的转矩也和发电机的电磁转矩相平衡，即 $T_{1a}=T_a$。由于电网供电的需要，现在要求把发电机的电磁功率增大到 P_{Mb}，整个调节过程为：

（1）增大原动机的输出功率到 P_b，原动机的转矩也增大到 T_b；

（2）由于 $\Delta T=T_b-T_a>0$，发电机转子在 ΔT 的作用下加速，功角由 θ_a 开始增大，达到 θ_b 时，发电机的电磁功率也达到 P_{Mb}，电磁转矩达到 T_b，并与原动机的转矩 T_{1b} 相平衡，发电机转子的加速度变为零，但速度达到最大值；

（3）由于惯性作用，转子以大于同步转速继续前进，功角如继续增大到 θ_c，发电机的电磁功率也增大到 P_{Mc}，电磁转矩增大到 T_c；

（4）由于 $\Delta T=T_b-T_c<0$，发电机的转子在 ΔT 的作用下开始减速，功角由 θ_c 开始减小，达到 θ_b 时，发电机的电磁功率也达到 P_{Mb}，电磁转矩达到 T_b，并与原动机的转矩 T_{1b} 相平衡，发电机转子的加速度又变为零，但速度又达到最小值；

（5）由于惯性作用，转子以小于同步转速前进，功角由 θ_b 继续缩小到 θ_a，发电机的电磁功率也减小到 P_{Ma}，电磁转矩减小到 T_a。至此，完成了一个振荡周期，如果没有阻尼作用，这一过程会持续下去。

事实上，同步发电机均装设阻尼绕组。在振荡过程中，阻尼绕组中将出现感应电动势和电流，并形成异步转矩。当转子转速高于同步转速时，异步转矩起制动作用，而当转子转速低于同步转速时，异步转矩又具有驱动作用。采用阻尼绕组能大大抑制同步发电机的振荡。

结　语

分析不对称运行采用的是对称分量法。把一组不对称电量（电压、电流）按对称分量法分解成正序、负序和零序三组对称分量，然后将三组对称分量分别作用于发电机，再将结果叠加。

正序系统所产生的作用和三相稳态运行情况一样，对应的正序电抗就是发电机的同步电抗。负序系统产生的磁场相对转子以 2 倍同步转速反转，并掠过转子上的各绕组，在其中产生感应电流，由于转子绕组的作用使得负序电抗大大减小。而三相零序电流产生的基波合成磁场为零，因此它只产生漏磁通，因而零序电抗属漏电抗性质，且一般小于漏电抗，它与绕组结构形式有关。

不对称运行和突然短路会对发电机本身，电力系统以及附近的通信线路产生不良的影响。因此要尽量避免不对称运行和故障短路的发生。

失磁运行实质上是同步发电机的异步运行，此时转速高于同步转速，出现了转差率 s，产生异步转矩，直到异步转矩和原动机转矩平衡。这时从原动机来的机械功率转变为电功率向电网输出有功功率，而同时从电网吸取感性无功供发电机自身励磁。

由于水轮发电机异步转矩特性差，因此不允许失磁运行。而汽轮发电机允许有短时间的失磁运行，以争取这一短暂的时间排除失磁故障而恢复正常运行。

进相运行实质上是低（欠）励磁运行。限制进相运行的因素是静态稳定和定子铁心端部发热。由于进相运行使静态稳定降低，端部发热增加，因此在进相运行时要减小发电机输出的视在功率，它可通过计算和试验来确定。

同步发电机振荡实质上是一个暂态过程，即是由一个稳定状态向另一个稳定状态过渡的中间过程，这一过程为一振荡过程。它是由于功角 θ 发生周期性变化引起的；而功角 θ 变化又是作用在转轴上的转矩不平衡所致。

同步发电机转子装阻尼绕组，不但可以有效地提高发电机承受不对称负载的能力，而且还能有效地抑制振荡。但在突然短路时，它会使突然短路电流增大。

习　题

16-1　为什么在三相同步发电机中，负序电抗及零序电抗不同于正序电抗？

16-2　说明负序电抗 X^- 的物理意义，转子装与不装阻尼绕组有何区别？

16-3　两台同步发电机其定子的材料、尺寸和零件都完全一样；但转子所用材料不同，一个转子磁极用钢片叠成，另一个为整块钢锻成的实心磁极，问一哪台发电机的负序电抗要小些，为什么？

16-4　当转子速度正常时，定子绕组中通入负序电流后，定子绕组和转子绕组间的联系与通入正序电流时有何本质区别？

16-5　在一台同步发电机中，转子绕组对正序旋转磁场起什么作用？对负序旋转磁场起什么作用？为什么负序电抗要比正序电抗小得多？

16-6　怎样理解单相短路电流远大于三相短路电流？

16-7　试按数值大小排列同步发电机的各种电抗：X_σ、X_0、X_d、X_q、X'_d、X'_q、X''_d、X''_q、X^-。

16-8　零序电流为什么只能建立漏磁通以及三和三的奇数倍数次谐波磁通？当 $y_1<\tau$ 时，为什么 $X^0<X_\sigma$。

16-9　什么是同步发电机的小值振荡？什么是自由振荡？什么是强迫振荡？

16-10　试述汽轮发电机进相运行的特点及注意事项。

16-11　试述汽轮发电机失磁后的机电暂态过程，分析影响发电机失磁异步运行的因素，说明失磁运行时各表计的指示情况。

16-12　一台三相同步发电机，在空载电压为额定值的励磁下作短路试验，结果为：$I_{k3}{}^*=0.9$，$I_{k2}{}^*=1.2$，$I_{k1}{}^*=1.9$。试求 X^{+*}，X^{-*}，X^{0*} 的值（设 $R_a=0$）。

16-13　一台汽轮发电机数据为：$P_N=125\text{MW}$，$X_t{}^*=1.87$，$X^{-*}=0.22$，$X^{0*}=0.07$，设空载电压为额定电压，试求：

（1）三相短路电流；

（2）单相对地短路电流；

（3）两相短路电流。

16-14 一台同步发电机定子上加以 $0.2U_N$ 的恒定三相交流电压，转子励磁绕组短路，当转子向一个方向以同步转速旋转时测得定子电流为 I_N，当转子向相反方向以同步转速旋转时测得定子电流为 $0.2I_N$。如忽略零序阻抗及电阻影响，试求该发电机出线端发生持续三相、两相、单相短路时的稳定短路电流值为多大？（用标么值表示）

16-15 一台三相同步发电机数据为：$S_N=500\text{kVA}$，$U_N=6300\text{V}$，Y接法，$\cos\varphi_N=0.8$（滞后），$n_N=750\text{r/min}$，$f_N=50\text{Hz}$，$X_d^*=1.31$，$X_q^*=0.77$，$X_\sigma^*=0.103$，$X_d'^*=0.30$，$X^{-*}=0.48$，在空载且 $E_0=1.1U_N$ 时发生两相短路。试求：

（1）两相稳态短路电流；

（2）各相电压；

（3）未短路相与短路相间的电压。

第4篇 异 步 电 机

异步电机和其他电机一样，既可以作为发电机运行，也可作为电动机运行。但是异步电机主要被用作电动机，无论是在发电厂或者电力系统中，异步电动机都得到了广泛的应用。

异步电机按相数分类，有单相和三相两种。本篇主要讨论三相异步电动机。对于单相异步电动机及异步电机的其他形式其他运行方式只作扼要介绍。

异步电机和同步电机同属交流旋转电机，但是它们之间有一个很主要的区别，即异步电机转子转速 n 与定子旋转磁场的转速之间并无固定不变的关系。另外，异步电机的转子绕组不接电源，传递到转子的电能主要通过定、转子之间的电磁感应作用，因此异步电机也称为感应电机。

异步电动机的结构简单，价格低廉，运行可靠，效率较高，但是功率因数较低，需要从电网吸收感性无功。

第17章 异步电机的基本结构及运行状态

本章首先扼要地介绍异步电机的主要结构部件；再按异步电机的工作原理来说明它具有二种不同的运行状态，即电动机状态、发电机状态和电磁制动状态；最后对异步电机的额定值加以说明。

17.1 异步电机的基本结构

图17-1为鼠笼式异步电动机的结构图。三相异步电机的基本结构可分为定子和转子两大部分。定子槽内嵌有三相对称绕组；转子槽中则嵌有笼条或线圈，它自成闭路不和定子绕组相连接。在定子和转子之间有气隙，定子、转子的铁心以及气隙组成了电机的主磁路。为了减小磁路的磁阻，也即减小电机的励磁电流，异步电机的气隙长度应在机械安全允许的条件下尽可能地缩小。异步电机的定子固定在机座内，转子则承托在电机两侧端盖的轴承座上。端盖有封闭式和不封闭式两种。以下就异步电机的主要结构部件作一简单介绍。

17.1.1 异步电机的定子

异步电机的定子包括由硅钢片叠成的定子铁心、定子绕组和机座三部分组成。

定子铁心是异步电机磁路的一部分。由于气隙磁场以同步转速相对定子而旋转，为减少由此而在定子铁心中引起的损耗，铁心由0.5mm厚的高磁导率硅钢片叠成。对于中、小型异步电机，当铁心外径小于1m时，硅钢片为整张冲制的圆环形。在铁心的内圆上，有齿、槽相隔，以便在叠成圆环形的定子铁心槽内嵌置定子绕组。当定子铁心外径大于1m时，则采用多张扇形冲片叠成铁心。硅钢片两面都涂有绝缘漆，以减小铁心的涡流损耗。中、小型

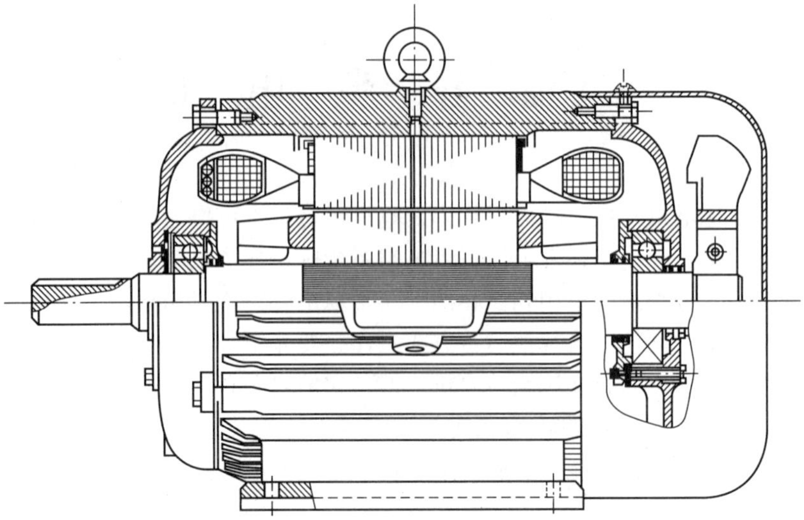

图 17-1 鼠笼式异步电动机的结构图

异步电机定子铁心的冷却，一般用同轴风扇进行表面通风，但有些也兼有槽底轴向通风。容量较大的电机，则还用径向通风，即在铁心叠片时，每叠 4～5cm 厚度即沿钢片的径向安置辐射形的垫条，使片与片之间留有相当于垫条厚度的径向通风道。

定子槽的形状，如图 17-2 所示。对于中、小型的异步电机，如电压低于 500V，则常采用半闭口槽。而对于高压、大容量的异步电机，通常采用开口槽。半闭口槽的优点在于主磁路的磁阻较小，从而减小励磁电流，有利于改善电机的功率因数，同时也可以降低气隙磁场的脉振程度，相应降低电机的杂散损耗。开口槽由于槽口宽度和槽宽相等，因此能把预制成形的绕组整个放入，所以多用于 6000V 电压等级，绝缘要求较高的中型和大型高压异步电机。

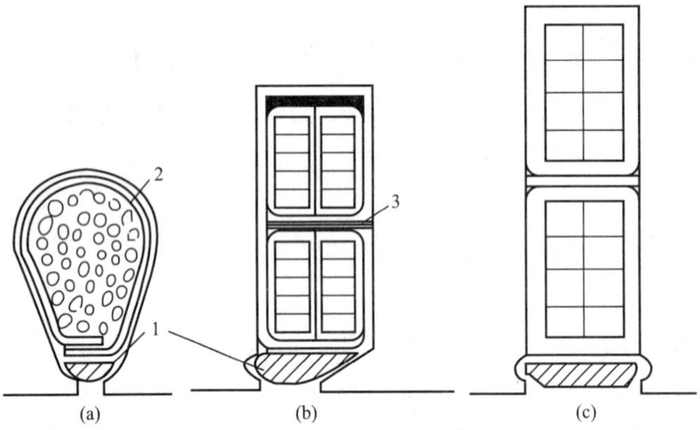

图 17-2 异步电机的定子槽形

(a) 半闭口槽；(b) 半开口槽；(c) 开口槽

1—槽楔；2—槽绝缘；3—层间绝缘

定子绕组是电机的电路部分。小容量的异步电机多采用单层绕组，而容量较大的异步电机般均采用双层短距绕组，异步电机定子绕组的结构与同步电机的定子绕组基本上类同。

定子绕组嵌在槽内，对铁心应有可靠的绝缘（即对地绝缘），低压电机的槽绝缘一般采用聚酯薄膜青壳纸，即所谓 E 级绝缘。对于高压、大容量的电机除槽绝缘外，绕组采用云母带多层包扎的 B 级绝缘，甚至采用热压成形预制的绝缘绕组。双层绕组还应在上、下层之间加隔相绝缘。槽内绕组嵌置绝缘妥善后，在槽口用槽楔固定封闭。

机座或称机壳，它的作用主要是支撑定子铁心，同时也承受整个电机负载运行时产生的反作用力。它不是电机的磁路部分。中、小型电机的机座通常采用铸铁成型，运行时内部所产生的热量，通过机座的传导作用向外散发，使电机冷却。大型电机的机身较大，浇铸不方便，常用钢板焊接成型。而在机座与铁心之间留出空隙作为风道，以便通风冷却之用。总之，机座要有足够的机械强度和刚度，并具有一定的散热能力。

17.1.2　异步电机的转子

异步电机的转子由转子铁心、转子绕组和转轴等部件组成。

转子铁心也是异步电机主磁路的一部分，常用定子铁心冲剪下来的同型号同规格的圆形硅钢片加工叠成，并用热套或用键将它固定在转轴上。大型异步电机的转子铁心叠装后套在转子支架上，再使之紧固于转轴。冲剪好的转子钢片，在其外圆上同样也开有槽，以便嵌放转子绕组或转子导条之用。

转子绕组是转子的电路部分，它自成闭路，不与定子绕组相连。按转子绕组结构的不同，异步电机的转子可分为鼠笼式和绕线式两种。

1. 鼠笼式绕组

鼠笼式转子绕组结构简单，将导条放置在转子铁心槽内后，两端伸出部分各自用端环短接，所以整个转子绕组形状似一个笼子，因而得名。转子的导条、端环可用铜材并焊接使之成一整体。一般中、小型电机，为了节约铜材和简化工艺，常以铝代铜，采用压铸法将熔化的铝铸入，这样导条、端环以及风叶一次浇铸成型，如图17-3 所示。

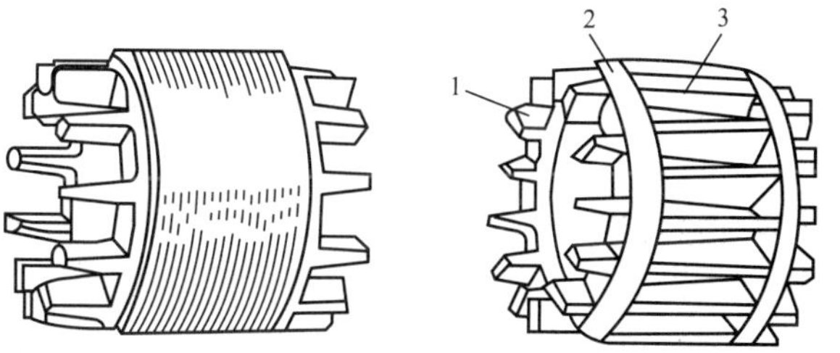

图 17-3　鼠笼式铸铝转子

1—风扇叶片；2—端环；3—导条

鼠笼式转子绕组由于感应电动势不大且又自成闭路，所以它与转子铁心之间无需绝缘。小型异步电动机对起动性能要求不高，因此转子结构大多采用上述的单鼠笼式。中型和大型异步电动机如要求有较大的起动力矩或较好的起动特性，则可以采用双鼠笼式或深槽式。为了改善电机的起动性能，有时在转子铁心叠片装配时，把转子的槽口扭斜一定的角度，即采用所谓的斜槽。

2. 绕线式转子绕组

绕线式转子绕组和定子绕组相似，它是将绕组嵌放在槽内并连接成三相对称绕组。一般为星形接法。它的三个出线端分别焊接在三个同轴旋转，且与轴绝缘的滑环上，然后通过电刷把三相电流从滑环处引出，然后分别串联在附加电阻箱上，三相附加电阻箱是一个三相可同时调节的电阻。图 17-4 是绕线式异步电动机的接线示意图。

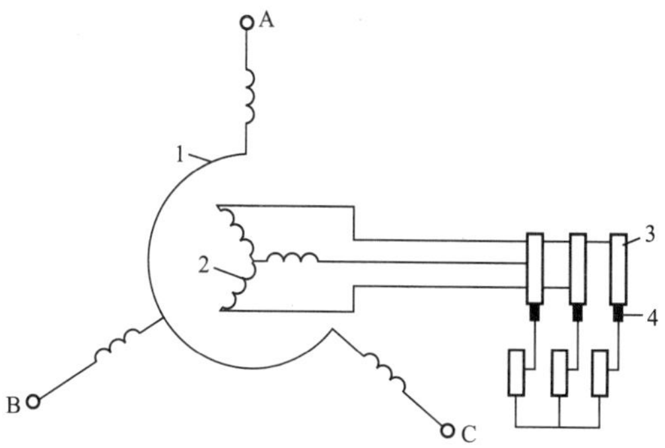

图 17-4　绕线式异步电动机的接线示意图

1—定子绕组；2—转子绕组；3—滑环；4—电刷

绕线式异步电动机的最大优点在于转子绕组起动时可外接起动电阻，使电动机获得较大的起动力矩，并降低起动电流，从而改善电动机的起动性能。选用适当的附加电阻，还可以使起动力矩达到最大力矩。常见的附加电阻仅作起动之用，在转速接近额定值时，通过机械装置将三个滑环短接，使转子绕组自行闭路，同时将刷握举起并使电刷离开滑环。绕线式异步电动机通常用在中等容量的电动机中，但是因为制造复杂，成本高，也由于现代电网容量增大，容许单机直接起动容量增大。一般电动机大多数采用直接起动，因此除非调速需要，绕线式异步电动机的应用已渐趋减少。

17.2 异步电机的作用原理及三种运行状态

异步电机的基本工作原理已在第 8 章 8.1 节中作了说明。异步电机的工作特点在于转子转速 n 与定子旋转磁场转速 n_1 不同，定子旋转磁场转速与转子转速之差对定子旋转磁场转速的比值称为转差率，以符号 s 表示，即

$$s=\frac{n_1-n}{n_1}$$

转差率 s 是异步电机运行时的一个重要物理量。根据转差率的正、负和大小，异步电机可运行于电动机、发电机和电磁制动三种状态。

17.2.1 异步电机作为电动机的运行状态

从前面对三相异步电动机的基本工作原理分析表明，当异步电机的定子三相绕组接到对称三相电源后，定子三相电流在气隙中建立旋转磁场，如图 17-5（b）所示。旋转磁场的转速决定于电源的频率和绕组的极对数，即 $n_1=\frac{60f_1}{p}$，称为同步转速。旋转磁场在转子闭合绕组中感应出电动势及电流，电流的有功分量与转子电动势同相位。当转子有电流后，转子电流又和气隙旋转磁场相互作用，产生电磁力和电磁力矩。电磁力矩的方向和旋转磁场的方向一致。在电磁力矩的作用下，转子便转动起来，转向和旋转磁场转向相同。如果在电机轴上加机械负载，电磁力矩就克服负载力矩做功，把电功率转换为机械功率。此时 $n_1>n>0$。

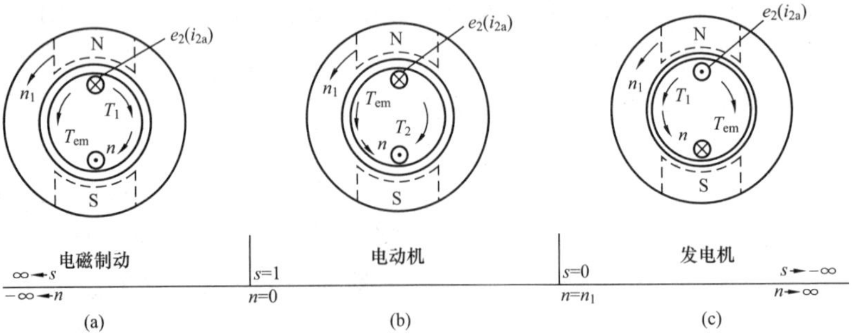

图 17-5 异步电机三种运行状态

（a）电磁制动状态；（b）电动机状态；（c）发电机状态

17.2.2 异步电机作为发电机的运行状态

如果用原动机将异步电机拖动到超过同步转速 n_1，且转子转向和旋转磁场的转向相同，感应电动势和电流的方向与电动机状态时相反，电磁力矩方向与旋转磁场转向相反，电磁力矩为阻力矩，如图 17-5（c）所示。原动机要克服阻力做功，把机械功率转换为电功率。此时 $n>n_1$，$s<0$。

17.2.3　异步电机作为电磁制动的运行状态

如果用外力拖动转子逆着旋转磁场转动，转子导体中感应电动势和电流的方向与电动机状态时相同，电磁力矩方向与旋转磁场转向相同，此时外力产生的力矩起制动作用，如图 17-5 (a) 所示。既输入了电功率，又输入了机械功率。此时 $n<0$，$s>1$。

以上分析表明，从原理上说，异步电机可以有电动机、发电机和电磁制动三种运行状态，但现代异步电机主要作为电动机运行，电磁制动往往只是异步电机在完成某生产过程中而出现的短时运行方式。例如，交流起重机下放重物时，为使下放重物以稳定速度下降，异步电机所处的状态就是电磁制动状态。至于异步发电机，有时用在农村小型水电站或风力发电机中。

17.3　异步电机的额定值

异步电机的额定值包括额定电压、额定电流、额定转速、额定频率、额定功率因数和额定功率，下面分别予以介绍。

(1) 额定电压 U_N。额定电压为加在定子绕组上的线电压。

(2) 额定电流 I_N。额定电流为定子绕组的线电流。

(3) 额定转速 n_N。额定转速为电动机在额定电压、额定频率 f_N、转轴上有额定输出时的转子转速。

(4) 额定频率 f_N。

(5) 额定功率因数 $\cos\varphi_N$。

(6) 额定功率 P_N。电动机指轴上输出的机械功率，发电机指发出电功率。

结　语

异步电机的主要结构分为定子和转子两大部分，定子部分与同步电机相似，主要是带有槽的叠片铁心和对称三相绕组，机座一般用铸铁件制成。转子可分为鼠笼式与绕线式两大类。绕线式转子绕组也是三相对称绕组，鼠笼式转子绕组则属多相对称绕组。根据鼠笼结构的不同，鼠笼式转子也可分为单鼠笼式、双鼠笼式和深槽式三种。后两种形式的电动机具有较好的起动性能。

根据转子转速或转差率的不同，异步电机可分为三种运行状态。作电动机运行时，$n_1>n>0$，相应的 $1>s>0$；作发电机运行时，$n>n_1$，相应的 $0>s$；作电磁制动运行时，$n<0$，相应的 $s>1$。作电动机运行时，电磁力矩方向与转子转向相同，电磁力矩为拖动力矩，对于另外两种运行状态，电磁力矩的方向与转子转向相反，电磁力矩为制动力矩。

异步电机的额定值应注意：凡额定电压或电流均是指线电压或线电流。至于额定功率则是指输出功率，对于电动机来说，应是轴上输出机械功率。

习　题

17-1　什么是转差率？如何根据转差率来判断异步电机的运行状态？

17-2 异步电机作发电机或电磁制动运行时，其电磁力矩与转子的转向之间的关系如何？应怎样分析来区分这两种运行状态？

17-3 已知：一台异步电动机的额定频率 $f_N=50$Hz，额定转速 $n=1475$r/min，问该电动机的极对数是多少？它的同步转速是多少？额定转差率又是多少？

17-4 一台三相异步电动机额定功率为15kW，额定电压为380V，额定功率因数为0.85（滞后），额定效率为92%，试求该电动机的额定电流。如果电动机定子绕组为星形或三角形接法，对以上铭牌额定电流值的计算有什么区别？

第 18 章 异步电机的基本原理

通过第 17 章的学习，对异步电机的基本结构和原理有了初步的认识。本章将进一步分析异步电机运行时的电磁变化过程以及内在的规律性，使对异步电动机的基本原理和分析方法有较全面的了解。

异步电动机的功率传递也是借助于电磁感应原理将定子的能量传递到转子。从原理上看，和变压器有相似之处。一般定子绕组相当于变压器的一次侧绕组，转子绕组相当于变压器的二次侧绕组。本章将根据这种相似性，以变压器运行原理为基础，分析异步电动机空载和负载运行时的物理情况。从基本电磁关系出发，导出其电动势和磁动势平衡方程式。并将转子各物理量折合到定子边，从而得出等效电路和相量图，为研究异步电动机的能量转换、机械特性和运行性能等问题提供理论依据。由于异步电动机在构造上以及能量转换的方式上均不同于变压器，所以在分析过程中，既要看到它和变压器的分析方法有相同的方面，也要看到两者之间存在着本质上的差别。只有掌握了异步电动机的这种特殊本质，才能深刻地理解它的运行原理。

为了便于和变压器相比较，本章先分析异步电动机转子不动时的物理情况，说明它的电磁关系和变压器是相似的。再考虑异步电动机在转子旋转时的影响，并将转动的转子用等效的静止转子来取代，从而使异步电动机在转子旋转后，也可以用类似于变压器的方法来分析。

三相异步电动机在正常工作时，对称的三相定子电流所建立的旋转磁动势和磁场是分析异步电动机工作的基础。定子、转子绕组中感应电动势的产生，定子、转子电流的相互影响以及电磁力矩的产生，能量的传递（从定子到转子）和转换（由电能转换为机械能）等，都必须通过旋转磁场的基波来实现，所以它是研究异步电动机内部物理过程的核心。

由于三相异步电动机定子、转子绕组都是对称的、在正常运行时各相发生的电磁过程完全相同，因此如同分析同步电机一样，只需讨论其中一相的电压和电流平衡关系、等效电路和相量图。

18.1 转子不转时的异步电动机

以一台三相绕线式异步电动机为例，来分析异步电动机当转子不动时的电磁关系，如图 18 - 1 所示。定子、转子绕组都接成星形，转子绕组的轴线在空间位置上与定子绕组的轴线重合。转子电路接入起动电阻（每相电阻值为 R），定子绕组接到额定频率、额定电压的三相对称电源上。转子堵转。

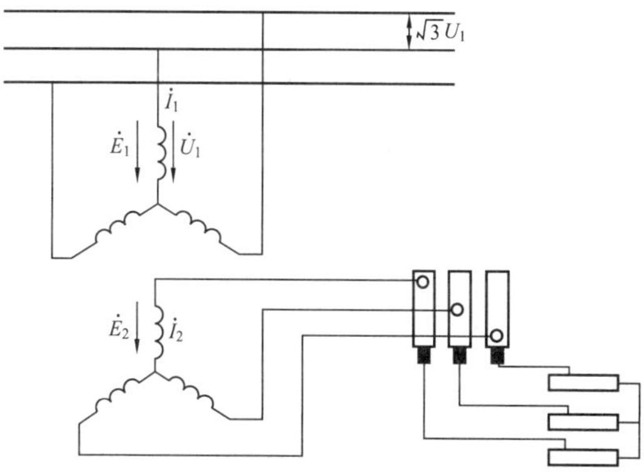

图 18 - 1 接有起动电阻的绕线式异步电动机线路图

18.1.1 电动势分析

定子绕组在电源三相电压的作用下，有三相电流通过。它所产生的基波旋转磁动势

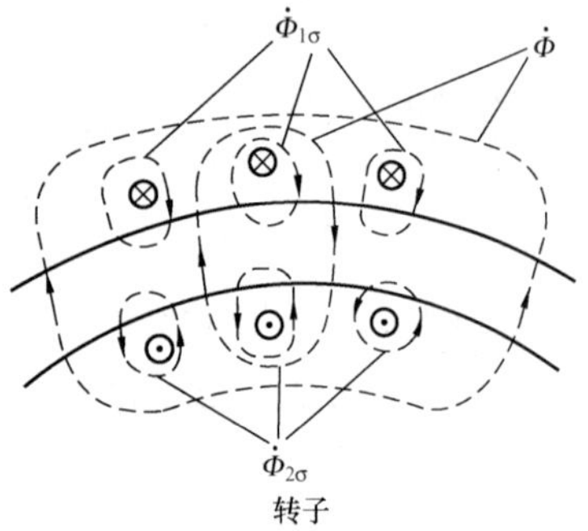

图 18 - 2 异步电动机的磁场示意图（主磁通和槽漏磁通）

及相应的旋转磁场以同步转速 n_1 旋转，切割定子绕组，在定子绕组中感应出电动势；同时也切割转子绕组，在转子绕组中感应出电动势，产生三相转子电流，建立转子旋转磁动势。定子、转子电流分别建立的磁动势，共同作用于气隙产生合成磁场，它的基波磁通既交链定子绕组，又通过气隙与转子绕组相交链（见图 18 - 2），这部分磁通称为异步电动机的主磁通。主磁通在定子和转子绕组中感应的主电动势分别用 $\dot{E}_1$ 和 $\dot{E}_2$ 表示。若主磁通的每极磁通量用 ϕ_1 表示，则电动势的表达式为

$$\left.\begin{aligned}\dot{E}_1 &= -\mathrm{j}4.44 f_1 N_1 K_{N1} \dot{\phi}_1 \\ \dot{E}_2 &= -\mathrm{j}4.44 f_1 N_2 K_{N2} \dot{\phi}_1\end{aligned}\right\} \tag{18-1}$$

式中，频率的单位为 Hz，磁通的单位为 Wb，则电动势的单位为 V。

令 $K_e=\dfrac{E_1}{E_2}=\dfrac{N_1K_{N1}}{N_2K_{N2}}$，称 K_e 为电动势变比。

式（18 - 1）与变压器中计算主电动势的公式在形式上是一致的，但实质上有些区别。首先，异步电机的主磁场是一个旋转磁场，ϕ_1 代表主磁通的每极基波磁通量；而变压器中的主磁场是脉振磁场，主磁通的基波幅值以 Φ_m 来表达。其次，在异步电动机中主磁场与定子、转子绕组有相对运动，绕组的导体切割磁场因而感应出电动势（称为运动电动势）。所以电动势变化的频率取决导体切割磁力线的速度，即 $f_1=\dfrac{pn_1}{60}$，其中 f_1 是电源的频率，p 是旋转磁场基波的极对数，n_1 旋转磁场基波相对定子的转速。而变压器中主电动势（称为变压器电动势）的交变频率则等于主磁通的脉振频率。再者，绕线式异步电动机的定子和转子绕组均采用短距、分布绕组，使主电动势计算公式中多了一个体现电动机绕组特征的绕组系数，因而定子、转子绕组的有效匝数分别为 N_1K_{N1} 和 N_2K_{N2}，均小于它们的实际匝数 N_1 和 N_2。

至于在相位上，电动势 $\dot{E}_1$ 和 $\dot{E}_2$ 仍滞后于磁通 90°，这是由于磁通密度在空间上是按正弦规律分布的，基波磁动势旋转时，相当于一相绕组所交链的磁通随时间按正弦规律变化，其幅值为每极磁通量 ϕ_1。所以，如同变压器中一样在定子和转子绕组中感应的主电动势也是正弦波，在相位上滞后磁通 90°。

此外定子和转子电流还各自建立了与本身绕组相交链的漏磁通，如图 18 - 2 所示。它们分别在定子和转子绕组中感应漏磁电动势 $\dot{E}_{1\sigma}$和 $\dot{E}_{2\sigma}$，和变压器一样可以用漏抗压降来表示，即

$$\left.\begin{aligned}\dot{E}_{1\sigma} &= -\mathrm{j}\dot{I}_1 x_{1\sigma} \\ \dot{E}_{2\sigma} &= -\mathrm{j}\dot{I}_2 x_{2\sigma}\end{aligned}\right\} \tag{18-2}$$

式中，$x_{1\sigma}$和 $x_{2\sigma}$分别为定子和转子绕组的漏电抗。

同时，定子和转子电流流过各自绕组时，还分别产生电阻压降 $\dot{I}_1r_1$，$\dot{I}_2r_2$。r_1 和 r_2 分别是定子和转子绕组的电阻。

18.1.2　磁动势分析

由于转子不动时，定子磁动势所建立的旋转磁场（基波）将以切割定子绕组同样的速度 n_1 切割转子绕组；在绕线式电动机中转子的极对数 P 总是与定子极对数 P 相等，在鼠笼式电动机中，转子自动产生与定子极对数相同的基波磁动势，所以转子感应电动势或电流的频率为

$$f_2=\frac{pn_1}{60}=f_1$$

即等于电源频率。这样，当转子不动时，转子磁动势 $\overline{F}_2$ 相对于转子（也相对于定子）的转速 $n_2=n_1$，即与定子旋转磁场的转速相同。同时，因为转子多相电流系由定子旋转磁场感应而产生，所以转子电流的相序必定与定子电流相序一致。于是定子磁动势 $\overline{F}_1$ 和转子磁动势 $\overline{F}_2$ 无论转速或转向都是相同的，即在空间位置上是相对静止状态。

由于定子转子磁动势相对静止，且共同作用在一个磁路上，建立所需要的磁通，可令其合成磁动势为 $\overline{F}_m$，于是磁动势平衡方程式为

$$\overline{F}_1+\overline{F}_2=\overline{F}_m \tag{18-3}$$

式中　$\overline{F}_m$——励磁磁动势。

由交流电机磁动势分析知：

$$\overline{F}_1=\frac{m_1}{2}0.9\frac{N_1K_{N1}}{p}\dot{I}_1$$

$$\overline{F}_2=\frac{m_2}{2}0.9\frac{N_1K_{N2}}{p}\dot{I}_2$$

$$\overline{F}_m=\frac{m_1}{2}0.9\frac{N_1K_{N1}}{p}\dot{I}_m$$

其中，m_1 和 m_2 分别是定子、转子的相数，代入（18-3）得

$$\frac{m_1}{2}0.9\frac{N_1K_{N1}}{p}\dot{I}_1+\frac{m_2}{2}0.9\frac{N_2K_{N2}}{p}\dot{I}_2=\frac{m_1}{2}0.9\frac{N_1K_{N1}}{p}\dot{I}_m$$

两边同时除以 $\frac{m_1}{2}0.9\frac{N_1K_{N1}}{p}$，得

$$\dot{I}_1+\frac{\dot{I}_2}{\dfrac{m_1N_1K_{N1}}{m_2N_2K_{N2}}}=\dot{I}_m$$

令 $K_i=\frac{m_1N_1K_{N1}}{m_2N_2K_{N2}}$，则有

$$\dot{I}_1+\frac{\dot{I}_2}{K_i}=\dot{I}_m$$

或

$$\dot{I}_1+\dot{I}'_2=\dot{I}_m \tag{18-4}$$

式中，K_i 为电流变比，是定子、转子绕组的有效匝数比，再乘以相数比。

按式（18-4）改写电流关系 $\dot{I}_1=\dot{I}_m+(-\dot{I}'_2)$，从中可以看出，异步电动机运行时，定子电流由两个分量组成。一个是 $\dot{I}_m$，称为励磁电流，用于产生励磁磁动势，$\dot{I}_m$ 的大小取决

于感应一定主电动势所需要主磁通的大小以及主磁通所走磁路的磁阻，由于异步电动机中主磁通两次穿过空气隙，遇到的磁阻较大，所以需要有较大的励磁电流，正常运行时可达到额定电流的30%左右，小电动机甚至可达到60%，远远大于变压器的励磁电流。另一个是$(-\dot{I}_2')$，称为负载电流，用于产生磁动势以平衡转子磁动势$\overline{F}_2$，当转子电流增加时，通过磁动势平衡关系，将会引起定子电流作相应的增加。

18.1.3 电动势平衡方程式

在研究异步电动机电动势平衡关系时，可仿照变压器的分析方法，假定诸电磁量的正方向规定如图18-1所示，即可得到异步电动机定子、转子绕组的电动势平衡方程为

$$\dot{U}_1=-\dot{E}_1+\dot{I}_1r_1+\mathrm{j}\dot{I}_1x_{1\sigma}=-\dot{E}_1+\dot{I}_1Z_1 \tag{18-5}$$

$$0=\dot{E}_2-\dot{I}_2r_2-\mathrm{j}\dot{I}_2x_{2\sigma}=\dot{E}_2-\dot{I}_2Z_2 \tag{18-6}$$

式中，$Z_1=r_1+\mathrm{j}x_{1\sigma}$，$Z_2=r_2+\mathrm{j}x_{2\sigma}$分别代表定子、转子绕组的漏阻抗。

和分析变压器相似，也可得

$$\dot{E}_1=-\dot{I}_\mathrm{m}Z_\mathrm{m} \tag{18-7}$$

其中

$$Z_\mathrm{m}=r_\mathrm{m}+\mathrm{j}x_\mathrm{m}$$

在式（18-5）中$\dot{E}_1$也属于反电动势，是电动机从电网吸取电功率实现机电能量转换的关键，它体现了主磁通的作用。Z_m是励磁阻抗，Z_1、Z_2和Z_m的性质和物理意义也和变压器中相仿。漏阻抗Z_1和Z_2近似地认为是常数，励磁阻抗Z_m的大小则随铁心饱和程度而异。r_m称为励磁电阻，是反映铁心损耗的等效电阻。x_m称为励磁电抗，是与主磁通相对应的电抗。因为主磁通同时交链定子和转子绕组，所以x_m实质上是互感电抗，和同步电机中的电枢反应电抗相仿。

上述异步电动机诸参数的数值，和变压器的相应参数相比，有较大的差别。尤其是励磁电抗，异步电动机的x_m比变压器的x_m要小得多。因为异步电动机中存在空气隙，主磁路的磁导较小，同样大小的励磁电流建立的主磁通值较小，感应电动势较小，所以比值Z_m较小。这与前面所述异步电动机需要较大的励磁电流相一致。而异步电动机的漏阻抗（包括槽漏抗、端部漏抗和差漏抗）反而较大。

异步电动机的漏阻抗虽然比变压器的漏阻抗大，但是定子漏阻抗压降不大，$\dot{E}_1$的值与电压$\dot{U}_1$的值仍近似相等，即$U_1\approx E_1=4.44f_1N_1K_{\mathrm{N}1}\phi_1$。因而所需要的主磁通$\phi_1$和相应的磁通密度$B_\delta$变化都较小，铁心饱和程度变化也较小，在正常运行范围内，励磁阻抗可认为是常数，这也与分析变压器相仿。

由于磁通变化不太，从而所需要的励磁磁动势$\overline{F}_\mathrm{m}$和相应的励磁电流$\dot{I}_\mathrm{m}$都变化不大，只有转子电流的变化，才能引起定子电流有较大的变化。因此异步电动机也是基于主磁通在定、转子绕组中的电磁感应作用和为了保持一定主磁通而发生的磁动势平衡过程，实现电能从定子到转子的传递，所以异步电动机也称为感应电动机。

18.1.4 转子绕组的折算

为了便于求解异步电动机的基本方程组以及导出联系定、转子电路的等效电路，和变压器相仿，异步电动机也需要进行折算。异步电动机的折算，通常是将转子的量折算到定子边，当转子不动时，折算方法与变压器的基本一致，也就是在保持折算前后转子磁动势$\overline{F}_2$

的大小和相位不变的前提下，把原来的转子看成为与定子有相同的相数、每相有相同有效匝数的等效转子，这就是所谓绕组折算。显然，异步电动机的绕组折算，除了将转子每相匝数折算到定子边外，还将其相数和绕组系数折算到定子边。在经过折算以后，为了得到同样的转子磁动势 $\overline{F}_2$，转子电流以及其他诸物理量必须随之作相应的变化，变化后的数值即为折算值，仍然以该量原来的符号在右上角加“′”号来表示。以下分别说明转子各物理量的具体折算方法。

1. 转子电流的折算

由于折算前后转子磁动势 $\overline{F}_2$ 应保持不变，即

$$\frac{m_1}{2}0.9\frac{N_1K_{N1}}{p}\dot{I}'_2=\frac{m_2}{2}0.9\frac{N_2K_{N2}}{p}\dot{I}_2$$

$$\dot{I}'_2=\frac{\dot{I}_2}{K_i} \tag{18-8}$$

2. 转子电动势的折算

由于折算前后定、转子磁动势不变，因此主磁通 ϕ_1 不变。即

$$\frac{E'_2}{4.44f_1N_1K_{N1}}=\frac{E_2}{4.44f_1N_2K_{N2}}$$

$$E'_2=K_eE_2 \tag{18-9}$$

3. 转子阻抗的折算

根据电动势与电流的折算关系，可以确定阻抗的折算关系，由式（18-8）、式（18-9）和式（18-6）有

$$0=\dot{E}_2-\dot{I}_2Z_2=\frac{\dot{E}'_2}{K_e}-K_i\dot{I}'_2Z_2$$

$$0=\dot{E}'_2-\dot{I}'_2K_eK_iZ_2=\dot{E}'_2-\dot{I}'_2(K_eK_iZ_2)=\dot{E}'_2-\dot{I}'_2Z'_2$$

其中

$$Z'_2=K_eK_iZ_2 \tag{18-10}$$

则

$$0=(\dot{E}'_2-\dot{I}'_2Z'_2)$$

由（18-10）知，把转子电路折算到定子边时，阻抗、电阻、电抗都乘以 K_eK_i。

由于绕线式异步电动机定转子相数相同，即 $m_1=m_2$，所以 $K_e=K_i$。

对于鼠笼式异步电动机，转子的每一导条可作为一相考虑。若 Z_2 代表转子槽数，如果转子导条数不能被电动机极对数整除，即 $\frac{Z_2}{p}\neq$整数，则转子相数 $m_2=Z_2$，认为每相只有一根导体，则 $N_2=\frac{1}{2}$，$K_{N2}=1$。

如果转子导条数能被电动机极对数整除，即 $\frac{Z_2}{p}=$整数，则把每对极下的导条数看作为转子相数，即 $m_2=\frac{Z_2}{p}$，$N_2=\frac{1}{2}$，$K_{N2}=1$。而认为每相有 p 根导条并联。

经过绕组折算后的异步电动机六个基本方程式为

$$\left.\begin{aligned}&\dot{U}_1=-\dot{E}_1+\dot{I}_1 r_1+\mathrm{j}\dot{I}_1 x_{1\sigma}\\&0=\dot{E}'_2-\dot{I}'_2 Z'_2\\&\dot{E}_1=-\mathrm{j}4.44 f_1 N_1 K_{N1}\dot{\phi}_1\\&\dot{E}_1=\dot{E}'_2\\&\dot{I}_m=-\frac{\dot{E}_1}{Z_m}\\&\dot{I}_1+\dot{I}'_2=\dot{I}_m\end{aligned}\right\}\tag{18-11}$$

综合以上所述可以知道，转子不动时的异步电动机，它的电磁现象和变压器的基本一致，但是两者之间也存在有本质上的差别，具体表现在以下几个方面：

（1）异步电动机中的主磁场（即气隙磁场）属于旋转磁场，计算电动势时 ϕ_1 代表每极磁通量，而变压器的磁场是脉振磁场 $\dot{\phi}_m$，代表脉振磁通波的幅值。

（2）异步电动机的主电动动势是运动电动势，其频率取决于主磁通对绕组导体的运动速度。而变压器中的主电动势属于变压器电动势，频率取决于磁通脉振的频率。

（3）异步电动机的定子和转子绕组一般是分布短距绕组（鼠笼式电动机转子绕组除外），而变压器的绕组是集中绕组。

（4）异步电动机磁路结构中存在空气隙，励磁电流较大而励磁阻抗较小，励磁电流能达到额定电流的 30%～50%。而变压器磁路中无空气隙，励磁电流较小，一般只有额定电流的 1%～5%。

（5）异步电动机的漏磁通比变压器的漏磁通大，因而其漏阻抗也比变压器的漏阻抗大，或者说它的漏阻抗压降比变压器的漏阻抗压降要大。

18.1.5 异步电动机的分析方法

从上面的分析中可以看出，异步电动机在转子不动时的电磁现象和变压器最为接近，因此从便于与变压器作对比，以利于读者较易理解异步电动机的电磁现象这一角度出发，选择转子不动时的异步电动机作为研究异步电动机的起点是比较相宜的，这是一种由浅入深的分析方法。

异步电动机在转子不动时所得到的基本电磁关系，包括电动势平衡和磁动势平衡关系，绕组折算法等，在转子旋转时也可以适用，因为转子的旋转并不改变上述电磁过程的本质，只要补充考虑转子旋转因素的影响即可，所以转子不动时异步电动机的分析带有基础性质。

18.2 转子旋转时的异步电机

异步电机在正常工作时转子总是旋转的，现在来分析当转子旋转时对定、转子各物理量所产生的影响，以及其电磁变化过程。

18.2.1 转子旋转时对转子各物理量的影响

异步电机的气隙旋转磁场，总是以同步转速 n_1 相对于定子旋转，所以当转子旋转时，旋转的主磁通将不再以同步转速切割转子绕组，因而导致转子各物理量的大小发生变化，主要是转子电动势及其频率、转子绕组的漏抗将发生变化，从而使转子电流发生相应的变化。

以下分别说明。

1. 转子电动势的频率

当异步电机以转速 n 与气隙旋转磁场同方向旋转时，主磁通将以转速差 n_1-n 切割转子绕组，转子绕组中感应电动势的频率为

$$f_2=\frac{p(n_1-n)}{60}=\frac{n_1-n}{n_1}\frac{pn_1}{60}=sf_1 \tag{18-12}$$

式中，f_2 与转差率 s 成正比，因此又称为转差频率。当转子不动时，$n=0$，$s=1$，$f_2=f_1$。这一关系已在上一节中得到证明。

异步电动机在正常运行时，s 很小。电动机容量越大，效率越高，s 也越小。一般在额定负载时，$s=0.01\sim0.06$，所以转子频率很低，仅为 0.5～3Hz。这表示穿过转子铁心的主磁通交变频率很低，因此转子铁损耗通常可以忽略不计。

2. 转子电动势

转子转动时，转子电动势用 E_{2s} 表示，根据式（18 - 1），再将式（18 - 12）的关系代入，得

$$\begin{aligned}\dot{E}_{2s}&=-\mathrm{j}4.44f_2N_2K_{N2}\dot{\phi}_1\\&=s\dot{E}_2\end{aligned} \tag{18-13}$$

式中，$\dot{E}_2$ 为转子不动时，主磁通在转子绕组中感应的电动势。所以转子旋转时的电动势 $\dot{E}_{2s}$ 等于转子不动时的电动势 $\dot{E}_2$ 乘以转差率 s，转差率越大，旋转时的转子电动势也就越大。

3. 转子漏电抗

旋转时的转子漏抗用 $x_{2\sigma s}$ 表示。由于电抗与频率成正比，因此有

$$x_{2\sigma s}=sx_{2\sigma} \tag{18-14}$$

式中，$x_{2\sigma}$ 为转子不动时的转子漏电抗。

4. 转子电流

正常运行时，转子绕组是直接短路的，所以由式（18 - 11）得

转子旋转时的转子电流为

$$\dot{I}_{2s}=\frac{\dot{E}_{2s}}{r_{2s}+\mathrm{j}x_{2\sigma s}} \tag{18-15}$$

不考虑集肤效应，有 $r_{2s}\approx r_2$。

由式（18 - 14）、式（18 - 15）得

$$\dot{I}_{2s}=\frac{\dot{E}_2}{\frac{r_2}{s}+\mathrm{j}x_{2\sigma}} \tag{18-16}$$

转子侧的功率因数为

$$\cos\psi_2=\frac{\frac{r_2}{s}}{\sqrt{\left(\frac{r_2}{s}\right)^2+{x_{2\sigma}}^2}} \tag{18-17}$$

由于 s 很小，功率因数 $\cos\psi_2\approx1$。

18.2.2 磁动势分析

当转子旋转时，转子电流的频率为 $f_2=sf_1$，转子磁动势 $\overline{F}_2$ 相对于转子的转速为 $n_2=\frac{60f_2}{p}=sn_1$。又因转子本身以 n 的转速和定子磁场同方向旋转，所以转子磁动势相对于定子的转速为 $n+n_2=n+sn_1=n_1$，即与定子磁动势的转速（相对于定子）相同。如前所述，定、转子电流的相序一定相同，它们所产生的旋转磁场方向总是一致的。因此，不论转子转与不转，定、转子磁动势总是同方向、同速率旋转，两者之间总是处于相对静止状态。这样，转子旋转时，定、转子磁动势相互作用的关系和转子不动时一样，从而得到相同的磁动势平衡方程式，即

$$\dot{F}_1+\dot{F}_2=\dot{F}_m$$

或

$$\frac{m_1}{2}0.9\frac{N_1K_{N1}}{p}\dot{I}_1+\frac{m_2}{2}0.9\frac{N_2K_{N2}}{p}\dot{I}_{2s}=\frac{m_1}{2}0.9\frac{N_1K_{N1}}{p}\dot{I}_m$$

当异步电机作为发电机或电磁制动运行时，定、转子两个磁动势波（基波）也是相对静止的。因为不论转子的转速和旋转方向如何变化，转子频率总是转差频率 $f_2=sf_1$，转子磁动势相对转子的转速总是转差速度 n_1-n，于是它和转子本身的转速加起来总是等于同步转速 n_1。

实际上，异步电机定、转子两个磁动势有相同极对数和相对静止是它能够正常工作的必要条件。因为只有这样，两个磁动势才能互相依存、互相制约，当转子电流变化时保持磁动势平衡，实现能量的传递（从定子到转子或反之）。也只有这样，才能产生恒定的平均电磁力矩（否则平均电磁力矩为零），实现能量转换（从电能转换为机械能或反之）。

18.2.3 电动势平衡方程式

转子旋转时转子电路的电动势平衡方程式为

$$\left.\begin{aligned}0&=\dot{E}_{2s}-\dot{I}_{2s}(r_2+\mathrm{j}x_{2\sigma s})\\\dot{E}_{2s}&=-\mathrm{j}4.44f_2N_2K_{N2}\dot{\phi}_1\end{aligned}\right\}\tag{18-18}$$

经过绕组折算后

$$\left.\begin{aligned}0&=\dot{E}'_{2s}-\dot{I}'_{2s}(r'_2+\mathrm{j}x'_{2\sigma s})\\\dot{E}'_{2s}&=s\dot{E}'_2\end{aligned}\right\}\tag{18-19}$$

至于定子方面，电动势的频率以及电动势平衡关系都不受转子旋转的影响，所以定子电路的电动势平衡方程式与转子不动时一样，转子旋转时，同样有

$$\dot{U}_1=-\dot{E}_1+\dot{I}_1r_1+\mathrm{j}\dot{I}_1x_{1\sigma}$$

$$\dot{E}_1=-\mathrm{j}4.44f_1N_1K_{N1}\dot{\phi}_1$$

$$\dot{E}_1=\dot{E}'_2$$

$$\dot{I}_m=-\frac{\dot{E}_1}{Z_m}$$

18.2.4 异步电动机运行情况分析

1. 空载运行

当异步电动机轴上不带机械负载时，即属空载运行。此时只需很小的转子电流，产生不大的电磁力矩，克服它自身不大的机械损耗（由摩擦和风阻产生）和空载杂散损耗所引起的

空载制动力矩，所以转差率很小，转速 n 接近于同步转速 n_1。实际上，这时气隙旋转磁场以很低的相对转速（n_1-n）切割转子绕组，使转子产生很小的电流和相应的电磁力矩，维持转子空转。这时的定子电流称为空载电流，以 $\dot{I}_0$ 表示。由于转子电流很小，所以 $\dot{I}_1=\dot{I}_0\approx\dot{I}_m$。相应的定子磁动势称为空载磁动势，以 $\dot{F}_0$ 表示，即

$$\dot{F}_1=\dot{F}_0\approx\dot{F}_m \tag{18-20}$$

所以

$$\dot{I}_0\approx\dot{I}_m=-\frac{\dot{E}_1}{Z_m}$$

空载电流 $\dot{I}_0$ 落后 $-\dot{E}_1$ 一个角度 φ_0，即

$$\varphi_0=\arctan\frac{x_m}{r_m}$$

由于 $x_m\gg r_m$，φ_0 接近 90°。空载运行时从电网输入的有功功率也是很小的，即 $P_0=m_1U_1I_0\cos\varphi_0$ 很小。

由于异步电动机磁路上存在气隙，所以 $\dot{I}_0$ 较大，又由于 $\sin\varphi_0\approx1$，所以异步电动机从电网输入无功功率是很大的。对电动机和电网的功率因数都很不利。为了减少空载电流 $\dot{I}_0$，设计电动机时，在安全允许情况下尽量减少空气隙，以减少空载电流 $\dot{I}_0$ 和提高电动机的功率因数。

2. 负载运行

在正常运行范围内，异步电动机的励磁电流和相应的励磁磁动势近似等于它的空载电流和空载磁动势。因此在正常运行情况下，磁动势平衡方程式（18-20）可以改写为

$$\dot{F}_1+\dot{F}_2=\dot{F}_m\approx\dot{F}_0$$

或

$$\dot{I}_1+\dot{I}'_{2s}=\dot{I}_0 \tag{18-21}$$

当异步电动机加上机械负载时，轴上电磁力矩暂时小于负载制动力矩，因而使转速降低，s 增大，气隙旋转磁场便以较大的相对转速（n_1-n）切割转子绕组，感应出较大的转子电动势，产生较大的转子电流和相应的电磁力与电磁力矩，以便与负载力矩相平衡，电动机即在比空载转速稍低的情况下稳定运行。随着转子电流的增加，通过磁动势平衡关系，定子电流相应增大，输入有功功率也相应增加，定子功率因数 $\cos\varphi_1$ 也相应提高。所以异步电动机负载的变化，通过电动机内部的电磁作用，引起定子电流和输入功率发生相应变化。

3. 频率折算

由于异步电机定、转子侧感应电动势频率不同。为了和变压器一样，导出异步电动机的等效电路，就必须使转子侧频率与定子侧频率相同，即所谓的频率折算。

频率折算是把旋转的转子看作静止不动的转子。当转子不动时，转子的频率等于电源频率，所以只要把旋转的转子看作静止不动的转子，定、转子便有相同的频率，达到了频率折算的目的。

由于转子是通过磁动势，去影响定子电流的，并且不论转子旋转与否，定、转子磁动势总是相对静止的，所以只要两种情况下的转子磁动势，具有相同的大小和相位，静止的转子与旋转的转子就完全是等效的。

要达到频率折算前后，转子磁动势具有同样的大小和相位，只要保持转子电流在转与不

转两种情况下具有同样的大小和相位即可。

由式（18-16）得转子旋转时，有

$$\dot{I}'_{2s}=\frac{\dot{E}'_2}{\frac{r'_2}{s}+jx'_{2\sigma}}$$

转子静止时

$$\dot{I}'_2=\frac{\dot{E}'_2}{R+jX}$$

只要令 $R=\frac{r'_2}{s}$　$X=x'_{2\sigma}$ 就把旋转的转子等效为静止的转子，即把转子频率折算为定子频率。

18.3　异步电机的相量图和等效电路

18.3.1　异步电机的相量图

经过绕组折算和频率折算，并用空载电流 $\dot{I}_0$ 代替励磁电流 $\dot{I}_m$ 后，异步电机的基本方程式可以写为

$$\dot{U}_1=-\dot{E}_1+\dot{I}_1r_1+j\dot{I}_1x_{1\sigma} \tag{18-22}$$

$$\dot{E}_1=-j4.44f_1N_1K_{N1}\dot{\phi}_1 \tag{18-23}$$

$$\dot{E}_1=\dot{E}'_2 \tag{18-24}$$

$$\dot{E}'_2=\dot{I}'_2\frac{r'_2}{s}+j\dot{I}'_2x'_{2\sigma}=\dot{I}'_2(r'_2+jx'_{2\sigma})+\dot{I}'_2\frac{1-s}{s}r'_2 \tag{18-25}$$

$$\dot{I}_0=-\frac{\dot{E}_1}{Z_m} \tag{18-26}$$

$$\dot{I}_1+\dot{I}'_2=\dot{I}_0 \tag{18-27}$$

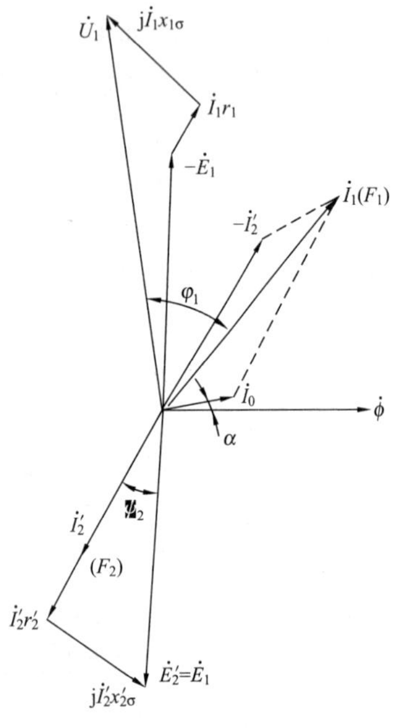

图 18-3　异步电动机的相量图

根据基本方程式可以绘出异步电动机的相量图如图 18-3 所示。相量图的画法和变压器的相同。以 $\dot{I}'_2$为参考相量，$\dot{I}'_2$滞后 $\dot{E}'_2$一个相位角 ψ_2，由式（18-25）画出 $\dot{E}'_2$，根据式（18-24）画出 $\dot{E}_1$，根据式（18-23）画出 $\dot{\phi}_1$，根据式（18-26）画出 $\dot{I}_0$，根据式（18-27）画出，$\dot{I}_1$ 根据式（18-22）画出 $\dot{U}_1$。图中 φ_1 就是 $\dot{U}_1$ 和 $\dot{I}_1$ 的相位差角，$\cos\varphi_1$ 就是异步电动机负载运行时的功率因数。

18.3.2　异步电机的等效电路

1. T 形等效电路

根据上面的基本方程式可以绘出异步电动机的 T 形等效电路如图 18-4 所示。

从图 18-4 可以看出异步电动机负载运行时，相当于变

压器在纯电阻负载下运行，其等效负载电阻为$\frac{1-s}{s}r'_2$。这种相似性是不难理解的，因为异步电动机转子对定子的作用和变压器二次侧对一次侧的作用相同，而电动机输出的是机械功率（纯有功功率），即相当于带纯电阻负载的变压器，所以应该用纯电阻来模拟负载。

2. Γ 形等效电路

利用 T 形电路，在一定的已知条件下，可以求出定子电流、转子电流、功率因数和效率等有关电动机运行性能的数据，但计算比较复杂。为简化计算过程，可以和变压器一样，把励磁分支移到电源端，这样一来，有串、并联的混联 T 形电路就变为较简单的并联电路，这种电路也称为 Γ 形电路。

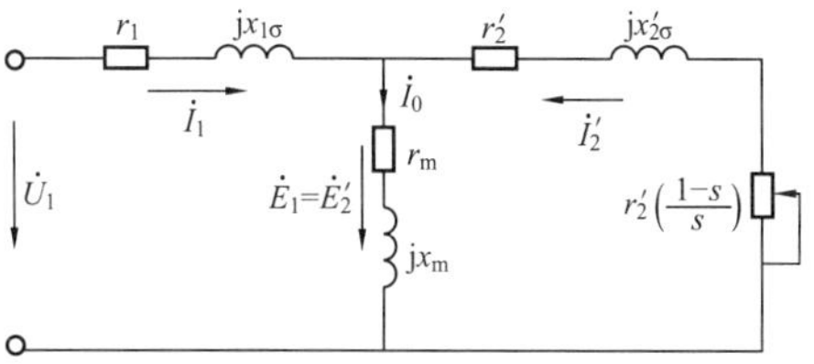

图 18-4　异步电动机的 T 形等效电路

在变压器中，由于 Z_m 很大，$\dot{I}_0$ 很小，z_k 也很小，所以把励磁分支直接移到电源端不至于引起很大的误差，这已作过详细分析。但在异步电动机中，它的励磁阻抗较小，空载电流较大，漏阻抗也较大。这样，把励磁分支直接移到电源端将会产生较大的误差，尤其是小型电机，常不能满足工程计算准确度的要求，因此，必须进行修正，引入一个校正系数。对电路参数作适当的修正后，可以得到一个与 T 形电路完全等效的 Γ 形电路。下面来推导这种电路的数学表达式。

根据六个基本方程式可得

$$\dot{I}_1=\dot{I}_0+(-\dot{I}'_2)=\frac{-\dot{E}_1}{Z_m}+\frac{-\dot{E}_1}{Z'_{2s}}$$

其中
$$Z'_{2s}=\frac{r'_2}{s}+jx'_{2\sigma}$$

$$\dot{U}_1=-\dot{E}_1+\dot{I}_1Z_1=-\dot{E}_1\left(1+\frac{Z_1}{Z_m}+\frac{Z_1}{Z'_{2s}}\right)=-\dot{E}_1\left(\dot{\sigma}+\frac{Z_1}{Z'_{2s}}\right)$$

式中　$\dot{\sigma}$——校正系数，$\dot{\sigma}=1+\frac{Z_1}{Z_m}$。

由上式可得

$$-\dot{E}_1=\frac{\dot{U}_1}{\left(\dot{\sigma}+\frac{Z_1}{Z'_{2s}}\right)}$$

$$\dot{I}_1=\dot{I}_0+(-\dot{I}'_2)=\frac{-\dot{E}_1}{Z_m}+\frac{-\dot{E}_1}{Z'_{2s}}=\frac{\dot{U}_1-\dot{I}_1Z_1}{Z_m}+\frac{\dot{U}_1}{Z'_{2s}\left(\dot{\sigma}+\frac{Z_1}{Z_{2s}}\right)}$$

移相得

$$\dot{I}_1\left(1+\frac{Z_1}{Z_m}\right)=\frac{\dot{U}_1}{Z_m}+\frac{\dot{U}_1}{Z'_{2s}\dot{\sigma}+Z_1}$$

进一步化简得

$$\dot{I}_1=\frac{\dot{U}_1}{\dot{\sigma}Z_m}+\frac{\dot{U}_1}{Z'_{2s}\dot{\sigma}^2+Z_1\dot{\sigma}}=\dot{I}'_0+(-\dot{I}''_2)\tag{18-28}$$

其中

$$\dot{I}'_0=\frac{\dot{U}_1}{\dot{\sigma}Z_m}$$

$$-\dot{I}''_2=\frac{\dot{U}_1}{Z'_{2s}\dot{\sigma}^2+Z_1\dot{\sigma}}=\frac{-\dot{I}'_2}{\dot{\sigma}}$$

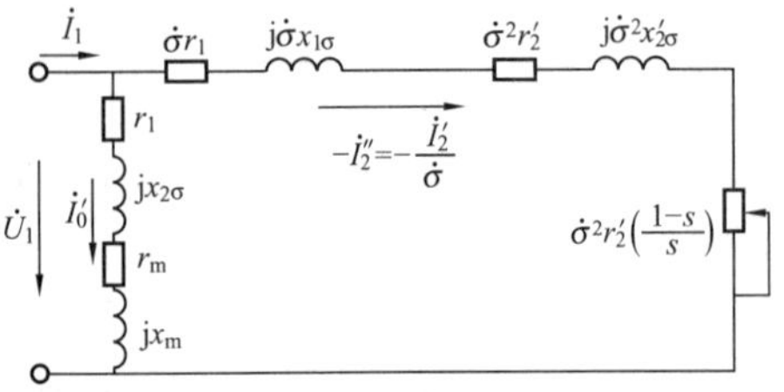

图 18-5　异步电动机的准确 Γ 形等效电路

根据式（18-28）即可画出图 18-5 所示的准确 Γ 形等效电路。在导出式（18-28）的过程中，对应于 T 形等效电路，没有忽略任何一项，所以相应的等效电路图 18-5 称为准确 Γ 形等效电路。实际上直接解联立式（18-22）、式（18-27）也可得到同样的结果，只是对应于电路进行推导，概念更为清晰。

在工程计算中，应用具有复数校正系数的等效电路，仍不方便。事实上，还可以加以简化。因为在一般异步电动机中，$x_m \gg r_m$、$x_{1\sigma} \gg r_1$，所以可以忽略 r_m 和 r_1，而得

$$\dot{\sigma}=1+\frac{Z_1}{Z_m}\approx 1+\frac{x_{1\sigma}}{x_m}=\sigma$$

$\sigma=1+\frac{x_{1\sigma}}{x_m}$是一个实数，应用实数 σ 作为校正系数得到的等效电路，虽然准确度有所降低，但是能满足工程计算之需要，计算过程要简化很多。通常称为异步电动机的较准确 Γ 形等效电路，是在工程上用得较多的等效电路。图 18-6 所示为异步电动机的较准确 Γ 形等效电路。

对于 40kW 以上的电动机，$\sigma\approx 1$，如果令 $\sigma=1$，得到的等效电路称为异步电动机的简化 Γ 形等效电路，如图 18-7 所示。

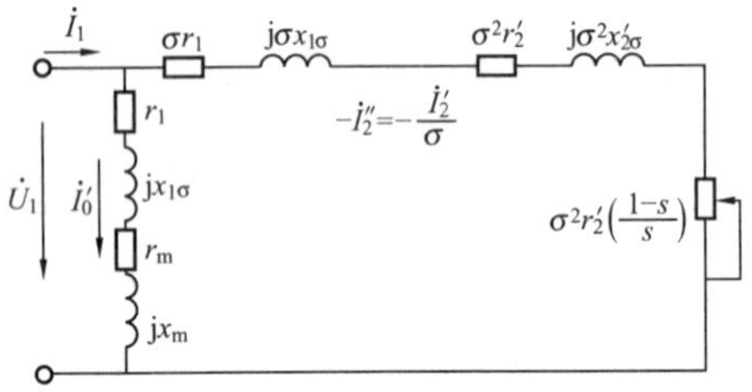

图 18-6　异步电动机的较准确 Γ 形等效电路

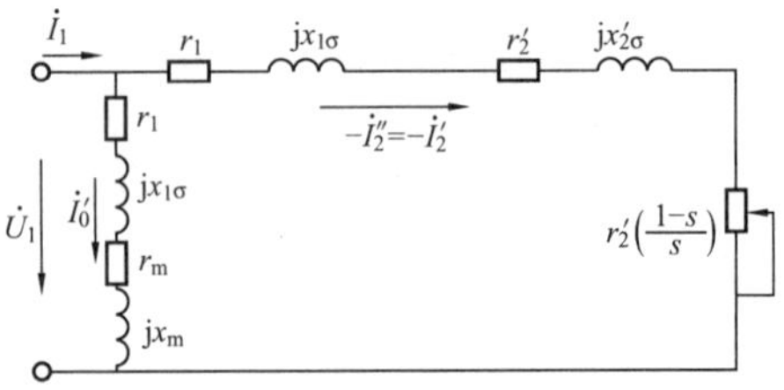

图 18-7　异步电动机的简化 Γ 形等效电路

起动时 $s=1$，$\frac{r'_2}{s}=r'_2$，由于励磁支路的阻抗远远大于漏阻抗支路的阻抗，可以把异步电动机的简化 Γ 形等效电路中的励磁支路忽略，由于漏阻抗很小，则全压起动时起动电流很大。起动时的等效电路称为异步电动机的简化等效电路。把图 18-8 的等效电路中电阻和电抗分别合并，并令 $r_k=r_1+r'_2$，$x_k=x_{1\sigma}+x'_{2\sigma}$，又可以得到图 18-9 所示的等效电路。和变压器一样，r_k 称为短路电阻，x_k 称为短路电抗，$z_k=\sqrt{r_k^2+x_k^2}$称为短路阻抗。

从等效电路上来看，异步电动机起动时的等效电路相当于变压器二次侧短路时的等效电路。变压器二次侧短路时短路电流很大，所以异步电动机起动时起动电流也是很大的，可以达到额定电流的 4～7 倍。由等效电路可知，降低电压，增加定子电抗，增大转子电阻都能

减小起动电流。

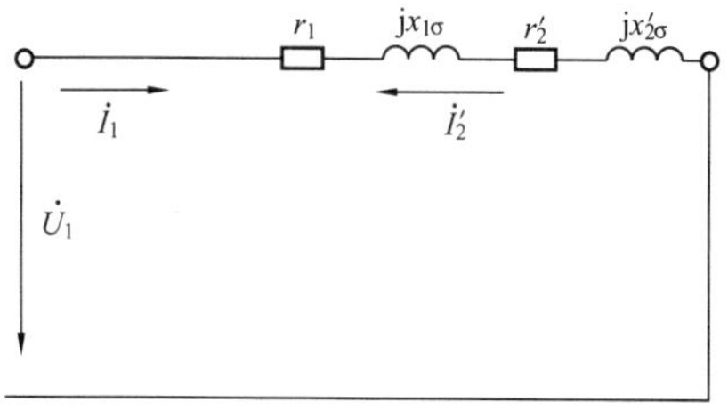

图 18-8　异步电动机起动时的等效电路

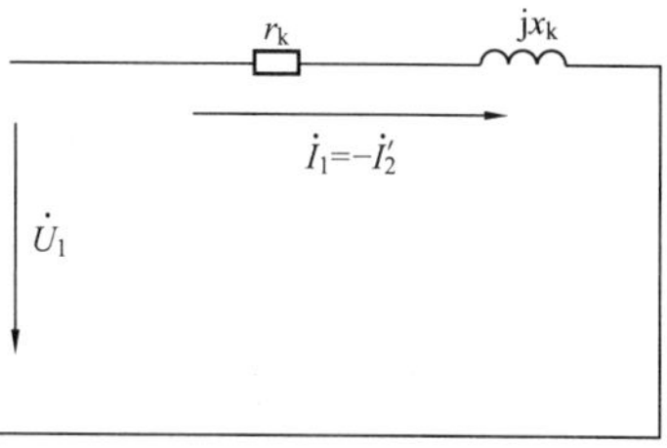

图 18-9　异步电动机起动时的等效电路

从以上的分析中可以看出，和变压器一样，基本方程式、等效电路、相量图三者都可以用来分析异步电动机运行时的内部电磁关系。但是究竟采用哪一种形式，则需视所研究的问题而定。同样，作定量计算用等效电路比较方便；讨论各物理量之间的相位关系用相量图比较方便；基本方程式则是用数学公式描述电磁关系，也是得到等效电路和相量图的根据。至于几种不同的等效电路，究竟应该采用哪一种为宜，则需视电动机容量大小和对所计算问题准确度的要求而定，一般多采用较准确 Γ 形等效电路。

例 18-1　已知一台三相四极鼠笼式异步电动机有下列额定及设计数据：

额定功率 $P_N=10\text{kW}$，额定电压 $U_N=380\text{V}$，定子绕组三角形接法，$\cos\varphi_1=0.86$，额定负载时的效率 $\eta_N=87.75\%$，定子每相电阻 $r_1=1.375\Omega$，漏抗 $x_{1\sigma}=1.43\Omega$，转子漏阻抗的折算值 $r_2'=1.047\Omega$，$x_{2\sigma}'=4.4\Omega$，励磁电阻 $r_m=8.34\Omega$，$x_m=82.6\Omega$，机械损耗 $p_{mec}=0.077\text{kW}$，额定负载时的杂散损耗 $p_{ad}=0.05\text{kW}$，额定负载时的转差率设计值为 $s_N=0.0298$，试用 T 形等效电路，较准确 Γ 形等效电路和简化 Γ 形等效电路计算在此转差率下运行时电动机的定子电流、功率因数和效率，并与设计值或额定值进行比较。

解：(1) 用 T 形等效电路：

$$Z_1=r_1+jx_{1\sigma}=1.375+j2.43=2.79\angle 60.5^\circ$$

$$Z_{2s}'=\frac{r_2'}{s}+jx_{2\sigma}=35.15+j4.4=39.4\angle 7.14^\circ$$

$$Z_m=r_m+jx_m=83\angle 84.23^\circ$$

输入阻抗为

$$Z=Z_1+\frac{Z_{2s}'Z_m}{Z_{2s}'+Z_m}=32.62\angle 30.6^\circ$$

设

$$\dot{U}_1=380\angle 0^\circ$$

$$\dot{I}_1=\frac{\dot{U}_1}{Z}=\frac{380\angle 0^\circ}{32.62\angle 30.6^\circ}=11.63\angle -30.6^\circ$$

$$\cos\varphi_1=\cos 30.6^\circ=0.8603$$

输入功率为

$$P_1=3U_1I_1\cos\varphi_1=3\times 380\times 11.63\times\cos 30.6^\circ=11.405\ (\text{kW})$$

$$\dot{I}_0=\dot{I}_1\times\frac{Z_{2s}'}{Z_{2s}'+Z_m}=4.24\angle -89.99^\circ$$

$$-\dot{I}_2'=\dot{I}_1\times\frac{Z_m}{Z_{2s}'+Z_m}=9.96\angle -9.88^\circ$$

$$p_{mec}=3\dot{I}_2'^2\frac{1-s}{s}r_2'=10.16\ (\text{kW})$$

输出功率为

$$P_2=P_{mec}-(p_{mec}+p_{ad})=10.033\ (\text{kW})$$

$$\eta=\frac{P_2}{P_1}=0.8797$$

（2）用Γ形等效电路：

$$\sigma=1+\frac{x_{1\sigma}}{x_m}=1.03$$

$$\dot{I}_0'=\frac{\dot{U}_1}{Z_1+Z_m}=4.44\angle-83.5^\circ$$

$$-\dot{I}_2'=\frac{\dot{U}_1}{\sigma^2\dot{Z}_{2s}'+\sigma Z_1}=9.65\angle-10.5^\circ$$

$$\dot{I}_1=\dot{I}_0'+(-\dot{I}_2')=11.74\angle-31.7^\circ$$

$$\cos\varphi_1=\cos31.7^\circ=0.8511$$

$$P_1=3U_1I_1\cos\varphi_1=3\times380\times11.74\times\cos31.7^\circ=11.4\ (\text{kW})$$

$$P_{mec}=3\dot{I}_2'^2\frac{1-s}{s}r_2'=10.1\ (\text{kW})$$

$$P_2=P_{mec}-(p_{mec}+p_{ad})=9.973\ (\text{kW})$$

$$\eta=\frac{P_2}{P_1}=0.875$$

（3）用简化Γ形等效电路：

$$\sigma=1$$

$$\dot{I}_0'=\frac{\dot{U}_1}{Z_1+Z_m}=4.44\angle-83.5^\circ$$

$$-\dot{I}_2'=\frac{\dot{U}_1}{\dot{Z}_{2s}'+Z_1}=10.24\angle-10.6^\circ$$

$$\dot{I}_1=\dot{I}_0'+(-\dot{I}_2')=12.3\angle-30.9^\circ$$

$$\cos\varphi_1=\cos30.9^\circ=0.8594$$

$$P_1=3U_1I_1\cos\varphi_1=3\times380\times12.3\times\cos30.9^\circ=12.07\ (\text{kW})$$

$$p_{mec}=3\dot{I}_2'^2\frac{1-s}{s}r_2'=10.78\ (\text{kW})$$

$$P_2=P_{mec}-(p_{mec}+p_{ad})=10.653\ (\text{kW})$$

$$\eta=\frac{P_2}{P_1}=0.882$$

比较可知，用T形电路计算复杂，但结果最为准确。用Γ形电路计算比较简单，所得误差也不大，所以工程上普遍采用。用简化Γ形等效电路计算，计算过程更简单，但误差较大。

18.4　异步电动机参数的实验测定

对已制成的异步电动机，可以通过空载（空转）和短路（堵转）试验来测定参数，以便使用等效电路对电动机的运行情况进行计算。本节予以介绍。

18.4.1　空载（空转）试验

空载试验的目的是求取电动机的激磁参数 $Z_m=r_m+jx_m$，同时可求取额定电压 U_N 下运行时，电动机的铁损耗 p_{Fe} 和机械损耗 p_{mec}。试验时，转子轴端不带任何机械负载，定子绕组与频率为 f_N 的电源接通，调节施加的定子电压从 $1.1\sim1.3U_N$ 开始，逐渐降低电压，直到电动机转速发生明显变化为止，此时电压约为 $0.3U_N$ 左右。逐次记录电机相电压 U_1、空载相电流 I_{10}，三相空载功率 p_{10} 和转子转速 n，并画出曲线 $I_{10}=f(U_1)$ 和 $P_{10}=f(U_1)$，如图 18 - 10 所示。

1. 铁损耗 p_{Fe} 和机械损耗 p_{mec} 的分离

由空载等效电路知，空载试验时电机输入功率 p_{10} 消耗在定子铜损耗 $p_{Cu1}=m_1I_{10}^2r_1$、铁损耗 p_{Fe} 和机械损耗 p_{Ω} 上。此时转子电流很小，转子铜损耗可忽略不计，即

$$P_{10}=m_1I_{10}^2r_1+p_{Fe}+p_{mec} \tag{18-29}$$

则铁损耗与机械损耗之和为

$$p_{Fe}+p_{mec}=P_{10}-m_1I_{10}^2r_1$$

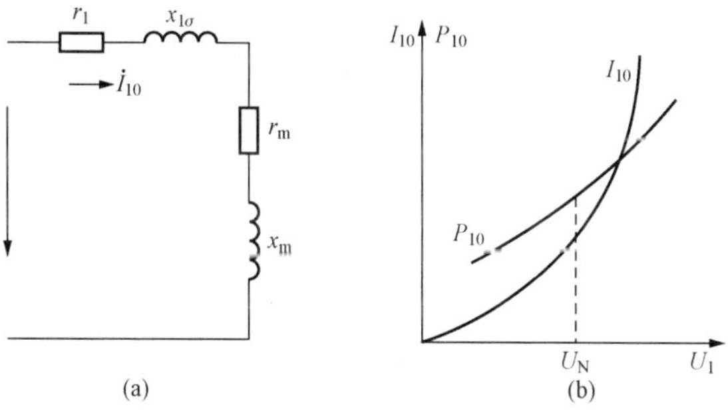

图 18 - 10　空载试验

（a）等效电路；（b）试验进线

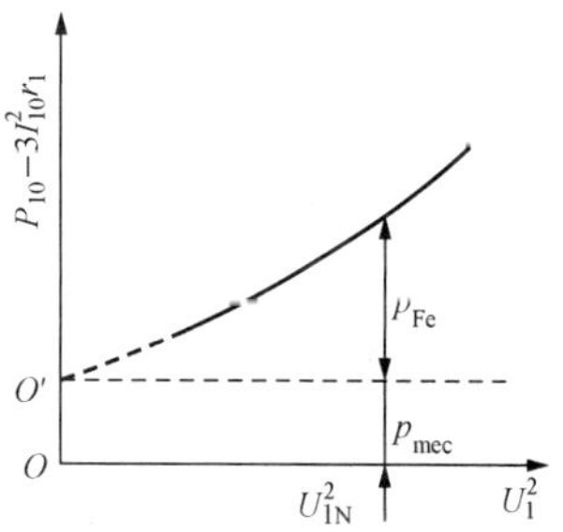

图 18 - 11　铁损耗与机械损耗分离用图

在上述损耗中，铁损耗 p_{Fe} 随定子电压的改变而变化，而机械损耗 p_{mec} 大小与转子转速有关，只要转速不变或者变化范围很小，p_{mec} 可认为基本不变。铁损耗 p_{Fe} 大小与 B_m^2 成正比可近似看成与电动机端电压 U_1^2 成正比。为此，作出 $p_{Fe}+p_{mec}=f(U_1^2)$ 的曲线，如图 18 - 11 所示。把图 18 - 11 中的曲线延长与纵坐标相交于 O' 点，过 O' 点作出与横坐标平行的直线（图中虚线）。这样，$p_{Fe}+p_{mec}=f(U_1^2)$ 的曲线纵坐标被分成两部分：一部分是 OO'，它与 U_1 大小改变无关，有确定不变的数值，所以是机械损耗 p_{mec}；另外的部分（O' 虚线以上的部分）与 U_1 大小改变有关，也就是铁损耗 p_{Fe}。对应于 U_{1N}^2 处，可查取到电动机在额定电压下运行时的铁损耗值和机械损耗值。

2. 激磁参数 Z_m（r_m、x_m）的确定

由空载等效电路，根据测得的数据，空载总阻抗 Z_0 为

$$Z_0=\frac{U_1}{I_{10}}=Z_1+Z_m \tag{18-30}$$

空载等效电路总电阻 r_0 为

$$r_0=\frac{P_{10}-p_{mec}}{m_1 I_{10}^2}=r_m+r_1 \tag{18-31}$$

空载等效电路的总电抗 x_0 为

$$x_0=\sqrt{Z_0^2-r_0^2}=x_{1\sigma}+x_m \tag{18-32}$$

使用电桥或者采用伏—安法，可以测得定子绕组一相电阻 r_1，则每相激磁电阻

$$r_m=r_0-r_1$$

或者利用已求得的铁耗，可求得

$$r_m=\frac{p_{Fe}}{m_1 I_{10}^2}$$

若从短路（堵转）试验求得定子漏电抗 $x_{1\sigma}$，则激磁电抗

$$x_m=x_0-x_{1\sigma}$$

激磁阻抗

$$Z_m=\sqrt{r_m^2+x_m^2}$$

18.4.2　短路（堵转）试验

短路试验的目的是测定异步电动机漏阻抗 $Z_k=r_k+jx_k$。因为异步电动机转子绕组已经自成闭路，所以将转子堵转（$s=1$），调节施加到定子绕组上的降低了的电压 U_1，控制短路电流不超过 $2\sim3I_N$，且试验应尽快进行，以免绕组过热。每次记录定子绕组相电压 U_{1k}、相电流 I_{1k} 及三相输入功率 P_{1k}，并做成短路试验曲线 $I_{1k}=f(U_{1k})$，$P_{1k}=f(U_{1k})$，如图 18-12 所示。

堵转试验时电动机等效电路如图 18-13 所示。由于堵转 $s=1$，$\frac{1-s}{s}r_2'=0$，故图中模拟电阻短路。这样，整个电路构成 Z_m 与 Z_2' 并联后再与 Z_1 串联的电路（相当图中开关 S 合上）。因堵转试验时加低压，铁损耗可以不计，相当于激磁支路断开（图中开关 S 打开），所以等效电路可简化为 Z_1 和 Z_2' 串联的电路，激磁电流 I_m 不计。

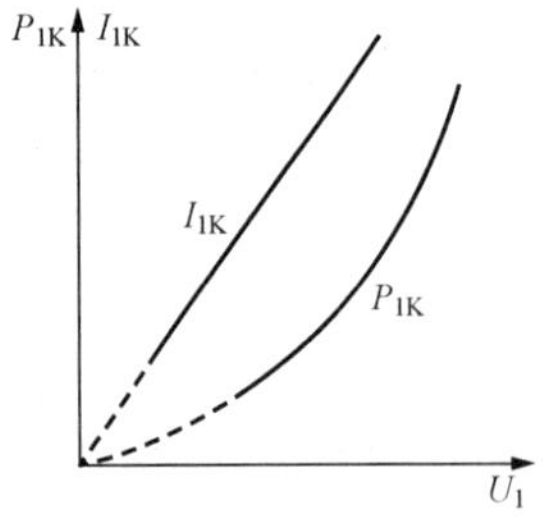

图 18-12　短路试验曲线

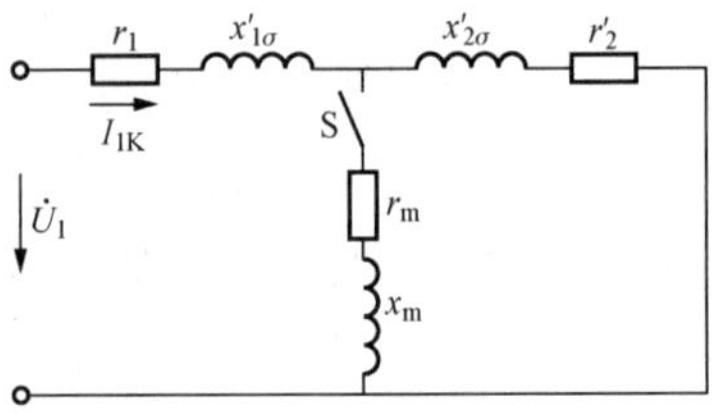

图 18-13　堵转时的等效电路

所以

$$\left.\begin{aligned}r_K&\approx r_1+r_2'\\x_k&\approx x_{1\sigma}+x_{2\sigma}'\end{aligned}\right\} \tag{18-33}$$

根据堵转试验测得的数据，可按下列各式求取 Z_k、r_k 和 x_k。因堵转试验输入功率 $P_{1k}\approx m_1 I_1^2 r_1+m_1 I_2'^2 r_2'$，且不计激磁电流，所以 $I_1=I_2'$，可有

$$\left.\begin{aligned} r_k &= \frac{P_{1k}}{mI_{1k}^2} \\ Z_k &= \frac{U_{1k}}{I_{1k}} = r_k + jx_k \\ x_k &= \sqrt{Z_k^2 - r_k^2} \end{aligned}\right\} \tag{18-34}$$

说明：

（1）在工程估算中，往往使用 T 型简化电路，则 $x_{1\sigma}$和 $x'_{2\sigma}$两者不必分解开。对大、中型异步电动机，由于 $Z_m \gg Z'_{2\sigma}$，通常认为 $x_{1\sigma} = x'_{2\sigma} = \frac{1}{2}x_k$，从而解决了 $x_{1\sigma}$和 $x_{2\sigma}$的区分问题。对小型异步电动机，$x_{1\sigma} \neq x'_{2\sigma}$，若必须将 x_k 分解时，可按图 18－13 电路，将 S 开关合上，用电路解法求解，这里不再介绍。

（2）在正常电动机工作范围内，定、转子漏电抗基本为常值。但高转差工作状况，定、转子电流很大，此时漏磁路的铁磁部分达到饱和，漏磁阻变大、漏电抗变小。为此用堵转试验求取漏电抗时，力求测得 $I_{1k} = I_{1N}$、$I_{1k} =$（2～3）I_{1N}和 $U_{1k} \approx U_{1N}$三处的数据，从而计算出漏磁路有不同饱和程度时对应的漏电抗值。若计算正常工作特性，采用 $I_{1k} = I_{1N}$时的不饱和值；若计算最大转矩，采用 $I_{1k} =$（2～3）I_N时的漏电抗值；计算起动特性时，采用 $U_{1k} = U_{1N}$时的饱和值。

结　语

异步电机是借助于电磁感应原理把定子的能量传递到转子，所以也称感应电机。从工作原理上看，它和变压器相似，因此可用变压器的运行理论作为基础，对异步电机进行分析，分析的方法也基本上类同。但是，它与变压器有本质上的区别。首先，在结构上，变压器是静止电器，而异步电机是旋转电机。其次，在物理实质上，异步电机的主磁场是旋转磁场，它切割定、转子绕组感应的主电动势属于运动电动势，其频率取决于磁场切割导体的相对速度，决定电动势大小的磁通也是旋转磁场基波的每极磁通量。可把磁通密度在空间按正弦分布的基波旋转磁场，看成是交链绕组的磁通随时间按正弦规律变化。电动势与磁通的相位关系也和变压器的相同，只是计算公式中要乘以反映绕组特性的绕组系数。此外，异步电机有空气隙，所以励磁电流标么值较变压器大，励磁阻抗较小，但漏阻抗却较大。

异步电机中定、转子磁动势虽然都是旋转磁动势，但是不论转子转向和转速如何，即不论异步电机运行于何种工作状态，这两个磁动势总是转速相同（基波）和相对静止的。这样它们才能相互作用，建立主磁通，达到磁动势平衡，实现能量转换。

为了导出异步电机的等效电路以及绘制相量图方便，除了和变压器一样，需要进行绕组折算之外，还必须进行频率折算，使定、转子双方有相同的频率。通常是将旋转的转子看作为静止的转子，使定、转子的频率都等于电源频率，这只需要将静止转子的电阻折算值r'_s除以转差率 s，就可以完全等效地代替在转差率 s 下旋转的转子。转差率是表征异步电机运行情况的重要参数，它的轻微变化，将引起其他性能数据（转动力矩，电流，功率）的较大变化。

习 题

18-1 有一绕线式异步电动机，定子绕组短路，在转子绕组通入三相对称交流电流，其频率为 f_1，旋转磁动势相对于转子以 $n_1=\frac{60f_1}{p}$（p 为定、转子绕组的极对数）沿顺时针方向旋转，问此时转子转向如何？转差率如何计算？

18-2 异步电动机转子和定子绕组没有电的直接联系，为什么负载增加时，定子电流和输入功率会相应增加，试说明其物理过程。从空载到满载电动机的主磁通是否有变化？

18-3 哪些因素会影响异步电动机空载电流的大小？空载电流增大后将产生哪些不良后果？异步电动机的励磁阻抗有什么物理意义？为什么正常运行时，转子铁损耗可以忽略？

18-4 异步电动机的等效电路有哪几种？它们有何区别？等效电路中的 $\frac{1-s}{s}r_2'$ 代表什么意义？是否能用电感或电容来代替？

18-5 某三相绕线式异步电动机的极对数 $p=2$；定、转子绕组每相的串联匝数 $N_1=320$ 匝，$N_2=26$ 匝，绕组系数 $K_{N1}=0.912$，$K_{N2}=0.957$；额定频率为 50Hz，每极的基波磁通 $\phi_1=5.35\times10^{-2}$Wb。试求：

（1）定子每相的感应电动势；

（2）转子不动时，转子每相的感应电动势；

（3）当转子转速 $n_N=1450$r/min 时，转子每相的感应电动势。

18-6 一台三相异步电机，$p=3$，$f_1=50$Hz。当定子绕组加额定电压而转子绕组开路时，转子每相感应电动势为 110V。设电机额定运行时转速 $n_N=980$r/min，转子转向与旋转磁方向一致。试问：

（1）此时电机运行于什么状态？

（2）此时转子电动势 E_{2s} 是多少？

（3）如将转子堵住不转，转子参数 $r_2=0.1\Omega$，$x_{2\sigma}=0.5\Omega$，试求额定运行时的转子电流 I_2 为多少？

18-7 已知一台三相异步电动机的数据为：$U_{1N}=380$V，定子绕组为三角形接法，50Hz，额定转速 $n_N=1470$r/min，$r_1=2.865\Omega$，$x_{1\sigma}=7.71\Omega$，$r_2'=2.82\Omega$，$x_{2\sigma}'=11.75\Omega$，$x_m=202\Omega$，r_m 忽略不计。试求：

（1）极数；

（2）同步转速；

（3）额定负载时的转差率和转子频率；

（4）作 T 形等效电路，并计算额定负载时的定子电流 I_1，功率因数 $\cos\varphi_1$，输入功率 P_1，转子电流的折算值 I_2'。

第 19 章 异步电机的功率及力矩

异步电机可以作为电动机运行，也可以作为发电机运行，无论作为电动机或发电机，机电能量的互相转换都必须通过转子上所产生的电磁力矩来实现。可见在电机的机电能量转换过程中，电磁力矩具有关键性的作用。

转动力矩与角速度的乘积等于产生或消耗的功率。因此，电机中各种功率的平衡关系，以及功率与转动力矩和其他物理量的关系，也是研究电机能量转换所必须掌握的基本知识。

本章根据第 18 章所述的基本原理，特别是利用等效电路，先分析异步电动机中功率和力矩的平衡关系，然后重点研究电磁力矩，导出电磁力矩与各种物理量的关系式，并对最大力矩、起动力矩等影响电动机性能的指标给予详细分析。

19.1 异步电机的功率及力矩

19.1.1 功率平衡方程式

不可避免的，异步电机运行时会产生各种损耗。下面以异步电动机为例，说明异步电机在能量转换过程中的各种功率和损耗，及有功功率平衡关系。

由 T 形等效电路知：

输入电功率 $$P_1=m_1U_1I_1\cos\varphi_1 \tag{19-1}$$

定子绕组铜耗 $$p_{Cu1}=m_1I_1^2r \tag{19-2}$$

定子铁耗 $$p_{Fe}=m_1I_0^2r_m \tag{19-3}$$

传递到转子的电磁功率 $$P_{em}=P_1-p_{Cu1}-p_{Fe} \tag{19-4}$$

转子铜耗 $$p_{Cu2}=m_1I'^2_2r'_2 \tag{19-5}$$

电磁功率减去转子铜耗 p_{Cu2}之后剩下的称为全机械功率 P_{mec}，即

$$P_{mec}=P_{em}-p_{Cu2}=m_1I'^2_2\frac{1-s}{s}r'_2 \tag{19-6}$$

而

$$P_{em}=P_{mec}+p_{Cu2}=m_1I'^2_2\frac{r'_2}{s} \tag{19-7}$$

电磁功率 P_{em}、全机械功率 P_{mec}及转子铜耗 p_{Cu2}间的数量关系为

$$P_{mec}=(1-s)P_{em} \tag{19-8}$$

$$p_{Cu2}=sP_{em} \tag{19-9}$$

异步电动机正常运行时 s 很小。由式（19 - 9）可知 s 小则转子铜耗小，电动机的效率高。

在 T 形等效电路外，电动机旋转时还有机械损耗 p_{mec}和附加损耗 p_{ad}。机械损耗是由于轴上的摩擦及风扇造成的；附加损耗主要是由于定、转子有齿、槽，当电动机旋转时使气隙磁通发生脉振，因此在定、转子铁心中产生附加损耗。这种损耗在电动机的转子上会产生制动力矩，因而消耗了电动机转子上的一部分机械功率。

全机械功率减去机械摩擦损耗和附加损耗后才是轴上输出的机械功率 P_2，即

$$P_2 = P_{mec} - (p_{mec} + p_{ad}) = P_{mec} - p_0 \tag{19-10}$$

$$p_0 = p_{mec} + p_{ad} \tag{19-11}$$

式中 p_0——空载损耗。

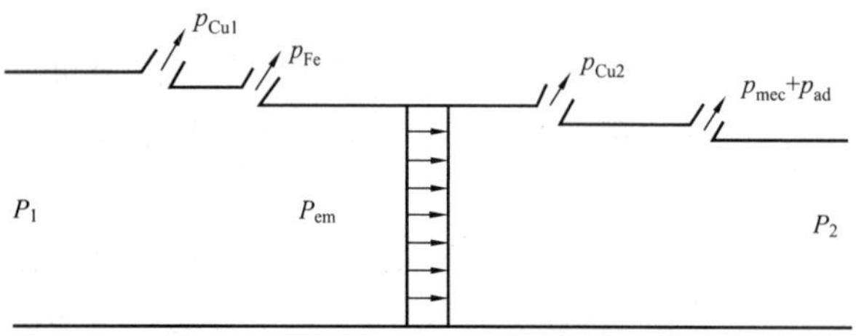

图 19-1 异步电动机的功率流程图

异步电动机的功率平衡关系可用图 19-1 功率流程图来表示。

19.1.2 力矩平衡方程式

异步电动机转子轴上有三个力矩作用，即：①电磁力矩 T_{em}，它是由转子电流和气隙旋转磁场相互作用所产生的力矩，也就是由定子经电动机气隙传递给转子的总机械功率 P_{mec} 转化而来的力矩；②空载制动力矩 T_0，它是由电动机的机械损耗和附加损耗 p_0 所引起的制动力矩；③负载力矩 T_2，是转子所拖动的机械负载反作用于转子轴上的力矩。

在动力学上，功率和力矩的关系为

$$T = \frac{P}{\Omega}$$

式中，Ω 为旋转的机械角速度。根据功率平衡方程式 $P_{mec} = p_0 + P_2$，两边除以 Ω 得

$$\frac{P_{mec}}{\Omega} = \frac{p_0}{\Omega} + \frac{P_2}{\Omega}$$

即

$$T_{em} = T_0 + T_2 \tag{19-12}$$

这就是电动机稳定运行时的力矩平衡方程式。

式中 Ω——转子机械角速度，$\Omega = \frac{2\pi n}{60}$。

电磁力矩为

$$T_{em} = \frac{P_{mec}}{\Omega} = \frac{(1-s)P_{em}}{\frac{2\pi(1-s)n_1}{60}} = \frac{P_{em}}{\frac{2\pi n_1}{60}} = \frac{P_{em}}{\Omega_1} \tag{19-13}$$

式中 Ω_1——对应于同步转速的机械角速度，$\Omega_1 = \frac{2\pi n_1}{60}$。

19.2 异步电机的电磁力矩

19.2.1 交流电机电磁力矩的一般形式

异步电机的电磁功率也是转子从定子获得的总功率，所以转子获得的总功率

$$\begin{aligned} P_{em} &= m_1 E'_2 I'_2 \cos\psi_2 \\ &= m_1 4.44 f_1 N_1 K_{N1} \phi_1 \frac{F_2}{\frac{m_1}{2} 0.9 \frac{N_1 K_{N1}}{p}} \cos\psi_2 \end{aligned} \tag{19-14}$$

$$T_{em} = \frac{P_{em}}{\frac{2\pi n_1}{60}} = \frac{pP_{em}}{\frac{2\pi p n_1}{60}} = \frac{p}{2\pi f_1} P_{em} \tag{19-15}$$

把式（19-15）代入式（19-14）得

$$T_{em}=\frac{4.44p^2}{0.9\pi}\phi_1F_2\cos\psi_2=C_T\phi_1F_2\cos\psi_2 \qquad (19-16)$$

为了分析异步电机的电磁力矩，忽略异步电机的铁心损耗，根据异步电机的电磁关系可得图 19-2 所示相量图。

由相量图知：

$$F_2\cos\psi_2=F_2\cos(\theta_2-90°)=F_2\sin\theta_2=F_1\sin\theta_1$$

所以

$$T_{em}=C_T\phi_1F_2\cos\psi_2=C_T\phi_1F_2\sin\theta_2=C_T\phi_1F_1\sin\theta_1 \qquad (19-17)$$

由式（19-17）可以看出，产生电磁力矩的充分必要条件是必须有在空间上相对静止的两个磁场，且这两个磁场之间有一个夹角。

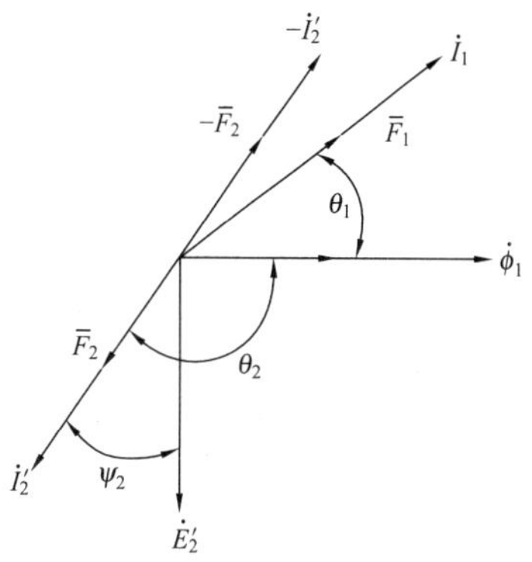

图 19-2　忽略铁心损耗时异步电机的时-空相量图

19.2.2　电磁力矩的分析式

由式（19-15）得

$$\begin{aligned}T_{em}&=\frac{p}{2\pi f_1}P_{em}=\frac{p}{2\pi f_1}m_1E'_2I'_2\cos\psi_2\\&=\frac{p}{2\pi f_1}m_1 4.44f_1N_1K_{N1}\phi_1I'_2\cos\psi_2\\&=C'_T\phi_1I'_2\cos\psi_2\end{aligned} \qquad (19-18)$$

由式（19-18）可知，电磁力矩的大小和转子电流的有功分量成正比，并非和转子电流成正比。虽然起动时起动电流很大，但是由于起动电流主要是无功电流，所以起动力矩并不大。

19.2.3　电磁力矩的参数表达式

由式（19-15），得 $T_{em}=\frac{p}{2\pi f_1}P_{em}=\frac{p}{2\pi f_1}m_1I'^2_2\frac{r'_2}{s}$

由异步电动机的较准确 Γ 形等效电路得

$$I'_2=\sigma I''_2=\sigma\frac{U_1}{\sqrt{\left(\sigma r_1+\sigma^2\frac{r'_2}{s}\right)^2+(\sigma x_{1\sigma}+\sigma^2x'_{2\sigma})^2}}$$

代入上式即得电磁力矩的参数表达式为

$$T_{em}=\frac{pm_1}{2\pi f_1}\frac{U_1^2\frac{r'_2}{s}}{\left(r_1+\sigma\frac{r'_2}{s}\right)^2+(x_{1\sigma}+\sigma x'_{2\sigma})^2} \qquad (19-19)$$

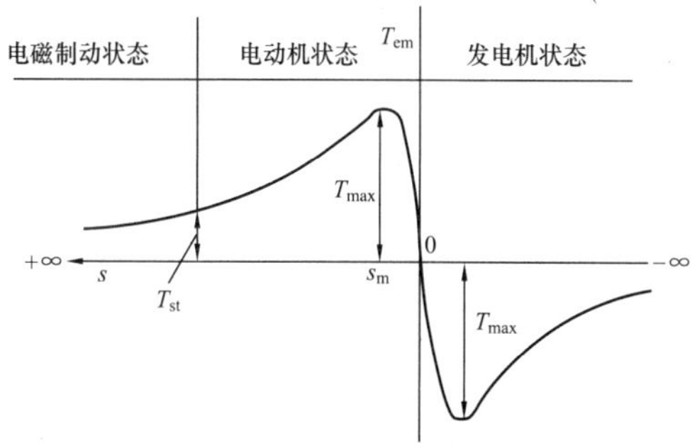

图 19-3　异步电机的 T-s 曲线

式中，U_1 为相电压。当电压单位用 V，电阻和漏抗用 Ω 时，计算出的电磁力矩单位为 N·m。对于一台已经制造好的电机来说，它的阻抗可认为近似不变；另外在运行过程中电压和频率也可作为常数，因此式（19-19）中的 T_{em} 仅随转差率 s 而变化。异步电机的电磁力矩随转差率而变化的曲线称为异步电机的 $T_{em}=f(s)$ 特性，如图 19-3 所示。

从图 19 - 3 中可以看到，当异步电机作电动机运行时，转差率在 0～1 范围内。当 $s=0$ 时，$T_{em}=0$。从物理概念来分析，此时转子转速等于同步转速，转子电动势、转子电流都等于零，电磁力矩也为零。当 s 从零变大，开始时$\left(\sigma r_1+\sigma^2\dfrac{r'_2}{s}\right)^2$这一项数值比（$\sigma x_{1\sigma}+\sigma^2 x'_{2\sigma})^2$ 大得多，$(\sigma x_{1\sigma}+\sigma^2 x'_{2\sigma})^2$ 可忽略不计，因此 s 增大时，T_{em}成正比增加。

但 s 较大时，$\left(\sigma r_1+\sigma^2\dfrac{r'_2}{s}\right)^2$ 相对地变小，漏电抗 $(\sigma x_{1\sigma}+\sigma^2 x'_{2\sigma})^2$ 开始成为分母中的主要部分，因此 s 增大时，T_{em}增加不多。达到最大值 T_{max}之后，s 继续增大时，T_{em}就反而减小了。一直到 $s=1$ 时，T_{em}降到起动力矩 T_{st}。

当异步电机作发电机运行时，$s<0$。由于 s 为负值，T_{em}也变为负值，因此电磁力矩对原动机起制动作用。此时 T - s 曲线在纵坐标右边下面，曲线的形状与电动机运行方式时的 T - s 曲线大致相似。

当异步电机在电磁制动状态下运行时，$s>1$，其 T - s 曲线是电动机 T - s 曲线的延长。电磁力矩较电动机运行时小，当 $s=\pm\infty$时，$T_{em}=0$。

应当指出，在以上的分析中把电机的阻抗当作不变，这只是一种近似的分析方法。实际上，由于存在集肤效应和漏磁通、磁路饱和，定子漏抗和定子电流大小有关，转子电阻和漏抗与转子频率和转子电流大小有关。转子频率决定于转差率，由等效电路知，定、转子电流的大小也决定于转差率，所以在不同的转差率时，异步电机具有不同的参数。因此，在应用式（19 - 19）计算电磁力矩时必须考虑到针对不同情况采用不同的参数值，通常对正常运行、产生最大电磁力矩和起动三种情况采用不同数值的参数。

19.2.4 最大电磁力矩

由 T - s 曲线可见，异步电机在电动机或发电机运行时都各有一个最大电磁力矩。为了求得此最大电磁力矩，可认为电机参数不变，将式（19 - 19）对 s 求导数得

$$\frac{dT_{em}}{ds}=\frac{pm_1}{2\pi f_1}\frac{U_1^2 r'_2\left\{\left(\dfrac{-1}{s^2}\right)\times\left[\left(r_1+\sigma\dfrac{r'_2}{s}\right)^2+(x_{1\sigma}+\sigma x'_{2\sigma})^2\right]-2\times\left(r_1+\sigma\dfrac{r'_2}{s}\right)\dfrac{(-\sigma r'_2)}{s^2}\dfrac{1}{s}\right\}}{\left[\left(r_1+\sigma\dfrac{r'_2}{s}\right)^2+(x_{1\sigma}+\sigma x'_{2\sigma})^2\right]^2}$$

令$\dfrac{dT_{em}}{ds}=0$，即

$$\left(\frac{-1}{s^2}\right)\times\left[\left(r_1+\sigma\frac{r'_2}{s}\right)^2+(x_{1\sigma}+\sigma x'_{2\sigma})^2\right]-2\times\left(r_1+\sigma\frac{r'_2}{s}\right)\frac{(-\sigma r'_2)}{s^2}\frac{1}{s}=0$$

$$\left(r_1+\sigma\frac{r'_2}{s}\right)^2+(x_{1\sigma}+\sigma x'_{2\sigma})^2=2\times\left(r_1+\sigma\frac{r'_2}{s}\right)\sigma r'_2\frac{1}{s}$$

整理得

$$s_m=\pm\frac{\sigma r'_2}{\sqrt{r_1^2+(x_{1\sigma}+\sigma x'_{2\sigma})^2}} \tag{19 - 20}$$

式中，“+”号为电动机运行时的情况；“−”号为发电机运行时的情况。通常异步电动机的 s_m 值在 0.12～0.2 范围内。

将 $s_m=\pm\dfrac{\sigma r'_2}{\sqrt{r_1^2+(x_{1\sigma}+\sigma x'_{2\sigma})^2}}$ 代入 T_{em}的表达式，得到最大电磁力矩的表达式为

$$T_{max}=\pm\frac{pm_1}{4\pi f_1\sigma}\frac{U_1^2}{\left[\pm r_1+\sqrt{r_1^2+(x_{1\sigma}+\sigma x'_{2\sigma})^2}\right]} \tag{19-21}$$

式中，对于电动机状态取“+”号，对于发电机状态取“−”号。由此可见，发电机状态的最大电磁力矩比电动机状态稍大一些。

从以上 T_{max} 和 s_m 的两公式中，可以看到异步电动机最大电磁力矩的一些基本关系：

(1) 当电源频率和电动机参数不变时，最大电磁力矩与电源电压的平方成正比，即 $T_{max}\propto U_1^2$。可见电压下降对异步电动机最大电磁力矩的影响是非常敏感的，若电压下降过多，以致使最大电磁力矩 T_{max} 小于负载的制动力矩 T_0+T_2，将迫使电动机无法转动。

(2) 最大电磁力矩的大小与转子回路电阻 r'_2 无关。但出现最大电磁力矩时的临界转差率 s_m 与 r'_2 成正比，因此当转子回路电阻增加（如绕线式转子串入附加电阻）时，虽然 T_{max} 不变，但是 s_m 增大，使整个 $T-s$ 曲线向左移动，如图 19-4 所示。

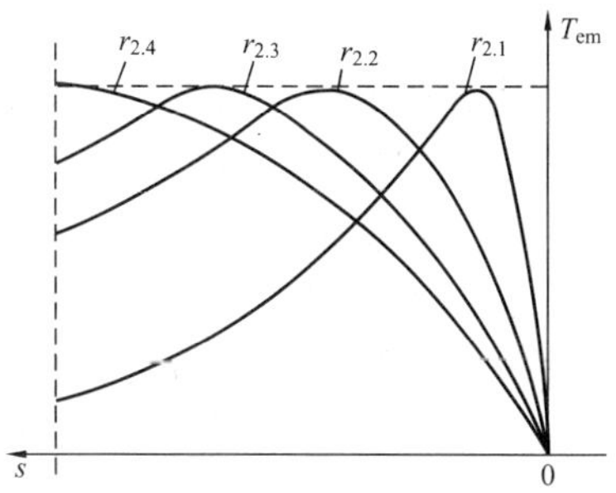

图 19-4 转子回路串入电阻对 $T-s$ 曲线的影响

(3) 一般电动机中，由于 $r_1\ll(x_{1\sigma}+\sigma x'_{2\sigma})$，因此当电源电压和频率为定值时，最大电磁力矩近似地与 $(x_{1\sigma}+\sigma x'_{2\sigma})$ 成反比，即定、转子漏抗越大，T_{max} 越小。

(4) 当电源电压和电动机参数一定时，异步电动机的最大电磁力矩将随电源频率的升高而降低。

异步电动机的最大电磁力矩对其运行的稳定性有很大的影响，当电动机负载运行时，若负载短时突然增大，随后又恢复正常，只要总制动力矩 T_0+T_2 小于该电动机的最大电磁力矩，电动机总是能够适应突变而保持稳定运行的。因此电动机最大电磁力矩越大，它的短时过载能力越大。电动机最大电磁力矩与额定力矩之比称为电动机的过载能力，即

$$k_m=\frac{T_{max}}{T_N} \tag{19-22}$$

一般用作拖动机械负载的异步电动机 k_m 值在 1.8～2.5 之间，冲击性负载等特殊性用途的电动机，则要求 k_m 在 2.7～3.7 之间。k_m 是电动机运行性能的一项重要指标。

19.2.5 起动力矩

所谓起动是指定子绕组已接上电源，但转子由于机械惯性而尚未达到稳定转速的这一过程。显然，起动之初，$s=1$，$n=0$ 将此关系代入式（19-19），异步电动机的起动力矩为

$$T_{st}=\frac{pm_1}{2\pi f_1}\frac{U_1^2r'_2}{(r_1+\sigma r'_2)^2+(x_{1\sigma}+\sigma x'_{2\sigma})^2} \tag{19-23}$$

由式（19-23）可得异步电动机起动力矩的变化规律如下：

(1) 当电源频率和电动机参数均不变时，起动力矩与电源电压的平方成正比。

(2) 当电源电压和电动机参数均不变时，起动力矩随电源频率的提高而减少。

(3) 在一定的电源电压和频率下，电动机的漏电抗越大，则起动力矩越小。

(4) 转子电阻 r'_s 值直接影响起动力矩。对于绕线式异步电动机，如在转子回路串入适当附加电阻 r'_{st}，则可提高起动力矩，在电动机起动时，若要起动力矩等于最大电磁力矩，可令 $s_m=1$，由式（19-20），得

$$s_m=\frac{\sigma(r_2'+r_{st}')}{\sqrt{r_1^2+(x_{1\sigma}+\sigma x_{2\sigma}')^2}}=1$$

令 $\sigma=1$，有

$$r_{st}'=\sqrt{r_1^2+(x_{1\sigma}+\sigma x_{2\sigma}')^2}-r_2'$$

由于 $(x_{1\sigma}+\sigma x_{2\sigma}')\gg r_1$，忽略 r_1 得

$$r_2'+r_{st}'=x_{1\sigma}+x_{2\sigma}'$$

以上分析表明：适当增加转子外接的附加电阻（也即起动电阻），使转子总电阻折算值等于电动机的总漏抗，则可使电动机的起动力矩达到最大值。

起动力矩也是电动机的一项重要性能指标。因为如果起动力矩太小，在一定的机械负载下电动机就无法起动，而不能满足生产机械的要求。通常用起动力矩与额定力矩的比值 k_{st} 表示异步电动机起动力矩的倍数。k_{st} 是衡量异步电动机起动性能的一个指标，即

$$k_{st}=\frac{T_{st}}{T_N} \tag{19-24}$$

一般异步电动机的 k_{st} 在 1.0～2.0 之间，特殊性用途的异步电动机，k_{st} 可达到 2.8～4.0。

例 19-1 一台三相异步电动机的数据：$P_N=500$kW，$U_N=3$kV（Y 接）。$I_N=111$A，$f_N=50$Hz。定子每相电阻 $r_1=0.173\Omega$，漏电抗 $x_{1\sigma}=1.4\Omega$，励磁电阻 $r_m=1.5\Omega$，励磁电抗 $x_m=58\Omega$，转子每相参数的折算值：电阻 $r_2'=0.19\Omega$，漏电抗 $x_{2\sigma}'=1.63\Omega$。用 MATLAB 绘制转差—转矩特性曲线，并计算最大转矩 T_{max} 和起动转矩 T_{st}。

解：（1）MATLAB 源程序。

```
clc;clear;
Pn = 500000;m1 = 3;p = 3;f = 50;Un = 3000;U1 = Un/sqrt(3);
R1 = 0.173;X1 = 1.4;R2 = 0.19;X2 = 1.63;Rm = 1.5;Xm = 58;
c1 = 1 + X1/Xm;k1 = m1 * U1^2/(2 * pi * f/p);ns = 60 * f/p;
for i = 1:ns
    s(i) = (ns - i)/ns;
    Te(i) = k1 * R2 * s(i)/((s(i) * R1 + c1 * R2)^2 + s(i)^2 * (X1 + c1 * X2)^2);
    n(i) = (1 - s(i)) * ns;
end
plot(n,Te,'r');xlabel('转速 n(r/min)');ylabel('电磁转矩 Te(N * m)');grid on;
sm = c1 * R2/sqrt(R1^2 + (X1 + c1 * X2)^2);
Tmax = k1/(2 * c1 * (R1 + sqrt(R1^2 + (X1 + c1 * X2)^2)));
Tst = k1 * R2/((R1 + c1 * R2)^2 + (X1 + c1 * X2)^2);
fprintf('\n');
fprintf('临界转差率: sm = %5.4f\n',sm);
fprintf('最大转矩:   Tmax = %5.2fN * m\n',Tmax);
fprintf('起动转矩:   Tst = %5.3fN * m\n',Tst);
```

（2）运行结果。

临界转差率：sm=0.0633

最大转矩： Tmax=12921.54N * m

起动转矩： Tst=1708.801N * m

(3) MATLAB 绘制的异步电动机转速—转矩曲线如图 19-5 所示。

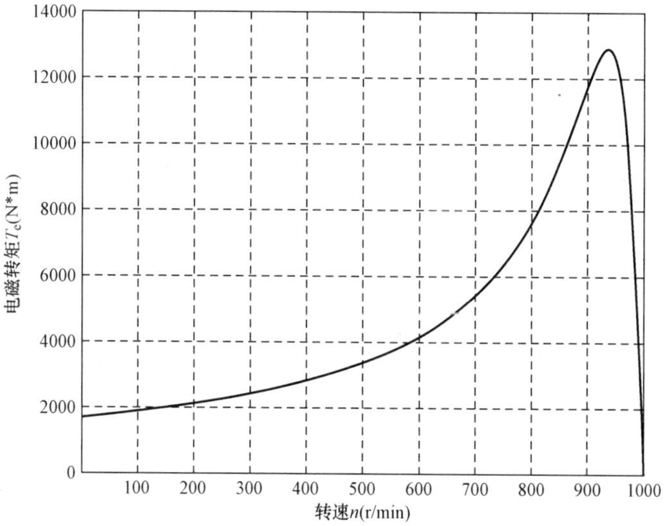

图 19-5 异步电动机转速—转矩特性曲线

19.2.6 额定电磁力矩

异步电动机工作在额定状态时所产生的电磁力矩 T_{emN} 不同于异步电动机的额定力矩 T_N。后者是指轴上输出力矩，前者除了轴上输出力矩外还包括电动机旋转时的空载制动力矩 T_0，即

$$T_{emN}=T_0+T_N \tag{19-25}$$

将 $s=s_N$ 代入 T_{em} 的表达式可求出额定电磁力矩

$$T_{emN}=\frac{pm_1}{2\pi f_1}\frac{U_1^2\frac{r_2'}{s_N}}{\left(r_1+\sigma\frac{r_2'}{s_N}\right)^2+(x_{1\sigma}+\sigma x_{2\sigma}')^2}$$

额定力矩则可通过额定功率 P_N 和额定转速 n_N 求出

$$T_N=\frac{P_N}{\frac{2\pi n_N}{60}} \tag{19-26}$$

一般异步电动机的空载制动力矩 T_0 和 T_N 相比很小，若作近似分析，可认为 $T_{emN}=T_N$。

例 19-2 已知一台三相四极异步电动机，有下列数据：$P_N=10$kW，$U_N=380$V，定子绕组三角形接法，$I_N=\sqrt{3}\times11.6$A，$f_1=50$Hz，定子电阻 $r_1=1.375\Omega$，转子电阻 $r_2'=1.047\Omega$，较准确形 Γ 等效电路的修正系数 $\sigma=1.03$。正常运行时 $x_{1\sigma}=2.43\Omega$，$x_{2\sigma}'=4.4\Omega$；起动时 $x_{1\sigma}=1.65\Omega$，$x_{2\sigma}'=2.24\Omega$，额定负载时的转差 $s_N=0.02965$。

试求：

(1) 额定电磁力矩 T_{emN}；

(2) 最大电磁力矩 T_{max} 和过载能力 k_m；

（3）起动力矩 T_{st} 及起动力矩倍数 $k_{st}=\dfrac{T_{st}}{T_N}$。

解：（1）
$$T_{emN}=\frac{pm_1}{2\pi f_1}\frac{U_1^2\dfrac{r'_2}{s_N}}{\left(r_1+\sigma\dfrac{r'_2}{s_N}\right)^2+(x_{1\sigma}+\sigma x'_{2\sigma})^2}$$

$$=\frac{2\times3}{2\pi\times50}\times\frac{380^2\times\dfrac{1.047}{0.02965}}{\left(1.375+1.03\times\dfrac{1.047}{0.02965}\right)^2+(2.43+1.03\times4.4)^2}=66.1\ (\text{N}\cdot\text{m})$$

（2）
$$T_{max}=\frac{pm_1}{4\pi f_1\sigma}\frac{U_1^2}{\left[r_1+\sqrt{r_1^2+(x_{1\sigma}+\sigma x'_{2\sigma})^2}\right]}=158\ (\text{N}\cdot\text{m})$$

$$T_N=\frac{P_N}{\dfrac{2\pi(1-s)n_1}{60}}=\frac{10\times10^3}{\dfrac{2\pi(1-0.02965)}{60}}=65.61\ (\text{N}\cdot\text{m})$$

$$k_m=\frac{T_{max}}{T_N}=2.41$$

（3）
$$T_{st}=\frac{pm_1}{2\pi f_1}\frac{U_1^2r'_2}{(r_1+\sigma r'_2)^2+(x_{1\sigma}+\sigma x'_{2\sigma})^2}$$

$$=\frac{2\times3}{2\pi\times50}\times\frac{380^2\times1.047}{(1.375+1.03\times1.047)^2+(1.65+1.03\times2.24)^2}=133.2\ (\text{N}\cdot\text{m})$$

$$k_{st}=\frac{T_{st}}{T_N}=2.03$$

19.2.7 力矩的实用公式

式（19-19）用来准确计算异步电机的电磁力矩以及分析各个参数对机械特性的影响，无疑是十分有用的。但是对于使用电机的人员，要确知应用这一公式所涉及的电机参数并非易事。因为通常只有根据设计或者通过试验才能明确电机的阻抗参数。在工程实际的应用中，一般比较容易得到的资料是电工手册或产品目录，所能得到的数据是额定功率、额定转速和过载能力等。为此，可导出力矩的实用公式来计算异步电机的机械特性。

已知电磁力矩公式为

$$T_{em}=\frac{pm_1}{2\pi f_1}\frac{U_1^2\dfrac{r'_2}{s}}{\left(r_1+\sigma\dfrac{r'_2}{s}\right)^2+(x_{1\sigma}+\sigma x'_{2\sigma})^2}$$

最大电磁力矩公式为

$$T_{max}=\frac{pm_1}{4\pi f_1\sigma}\frac{U_1^2}{\left[\pm r_1+\sqrt{r_1^2+(x_{1\sigma}+\sigma x'_{2\sigma})^2}\right]}$$

最大电磁力矩时的转差率为

$$s_m=\frac{\sigma(r'_2+r'_{st})}{\sqrt{r_1^2+(x_{1\sigma}+\sigma x'_{2\sigma})^2}}$$

则有

$$\frac{T_{em}}{T_{max}}=\frac{\dfrac{pm_1}{2\pi f_1}\dfrac{U_1^2\dfrac{r'_2}{s}}{\left(r_1+\sigma\dfrac{r'_2}{s}\right)^2+(x_{1\sigma}+\sigma x'_{2\sigma})^2}}{\dfrac{pm_1}{4\pi f_1\sigma}\dfrac{U_1^2}{\left[r_1+\sqrt{r_1^2+(x_{1\sigma}+\sigma x'_{2\sigma})^2}\right]}}$$

$$=\frac{2\sigma\dfrac{r'_2}{s}\left[r_1+\sqrt{r_1^2+(x_{1\sigma}+\sigma x'_{2\sigma})^2}\right]}{\left(r_1+\sigma\dfrac{r'_2}{s}\right)^2+(x_{1\sigma}+\sigma x'_{2\sigma})^2}$$

$$=\frac{2\sigma\dfrac{r'_2}{s}\left(r_1+\dfrac{\sigma r'_2}{s_m}\right)}{\left(\sigma\dfrac{r'_2}{s}\right)^2+2\dfrac{\sigma r_1 r'_2}{s}+\left(\dfrac{\sigma r'_2}{s_m}\right)^2}$$

忽略定子电阻 r_1，化简得到力矩的实用公式为

$$\frac{T_{em}}{T_{max}}=\frac{2}{\dfrac{s}{s_m}+\dfrac{s_m}{s}} \tag{19-27}$$

当电动机在额定情况运行时 $s=s_N$，忽略空载力矩 T_0，利用 $k_m=\dfrac{T_{max}}{T_N}$ 可得

$$\frac{1}{k_m}=\frac{2}{\dfrac{s_N}{s_m}+\dfrac{s_m}{s_N}}$$

解出 s_m 为

$$s_m-s_N(k_m\pm\sqrt{k_m^2-1}) \tag{19-28}$$

由于 $s_m>s_N$，所以取正号得

$$s_m=s_N(k_m+\sqrt{k_m^2-1}) \tag{19-29}$$

根据电工手册或产品目录所给出的电动机额定功率、额定转速，先按式（19-26）计算出额定力矩 T_N，再根据所给出的过载能力 k_m，按式（19-22）计算出 T_{max}；由式（19-29）计算出最大力矩时的转差率 s_m。当 T_{max}、s_m 已知时，根据式（19-27）就可计算异步电机在任何转速情况下的电磁力矩，经过逐点计算可得异步电机的机械特性。

例 19-3 有一台三相四极 50Hz 星形接法的绕线式异步电动机，额定转速为 $n_N=1440$r/min，过载能力 $k_m=2.6$。试求：

（1）产生最大电磁力矩时的转子转速。

（2）电动机负载为 $75\%T_N$ 的转子转速。

（3）电动机的起动力矩倍数 k_{st}。

解：（1）求最大电磁力矩时的转子转速。同步转速为

$$n_1=\frac{60f_1}{p}=1500\ (\text{r/min})$$

额定转差率为

$$s=\frac{n_1-n_N}{n_1}=0.04$$

最大力矩时的转差率为

$$s_m=s_N(k_m+\sqrt{k_m^2-1})=0.2$$

对应转速为

$$n_m=(1-s_m)n_1=1200\ (\text{r/min})$$

(2) 负载为 $75\%T_N$ 时的转子转速为

$$\frac{T_{em}}{T_{max}}=\frac{2}{\frac{s}{s_m}+\frac{s_m}{s}}$$

$$\frac{0.75T_N}{2.6T_N}=\frac{2}{\frac{s}{0.2}+\frac{0.2}{s}}$$

解以上方程式，并注意到负载降低时，转速应升高，转差率应小于 0.04，得

$$s=0.0295$$

对应转速为

$$n=(1-s)n_1=1455.8\ (\text{r/min})$$

(3) 求起动力矩倍数 k_{st}。起动时 $s=1$，$T_{st}=T_{em}$，将已知数据代入 $\frac{T_{em}}{T_{max}}=\frac{2}{\frac{s}{s_m}+\frac{s_m}{s}}$ 得

$$\frac{T_{st}}{2.6T_N}=\frac{2}{\frac{1}{0.2}+\frac{0.2}{1}}$$

因此有

$$k_{st}=\frac{T_{st}}{T_N}=\frac{2\times2.6}{5+0.2}=1$$

19.2.8 稳定运行区和稳定运行的概念

图 19-5 表示一台异步电动机的 T-s 曲线。电动机拖动的机械负载通常有两种：一种为恒力矩负载，如起重设备、切削机床等，它不论电动机的转速如何，对电动机的阻力矩恒定不变；另一种负载力矩随电动机转速升高而迅速增大，如水泵、风机等，其力矩大致与速度成平方关系变化。图 19-6 是以恒力矩负载为例来说明 T-s 曲线的稳定运行区域，负载力矩与电动机电磁力矩在 a 点取得平衡，于是电动机即在 a 点运行。

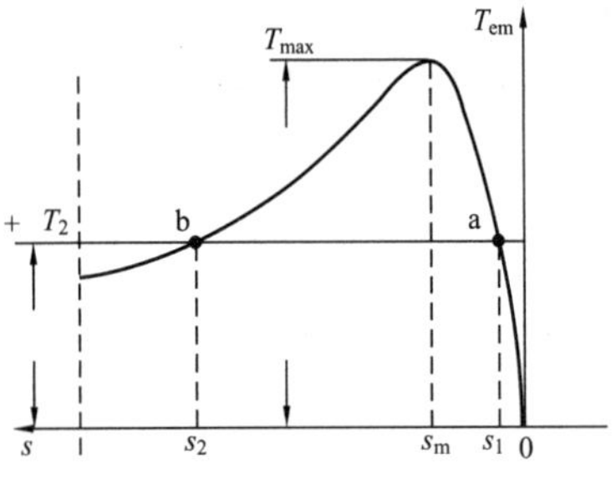

图 19-6 T-s 曲线的稳定运行区与不稳定运行区

如负载力矩由于外界的原因有所增加，将引起电动机转速下降，s 值上升，运行点向左移动，电动机的电磁力矩随之增加，从而取得新的平衡。又如负载减小，上述反应将相反，同样也取得新的运行点稳定运行。但是在 b 点运行的情况就不一样。当负载略有增加时，转

差率便上升，电动机的电磁力矩却降低，于是电动机的转速更加下降直至被迫停机；当负载减少时，转差率下降，电动机的电磁力矩上升，电磁力矩与负载力矩的差值使电动机继续加速，一直到 a 点才能重新取得平衡。由此可见，对于恒力矩负载，异步电动机的稳定运行区域是在曲线中横坐标 s 处于 $s_m>s>0$ 区间，当 $s>s_m$ 时将不稳定。但对于风机类负载，$s>s_m$ 区域未必不稳定。实质上，稳定与否，决定于相交的工作点上两条曲线的变化率。由图 19-6 可见，若负载的总力矩为 T_L，即 $T_L=T_0+T_2$，则在 a 点的变化率为

$$\frac{dT_{em}}{ds}>\frac{dT_L}{ds}$$

由此可知异步电动机能否稳定运行的关键是能否满足上式，满足上式的能稳定运行，不满足上式的不能稳定运行。

值得指出：依据上式来判定运行是否稳定是比较全面的。这结论还适用于其他类型的电动机。

19.3　异步电动机的工作特性

异步电动机的工作特性是指在额定电压、额定频率下，异步电动机的转差率 s、效率 η、功率因数 $\cos\varphi$、定子电流 I_1 和输出转矩 M_2 与输出功率 P_2 的关系曲线，即 s、η、$\cos\varphi_1$、I_1、$T_2=f(P_2)$。

19.3.1　转差率特性 $s=f(P_2)$

转差率与转子铜耗和电磁功率的关系为 $s=\dfrac{p_{Cu2}}{P_{em}}$。空载运行时，由于制动转矩很小，转子电流很小，$p_{Cu2}\approx0$，故 $s\approx0$。随着负载的增加，转子电流 I_2 增加，p_{Cu2} 增加，此时电磁功率 P_{em} 也增加，但 p_{Cu2} 的增加（与 I_2 的平方成正比）比 P_{em} 的增加（近似地与 I_2 成正比）来得快，因此随着负载的增加转差率也增大，$s=f(P_2)$ 是一条向上翘的曲线，如图 18-7 所示。为了保证电动机有较高的效率，负载时的转子铜耗不大，因此负载时的转差率也很小，对常用的异步电动机，额定负载时的转差率 $s_N=0.01\sim0.05$。

从转差率 s 可确定电动机的转速 $n=(1-s)n_1$，对常用的异步电动机，额定负载时的转速 $n_N=(1-s_N)n_1=(0.99\sim0.95)n_1$，与同步转速十分接近。由此可见异步电动机的转速特性 $n=f(P_2)$ 是一根对横轴稍微下降的曲线，和并励直流电动机相似。

19.3.2　效率特性 $\eta=f(P_2)$

电动机的效率为

$$\eta=\frac{P_2}{P_1}=1-\frac{\sum p}{P_1} \tag{19-30}$$

式中　$\sum p$——电动机的总损耗。

在异步电动机中

$$\sum p=p_{Cu1}+p_{Cu2}+p_{Fe}+p_{mec}+p_{ad} \tag{19-31}$$

从空载运行到额定负载运行，由于主磁通和转速变化很小，铁损耗 p_{Fe} 和机械损耗 p_{mec} 变化很小，可以看成是不变的损耗，而定、转子铜耗（分别与定、转子电流平方成正比）和附加损耗是随负载而变化的损耗。空载时 $P_2=0$，故 $\eta=0$。当负载从零增加时，总损耗 $\sum p$

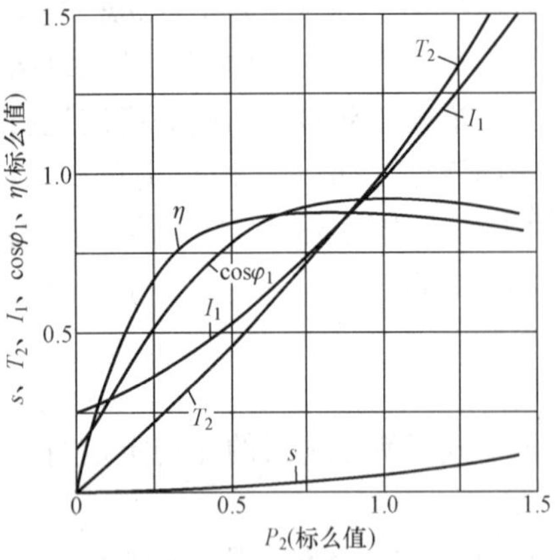

图 19-7 异步电动机的工作特性

增加较慢，效率曲线上升很快。直到随负载而变化的损耗（$p_{Cu1}+p_{Cu2}+p_{ad}$）等于不变损耗（$p_{Fe}+p_{mec}$）时，效率就达到最大值。若负载继续增大，由于定、转子铜耗增加很快，效率就反而下降，如图 19-7 所示。对常用的中小型异步电动机，效率约在 $\frac{3}{4}\sim\frac{4}{4}$额定负载范围内达到最大值，而且在此范围内效率变化不大。对 JO2 系列小型异步电动机，额定负载时的效率，10kW 以下的 $\eta_N=74\%\sim87\%$，10～100kW 的 $\eta_N=87\%\sim92\%$。对 100～1000kW 的中型异步电动机，$\eta_N=89\%\sim94\%$，容量越大，则效率越高。

19.3.3 功率因数特性 $\cos\varphi_1=f(P_2)$

异步电动机和变压器相似，从电网吸取滞后电流来激磁。空载运行时，异步电动机的定子电流基本上是激磁电流 I_m，其主要分量是无功的磁化电流，因此空载时功率因数很低，通常小于 0.2。加上负载以后，随着负载的增加，定子电流的有功分量增加，功率因数逐渐上升。在额定负载附近，功率因数达到最大值。超过额定负载后，由于转速降低，转差率 s 较大，转子电流与电势间的相位角 $\psi_2=\arctan\frac{sx_{2\sigma}}{r_2}$较大，转子的功率因数 $\cos\psi_2$ 下降得较多，转子的无功电流分量增大，引起定子中与其平衡的无功电流分量也增大，使电动机的功率因数 $\cos\varphi_1$ 趋于下降，如图 19-7 所示。

额定负载时的功率因数，对 JO2 系列小型异步电动机，两极电机的在 0.85～0.92 范围内，四极电机的在 0.76～0.92 范围内；对中型异步电动机，功率因数在 0.80～0.90 范围内。

异步电动机的功率因数和效率一样，都在额定负载附近达到最大值，因此选用电动机时应使电动机的容量与负载配合得当。如果选得过小，电动机运行时要过载，以致温升过高而影响寿命；但选得过大，不仅电机价格较高，而且由于电动机长期在低负载下运行，其效率和功率因数都较低，很不经济。

19.3.4 转矩特性 $T_2=f(P_2)$

异步电动机轴端的输出转矩 $T_2=\frac{P_2}{\Omega}$，其中 $\Omega=\frac{2\pi n}{60}$为转子的机械角速度。由于从空载到额定负载之间，转速 n 变化很小，所以 $T_2=f(P_2)$ 曲线近似为一直线，当用标么值表示时，该曲线通过 $P_2=P_N=1$，$T_2=T_N=1$ 的一点，如图 19-7 所示。

19.3.5 定子电流特性 $I_1=f(P_2)$

异步电动机的定子电流 $\dot{I}_1=\dot{I}_0+(-\dot{I}'_2)$。空载时，转子电流 $\dot{I}'_2\approx0$，定子电流主要是激励电流 I_m。随着负载的增大，转子电流 I'_2增加，与它平衡的定子电流负载分量 I_{1L}跟着增加，所以 I_1 随 P_2 而增大。当用标么值表示时，$P_2=P_N=1$，$I_1=I_N=1$，故得图 19-7 所示的 $I_1=f(P_2)$ 曲线。

结　语

功率和力矩方面的问题是研究旋转电机的重要内容，要求熟练掌握。功率与损耗的分配关系集中反映在图 19-1 所示的功率平衡图上。电机是电能与机械能可逆转换的机械，磁场是能量转换的媒介。电机的基本损耗有三种：一种是机械旋转运动引起的机械损耗；再一种是电功率传递时必然发生在电路上的电阻损耗，即铜损耗；还有一种是导磁物质因磁场变化而产生的磁滞和涡流损耗，即铁损耗。铁损耗的归属与励磁方式密切相关，凡直流励磁的电机（如同步电机），其磁路中磁场的交变是因旋转运动而产生，当没有旋转运动时，其磁场在空间静止，不发生变化，因而就没有铁耗。所以这一类电机的铁损耗总是和机械损耗联在一起，一发生旋转，两种损耗就同时产生。如果是交流励磁，则只要通电流，磁场就发生交变，铁损耗也就立即产生，所以铁损耗总是与励磁一方电路的铜损耗联在一起，变压器与异步电机都属于这一类。弄清这一基本概念，可对功率与损耗的分配关系有更清楚的认识。

异步电动机的电磁力矩公式有三种表达形式：① $T_{em}=C_T'\phi_1 I_2'\cos\psi_2$，由于电磁力矩是气隙磁通 ϕ_1 与转子电流有功分量 $I_2'\cos\psi_2$ 相互作用所产生，所以此公式物理概念明确，一般用于分析电动机运行时的物理现象。② $T_{em}=\dfrac{pm_1}{2\pi f_1}\dfrac{U_1^2\dfrac{r_2'}{s}}{\left(r_1+\sigma\dfrac{r_2'}{s}\right)^2+(x_{1\sigma}+\sigma x_{2\sigma}')^2}$，此公式表达了电磁力矩与转速之间的关系，即表达电动机的机械特性。根据这个公式还可以导出最大电磁力矩和起动力矩，这两个力矩是说明异步电动机运行性能的重要指标。从中可以看出，当电源电压、频率以及电动机的阻抗参数变化时，对电动机机械特性的影响。公式的另一用途是可用来准确地计算电磁力矩。③ $\dfrac{T_{em}}{T_{max}}=\dfrac{2}{\dfrac{s}{s_m}+\dfrac{s_m}{s}}$，这是一个近似计算公式。当电动机的阻抗参数难以获得时，可根据电工手册或产品目录所提供的电动机技术数据，应用上式算出电磁力矩的近似值。三个电磁力矩公式用途各异，在具体应用时究竟采用以哪一个，要看所需解决的问题而定。

习　题

19-1　有一台星形接法的三相四极绕线式异步电动机 $P_N=150\text{kW}$，$U_N=380\text{V}$ $f_1=50\text{Hz}$，额定负载时测得转子铜损耗 $p_{Cu2}=2.21\text{kW}$，机械损耗 $p_{mec}=2.64\text{kW}$，附加损耗 $p_{ad}=1.0\text{kW}$。试求：

(1) 额定负载时的 P_{emN}、s_N、n_N、T_{emN}；

(2) 已知 $r_1=r_2'=0.012\Omega$，$x_{1\sigma}=x_{2\sigma}'=0.06\Omega$，设校正系数 $\sigma=1$，求产生最大电磁力矩时的 s_m；

(3) 如欲使起动时产生最大力矩，应在转子中串入多大电阻（折算到定子边的值）？

19-2　运行于额定负载下的异步电动机，如电源电压下降 10%，问对异步电机的 T_{max}、T_{st}、I_2、ϕ_1、s 各有何影响？并说明原因。

19-3 漏抗大小对异步电动机的起动力矩、最大力矩、功率因数各有何影响？说明原因。

19-4 原设计为60Hz的异步电动机，现用在电压相同而频率为50Hz的电网上，问电动机的T_{max}、T_{st}、$\cos\psi_2$、x_k、p_{Fe}将如何变化？是否会影响电动机的容量？

19-5 一台三相四极50Hz三角形接法的鼠笼式异步电动机，额定工作状态时$U_N=380V$，$I_N=375A$，$P_N=200kW$。各类损耗为$p_{Cu1}=5.62kW$，$p_{Cu2}=6.32kW$，$p_{Fe}=5.88kW$，$p_{mec}=2.9kW$，$p_{ad}=1.48kW$。正常运行情况下的等效电路参数为：$Z_1=(0.04+j0.165)\Omega$，$Z_2'=(0.0531+j0.31)\Omega$，$Z_m=(0.98+j7.94)\Omega$。起动时因集肤效应和磁路饱和使$Z_1=(0.04+j0.1)\Omega$，$Z_2'=(0.06+j0.187)\Omega$。试求：

（1）n_N、T_{emN}、T_N、$\cos\varphi_N$、η_N；

（2）设$\sigma=1$，求过载能力k_m；

（3）计算T_{st}及k_{st}。

19-6 一台三相八极异步电动机的数据为：$P_N=260kW$，$U_{1N}=380V$，$f_1=50Hz$，$n_N=722r/min$，过载能力$k_m=2.13$。试求：

（1）产生最大电磁力矩时的转差率s_m；

（2）$s=0.02$时的电磁力矩；

（3）起动力矩倍数k_{st}。

19-7 一台鼠笼式异步电动机，原来转子是插铜条的，后因损坏，改为铸铝，如果输出同样的功率，问电动机的运行性能有什么变化？

19-8 一台异步电动机性能的优劣可以从哪些数据来衡量？为什么电动机不宜长期在轻载下运行？如果有一台正常为三角形接法的三相鼠笼式异步电动机，仅拖动$\frac{1}{4}$额定负载长期运行，则将这台电动机的定子绕组改接为星形接法运行，对电动机的性能有何影响？

第 20 章 三相异步电动机的起动

异步电动机投入运行，首先遇到的是起动问题。当电动机定子接上电源，转子从静止开始直到达到稳定转速的这一过程，称为起动过程，简称起动。异步电动机的起动过程虽然时间不长（从几秒到几十秒），但是其内部的电磁过程与正常运行时相比颇不相同。如果起动方法不当、起动次数频繁，不但容易损坏电动机，而且对电网也有不良影响。

电动机起动性能的好坏，是衡量其运行性能的重要指标，本章首先介绍几种常用的起动方法，然后分析高起动力矩电动机，最后阐述谐波磁场产生的谐波力矩对异步电动机起动性能的影响以及同步电动机的异步起动法。

20.1 异步电动机的起动性能与机械负载对起动的要求

异步电动机起动性能的指标包括下列各项：①起动电流倍数；②起动力矩倍数；③起动时间；④起动时所消耗的能量（包括电动机及起动设备）；⑤起动设备的简单性和可靠性。其中最重要的是起动电流和起动力矩两项。

为了对异步电动机的起动性能作进一步分析，下面先来讨论起动电流和起动力矩。励磁电流所占比重很小，可以忽略不计。这样，异步电动机的起动电流为

$$I_{st\varphi}=\frac{U_1}{\sqrt{(r_1+r_2')^2+(x_{1\sigma}+\sigma x_{2\sigma}')^2}} \tag{20-1}$$

从式（20-1）看出，在额定电压起动时，起动电流仅由电动机本身的阻抗所限制，这和正常运行时电流主要被$\frac{r_2'}{s}$限制相比，数值上相差很大；全电压时的起动电流可达到额定电流的 4～7 倍。

20.1.1 起动力矩

异步电动机的起动力矩可用公式 $T_{em}=C_T'\phi_1 I_2'\cos\psi_2$ 来分析。起动时 $s=1$，转子的频率等于电源频率，因此转子漏抗 $x_{2\sigma}\gg r_2$，转子的功率因数角 $\psi_2=\arctan\frac{x_{2\sigma}}{r_2}$ 接近 90°，所以 $\cos\psi_2$ 很小，即使起动时有较大的转子电流，但它的有功分量 $I_2'\cos\psi_2$ 却很小。另一方面，在起动的初瞬，电动机的每极气隙磁通量 ϕ_1 也很低（I_1 很大，则 E_1 很小）。这样电动机在起动时起动力矩并不大，通常起动力矩为额定力矩的 1～2 倍。

异步电动机的起动力矩计算公式为

$$T_{st}=\frac{pm_1}{2\pi f_1}\frac{U_1^2 r_2'}{(r_1+\sigma r_2')^2+(x_{1\sigma}+\sigma x_{2\sigma}')^2} \tag{20-2}$$

式中，$\sigma=1$，电动机的阻抗参数应使用起动时的参数值。

20.1.2 机械负载的起动特性

不同性质的机械负载对电动机的起动力矩提出了不同的要求，从起动力矩角度来看，负

载的性质有以下三类：

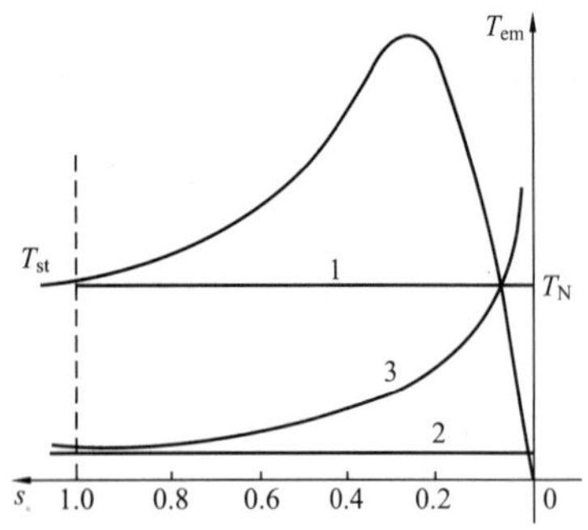

图 20-1 三种典型机械负载的起动特性

（1）恒力矩性质的负载，即在电动机起动和运行过程中，负载的阻力矩大致不变，属于这类负载有起重设备、发电厂中的磨煤机等，它对电动机的阻力矩特性如图 20-1 曲线 1 所示。

（2）在起动开始时对电动机仅有很小的阻力矩，起动全过程力矩基本不变，待转速正常后再加上负载，属于这类负载的有金属切削机床等，其特性如图 20-1 曲线 2 所示。

（3）负载与电动机固定连接，但起动开始时对电动机的力矩很小，随着转速的增加，负载的阻力矩近似按转速平方关系的比例增加，属于这类负载的如泵与风机等，其特性如图 20-1 曲线 3 所示。

由图 20-1 可以知道，除恒力矩负载（曲线 1）外，其他两类负载（曲线 2 或 3）的起动力矩要求都不高。例如，对于专用的鼓风机电动机、水泵电动机，可以不考虑其起动问题。但是一般电动机并不是专用的，所以对于通用的电动机来说，还应以恒力矩负载来考虑其起动问题，应使 $T_{st}>T_N$，用来保证电动机带额定负载时能顺利起动。

如果起动时负载的阻力矩为 T_L，则电动机连同机械负载的整个旋转系统其加速力矩为

$$J\frac{\mathrm{d}\Omega}{\mathrm{d}t}=T_{st}-T_L \tag{20-3}$$

式中，J 是整个旋转系统的转动惯量；Ω 是转动部分的角速度；$\frac{\mathrm{d}\Omega}{\mathrm{d}t}$是转动部分的角加速度。式（20-3）表明，加速能力取决于力矩差值（$T_{st}-T_L$）。若起动力矩大，则相应的加速力矩也大，起动过程迅速，起动电流（大于额定电流几倍）流经定子绕组和电网的时间也短。这样，不论对电动机本身或者电网都是有利的。反之，若起动力矩小，则起动时间长，对电动机本身或者电网均属不利。

综上所述，对电动机起动的基本要求是：

（1）有足够大的起动力矩，以克服电动机和所带机械负载的阻力矩，同时保证机组必须有一定的加速能力；

（2）起动电流不要太大，以免使供电给电动机的线路上产生过大的电压降，从而影响供电线路上其他电气设备的正常运行，也避免电动机由于起动电流大而受到电磁力的冲击和绕组的过热；

（3）起动时间要短，使得电动机转速尽快达到稳定，也使起动时所消耗的能量小；

（4）起动设备简单，可靠，经济。

20.2 绕线式异步电动机的起动

20.2.1 转子串变阻器起动

绕线式电动机起动时的接线图如图 20-2 所示。

如欲使起动时产生最大电磁力矩，串入转子回路的起动电阻 r_{st} 的值可通过 $s_m = \frac{\sigma(r_2' + r_{st}')}{\sqrt{r_1{}^2 + (x_{1\sigma} + \sigma x_{2\sigma}')^2}} = 1$ 计算。于是有

$$r_{st} = \frac{r_{st}'}{K_i K_e}$$

式中，K_e 和 K_i 分别为电动势、电流变比。

串入电阻后电动机的 T - s 曲线如图 20 - 3 中曲线 1 所示。电动机转动后，随着转速的升高，电磁力矩沿着曲线 1 逐渐减小。为了缩短起动时间，可把串入的起动电阻逐段切除以提高起动过程中的电磁力矩。例如当转速上升到 n' 时，切除部分电阻，使曲线 T - s 由曲线 1 变为曲线 2，电磁力矩又上升到接近最大值，而沿曲线 2 变化，如图 20 - 3 所示。以后继续将串入电阻逐段切除，直到最后全部切除，电磁力矩沿曲线 3 达到平衡点 A。此时，$T_{em} = T_0 + T_2$，电动机以转速 n 稳定运行，起动过程结束。

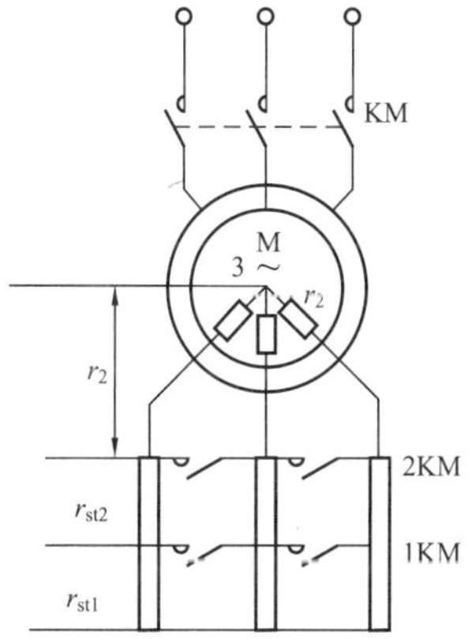

图 20 - 2　绕线式异步电动机起动接线图

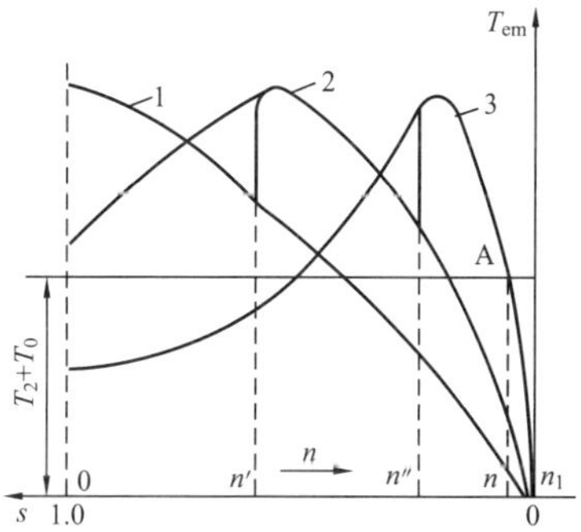

图 20 - 3　转子回路串入起动电阻时的起动过程

起动电阻通常用金属电阻丝（小容量电动机）或铸铁电阻片（大容量电动机）制成。根据预先确定的电阻值分段抽头。一般说，起动电阻是按短时运行设计，如果长期流过较大电流，就会过热而损坏，所以起动完毕时，应将电阻全部切除。

例 20 - 1　用 MATLAB 绘制绕线式异步电动机转子串入不同电阻时的转差—转矩特性曲线。

解：（1）MATLAB 源程序。

```
clc;clear;
U1 = 380/sqrt(3);f = 50; % 电源参数
m1 = 3;p = 2;R1 = 0.2;X1 = 0.6;R2 = 0.2;X2 = 0.6;Rm = 1.82;Xm = 17.62; % 电机参数
ns = 60 * f/p; % 同步转速
cp = 1 + (R1 + j * X1)/(Rm + j * Xm);
k1 = m1 * U1^2/(2 * pi * f/p);
% 转子串不同电阻时异步电机的转差—转矩特性
for m = 1:6
if m = = 1
```

```
R2str = 0.0;
elseif m = = 2
R2str = 0.1;
elseif m = = 3
R2str = 0.2;
elseif m = = 4
R2str = 0.5;
elseif m = = 5
R2str = 1.0;
else
R2str = 1.5;
end
R2a = R2 + R2str;
for k = 1:ns
s(k) = (ns - k)/ns; %转差率
Tem(k) = abs(k1 * R2a * s(k)/((s(k) * R1 + cp * R2a)^2 + s(k)^2 * (X1 + cp * X2)^2)); %
电磁转矩
end
plot(s,Tem)
if m = = 1
hold
end
end
hold
xlabel ('转差率 s');ylabel ('电磁转矩 Tem(N * m)');
```

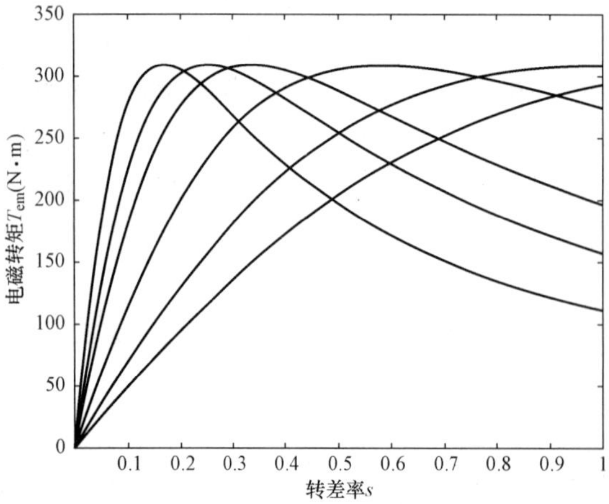

图 20-4 绕线式异步电动机转子串入不同电阻时的转差—转矩特性曲线

(2) MALAB绘制绕线式异步电动机转子串入不同电阻时的转差—转矩特性曲线如图 20-4 所示。

20.2.2 转子串频敏变阻器起动

绕线式异步电动机串入变阻器启动时，当切除电阻时起动力矩发生突变，对电动机和机械负载都不利。因此可用频敏变阻器代替变阻器，以达到无级起动。

频敏变阻器实际上是一个三铁心的三相电感线圈，铁心由较厚的钢板或铁板叠成，因而具有较大的涡流损耗。频敏变阻器的等效阻抗相当于变压器的励磁阻抗和一次侧绕组漏阻抗之和，其电阻为 r_1+r_m，r_m 为反映铁心中涡流损耗的等效电阻，当频率改变时 r_m 发生显著变化，频敏变阻器因而得名。

应用频敏变阻器作为绕线式异步电动机的起动时，由于转子电流的频率随转差率 s 而变化，起动时 $s=1$，$f_2=f_1$，频敏变阻器铁心中涡流损耗较大，因而它的等效电阻 r_m 较大，所以限制了起动电流，并提高了起动力矩。起动后，随着转子转速升高 s 变小、f_2 降低，于是频敏变阻器的涡流损耗减小，等效电阻 r_m 也减小，从而起到了自行逐渐切除电阻的作用。由此可见，采用频敏变阻器能自动减小转子回路的电阻，使电动机平稳地起动起来。必须指出，串频敏变阻器时功率因数较低，而串变电阻时功率因数接近于 1，所以在相同的起动力矩下，电动机采用频敏变阻器起动时的起动电流要比采用起动变阻器起动时的来得大。另外，采用起动变阻器时，起动力矩可以达到电动机的最大力矩；而采用频敏变阻器时，由于功率因数比较低，起动力矩只能达到最大力矩的 50%～60%，这是频敏变阻器的最大缺点。通常采用适当的频敏变阻器，可使起动电流限制在额定电流的 2.5 倍以内，起动力矩为额定力矩的 1.2 倍左右。

20.3　鼠笼式异步电动机的起动

鼠笼式异步电动机（又称笼型异步电动机）由于结构简单，价格较低，运行可靠，维护方便，具有较好的运行性能，所以它是目前应用得最为广泛的一种交流电动机。因此，研究鼠笼式异步电动机的起动方法，改善它的起动性能，具有重要的实际意义。下面介绍几种常用的起动方法。

20.3.1　直接起动

直接起动就是把鼠笼式电动机的定子绕组直接接到额定电压的电网上进行起动。这种起动方法所用的起动设备简单，只需一个电源开关，不需附加起动设备，起动操作也很简单。但是，直接起动时，起动电流很大。为了利用直接起动的优点，现代设计的鼠笼式异步电动机都按直接起动时的电磁力和发热来考虑它的机械强度和热稳定性。因此从电动机本身来，鼠笼式异步电动机都允许直接起动。这样，直接起动方法的应用主要受电网容量的限制。若供电系统的变压器容量不够大，则电动机的起动电流可能使电网电压显著下降，影响同一供电线路上其他电气设备的正常工作。在一般情况下，只要直接起动时的起动电流在电网上引起的电压降落不超过 15%（对于经常起动的取 10%，对于不经常起动的取 15%），就允许直接起动。按 GB 755—2000 规定，三相异步电动机的最大力矩不低于 1.6 倍额定力矩。当电网电压降低 15%时，最大电磁力矩至少应有 $1.6\times0.85^2T_N=1.156T_N$，因此接在同一供电线路上的其他异步电动机仍能拖动额定负载不致停转。

一般鼠笼式异步电动机直接起动时的起动电流倍数 $\dfrac{I_{st}}{I_N}=4\sim7$，起动力矩倍数 $\dfrac{T_{st}}{T_N}=1\sim2$ 随着供电系统变压器容量的不断增大，直接起动方法的应用范围日益扩大，因为电网容量越大，电动机起动电流占电网额定电流的百分数就越小，这样起动对电网所造成的影响也越小。

20.3.2　降压起动

当采用直接起动法使电网电压下降超过规定数值时，由式（20-1）可知，起动时降低

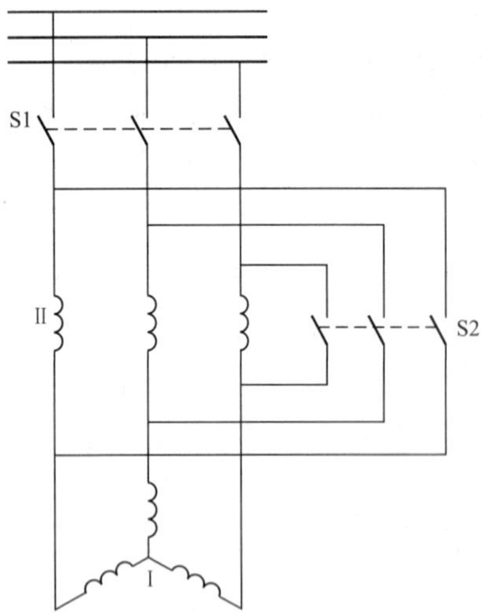

图 20-5 用电抗器降压起动原理图

定子电压可以降低起动电流。但是随着起动电压的降低，电动机的起动力矩将按电压平方的倍数下降。因此降压起动法大多用于空载起动或负载阻力矩随转速上升而逐步增大的异步电动机。

1. 电抗器降压起动

起动时在定子电路中串入电抗器，待起动完毕后将其切除，利用起动电流经电抗器产生的电抗压降降低了电动机绕组的端电压，其电路接线图如图 20-5 所示。在电动机参数不变的情况下，如起动电压下降为额定电压的 k 倍（$k<1$），则起动时的电压、电流、力矩分别为

$$U_{st}=kU_N$$

$$I_{st}=kI_{stN}$$

$$T_{st}=k^2T_{stN}$$

式中，U_N 为额定电压；I_{stN}、T_{stN}分别为用额定电压直接起动时的起动电流和起动力矩。

例如在串入电抗器使 $k=0.8$，即以 80%的额定电压起动时，则起动电流将是额定电压起动电流的 0.8 倍，但起动力矩却只有原来的 0.64 倍。

所以电抗器降压起动方法一般只能用于起动负载不大的场合。电抗器降压起动，有时也可以用电阻来代替电抗，但由于耗能较大，实际上很少采用。

2. 自耦变压器降压起动

自耦变压器降压起动的接线图如图 20-6 所示。起动时经自耦变压器的二次侧将电网电压降低并接入电动机，待转速上升基本平稳后，用开关把电动机直接接到电网上。通常自耦变压器有电压分接抽头，使二次侧电压为一次侧电压的 65%及 80%等以便按需选用。

设自耦变压器的变为 k_a（$k_a>1$），则起动时电动机的电压为

$$U_{st}=\frac{U_N}{k_a}$$

起动力矩与电压平方成正比，即

$$T_{st}=\frac{1}{k_a^2}T_{stN}$$

电动机的起动电流即自耦变压器的二次侧电流为

$$I_{st2}=\frac{1}{k_a}I_{stN}$$

折算到自耦变压器的一次侧，即流经电网的起动电流为

$$I_{st}=I_{st1}=\frac{1}{k_a^2}I_{stN}$$

以上分析表明，用自耦变压器降压起动比电抗器降压起动有更大的优点。例如两种方法同样使电压降到原值的 80%，两种方法的起动力矩均为原值的 64%，没有区别。但电抗器降压起动方法的起动电流是原值的 80%，自耦变压器降

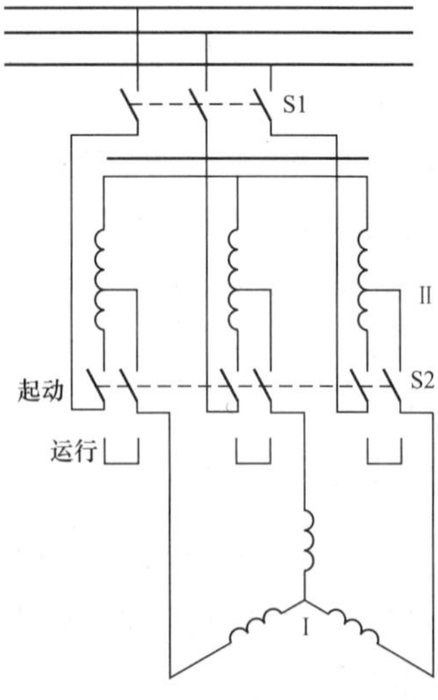

图 20-6 自耦变压器降压起动的接线图

压起动方法的起动电流仅为原值的 64%。反过来说，在电网容许起动电流条件的限制下分别起动，则用自耦变压器降压起动所能获得的起动力矩要比用电抗器降压起动大得多。所以目前采用电抗器降压起动已渐趋减少。

3. Y-△起动器起动

此法只适用于正常运行时定子绕组为三角形接法的电动机。起动时定子三相绕组接成星形，待转速达到稳定后，再换接为三角形投入正常运行，其接线图如图 20-7 所示。Y 起动时，

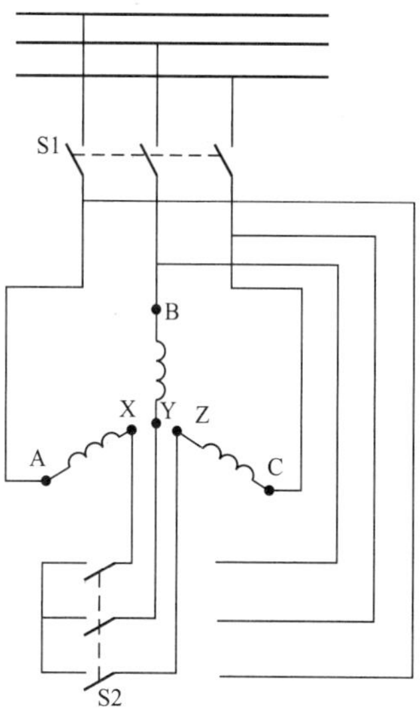

图 20-7　Y-△换接起动接线图

起动电压为

$$U_{stY}=\frac{1}{\sqrt{3}}U_N$$

起动力矩为

$$T_{stY}=\left(\frac{1}{\sqrt{3}}\right)^2 T_{stN}=\frac{1}{3}T_{stN}$$

起动电流为

$$I_{stY}=\frac{1}{\sqrt{3}}I_{st\triangle\varphi}=\frac{1}{\sqrt{3}}\frac{1}{\sqrt{3}}I_{st\triangle}-\frac{1}{3}I_{st\triangle}-\frac{1}{3}I_{stN}$$

采用 Y-△起动器起动之后，可使电动机的起动电流降到原值的$\frac{1}{3}$，起动力矩也只有原值的$\frac{1}{3}$。所以 Y-△换接起动相当于变比$\sqrt{3}$ 的自耦变压器降压起动。

值得往意的是，用 Y-△起动器起动只需将电动机定子三相绕组的端子引出，使用切换开关进行起动操作，这比用自耦变压器降压起动要简单，而且还节能，因此这种起动方法得到广泛的应用。另外，如电动机在轻载下运行，还可以利用切换开关将定子绕组改接为 Y 接法连续运行。由于按 Y 接法运行时降低了绕组电压，从而使电动机的励磁电流和铁心损耗也相应减小，这对电动机功率因数和效率的提高都是有利的。

例 20-2　一台三相、四极、50Hz、鼠笼式异步电动机，已知起动电流倍数$\frac{I_{st}}{I_N}=6.93$，起动力矩倍数$k_{st}=\frac{T_{st}}{T_N}=2.05$。因所接电网容量不够大，电动机不能采用直接起动。试求：

(1) 若应用 Y-△起动器起动，此时的起动电流倍数和起动力矩倍数是多少？

(2) 若采用定子串电抗器降压起动，降压量与 (1) 相同，这时的起动电流倍数和起动力矩倍数又是多少？

(3) 为了使起动力矩不小于额定力矩的 0.8 倍，而有较小的起动电流，应用自耦变压器降压起动，设自耦变压器中有 80%、65%、50%三挡抽头，问应选用哪挡抽头，此时的起动电流倍数和起动力矩倍数是多少？

解：(1) 采用 Y-△起动。由电网供给的起动电流倍数为

$$I_{stY}=\frac{1}{3}I_{stN}=\frac{1}{3}\times 6.93I_N=2.31I_N$$

起动力矩倍数为

$$T_{stY}=\frac{1}{3}T_{stN}=\frac{1}{3}\times 2.05T_N=0.683T_N$$

（2）采用电抗器降压起动，起动电流倍数为

$$I'_{st}=kI_{stN}=\frac{1}{\sqrt{3}}I_{stN}=\frac{1}{\sqrt{3}}\times 6.93I_N=4I_N$$

起动力矩倍数为

$$T'_{st}=k^2T_{stN}=\left(\frac{1}{\sqrt{3}}\right)^2\times 2.05T_N=0.683T_N$$

（3）采用自耦变压器降压起动。

50%抽头

$$T'_{st}=\frac{1}{k_a^2}T_{stN}=\frac{1}{4}\times 2.05T_N<0.8T_N \quad \text{不合题意}$$

80%抽头

$$T'_{st}=\frac{1}{k_a^2}T_{stN}=\frac{1}{\left(\frac{1}{0.8}\right)^2}\times 2.05T_N>0.8T_N$$

65%抽头

$$T'_{st}=\frac{1}{k_a^2}T_{stN}=\frac{1}{\left(\frac{1}{0.65}\right)^2}\times 2.05T_N>0.8T_N$$

兼顾有较小的起动电流。自耦变压器应选用65%的抽头，此时自耦变压的变比为

$$k_a=\frac{1}{0.65}=1.538$$

由电网供给的起动电流倍数为

$$\frac{I'_{st}}{I_N}=0.65^2\times 6.93=2.93$$

起动力矩倍数为

$$\frac{T'_{st}}{T_N}=0.65^2\times 2.05=0.866$$

可见鼠笼式异步电动机直接起动时，起动力矩较大，缺点是起动电流很大，因此这种方法被广泛应用于电网容量足够大的场合。

当电网容量不够，而需要限制起动电流时，在本题计算的三种降压方法中：定子串电抗降压时，起动力矩比起动电流有更大的下降，因此该法最差，仅适用于空载或很轻载的一些场合；Y-△换接起动和自耦变压器降压起动，这两种方法的起动力矩倍数下降均与起动电流倍数下降成正比例，只是前者降压比固定为$\sqrt{3}$，但设备简单，适用于空载或轻载下起动的场合；后者设备比较贵，但能灵活地选择不同的降压倍数，适应不同的需要。

20.4 深槽式及双鼠笼式异步电动机

从以上分析中可以知道鼠笼式异步电动机具有结构简单、运行可靠，维护方便等优点，但它的起动性能较差。相比之下，绕线式异步电动机有良好的起动性能，但它的结构复杂，维护不便。因此人们曾经设想，是否能设计出一种电动机，既具有鼠笼式异步电动机的结构，又具有绕线式异步电动机的起动性能，集两种电动机的优点于一身？双鼠笼式及深槽式异步电动机就是按上述设想设计的特种鼠笼式异步电动机，它们的特点是：都有与一般鼠笼式异步电动机相似的结构，但利用“集肤效应”的原理，使起动时转子回路电阻增大，而在运行转速时转子电阻自行减小。这两种电动机的定子结构与一般鼠笼式异步电动机的定子完全一样，只是转子的鼠笼部分和一般鼠笼式异步电动机有些不同。目前功率大于100kW的鼠笼式异步电动机大多制成双鼠笼式或深槽式。火电厂中一些重要的辅机都应用这类电动机拖动。

20.4.1 深槽式异步电动机

深槽式异步电动机结构的特点是转子槽做得窄而深，一般其深度与宽度之比达到10～12，鼠笼导条因而也是狭长形嵌装或浇铸在槽内。当转子导条中有电流时，槽中漏磁通的分布如图20-7所示。从图中可以看到，与转子导条底部交链的漏磁通，比其上部槽口部分交链的漏磁通要多得多。因此，如果将转子导条看成是由很多沿槽高划分的小导体并联组成，则靠近槽底的小导体交链磁通多、漏抗大，靠近槽口的小导体交链磁通少、漏抗小。起动时$s=1$、$f_2=sf_1=f_1$，转子电流频率较高、漏抗较大。与转子电阻相比较，漏抗起主导作用。转子导条中电流的分布主要取决于漏抗的大小，槽底的小导体漏抗大，电流小。

越靠近槽口，小导体的电流越大。电流密度沿槽高的分布如图20-8所示，这种现象即为集肤效应。电流被排挤到槽口后，其效果相当于减小了转子导条的截面，因而转子回路电阻增大，好像串入了附加电阻，使起动电流降低。同时集肤效应也减小了转子漏抗，这是因为越靠近槽口的小导体，由于交链的漏磁通较少，因此其漏电抗也小。起动时集肤效应使电流密集槽口，因此从整个导条来说，电流所遇到的转子漏抗就减小了。以上两个因素都促使起动力矩增大，从而改善了电动机的起动性能。

起动结束进入正常运行时，槽底与槽口虽仍有差别，但由于转子电流频率很低（仅1～3Hz)，此时转子漏抗大为减小，电阻与漏抗相比，电阻起主导作用，因而小导体中电流分配主要取决于电阻，转子导条中的电流将均匀分布。此时集肤效应消失，相当于转子导条截面又自动增大，转子电阻自动减小。这样，正常运行时转子铜损耗也不会增加。

深槽式异步电动机与同容量的一般鼠笼式异步电动机相比，具有较大的起动力矩和较小的起动电流。但是由于转子槽窄而深，其槽漏磁通也相应增大，因此转子漏电抗较大。由此深槽式异步电动机的功率因数、过载能力均比一般鼠笼式异步电动机要低。

20.4.2 双鼠笼式异步电动机

双鼠笼式异步电动机（又称双笼型异步电动机）也是利用其转子参数可以改变T-s特性的原理。它的结构特点是转子具有上下两层鼠笼，每层鼠笼各有自己的端环。转子的槽形和上下鼠笼导条的布置如图20-9所示。上层导条截面小，用电阻率较大的黄铜或铝青铜材料制成。下层导条截面大，而且用电导率高的紫铜条，因此上笼电阻大于下笼电阻。在上下笼之间有一条狭窄的缝隙，以迫使漏磁通必须经过转子槽底铁心形成磁路，如图 20-9（a）所示。

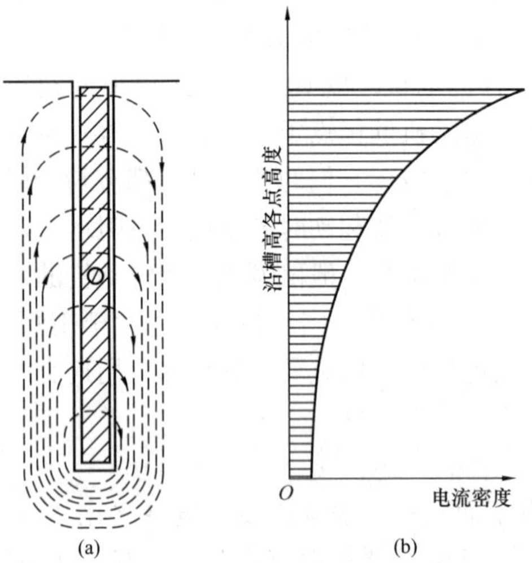

图 20-8 深槽式转子导条的漏磁通和电流分布

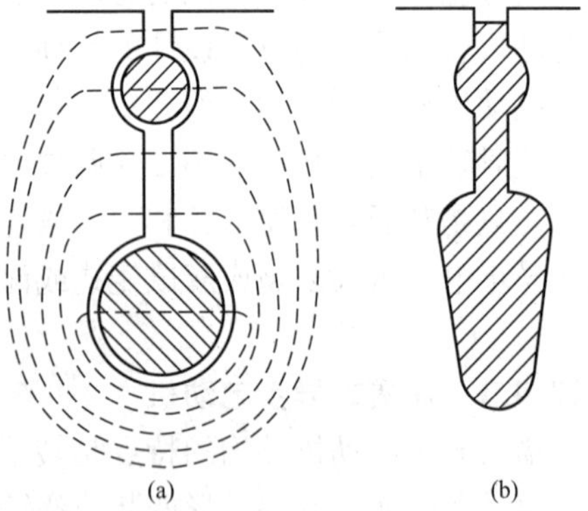

图 20-9 双鼠笼式异步电机转子槽形
（a）铜条；（b）铸铝

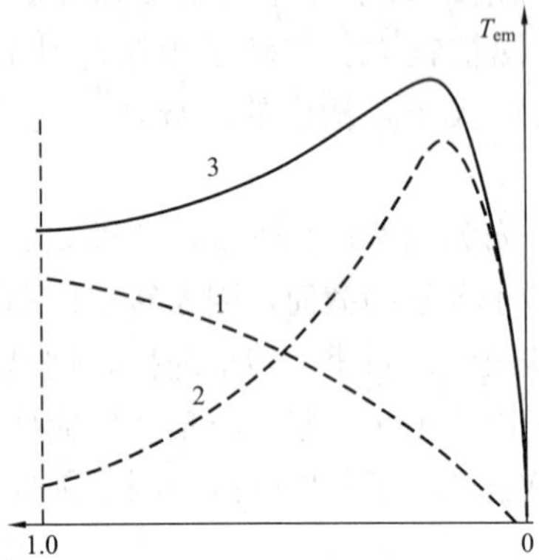

图 20-10 双鼠笼式异步电动机 T-s 曲线

这样上笼导条交链的漏磁通便大大少于下笼的漏磁通，所以上笼的漏电抗小于下笼的漏电抗。

起动时转子电流频率较高，即 $f_2=sf_1=f$，转子漏抗大于电阻，上下笼电流的分配主要取决于漏抗。由于上笼的漏抗比下笼小得多，电流便主要经电阻较大的上笼通过，于是产生较大的起动力矩，所以上笼又称起动笼。

起动结束进入正常运行时，转子电流频率很低，转子漏抗小于转子电阻，上下笼电流的分配主要取决于电阻。由于下笼电阻小，电流大部分从下笼通过，这相当于转子电路的电阻能自动减小，产生正常运行的电磁力矩，所以下笼又称运行笼。

双鼠笼式异步电动机的 T-s 曲线，也可以看成由上笼的 T-s 曲线（见图 20-10 曲线 1）和下笼的 T-s 曲线（见图 20-10 曲线 2）相加而得，这两条曲线叠加的结果如图 20-10 曲线 3 所示。从图中可以看到双鼠笼式异步电动机既具有较大的起动力矩，在额定负载下运行时也有较高的转速，转差率 s_N 值较小。所以从起动到运行双鼠笼式异步电动机都有较好的性能。

如改变上下笼的几何形状或尺寸，改变上下笼间的槽形或改变它们所用导条的材料，便可以改变上下笼的阻抗以获得不同的起动和运行特性，从而适应对电动机特殊运行的需要。另外，从转子结构来看，双鼠笼转子的机械强度高，可用于高速或较大容量的电动机。只是由于双鼠笼式异步电动机的转子漏抗较大，因而功率因数和过载能力均较一般鼠笼式异步电动机的低。

20.5　异步电动机的谐波力矩及其对电动机起动的影响

以上所分析的电磁力矩都假定气隙磁场是正弦波，实际上，气隙磁场中除了基波以外还含有一系列的谐波磁场。这些谐波磁场以不同的转速和转向在气隙中旋转，并在转子中感应电动势、电流，产生电磁力矩。这些由谐波磁场所产生的电磁力矩统称谐波力矩。

分析表明，电动机在额定转速下运行时，谐波力矩的数值很小，因此在分析电动机运行性能时一般可以只考虑基波磁场的作用，而将谐波磁场的效应可以忽略。但是当转速较低时，必须考虑谐波力矩的作用，在电动机起动过程中，转速由零增加到额定转速，各谐波力矩也将随转速的变动而变化。在某些转速下谐波力矩可能很大，在严重的情况下，甚至会造成电动机起动上的困难。

对于绕线式异步电动机，可以串入转子电阻以提高起动力矩，因此其谐波力矩问题一般可不予考虑，需要考虑谐波力矩对起动影响的主要是鼠笼式异步电动机。

谐波力矩就其产生的原理来说，可分为异步谐波力矩和同步谐波力矩两类，以下分别予以说明。

20.5.1　异步谐波力矩

异步谐波力矩产生的原因和异步电动机产生基波电磁力矩的原理是一样的。归纳起来，有以下两个特点：

(1) 在定、转子两方中，只要其中一方存在旋转磁场，而在另一方便可感应出极数相同、转向一致、转速相同的旋转磁场。两磁场相对静止、相互作用产生电磁力矩。简而言之，在定、转子两方中，只有一方磁场是独立存在的，另一方磁场则有赖于对方的电磁感应作用。

(2) 异步力矩的作用是力图使转子达到与谐波对应的同步转速，因而具有阻尼性质，即低于同步转速时有正力矩，高于同步转速时有负力矩，等于同步转速时则力矩等于零。

现在具体分析各次谐波力矩对起动所造成的影响。

先分析七次谐波，定子七次谐波磁场的转速为 $n_7=\frac{1}{7}n_1$。当转子转速达到这一转速时，对七次谐波来说即为同步转速。因此转子转速 n 大于零而低于七次谐波同步转速时，七次谐波所产生的异步力矩 $T_7>0$，谐波力矩的方向与基波力矩方向一致，属于拖动力矩性质；当转子转速超过七次谐波的同步转速时，$T_7<0$，谐波力矩属于制动力矩性质；当 $n=\frac{1}{7}n_1$ 时，即 $s=\frac{n_1-\frac{1}{7}n_1}{n_1}=\frac{6}{7}$ 时，此时七次谐波磁场与转子之间不存在相对运动，因此 $T_7=0$。于是可画出七次谐波磁场所产生的谐波力矩，如图 20 - 11 中的曲线所示。

同理对五次谐波来说，由于它是反转的，同步转速为 $n_5=-\frac{1}{5}n_1$，即 $s=\frac{n_1-\frac{-1}{5}n_1}{n_1}=1.2$。因此当 n 为正值时，和同步转速方向相反，属于电磁制动状态。因此，在图 20 - 11 中

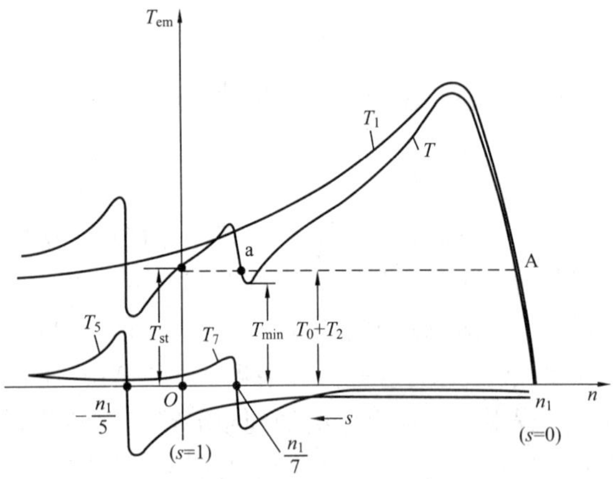

图 20-11 五次和七次谐波磁场产生的异步谐波力矩对电动机起动所造成的影响

当 $n\geqslant 0$ 时五次谐波力矩 T_5 为负值。

将各次谐波力矩和基波电磁力矩相加，可得图 20-11 中的总力矩 T。由图可见，在靠近 $n_7=\frac{1}{7}n_1$ 处，总力矩曲线有一个最小值 $T_{\min}$。若电动机轴上的总负载力矩 T_0+T_N 超过 $T_{\min}$，则起动时转速将停留在 a 点而难以升高。除了五次和七次谐波以外，还存在一系列更高次的谐波磁场，它们同样也会产生谐波力矩。但是随着谐波次数增高，磁场的幅值渐次减小，所以高于七次谐波的磁场所起作用一般不大，可以不予以考虑。只有齿谐波磁场可能属于例外，因为齿谐波的绕组系数与基波的一样，短距和分布绕组对齿谐波影响不大，因此在高次谐波中只有齿谐波显得比较突出。

20.5.2 同步谐波力矩

同步谐波力矩产生的原因和同步电动机产生基波电磁力矩的原理相仿，归纳起来，有以下几个特点：

（1）定、转子两方必须有相对独立的两个磁场，彼此并非因对方感应诱导而产生，还要满足极数相同、在气隙中相对静止，即同转速、同方向旋转的条件。

（2）只有在同步转速时方能产生电磁力矩，一旦离开了同步转速，平均电磁力矩即等于零。

下面具体分析同步谐波力矩的产生过程和对电动机起动所造成的影响。

当定子绕组有三相正弦交流电通过时，产生基波和一系列的谐波磁场。在定子基波磁场的作用下（其他谐波磁场也可），转子导条中感应电流，感应电流在转子中产生与定子磁场极数相同、转速相等的基波磁场和一系列的谐波磁场。若转子谐波磁场中有某次谐波，而定子谐波磁场中也有次数相同的谐波，即两个谐波磁场具有相同的极数，则因转子的某次谐波磁场并非由定子的某次谐波感应所产生，而是有其独立的来源，因此只要在某一特定的转子转速下，两者达到相对静止，同时产生同步谐波力矩。

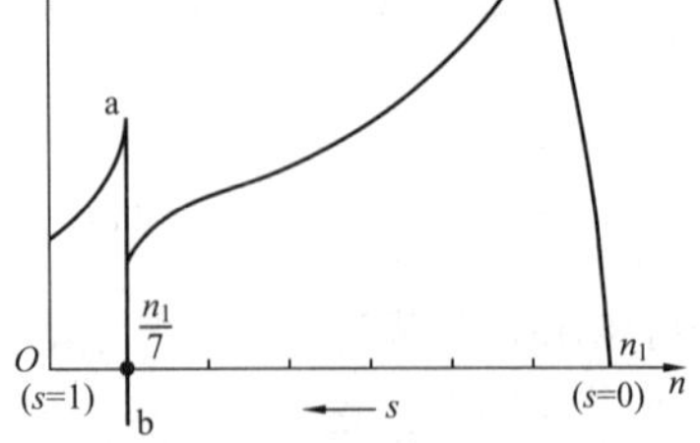

图 20-12 同步谐波力矩发生在$\frac{1}{7}n_1$ 时的 T-s 曲线

在异步电动机中，最主要的同步谐波力矩是由定子和转子的齿谐波磁场相互作用所产生。图 20-12 画出了该电动机的 T-s 曲线。将定、转子齿谐波磁场间的同步力矩叠加到电动机基波磁场的异步力矩曲线上，将使电动机的总力矩在某个转速$\left(\text{如}\frac{1}{7}n_1\right)$处由 a 点到 b 点间急剧变动，力矩曲线严重畸变。a 点力矩增加，表示定子齿谐波磁场超前于转子齿谐波磁场，同步力矩帮助转速升高。b 点力矩骤减又表示升速瞬间转子齿谐波磁场转到定子齿谐波磁场前面，由于同步力矩的牵引又将转子拖回。总之，在转速 $\frac{1}{7}n_1$ 处，受到齿谐波同步力矩的干扰，电动机转速停滞不前，严重时甚至无法升速，电动机无法起动。

20.5.3　削弱谐波力矩的方法

谐波力矩严重干扰电动机的起动，因此有必要采取措施来消除或加以限制。

1. 采用短距和分布绕组

前面已作过分析：采用短距和有较大 q 值的分布绕组可以得到合适的绕组系数，从而削弱高次谐波。

2. 转子采用斜槽

这一方法通常适用中小型异步电动机。制造时把转子槽扭斜一个定子槽距，这样使转子导条一半处于齿部而另一半处于槽部，整个导条似乎处于一个均匀磁场下，从而减弱了齿谐波效应。当然，如转子用直槽，而定子采用斜槽也有同样效果。但是定子采用斜槽后，电动机的差漏抗将稍有增加，因此电动机的最大力矩和额定功率因数将略有降低。

3. 采用半闭口槽或磁性槽楔

为了减弱齿谐波磁场的作用，常在中、小型异步电动机中采用半闭口槽以减少由于槽开口而引起过大的磁导不均匀。大型异步电动机由于绕组是预制成型，槽口与槽宽一样，有时可采用磁性槽楔。

4. 合理选择定子和转子槽的配合

由于谐波同步力矩发生在定、转子相同次数的谐波磁场间，因此得

$$\frac{Z_1}{p}\pm 1=\frac{Z_2}{p}\pm 1$$

也就是说发生在 $Z_1=Z_2$ 或 $Z_1-Z_2=\pm 2p$ 的时候。所以为了防止出现同次数的定子齿谐波和转子齿谐波，应该避免上列关系的存在，即定子槽数不应等于转子槽数，它们的差也不应等于电动机的极数。

20.6　同步电动机的异步起动

同步电动机在正常运行时，转子以同步转速旋转，这时定、转子两个磁场相对静止，因而相互作用所产生的电磁力矩称为同步力矩。同步电动机在运行过程中，由于电网电压或机械负载的变动，转子转速在瞬间可能高于或低于同步转速，但两磁场的转速相差不大，仍能相互作用产生整步力矩，使转子由接近同步转速牵入到同步转速，同步电动机的上述过程称为“牵入同步”或称“自整步作用”。

还应指出：同步电动机的整步力矩只是在定、转子两个磁场转速相差不多时才能产生。如果转速相差过大，则由于转子的机械惯性，不可能在极短的瞬间内达到同步转速，此时两个磁场相互作用所产生的平均电磁力矩等于零。

根据同步力矩或整步力矩的产生条件可以知道：①同步电动机不能依靠同步力矩进行起动，因为起动瞬间定、转子两个磁场转速相差太大，使同步力矩不能产生；②同步力矩具有自整步能力，只要两磁场转速相近时，就可以将转子牵入同步。

20.6.1 起动同步电动机的方法

（1）应用变频电源，从低频开始，一开始就利用自整步能力将转子牵入同步，然后逐渐提高频率直至所要求的规定值；

（2）用一台可调速的直流电动机，带动转子使其转速接近于同步转速，然后在转子的励磁绕组加入直流励磁，利用自整步作用将转子牵入同步；

（3）利用转子极面上的阻尼绕组，在起动时将其看作为鼠笼转子的导条，使之产生异步力矩并将转子带动到同步转速附近，以后再使转子达到同步，这就是所谓异步起动法。

20.6.2 异步起动步骤

在起动前应先将转子绕组短接，或接入一适当电阻（一般为磁场电阻的10倍）。在起动时让转子绕组开路是不行的，因为转子绕组的匝数很多，在起动时定子所产生的旋转磁场将在转子绕组中感应出很高的电动势，可能危及绕组绝缘，或影响人身安全。如果将其短路，则电压等于零，但是转子绕组中的电流将会产生单轴力矩，有时会影响起动，这样可以接入电阻，用以限制转子绕组中的电流和单轴力矩。

起动时将定子绕组接到电源，按电动机的容量、负载的性质和电源情况，确定采用直接起动或某种方法的降压起动。这时电动机作为一台异步电动机，它的转速不会达到同步转速。待转速到达同步转速的95%左右时，将直流电源接入转子绕组，于是转子被牵入同步，起动过程即告完成。

结 语

异步电动机的起动是构成电动机运行性能的一个重要组成部分。对异步电动机起动的主要要求是：起动电流较小和起动力矩较大。对于绕线式异步电动机一般都采用转子回路中串入阻的起动方法，这样不但使起动电流受到限制，而且还可提高起动力矩。由此对于起动要求较高的负载，常采用绕线式异步电动机。对鼠笼式异步电动机，如果电源容量容许，应尽可能采用直接起动，以获得较大的起动力矩，当电源容量不够时，应采用降压起动，以减小起动电流。常采用的方法是Y-△换接起动或自耦变压器降压起动。双鼠笼式和深槽式异步电动机都是利用集肤效应来增大起动时的转子电阻，以减小起动电流和增大起动力矩。在正常运行时，由于转子电流频率很低，集肤效应基本消失，使转子电流均匀分布于导条中，所以转子电阻减小，从而不致增加转子铜损耗，以保证电动机有较高的效率。

由高次谐波磁场所产生的谐波力矩，对异步电动机的起动可能会产生很大的影响。严重时会使电动机不能起动、升速。消除或削弱谐波力矩的方法主要有：采用适当的短距绕组，把转子槽扭斜和合理选择定、转子槽数配合。

习 题

20-1 转子回路中串入电阻起动时，为什么既能降低起动电流又能增加起动力矩？试分析比较在串入电阻前后起动时 ϕ_1，I_2，$\cos\varphi_2$，I_{st}是如何变化的？串入的电阻是否越大越好？

20-2 鼠笼式异步电动机在重载起动时与轻载起动时相比其起动电流何者较大，为什么？起动力矩与起动时间又如何？

20-3　一台三相四极异步电动机的额定容量为 $P_N=28kW$，$U_N=380V$，$\eta_N=90\%$，$\cos\varphi_N=0.85$（滞后），定子绕组为三角形接法。在额定电压下直接起动时，起动电流为额定电流的 6 倍。问如用 Y-△起动时，起动电流是多少？

20-4　一台三相绕线式异步电动机，$P_N=155kW$，$U_N=380V$，$I_N=294A$，$p=2$，定子绕组为星形接法，$r_1=r_2'=0.012\Omega$，$x_{1\sigma}=x_{2\sigma}'=0.06\Omega$，$\sigma=1$，$K_e=K_i=1.2$。现要求把起动电流限制为 3.5 倍额定电流，试计算应在转子回路内接入多大电阻？此时起动力矩又是多少？

20-5　一台鼠笼式异步电动机，全电压直接起动时起动电流为额定值的 5.4 倍，起动力矩为 1.2 倍。如用自耦变压器降压起动，要求起动力矩为$\frac{5}{6}$额定值，此时变压器的变比是多少？起动电流是额定值的几倍？

20-6　三相绕线式异步电动机，$p=3$，$f_1=50Hz$，$P_N=4.5kW$，$U_N=380V$，定子绕组为三角形接法，$n_N=958r/min$，$K_e=K_i=1.2$，$r_2'=1.2\Omega$，$k_m=2.49$。试求：

（1）当 $T_{st}=1.2T_N$，并使 $s_m<1$ 时，转子每相应串入多大电阻？

（2）若使 $T_{st}=T_{max}$转子每相应串入多大电阻？

第 21 章　三相异步电动机的调速

异步电动机调速性能的好坏，是衡量其运行性能的重要指标。

异步电动机投入运行后，为适应生产过程的需要，有时要人为地改变电动机的转速，称为调速。调速不是指电动机由于负载变化而引起的转速变化，这是必须加以区别的。

在现代工业生产中，为了提高生产效率和保证产品质量，常要求生产机械能在不同的转速下进行工作。三相异步电动机由于结构简单、运行可靠、价格便宜，在工业上得到了广泛的应用；但是它的调速性能则不如直流电动机，所以对调速性能要求较高的若干工业部门，例如交通运输、轧钢以及起重机械等，仍不得不采用昂贵而可靠性稍差的直流电动机。近年来，由于变频调速的发展，异步电动机的调速性能有了很大的提高，在工业生产中得到广泛的应用。根据异步电动机的转速公式，即

$$n=(1-s)\frac{60f_1}{p} \tag{21-1}$$

可知，异步电动机的调速方法分为以下三种：

（1）改变电动机的转差率 s。对于绕线式转子，可在转子回路串入附加电阻；对于鼠笼式转子，可改变定子绕组的端电压。

（2）改变电源频率。

（3）改变电动机定子绕组的极对数 p。

以下介绍异步电动机的调速方法。

21.1　绕线式转子的变阻调速

绕线式转子变阻调速的工作原理是依据在转子每相电路中串入附加电阻后，$T-s$ 曲线随之发生变化，即产生最大电磁力矩的转差率随转子电阻的增大而变大，但最大电磁力矩数值不变，曲线变化情况如图 21-1 所示。

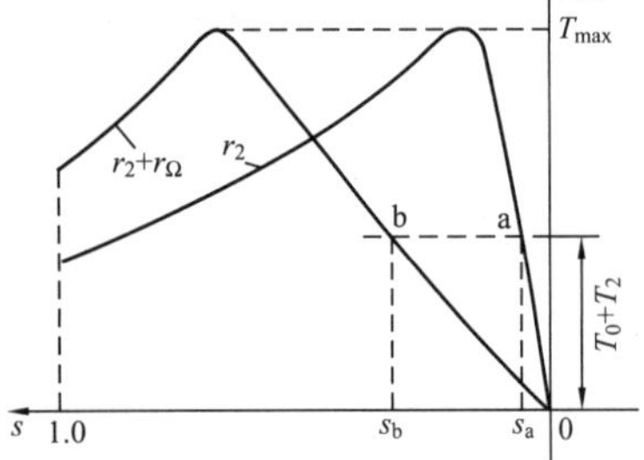

图 21-1　变阻调速特性

假设负载为恒力矩负载，则因 $T-s$ 曲线的变化导致工作转差率不同。在图 21-1 中，由 s_a 变为 s_b 时转子有不同的工作转速。

21.1.1　电磁力矩

根据电磁力矩公式可得未接电阻时和接入调速电阻 r'_Ω 以后的力矩关系分别为

串电阻前
$$T_{em}=\frac{pm_1}{2\pi f_1}\frac{U_1^2\dfrac{r'_2}{s_a}}{\left(r_1+\sigma\dfrac{r'_2}{s_a}\right)^2+(x_{1\sigma}+\sigma x'_{2\sigma})^2}$$

串电阻后　$$T'_{em}=\frac{pm_1}{2\pi f_1}\frac{U_1^2\frac{r'_2+r'_\Omega}{s_b}}{\left(r_1+\sigma\frac{r'_2+r'_\Omega}{s_b}\right)^2+(x_{1\sigma}+\sigma x'_{2\sigma})^2}$$

由于负载力矩不变则有

$$T'_{em}=T_{em}$$

可得　$$\frac{r'_2+r'_\Omega}{s_b}=\frac{r'_2}{s_a}\tag{21-2}$$

或　$$\frac{r_2+r_\Omega}{s_b}=\frac{r_2}{s_a}\tag{21-3}$$

这种调速的优点是调速平滑性好、附加设备简单、操作也比较方便，缺点是人为地串入调速电阻后增大了转子铜损耗，使效率降低，即调速的经济性差。通常在中小型异步电动机中用得较多。

21.1.2　转子电流

由简化Γ形等效电路知：

串电阻前　$$I'_2=\sigma I''_2=\frac{U_1}{\sqrt{\left(r_1+\sigma\frac{r'_2}{s_a}\right)^2+(x_{1\sigma}+\sigma x'_{2\sigma})^2}}$$

串电阻后　$$(I'_2)'=(\sigma I''_2)'=\frac{U_1}{\sqrt{\left(r_1+\sigma\frac{r'_2+r'_\Omega}{s_b}\right)^2+(x_{1\sigma}+\sigma x'_{2\sigma})^2}}$$

由式（21-3）知，$(I'_2)'=I'_2$，即串电阻前后转子电流不变。

21.1.3　转子铜耗

由于转子电流不变，在式（21-3）两边同乘以 $m_1I'^2_2$ 得

$$m_1I'^2_2\frac{r'_2+r'_\Omega}{s_b}=m_1I'^2_2\frac{r'_2}{s_a}$$

$$\frac{p_{Cu2}+p_\Omega}{s_b}=\frac{p_{Cu2}}{s_a}\tag{21-4}$$

由以上分析可知，当负载为恒力矩负载，转子回路串电阻调速时，转子电流不变，转子绕组电阻 r'_2 消耗的功率及转子铜耗不变，但由于所串电阻 r'_Ω消耗功率，所以电动机效率降低。通常用在中小型异步电动机中。

例21-1　一台三相八极绕线式异步电动机，$f_1=50$Hz，转子每相电阻折算值 $r'_2=0.134\Omega$，电动势比 $K_e=1.342$，额定负载时 $n_N=722$r/min。现在要求将转速调到500r/min，试求：

(1) 每相转子绕组中应串入多大的电阻，假定负载力矩保持不变；

(2) 在（1）的情况下，转子电流以及电磁功率数值是否会发生变化？

解：(1) 同步转速和转差率。

经计算知 $n_1=750$r/min 。

串电阻前 $s=\frac{n_1-n_N}{n_1}=\frac{750-722}{750}$，串电阻后 $s'=\frac{n_1-n_N}{n_1}=\frac{750-500}{750}=0.333$。

由
$$\frac{r'_2+r'_\Omega}{s_b}=\frac{r'_2}{s_a}$$
得
$$\frac{0.134+r'_\Omega}{0.333}=\frac{0.134}{0.0373}$$
转子每相电阻
$$r'_\Omega=1.062\Omega,\quad r_\Omega=\frac{r'_\Omega}{K_eK_i}=0.59\Omega$$

（2）转子电流不变。

由于串调速电阻时的转子电流不变，则有
$$m_1I'^2_2\frac{r'_2+r'_\Omega}{s}=m_1I'^2_2\frac{r'_2}{s}=P_{em}$$
所以电磁功率也不变。

21.2 绕线式转子串级调速

绕线转子异步电机一般采用转子电路串接电阻和串接电动势两种调速方式，前者在附加变速电阻上将消耗大量能量，后者则把这部分能量加以利用，但是在转子电路中需要增加一套变换装置，由此构成串级调速系统。

当绕线型异步电机转子回路中串入一个附加电动势，其频率与转子电动势 sE_2 的频率相同，而相位相同或相反。如果附加电动势 E_f 的相位与转子电动势 sE_2 相位相反，附加电动势吸收电功率，其作用与外加电阻一样，转子电流 I_2 为
$$I_2=\frac{sE_2-E_f}{\sqrt{r_2^2+x_{2\sigma}^2}} \tag{21-5}$$

接入 E_f 瞬间 s 不变，转子合成电动势 sE_2-E_f 减少，转子电流减小，则电磁转矩 T_{em} 也随之减小，这样电磁转矩 T_{em} 小于总负载转矩 T_2+T_0，使电机减速，即 s 增大。由式（21-5）可知，s 增大，I_2 也将增大，则 T_{em} 增加，直至 $T_{em}=T_2+T_0$，电机方能稳速运行，但此时转速较原有的低。串入电动势 E_f 越大，转速越低。同理，如果附加电动势 E_f 与转子电动势 sE_2 相位相同，则电机转速将上升，甚至超过同步转速，常称为双反馈调速系统。

实现串级调速的方法很多，近年来，大多采用晶闸管串级调速，主要用于低于同步转速的调速。如图 21-2 所示，转子绕组端接整流器，把转子中的转差电动势和滑差功率变成直流，并通过变压器变成合适的电压返送回电源，逆变器的电压可看成是加在转子回路中的附加电动势，控制逆变器的移相角 β，就可以改变逆变器的电压 E_f，也就可以改变电机的转速。当逆变器的移相角 β 接近 90°时，逆变电路中直流电压为零，转子附加电动势 E_f 也为零，电动机按原特性运行在接近同步速，当 β 减小时，E_f 增加，电机转速下降，通常为了防止逆变换流失败，β 角最小限定在 30°左右。机械特性几乎是一组平行下斜的直线，如图 21-3 所示。与此同时，逆变器把转子回路的转差功率 sP_{em} 大部分返送回交流电网，因此调速效率较高；与变频器调速相比，变流装置容量较小，比较经济；但是，其调速范围不大，功率因数较低。其当前主要应用于风机、水泵的节能调速和矿井提升、压逆机等功率较大的绕线异步电动机调速系统。

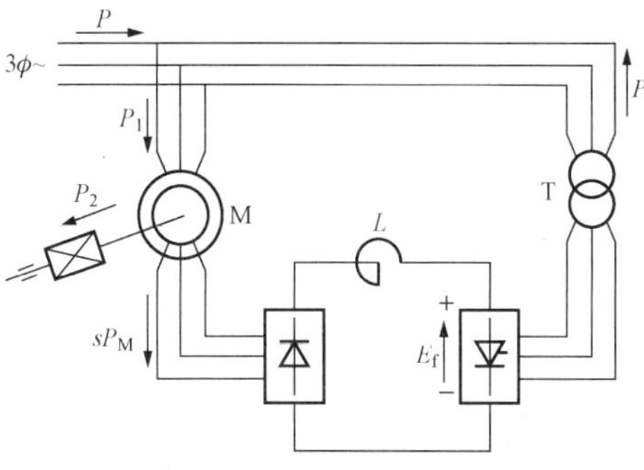

图 21-2　串级调速系统

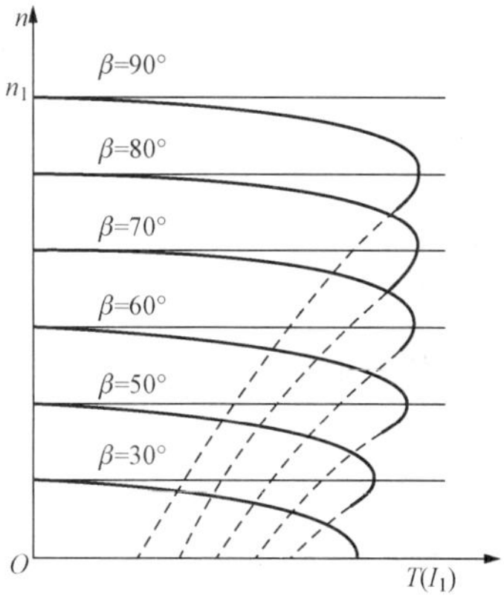

图 21-3　串级调速的机械特性

21.3　定子绕组的变压调速

定子绕组的变压调速一般用于鼠笼式异步电动机。这种调速方法的基本依据是电压变化时，$T-s$ 曲线随之发生变化，从而使工作点转移。

图 21-4 是变压调速时异步电动机的 $T-s$ 曲线变化情况。因为最大电磁力矩 T_{max} 正比于电压的平方，临界转差率 s_m 却与电压无关，因此当电压降低时，特性曲线的变化是由 a 变为 b 再变为 c，但 s_m 值均相同。由图可见，对于恒力矩负载，$T_{em}=T_0+T_2$ 为常数，则其调速范围充其量只能由 s_a 变到 s_b，无太大的实用价值。但对于泵和风机类负载，如图上的抛物线状特性，则调速范围可拓宽，即便交点落在 $s_f>s_m$ 区域，仍是 $\frac{dT_{em}}{ds}>\frac{dT_L}{ds}$，属于稳定运行区域。所以变压调速对这一类负载具有实用意义。但是，当转子转速过低时，转子损耗增大，经济效益不高。因此，单一的变压调速只适用于小型的电动机。

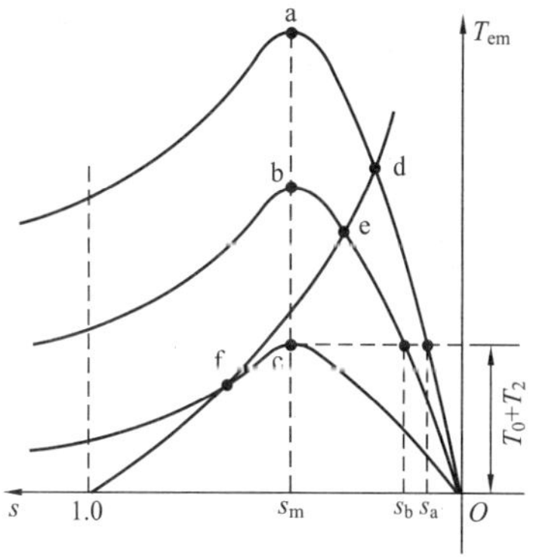

图 21-4　变压调速特性

21.4　变　频　调　速

21.4.1　电压随频率调节的规律

当电源的频率 f_1 改变时，同步转速 n_1 与频率 f_1 成正比变化，于是电动机的转速 n 也随之改变。所以改变电源频率就可以平滑地调节异步电动机的转速。

变频调速时，通常希望气隙磁通 ϕ_1 不变，因为如果 ϕ_1 变大，将引起磁路过分饱和而使激磁电流增加，功率因数降低；如果 ϕ_1 太小，则电机容量不能得到充分利用。忽略定子漏阻抗压降时得

$$U_1 \approx E_1 = 4.44 f_1 N_1 K_{N1} \phi_1 \tag{21-6}$$

可见若要 ϕ_1 不变，则变频调速时应使电压与频率成正比变比，即应使

$$\frac{U_1}{f_1} = 4.44 f_1 N_1 K_{N1} \phi_1 = 常数 \tag{21-7}$$

另一方面，也希望变频调速时电动机的过载能力 $k_m = \frac{T_{max}}{T_N}$ 保持不变。于是，从式（19 -21），忽略相对上很小的定子电阻 r_1 可得

$$k_m = \frac{T_{max}}{T_N} = \frac{p m_1 U_1^2}{4\pi f_1 \sigma_1 (x_{1\sigma} + \sigma x'_{2\sigma}) T_N} \tag{21-8}$$

在忽略铁心饱和的影响时，$\sigma_1(x_{1\sigma} + \sigma x'_{2\sigma})$ 与频率成正比，可写成 $\sigma_1(x_{1\sigma} + \sigma x'_{2\sigma}) = f_1 k$，其中 k 为常数。若用加撇的符号代表变频后的量，则上式可得在保持 k_m 不变时，变频后与变频前各量的关系为

$$k_m = \frac{p m_1 U_1^2}{4\pi f_1^2 k T_N} = \frac{p m_1 U'^2_1}{4\pi f'^2_1 k T'_N} \tag{21-9}$$

由此可得变频时若要过载能力不变，则电压、频率和额定转矩应保持下列关系

$$\frac{U'_1}{U_1} = \frac{f'_1}{f_1}\sqrt{\frac{T'_N}{T_N}} \tag{21-10}$$

从式（21 - 10）可得对应于下面三种转矩变化情况，电压应如何随频率的改变而调节。

1. 恒转矩变频调速

对于恒转矩负载 $T_N = T'_N$，由式（21 - 9）得

$$\frac{U'_1}{U_1} = \frac{f'_1}{f_1}$$

就是说，在恒转矩负载下，若能保持电压与频率成正比调节，则电动机在调速过程中，既保证了过载能力 k_m 不变，同时又满足主磁通 φ_1 不变的要求，这也说明变频调速特别适用于恒转矩负载。

2. 恒功率变频调速

对于恒功率负载，要求变频调速时电动机的输出功率保持不变，即

$$P_N = \frac{T_N 2\pi n_N}{60} = \frac{T'_N 2\pi n'_N}{60} \tag{21-11}$$

所以

$$\frac{T'_N}{T_N} = \frac{n_N}{n'_N} = \frac{f'_1}{f_1} \tag{21-12}$$

将式（21 - 12）代入式（21 - 9）得

$$\frac{U'_1}{U_1} = \sqrt{\frac{f'_1}{f_1}} \tag{21-13}$$

在恒功率负载下，若能保持电压与频率按 $\frac{U_1}{\sqrt{f_1}}$ = 常数调节，则电动机在调速过程中，过载能力 k_m 不变，但主磁通 ϕ_1 将发生变化。

3. 风机类负载变频调速

对于风机类负载 $T_N \propto n_N^2$，所以

$$\frac{T'_N}{T_N}=\left(\frac{n'_N}{n_N}\right)^2=\left(\frac{f'_1}{f_1}\right)^2 \tag{21-14}$$

将式（21-14）代入式（21-10）得

$$\frac{U'_1}{U_1}=\left(\frac{f'_1}{f_1}\right)^2 \tag{21-15}$$

对于风机类负载下，若能保持电压与频率按$\frac{U_1}{f_1^2}$为常数调节，则电动机在调速过程中，过载能力 k_m 不变，但主磁通 ϕ_1 将发生变化。

实际情况和上面分析结果有些出入，主要因为电机铁心总是有一定程度的饱和，其次由于转速改变时，电机的冷却条件也改变了。

变频调速从平滑性、调速范围、调速时电机性能是否改变等方面来看都很优越，但必须有一套专用的变频电源，设备投资较高，使其应用受到很大限制。近年来，可控硅技术发展很快，为获得变频电源提供了新的途径，促进了变频调速的应用。

21.4.2 变频调速时电动机的机械特性

忽略定子绕组和转子绕组的电阻 r_1 和 r'_2，最大力矩和起动力矩的表达式分别为

$$T_{max}\approx\frac{pm_1U_1^2}{4\pi f_1\sigma(x_{1\sigma}+\sigma x'_{2\sigma})}=\frac{pm_1U_1^2}{8\pi^2f_1^2\sigma(L_{1\sigma}+\sigma L'_{2\sigma})} \tag{21-16}$$

$$T_{st}\approx\frac{pm_1U_1^2r'_2}{2\pi f_1(x_{1\sigma}+\sigma x'_{2\sigma})^2}=\frac{pm_1U_1^2r'_2}{8\pi^3f_1^3(L_{1\sigma}+\sigma L'_{2\sigma})^2} \tag{21-17}$$

最大转差率点的转速

$$n_m=(1-s_m)n_1$$

最大转差率点的转速降低

$$s_mn_1\approx\frac{r'_2}{(x_{1\sigma}+\sigma x'_{2\sigma})}n_1=\frac{r'_2}{2\pi f_1(L_{1\sigma}+\sigma L'_{2\sigma})}\frac{60f_1}{p}=\frac{30r'_2}{\pi p(L_{1\sigma}+\sigma L'_{2\sigma})} \tag{21-18}$$

以电动机的额定频率 f_N 为基准频率（简称基频），在生产实践中，变频调速时电压随频率的调节规律是以基频为分界线的，于是有以下两种情况：

（1）在基频以下调速时，保持$\frac{U_1}{f_1}$为常数，即恒转矩调速。由式（21-16）～式（21-18）可知，当 f_1 减小时，最大转矩 T_{max}不变，起动转矩 T_{st}增大，最大转差率点转速降低 s_mn_1 不变。因此，机械特性随频率的降低而向下平移，如图 21-5 中虚线所示。实际上，由于定子电阻 r_1 的存在，随着 f_1 降低，由于$\frac{U_1}{f_1}$为常数，T_{max}将减小，当 f_1 很低时，T_{max}减小很多，如图 21-5 中实线所示。为保证电动机在低速时有足够大的 T_{max}值，U_1 应比 f_1 降低的比例小一些，使$\frac{U_1}{f_1}$的值随 f_1 的降低而增加，如图 21-6 中直线 2，这样才能获得图 21-4 中虚线所示的机械特征。

（2）在基频以上调速时，频率从 f_N 往上增高，但电压 U_1 却不能增加的比额定电压 U_{1N} 还大，最多只能保持 $U_1=U_{1N}$。由式（21-5）可知，这将迫使磁通与频率成反比降低，又由式（21-15）～式（21-17）可知，T_{max}和 T_{st}均随频率 f_1 的增高而减小，s_mn_1 保持不变，其机械特性如图 21-6 所示，这近似为恒功率调速，相当于直流电动机弱磁调速的

情况。

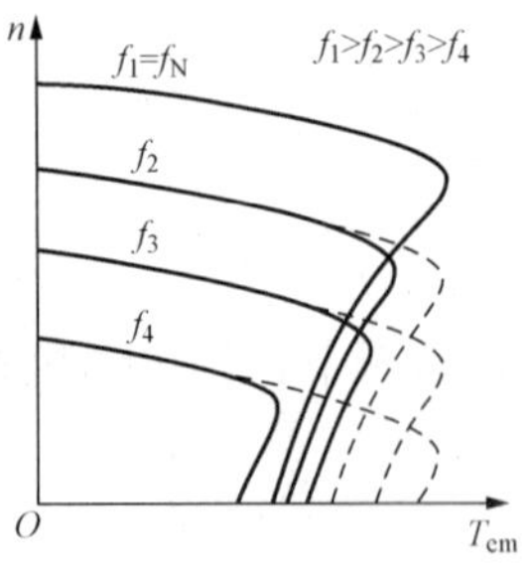

图 21-5 U_1/f_1 为常数时变频调速的机械特性

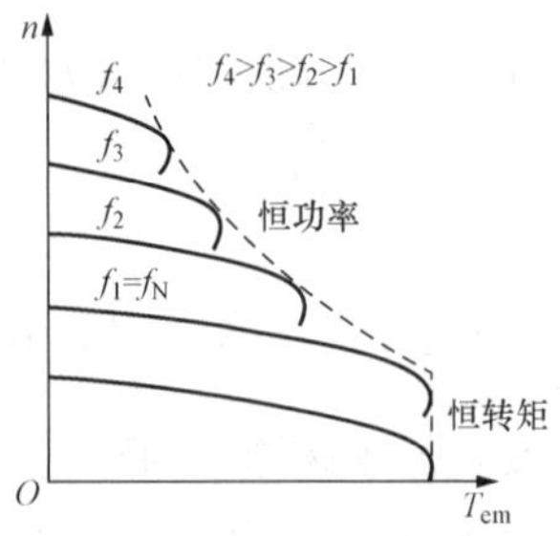

图 21-6 恒转矩和恒功率变频调速时的机械特性

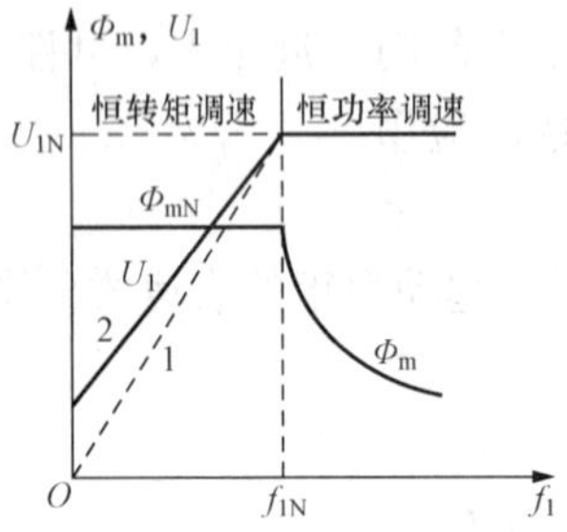

图 21-7 异步电动机变频调速控制特性

1—不带定子电压补偿；2—带定子电压补偿

把基频以下和基频以上两种情况合起来，可以得到图 21-7 所示的异步电动机变频调速控制特性，图中曲线 1 为不带定子电压补偿时的控制特性，曲线 2 为带电压补偿时的控制特性。如果电动机在不同转速下都具有额定电流，则电动机都能在温升允许条件下长期运行，这时转矩基本上随磁通变化而变化，即在基频以下属于恒转矩调速，而在基频以上数以恒功率调速。

21.5 变 极 调 速

变极调速也是改变定子磁场转速 n_1 达到转子调速的方案。由于 n_1 与极对数 p 成反比，因此转子转速随着 p 的变化而一级一级地改变，因此变极调速就调速的平滑性来说是较差的，但这一调速方法有操作方便和附加设备简单的优点。

21.5.1 定子绕组极数的改变方法

图 21-7 说明定子绕组极数改变一倍时的改接方法。在图 21-8（a）的接法中，定子绕组产生的是四极旋转磁动势，当把绕组中的一半绕组（半相）反接，这时，半相中的电流方向就变反，这时定子绕组产生的是两极旋转磁动势，如图 21-8（b）。因此只要在电动机的接线盒上把定子绕组的连接方法改变，就可以得到不同的极数，从而得到不同的转速。再比较图 21-8（b）和（c），它们都产生两极磁动势，但按照电压和电流的不同要求，在图 21-8（b）中两个半相绕组接成串联，而在图 21-8（c）中两个半相绕组接成并联。

21.5.2 不同连接方法时，功率及力矩的关系

在变极调速时，根据定子绕组的不同连接方法，电动机在两种不同转速下的输出功率或力矩会有不同的比例关系。

1. Y/YY

图 21-9 为 Y/YY 接法的变极绕组。假设在这两种接法中，如保持电源电压 U_N 及每个绕组允许流过电流 I_N 不变。

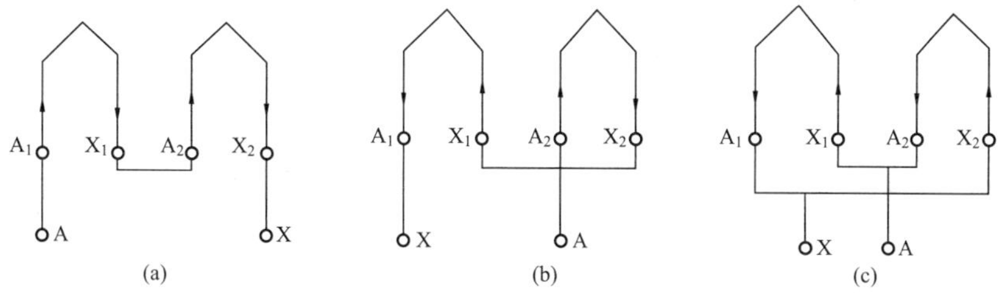

图 21-8　二/四极电动机定子一相绕组的接线

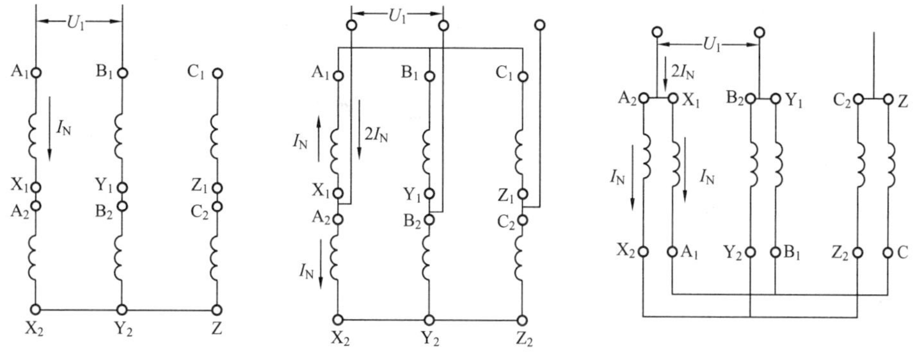

图 21-9　Y/YY 接法的变极绕组

Y 接法（多极）：

电动机的输出功率为

$$P_{NY}=\sqrt{3}U_N I_N \cos\varphi_{NY}\eta_Y$$

电动机的输出力矩为

$$T_{NY}=\frac{P_{NY}}{\dfrac{2\pi n_Y}{60}}$$

YY 接法（少极）：

电动机的输出功率为

$$P_{NYY}=\sqrt{3}U_N 2I_N \cos\varphi_{NYY}\eta_{YY}$$

电动机的输出力矩为

$$T_{NYY}=\frac{P_{NYY}}{\dfrac{2\pi n_{YY}}{60}}$$

如近似地认为电动机在两种极数下的效率及功率因数相等，由于极对数 $p_Y=2p_{YY}$，所以转速 $n_{YY}\approx 2n_Y$。

由电动机的输出功率表达式，得

$$P_{NYY}=2P_{NY}$$

电动机的输出力矩表达式及转速关系，得

$$T_{NYY}\approx T_{NY}$$

可见，在高速时电动机轴上的允许输出功率将比低速时近似地大 1 倍。输出力矩近似不变。因此 Y/YY 接法适合于恒力矩负载的调速。

2. △/YY

图 21 - 10 为△/YY 接法的变极绕组。

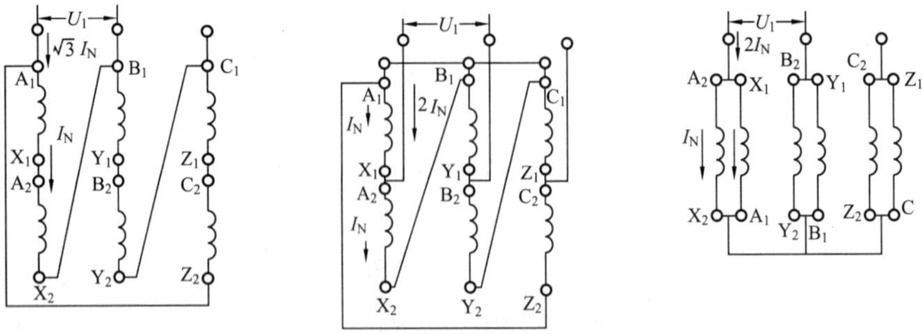

图 21 - 10 △/YY 接法的变级绕组

△接法（多极）：

电动机的输出功率为

$$P_{N\triangle}=\sqrt{3}U_N(\sqrt{3}I_N)\cos\varphi_{N\triangle}\eta_{\triangle}$$

电动机的输出力矩为

$$T_{N\triangle}=\frac{P_{N\triangle}}{\frac{2\pi n_{\triangle}}{60}}$$

YY 接法（少极）：

电动机的输出功率为

$$P_{NYY}=\sqrt{3}U_N 2I_N\cos\varphi_{NYY}\eta_{YY}$$

电动机的输出力矩为

$$T_{NYY}=\frac{P_{NYY}}{\frac{2\pi n_{YY}}{60}}$$

如近似地认为电动机在两种极数下的效率及功率因数相等，由于极对数 $p_{\triangle}=2p_{YY}$，所以转速 $n_{YY}\approx 2n_{\triangle}$。

由电动机的输出功率表达式，得

$$P_{NYY}=\frac{2}{\sqrt{3}}P_{N\triangle}=1.15P_{N\triangle}$$

电动机的输出力矩表达式及转速关系，得

$$T_{NYY}\approx\frac{1}{2}T_{N\triangle}$$

可见在△/YY 接法中，电动机的转速增加 1 倍，输出功率只近似增加了 15%，因此在低转速时产生的电磁力矩将比高速时的大，所以这种△/YY 接法适用于恒功率负载的调速。例如金属切削机床，在一般的情况下，低速时进行粗切削，进刀量大，需要力矩大；而在高速时进行精切削，进刀量小，需要的力矩小。这样在不同的转速时所需的功率接近恒定值，因此适宜于采用这种接法。

根据机械负载的不同要求，可选用恒力矩或恒功率的电动机。但是，对于已经制造好的电动机来说，只能按铭牌上的规定方式使用，不能任意改变接法，因为制造厂是按照铭牌规定的情况进行设计制造的。例如规定 Y/YY 接法的电动机，如把多极时的星形接法随便改接为三角形接法，则每相电压将提高$\sqrt{3}$倍，感应电动势及主磁通也将相应增大，使电动机磁路过于饱和，励磁电流大大增加而使电动机过热烧坏。

3. 倍极比电动机的转向问题

对于倍极比的双速电动机，在少极数 p 时定子绕组通常都是 60°相带的绕组。当绕组改接成倍极数 $2p$ 时，相带的宽度便占有 120°电角度的范围。这可由图 21-11 中看到：在少极数时 B 相绕组在空间落后于 A 相绕组 120°电角度，C 相绕组落后于 A 相绕组 240°电角度；当改接为倍极数时，B 相绕组在空间落后于 A 相绕组 240°电角度，而 C 相绕组落后 A 相绕组 120°电角度。也就是说三相绕组的相序随着极数的改变而变反。为了使两种极数转子有同样的转动方向，电动机在变换极数时，应把接至电网 BC 两相的线端对调一下。

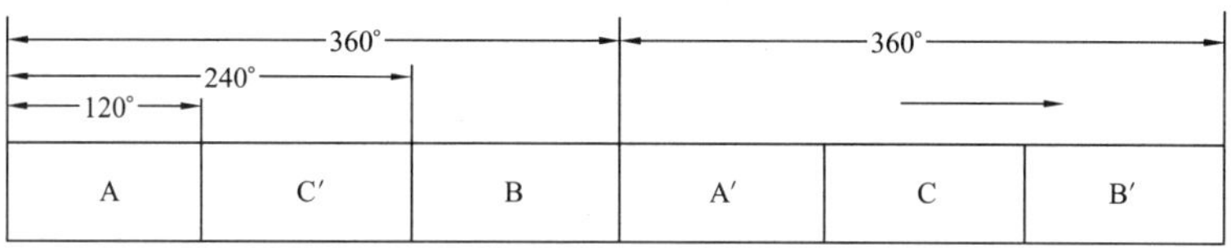

图 21-11　少极数和倍极数时的相带关系

除了上述的双速电动机外，也有应用一套定子绕组经过不同的换接以后，可得到三种或四种转速。这种只用一套绕组变极调速的电动机称为单绕组多速电动机。也有在定子上安放两套独立的、并且极数不同的绕组，每套绕组再按上述的方法改变接线而获得三速、四速或更多转速的电动机。多速电动机的转子一般都用鼠笼式，因为定子极数改变时，鼠笼式转子的极数总是与定子极数相同的。如果是绕线式异步电动机，当定子绕组变换极数时，转子绕组也需要进行相应的改接，这是极不方便的。

变极调速是一种较经济的调速方法，对于不需要平滑调速的场合常采用此法。例如电梯以及纺织机械大大都采用变极调速，其他如车床、磨床等也常采用变极调速。

结　语

异步电动机调速的几种方法中，变频调速在各种异步电动机调速系统中效率最高、性能也最好，是交流调速的主要发展方向。它采用电源电压随频率成正比变化的控制方法，可实现恒转矩调速，且保持电动机过载能力不变、调速范围广、低速特性曲线硬，可实现无级调速。

习　题

21-1　有一台三相绕线式异步电动机，额定数据如下：额定功率 $P_N=75$kW，50Hz，6 极，$U_{1N}=380$V，△连接，堵转，定子电流额定时，转子电流为 121A，定子电压为额定时，转子开路电压为 392V，Y 连接，转子每相电阻 0.057Ω，在转子回路中接入变阻器进行调速，且负载转矩保持额定值不变。试求：转速降至 $n=800\text{r/min}$ 转子回路中接入变阻器的阻值，变阻器中消耗的功率。（忽略转子电抗）

21-2 有一台三相绕线式异步电动机，技术数据如下：$P_N=30\text{kW}$，50Hz，$n_N=1470\text{r/min}$，堵转转子电流 51.5A，转子开路电压 360V，Y 接法，负载转矩保持额定值不变，转子回路中串入变阻器调速（忽略转子电抗）。试求：

（1）变阻器每相电阻为 0.4Ω 时转速；

（2）变阻器每相电阻为 4.4Ω 时转速；

（3）变阻器每相电阻为多少时，转速为零。

21-3 有一台鼠笼式三相异步电动机，技术数据为 $P_N=10\text{kW}$，$U_N=380\text{V}$，$n_N=1440\text{r/min}$，50Hz，过载能力 $k_m=2.5$，带动 $T_L=0.8T_N$ 的恒转矩负载。试求：

（1）调压调速当 $U_1=300\text{V}$ 时电动机转速；

（2）降低电源频率至 40Hz 时电动机转速，电压应作如何调整？

21-4 有一台鼠笼式三相异步电动机，技术数据为 $P_N=75\text{kW}$，$n_N=720\text{r/min}$，50Hz，$U_N=380\text{V}$，过载能力 $k_m=2.4$，负载转矩保持为额定值不变，欲使电动机运行在 $n=680\text{r/min}$ 和 $n=500\text{r/min}$。试求：

（1）采用变频调速，频率和电压各为多少；

（2）采用降压调速，电压为多少。

21-5 某三相绕线式异步电动机，$n_N=980\text{r/min}$，$k_m=2.2$，带额定负载运行（忽略空载损耗 T_0），现求下述情况下的转速：

（1）$T_{em}=0.8T_N$；

（2）$U_1=0.8U_N$；

（3）$f_1=0.8f_N$（忽略定子电阻）。

21-6 在绕线式异步电动机的转子回路中串接电抗器能否调速，此时 T_{st}，T_{max}，s_m，s_N 如何变化？效率和功率因数又如何变化（额定负载时）？

21-7 一台三相四极绕线式异步电动机，$f_1=50\text{Hz}$，转子每相电阻 $r_2=0.02\Omega$，额定负载时 $n=1480\text{r/min}$。若负载力矩不变，要求把转速降低到 1100r/min，问应在转子每相串入多大电阻？

第 22 章 三相异步电动机的制动

在前面的章节分析了异步电动机起动和调速的原理和方法，这都属于电动机运行状态，电磁转矩的方向与转子的转向相同，机械特性位于第一象限和第三象限（第三象限为反方向电动状态）。此外，异步电动机还可以工作在制动状态，即电磁转矩的方向与转子的转向相反。异步电动机的电磁制动分为能耗制动、反接制动和回馈制动。

22.1 能 耗 制 动

定子绕组的接线图如图 22-1（a）所示，异步电动机正常运行时，KM1 闭合，KM2 断开，电动机接通三相交流电源，处于电动机运行状态，转向为顺时针方向。为了使电动机断开电源开关后迅速停转，将 KM1 断开，异步电动机的定子绕组从三相交流电源上断开，迅速闭合 KM2，在定子绕组中通入直流电流。能耗制动时，定子绕组接通直流的接线有如图 22-2 所示的两种接线方式。

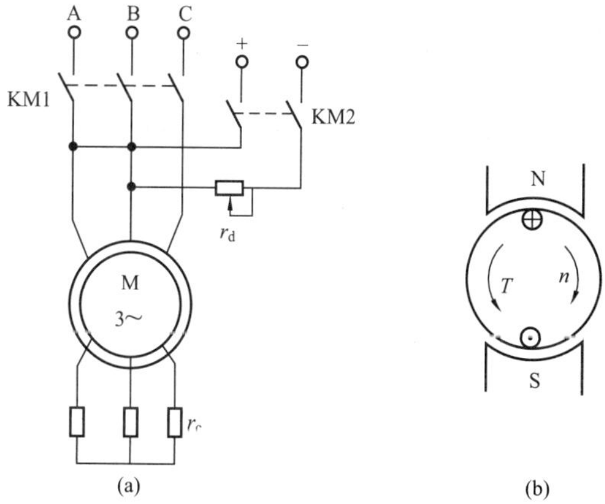

图 22-1 定子绕组的接线图

定子绕组通入直流电流后，在电动机定子绕组中产生一个恒定磁场。转子由于惯性继续旋转，转子导体切割磁力线，在转子绕组中产生感应电动势和电流，转子电流在恒定磁场中受到电磁力，产生电磁转矩。根据异步电动机的原理可以判定电磁转矩的方向与转子转动的方向相反，为制动力矩，如图 22-1（b）所示。

能耗制动时电磁转矩的产生原理与电动机状态时相似，因此它们的机械特性曲线形状也应相同，刚开始制动时转子转速很大，转子导体切割磁场的速度很大，相当于电动机状态的起动情况；当制动结束时，转子转速等于零，相当于电动机状态的同步情况。所以能耗制动的机械特性曲线位于第二象限，如图 22-3

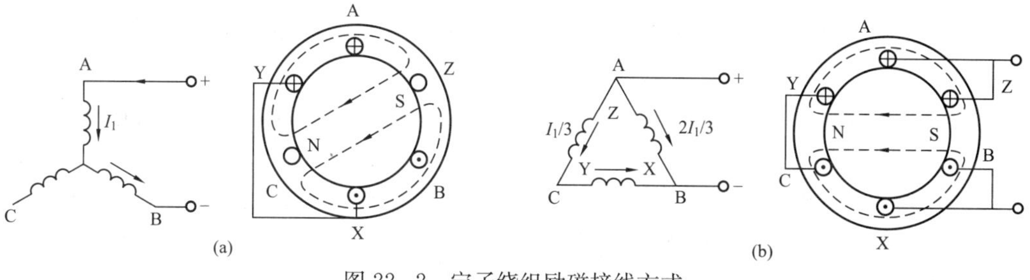

图 22-2 定子绕组励磁接线方式

（a）Y 接线；（b）△接线

所示。

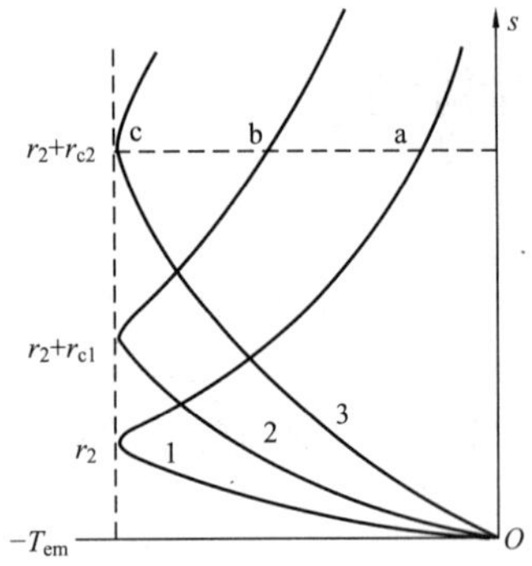

图 22-3 转子电阻不同时的机械特性曲线

绕线式异步电动机进行能耗制动时，可在转子回路串入制动电阻，串入电阻后最大制动力矩不变，但产生最大转矩的转差率增大了，使机械特性曲线向上移动，如图 22-3 所示。因此绕线式异步电动机，可采取在转子回路串电阻的方法，使得在高速时获得较大的制动力矩。

采用能耗制动时，定子绕组通入的直流励磁电流 I_f 和转子串接的制动电阻，可按下列经验公式选取，即

鼠笼式异步电动机为

$$I_f=(4\sim5)I_0$$

绕线式异步电动机为

$$I_f=(2\sim3)I_0$$

绕线式异步电动机转子串电阻为

$$r_c=(0.2\sim0.4)\frac{E_{2N}}{\sqrt{3}I_{2N}}-r_2$$

转子每相电阻为

$$r_2=\frac{s_N E_{2N}}{\sqrt{3}I_{2N}}\text{（忽略转子电抗）}$$

式中 I_0——异步电动机空载电流；

s_N——额定转差率；

E_{2N}——转子开路电动势。

按上式选取可保证快速制动，最大制动转矩可达到 $T_{max}=(1.25\sim2.2)T_N$。

22.2 反 接 制 动

反接制动分为电源反接制动和倒拉反转制动两种。

22.2.1 电源反接制动

为了使正常运行的异步电动机迅速停车，可改变电动机定子绕组与电源的连接相序，一相接法不变，另外两相对调。如图 22-4（a）所示，即断开常闭触点 KM1，接通常开触点 KM2。

此时电源相序改变，旋转磁场立即反转，转子绕组中感应的电动势、电流和电磁转矩都改变方向。电磁转矩与转子的转向相反，如图 22-4（b）所示。电动机进行制动，称为电源反接制动。

电源反接制动的原理如图 22-5 所示，电动机正向稳定运行时，工作在固有机械特性曲线上的 a 点。

电源反接后，工作点由 a 点移到反向机械特性曲线上的 b 点。在制动转矩的作用下，转速很快下降，到达 c 点，电动机转速为零，制动过程结束。如要停车，应立即断开电源，否则电动机将反向起动。如不切断电源，电动机反向起动，若带反抗性负载，将稳定运行于 d 点；若带位能负载，则稳定运行于 e 点。

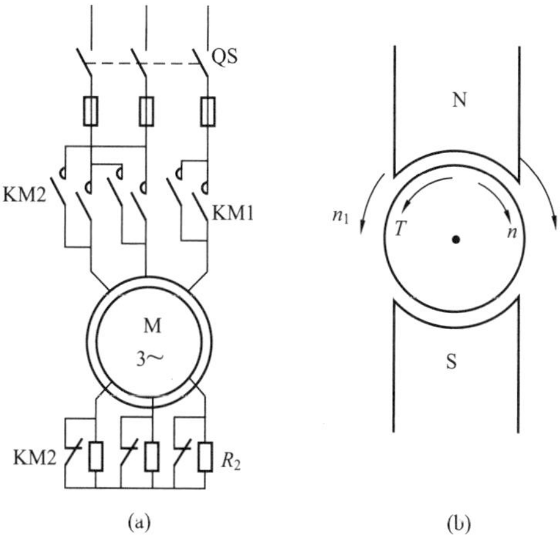

图 22-4　电源反接制动接线图

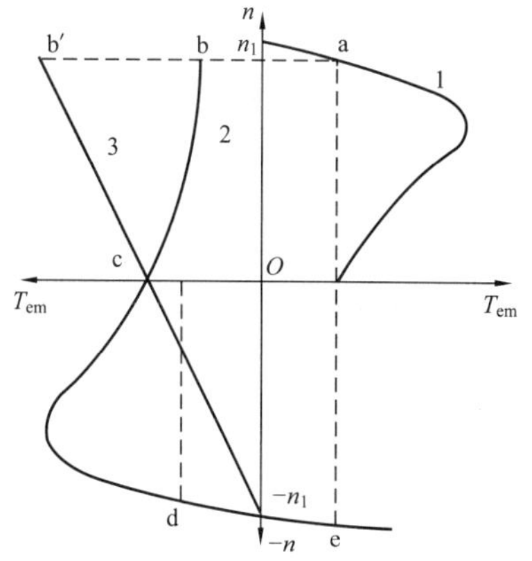

图 22-5　电源反接制动时的机械特性曲线

在反接制动时 $n \approx n_1$、$s \approx 2$，此时定子电流为 $I_1 = \dfrac{U_1}{\sqrt{\left(r_1 + \dfrac{r'_2}{2}\right)^2 + (x_{1\sigma} + x'_{2\sigma})^2}}$，比电动机的起动电流还要大，由于 $x'_{2\sigma} \gg \dfrac{r'_2}{2}$，$\cos\psi_2 = \dfrac{\dfrac{r'_2}{2}}{\sqrt{\left(\dfrac{r'_2}{2}\right)^2 + x'^2_{2\sigma}}}$，很小，所以制动力矩并不大。为了减少制起动电流和增加制动转矩，在 KM2 常开触点闭合的同时，KM2 的常闭触点打开，在绕线式异步电动机转子回路串入制动电阻。串入电阻后的机械特性曲线如图 22-5 曲线 3 所示。

比较曲线 2 和曲线 3 可以看出，串入电阻的制动力矩明显高于不串电阻的值，还可以选择合适的电阻，使制动力矩达到最大值。

电源反接制动方法制动迅速，用在经常正反转的生产机械上。

22.2.2　倒拉反转制动

异步电动机提升重物时，工作点在机械特性曲线 1 上的 a 点。如果要放下重物，可在转子回路串入很大的电阻，机械特性曲线变成斜率很大的特性曲线 2，工作点由 a 点跳到 b 点。由于电磁转矩小于负载转矩，电动机一直减速。当 $n=0$ 时，电磁转矩仍小于负载转矩，在位能负载的作用下使电动机反转，直至电磁转矩等于总负载转矩时电动机才稳定运行于 c 点。倒拉反转制动的机械特性曲线，如图 22-6 所示。

倒拉反转制动的机械特性是电动机状态机械特性在第四象限的延长。这种制动方法常用于起重机械缓慢下放重物。

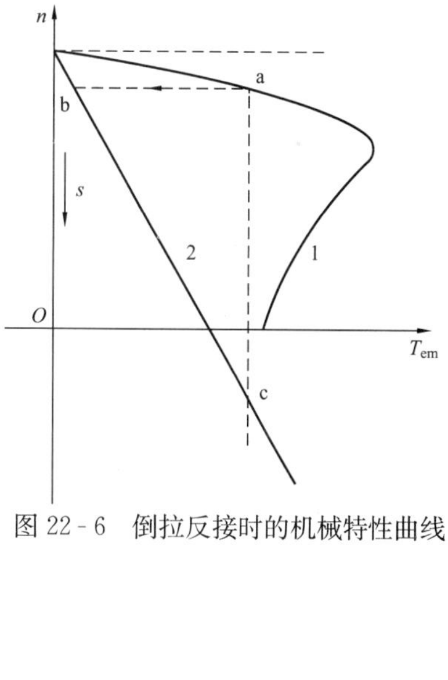

图 22-6　倒拉反接时的机械特性曲线

22.3 回 馈 制 动

当异步电动机在电动机工作状态时，在转向不变的条件下，当转速 n 大于同步转速 n_1 时，因为 $n>n_1$，所以 $s<0$，属于异步发电机状态，向电网输出电功率。

因为 $s<0$，$\cos\psi_2=\dfrac{\dfrac{r'_2}{s}}{\sqrt{\left(\dfrac{r'_2}{s}\right)^2+x'^2_{2\sigma}}}<0$。所以 $T_{em}=C_T\phi_1 I'_2\cos\psi_2<0$，电磁力矩的方向和转子转向相反，电磁力矩属于制动力矩。所以称为回馈制动状态。

例如，起重设备下放重物，在位能负载的作用下，如电动机的转速 n 大于同步转速 n_1，电动机变成发电机，把机械能转变为电能馈送给电网。转子中感应电动势，电流和转矩的方向都发生了变化，转矩方向与转子转向相反，变成制动转矩，这时，电动机将机械能变为电能馈送给电网。

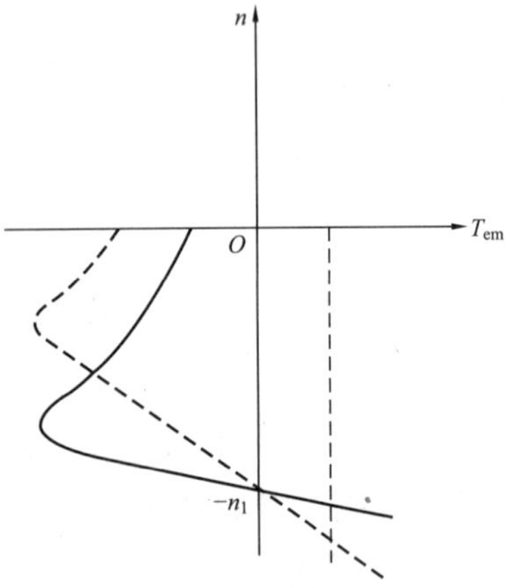

图 22-7 回馈制动时的机械特性曲线

反向电动机运行状态的机械特性位于第三象限，回馈制动的机械特性延伸到第四象限，如图 22-7 所示。当电磁转矩等于位能负载转矩时，电动机便以较高的速度下放重物。为了限制下放速度过大，如图 22-7 中虚线所示，转子回路不应串入过大的电阻。

例 22-1 一台绕线式异步电动机，$P_N=75\text{kW}$，$n_N=1460\text{r/min}$，$U_{1N}=380\text{V}$，$I_{1N}=144\text{A}$，$k_m=28$，$r_2=0.053\Omega$。试求：

(1) 电动机在额定状态运行时，改为电源反接制动，要求制动初瞬的制动转矩 $T_{em}=1.5T_N$，转子电路每相应串多大电阻？

(2) 如电动机带位能负载 $T_2=0.8T_N$，要稳定下放，使 $n=-300\text{r/min}$，转子每相应串多大电阻？（忽略空载损耗 T_0）

(3) 负载转矩 $T_2=0.8T_N$，电动机在固有机械特性上进行回馈制动，下放速度多大？（忽略空载损耗 T_0）

解：(1) 额定运行时，有 $s_N=\dfrac{n_1-n_N}{n_1}=\dfrac{1500-1460}{1500}=0.0267$。

由
$$\frac{T_{em}}{T_{max}}=\frac{2}{\dfrac{s}{s_m}+\dfrac{s_m}{s}}$$

得
$$\frac{1}{2.8}=\frac{2}{\dfrac{0.0267}{s_m}+\dfrac{s_m}{0.0267}}$$

解得
$$s_m=0.1446$$

电源反接制动时，有

$$s=\frac{n_1+n_N}{n_1}=\frac{1500+1460}{1500}=1.973$$

由
$$\frac{T_{em}}{T_{max}}=\frac{2}{\frac{s}{s_m}+\frac{s_m}{s}}$$

得
$$\frac{1.5T_N}{2.8T_N}=\frac{2}{\frac{1.973}{s'_m}+\frac{s'_m}{1.973}}$$

解得
$$s'_m=0.573(\text{舍去})$$

及
$$s'_m=6.79$$

由
$$s_m=\frac{\sigma r_2}{\sqrt{r_1^2+x_k^2}}$$

得
$$\frac{s'_m}{s_m}=\frac{r_2+r_d}{r_2}$$

$$\frac{6.79}{0.146}=\frac{0.053+r_d}{0.053}$$

解得
$$r_d=2.41\Omega$$

(2) 反拉制动时，有

$$s=\frac{n_1-n_N}{n_1}=\frac{1500+300}{1500}=1.2$$

由
$$\frac{T_{em}}{T_{max}}=\frac{2}{\frac{s}{s_m}+\frac{s_m}{s}}$$

得
$$\frac{0.8T_N}{2.8T_N}=\frac{2}{\frac{1.2}{s'_m}+\frac{s'_m}{1.2}}$$

解得
$$s'_m=8.22$$

由
$$s_m=\frac{\sigma r_2}{\sqrt{r_1^2+x_k^2}}$$

得
$$\frac{s'_m}{s_m}=\frac{r_2+r_d}{r_2}$$

$$\frac{8.22}{0.146}=\frac{0.053+r_d}{0.053}$$

解得
$$r_d=2.93\Omega$$

(3) 回馈制动。

由
$$\frac{T_{em}}{T_{max}}=\frac{2}{\frac{s}{s_m}+\frac{s_m}{s}}$$

得
$$\frac{0.8T_N}{2.8T_N}=\frac{2}{\frac{s}{0.146}+\frac{0.146}{s}}$$

解得
$$s=0.0215$$
及
$$s=1(\text{舍去})$$
$$n=(1+s)n_1=(1+0.0215)\times 1500=1532.25(\text{r/min})$$

结 语

三相异步电动机的制动方法有四种方法，即能耗制动、电源反接制动、倒拉反接制动和回馈制动。它们的共同特点是电磁转矩与转速方向相反。能耗制动的经济性较好，并且在任何转速下都可以制动，以实现准确停车。回馈制动不需要改变电动机的接线和参数，能把旋转系统的动能转变成电能反馈回电网，既简便又经济、可靠性也好，但回馈制动只能产生在位能性负载且转速大于同步转速的场合，应用范围小。反接制动效果较好，制动较迅速，在任何转速下都可制动，但能量损耗大、经济性较差。

习 题

22-1 一台三相鼠笼式异步电动机，$P_N=22\text{kW}$，$n_N=1470\text{r/min}$，$k_m=2.2$，$T_L=T_N$（忽略空载损耗 T_0），现欲采用反接制动使系统迅速停机。试问若不串联电阻，反接制动瞬间产生的制动转矩是多少？

22-2 一台三相绕线式异步电动机，$P_N=60\text{kW}$，$n_N=577\text{r/min}$，$k_m=2.5$，$U_{2N}=253\text{V}$，$I_{2N}=160\text{A}$，$T_L=0.8T_N$。现采用定子反相的反接制动使系统迅速停机，并要求制动瞬间的转矩为 $1.2T_N$，求转子每相电路中应串联多大电阻？

22-3 题 22-2 中的异步电动机采用转子反向（倒拉）的反接制动以 $n=150\text{r/min}$ 的转速稳定下放重物。试问在转子每相电路中串联多大电阻？

22-4 题 22-2 中的异步电动机，如果采用回馈制动稳定下放重物，为此在转子每相电路中串联电阻 $r_d=0.05\Omega$。试求下放重物时转子的转速。

第 23 章 三相异步电动机其他运行方式及单相异步电动机

上面分析的是当电网三相电压对称时异步电动机的运行情况。但是，实际上有时会遇到电网中三相电压不对称，例如，当电网中接有较大的单相负载，或电网中发生两相短路，一相接地或线路断开等事故，都将引起电网三相电压不对称。实践表明，三相异步电动机在不对称电压下运行时，其起动转矩、过载能力和效率都会有所下降，因此必须加以讨论。

单相异步电动机只需单相电源供电，因此在只有单相交流电源的场所，如日常生活、家用电器和医疗器械中得到广泛的应用。由于分析单相异步电动机的方法，与三相异步电动机在不对称电压下运行时的分析方法基本相同，所以把单相异步电动机也放在本章讨论。

23.1 三相异步电动机在不对称电压下运行

23.1.1 异步电动机不对称运行分析

分析三相异步电动机在不对称电压下运行常用的方法是对称分量法。关于对称分量法已在前面章节介绍过。从零序分量的计算公式 $\dot{I}_A^0=\frac{1}{3}(\dot{I}_A+\dot{I}_B+\dot{I}_C)$ 可知，不论异步电动机的定子绕组接成星形（无中线），还是接成三角形，定子电流中都不包含零序电流。因此只需分析正序和负序两个分量。

首先将加于电动机定子端点的不对称三相电压分解为正序分量和负序分量，每相电压的正序分量和负序分量分别为 $\dot{U}_1^+$ 和 $\dot{U}_1^-$；其次利用叠加原理，认为两个分量分别单独作用，由于每一分量本身是对称的三相系统，因此可以采用前面各章所述方法进行分析；最后再将两个分量分析所得结果叠加起来便得到电动机的实际运行情况。

图 23-1 所示为正、负磁场及转矩的方向。当正序电压分量 $\dot{U}_1^+$ 作用于电动机定子上时，定子和转子上便各有正序电流分量 $\dot{I}_1^+$ 和 $\dot{I}_2^+$。它们联合在气隙中产生顺转的旋转磁场 Φ^+，其具体旋转方向由正序系统中三相的相序确定，称为正序磁场。在正序磁场 Φ^+ 的作用下，电动机中产生正的电磁转矩 T_{em}^+（其方向与 Φ^+ 转向相同）和正的总机械功率 P_{mec}^+。

同样，当负序电压分量 $\dot{U}_1^-$ 系统作用于电动机定子上时，则产生负序的定子和转子电流 $\dot{I}_1^-$ 和 $\dot{I}_2^-$，由于它们的相序与正序分量相反，因此它们联合产生反转的旋转磁场 Φ^-，称为负序磁场，并相应地产生负的电磁转矩 T_{em}^- 和负的总机械功率 P_{mec}^-。下面分析异步电动机在正序和负序电压作用下的运行状况。

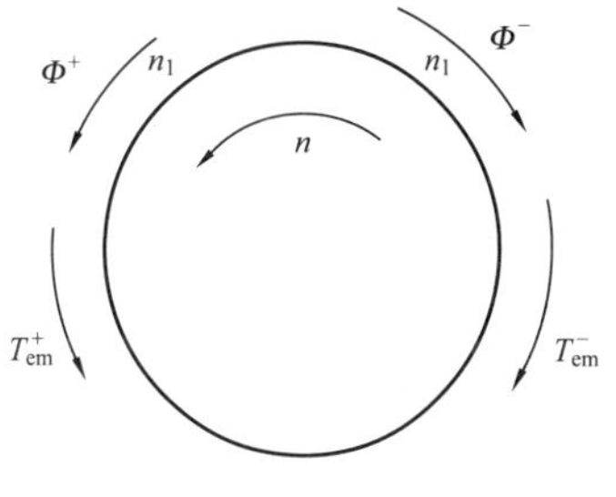

图 23-1 正、负序磁场及转矩的方向

23.1.2　转差率

假设 $U_1^+ > U_1^-$，则 $\Phi^+ > \Phi^-$。起动时 $T_{st}^+ > T_{st}^-$，因此电动机的实际旋转方向将与正序磁场中 Φ^+ 的转向一致。如图 23-1 所示，Φ^+ 和 Φ^- 的旋转方向相反，但转速大小相同，都是同步速 $n_1 = \dfrac{60f_1}{P}$，转子与 Φ^+ 同方向旋转，其转速大小为 n。

正序磁场的转子的转差率为

$$s^+ = \frac{n_1 - n}{n_1} = s \tag{23-1}$$

负序磁场的转子的转差率为

$$s^- = \frac{n_1 + n}{n_1} = \frac{2n_1 - (n_1 - n)}{n_1} = 2 - s \tag{23-2}$$

23.1.3　等效电路

1. 正序等效电路

前面章节讨论的对称电压下的三相异步电动机就是正序的，所以等效电路的形式和阻抗参数也相同。较准确 Γ 形等效电路如图 23-2 所示。

2. 负序等效电路

由于负序电压也是对称的，所以等效电路的形式和正序是相同的。但阻抗参数及转差率不同。

如图 23-3 中 r_2'' 和 $x_{2\sigma}''$ 是负序的转子每相电阻和漏抗的折算值。$r_2'' > r_2'$、$x_{2\sigma}'' < x_{2\sigma}'$，这是因为转子负序电流的频率较高 $(2-s)f_1$，随之集肤效应显著的缘故。严格说，负序的 r_m 应比正序的 r_m 大，因为负序磁场引起的铁耗比正序的大。

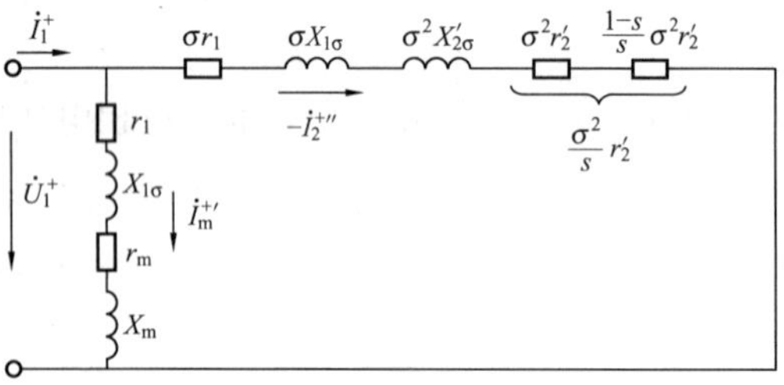

图 23-2　正序等效电路

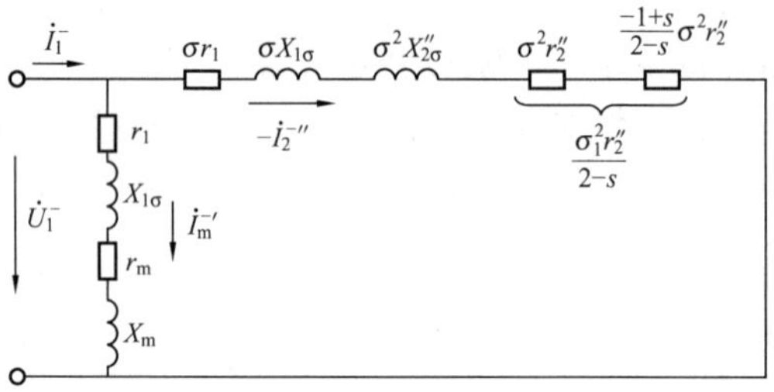

图 23-3　负序等效电路

3. 定子电流

忽略励磁电流时定子电流各序分量如下：

定子正序电流为

$$\dot{I}_1^+ \approx -\dot{I}_2^{+\prime\prime} = \frac{\dot{U}_1^+}{\left(\sigma r_1 + \sigma^2 \dfrac{r_2'}{s}\right) + j(\sigma x_{1\sigma} + \sigma^2 x_{2\sigma}')} \tag{23-3}$$

定子负序电流为

$$\dot{I}_1^- \approx -\dot{I}_2^{-\prime\prime} = \frac{\dot{U}_1^-}{\left(\sigma r_1 + \sigma^2 \dfrac{r_2''}{2-s}\right) + j(\sigma x_{1\sigma} + \sigma^2 x_{2\sigma}'')} \tag{23-4}$$

定子电流为

$$\dot{I}_1=\dot{I}_1^{+}+\dot{I}_1^{-}$$

由于合成后的定子三相电流是不对称的，可能有的相电流较小，有的相电流很大，使该相绕组过热。

实际运行时 $s^{+}=s$ 很小，$s^{-}=2-s\approx 2$，由式（23-4）得

$$I_1^{-}=\frac{U_1^{-}}{\sqrt{\left(\sigma r_1+\sigma^2\frac{r_2'}{2}\right)^2+(\sigma x_{1\sigma}+\sigma^2 x_{2\sigma}')^2}}\approx\frac{U_1^{-}}{\sqrt{r_k^2+x_k^2}}=\frac{U_1^{-}}{z_k}$$

即

$$I_1^{-}=\frac{U_1^{-}}{z_k}=\frac{U_1^{-}}{U_{1N}}\frac{U_{1N}}{z_k}=\frac{U_1^{-}}{U_{1N}}I_{st}=\frac{U_1^{-}}{U_{1N}}\frac{I_{st}}{I_N}I_N=k_{st}I_N\frac{U_1^{-}}{U_{1N}}\tag{23-5}$$

式中　z_k——电动机的短路阻抗；

U_N、I_N——定子每相的额定相电压、额定相电流；

k_{st}——在对称的三相额定电压下直接起动时的起动电流倍数。

通常起动电流倍数很大，$k_{st}=4\sim7$，因此从式（23-5）可见，很小的负序电压分量也将引相当大的负序电流，例如 $U_1^{-}=5\%U_{1N}$时，有

$$I_1^{-}=k_{st}I_N\frac{U_1^{-}}{U_{1N}}=(4\sim7)I_N 5\%=(20\sim35)\%I_N$$

这时如果定子某一相中的正、负序电流接近同相，则当满载时这一相的合成电流将超过额定电流 20%～35%，因而有过热的危险。由此可见，从发热观点来看，不允许电压有过大的不对称，否则必须相应地减轻电动机的负载，以保证电动机的安全运行。

4．功率

电动机从定子传递到转子的总电磁功率为

$$P_{em}=P_{em}^{+}+P_{em}^{-}=m_1I_2^{+\prime\prime 2}\frac{\sigma^2r_2'}{s}+m_1I_2^{-\prime\prime 2}\frac{\sigma^2r_2''}{2-s}$$

$$P_{em}>0$$

电动机轴上的总机械功率为

$$\begin{aligned}P_{mec}&=P_{mec}^{+}+P_{mec}^{-}=m_1I_2^{+\prime\prime 2}\frac{1-s}{s}\sigma^2r_2'+m_1I_2^{-\prime\prime 2}\frac{1-(2-s)}{2-s}\sigma^2r_2''\\&=m_1I_2^{+\prime\prime 2}\frac{1-s}{s}\sigma^2r_2'-m_1I_2^{-\prime\prime 2}\frac{1-s}{2-s}\sigma^2r_2''\end{aligned}\tag{23-6}$$

从式（23-6）可见负序分量所产生的机械功率为负值。它表示电动机从轴上吸取机械功率而消耗于电动机内部。

从电动机轴上吸取机械功率为

$$m_1I_2^{-\prime\prime 2}\frac{1-s}{2-s}\sigma^2r_2''=m_1I_2^{-\prime\prime 2}\sigma^2r_2''-m_1I_2^{-\prime\prime 2}\frac{1}{2-s}\sigma^2r_2''$$

移项得

$$m_1I_2^{-\prime\prime 2}\sigma^2r_2''=m_1I_2^{-\prime\prime 2}\frac{1}{2-s}\sigma^2r_2''+m_1I_2^{-\prime\prime 2}\frac{1-s}{2-s}\sigma^2r_2''$$

即

$$p_{Cu2}^{-}=P_{em}^{-}+P_{mec}^{-}$$

转子中负序电流产生的铜耗等于电磁功率和机械功率之和，所以会引起绕组过热。

5. 电磁力矩

$$T_{em}=T_{em}^{+}+T_{em}^{-}=\frac{P_{mec}^{+}}{\frac{2\pi n}{60}}+\frac{P_{mec}^{-}}{\frac{2\pi n}{60}}=\frac{m_1I_2^{+\prime\prime 2}\frac{1-s}{s}\sigma^2r_2^{\prime}}{\frac{2\pi(1-s)n_1}{60}}+\frac{m_1I_2^{-\prime\prime 2}\frac{1-(2-s)}{2-s}\sigma^2r_2^{\prime\prime}}{\frac{2\pi(1-s)n_1}{60}}$$

$$=\frac{m_1I_2^{+\prime\prime 2}\frac{1}{s}\sigma^2r_2^{\prime}}{\frac{2\pi n_1}{60}}-\frac{m_1I_2^{-\prime\prime 2}\frac{1}{2-s}\sigma^2r_2^{\prime\prime}}{\frac{2\pi n_1}{60}}=\frac{pm_1I_2^{+\prime\prime 2}}{2\pi f_1}\frac{\sigma^2r_2^{\prime}}{s}-\frac{pm_1I_2^{-\prime\prime 2}}{2\pi f_1}\frac{\sigma^2r_2^{\prime\prime}}{2-s} \quad (23-7)$$

从式（23-7）可见负序磁场所产生的转矩为负值，即为一制动转矩。这从物理意义上不难理解，因为负序磁场的转向和转子转向相反。由此可见，负序分量的存在使得电动机的转矩减小了，从而电动机的最大转矩和过载能力也降低了。

当电动机正常运行时，由于 s 很小，$\frac{pm_1I_2^{+\prime\prime 2}}{2\pi f_1}\frac{\sigma^2r_2^{\prime}}{s}-\frac{pm_1I_2^{-\prime\prime 2}}{2\pi f_1}\frac{\sigma^2r_2^{\prime\prime}}{2-s}$ 可见负序磁场引起的制动转矩相对来说并不很大，这说明转矩的减小不是主要同题，而前面指出的绕组发热才是主要问题。

此外，负序磁场对转子的相对转速是 $n+n_1$，因而在转子上引起额外的铁耗和铜耗。同时，负序分量也使定子上增加一些损耗。由于这些额外损耗的存在，使电动机的效率降低，温升提高。

总结以上所述，三相异步电动机在不对称电压下运行时，其性能恶化，过载能力和效率降低，并且有局部（如某一相绕组）过热的危险。因此，三相异步电动机不允许在较严重的不对称电压下运行，否则必须相应地降低电动机的容量。

23.2 单相异步电动机

23.2.1 单相异步异动机的工作原理

单相异步电动机接在单相电源上运行，通常它的定子上有两个绕组，一个工作绕组和一个起动绕组，转子是普通的鼠笼式。一般起动绕组只在起动时接入，起动完毕就从电源断开，所以正常运行时只有一个工作绕组接在电源上。

下面利用双旋转磁场理论来说明定子上只有一个单相工作绕组的单相异步电动机的工作原理。当单相电动机接在单相电源上时，流经定子单相绕组的电流将建立一个脉振磁动势。定子脉振磁动势的基波分解为幅值相等（都等于脉振磁动势振幅的一半）、转速相同（都为同步转速），但转向相反的两个幅值恒定的旋转磁动势波 $\overline{F}_1^{+}$ 和 $\overline{F}_1^{-}$。和三相异步电动机中定子磁动势 $\overline{F}_1$ 的作用一样，定子上的正转磁动势 $\overline{F}_1^{+}$ 和反转磁动势 $\overline{F}_1^{-}$ 所产生的磁场分别在鼠笼式转子中感应出电动势和电流，使转子上也相应地出现正转磁动势 $\overline{F}_2^{+}$ 和反转磁动势 $\overline{F}_2^{-}$，并且 $\overline{F}_2^{+}$ 和 $\overline{F}_1^{+}$ 同步旋转，而 $\overline{F}_2^{-}$ 和 $\overline{F}_1^{-}$ 同步旋转。于是 $\overline{F}_2^{+}$ 和 $\overline{F}_1^{+}$ 联合产生气隙中的正转磁场 ϕ^{+}，而 $\overline{F}_2^{-}$ 和 $\overline{F}_1^{-}$ 联台产生气隙中的反转磁场 ϕ^{-}。这时在正转磁场 ϕ^{+} 的作用下产生正向的电磁转矩 T_{em}^{+}，其方向与 ϕ^{+} 的转向相同，而在反转磁场 ϕ^{-} 的作用下产生

的反向的电磁转矩 T_{em}^{-}，其方向与 Φ^{-} 的转向相同，如图 23-4 所示。

设转子转速为 n，正向旋转磁场的转差率为

$$s^{+}=\frac{n_1-n}{n_1}=s$$

反向旋转磁场的转差率为

$$s^{-}=\frac{n_1+n}{n_1}=s\ \frac{2n_1-(n_1-n)}{n_1}=2-s$$

以 s 为变量分别画出正反转磁场的 T-s 曲线如图 23-5 两条虚线所示，图中实线是两者合成的 T-s 曲线。

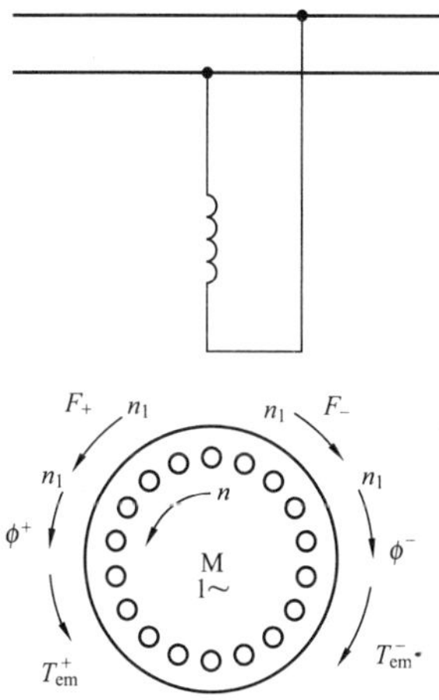

图 23-4　单相异步电动机的磁通和力矩

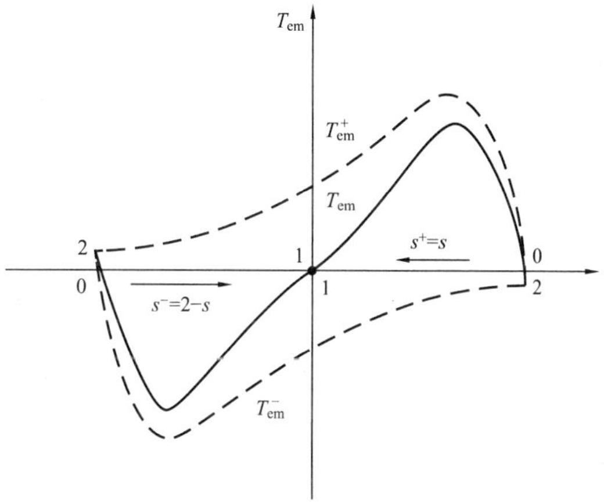

图 23-5　单相电机的曲线

由图 23-5 可以看出，单相异步电动机的 T-s 曲线有以下特点：

(1) 转速为零，$s=1$ 时，电磁转矩即起动转矩为

$$T_{em}=T_{em}^{+}+T_{em}^{-}=0$$

则电动机不能起动。

(2) 转子正转，即 $0<s<1$ 时，$T_{em}>0$，拖动力矩 T_{em}^{+} 大于阻力矩 T_{em}^{-}，电动机正向旋转。

(3) 转子反正转，即 $1<s<2$ 时，$T_{em}<0$，拖动力矩 T_{em}^{-} 大于阻力矩 T_{em}^{+}，电动机反向旋转。

这说明定子上只有一个工作绕组的单相异步电动机没有固定的转向，在两个方向都可以旋转，运行时的转向决定于起动时的转动方向。只要借助于外力或采取某一措施使转子沿某一方向转动起来，转子就将沿该方向继续升速，直到合成电磁转矩与总负载制动转矩相对平衡，转速才稳定下来。

由于单相异步电动机中存在着正、反转两个磁场，它的功率因数、效率和过载能力均比同容量的三相异步电动机的低。

23.2.2　单相异步电动机的等效电路

对于单相异步电动机，$\dot{U}_1=\dot{U}_1^{+}+\dot{U}_1^{-}$ 以及 $\dot{I}_1^{+}=\dot{I}_1^{-}=\frac{1}{2}\dot{I}_1$，根据对三相异步电动机在

不对称电压下运行的分析，参照正序和负序的等效电路，电路中用 $\dot{I}_1$ 代替 $\dot{I}_1^+$ 和 $\dot{I}_1^-$，为保持电压不变，把阻抗减半，就得到了单相异步电动机的等效电路，如图 23-6 所示。

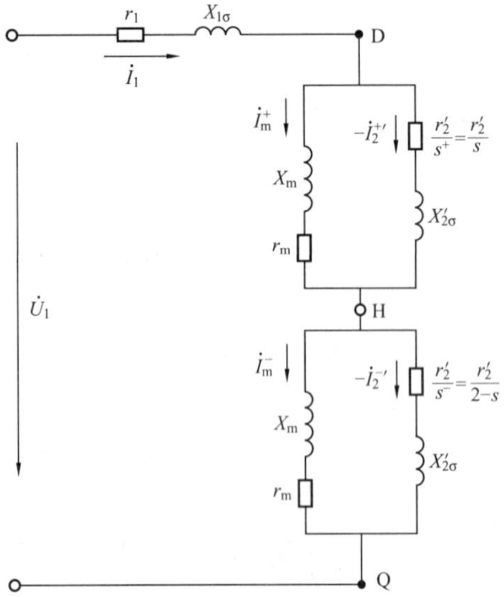

图 23-6 单相异步电动机的等效电路

23.2.3 电磁转矩和功率计算

电磁转矩为

$$T_{em}=T_{em}^{+}+T_{em}^{-}$$
$$=\frac{pI_2^{+\prime 2}}{2\pi f_1}\frac{0.5r_2'}{s}-\frac{pI_2^{-\prime 2}}{2\pi f_1}\frac{0.5r_2'}{2-s}$$

全机械功率为

$$P_{mec}=T_{em}\Omega$$
$$=T_{em}(1-s)\frac{2\pi n_1}{60}=T_{em}(1-s)\frac{2\pi f_1}{p}$$
$$=\left(I_2^{+\prime 2}\frac{0.5r_2'}{s}-I_2^{-\prime 2}\frac{0.5r_2'}{2-s}\right)(1-s)$$

从图 23-6 的等效电路可看出，当电动机转子静止时 $s=s^+=s^-=1$，等效电路的 DH 部分和 HQ 部分变成完全一样，因此说明气隙中正、反转两个旋转磁场的幅值相等，它们合成结果是一个脉振磁场，这时 $T_{em}=T_{em}^{+}+T_{em}^{-}=0$，说明它们方向相反而互相抵消，因此不产生电磁转矩。但当转子旋转之后 $1>s$，电路 DH 的阻抗大于电路 HQ 的阻抗，说明此时正转旋转磁场的幅值大于反转旋转磁场的幅值，产生了电磁转矩，使转子加速旋转。在到达正常运行状态时，转差率很小，正转磁场占绝对优势，产生足够大的电磁转矩与负载的制动转矩相平衡。

23.2.4 单相异步电动机的起动方法

如上面所述，单相异步电动机的定子磁动势是一个脉振磁动势，不产生起动转矩，因而电动机不能自行起动。于是，为了使电动机能产生起动转矩，就必须设法使得起动时电动机内部能够产生一个旋转磁动势。常用的方法有分相起动和罩极起动两种。

1. 分相起动

为了起动时在气隙中建立旋转磁场，单相异步电动机的定子上除工作绕组外，还装置一个起动绕组。起动绕组与工作绕组在空间上相距 90°电角度，如图 23-7（a）所示。为获得圆形旋转磁场，要求起动绕组的脉振磁动势的振幅和工作绕组的脉振磁动势的振幅大小相等，但在脉振的时间相位上两者相差 90°，为此要求起动绕组中的电流与工作绕组中的电流在时间相位上相差 90°。通常采用在起动绕组串联电容

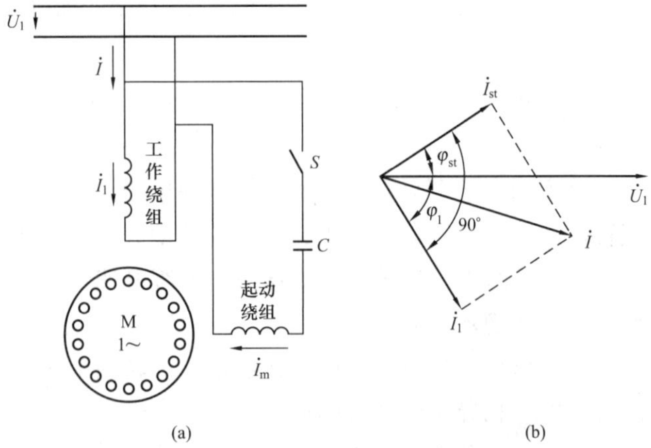

图 23-7 单相电容起动电动机

的办法来满足这一要求，如图 23-7（a）所示。当电容选择合适时，可使两个绕组电流相差 90°，如图 23-7（b）所示。

此外，为使磁动势在大小上$F_1=F_2$，应把起动绕组设计得 $I_1N_1K_{N1}=I_2N_2K_{N2}$。满足这些要求之后，就能在电动机气隙中产生一个圆形旋转磁场，像三相异步电动机在对称电压下起动一样，能够产生较大的起动转矩，使电动机顺利起动。

通常起动绕组是按短时运行设计的。为了避免过热损坏，当电动机的转速达到同步转速的 70%～80%时，装在电动机轴上的离心式开关 S 就发生动作，自动将起动绕组切除。这种电动机称为电容起动电动机。

如果设计时考虑到起动绕组不仅能供起动时用，而且能长期接在电网上工作，则从电动机内部来说，就是一台两相异步电动机，可以提高过载能力和改善功率因数，这种电动机称为电容电动机。由于电动机在工作时所需的电容比起动的时小。因此在电动机起动后，必须利用离心开关把多余的电容切除。

起动绕组也可以不串联电容而串联电阻。这时两个绕组电流也有一定的相位差，因而也能产生一定的起动转矩。但其数值较小，只用于比较容易起动的场合。用电阻法起动时，实际上只要把起动绕组设计得具有较大的电阻，而不需要另外串联电阻。

2. 罩极起动

罩极起动电动机的定子铁心通常做成凸极式，由硅钢片叠压而成，每个磁极上都装有工作绕组，接到单相电网上。在每个磁极的极靴上开一小槽，用短路铜环把部分极靴$\left(约占\frac{1}{3}极靴表面\right)$围起来（罩起来），如图 23-8 所示。

当工作绕组接到电网而有单相交流电流通过时，由它产生的脉振磁通可分为两部分，一部分磁通 $\dot{\Phi}_1$ 不穿过短路环，另一部分磁通 $\dot{\Phi}_2$ 则穿过短路环，显然 $\dot{\Phi}_1$ 和 $\dot{\Phi}_2$ 同相位，因为它们都随工作绕组的电流而变化。这时磁通 $\dot{\Phi}_2$ 便在短路环中感应出电动势 $\dot{E}_k$ 和电流 $\dot{I}_k$，其中电动势 $\dot{E}_k$ 滞后于产生它的磁通 $\dot{\Phi}_2$ 90°，而电流 $\dot{I}_k$ 滞后电动势 $\dot{E}_k$ 一个相位角

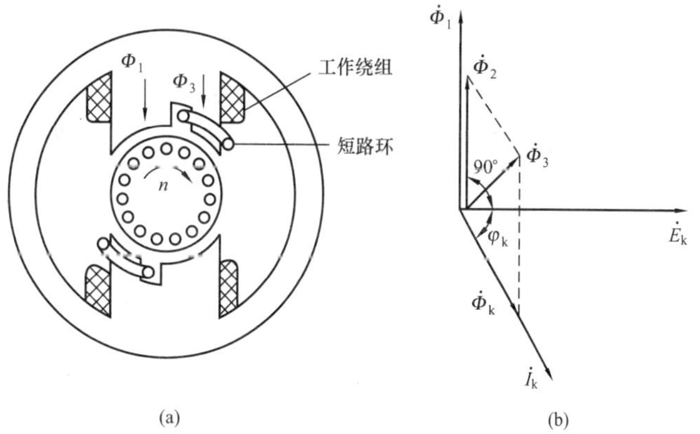

图 23-8　罩极起动电动机

$$\varphi_k=\arctan\frac{x_k}{r_k}$$

式中，x_k 是由 $\dot{I}_k$ 流过短路环时所产生的全部磁通引起的电抗，即全自感电抗；r_k 为短路环的有效电阻。

设由 $\dot{I}_k$ 产生的通过气隙的磁通为 $\dot{\Phi}_k$，则 $\dot{\Phi}_k$ 应与 $\dot{I}_k$ 同相位。这样，得到如图 23-8（b）所示的磁通矢量图，将 $\dot{\Phi}_k$ 与 $\dot{\Phi}_2$ 相加求得 $\dot{\Phi}_3$，便是实际上穿过短路环的磁通。

从以上分析可见，气隙中未罩部分的磁通 $\dot{\Phi}_1$ 和罩住部分的磁通 $\dot{\Phi}_3$，在空间上和时间上

都有一定的相位差，因此它们的合成磁场将是一个沿一定方向推移的磁场，在某种程度上近似于旋转磁场，因而能够产生一定的起动转矩。由于磁通 $\dot{\Phi}_1$ 超前 $\dot{\Phi}_3$ [见图 23 - 8（b）]，可见合成磁场推移的方向是从 $\dot{\Phi}_1$ 所在的未罩部分移向 $\dot{\Phi}_3$ 所在的罩住部分，随之转子也是沿着这个方向旋转的。

上述各种起动方法的应用情况如下：罩极式电动机的起动转矩很小，只用于小型电扇、电唱机和录音机中，容量一般在 30～40W 以下；电容起动电动机和电容电动机主要用于需要较大起动转矩的场合，如压气机、空气调节器中，容量从 50W 到几千瓦；电阻起动的电动机常用于医疗器械等场合，容量从几十瓦到几百瓦。

23.3 三相异步发电机

前面分析的三相异步电机都是运行在电动机状态或电磁制动状态，即转差率 s 在 $0<s<1$ 或 $1<s<+\infty$ 范围内。现在分析转差率 $s<0$ 情况。从 T - s 曲线可知，当 $s=0$ 时，电磁转矩 $T_{em}=0$ 等于零；当 $s<0$ 时，电磁转矩 $T_{em}<0$，电磁力矩由拖动力矩变成阻力矩。如果要使异步电机旋转必须由另一台原动机拖动，则异步电机变为发电机运行。下面分两种情况讨论。

23.3.1 与电网并联运行的三相异步发电机

1. 基本方程式

在第 18 章推导的三相异步电机基本方程式，并没有限制转差率 s 的大小及正负，只要其规定正方向不变，所推导的基本方程式适用于各种 s 的值。现重写如下：

$$\dot{U}_1=-\dot{E}_1+\dot{I}_1r_1+\mathrm{j}\dot{I}_1x_{1\sigma} \tag{23-8}$$

$$\dot{E}_1=-\mathrm{j}4.44f_1N_1K_{N1}\dot{\phi} \tag{23-9}$$

$$\dot{E}_1=\dot{E}'_2 \tag{23-10}$$

$$\dot{I}_0=-\frac{\dot{E}_1}{Z_m} \tag{23-11}$$

$$\dot{I}_1+\dot{I}'_2=\dot{I}_0 \tag{23-12}$$

$$\dot{E}'_2=\dot{I}'_2\frac{r'_2}{s}+\mathrm{j}\dot{I}'_2x'_{2\sigma} \tag{23-13}$$

2. 相量图

画三相异步发电机的相量图时，相量 $\dot{U}_1$、$\dot{E}_1$、$\dot{E}'_2$、$\dot{I}_0$ 等与转差率 s 无关，只是定子 $\dot{I}_1$ 和转子电流 $\dot{I}'_2$ 与 s 有关。

设转子电动势 $\dot{E}'_2$ 为参考相量，即 $\dot{E}'_2=E'_2\angle 0°$。

转子电流 $$\dot{I}'_2=\frac{\dot{E}'_2}{\frac{r'_2}{s}+\mathrm{j}x'_{2\sigma}}=\frac{E'_2\angle 0°}{\frac{r'_2}{s}+\mathrm{j}x'_{2\sigma}}=\frac{E'_2\left(\frac{r'_2}{s}-\mathrm{j}x'_{2\sigma}\right)}{\left(\frac{r'_2}{s}\right)^2+x'^2_{2\sigma}}$$

$$=\frac{E'_2\times\dfrac{r'_2}{s}}{\left(\dfrac{r'_2}{s}\right)^2+x'^2_{2\sigma}}-\mathrm{j}\,\frac{E'_2\times x'_{2\sigma}}{\left(\dfrac{r'_2}{s}\right)^2+x'^2_{2\sigma}}=\dot{I}'_{2a}+\mathrm{j}\dot{I}'_{2r}$$

式中　$\dot{I}'_{2a}$——转子电流的有功分量，由于 $s<0$，所以 $\dot{I}'_{2a}$落后 $\dot{E}'_2 180°$，$\dot{I}'_{2a}=\dfrac{E'_2\times\dfrac{r'_2}{s}}{\left(\dfrac{r'_2}{s}\right)^2+x'^2_{2\sigma}}$；

$\dot{I}'_{2r}$——转子电流的无功分量，$\dot{I}'_{2r}$落后 $\dot{E}'_2 90°$，$\dot{I}'_{2r}=-\mathrm{j}\dfrac{E'_2\times x'_{2\sigma}}{\left(\dfrac{r'_2}{s}\right)^2+x'^2_{2\sigma}}$。

根据六个基本方程式及 $s<0$ 时 $\dot{E}'_2$、$\dot{I}'_{2a}$、$\dot{I}'_{2r}$ 的相位关系，可画出异步发电机运行时的相量图（见图 23-9），步骤如下：

(1) 画参考相量 $\dot{E}'_2$；

(2) 画出转子电流分量 $\dot{I}'_{2a}$和 $\dot{I}'_{2r}$；

(3) 画出转子电流相量 $\dot{I}'_2=\dot{I}'_{2a}+\mathrm{j}\dot{I}'_{2r}$；

(4) 画出定子电动势 $\dot{E}_1=\dot{E}'_2$；

(5) 画出空载电流 $\dot{I}_0=-\dfrac{\dot{E}_1}{Z_m}$；

(6) 画出定子电流 $\dot{I}_1+\dot{I}'_2=\dot{I}_0$；

(7) 画出定子绕组电压 $\dot{U}_1=-\dot{E}_1+\dot{I}_1r_1+\mathrm{j}\dot{I}_1x_{1\sigma}$；

(8) 画出主磁通 $\dot{E}_1=-\mathrm{j}4.44f_1N_1K_{N1}\dot{\phi}_1$。

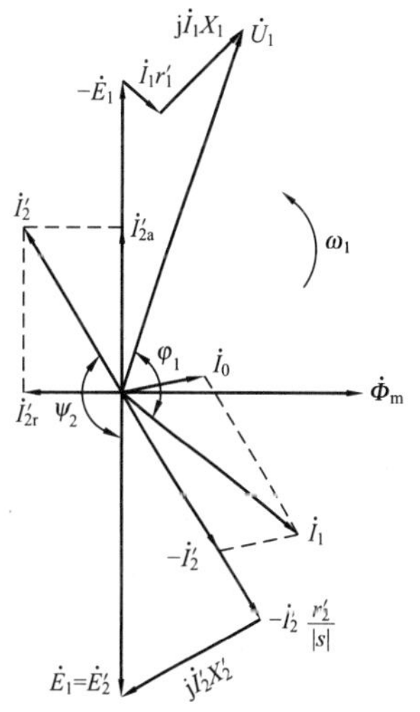

图 23-9　异步发电机相量图

3. 功率和力矩关系

(1) 定子功率。

从相量图上可以看出，在 $s<0$ 时，定子电压 $\dot{U}_1$ 与电流 $\dot{I}_1$ 之间的夹角 φ_1 大于 90°，$\cos\varphi_1<0$，定子功率 $m_1U_1I_1\cos\varphi_1<0$，说明此时三相异步电机向电网输出有功功率，处于发电机运行状态。

(2) 机械功率。

$P_{mec}=m_1I'^2_2\dfrac{1-s}{s}r'_2<0$，说明三相异步发电机从由原动机吸收机械功率。

(3) 电磁功率。

$P_{em}=m_1I'^2_2\dfrac{r'_2}{s}<0$，说明电磁功率的传递方向是从转子到定子。

(4) 电磁力矩。

当 $s<0$ 时，$n>n_1$，则电机转向不变，所以 $\Omega=\dfrac{2\pi n}{60}>0$，又由于机械功率 $P_{emc}<0$，

则 $T_{em}=\dfrac{P_{mec}}{\Omega}<0$，表明电磁力矩的性质发生了变化，由拖动力矩变成为阻力矩。

如果用 P_2 表示定子输出功率（定子输出功率为正），P_1 表示转子输入的机械功率（输入机械功率为正），电磁功率规定从转子传到定子为正值，根据电动机运行时的功率平衡式得

$$-P_2=p_{Cu1}+p_{Fe}-P_{em}$$
$$-P_{em}=p_{Cu2}+P_{mec}$$
$$-P_{mec}=p_0-P_1$$

将上述三式移项整理，得到发电机运行时的功率方程式。

输入机械功率 $P_1=p_0+P_{mec}$

电磁功率 $P_{em}=P_{mec}-p_{Cu2}$

输出电功率 $P_2=P_{em}-p_{Cu1}-p_{Fe}$

根据以上公式可以画出三相异步发电机功率流程图，如图 23 - 10 所示。

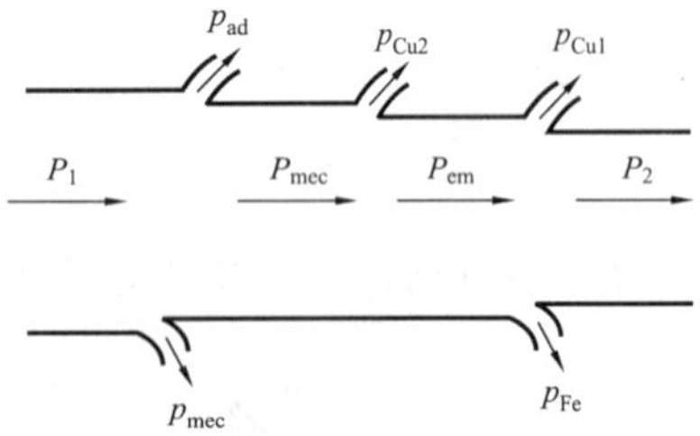

图 23 - 10 异步发电机功率流程图

4. 无功功率

异步电动机运行状态时，电动机的无功功率 $Q>0$，表明电动机运行时既要电网供给有功功率，又要供给感性无功功率。

画上述相量图所用的方程式中各量仍按电动机运行时规定的正方向，当 $s<0$ 时，φ_1 大于 90°，小于 180°。$Q=m_1U_1I_1\sin\varphi_1>0$，说明并网运行的三相异步发电机，运行中要从电网中吸收较大的滞后性无功功率，这是它很大缺点之一。

23.3.2 单独运行的三相异步发电机

由于运行中三相异步发电机要从电网中吸收较大的滞后性无功功率，所以单独运行的三相异步发电机必须解决无功功率的供应问题。在三相异步发电机定子端点接上适当的电容器，用电容器发出感性无功功率（吸收容性无功功率）来满足异步发电机的要求，如图 23 - 11 所示。

与并励直流发电机一样，要想建立电压，必须有剩磁。剩磁在定子绕组里产生的电动势在电容器负载的作用下，又在发电机的定子绕组里产生了容性电流，使气隙里的磁通得到加强，从而又增大了电动势，最后由于磁路饱和的作用，便能在定子绕组建立固定大小的电压，如图 23 - 4 所示。为此，也称自激异步发电机。与并励直流发电机不同之处是这里没有极性的问题。

为了保证异步发电机能可靠地建立电压，还得让电容线与空载特性曲线有明确的交点，如图 23 - 12 中的“a”点，这要有足够容量的电容才行。把与空载特性不饱和段相切的直线称为临界电容线，它与横坐标轴的夹角为 α_{cr}则

$$\tan\alpha_{cr}=\frac{U_1}{I_0}=\frac{1}{\omega C_{cr}}$$

式中，C_{cr}称为临界电容值。

在空载时，要建立正常的电压，必须使

$$\alpha<\alpha_{cr}$$

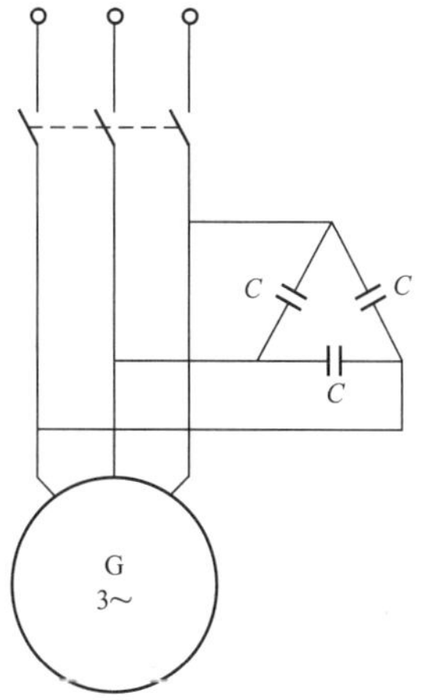

图 23-11　定子并电容的三相异步发电机

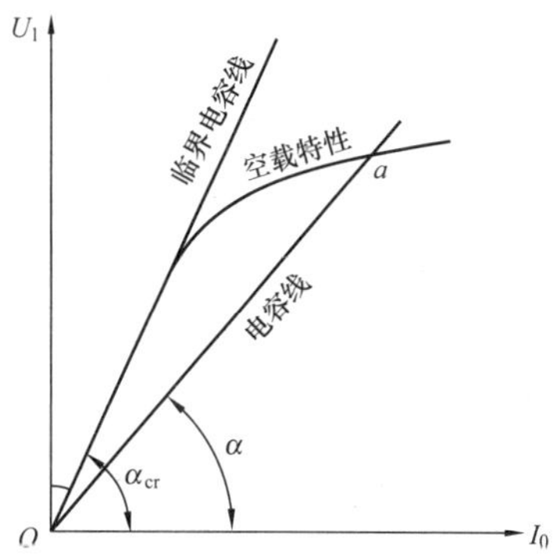

图 23-12　异步发电机的自激

即必须使

$$C > C_{cr} = \frac{I_0}{\omega U_1}$$

即外接电容器必须大于某一定的临界电容值。从图 23-12 看出，增加电容量 C，可以使 α 角减小，端电压 U_1 增大。

结　语

三相异步电动机在不对称电压下运行时，由于出现负序磁场和负序电流，使电动机的性能变坏；过载能力降低，损耗增加，效率下降，特别是定子绕组中可能有一相的电流过大而有过热的危险。因此，三相异步电动机不允许在较严重的不对称电压下运行。

定子上只有一个工作绕组的单相异步电动机可用双旋转磁场的理论进行分析。这时，把定子单相绕组产生的脉振磁动势分解为正、反转两个旋转磁动势，然后分别求出每个旋转磁动势产生的转矩，再把它们相加而得到电动机的合成转矩特性。由此可分析出这种电动机没有起动转矩，不能自行起动。为了使电动机能够起动，必须设法在气隙中建立旋转磁场。常用的方法是分相起动（包括电容起动和电阻起动）和罩极起动。

异步发电机的基本方程式和等效电路与异步电动机一样，只是由于在发电机状态运行时，$n > n_1$，转差率 s 变为负值，随之转子电动势、电流与主磁通间的相位关系发生变化。这些变化反映到相量图上就使得发电机运行时的相量图与电动机运行时的相量图有较大的差别。从相量图上可以看出，异步发电机只能向电网输送有功功率，而发电机本身所需要的无功功率仍必须由电网供给，这是异步发电机运行的特点。

大部分汽轮发电机在失磁时仍可以按异步发电机的原理运行一段时间，以期励磁电流恢复后得以正常运行。因此对电力类有关专业而言，研究异步发电机的原理仍有一定的实用价值，因为它属于同步发电机事故分析的基础理论。

习 题

23-1 如果电网的三相电压显著不对称，三相异步电动机能否带额定负载长期运行？为什么？

23-2 已知某一台三相异步电动机在额定电压下直接起动时，起动电流等于额定电流的6倍，试计算当电网三相电压不对称，负序电压分量的大小等于额定电压的10%，电机带额定负载运行时，定子相电流可能出现的最大值是额定电流的多少倍？这样的运行情况是否允许？为什么？

23-3 三相异步电动机在运行时有一相断线，电动机能否继续运行？当电动机停转之后，能否再起动？

23-4 怎样改变单相电容电动机的旋转方向？对罩极式电动机，如不改变其内部结构，它的旋转方向能改变吗？

23-5 单相异步电动机如无起动绕组，在停止不转的时候向定子绕组加电压。问此时电动机气隙中正、负序磁场相对大小如何？当转子被外力拖向正转至接近于同步转速时，此时气隙中的正、负序磁场有何变化？

23-6 改变单相电容电动机的旋转方向有哪些方法？并说明理由。

23-7 如何改变罩极式电动机的旋转方向？如不改变其内部结构，它的旋转方向能否改变？

23-8 并网运行的异步发电机能否发出滞后的无功功率？为什么？

23-9 单独运行的异步发电机建立电压需哪些条件？当负载增加时，为维持发电机端电压和频率不变，应采取什么措施？

第5篇 直 流 电 机

直流电机包括直流发电机和直流电动机，它在目前的工业生产中占有一定的地位。在发电厂中，直流发电机可用作同步发电机的励磁机、蓄电池的充电机等；而直流电动机可用作发电厂锅炉给粉机的原动机。由于直流电动机具有平滑的调速特性、宽广的调速范围、较高的过载能力和较大的起动转矩，因此在不少工业部门得到广泛的应用。在自动控制领域中也有不少的元件应用直流电机，如测速发电机、伺服电动机等。但是，直流电机与交流电机相比，有结构复杂、制造成本高、运行维护工作量大等缺点，因而限制了它的使用。尤其是随着半导体技术的发展，用晶闸管整流设备代替直流发电机，目前已成为一种趋势。因此直流发电机在工业生产中的应用已渐趋减少。

第24章 直流电机的工作原理及基本结构

直流发电机和直流电动机虽然有不同的用途，但是其结构基本上一致。本章将以最简单的直流电机模型来阐明它的工作原理，定性分析发电机如何产生电动势、电动机怎么会转动，并介绍直流电动机的基本结构和铭牌。

24.1 直流电机的工作原理

24.1.1 直流发电机的工作原理

直流电机在结构上与交流电机并无多大差别，它比交流电机多了一个换向器。有了这个换向器，就能把导体切割磁力线所产生的交变电动势，改变成电刷端方向不变的直流电动势。这种变化过程，便是直流发电机的工作原理。以下具体说明这一变化过程。

图24-1是一台最简单的直流发电机模型。在两个固定磁极N、S之间，有一个圆柱形铁心，上面置有一匝线圈abcd，这就是电枢绕组。线圈两端分别与两个半圆形的铜环相接，铜环之间和铜环与转轴之间都是相互绝缘的。铜环固定在轴上并和轴一起旋转。这两个半圆形铜环组成了最简单的换向器，铜环也称为换向片，分别与位置固定的电刷A和B相接触。电刷和铜环之间可以相对滑动，通过电刷把电枢绕组中的电流引到外面来。

当直流发电机的电枢由原动机带动按逆时针方向旋转时，导线abcd便切割磁力线而感应电动势。感应电动势的方向可按右手定则决定，在图24-1（a）所示瞬间，导线ab感应电动势的方向由b到a，导线cd感应电动势的方向由d到c，此时电刷A为正极，B为负极。待转子转了半周后，到达图24-1（b）所示位置，导线ab移到S极下，导线cd移到N极下，这时它们感应电动势的方向与上述恰好相反。但是电刷A和导线cd相接，它的极性仍然为正，电刷B和导线ab相接，它的极性仍然为负。所以随着转子不断旋转，尽管线圈

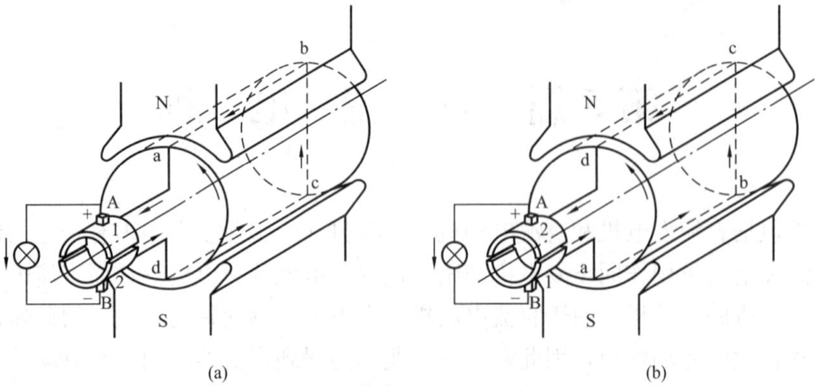

图 24-1 直流发电机的工作原理图

（a）旋转的线圈在某一时刻的情况；（b）线圈旋转半周后的情况

中电动势的方向不断交替变化，但电刷 A 总是和处在 N 极下的导线相接触，电刷 B 总是和处在 S 极下的导线相接触，它们的极性始终不变。从电刷端看来，输出电动势属于直流性质。这样，通过换向器的作用，使电枢绕组中的交变电动势（见图 24-2 曲线 1），改变为电刷端方向不变的直流电动势（见图 24-2 曲线 2），这是直流发电机的主要特点。

上述直流发电机模型的电枢绕组只有一个线圈，因此电刷间的电动势在零与最大值之间脉动，呈现出显著的波动特性，这是不符合用电要求的。实际生产的直流发电机，在电枢上均匀地嵌放许多线圈，并按一定规律连接，相应地采用很多换向片组成换向器，这样就可以使电动势脉动程度大大减小。图 24-3 是每极下线圈数大于 8 的直流发电机换向后的电动势波形。它的电动势脉动程度已小于 1%，因此可以认为电刷间的电动势是恒定的。

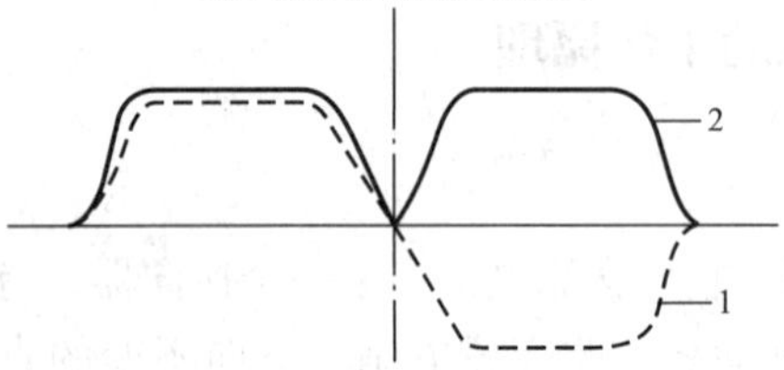

图 24-2 直流发电机的电动势波形图

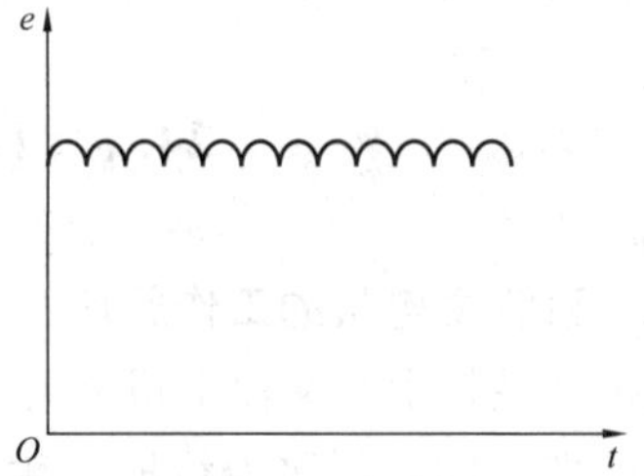

图 24-3 线圈和换向片数目增多时，电刷两端电动势的波形

24.1.2 直流电动机的工作原理

直流电动机的结构和直流发电机的一样。但是直流电动机是属于将电能转换为机械能的机构，因此直流电动机上必须加有直流电源。如图 24-4 所示，将电刷 A、B 两端，接至直流电压为 U 的电源两端。这样，电流由正电刷 A 经过 N 极下的导线 ab 流入，再经过 S 极下的导线 cd，由负电刷流出。根据电磁力定律可知，载流导线在磁场中将受到电磁力的作用，其方向可按左手定则决定。导线 ab 受力的方向应为左，导线 cd 的方向应为右，于是电枢就按逆时针方向旋转。当电枢转过 90°时，线圈中的电流为零，此时作用力消失，但由于惯性的作用使电枢继续旋转。这样，电刷又与铜环相接触，线圈继续通过电流，但其方向已经改变。导线 ab 移到 S 极下，电流从 b 到 a，产生电磁力矩的方向为逆时针；导线 cd 移到 N 极下，电流从 d 到 c，产生电磁力矩的方向也为逆时针，因此电枢仍按逆时针方向旋转。由于电流经过换向器后

自动地改变它在绕组中流动方向，因此电磁力矩的方向始终不变，电动机按一定方向旋转，这就是直流电动机的简单工作原理。

和直流发电机一样，实际生产的直流电动机，电枢上不是只有一个线圈，而是均匀地嵌放有许多线圈，相应地采用由许多换向片组成的换向器。这样电枢绕组所产生的电磁力矩比较均匀，同时也充分利用了电枢表面空间，增加直流电动机的输出功率。

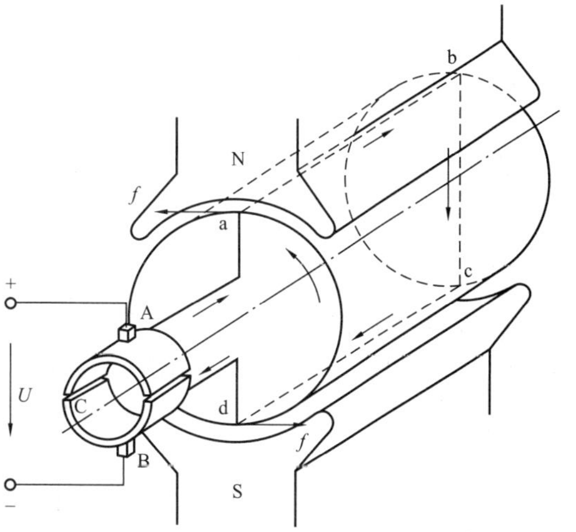

图 24 - 4　直流电动机的工作原理

根据以上分析可以知道，直流电机可以作发电机，也可以作电动机运行，这就是直流电机的可逆原理。直流电机的能量转换过程以电磁感应定律和电磁力定律为基础。当导体在磁场中作切割磁力线运动时便产生感应电动势，而载流导体在磁场中便要受电磁力的作用。如果原动机供给直流电机机械能，拖动电枢旋转，通过电磁感应使机械能转换为电能供给负载，这就是发电机；如果电能由外部直流电源供给，通过电磁感应使电能转换为机械能拖动负载转动，这就是电动机。

24.2　直流电机的主要结构部件

从上一节的分析中可以知道，直流电机主要由定子（固定部分）和转子（转动部分）两大部分组成，如图 24 - 5 所示。定子的主要作用是产生磁场和作为电机的机械支持，它包括主磁极、换向极、机座、端盖以及静止的电刷装置。转子（又称电枢）的主要作用是产生感应电动势或电磁力矩以实现能量转换，它包括电枢铁心、电枢绕组以及换向器、冷却风扇等。所有这些主要部件都能从图 24 - 5 清楚地看到。以下分别对这些主要部件作一简单介绍。

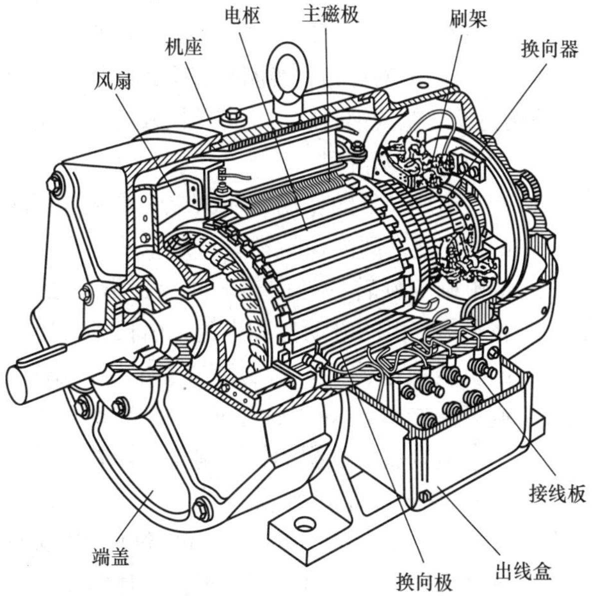

图 24 - 5　直流电机的结构图

24.2.1　定子部分

1. 主磁极

主磁极简称主极，用来产生气隙磁场。绝大部分直流电机的主极不用永久磁铁，而是由励磁绕组通以直流电流来建立磁场。主极包括主极铁心和套在铁心上的励磁绕组两部分，如图 24 - 6 所示。主极铁心靠近气隙一端的扩大部分称为极靴。为了降低电枢旋转时极靴表面的涡流损耗，主极铁心一般用 1～1.5mm 厚的低碳钢板冲片叠压而成，并用铆钉把叠片紧固成一整体。极靴与电枢表面之间形成的气隙通常是不均匀的。极靴边缘部分气隙大，极中心处气隙小。主极绕组可以用圆截面或矩形截面的绝缘导体绕制成一集中绕组。为了节约用铜，国产 Z_3 系列电机的主极多数采用铝线绕制。整个主极用螺杆固定在机座上。

2. 换向极

换向极的作用是用来改善换向，其原理将在本篇第 26 章介绍。换向极也由铁心和套在上面的绕组构成，如图 24-7 所示。小型电机的换向极铁心用整块钢制成。换向要求高的电机，其换向极铁心用 1～1.5mm 厚的钢片叠压而成。换向极绕组与电枢绕组串联，由于需要通过较大电流因而用截面大、匝数少的矩形截面导线绕制。换向极装在相邻的主磁极之间，并用螺杆固定在基座上。换向极的数目一般与主磁极的极数相等。在功率很小的直流电机中，可以不装设换向极，或者装设换向极的数目只有主极数的一半。

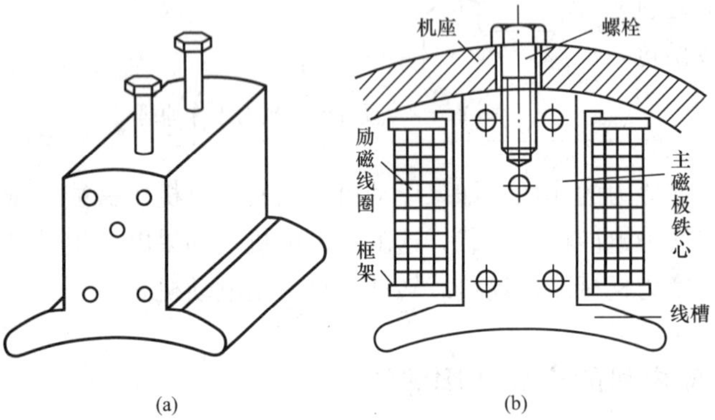

图 24-6　主磁极

（a）主磁极铁心；（b）主磁极

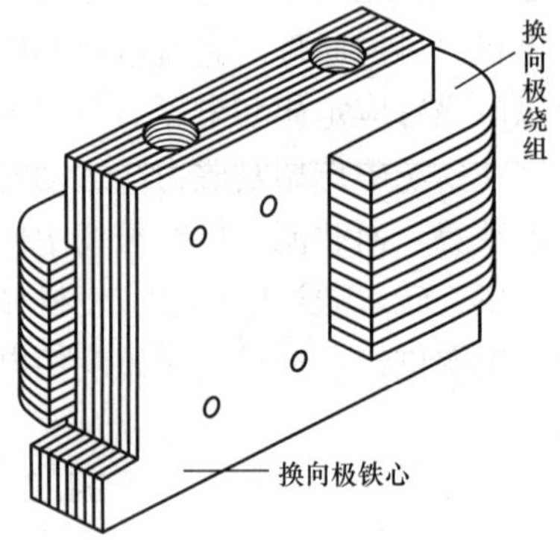

图 24-7　换向极

3. 机座

电机定子部分的外壳为机座，机座底脚的作用是把电机固定在基础上。机座的壳体固定着主磁极和换向极。壳体中通过主磁极和换向极磁通的部分称为磁轭。磁轭是电机磁路的一部分。机座在电机通风冷却系统中起着散热作用，对电机内部的铁心和线圈起着保护作用。因此机座要满足导磁和机械性能两方面的要求，一般用铸铁或低碳钢铸成，也可用钢板焊接而成。

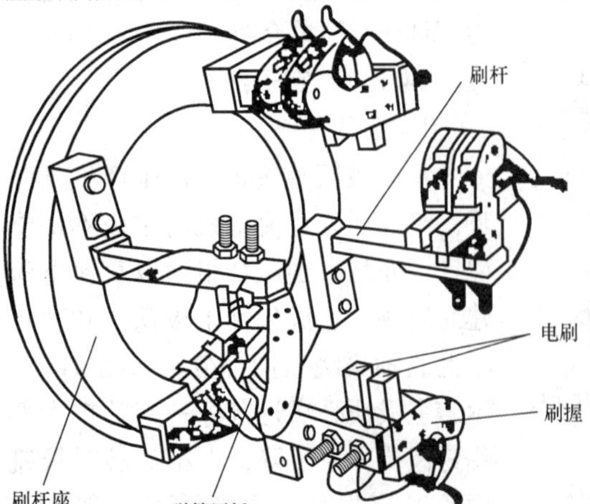

图 24-8　电刷装置

4. 电刷装置

电刷装置的作用是使固定的电刷与旋转的换向器之间能保持滑动接触，使电枢绕组的电刷与旋转的换向器之间保持滑动接触，将电枢绕组的电动势和电流，引接到外电路的负载或电源上。电刷装置由电刷、刷握、刷杆和刷杆座等零件组成，如图 24-8 所示。电刷放入刷握的特制刷盒内，并用弹簧压在换向器上，弹簧压力一般为 0.15～0.25kgf/cm^2（1kgf＝9.80665N）。电刷有各种不同性能牌号，以便根据具体需要来加以选择。刷盒一般用钢板冲压或铜合金铸成。向电刷加压的弹簧有三种形式：发条式盘形弹簧、螺圈式拉力弹簧和恒压弹簧，如图 24-9 所示。各电刷上的铜丝辫起着导通电流的作用，将同极性的电刷连接在一起，再接到电机出线盒的接线柱上。刷握固定在刷杆上，刷杆装在刷杆座上，它们之间彼此相互绝缘。刷杆的数目和电刷组的数目相同，也等于主磁极数目。中小型电机的刷杆座装在端盖上，而大型电机的刷杆座则装在机座上。刷杆座的位置应可以调整。调整刷杆座的位置，即等于调整各电刷组在换向器上的位置。电刷牌号的选择、弹簧压力的大小、电刷与换向器的接触情况，都将对直流电机的换向性能产生直接的影响。

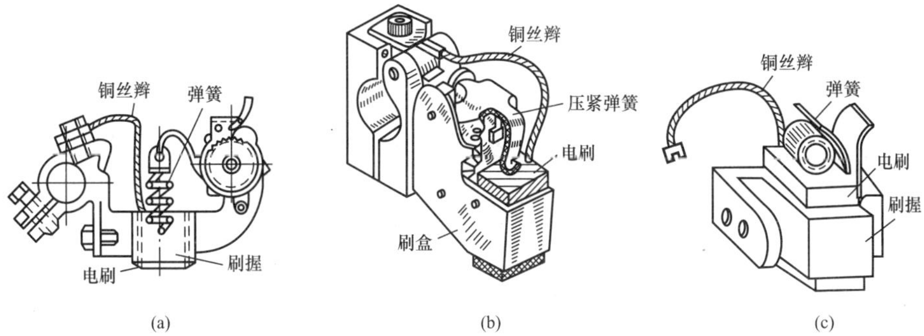

图 24-9　向电刷加压的弹簧装置

(a) 发条式盘形弹簧；(b) 螺圈式拉力弹簧；(c) 恒压弹簧

24.2.2　转子部分

1. 电枢铁心

电枢铁心用来构成电机的磁路以及嵌放电枢绕组。为了减少涡流与磁滞损耗，电枢铁心一般用 0.5mm 或 0.35mm 厚的、涂有绝缘的硅钢片叠压而成。每片冲片具有嵌放绕组的槽和一些通风孔，如图 24-10 所示。对于容量较大的直流电机，为了加强冷却，把电枢铁心沿轴向分成数段，每段 40～100mm，段与段之间空出 40～100mm 作为径向通风道。

2. 电枢绕组

电枢绕组用来感应电动势和通过电流，使直流电机能实现机电能量转换。电枢绕组由许多绝缘导线绕制的线圈组成。各线圈以一定的规律焊接到换向器上而成为一整体。小型直流电机的电枢绕组用圆截面导线绕制，并嵌放在梨形槽中［见图 24-11（a）］。较大容量的直

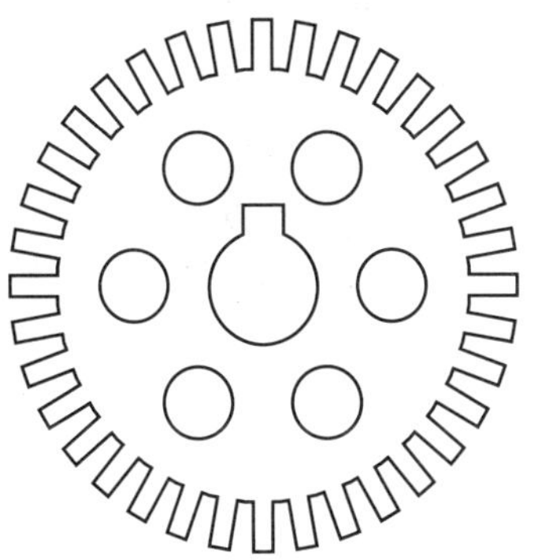

图 24-10　电枢铁心冲片

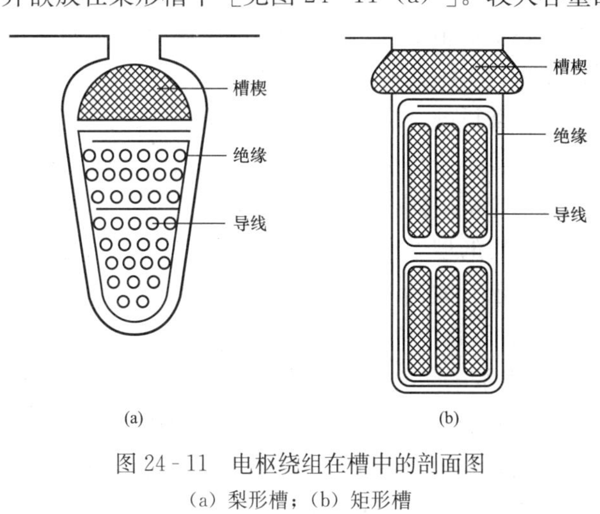

图 24-11　电枢绕组在槽中的剖面图

(a) 梨形槽；(b) 矩形槽

流电机则用矩形截面导线绕制而嵌放在开口槽中［见图 24-11（b）］，线圈与铁心之间以及上、下层线圈之间都必须妥善地绝缘。为了防止直流电机转动时线圈受离心力而甩出，槽口加一槽锲来固定。线圈伸出槽外的端接部分通常用热固性无纬玻璃带绑扎。

3. 换向器

换向器的作用是把电枢绕组内部的交变电动势用机械换接的方法转换为电刷间的直流电动势。换向器由许多彼此相互绝缘的换向片构成，它有多种结构形式，图 24-12（a）所示为一种常见的形式。这种形式的换向片下部为燕尾形，借助于 V 形钢制套筒和 V 形环固定，并用螺旋压圈紧固使成为一整体。片与片之间用云母垫片绝缘，换向片与 V 形套筒及 V 形环之间均以用云母片压制成的 V 形圈和云母筒绝缘。这种换向器制造工艺比较复杂。目前小型直流电机改用塑料换向器，如图 24-12（b）所示。它用酚醛玻璃纤维热压形成，不用 V 形环，简化了换向器的制造工艺，又节省了材料。

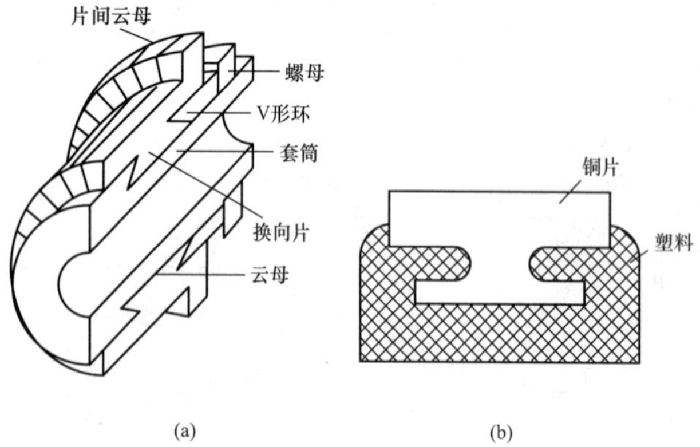

图 24-12 换向器

（a）普通换向器的剖面；（b）塑料换向器

24.3 直流电机的额定值

直流电机的额定值主要有以下几项：

（1）额定容量 P_N，以 W 或 kW 表示。

（2）额定电压 U_N，以 V 表示。

（3）额定电流 I_N，以 A 表示。

（4）额定转速 n_N，以 r/min 表示。

额定容量是指电机的额定输出功率，对发电机来说即指电枢端点输出的电功率；对电动机来说则指转子轴上输出的机械功率。直流发电机的额定容量等于额定电压和额定电流的乘积。直流电动机的额定电压和额定电流的乘积等于输入功率，要再乘以效率后才是输出机械功率。由于效率总是小于 100%，所以对于电动机 $U_N I_N > P_N$。

和其他电机一样，在直流电机的铭牌上，除标有直流电机的主要额定值以外，还标有型号。直流电机的型号也是表示直流电机特点的一种方式。直流电机的型号常常用字母和数字组合一起表示。如 Z_2-12，其型号含义如下：

Z——表示直流电机。

2——表示第二次统一设计。

12——表示 1 号机座，第 2 种电枢铁心长度（即长铁心）。

我国现有直流电机的型号主要有 Z_2、ZF、ZD、ZJF、ZJD、ZLS、ZZ、ZZK、ZZH、ZZHK、ZQ、ZH、ZFD 系列等。

结　语

直流电机的感应电动势在电枢绕组中是交变的，但经过换向器与电刷接触位置的改变，使其内部的交变电动势转换为电刷端方向恒定的直流电动势，这就是直流电机的工作原理。因此直流电机必须有换向器。这也是直流电机的一个特征。

直流电机的结构也有定子和转子两大部分，在定子和转子之间有空气隙。直流电机的定子用来建立磁场并起机械支撑和防护的作用。转子是电枢，用来感应电动势，通过电流，起着机电能量转换的作用。通过这一章的学习要了解各主要部件的功用和结构上的特点，同时也要掌握电机铭牌上的各个数据的含义，便于正确使用电机。

习　题

24-1　直流电机中，换向装置起什么作用？判断下列情况下，电刷两端电压是直流还是交流？

(1) 磁极固定，电刷与电枢同时旋转；

(2) 电枢固定，电刷与磁极同时旋转。

24-2　直流电机有哪些主要部件？它们用什么材料制成？这些部件各有什么作用？

24-3　从原理上看，直流电机电枢绕组可以只有一个线圈，但实际上电枢绕组有很多线圈串联而成，为什么？是不是可以理解为线圈越多越好？

第 25 章 直流电机的电枢绕组

直流电机的电枢绕组和交流电机的电枢绕组一样，也是用来产生电动势和通过电流，实现能量转换的重要部件。不过，在直流电机中，除了电枢绕组以外，还有换向器和电刷。它们的连接规律比交流电枢绕组要复杂得多。因此在分析直流电枢绕组时，还必须注意绕组与换向器正确连接，以及电刷数目和安放位置等问题。本章首先讨论电枢绕组是怎么组成的，找出它的连接规律；然后确定各绕组的并联支路数，介绍绕组的不同形式的主要区别在于绕组元件构成不同数目的并联支路数；最后介绍在一定的转速和磁通下，电枢绕组中的感应电动势、电磁力矩的计算公式。

25.1 直流电枢绕组的一般知识

直流电枢绕组是双层绕组。按照连接方式的不同，主要分为叠绕组和波绕组两大类型（见图 25-1）。不管是哪一种形式的绕组，都是由绕组元件（线圈）组成。绕组元件可以是单匝也可以是多匝。元件的两个端点，即首端和尾端，分别连接到两换向片上。元件嵌放在电枢铁心的槽内，它的一边放在某一槽的上层，另一边放在另一槽的下层。和画交流绕组一样，上层边与其连接的端接线用实线表示，下层边与其连接的端接线用虚线表示。

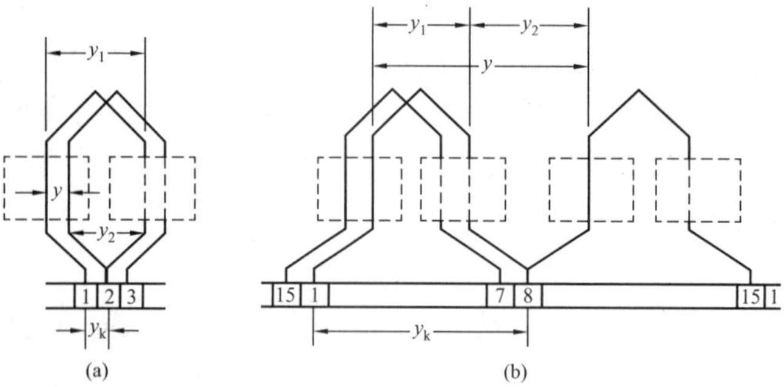

图 25-1 电枢绕组的形式及节距

（a）叠绕组；（b）波绕组

为了正确地把电枢绕组安放在电枢铁心槽内，并与换向片连接，在设计电机时必须规定电枢和换向器上的各种绕组元件节距。下面分别说明这些节距的含义。

25.1.1 第一节距 y_1

同一元件的上层边和下层边之间的距离，称为第一节距 y_1，一般用槽数来表示。为了使元件获得最大电动势，第一节距 y_1 应等于或接近于一个极距，即

$$y_1 \approx \tau = \frac{Z}{2p} \tag{25-1}$$

式中 τ——极距，单位为槽数；

Z——电枢铁心的槽数；

p——电机的极对数。

如果$\frac{Z}{2p}$是整数，则绕组元件的第一节距 $y_1=\frac{Z}{2p}$时称为整距绕组，当$\frac{Z}{2p}$不是整数时，

则有

$$y_1=\frac{Z}{2p}-\varepsilon=\text{整数} \tag{25-2}$$

式中，ε 为使 y_1 凑成整数的一分数值。

$y_1<\frac{Z}{2p}$的绕组元件称为短距绕组元件。

25.1.2　第二节距 y_2

前一元件的下层与紧接串联的后一元件的上层边之间的距离，称为第二节距 y_2，以槽数表示之。

25.1.3　合成节距 y

两个相连的元件对应边之间的距离，称为合成节距 y，以槽数表示之。从图 22 1 可知，绕组元件之间的关系式可以写为

叠绕组：
$$y=y_1-y_2 \tag{25-3}$$
波绕组：
$$y=y_1+y_2 \tag{25-4}$$

25.1.4　换向器节距 y_k

每个元件的两端所接的两个换向片之间的距离，称为换向器节距 y_k，以换向片数表示之。由图 25-1 可见，合成节距和换向器节距总是相等的，即

$$y=y_k \tag{25-5}$$

从图 25-1 还可以看出，每一绕组元件的两端点接到两个换向片上，每个换向片又与两个元件的端点相连。因此如果所有元件的换向片都连接起来，则绕组元件数 S 一定等于换向片数 K，即 $S=K$，如果在各个槽内，槽的每一层只放一个元件边，则电枢的槽数 Z，也一定等于绕组元件数 S，即

$$Z=S=K \tag{25-6}$$

实际生产的电机，为了提高槽的利用率和制造工艺简单起见，常在每槽上、下层嵌放两个、三个或更多的元件边。如果将每一上层和下层的元件看作一个“虚槽”，则虚槽数 $Z'=2Z$、$3Z$ 或更多。

如图 25-2 所示，每一个实槽包含两个虚槽，即 $Z'=2$。由此可见，当一个实槽包含 μ 个虚槽时，则虚槽数与实槽数的关系可表示为

$$Z'=\mu Z \tag{25-7}$$

在这种情况下，本节中所有的计算公式以及式（25-6），都应该用 Z'来代替 Z，也就是槽数应以虚槽数来计算。不过，考虑到研究绕组时简单起见，同时又便于突出主要问题，下面还是以 $\mu=1$，即实槽数 Z 等于虚槽数 Z'的情况来讨论。

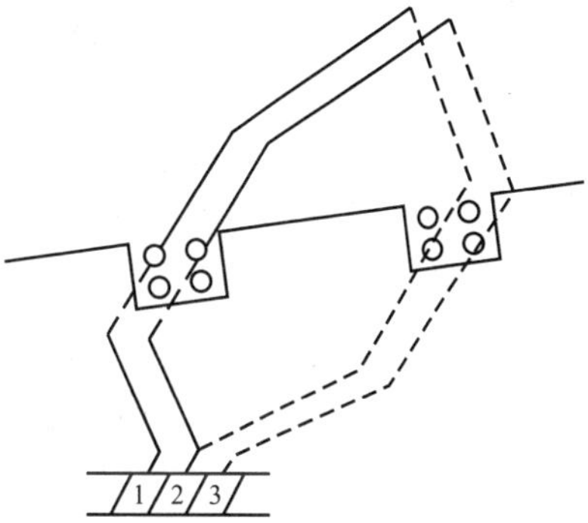

图 25-2　$\mu=2$ 时的槽元件布置图

直流电机电枢绕组的形式很多，可以分为单叠绕组、复叠绕组、单波绕组、复波绕组和蛙形绕组（叠绕组和波绕组混合绕组）五种形式。其中单叠和单波绕组是最基本形式的绕组。本章仅介绍这两种绕组。

25.2 单 叠 绕 组

叠绕组的含义在交流绕组一章中已作过说明，至于直流电机的单叠绕组还应当指出它在换向片上的连接特点。所谓单叠绕组，就是每一绕组元件的首端和尾端分别连接到换向片上，如图 25-1（a）的绕组，其换向器节距 $y_k=1$。下面以一台直流电机，$2p=4$，$Z=K=S=16$，接成单叠绕组的具体例子来予以说明，并分析其特点。

25.2.1 先求出绕组元件的各个节距

$$y_k=y=1$$

$$y_1=\frac{Z}{2p}-\varepsilon=\frac{16}{4}=4$$

$$y_2=y_1-y=4-1=3$$

25.2.2 根据上列诸节距画出绕组展开图

为使绕组连接简单清晰，先将电枢槽和换向片画好，并依次编号，如图 25-3 所示。

$2p=4\quad Z=K=S=16$

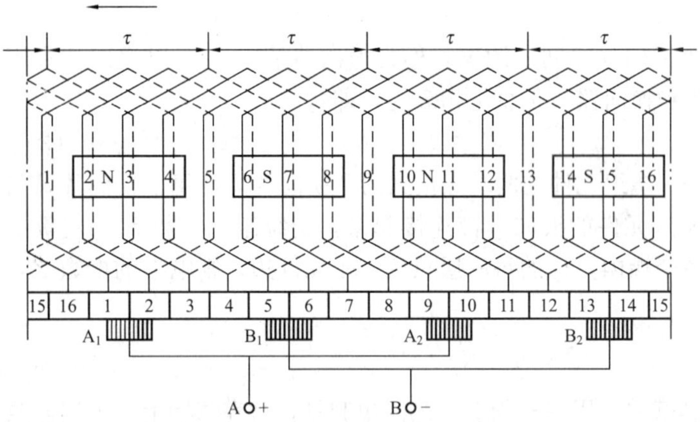

图 25-3 单叠绕组的展开图

根据上述计算所得各种节距来安放绕组元件应是：第一元件的首端从第一个换向片开始，其上层边放在第一号槽的上层，用实线表示，按 $y_1=4$，将下层边放在第五号槽的下层，用虚线表示。由于 $y_k=1$，元件的尾端应接到换向片 2 上。第二元件的首端和第一元件的尾端连接在一起，它的上层边放在第二号槽的上层，下层边放在第六号槽的下层，尾端连接到换向片上。以此类推，直到最后一个绕组元件的尾端接到第一个换向片为止。这样，整个绕组便成为了一个自行闭合的回路。

由于绕组展开图画起来较为繁琐，且不容易看清楚。一般可以先列出元件的连接次序表，然后再根据次序表接线。如图 25-4 所示，表中数字表示元件边所在的槽号，上层的数字也就是元件的编号。

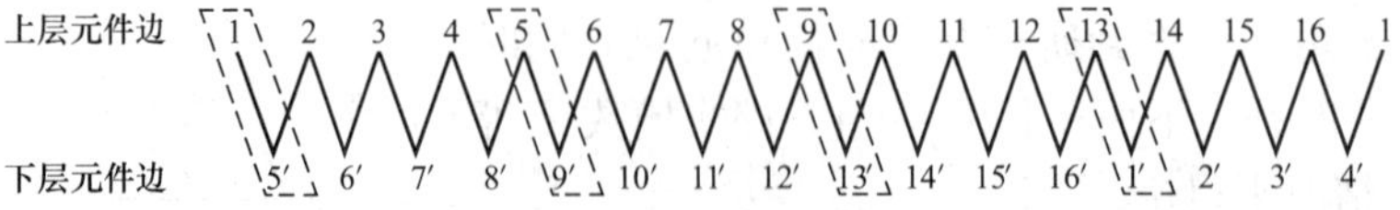

图 25-4 连接次序表

25.2.3 画出主磁极的位置以确定绕组元件的电动势方向

为了确定元件中感应电动势的方向，需假定电枢绕组的旋转方向以及主磁极的位置和极性。主磁极必须对称分布在圆周上，一般宽度为一个节距的 0.6～0.7，其中 N 极表示磁力线方向是进入纸面，而 S 表示磁力线方向是离开纸面。如果电枢绕组旋转方向从右至左，根据右手定则，可以确定元件中感应电动势的方向为：在 N 极下的元件边，电动势方向由上向下，S 极下的元件电动势方向由下向上。

25.2.4　画出电刷的位置，确定电刷的极性

由于电枢绕组和换向器是旋转的，所以图 25-3 表示的电枢绕组位置只是某一瞬间的情况。在图 25-3 中，第一元件的两条边恰好处在两个磁极之间的空间分界线上，该处的气隙磁密为零，此位置称为几何中性线。处于几何中性线上的元件，它的感应电动势应为零。如果电刷 A_1 的位置放在与第一元件上、下层边相接触的换向片上，即与磁极的中心线相重合，则在被电刷所短接的第一元件中，将不会产生环流，从而保证电刷和换向器接触处不会产生火花。同时，电刷 B_1 的位置也应放在与第五元件上、下层边相接触的换向片上，而与另一磁极的中心线重合。其他电刷均仿照上述原理来放置。在决定了电刷的位置后，若为发电机，根据元件中感应电动势的方向，可确定电刷 A_1A_2 为正电位，电刷 B_1B_2 为负电位，用导线把 A_1A_2 连起来成为正刷端，用导线把 B_1B_2 连起来成为负刷端。这样在相邻的两电刷之间，构成了一个主磁极下各元件上层边和另一相邻主磁极下层边，依次串联起来的电路。电路中各元件的电动势都是相加的，所以电刷间的电动势达到最大值。如果移动电刷的位置，使电刷间串联的各个元件也放生了改变，则由于各个元件处于主磁通下的空间位置的不同，电刷间感应电动势的大小也发生了变化。由此可见，这种绕法的电枢绕组，电刷间感应电动势的大小，与电刷的位置有密切关系。为了能在电刷间获得最大电动势，一般将电刷安装在使被电刷短路的元件处于几何中性线位置。对于端接部分对称的绕组，即安装在使电刷中心线与主极中心线重合的位置。

25.2.5　电枢绕组的并联支路

按照展开图，可画出某一瞬间单叠绕组的并联支路图。从而决定电枢绕组的并联支路数，以及每一支路的串联元件数。画支路图的方法是这样的：先画出被电刷短路的元件1、5、9、13及与其相连的换向片和电刷。画电刷时，同极性的电刷置于一侧，如 A_1A_2 置于左侧，B_1B_2 置于右侧。然后再画出每对电刷间串联的绕组元件。这时可以看出，电枢绕组的支路数 $2a=4$，如图 25-5 所示。

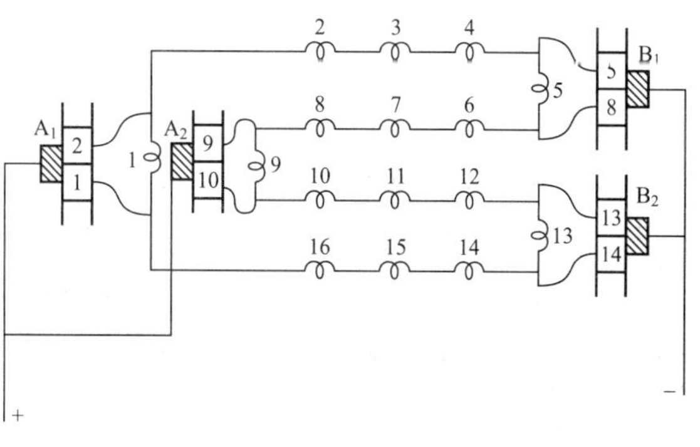

图 25-5　单叠绕组的并联支路图

上例中，电机有四个极，而电枢绕组是由四个并联支路组成。每一支路的电动势决定了电刷电动势的大小。就单叠绕组来说，如果电机有 $2p$ 个磁极，则电枢绕组必须有 $2p$ 个并联支路组成。令 a 代表并联支路对数，则

$$a=p \tag{25-8}$$

式（25-8）反映了单叠绕组的重要特征。它说明了增加电机主极数可以增加电枢绕组的并联支路数，从而使电枢绕组通过较大的电流。

25.3 单 波 绕 组

波绕组的含义在交流绕组一章中已作过说明。至于直流电机中单波绕组的特点，由图 25-1（b）可知，它的每个元件所连接的两个换向片相隔较远，即 $y_k=y\approx 2\tau$。这样两个相串联的元件，就处于相同极性的主磁极下面，而使元件的感应电动势可以相加。但是 y_k 又不能等于 2τ，因为当 $y_k=2\tau$ 时，由于出发点开始，串联 p 个元件绕电枢一周之后，就会回到出发点而闭合，以至绕组无法继续绕下去。如果绕组从某一换向片出发，沿电枢周围和换向器绕一周后恰好回到与原来出发换向片相邻的一片上，则可以由此再绕第二周、第三周……直到把全部元件串联完毕，并与最初的出发点相接而构成一闭合绕组。因此要求 y_k 值满足下列关系：

$$py_k=K-1$$

或

$$y_k=y=\frac{K-1}{p} \tag{25-9}$$

按式（25-9）所取的 y_k，当绕行一周后，比出发时的换向片退后一片，从方向上来看，为自右向左，因此称为左行绕组。大部分的单波绕组均采用左行绕组。

下面以一台直流电机，$2p=4$，$S=K=Z=15$ 为例说明单波绕组的绕法，并分析其特点。

25.3.1 绕组元件的各个节距和连接次序表

$$y_k=y=\frac{K-1}{p}=\frac{15-1}{2}=7$$

$$y_1=\frac{Z}{2p}-\varepsilon=\frac{15}{4}-\frac{3}{4}=3$$

$$y_2=y-y_1=7-3=4$$

根据上列节距可以作出绕组的连接次序表。槽 1 的上层元件边 1，按 $y_1=3$，将它与槽 4 的下层元件边 4′相连而构成第一元件。再由槽 4 的下层元件边 4′，按 $y_2=4$，将它与槽 8 的上层元件边 8 相连。以后用同样的办法，由槽 8 的上层元件 8，按 $y_1=3$，将它与槽 11 的下层元件边 11′相连而构成第二元件。如此继续下去，可得到所有 30 个元件边的串联次序如图 25-6 所示。

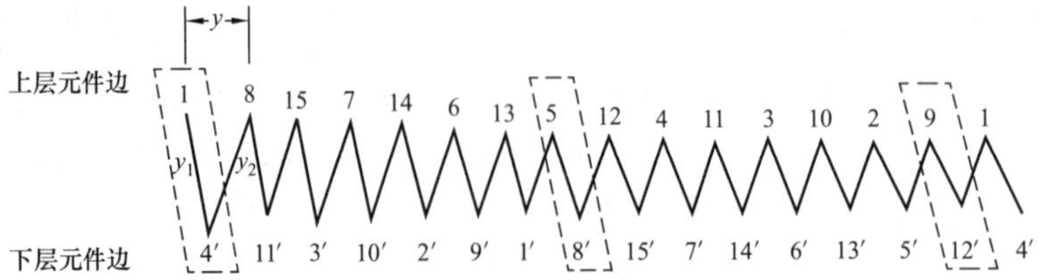

图 25-6 连接次序表

从图 25-6 可见，全部 15 个元件按 1—8—15—7—14—6—13—5—12—4—11—3—10—2—9—1 次序串联起来，构成一个闭合绕组。

25.3.2　绕组的展开图

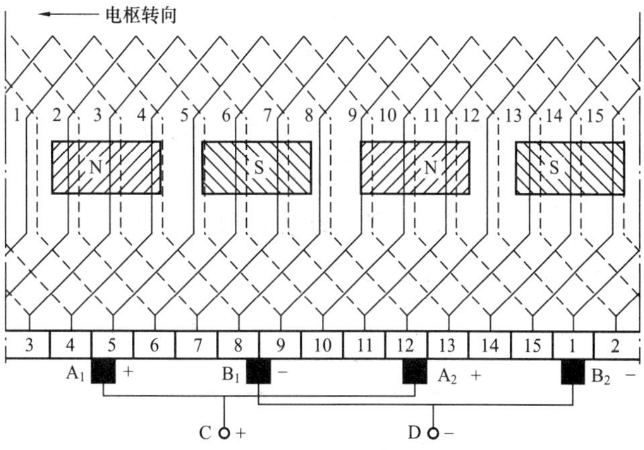

图 25-7　单波绕组的展开图

根据上述连接次序表即可作出单波绕组的展开图，如图 25-7 所示。需要指出，在画波绕组展开图时，要使端接对称，即每一元件所接的两换向片对称地位于该元件轴线的两边。而使元件所接两换向片之间的中心线与元件轴线重合。实际上，在画单叠绕组展开图时，它的端接也是对称的。只是因为在单叠绕组中，这一问题比较明显，没有强调罢了。至于主磁极的位置及其极性、绕组元件的电动势方向、电刷位置及其极性的确定原则，均与单叠绕组相同。

从展开图可以看出，绕组元件 5 被正电刷 A_1A_2 短接，元件 9 和元件 1 被负电刷 B_1B_2 短接。元件 12、4、11、3、10 和 2 的上层边，置于 N 极下，它们串联起来构成一个支路。元件 8、15、7、14、6 和 13，置于 S 极下，它们也串联起来构成另一个支路。由此可见，单波绕组的绕法是：先把所有上层边在 N 极下的元件全部绕定，再继续把所有上层边在 S 极下的元件全部绕定，最后回到第一个元件首端相连接的换向片上，从而构成一个闭合绕组。显然，单波绕组的绕法与单叠绕组的绕法有较大的区别。

$$2p=4,\quad S=K=Z=15$$

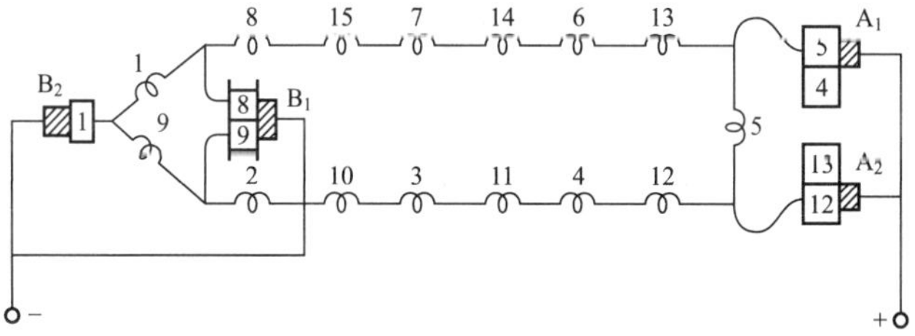

图 25-8　单波绕组的并联支路数

25.3.3　电枢绕组的并联支路

根据绕组的连接规律，可以画出单波绕组的并联支路，如图 25-8所示。因为单波绕组把所有 N 极下的元件串联成一个支路，同时又把所有 S 极下的元件串联成另一个支路。所以，单波绕组不论其极数为多少，所得的并联支路数总等于 2，即支路对数。

$$a=1 \tag{25-10}$$

式（25-10）反映了单波绕组的重要特性。

单波绕组由于只有一对支路，所以原则上只需要装设一对电刷就够了，但实际上仍采用全额电刷，即电刷数等于磁极数，这是因为电刷数目增加后，可以减轻每个电刷的电流负担，因而能够使用截面较小的电刷，或减少每组电刷的个数，相应地可以缩小换向器的尺寸。另外，采用全额电刷后，能保证两个并联支路的对称性。这一点可以从图 25-8 看出：元件 5 被电刷 A_1A_2 短路，元件 1、9 被电刷 B_1B_2 短路，因此上下两支路有效的元件数相同。

单波绕组的特点是只有两条并联支路。这样，在一定的绕组元件数下，每条支路并联的串联元件较多，因而可以得到较高的电压。增加极数不能增加绕组的支路数。若要增加绕组支路数，例如对于低压、大电流直流电机一般采用叠绕组。

25.4 电枢绕组的感应电动势

电枢绕组的感应电动势是指电机正、负电刷之间的电动势。从上面分析过的电枢绕组可以知道，无论是叠绕组还是波绕组，正、负电刷之间的电动势就是支路电动势，而支路电动势等于支路中的串联元件电动势之和。和交流电机电枢绕组的感应电动势一样，直流电机电枢绕组的感应电动势也可以根据 $e=Blv$ 公式加以计算。

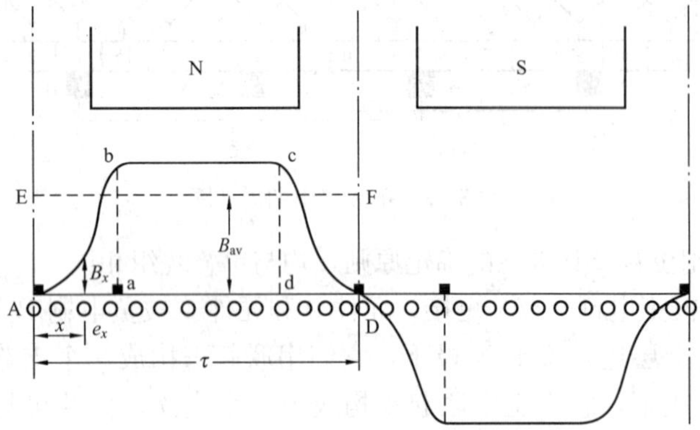

图 25-9 主磁场磁密分布曲线及电枢导体

图 25-9 表示直流电机在空载时，空气隙中的磁密 B 沿电枢周围分布曲线以及电枢导体。图 25-9 中只画了绕组的上层边。实际电刷放置在磁极的中心线上。通过换向片与几何中性线上的元件相连接。因此，在示意图中，将电刷画在几何中性线上，即表示电刷与几何中性线上的元件相连接。当电枢旋转时，分布在电枢上的绕组元件即产生感应电动势。根据电磁感应定律，距中性线 x 处导体的感应电动势为

$$e_x = B_x l v \tag{25-11}$$

式中 B_x——距离中性线 x 处的气隙磁密；

l——电枢导线的有效长度；

v——电枢表面的线速度，也即导体切割气隙磁场的线速度。

设 N 为电枢总导体数，$2a$ 为并联支路数，则每条支路的串联导体数为$\frac{N}{2a}$。于是，电枢电动势 E 可由式（25-12）决定：

$$E = \sum_{x=1}^{\frac{N}{2a}} e_x = lv \sum_{x=1}^{\frac{N}{2a}} B_x = lv \frac{N}{2a} B_{av} \tag{25-12}$$

式中，B_{av}为平均磁密，可以通过式（25-13）求出：

$$B_{av} = \frac{1}{\tau}\int_0^x B_x \mathrm{d}x = \frac{1}{\tau}[\text{面积 abcd}] = \frac{1}{\tau}[\text{面积 AEFD}] \tag{25-13}$$

由于电机的每极磁通 Φ 与高为 B_{av}，底边为 τ 的矩形面积 AEFD 相对应。所以当每极磁通 Φ 为已知时，由 $\Phi = B_{av}\tau l$ 可求得 $B_{av} = \frac{\Phi}{\tau l}$。至于电枢表面的线速度 v，由电枢表面的周长 $2p\tau$ 和每秒转速$\frac{n}{60}$，可得 $v = 2p\tau\frac{n}{60}$。将此关系式代入式（25-12），可得

$$E = l2p\tau \frac{n}{60}\frac{N}{2a}\frac{\Phi}{\tau l} = \frac{PN}{60a}\Phi n = C_e \Phi n \tag{25-14}$$

式中，$C_e = \frac{PN}{60a}$，对已制成的直流电机来说是一个常数，称为电动势常数。当 Φ 的单位为

Wb、n 的单位为 r/min 时，E 的单位为 V。式（25-14）是根据整距绕组导出，元件两边的电动势始终相加。如果是短距绕组，当元件两边处于同一极性区域时，电动势就相互抵消，因而元件中的平均电动势降低。但是直流电机短距一般很小，短距对电枢电动势的影响并不大，因此式（25-14）仍可用。

其次式（25-14）是按电刷放在几何中性线上导出。如果电刷自几何中性线移到图 25-9中虚线位置，使支路中有一部分元件处于另一磁极下，则这一部分元件的电动势被相互抵消，造成电枢电动势下降，此时，产生电枢电动势的有效磁通 Φ 与面积 abcd 相对应。在一般情况下，式（25-14）中的 Φ 是指有效磁通而言。

最后应当指出，上面分析的是空载时的电枢电动势，因此用空载时的气隙磁场曲线。如果计算负载时的电枢电动势，则应用负载时的气隙磁场曲线来求得负载时的每极磁通 Φ。

25.5　电枢绕组的电磁力矩

当电枢绕组中有电流通过时，在磁场的作用下就会产生电磁力矩，通过它来进行机械能和电能之间的转换。现在来研究电磁力矩的计算方法。

根据电磁力定律，任一载流导体在磁场中受到的电磁力为

$$f_x = B_x l i_a \tag{25-15}$$

式中　B_x——导线所处位置的气隙磁密；

l——导体的有效长度；

i_a——导体中的电流，即支路电流。

电磁力的方向用左手定则确定（见图 25-10），电磁力 f_x 对电枢轴心所形成的电磁力矩为

$$T_x = f_x \frac{D}{2} = B_x l i_a \frac{D}{2} \tag{25-16}$$

式中　D——电枢外径。

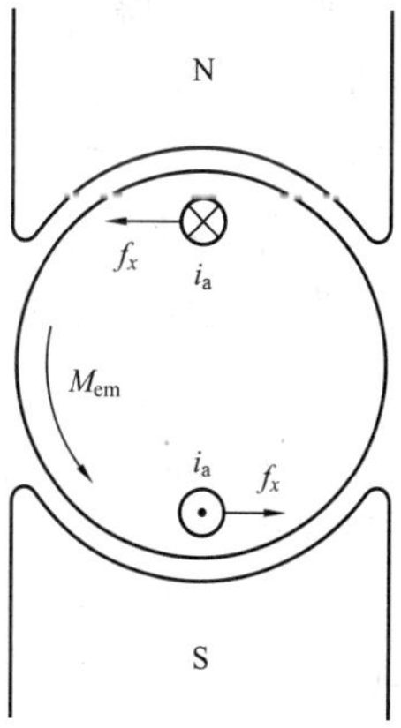

图 25-10　直流电机的电磁力矩

由于电枢上所有导体对电枢轴心所形成的电磁力矩方向相同，因此直流电机的电磁力矩即为全部导线所产生的电磁力矩之和。又因为在各个极距内磁密变化的规律是一样的，所以只需求出正、负电刷间一个极距内$\frac{N}{2p}$个导体的总力矩，再乘以 $2p$，即可得到直流电机的电磁力矩 T_{em} 为

$$T_{em} = 2p\sum_{x=0}^{\frac{N}{2p}} T_x = 2pli_a \frac{D}{2}\sum_{x=0}^{\frac{N}{2p}} B_x = 2pli_a \frac{D}{2}\frac{N}{2p} B_{av} \tag{25-17}$$

式中，B_{av}为正、负电刷间一个极距内平均磁密，可仿照式(25-13)求出，但应注意必须从负载时的气隙磁场来求。如果正、负电刷间的每极磁通 Φ 已知，可求得 $B_{av}=\frac{\Phi}{\tau l}$，利用 $i_a=\frac{I_a}{2a}$和$\frac{D}{2}=\frac{\pi D}{2\pi}=\frac{2p\tau}{2\pi}$，代入式（25-17）可得

$$T_{em}=2pl\frac{I_a}{2a}\frac{2p\tau}{2\pi}\frac{N}{2p}\frac{\Phi}{\tau l}=\frac{pN}{2\pi a}\Phi I_a=C_T\Phi I_a \qquad (25-18)$$

对已制成的电机来说 C_T 为一定值，称为力矩常数。如果 Φ 的单位为 Wb，I_a 的单位为 A，则 T_{em}单位为 N·m。

电枢电动势 $E_a=C_e\Phi n$ 和电磁力矩 $T_{em}=C_T\Phi I_a$ 是直流电机的两个重要公式。对于同一台直流电机，电动势常数 C_e 和力矩常数 C_T 有一定关系。

因为

$$C_e=\frac{pN}{60a}$$

$$C_T=\frac{pN}{2\pi a}$$

所以

$$60aC_e=2\pi aC_T$$

即

$$C_e=\frac{2\pi a}{60a}C_T=0.105C_T \qquad (25-19)$$

结 语

直流电机的电枢绕组是产生电动势和电磁力矩以进行能量转换的关键部件，所以它是电机的核心。

直流电枢绕组是由许多绕组元件通过换向片串联而构成的闭合回路。绕组元件是组成电枢绕组的基本单元。其中第一节距 y_1 决定电枢电动势的大小，合成节距 y 或 y_k 决定绕组的形式。只要确定了这两个节距。电枢绕组即可据此来加以绕制。

直流电枢绕组可分为叠绕组和波绕组两大类，它的区别在于：在叠绕组中，构成一条支路的元件上层边位于同一个磁极下，因此支路数和磁极数有关。波绕组的支路元件位于同一极性的不同磁极之下，因此支路数与磁极数无关。单叠和单波绕组是这两种绕组的基本形式，各种绕组具有不同的特征和应用范围，主要表现在支路数不同。

为了使正负电刷间能获得最大电动势，电刷应放在感应电动势方向改变处。对端接部分对称的电枢绕组，电刷应放在与主磁极中心线相重合的换向片上，使电刷与几何中心线附近的元件相连接。在正常的情况下，从绕组内部来看，闭合回路内的总电动势为零；但从电刷外端观察，则在正、负电刷之间形成若干条电动势相等的并联支路。

电枢电动势、电磁力矩的计算公式，是直流电机的基本公式，应当掌握它的意义和本质。

习 题

25-1 直流电机的电枢绕组和交流电机的电枢绕组有何区别？为什么它必须用闭合绕组？它的第一节距 y_1 为什么常取等于或接近等于一个节距？

25-2 单波绕组和单叠绕组的连接规律有何不同？在同样极对数的电机中其支路数为什么不同？

25-3 直流电机电刷的位置应如何安置？如果放置有偏差，从电动势角度来看，将产生什么影响？

25-4　有一台直流电机，电枢绕组为单叠绕组，已知数据：$Z=S=K=20$，$p=4$，$\mu=1$。

试求：

(1) 计算绕组的各个节距；

(2) 画出绕组展开图，并确定电刷安放位置；

(3) 画出支路图及电刷与元件接触情况。

25-5　有一台直流电机，电刷绕组为单波绕组，已知数据：$Z=S=K=21$，$p=4$，$\mu=1$。

试求：

(1) 计算绕组的各个节距；

(2) 画出绕组展开图，并确定电刷安放位置；

(3) 画出支路图及电刷与元件接触情况。

25-6　有一台四极直流发电机，电枢绕组为单叠整距绕组，每极磁通为 3.5×10^{-2}Wb。电枢总导体数为 152 根，转速为 1200r/min，求电机的空载电动势。若改为单波绕组，其他条件不变，问空载电动势为 210V 时，电机的转速为多少？

25-7　一台直流电机，$2p=4$，$S=123$，每元件电阻为 0.2Ω，当转速 $n=1000$r/min 时，每元件的平均电动势为 10V。问当电枢绕组为单波或单叠绕组时，电刷端的电压和电枢绕组的电阻 R_a 各为多少？

25-8　一台直流发电机，$2p=8$，当 $n=600$r/min，每极磁通 $\Phi=4\times10^{-3}$ Wb 时，$E=230$V。

试求：

(1) 若为单叠绕组，则电枢绕组应有多少导体？

(2) 若为单波绕组，则电枢绕组应有多少导体？

25-9　一台四极单叠绕组的直流电机，试求：

(1) 如果取出相邻的两组电刷，只用剩下的另外两组电刷是否可以？对电机的性能有何影响？端电压有何变化？此时发电机能供给多大的负载（用额定功率的百分比表示）？

(2) 如有一元件断线，电刷间的电压有何变化？电流如何变化？

(3) 若只用相对的两组电刷是否能够运行？

(4) 若有一极失磁，将会产生何种后果？

25-10　同上题，但电机是单波绕组，其情况如何？

25-11　一台四极、82kW、230V、970r/min 的直流电机，其电枢上共有 123 个元件，每元件 1 匝，支路数 $2a=2$。如果每极的合成磁通等于空载额定转速下具有额定电压时每极的磁通，试求当电机输出额定电流时的电磁力矩。

第 26 章　直流电机的电枢反应及换向

和同步电机一样，直流电机在负载时，电枢绕组中就有电流通过，从而产生电枢磁动势，此时电机的气隙磁场是由主磁极的励磁磁动势与电枢磁动势共同建立。电枢磁动势对主磁极磁场所产生的影响，称为电枢反应。电枢反应将影响发电机的电动势和电动机的转速。本章将分别研究电枢反应的两种分量，即交轴电枢反应和直轴电枢反应。

换向是指旋转的电枢绕组元件，由一个支路经过电刷换接到另一支路时，元件中电流改变方向的过程。直流电机换向不良的外表现象是电刷下出现火花。如果火花超过一定的限度，将引起换向器及电刷的损坏，使电机不能正常地继续工作，因此换向是直流电机的一个专门问题，它对电机的正常运行有重大影响。

在这一章中我们将介绍换向理论，主要是简化基础上建立起来的电磁理论；并分析火花产生的原因和改善换向的方法。至于影响换向的其他因素将简单地加以叙述。

26.1　直流电机负载时气隙磁场的分析

直流电机空载时，气隙磁场仅由主极励磁磁动势所产生，这个磁场称为主磁场。当电机负载时，电枢绕组就有电流，产生了电枢磁动势，气隙磁场则应由这两个磁动势的合成效应所产生。正是由于这两个磁动势的相互作用，电机才能进行机电能量转换。电枢反应是研究电枢磁动势对主磁场的作用。为此首先研究由主极励磁磁动势所产生的主磁场，然后再计及电枢磁动势所产生的电枢磁场。

26.1.1　空载时主极励磁磁动势所产生的主磁场

空载时主极励磁磁动势所产生的主磁场如图由 26-1（a）所示，这时主磁场对主极轴线对称。图 26-1（b）是它的展开图，从图可见主极的磁密分布是一个平顶波。

26.1.2　负载时电枢磁动势所产生的电枢磁场

从第 25 章的分析中知道，电刷通过换向器把闭合的电枢绕组分成若干并联支路。虽然电枢绕组随着电机转子一起转动，但是电枢绕组各支路中的电流是由电刷引入或引出，因此在正、负电刷之间的同一支路中，各串联元件具有相同的电流方向。图 26-2（a）表示发电机中电枢绕组各元件的电流方向和电枢磁场的分布情况。为了便于分析，这里假定电枢

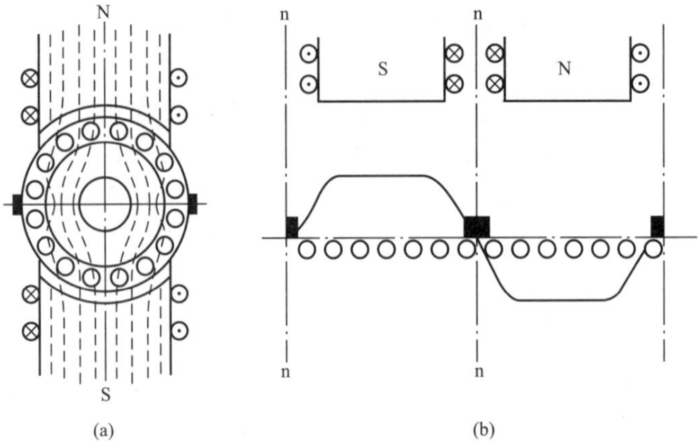

图 26-1　空载时主极励磁磁动势所产生的主磁场
（a）主磁场；（b）主磁场的展开图

绕组为整距，并且电刷安放在与磁极中心线相重合的换向片上。由于画图时省略了换向器，因此电刷直接和几何中性线上的元件相接触，这样在图中电刷就成为电枢表面电流分布约分界线。至于图 26-2 所示的电枢电流方向，可以根据电动势的方向来确定，因为发电机中，电枢电动势的方向和电流方向一致，而电枢电动势的方向则取决于主极的极性和电枢旋转方向。

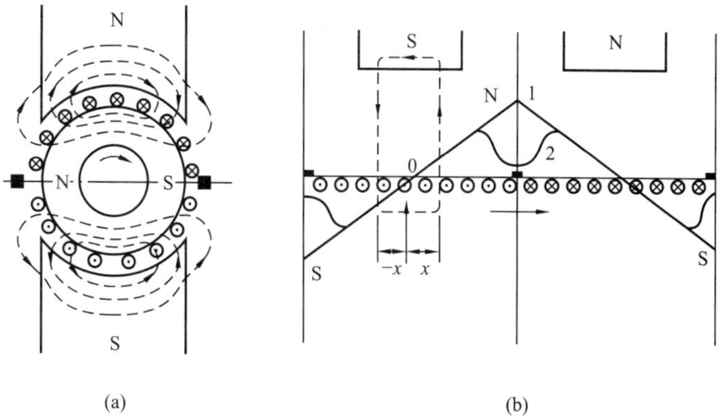

图 26-2　负载时电枢磁动势所产生的电枢磁场

(a) 电枢磁场；(b) 电枢磁场的展开图

电枢绕组各元件所产生的磁场，可按右手螺旋定则来决定其方向，而电枢磁动势的分布情况则须由全电流定律来确定，如图 26-2 (a) 中的虚线所示。由图可见：电枢磁场对称地分布于电刷轴线的两侧，电枢左半边为 N 极，右半边为 S 极。由于电枢磁动势轴线的位置与电刷轴线位置相重合，而与主极轴线成正交，即与交轴相重合，因此称此磁动势为交轴电枢磁动势。

要定量地求出电枢磁动势的分布情况，可先将图 26-2 (a) 展开，如图 26-2 (b) 所示。在这里假定电枢表面槽数很多，载流导体在电枢表面几乎是均匀而连续分布。选主极轴线与电枢表面的交点 0 作为原点，则按全电流定律，在一个极距范围内，取一经过距原点为 $+x$ 及 $-x$ 两点的闭合回线，如图 26-2 (b) 所示。此回线所包围的电枢导体总电流，即为消耗在该回线各段磁路的总磁势，即

$$\oint H\mathrm{d}l = N_x i_a = \frac{N}{\pi D}2xi_a$$

式中，$N_x=\frac{N}{\pi D}\cdot 2x$ 为闭合回线所包含的导体根数，其中 N 是电枢总导体数；i_a 为导体电流；D 为电枢外径。

为简化分析，设铁的导磁系数 $\mu=\infty$，于是闭合回线中铁心部分所需的磁动势可以忽略，上述总磁动势只消耗在两个气隙上，因此在 x 点处每个气隙的电枢磁动势为

$$F_{ax}=\frac{1}{2}N_x i_a=\frac{Ni_a}{\pi D}x=Ax \quad (\text{安匝/极}) \tag{26-1}$$

式中，$A=\frac{Ni_a}{\pi D}$为电枢的线负荷，表示沿电枢表面每单位圆周长度上的安培导体数。对于一台已制成的直流电机来说，当 i_a 一定时，A 是常数。

根据式 (26-1)，并注意 x 的范围是$-\frac{\tau}{2}\leqslant x\leqslant\frac{\tau}{2}$，可画出电枢磁动势沿电枢表面的分布曲线，如图 26-2 (b) 中的曲线 1 所示。图中纵坐标为磁动势，正值表示由它所产生的磁通方向从电枢到主极，负值表示从主极到电枢。由图可见，电枢磁动势沿空间的分布呈三角形，在正、负两电刷之间的中心点处为零，而在电刷处达到最大值。此最大值为

$$F_a=\frac{A\tau}{2} \quad (\text{安匝/极}) \tag{26-2}$$

如果极靴下气隙为均匀，则沿气隙的磁密分布如图 26-2 (b) 中的曲线 2 所示。从图可

见，在极弧范围内的电枢磁密分布是通过 0 点的直线，但在相邻两主极之间的空间内，由于气隙很大而磁阻急剧增大，因此磁密急速减小，使气隙磁密成了马鞍形。

26.2 直流发电机的电枢反应

在一般情况下，直流发电机的电刷总是放在主极中心线上，通过换向器而与几何中性线上的元件相接触。下面先叙述这种情况下的电枢反应。

26.2.1 电刷与几何中性线上的元件相接触时

图 26-3（a）表示发电机带上负载后，由主极励磁磁动势和电枢磁动势共同所建立的合成磁场分布情况。它是由主磁场和电枢磁场叠加而成。因 26-3（b）是它的展开图，图中曲线 1 表示空载时励磁磁动势所产生的磁密分布曲线，曲线 2 为电枢磁动势分布曲线，曲线 3 为电枢磁密分布曲线。如果不计饱和，应用叠加原理，将曲线 1 和曲线 3 的纵坐标相加而得曲线 4，则曲线 4 即为考虑电枢反应以后的合成气隙磁密分布曲线。实际上由于磁极极靴端部和电枢齿部饱和的缘故，铁心磁阻将增大，因此合成气隙磁密分布曲线应如曲线 5 所示。

直流发电机电枢反应的结果，使气隙磁场发生变化，这可以从以下两个方面来分析：

（1）使气隙磁场的总磁通比空载时有所减少。

如果把主极分成两个半边，在电枢进入主极的这一半边，称为前极端；而在电枢退出主极的另一半边，称为后极端。在直流发电机带上负载后，在电枢磁场进入主极的前极端，电枢磁场与主磁场方向相反，使主磁场削弱，即电枢磁场有去磁作用；而在电枢磁场退出主极的后极端，电枢磁场与主磁场方向一致，使主磁场增强，即电枢磁场有助磁作用。由于一般直流发电机的磁路工作在接近饱和状态，电枢反应的去磁作用总是大于助磁作用。因此相对于主磁场来说，合成磁场的总磁通将有所减少。从图 26-4 中也可以看出这一情况，当直流发电机在磁化曲线饱和部分 A 点工作时，如果直流发电机已带上负载，则在主极的后极端，由于电枢磁动势增大 ΔF_a，所引起的磁通增加（$+\Delta\Phi$），不足以补偿主极的前极端由于电枢磁动势减小 ΔF_a 所引起的磁通减少（$-\Delta\Phi$），因此总的磁通相对要减少，直流发电机气隙中的合成磁密被削弱了。因为直流发电机每极下气隙磁通的数值，决定电枢电动势的大小，所以电枢反应的影响，使直流发电机的感应电动势有所下降。

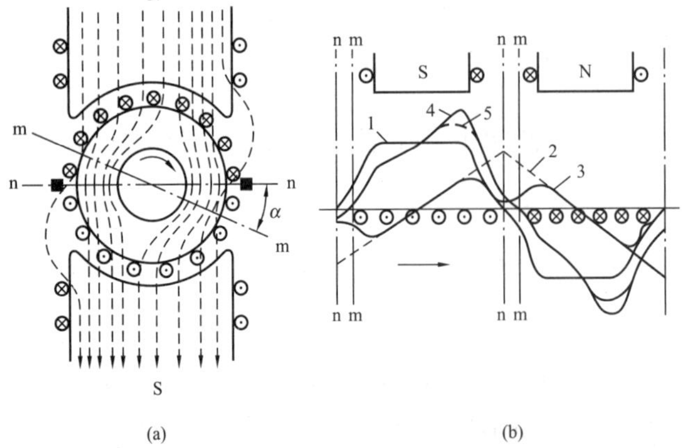

图 26-3 直流发电机的电枢反应
（电刷与几何中性线上的元件相接触）

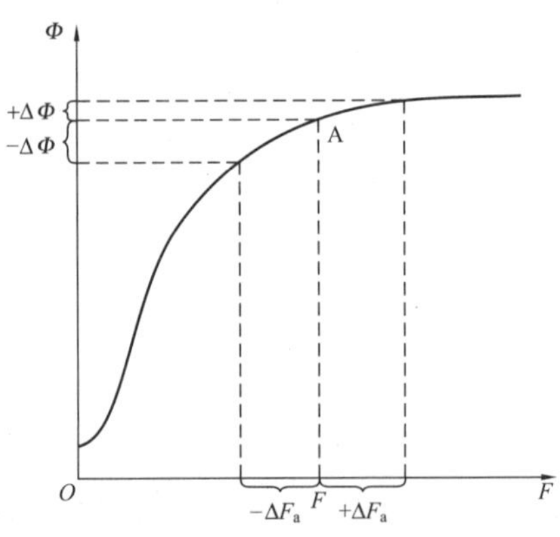

图 26-4 交轴电枢反应对
电机总磁通的影响

(2) 使气隙磁场的中性线易位，从空载时的几何中性线到负载时的物理中性线。

直流发电机在带上负载后，气隙磁场受到歪扭，使发电机的磁场分布发生畸变，原来电枢表面磁密为零的直线，也跟着移动。如图 26-3 (b) 所示，它从空载时的几何中性线 nn，移到负载时的物理中性线 mm 上。所谓物理中性线，就是负载后，电枢圆周上磁密为零的直线。对直流发电机来说，它顺着电枢旋转方向转移了一个 α 角，α 角的大小取决于负载的大小。由于直流电机磁场的畸变，这时位于几何中性线上被电刷短接的元件，就有少量的感应电动势，导致短路元件中出现环流，这样在电刷下面容易发生火花，使直流发电机不能正常工作。此外，由于中性线的变位、使电枢绕组并联的各支路中，包括了几个电动势相反的元件，也使得每一支路中的感应电动势有所下降。

26.2.2　电刷顺电枢转向移动了 β 角时

直流发电机的电刷一般安放在与主极中心线相重合的换向片上。如前所述，由于电枢反应的缘故，在电刷下面可能会出现火花。为了改善这一情况，可将电刷顺电枢转向移动 β 角，这时电刷接触的绕组元件向物理中性线附近移动，因而电枢磁场的轴线也随之移动 β 角的距离，如图 26-5 (a) 所示。为了便于分析，以几何中性线为轴作另一直线与电刷的轴线相对称，使该直线与电刷轴线的夹角为 2β。这样可把 2β 范围内的绕组元件看成为绕组的一个组成部分，再把 2β 角范围外的绕组元件看成为绕组的另一组成部分，而这两部分绕组元件所通过的电流仍然不变。因此，讨论这种情况下的电枢反应，可认为它是由这两部分绕组所产生的电枢磁动势，分别对主磁场的作用结果叠加而成。根据右手螺旋定则。在 2β 角范围内的这一部分绕组，它所产生电枢磁动势的轴线，与主极的轴线相重合，因此称此磁动势为直轴电枢磁动势，以 F_{ad} 表示之，如图 26-5 (b) 所示。在 2β 角范围外的另一部分绕组，它所产生电枢磁动势的轴线，与主极轴线相垂直，仍称此磁动势为交轴电枢磁动势，以 F_{aq} 表示之，如图 26-5 (c) 所示。由此可见，直轴电枢磁动势 F_{ad} 对直流发电机有去磁作用，而交轴电枢磁动势 F_{aq} 使直流发电机的磁密分布发生畸变。

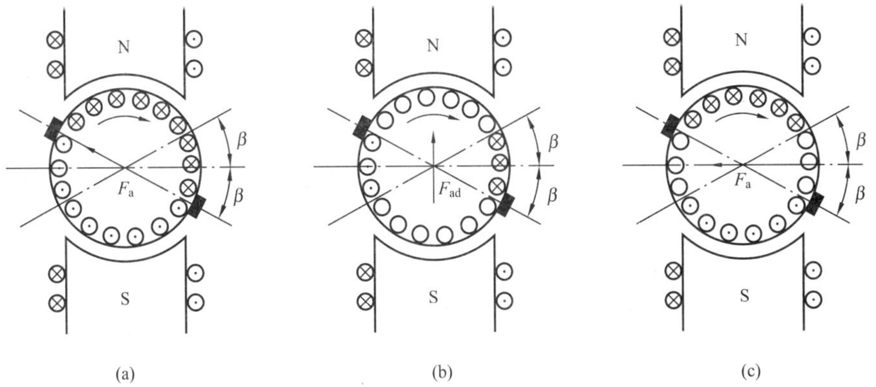

图 26-5　电刷顺电枢转向移动 β 角时发电机的电枢反应

(a) 电枢磁动势；(b) 直轴电枢磁动势；(c) 交轴电枢磁动势

由图 26-5 (b) 和式 (26-1) 可知，若以几何中性线与电枢表面的交点作为原点，即令 $x=\beta\dfrac{\tau}{x}$ (β 为电弧度)，则可求得

$$F_{ad}=A\frac{\beta}{\pi}\tau \quad (\text{安匝/极}) \tag{26-3}$$

由图 26-5（c）和式（26-1）可知，若以主极轴线与电枢表面的交点作为原点，即令 $x=\left(\frac{\tau}{2}-\beta\frac{\tau}{\pi}\right)$，则可求得

$$F_{aq}=A\left(\frac{\tau}{2}-\frac{\beta}{\pi}\tau\right) \quad （安匝/极） \tag{26-4}$$

如果直流发电机的电刷逆电枢转向移动 β 角，则电枢反应的结果是，直轴电枢磁动势 F_{ad} 对直流发电机有助磁作用，而交轴电枢磁动势 F_{aq} 使直流发电机的气隙磁密分布发生畸变。由于这种畸变，使被电刷短路的元件处于磁密很大的位置，因而将在其中感应出很大的电动势，导致电刷下面发生强烈的火花。所以，直流发电机的电刷一般不宜逆着电枢旋转方向移动。

26.3 直流电动机的电枢反应

直流电动机负载运行时，电枢电流所产生的电枢磁动势对主磁场的影响也称电枢反应，对于直流发电机来说，电枢电流是由其本身电动势所产生，它与感应电动势有相同的方向；而直流电动机的电流是由外界电源施入到电枢绕组，它与感应电动势的方向相反。因此，当主极极性和电枢旋转方向一定时，直流电动机的电枢电流方向和直流发电机相反，所以直流电动机的电枢反应正好与直流发电机的情况相反。

当电刷与几何中性线上的元件相接触时，直流电动机的电枢磁动势也是交轴电枢磁动势，它使电动机合成磁场的分布发生畸变，如图 26-6 所示。在图中可见，在主极的前极端有助磁作用，主极的后极端有去磁作用，这时物理中性线的位置，逆电枢转向转动了一个角度 α。如果考虑到磁路饱和的影响，电枢反应后合成磁场的总磁通也将稍有减少。

如果直流电动机的电刷逆电枢转向移动了 β 角，则电枢磁动势 F_a 可分解为直轴电枢磁动势 F_{ad} 和交轴电枢磁动势 F_{aq} 两个分量，如图 26-7 所示。由图中可见，直轴电枢磁动势 F_{ad} 对直流电动机有去磁作用，而交轴电枢磁动势 F_{aq} 仍使合成磁场的分布发生畸变。

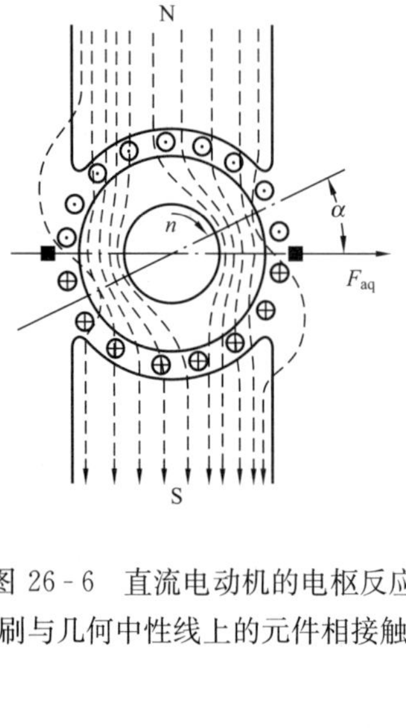

图 26-6 直流电动机的电枢反应
（电刷与几何中性线上的元件相接触时）

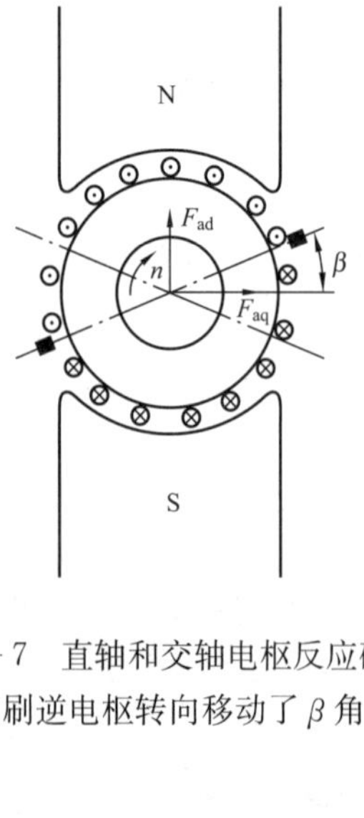

图 26-7 直轴和交轴电枢反应磁动势
（电刷逆电枢转向移动了 β 角时）

如果将直流电动机的电刷顺电枢转向移动了 β 角，则直轴电枢磁动势有助磁作用，而交轴电枢磁动势使合成磁场的分布发生畸变。由于这种畸变，使被电刷短路的元件处于磁密很大的位置，因而将在其中感应出很大的电动势，导致电刷下面出现强烈的火花。所以直流电动机的电刷一般不宜顺电枢转向移动。

26.4　直流电机的换向

直流电机工作时，旋转的绕组元件不断地从一个磁极下越过几何中性线上的电刷，而进入相邻的异性磁极之下。此时绕组元件从电枢绕组的一条并联支路经过电刷而进入列另一条并联支路，使元件中的电流从原来的方向转变为相反的方向，这种过程称为换向。直流电机的换向过程是十分复杂的，不仅有电磁方面的变化，而且还伴随着机械、电化学、电热等方面的现象，它们彼此之间又相互影响。这样就给换向问题的研究增加了难度，因此直到现在还没有完整的换向理论。但是这并不等于说对换向问题就变得束手无策了。事实上，现在生产的直流电机，当采用了改善换向的各种措施以后，基本上解决了换向问题。

直流电机换向不良的后果，主要是在电刷与换向器表面之间发生火花。当火花超过一定限度时，会使电刷与换向器很快损坏，从而使直流电机不能正常工作。此外，电刷下的火花也是产生电磁波的一个来源，它会对附近的通信设施产生干扰。因此，研究换向问题，找出产生火花的原因，采用改善换向的措施，具有十分重要的意义。

由于换向理论比较复杂，目前已有的理论都是建立在一定的简化基础上来分析。下面我们对影响换向的最主要因素，即换向的电磁理论作较为详细介绍，而对于其他因素，则简略地加以叙述。

图 26-8 表示换向元件的换向过程。假设电刷的宽度与换向片的宽度相等，换向片间绝缘层的厚度略去不计，电枢绕组为单叠绕组，i_a 表示电流。

图 26-8（a）表示换向开始瞬间，电刷与换向片 1 相接触，由相邻的两条并联支路而来的电流 $2i_a$ 经过换向片 1 流入电刷。此时，换向元件又属于电刷右侧支路，其中电流为电刷右侧支路电流。

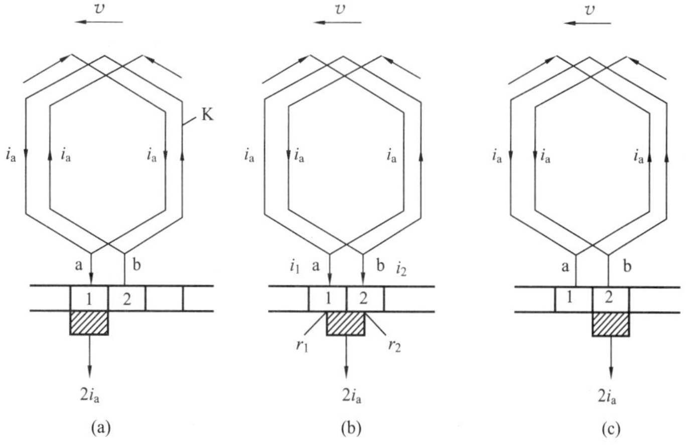

图 26-8　换向元件的换向过程

(a) 换向开始瞬间；(b) 正在换向瞬间；(c) 换向结束瞬间

图 26-8（c）表示换向结束瞬间，电刷与换向片 2 相接触，由相邻的两条并联支路而来的电流 $2i_a$ 经过换向片 2 流入电刷。此时，换向元件 K 属于电刷左侧支路，其中电流为电刷左侧支路电流。

图 26-8（b）表示正在换向过程中的任一瞬间，电刷与换向片 1 及 2 相接触，换向元件 K 被电刷短接。由

相邻两条并联支路而来的电流 $2i_a$ 经过换向片 1 及 2 的电流在换向过程中是变化的。假设换向元件中没有电动势产生，并且换向元件、引线及换向片的电阻可忽略不计，则根据电路定律 KVL，可列出换向回路的电压方程式为

$$i_1r_1-i_2r_2=0 \tag{26-5}$$

式中，i_1 及 i_2 为流过换向片 1 及 2 的电流，r_1 及 r_2 为换向片 1 及 2 与电刷间的接触电阻。由式(26-5)可得

$$\frac{i_1}{i_2}=\frac{r_2}{r_1}=\frac{A_1}{A_2} \tag{26-6}$$

式中，A_1 及 A_2 表示换向片 1 及 2 与电刷间的接触面积。

由式（26-6）可知：经过换向片 1 及 2 的电流和电刷与换向片间的接触电阻成反比，而与接触面积成正比。

换向元件中的电流 i 在换向过程中是变化的。对于图 26-8（b）中的 a 点和 b 点，应用电路定律 KCL，可以列出如下方程：

$$\begin{cases} i_1=i_a+i \\ i_2=i_a-i \end{cases} \tag{26-7}$$

解方程得换向电流为

$$i=\frac{i_1-i_2}{2} \tag{26-8}$$

无论电流 i_1 和 i_2 如何变化，它们的总和始终保持不变，即

$$i_1+i_2=2i_a \tag{26-9}$$

根据上列四式可以求出换向电流 i 的变化。

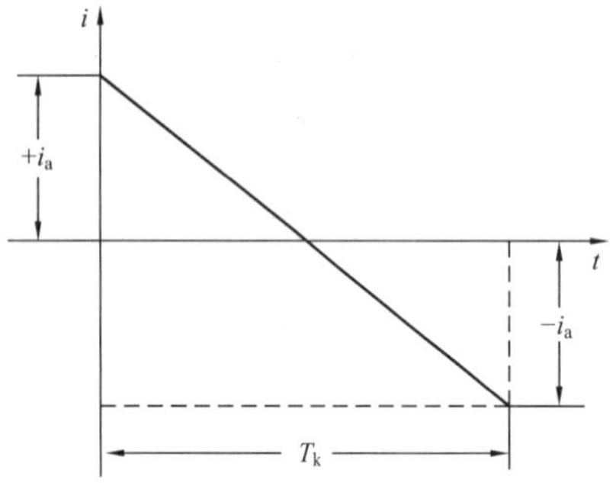

图 26-9　直线换向

在换向过程中，换向元件内的电流均匀地由 $+i_a$ 变为 $-i_a$，对于这种换向，通常称为直线换向。因为在换向过程中，假设换向元件中并无电动势，而仅考虑电阻的影响，因此又称为电阻换向。直线换向电流 i 随时间 t 的变化关系，如图 26-9 所示。

在直线换向时，因为有

$$\frac{i_1}{A_1}=\frac{i_2}{A_2} \tag{26-10}$$

即

$$j_1=j_2$$

式中，$j_1=\dfrac{i_1}{A_1}$ 及 $j_2=\dfrac{i_2}{A_2}$ 分别为换向片 1 及 2 与电刷间接触的电流密度。

由式（26-10）可知，在换向过程中的任一瞬间，前刷端（换向片进入电刷的一端）和后刷端（换向片退出电刷的一端）的电流密度是相等的，即电刷电流密度为均匀，因而在电刷下没有火花，则这种换向又称为理想换向。

在上面的分析中，我们假定了换向元件中不存在任何电动势。实际上，由于换向电流的突然变化以及电枢反应的影响，在换向元件中尚有电抗电动势和旋转电动势存在，它们将对换向产生一定的影响，下面分别来讨论这两种电动势。

26.4.1　电抗电动势

由于在换向过程中，一个换向周期内，换向元件的电流由 $+i_a$ 变化为 $-i_a$ 而换向周期极短（几毫秒），电流变化极快，因而在换向元件中将产生感应电动势。因为该电动势是由元件自身电流的变化所引起，因此是一个自感电动势，即

$$e_L = -L_k \frac{di}{dt} \tag{26-11}$$

式中　L_k——元件的自感系数。

通常电刷的宽度为 2～3 片换向片宽，即同时有几个元件进行换向，因而某一换向元件的感应电动势除自感电动势 e_L 外，还包括其他换向元件中电流的变化在这个换向元件中所引起的感应电动势，此电动势称为互感电动势 e_M。自感电动势 e_L 和互感电动势 e_M 的合成称为电抗电动势 e_r，即

$$e_r = e_L + e_M \tag{26-12}$$

按照楞次定律，电抗电动势的作用是阻碍电流变化的，因此 e_r 的方向与元件换向前的电的方向相同。

26.4.2　旋转电动势

旋转电动势是换向元件切割换向区域的磁场所感应的电动势。当换向元件位于几何中性线上时，该处主极的磁场为零。但是直流电机在负载后出于交轴电枢磁场的存在，换向元件将切割交轴电枢磁场而产生感应电动势，此电动势即为旋转电动势，旋转电动势公式为

$$e_k = 2N_c l v B_k \tag{26-13}$$

式中　B_k——换向元件所在处的磁密；

l——导体的有效长度；

v——元件 K 切割磁力线的速度，即电枢表面的线速度；

N_c——该元件的匝数。

旋转电动势的方向用右手定则确定。在直流发电机中，由于换向元件所切割的交轴电枢磁场，其极性与该元件换向前所在处的主磁场极性相同［见图 26-3（b）］，因而旋转电动势 e_k 也与换向前该元件的电动势或电流具有相同的方向。但是在直流电动机中，换向元件所切割的交轴磁场的极性，与换向前该元件所在处的主磁场极性相反，因而 e_k 也与换向前该元件的电动势方向相反，即与电流方向相同。总之，不论是直流发电机或者直流电动机，换向元件切割交轴磁场所产生的旋转电动势都是阻碍电流变化的，因而电抗电动势和旋转电动势具有相同的方向。

根据电抗电动势和旋转电动势，可以确定换向元件中所产生的附加换向电流为

$$i_k = \frac{e_r + e_k}{r_1 + r_2} \tag{26-14}$$

i_k 的方向与元件换向前电流方向一致，如图 26-10 所示。由图中可以看出，由于 i_k 的出现，破坏了换向时电刷电流密度的均匀性，在后刷端 i_k 与 i_1 方向一致，使后刷端的电流密度增加，在前刷端 i_k 与 i_1 方向相反，使前刷端的电流密度减少。可见，附加换向电流 i_k 的存在，使换向元件中电流改变方向的时刻，比直线换向延迟了，即 $t > \frac{T_k}{2}$ 时电流过零，所以这种换向情况称为延迟换向。图 26-11 表示延迟换向时，换向元件中电流

变化的情况。

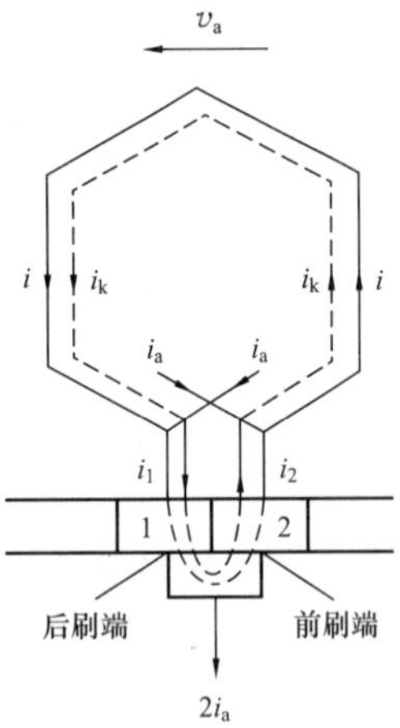

图 26-10 延迟换向时附加换向电流的影响

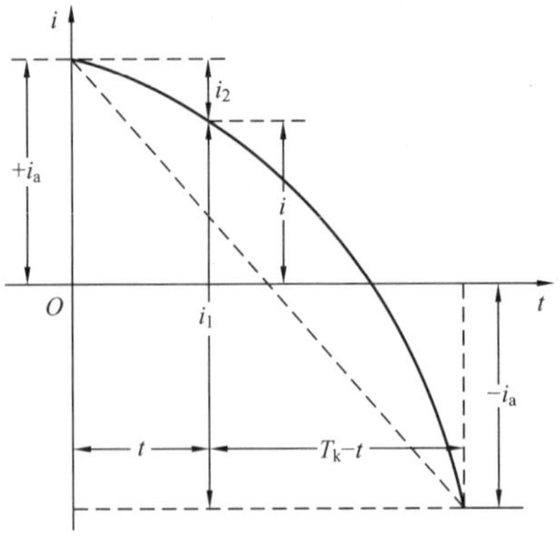

图 26-11 延迟换向

一般直流电机在几何中性线上都装有换向磁极，因此电机在带上负载后，换向区域内的磁场是由换向区域的磁场抵消电枢磁场所建立。这样就使旋转电动势 e_k 的方向和电抗电动势 e_r 相反，如果 e_k 的数值大于 e_r，于是换向元件中的附加换向电流 i_k 就改变了方向，如图 26-12中的虚线所示，由于 i_k 与 i_1 方向相反，以致前刷端的电流密度增加，后刷端的电流密度减少。可见，附加换向电流的存在，使换向元件中电流改变方向的时刻比直线换向提前了，即 $t<\frac{T_k}{2}$时电流过零，所以这种换向情况称为超越换向。超越换向的电流变化情况如图 26-13 所示。

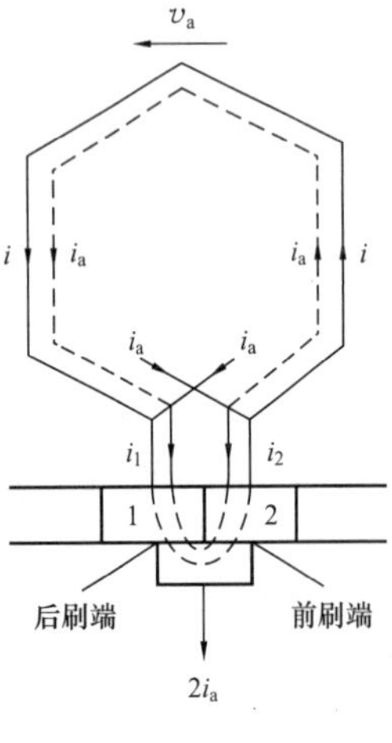

图 26-12 超越换向时附加换向电流的影响

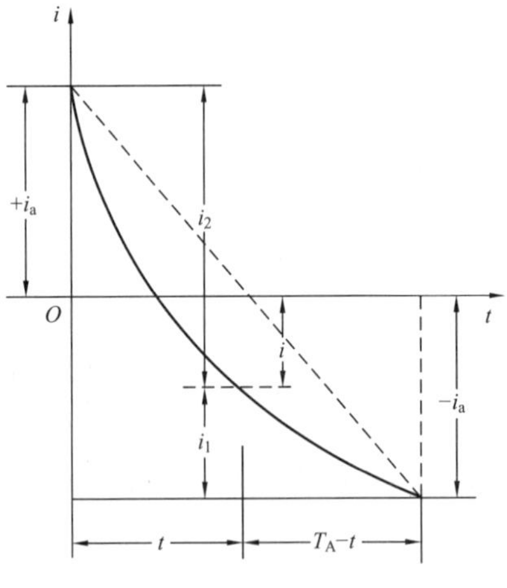

图 26-13 超越换向

26.5 火花的等级及产生火花的原因

直流电机产生火花的原因是复杂的，不仅是由于电磁原因，在很多情况下，由于机械和化学等原因也可以引起火花。

如前所述，发生火花是直流电机换向不良的直接表现，当火花超过一定限度时，会妨碍电机的正常工作。但是一般也不必要求绝对地没有火花，因为如果在电刷下只有微弱的火花时，电机的正常工作不会受什么影响。

按照国家标准GB 755—2000的规定，电刷下面的火花分成几种等级，如表26-1所示。

直流电机的允许火花等级，一般在技术条件中说明。如果不加说明时，对正常工作的直流电机，火花等级不超过$1\frac{1}{2}$级。2级火花对电机有不利影响，3级火花则是危险的，此时只允许在表中规定的情况下存在。

下面简略地说明产生火花的原因。

表26-1　直流电机的火花等级

火花等级	电刷下的火花程度	换向器和电刷的状态
1	无火花	换向器上没有黑痕以及电刷上没有灼痕
$1\frac{1}{4}$	电刷边缘仅小部分有微弱的点状火花，或有非放电性的红色小火花	
$1\frac{1}{2}$	电刷边缘大部分或全部有轻微的火花	换向器上有黑痕出现，但不发展，用汽油擦其表面即易除去，同时电刷上有轻微灼痕
2	电刷边缘全部或大部分有较强烈的火花	换向器上有黑痕出现，汽油不能擦除，同时电刷上有灼痕，如短时出现这一级火花，换向器上不出现灼痕，电刷不被烧焦或损坏
3	电刷的整个边缘有强烈的火花，同时有大火花飞出	换向器上的黑痕相当严重，用汽油不能擦除，同时电刷上有灼痕，如在这一火花等级下短时运行，则换向器上将出现灼痕，同时电刷将被烧焦或损坏

26.5.1　电磁原因

早期人们认为，产生火花的原因是由于电刷接触面的电流密度太大所致。以后根据试验证实，在近乎直线换向时，即使平均电流密度高达255A/mm²，而后刷端的电流密度达到350～400A/mm²都没有发生火花（正常运行时电流密度仅为8～20A/mm²）。可见这种认识，并不符合客观的实际情况。经过长期的研究，现在对产生火花的电磁方面原因有以下几种看法：

（1）直流电机工作在直线换向时，不会产生火花。

（2）直流电机工作在延迟换向时，如果换向回路中合成电动势e_r+e_k不太大，并小于某一电动势临界值，则在$t=T_k$瞬时，后刷端的接触电阻$r_1=r_2\dfrac{A_1}{A_2}$，由于A_2趋近于零而A_1趋于无限大，因而附加换向电流i_k等于零，这时电刷下面也不会发生火花。但是，当换向回路中电抗电动势e_r占优势，且有足够的数值，致使合成电动势e_r+e_k大于某一电动势临界值时，这时换向器的接触并不是良好的面接触，因此，它的接触电阻，便不能简单地认为与面积成反比，而是一种很复杂的物理量。这样，在$t=T_k$瞬时，后刷端的接触电阻并不是无限大，于是附加换向电流$i_k\neq 0$。所以在电刷离开换向片1的瞬间，换向回路中存在有一部分电磁能量$\frac{1}{2}L_r i_k^2$，当这一部分能量达到相当数值时，就在换向回路断开的一瞬间，后刷端将产生火花。

（3）直流电机工作在严重的超越换向时，前刷端电流密度很大，同时电刷与换向片开始接触时，只有少数的点接触。因此，电刷与换向片之间的电压升高，能量损耗将增大，致使电刷的前端过热而发生火花。

26.5.2 机械原因

直流电机换向不良所引起的火花，除了上述的电磁原因以外，机械原因也是十分重要的一个方面。机械原因主要是由于换向器、转子和电刷装置等方面的缺陷所引起，如换向器偏心、换向片间的云母凸出、转子平衡不良、电刷在刷握中松动、电刷压力不适当以及电刷表面粗糙等，都可能导致电刷与换向器接触不良或发生松动而产生火花。也有由于各个刷杆之间或磁极之间距离不相等，使换向元件受到主极磁场的作用而引起火花。

为了使直流电机能正常工作，对换向器和电刷经常予以保养和维护是十分重要的。

26.5.3 化学原因

近年来对换向接触面的性质进行研究知道，在换向过程中，电刷和换向器之间的接触面能否形成润滑良好、电阻比较大的氧化亚铜光滑薄膜，对于换向火花是否产生有重要的影响。

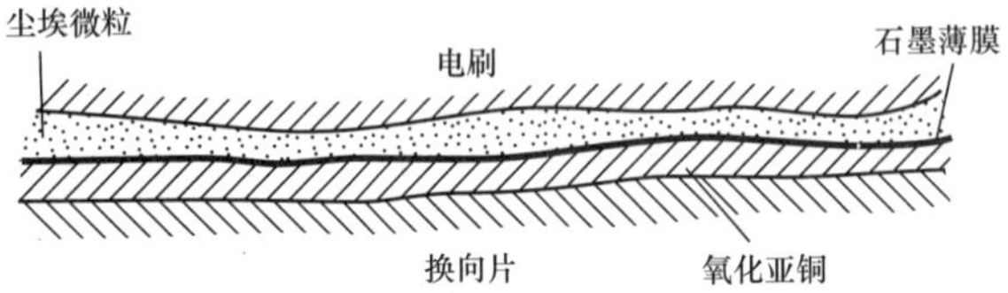

图 26-14 电刷与换向片间的交界膜

电刷与换向片间的交界膜结构如图 26-14 所示。换向器的表面，由于氧化作用形成了一层氯化亚铜，其上被一层石墨薄膜所覆盖，在薄膜的表面还吸附着一层潮气。电刷和换向片间，实际上是点接触，没有接触着的空间处，充满了炭的微粒。

换向器表面氧化亚铜薄膜的存在，使换向回路有足够大的电阻，这是有利于换向的。直流电机工作时，因电刷的摩擦作用，经常使这层氧化亚铜薄膜遭到破坏。同时，由于电流流过，空气中又含有水分，导致电刷与换向片之间发生电解，以及温度较高的原因，使新的氧化亚铜薄膜又不断形成。这样，薄膜的不断形成和破坏，对于正常运行的电机来说，维持着一种动态的平衡关系，如果电刷压力过大，电机振动，或者在高空缺乏空气和水分，以及电机工作在易于受到化学气体侵蚀的场所，都会使换向器表面的氧化亚铜薄膜遭到破坏，这时就容易发生火花。

此外，电刷的导电性能、接触电阻、耐热性能以及润滑性能等对换向也有重大的影响。选择牌号不合适的电刷，也是运行中产生火花的原因之一。

上述产生火花的原因，只是按其根源来分类。实际上产生火花原因是综合的，电磁、机械、化学和其他各种因素相互作用、相互影响，所以情况是十分复杂的，只有结合具体情况才能进行分析。

26.6 改善换向的方法

改善换向的目的在于消除电刷下面的火花。产生火花的主要原因已如上节所述。现在主要从消除产生火花的电磁原因着手，介绍一些常用的改善换向方法。

正如上一小节中关于产生火花的电磁原因部分内容所指出，火花主要是由附加换向电流 i_k 所引起。因此，为了改善换向，必须限制附加换向电流。由式（26-14）知道，增加电刷与换向片间的接触电阻或减小换向元件的感应电动势都可以达到限制附加换向电流 i_k 的目的。所以改善换向一般有如下方法。

26.6.1　选用合适的电刷，增加电刷与换向片间的接触电阻

电刷与换向片间的接触电阻是换向回路最主要的电阻，从改善换向的角度来看，应有足够大的电阻。但是另一方面，电刷是为引导电枢电流而设置的，从引导电枢电流的角度来看，电刷的接触电阻应该较小，以免引起过大的电压降。因此接触电阻和接触电压降这两方面应是选用电刷所要考虑的主要问题。

现在生产的电刷中，一般来说，碳 - 石墨电刷的接触电阻最大，石墨电刷和电化石墨电刷次之，青铜 - 石墨电刷和紫铜 - 石墨电刷最小。从改善换向的观点来看，宜选用接触电阻最大的电刷，但这时接触电压降较大，因而能量损耗和换向器的发热也加剧；另外这种电刷的容许电流密度较小，因而增加了电刷的接触面积和换向器的尺寸以及电刷的摩擦损耗。所以选用电刷是一个复杂的问题，必须根据不同直流电机的具体情况来考虑。通常，对于换向并不困难的中、小型直流电机，宜用石墨电刷，对于换向比较困难的直流电机宜用碳 - 石墨电刷，对于换向问题严重的大型直流电机，电刷的选用应以制造厂的长期试验和运行经验为依据。

国产电刷的技术数据可参阅我国有关电工标准和“电机工程手册”第 10 篇。在更换直流电机的电刷时，还应注意选用同牌号的电刷或特性尽量相近的电刷，以免造成各电刷间电流分配不均匀而产生火花，切不可用与原来电刷性能相差太远的电刷。

26.6.2　装设换向极

为了减少换向元件中的感应电动势，在直流电机相邻两个主极之间的位置上，可装设换向极。由于电刷安放在与主极中心线相重合的换向片上，所以换向区域恰好在换向极下面，如图 26 - 15 所示（图中把电刷画在电枢上）。换向极的作用是要产生一个磁动势，除了抵消交轴电枢反应磁动势外，还应当在换向区域内建立一个适当的外磁场，即换向磁场，以使换向元件切割该磁场而产生一个与电抗电动势 e_r 方向相反而大小相等的旋转电动势 e_k，随之换向元件内的合成电动势为零，从而使换向接近于直线换向。

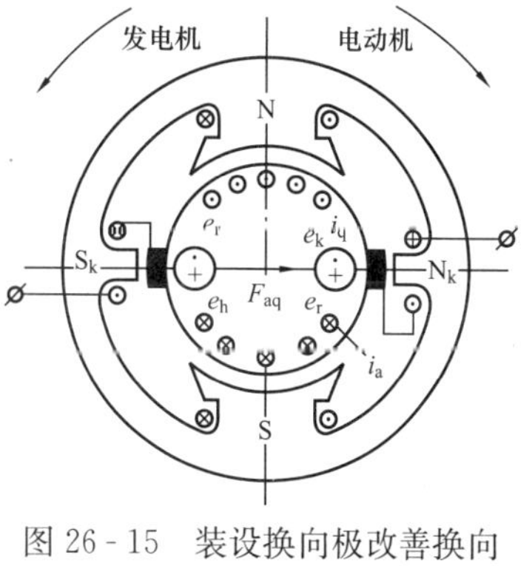

图 26 - 15　装设换向极改善换向

为了使 e_k 与 e_r 的方向相反，换向极线圈必须有正确的接线。也就是换向极应有正确的极性。如图 26 - 15 所示，如果发电机的电枢以逆时针方向旋转，则电枢内的符号，表示了感应电动势和电流的方向。由于电抗电动势 e_r 的方向，总是阻止换向元件中电流的变化，即 e_r 的方向与换向元件开始前的电流方向相同。图中，右边电刷下的换向元件中 e_r 的方向为进入纸面，因此右边的换向极需要有一个 N_k 极的磁场，使换向元件中产生一个方向离开纸面的 e_k。由此可见，直流发电机中换向极的极性，与换向元件即将进入的主磁场的极性相同。同理，在直流电动机中，如果主极的极性和电枢电流的方向仍然如图 26 - 15 所示的情况，则电动机必定以顺时针方向旋转，这时换向极的极性，与换向元件即将进入的主磁极的极性相反。

直流电机不论是用作发电机还是电动机，从图 26 - 15 可以看出，换向极磁动势和电枢磁动势两者都作用在同一轴线上，而且方向相反，因此换向极磁动势能够抵消电枢磁动势的作用。由于要求 e_k 与 e_r 大小相等，而 e_r 和电枢电流 I_a 成正比，所以换向极磁动势 F_k 也必须正比于电枢电流 I_a，这样才能使换向元件切割换向极磁场所感应的电动势 e_k 达到与 e_r 相

平衡。可见，换向极线圈必须与电枢绕组相串联，并且要求换向极的磁路不能饱和。为此，制造直流电机时，换向极的空气隙比主极的空气隙要大得多，以便减少换向极磁路中铁磁材料饱和的影响。

装设换向极是改善直流电机换向的最有效方法，除了少数小容量直流电机以外，现代直流电机一般都装有换向极。

26.6.3　移动电刷位置

对于无换向极的小容量直流电机，如果把电刷从主极中心线位置移开一个适当的角度，使换向区域也跟着从电枢上的几何中性线移开一相当角度而进入主极之下，利用主磁场来代替换向极所产生的换向磁场，也可获得必要的旋转电动势以抵消电抗电动势。与确定换向极的极性相似，在直流发电机中，电刷应自几何中性线顺电枢转向移过一适当角度；而在直流电动机中，则逆电枢转向移过一适当角度，如图 26－16 所示（为清楚起见，图中只表示了直流发电机的旋转方向）。从图中还可以看出，电刷移动的角度 β，必须大于物理中性线移动的角度 α。β 的具体大小，须移动电刷以后换向元件中能产生适当的 e_k，以便 e_k 和 e_r 互相抵消。

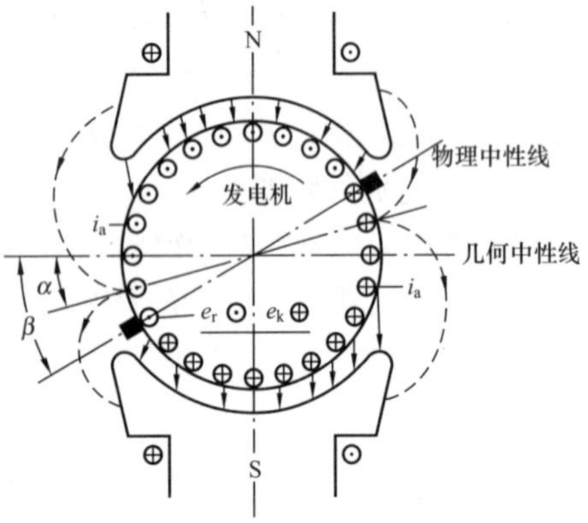

图 26－16　用移动电刷改善换向

用这种方法来改善换向，实际上不可能建立良好的换向条件。因为电抗电动势 e_r 随负载而变化，这就要求电刷的位置必须随负载的变化而作相应的调整。否则，旋转电动势 e_k 与电抗电动势 e_r 不可能取得平衡。这是很难做到的。特别是对于旋转方向可逆的直流电机，必须随旋转方向的改变而重新调整电刷的位置，这更是不可能的。

26.7　环火的产生及其防止措施

直流电机中，除了上述电磁性火花外，有时还因某些换向片的片间电压过高而发生火花，称为电位差火花。在最不利的情况下，电磁性火花与电位差火花连成一片，以致发展到换向器上发生“环火”。以下讨论环火产生的原因以及防止它们产生的措施。

26.7.1　环火的产生

直流电机负载运行时，由于电枢反应的影响，气隙磁密分布将发生畸变，如图 26－17 所示。因为电枢绕组元件中的感应电动势 $e_x = B_x lv$，即 e_x 与气隙磁密 B_x 成正比，所以气隙磁密 B_x 的分布曲线，也可以用来表示绕组元件中感应电动势 e_x 的分布曲线。这样，任何相邻两换向片之间的电位差 U_{kx} 即等于其所接绕组元件中的感应电动势 e_x，因此 B_x 的分布曲线又可看

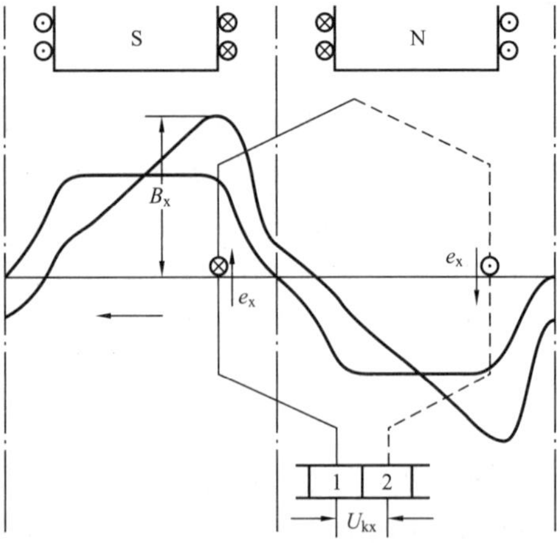

图 26－17　直流电机负载时相邻两换向片间的电压

作是换向片间电压差 U_{kx} 的分布曲线。当负载较大时，B_x 的分布曲线发生严重的畸变。由图 26-17 可以看以，在直流发电机的后极端（或电动机的前极端）B_x 将有较大值，因此处于该处的换向片间电位差 U_{kx} 也较大。这种换向片电位差的数值超过一定限度时，就会发生换向片间的空气游离击穿，在换向片间产生电位差火花。

为了避免发生电位差火花，经验证明，换向片间的电压最大值不应超过下列数值：在大型直流电机中 $U_{kx} \leqslant 25 \sim 28\text{V}$，在中型直流电机中 $U_{kx} \leqslant 30 \sim 35\text{V}$，在小型直流电机中 $U_{kx} \leqslant 50 \sim 60\text{V}$。

当直流电机受到冲击负载时，电枢电流急剧上升。这时换向极磁动势虽然相应增大，但是由于换向极铁心中涡流的影响，使换向极磁场不能立即随负载剧烈变动而增大。这样 e_k 不能及时补偿 e_L 的增加（e_L 是随负载电流变化的），于是直流电机处于严重的延迟换向情况，在后刷端产生强烈的火花。随着换向器转动，强烈火花形成的电弧沿换向器旋转方向前移，如图 26-18所示。同时由于电枢电流剧增引起磁场的严重畸变，使得换向器上某些地方的片间电压显著增高，因而发生电位差火花，并使换向器周围空气游离。这样电磁性火花和电位差火花汇合在一起，它们互相促进，在一定条件下就可以形成一股跨越正、负电刷之间的电弧，使整个换向器按一圈火环所包围，这种现象称为环火。环火发生时，相当于电枢绕组经过电刷而直接短路，这是十分危险的，因为它不仅可以将换向器和电刷烧坏，而且将使电枢绕组受到严重的损害。

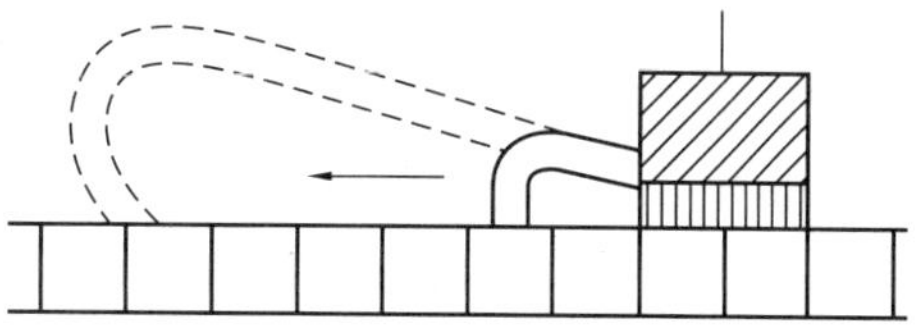

图 26-18　换向器上环火的形成

26.7.2　防止环火的措施——装补偿绕组

由以上的分析可知，由于电枢磁动势的影响，使得气隙磁场发生畸变，增加了换向片间的电压，构成了产生环火的内因。因此，为了有效地防止环火现象的发生，必须设法克服电枢磁动势对气隙磁场的影响，使直流电机负载运行时，气隙磁场基本上不发生畸变，而装置补偿绕组可以达到此目的。

补偿绕组的导体嵌放在主极的极靴槽中，其连接方式如图 26-19 所示，为了抵消电枢磁动势的影响，必须使补偿绕组载有电流时产生的磁动势与电枢磁动势方向相反，如图 26-20所示。同时补偿绕组应和电枢绕组相串联。这样，电枢电流通过补偿绕组所产生的磁动势和电枢磁动势大小相等，方向相反，从而使电枢磁动势得到完全的补偿。

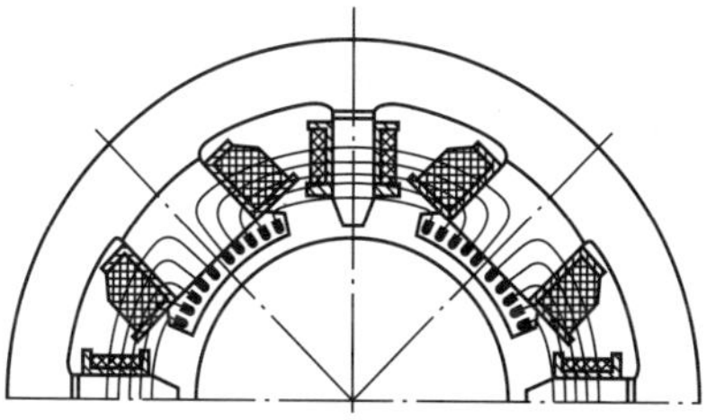

图 26-19　装在主极极靴槽中的补偿绕组

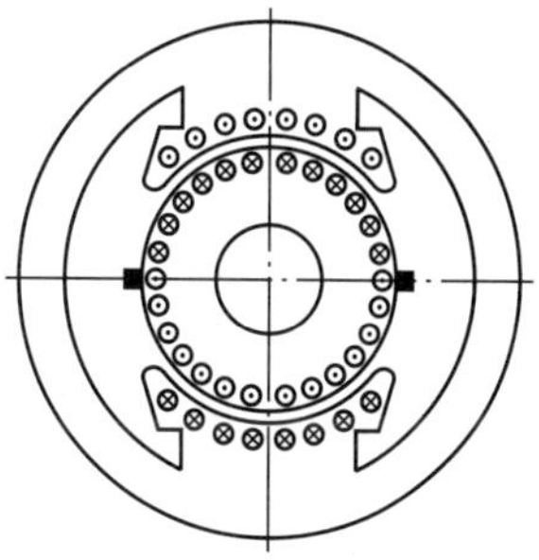

图 26-20　补偿绕组的磁动势

装置补偿绕组可以提高直流电机的可靠性，但使直流电机结构复杂，造价提高。补偿绕组一般应用在大容量以及负载变化剧烈、工作条件较困难的直流电机中。

结 语

直流电机的电枢反应是指负载电枢磁动势对主极气隙磁场的作用，和同步电机电枢反应的定义基本上是相同的。不过在直流电机中，电枢电流和电动势不是同向就是反向，电流总是属于有功性质，所以一般情况下（电刷与几何中性线上元件相接触），它所产生的电枢磁动势是属于交轴电枢反应的性质。

直流电机电枢反应的结果与电刷在换向器上的位置以及直流电机的运行方式有关。当电刷与几何中性线上的元件相接触时，产生交轴电枢反应，它将使气隙磁场发生畸变。对直流发电机来说，合成磁场的物理中性线顺电枢转向移动。在直流电动机中则相反。由于磁场的畸变，直流对发电机来说，主极的前极端磁场被削弱，后极端磁场被增强。在直流电动机中则相反，若直流电机磁路饱和，气隙中的合成磁通会有所减少。

当电刷不与几何中性线上的元件相接触时，除了产生交轴电枢电动势反应以外，还有直轴电枢反应。对直流发电机来说，电刷顺电枢转向移动，直轴电枢磁动势对主磁场有去磁作用；电刷逆电枢转向移动对主磁场有助磁作用，对换向不利。所以直流发电机的电刷不允许逆电枢转向移动。在直流电动机则相反。

换向问题是直流电机的关键问题之一。直流电机的容量、电压均受到换向的限制。所谓换向是指绕组元件从一个支路经过电刷而进入另一支路时，元件内电流方向改变的整个过程。换向不良将在电刷下面引起有害的火花。火花产生的原因有电磁原因、机械原因和化学原因等，这些原因是相互关联的，其中最重要的是电磁原因。

火花是判断换向好坏的重要标志，但并非唯一标志。换向质量的好换，除了火花的大小之外，还应当考虑换向器与电刷的磨损情况、电刷寿命等因素。直流电机运行时，如果电刷下面仅有一点小火花，而电刷与换向器表面磨损正常，则可认为是换向良好的。

经典的换向理论认为，电刷下发生火花的主要原因是换向回路内存在附加换向电流，使电刷下的电流密度变为不均匀，导致换向回路断开时，换向元件中所储存的电磁能量以电火花的形态放出，这样在电刷的后刷端就会发生火花。

为了改善换向，必须减小附加换向电流。通常的办法是装设换向极，选择合适的电刷。如果是小型直流电机也可以移动电刷位置。环火对直流电机是危险的，它的形成原因是负载剧烈变化，以及电枢反应引起的某些换向片间的电压过高。为了防止环火现象的出现，可在主极的极靴下装设补偿绕组。

习 题

26-1 直流电机的电枢反应和交流电机（同步电机）的电枢反应有何相同和不同之处？什么情况下只有交轴电枢反应？什么情况下除了交轴电枢反应外还有直轴电枢反应？

26-2 直流电机空载和负载运行时，气隙磁场各由什么磁动势建立？负载后电枢电动势应用什么磁通进行计算？

26-3 一台两极直流发电机，空载时每极磁通为 0.3Wb，每极励磁磁动势为 3000 安匝。现设电枢圆周上共有电流 8400A 并作均匀分布，已知电枢外径为 0.42m，若电刷自几何中心线前移 20°机械角度。试求：

（1）每对极的交轴电枢磁动势和直轴电枢磁动势各为多少？

（2）当略去交轴电枢反应的去磁作用和假定磁路不饱和时，试求每对极的净有安匝数以及每极下的合成磁通。

26-4　有一直流电机，$2p=4$，$S=95$，每个元件的串联匝数为 3 匝，电枢外径为 0.162m，额定电流为 36A，$a=1$，电刷在几何中性线上，试计算额定负载时的线负荷 A 及交轴电枢磁动势 F_{aq}。

26-5　什么是换向过程？换向元件在换向过程中可能会产生哪些电动势？它们是由什么原因引起的？对换向各有各种影响？

26-6　产生火花的原因有哪些？火花对直流电机运行有何影响？清除电磁性火花的方法有哪些？

26-7　换向极的作用是什么？它装设在哪里？它的绕组应如何励磁？如果将已调整好换向极的直流电机换向极绕组极性反接，那么运行时会出现什么现象？

26-8　没有换向极的直流电动机往往表明转向，如果转向反了会出现什么不良的后果？如果要将这台电动机改为发电机运行（电刷位置不动），其转向是否和原来所标明的方向一致？

26-9　环火是怎样产生的？补偿绕组的作用是什么？如何装置好？其绕组怎样连接？

26-10　选择电刷时应考虑哪些因素？如果一台直流电机，原来采用碳-石墨电刷，额定负载时换向情况良好，后因电刷损坏，改为铜-石墨电刷，额定负载时电刷下火花很大，这是为什么？

第 27 章　直 流 发 电 机

直流发电机和其他种类的发电机一样，也是一种将机械能转换为电能的旋转电机。在现代直流电源的产生方式中，直流发电机仍占有一定的地位。对于不同的使用场合，要求直流发电机具有不同的运行特性。而直流发电机的运行特性又与其励磁方式有密切的关系。因此，本章将首先讨论直流发电机的励磁方式；然后阐明发电机的能量转换关系、电动势和力矩方程式；最后根据这些基本关系，分析直流发电机的各种运行特性。

27.1　直流发电机的励磁方式

直流发电机主极的励磁绕组，一般都需要通以直流电流，以便在气隙中建立主磁场。根据励磁绕组取得励磁电流方式的不同，直流发电机可以分自励和他励两大类型。

27.1.1　他励直流发电机

他励直流发电机的励磁电流，是由另外的直流电源供给，与电枢电路没有电的联系，如图 27 - 1（a）所示。一般他励直流发电机的励磁功率为额定功率的 1%～3%。

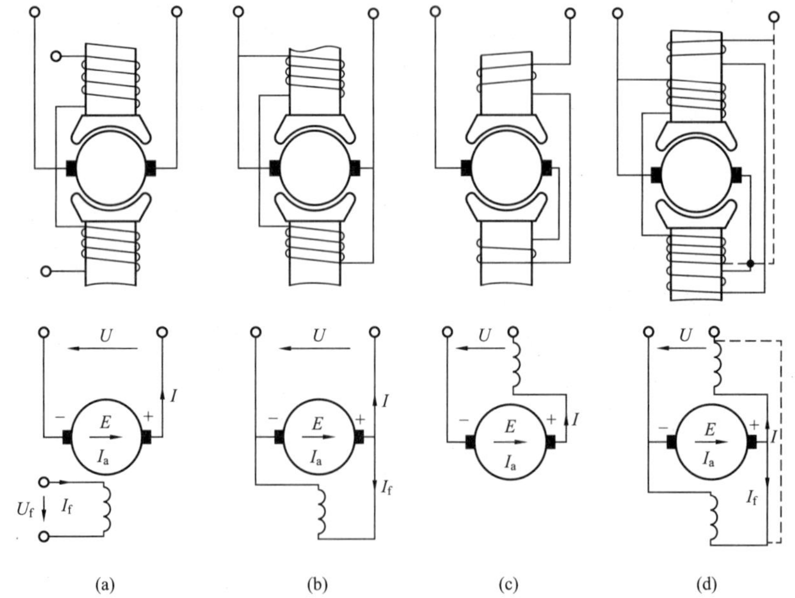

图 27 - 1　直流发电机的励磁方式
（a）他励；（b）并励；（c）串励；（d）复励

27.1.2　自励直流发电机

自励直流发电机的励磁电流，是由发电机本身电枢供给。按照励磁绕组与电枢连接方式的不同，自励直流发电机又可分为并励、串励和复励三种。

1. 并励直流发电机

并励直流发电机的励磁绕组并联在电枢两端，由自身发出的电压来建立励磁电流，如图 27-1（b）所示。它的特点是励磁电流 I_f 随电枢电压 U 的变化而变化，励磁电流小，而励磁绕组的匝数多。一般在大、中型并励直流发电机中，励磁电流为额定电流的 2%～3%，小型并励直流发电机为额定电流的 5%～10%。

2. 串励直流发电机

串励直流发电机的励磁绕组与电枢串联，利用负载电流 I 来励磁，如图 27-1（c）所示。它的特点是励磁电流 I_f 随负载电流 I 的变动而变化，励磁电流大，励磁绕组匝数少。由于这类发电机的电枢端电压随负载而急剧变化，因此实际应用极少。

3. 复励直流发电机

复励直流发电机的主极上绕有并励和串励绕组，所以兼有并励和串励直流发电机的特点，如图 27-1（d）所示。复励直流发电机通常以并励绕组为主，串励绕组为辅。并励和串励两种绕组的磁动势可以相加，也可以相减，前者称为积复励，后者称为差复励。图中并励绕组接到电枢的方法可按实线接法或虚线接法，前者称为短复励，后者称为长复励。事实上，长、短复励发电机在运行性能上并无多大差别，只是串励绕组的电流大小稍有些不同而已。

为了便于将直流发电机的各绕组接成上述励磁方式，在绕组引出线的各端点，要加以标志。各种直流发电机所采用的端点标志不尽相同。按我国生产 ZF、ZD 系列和 Z_2 系列的直流电机，规定端点标志如下：

	首端	尾端	
电枢绕组	S_1	S_2	
换向极绕组	H_1	H_2	
串励绕组	C_1	C_2	
并励绕组	B_1	B_2	（Z_2 系列）
	F_1	F_2	（ZF、ZD 系列）
他励绕组	T_1	T_2	（Z_2 系列）
	W_1	W_2	（ZF、ZD 系列）
补偿绕组	B_1	B_2	（ZF、ZD 系列）

一般在电机的出线盒内，都附有引出线标志的接线图，供使用者参考。图 27-2 为一台复励直流发电机引出线端点接线图示例，鉴于各种电机所使用的端点标志不尽统一，在具体接时，不要生搬硬套，应当根据各制造厂的产品说明书中的接线图或电机出线盒内的接线图标志接线。

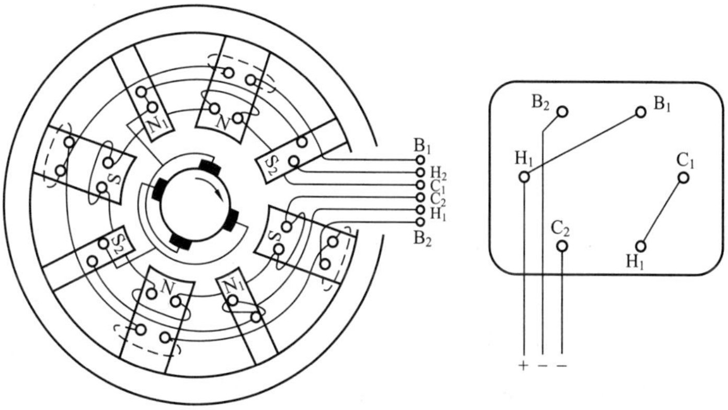

图 27-2　复励直流发电机引出线端点的接线图

27.2　直流发电机的功率、力矩和电动势平衡关系

27.2.1　直流发电机的能量转换

和交流电机一样，直流发电机也遵循能量转换和守恒的规律。在直流发电机中，电枢由原动机拖动，并以恒定的转速旋转，这时输入到发电机的机械功率，通过电磁感应的方式而转化为电功率，供应给负载。在此过程中伴随着产生各种功率损耗。输入机械功率、输出电功率以及各种损耗功率间存在着一定的平衡关系。

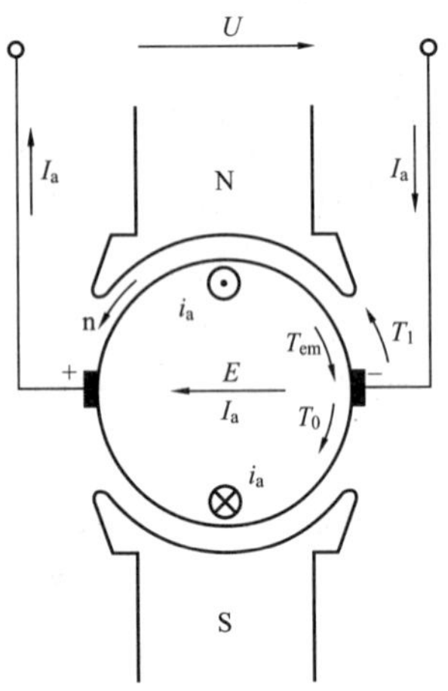

图 27-3　直流发电机的示意图

图 27-3 表示直流发电机的示意图。原动机拖动发电机作逆时针方向恒速旋转。由前可知，电枢绕组的感应电动势为

$$E=\frac{pN}{60a}\Phi n$$

其方向如图 27-3 所示。当发电机接上负载时，对外电路供电，输出电功率。这样电枢绕组中就有电流通过，同时产生电磁力矩，其表达式为

$$T_{em}=\frac{pN}{2\pi a}\Phi I_a$$

电磁力矩的方向与旋转方向相反，对发电机起制动作用，称为制动力矩。发电机的电磁力矩将使发电机的转速有下降的趋势。欲使转速保持不变，原动机必须有机械力矩 T_1 输入到发电机。也就是从原动机吸收一定的机械功率，经过发电机转换为电功率输出。显然，发电机利用电磁力矩作为原动机拖动力矩的一个反力矩来吸收机械功率。如果此时原动机没有机械功率输入，发电机就在制动力矩的作用下，以致不能正常运行，从而也就没有电能输出了。可见电磁力矩 T_{em} 的产生是使直流发电机实现机电能转换的必要条件。

发电机通过电磁力矩 T_{em} 吸收一部分机械功率，根据电磁感应的原理转化为电功率。这部分功率无论从机械方面还是电方面都是由电磁现象所引起，所以称为电磁功率，以 p_{em} 表示，因此得

$$P_{em}=T_{em}\Omega=\frac{pN}{2\pi a}\Phi I_a\frac{2\pi n}{60}=\frac{pN}{60a}\Phi nI_a=EI_a \tag{27-1}$$

式中　Ω——电枢旋转的角速度。

式（27-1）说明，为了产生电磁功率 EI_a，发电机必须向原动机吸收相同数量的机械功率 $T_{em}\Omega$。因此电磁功率是直流发电机能量转换过程中通过电磁感应方式转换的那部分功率。

27.2.2　功率平衡关系

设原动机输入机械功率 P_1，拖动直流发电机旋转。当发电机空载时，电枢绕组中只有感应电动势，而没有电流通过，因而没有功率输出。此时，由于轴承摩擦、电刷与换向器间的摩擦以及发电机旋转部分与空气的摩擦等功率损耗，称为机械损耗 p_{mec}。电枢铁心在磁场中旋转时，由于硅钢片中的磁滞及涡流损耗，称为铁损耗 p_{Fe}。机械损耗和铁损耗在发电机空载时便存在，因而称为空载损耗 p_0，即

$$p_0 = p_{mec} + p_{Fe} \tag{27-2}$$

当发电机负载运行时，电枢绕组中通过电流，因而对负载有电功率 P_2 输出；同时在电枢电阻 R_a（包括电枢绕组电阻和电刷接越电阻）上产生铜损耗 $p_{Cu}=I_a^2R_a$。

因此有

$$P_1 - p_0 = P_{em} \tag{27-3}$$

$$P_2 = P_{em} - p_{Cu} \tag{27-4}$$

由式（27－3）和式（27－4）可画出他励直流发电机的功率平衡图，如图27－4所示。图中励磁损耗功率 p_{Cu} 在他励直流发电机中是由其他直流电源供给，不包括在原动机输入的机械功率之中。

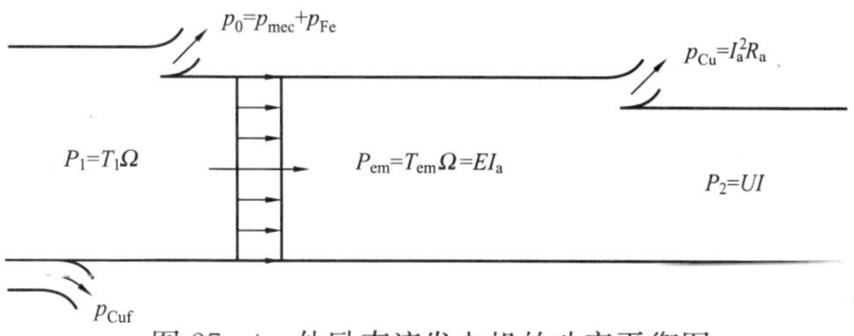

图27－4 他励直流发电机的功率平衡图

27.2.3 力矩平衡关系

从图27－3中可以看出，直流发电机在旋转时，转子轴上同时有三个力矩的作用。它们是：①原动机的机械力矩，拖动发电机作逆时针方向旋转，T_1 与发电机的输入机械功率 P_1 相对应；②电磁力矩 T_{em}，在发电机中是一个制动力矩，T_{em} 与发电机的电磁功率 P_{en} 相对应；③空载力矩 T_0，与发电机的空载损耗 p_0 相对应。因为发电机即使在空载时也要消耗一部分的输入功率，所以在转子轴上也要消耗一部分空载力矩，显然，空载力矩是一个制动力矩。当转速 n＝常数时，这三个力矩是互相平衡的，即

$$T_1 = T_{em} + T_0 \tag{27-5}$$

式（27－5）称为力矩平衡方程式。

27.2.4 电动势平衡关系

电枢电动势、端电压和电枢电流等物理量之间的关系，可用电动势平衡方程式来表示。因为发电机的输出功率为

$$P_2 = UI_a$$

电磁功率为

$$P_{em} = EI_a$$

电枢中的铜损耗为

$$p_{Cu} = I_a^2R_a$$

将以上关系代入式（27－4），即得

$$UI_a = EI_a - I_a^2R_a$$

两边同时除以 I_a，可得到直流发电机的电动势平衡方程式：

$$U = E - I_aR_a$$

或

$$E = U + I_aR_a \tag{27-6}$$

式（27－6）也可直接从电枢回路应用电路定律KVL得出。

由上面的分析可知，功率、力矩和电动势平衡方程式，形式各异，而本质相同，都是表示直流发电机在机电能量转换过程中能量的平衡关系。

27.3 他励直流发电机的运行特性

直流发电机运行时，通常可测得的物理量有：①发电机的端电压U；②电枢电流I_a或输出电流I；③励磁电流I_f；④转速n等。其中转速n是由原动机所决定，若无特别说明，一般要求发电机的转速保持为额定值。因此当上述前三个物理量之一保持不变时，另外两个物理量之间的关系即构成发电机的运行特性。所以直流发电机的主要运行特性有：

（1）空载特性——当$I=0$时，$U_0=f(I_f)$的关系曲线。

（2）外特性——当$I_f=$常数时（自励直流发电机中则取励磁回路的电阻$R_f=$常数），$U=f(I)$的关系曲线。

（3）调节特性——当$U=$常数时，$I_f=f(I)$的关系曲线。

以上各种特性中，以外特性最为重要，它是选用直流发电机的主要依据。以下对他励直流发电机的各种特性进行具体分析。

27.3.1 空载特性

他励直流发电机的空载特性是在发电机的转速保持额定不变和负载电流$I=0$时，端电压U_0与励磁电流I_f之间的关系。此特性曲线可用试验方法求得。图 27-5 为他励直流发电机的接线图。

在求取空载特性曲线时，保持发电机转速不变，调节励磁回路的电阻R_f，使励磁电流I_f由零开始逐渐增加。与此同时，电枢端电压也逐渐增加，直到电枢端电压等于额定电压的1.1～1.3倍。再使励磁电流逐步下降，电枢端电压也逐渐下降。当$I_f=0$（励磁回路断开时）时，电枢端仍有一个数值不大的电压，称为剩磁电压。一般剩磁电压为额定电压的2%～4%，这样就得到了空载特性曲线的上升分支和下降分支，如图 27-6 所示。应当指出由于发电机铁心中有磁滞现象，空载特性的上升分支和下降分支并不是重合的，所以在试验时，I_f的调节必须保持单方向性，即励磁回路中的调节电阻不能在中间来回调节。在计算时，一般应取上升分支和下降分文的平均值作为空载特性曲线。

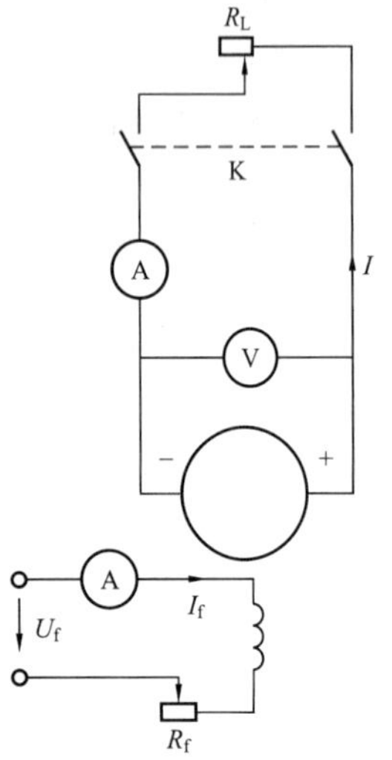

图 27-5 他励直流发电机的接线图

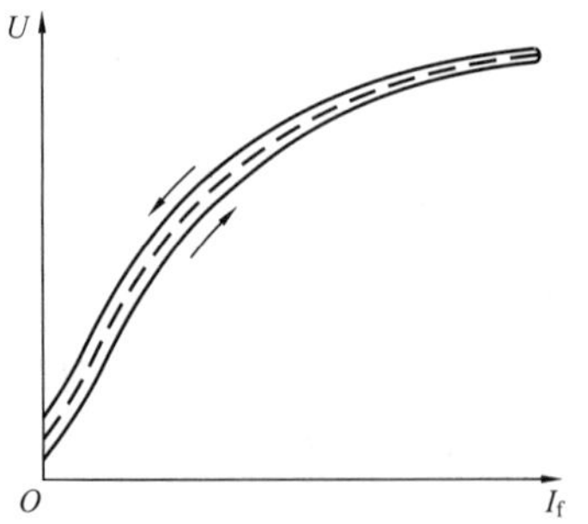

图 27-6 他励直流发电机的空载特性

空载时，他励直流发电机的端电压U_0与电枢电动势E_a相等，因此空载特性也可写成$E_a=f(I_f)$。因为$E_a=C_e\Phi n$，当n为常数时，电枢电动势互与气隙磁通Φ成正比，所以空载特性压$E_a=f(I_f)$与发电机的磁化曲线$\Phi=f(I_f)$具有相同的形状，都是一条饱和曲线。在实际应用中，空载特性可用来判断电机磁路系统的状况，如磁路饱和程度，励磁绕组是否有短路故障等。

空载特性曲线的起始部分接近于直线，这时发电机的铁心未饱和，随着励磁电流 I_f 的逐步增加，铁心逐步饱和，空载特性就出现了饱和段。通常，发电机的额定电压处于空载特性曲线开始弯曲的线段上。其原因是，如果铁心未饱和，工作在接近于直线的部分，即使有很小的磁动势变化（通常是由于电枢反应所引起），就会引起电枢电动势和端电压的很大变化造成电压不稳定；如果工作在太饱和的部分，不但励磁电流太大，使发电机的用铜量增加，而且也限制了电压的调节。

在某些特殊场合下，例如他励直流发电机被用作同步发电机的励磁电源，要求电压能有较大范围的变化。为了满足这种需要，可以在设计磁路时，使磁路中有一段在较小磁通时就开始饱和，例如将主极做成如图 27-7 所示的样子。这样，在磁极中出现了狭窄的区段，这些区段在磁通数值很小时即开始饱和；因此，空载特性曲线在开始部分就发生弯曲（见图 27-8），利用这个弯曲部分，就可以得到较大范围的稳定电压。

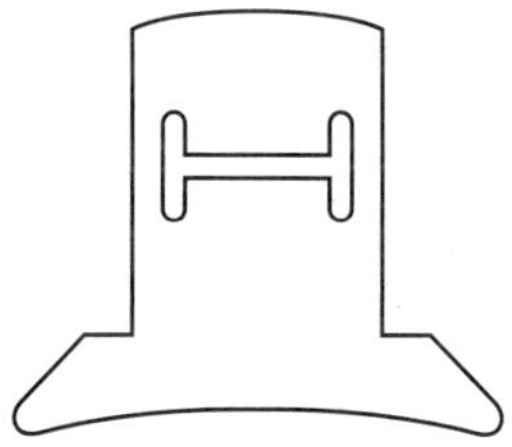

图 27-7 能使空载特性开始部分发生弯曲的主极钢片

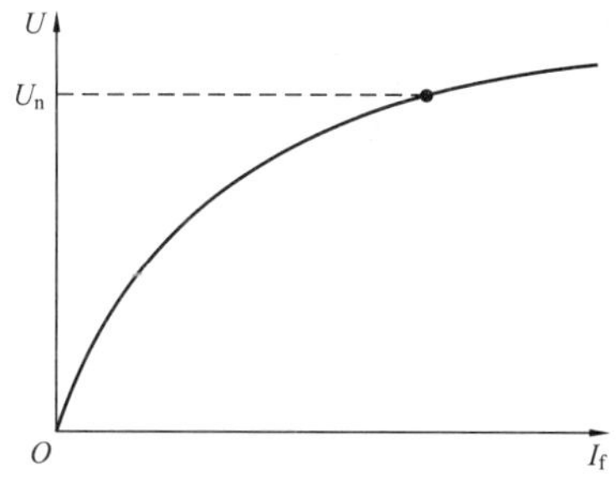

图 27-8 开始部分发生弯曲的空载特性

空载特性曲线应在他励直流发电机的额定转速下测出。当转速不是额定值时，空载特性曲线将按转速成正比地上升或下降，如图 27-8 所示。空载特性是他励直流发电机的最基本的特性，它说明了电机中磁势和电动势间的关系。顺便指出：其他形式的发电机，如并励、复励直流发电机的空载特性也由他励的方法来求取。

27.3.2 外特性

他励直流发电机的外特性是在发电机的转速保持额定不变和励磁电流 I_f 不变时，端电压 U 与负载电流 I 之间的关系。外特性曲线也可用试验方法来求取。做试验时，可将发电机与负载接通（见图 27-5），在保持转速及励磁电流一定的情况下，调节负载电阻 R_L 使负载电流 I 从零增加到额定值，并适当过载，即可求得 $U=f(I)$ 的关系曲线，如图 27-9 所示。从图中可见，当负载电流 I 增大时，外特性曲线是略微下垂的。图中 C 点是额定负载点。

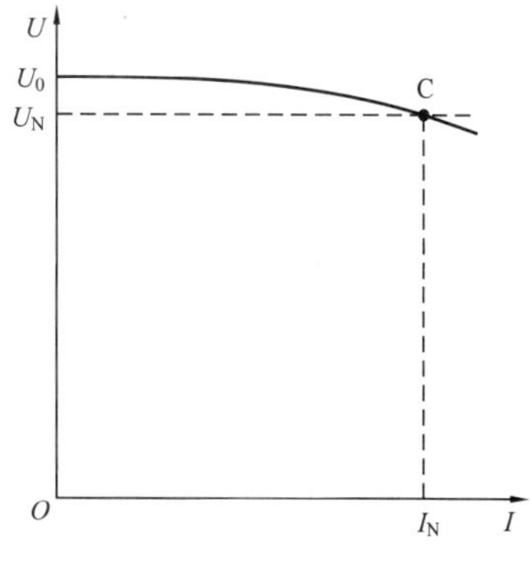

图 27-9 他励直流发电机的外特性

他励直流发电机负载时的端电压比空载时的低。由电动势方程 $U=E_a-I_aR_a$ 和电动势公式 $E_a=C_e\Phi n$ 可知，引起端电压下降的原因有两个：①由于电枢回路电阻引起的电压降 I_aR_a，使 U 下降；②由于电枢反应的去磁效应

使气隙磁通 Φ 下降，导致电枢电动势 E 降低，而使 U 下降。

显然，当负载电流大大超过额定值时，发电机的端电压降得很低。在极端情况下，当负载电阻为零时，短路电流将达到很大数值。此时短路电流 $I_k=\frac{E_a}{R_a}$，由于 R_a 的数值一般很小，因此短路电流可达额定值的十几倍甚至二三十倍。这样大的电流使发电机损坏，因此发电机应有过电流保护装置。

发电机端电压随负载电流加大而变化的程度，通常用电压变化率来衡量。根据国家标准 GB 755—1981 的规定：他励直流发电机的额定电压变化率是指 $n=n_N$，$I_f=I_{fN}$时，发电机从额定负载（$I=I_N$，$U=U_N$）过渡到空载（$I=0$，$U=U_0$）时，电压升高的数值对额定电压的百分比，即

$$\Delta U=\frac{U_0-U_N}{U_N}\times 100\% \tag{27-7}$$

ΔU 是衡量发电机运行性能的一个重要数据，一般他励直流发电机的电压变化率为 5%～10%。

另外，由于电枢电动势 E_a 与转速和励磁电流两者有关，因此在转速或励磁电流不同时，所获得外特性曲线是不相同的。

27.3.3 调节特性

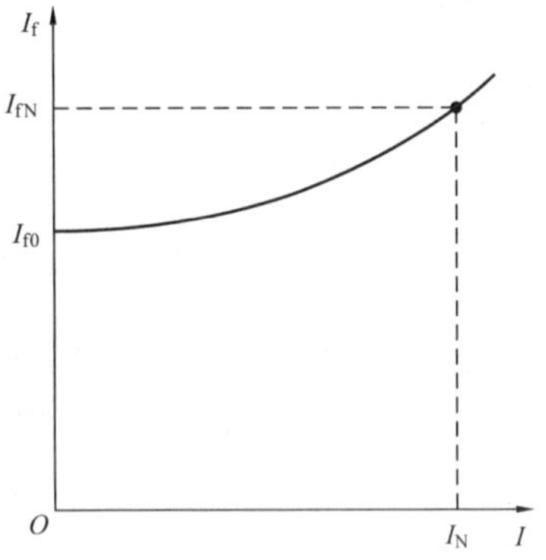

图 27-10 他励发电机的调节特性

他励直流发电机的调节特性是在发电机的转速保持额定不变和端电压不变时，励磁电流 I_f 与负载电流 I 之间的关系。它表明了当负载变化时，如何调节励磁电流，才能使发电机的端电压保持不变。用试验方法求取调节特性时，应同时调节负载电阻和励磁电流，以使在不同负载下端电压保持在规定的数值，然后读取 I 和 I_f，即得如图 27-10所示的调节特性曲线。由图可见，调节特性曲线是随着负载电流增大而向上翘的。这是因为负载电流增大时，要保持端电压不变，必须增大励磁电流，以补偿电阻压降及电枢反应去磁作用的增加。由于电枢反应的去磁作用与负载电流的关系是非线性的，所以调节特性曲线也不是直线。

27.4 并励直流发电机的自励条件及运行特性

并励直流发电机是自励直流发电机的一种形式，在实际应用中较为广泛。它的励磁电流取自发电机本身，主极的励磁绕组与电枢并联。图 27-11 是并励直流发电机的接线图。

读者一定会想到，既然励磁电流由电枢本身供给，而电枢电动势则是在切割励磁电流的磁场后才能产生，因此，在开始时，如果没有外界供给的励磁电流和它所建立的磁场，转动的电枢由于没有磁场是不会产生电动势的，那么怎样才能产生电枢电动势和励磁电流呢？这就提出了自励直流发电机的电压建立问题，或者称之为自励过程问题。在讨论并励直流发电机运行特性之前，必须首先解决这一问题，然后才有可能分析它的特性。以下先讨论自励过

程问题。

27.4.1 并励直流发电机的自励过程

并励直流发电机在电压尚未建立之前，励磁电流 $I_f=0$，此时要使旋转的电枢能够产生电动势并开始发电，则发电机的铁心必须要有剩磁，所以剩磁是自励的第一个条件。

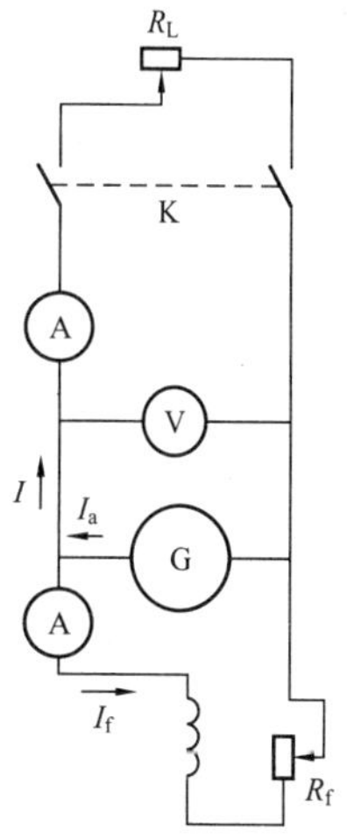

图 27-11 并励直流发电机的接线图

当存在剩磁时，电枢在剩磁场内旋转，就会感应剩磁电动势。因为励磁绕组与电枢端点是相连的，在剩磁电动势作用下，将会产生一个不大的励磁电流，此电流产生的磁动势对剩磁磁场既可能加强，也可能削弱。若转向和励磁绕组的连接配合得当，则励磁电流可使磁场加强，从而使电枢电动势和端电压升高，而端电压的升高又使励磁电流进一步增加，进而使磁场进一步加强。如此往复，电压就有可能建立起来。如果转向与励磁绕组的连接配合不当，励磁电流对剩磁起去磁作用，则电压就不能建立。所以，电枢转向和励磁绕组的接法必须正确地配合，以使励磁磁势与剩磁方向一致，这是自励的第二个条件。

满足了以上两个条件，只能说明有了自励的可能性，发电机能否自励，还要作进一步的分析。

并励直流发电机在自励过程中，电枢电动势（或端电压）和励磁电流是一个瞬变过程，因此励磁回路的电动势平衡方程式为

$$u_0=i_fR_f+L_f\frac{\mathrm{d}i_f}{\mathrm{d}t} \tag{27-8}$$

U_0 与 I_f 的关系可由空载特性曲线来确定。因为励磁电流 I_f 只占发电机额定电流的百分之几，当电枢电流等于 I_f 时，它的电枢反应和电枢电阻压降都很小，可以略去不计，所以空载端电压 U_0 与电枢电流等于零时的电枢电动势近似地相等，也即并励直流发电机的空载特性，形状与他励直流发电机相似，如图 27-6 所示。

根据式（27-8），某一励磁电流下的 $L_f\dfrac{\mathrm{d}i_f}{\mathrm{d}t}=u_0-i_fR_f$，即等于与该励磁电流所对应的空载电压和励磁回路电阻压降之差。从图 27-12 可见，从剩磁电动势的 O 点开始一直到 P 点之前，U_0 总是大于 i_fR_f。所以，$L_f\dfrac{\mathrm{d}i_f}{\mathrm{d}t}=u_0-i_fR_f>0$，即励磁电流将不断增大，磁场将不断加强，端电压不断增高。一直到空载电压和励磁电流达到 P 点时，由于饱和关系，励磁电流 i_f 所产生的空载电压 U_0 恰好与磁励回路的电阻压降 i_fR_f 平衡，于是 $L_f\dfrac{\mathrm{d}i_f}{\mathrm{d}t}=u_0-i_fR_f=0$，励磁电流不再增加，发电机就进入稳定状态。所以空载特性曲线和励磁回路电阻线的交点 P 点即为空载电压的稳定工作点。

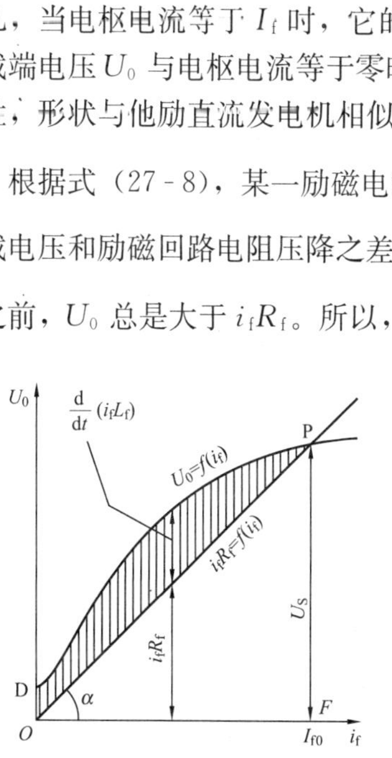

图 27-12 并励直流发电机的自励过程

如果增加励磁回路的电阻 R_f，使磁场电阻线与横坐标的夹角 α 增加，于是磁场电阻线与空载特性的交点就变为 P′点（见图 27-13），发电机的空载电压下降。

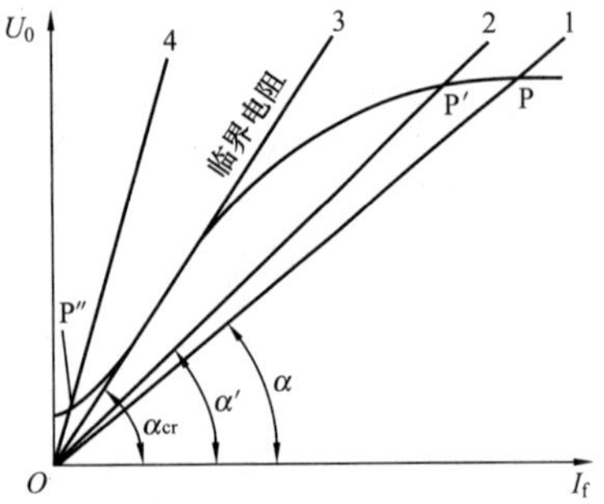

图 27 - 13 改变励磁回路电阻时空载电压的变化

继续增加励磁回路电阻到某一数值时，将使磁场电阻线与空载特性的直线部分相切，如图 27 - 13 中直线 3 所示。此时磁场电阻线与空载特性没有固定的交点，因此自励所建立的电压不能稳定在某一数值上，通常将此时励磁回路的电阻值称为发电机自励时的临界电阻。励磁回路电阻高于临界电阻时，相应磁场电阻线与空载特性交于P″点，此时所得电压很低，与剩磁电压相差无几，即发电机不能自励建压了。所以自励的第三个条件是，励磁回路的电阻应小于临界电阻。

综合以上所述，并励直流发电机自励建立电压的条件如下：

（1）发电机应有剩磁，这是自励的首要条件。在某些实际情况下，如果发电机失去剩磁或剩磁太弱时，可用临时的外加直流电源如蓄电池等，向励磁绕组通一下电流，即可“充磁”，使发电机剩磁得到恢复。

（2）励磁绕组与电枢的接线必须正确，使励磁电流所产生的磁通与剩磁方向一致。当剩磁方向一定时电枢两端的正、负极性取决于电枢的旋转方向，因此这里存在着一个励磁绕组接法与电枢旋转方向的配合问题。当电枢以其一方向旋转时，励磁绕组应有一个相应的正确接法才能满足上述条件。若发现接入后电枢电压不但不升高反而降低，表示接法不正确。此时只要把励磁绕组接到电枢的两出线对调一下，即可改正过来。

（3）励磁回路的电阻应小于发电机运行转速相对应的临界电阻。前面已说明了励磁回路的电阻必须小于临界电阻，发电机才能自励。这里要补充的是：对应于不同的转速，有不同的空载特性，因此就有不同的临界电阻。如图 27 - 14 所示，当 $n=n_1$ 时，临界电阻 $R_{fcr1}=\tan\alpha_{cr1}$；当 $n=n_2$ 时，临界电阻 $R_{fcr2}=\tan\alpha_{cr2}$。因此必须指明对应于什么转速下的临界电阻，才有确切的意义。实际上，发电机应在额定转速下运行，因此应调节励磁回路的电阻使它小于对应于额定转速的临界电阻，发电机才能自励。如果发电机的转速太低，以致与此转速相对应的临界电阻 R_{fcr} 过低而造成励磁绕组本身的电阻已超过 R_{fcr}，则发电机不可能自励。这时唯一的补救方法是提高发电机的转速，从而提高其临界电阻。

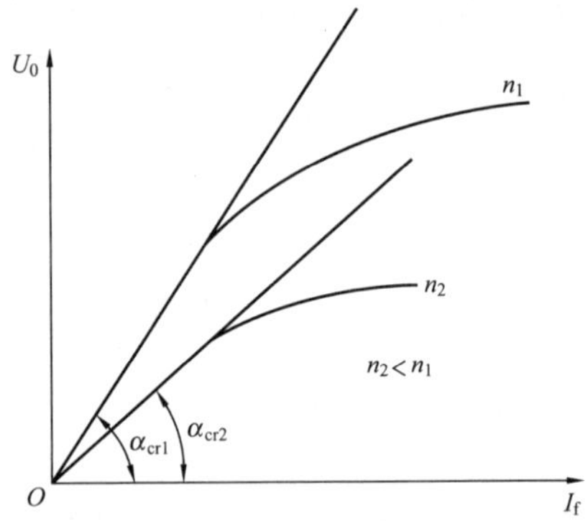

图 27 - 14 不同转速时的临界电阻

以上分析了并励直流发电机自励建立电压的条件，这些条件同样也适用于复励直流发电机。

至于并励直流发电机主要运行特性，包括空载特性、外特性以及调节特性等，除了外特性外，其他特性与他励直流发电机基本类似。因此以下只分析并励直流发电机的外特性。

27.4.2 外特性

并励直流发电机的外特性是在发电机的转速保持额定不变和励磁回路电阻 R_f 不变时，端电压 U 与负载电流 I 之间的关系。用试验方法求取外特性时，发电机的转速保持不变，先调节励磁回路电阻及 R_f（见图 27 - 11）使发电机自励建立起电压，然后保持 R_f 不变，接入负载，逐步减少负载电阻 R_L 而求取 $U=f(I)$ 曲线，如图 27 - 15（a）所示。通常只做到 $I=I_N$，或稍微过载一点。在图 27 - 15（a）中画出了整个的外特性曲线（曲线 2）。为了便于比较，还画出了该发电机接成他励、保持同一空载电压 U_0 时的外特性（曲线 1）。

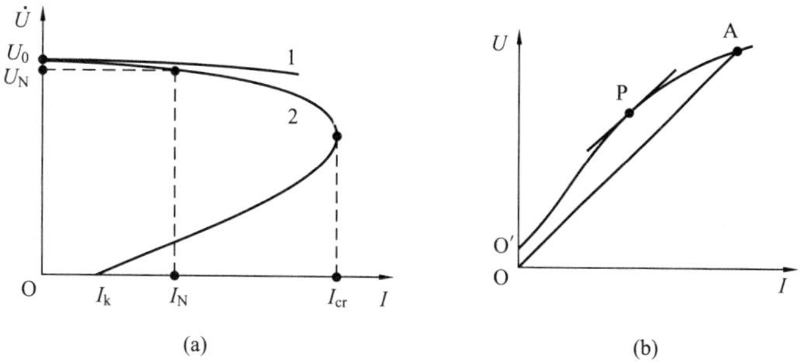

图 27 - 15 并励直流发电机的外特性

（a）外特性；（b）临界点的形式

由图 27 - 15（a）可以看出，随着负载电流的增加，并励时的端电压比他励时的低。这是由于他励直流发电机在负载电流增加时，使端电压下降的原因只有两个，即电枢回路的内阻压降和电枢反应的去磁作用；而并励直流发电机则除了这两个原因外还有第三个原因，即当端电压下降时，励磁电流也随之而减小，因而使电枢电动势和端电压进一步降低。并励直流发电机的电压变化率一般在 20%左右。

从图中还可以看到，当负载电流增加到某一最大值 I_{cr}（称为临界电流）时，有一明显的“拐弯”现象，以后反而减少，一直到负载电阻降到零时，电流 I 即为短路电流 I_k。一般发电机的临界电流 I_{cr} 为额定电流的 2～3 倍，但短路电流 I_k 却常小于额定电流。这种电流拐弯现象，是并励直流发电机外特性与其他发电机比较最突出的差别。出现这种拐弯现象的原因是由于发电机自励和磁路饱和现象所引起，下面具体地来说明它的原因。

根据电路定律可知，负载电流 $I=\dfrac{U}{R_L}$，在磁路比较饱和的区域，例如图 27 - 15（b）中的 PA 段，随着负数电阻 R_L 的减小，端电压下降，I_f 随之减少；但由于磁路饱和，所以由于 I_f 减少而引起的电动势 E_a 的减少不大，于是负载电阻 R_L 减小时，负载电流就增大，一直到外特性曲线的拐弯点（称为临界点）。该点的电流 $I_{cr}=(2-3)I_N$。若 R_L 进一步减小，U 和 I_f 也进一步减小，此时磁路进入低饱和区（对应于 O′P 段），励磁电流 I_f 的稍微减小可引起电动势 E 的很大降低，致使端电压的下降幅度大于负载电阻的减小幅度，由于 $I=\dfrac{U}{R_L}$，于是 R_L 减小时 I 反而减少。

最后，当电枢短路时($R_L=0$)，端电压 $U=0$，励磁绕组内将无电流通过，此时电枢内的短路电流，将由电枢的剩磁电动势所产生，即短路电流 I_k 等于剩磁电动势除以电枢回路的电阻 R_a。由于剩磁电动势不大，因此并励直流发电机的稳态短路电流 I_k 也不大。但是发生突然短路时，由于励磁绕组有很大的电感，励磁电流及其所建立的磁通不能立即变为零，因此短路电流的最大值可达到额定值的 8～12 倍，有损坏发电机的危险。因此，并励直流发电机仍需装设短路保护装置。

27.5 复励直流发电机的运行特性

复励直流发电机具有并励和串励两个励磁绕组，图 27 - 16 是它的接线图。并励绕组与串励绕组均安装在同一主极上。并励绕组通过电刷与电枢并联，其电流只占额定电枢电流的百分之几，因此导线较细，匝数较多。串励绕组通过电刷与电枢串联，其电流等于电枢电流，因此用较粗的扁铜线绕制，只有几匝。串励和并励绕组的磁动势既可相加，也可相减，前者为积复励，后者为差复励。积复励直流发电机用得较多。

和并励直流发电机一样，对于复励直流发电机主要讨论它的外特性。复励直流发电机的外特性如图 27 - 17 所示。在积复励直流发电机中，并励绕组起主要作用，以保证空载时能产生额定电压；串励绕组则用来补偿负载时电枢回路的电阻压降及电枢反应去磁作用的影响，使发电机能在一定的负载范围内基本上保持端电压恒定，这样就克服了他励和并励直流发电机端电压随负载增加而降低的缺点。

根据串励绕组的补偿程度，积复励直流发电机又可分为平复励、过复励和欠复励。若发电机带上额定负载 $I=I_N$ 时，端电压恰好等于空载电压 U_0，称为平复励，其外特性曲线如图 27 - 17 所示。在平复励直流发电机中，串励磁动势恰好达到补偿电枢反应的去磁作用和电枢回路电阻压降的程度。若补偿有余，则是过复励；若补偿不足，则是欠复励，它们的外特性曲线均标在图 27 - 17 上。

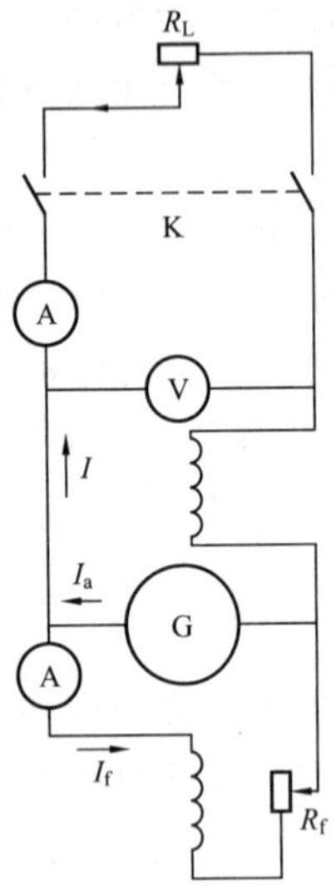

图 27 - 16 复励直流发电机的接线图

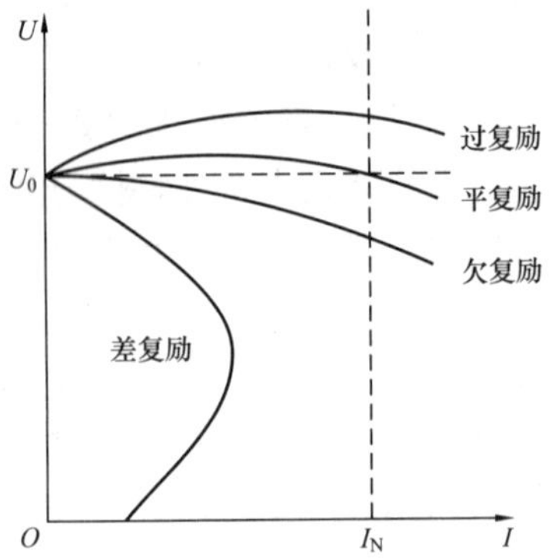

图 27 - 17 复励直流发电机的外特性

在差复励直流发电机中，串励和并励磁动势相反，所以随着负载的增加端电压急剧下降。利用这种特点，差复励直流发电机可作为恒流直流发电机使用，如作为直流电焊发电机等。

27.6 各种直流发电机的应用

不同励磁方式的直流发电机，具有不同的特性，在生产上可根据需要来加以选用。

首先是并励直流发电机，由于它不需要其他电源励磁，所以用途较广。它可以作为同步发电机的励磁机以及蓄电池的充电电源等。为了要使电压能有较大范围的变化，可将其主极做成如图 27 - 7 所示形式。这样磁极中出现狭窄区域，使磁通在很小值时即开始饱和。因此空载特性曲线在它的开头部分就发生弯曲（见图 27 - 18），利用这个弯曲部分与励磁回路电阻线相交，可得到较低的稳定电压，以满足调节范围的需要。

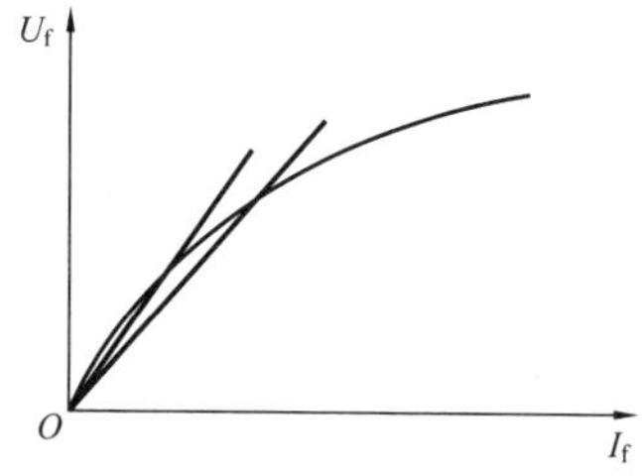

图 27-18　磁极铁心有易饱和段时的空载特性

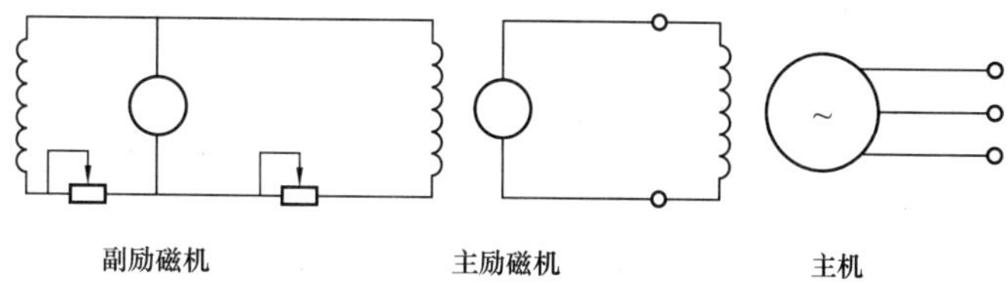

图 27-19　带有副励磁机的他励励磁机系统

对于他励直流发电机，它可以稳定地运行于空载特性上任何一点，且电压变化率小，励磁电流的调节不受电枢电压的限制，因此电压调节范围很大，适用于要求广泛范围内调压的大型直流发电机。这种直流发电机也可以作为同步发电机的励磁电源。如图 27-19 所示，同步发电机的主励磁机是一台同轴的他励直流发电机，而主励磁机的励磁由另一台同轴的副励磁机供给。副励磁机通常是一台平复励或并励直流发电机。采用这种励磁方式的优点的是可以改善低电压时运行的稳定性，而且在运行状态改变或者强行励磁时，它的励磁电压增长速度，要比采用自励励磁机大得多，从而提高了主机的运行稳定性。当然这样将增加设备的初投资和维护工作量，因此只有在自励励磁机系统不能满足要求时才考虑采用。目前国内尚有部分发电厂采用这种励磁方式。

平复励直流发电机，具有电压基本不变的特性。当需要恒压直流电源时，可采用平复励直流发电机。差复励直流发电机只用于要求恒流的场合，如电焊机等。在某些情况下，如果希望输电线的受电端保持电压恒定，则可选用过复励直流发电机。因为过复励直流发电机当负载增加时，其端电压略为增加，可以补偿输电线路的电压降落。

近年来由于大功率晶闸管整流技术的发展，直流发电机有逐步被取代的趋势。

结　语

直流发电机是将机械能转换为电能的旋转电机，在能量转换过程中，除了存在功率平衡关系外，还有电动势、力矩的平衡关系。

直流发电机可以他励，也可以自励，但自励时必须满足以下三个条件：①发电机中必须有剩磁；②由剩磁电势引起的励磁电流所产生的补充磁通方向必须与剩磁方向一致，也就是说当发电机的旋转方向一定时，励磁绕组与电枢绕组的接线必须正确；③在一定转速时，励磁回路的电阻必须低于相应的临界电阻。自励直流发电机包括并励和复励。

直流电动机的运行特性，主要有空载特性、外特性以及调节特性等。对负载而言，其中以外特性最为重要，它反映了电动机的端电压和负载电流之间的变化关系。上述各特性之间有其内在的联系性，而空载特性是其他特性变化的依据。所有特性曲线，均可由试验方法来求取。不同励磁方式的直流发电机具有不同的运行特性，我们应当根据用电设备对发电机特性的要求来选用合适的直流发电机。

习 题

27 - 1 并励直流发电机自励建立电压的条件是什么？建立起来的电压其大小受哪些因素影响？

27 - 2 一台并励直流发电机在运行时能正常自励，但当停车后，原动机的转向改变，而其他均没有变化，则发电机是否还能自励建立起电压？应如何处理方能建压？

27 - 3 如并励直流发电机不能自励建压，但采用了以下措施就能自励建压了，分别说明原来电机不能自励的原因。

(1) 改变原动机的转向；

(2) 提高原动机的转速。

27 - 4 设有一台他励直流发电机，转速为1000r/min，当满载时电压为220V，电枢电流为10A，励磁电流保持为2.5A。已知在$n=750$r/min时的空载特性见下表：

I_f (A)	0.4	1	1.6	2	2.5	2.6	3	3.6	4.4
E_0 (V)	33	78	120	150	176	180	194	206	225

试求：

(1) 当额定转速时，励磁电流保持2.5A，此时空载电动势为多少？

(2) 如果此发电机为并励励磁，且$n=n_N$，要保持同样空载电动势则磁场回路电阻值应为多少？

(3) 如果保持磁场回路电阻不变，发电机为并励励磁，此时能够建立电压的临界转速为多少？

(4) 如果保持$n=n_N$，发电机为并励励磁，那么此时能够建立电压的临界电阻为多少？

27 - 5 一台并励直流发电机，励磁回路电阻$R_f=44\Omega$，负载电阻为4Ω，电枢回路总电阻$R_a=0.25\Omega$，端电压$U=220$V。试求：

(1) 励磁电流I_f和负载电流I；

(2) 电枢电动势E和电枢电流I_a；

(3) 输出电功率P_2和电磁功率P_{em}。

27 - 6 有一台他励直流发电机的转速提高20%，这时空载电压会升高多少？(励磁电流不变) 若是并励直流发电机，其电压比前者升高得多还是升高得少呢？(励磁回路的电阻不变)

27 - 7 比较他励直流发电机和并励直流发电机的电压变化率ΔU有何不同？并说明原因。

27 - 8 一台并励直流发电机$P_N=100$kW，$U_N=230$V，设并励的主极励磁绕组为940匝，但额定转速下空载运行时，建立额定电压所需要的励磁电流为7A，而在满载时需8.85A，如欲将该发电机改为平复励直流发电机，问每极应加绕多少匝的串励绕组？

27 - 9 一台积复励直流发电机，如果要求它改变转动方向，但仍需按积复励直流发电机运行，那么接线是否应该改接？为什么？

第28章 直流电动机

直流电动机具有良好的调节性能，这是交流电动机所无法比拟的。虽然直流电动机有结构复杂、维护工作量大等缺点，但迄今仍被应用于某些工业部门。例如在发电厂中，调节喷入锅炉煤粉量的给粉机、直流油泵和一些伺服电动机，仍采用直流电动机。

直流电动机内部的电磁关系、基本结构、励磁方式，都和直流发电机的相同。所不同的是直流电动机输出的是机械功率，它被用于带动各种机械负载的，即将电能转换为机械能。

本章首先从直流电机的可逆原理出发，分析直流电机不仅可作为发电机运行，而且说可作为电动机运行；随后阐明直流电动机的能量转换关系、电动势和力矩方程式；最后，根据这些基本知识，分析直流电动机的运行特性。在这里主要以并励直流电动机为例，说明直流电动机的机械特性以及起动、调速等问题。

28.1 直流电机的可逆原理

直流电机和其他电机一样，既可以作为发电机运行，也可作为电动机运行，只是由于不同的客观条件，决定了它不同的运行方式，这就是下面要阐明的直流电机可逆原理。

设有一台并励直流电机，由原动机带动作发电机运行，接到电压$U=$常数的电网上，如图28-1（a）所示。

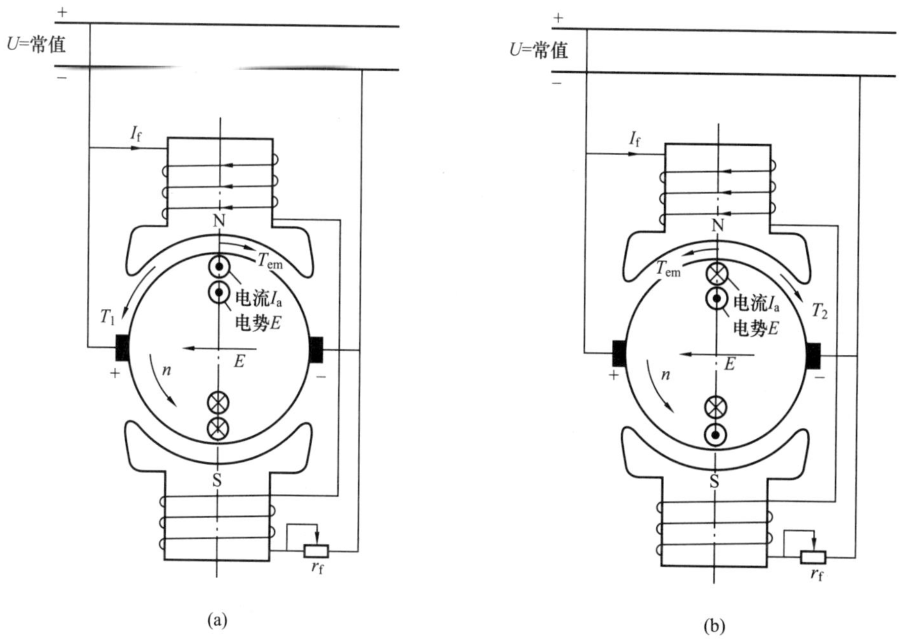

图28-1 直流电机的可逆原理

（a）发电机运行状态；（b）电动机运行状态

如果原动机以 T_1 的拖动力矩使电枢沿逆时针方向旋转，此时电枢导体的电动势方向如图所示，在N极下由纸面向外，S极下则相反，图中只画出了两根导体作为代表。当直流电机作发电机运行时，电枢电流 I_a 与 E 同方向［见图 28-1（a）］，此时端电压 $U=E_a-I_aR_a$，$E_a>U$，电枢电流 $I_a=\frac{E_a-U}{R_a}$ 为正值。根据左手定则可知，由 I_a 和磁场作用所产生的电磁力矩 T_{em} 的方向与电枢旋转方向相反，属于制动力矩性质。因此，原动机必须有足够大的机械力矩 T_1 来克服电磁力矩 T_{em} 和空载制动力矩 T_0 才能使机械能转变为电能。在发电机中，由于 I_a 与 E_a 同方向，此时 E_aI_a 的乘积为正值，就是由原动机的机械功率转变为电枢绕组的电磁功率。

如果把原动机转速降低，在励磁电流不变时，电枢电动势 E_a 必然降低。当 E_a 降低到 $E_a=U$ 时，发电机的输出电流 $I_a=\frac{E_a-U}{R_a}=0$，随之电磁力矩 $T_{em}=0$。此时原动机只需克服发电机的空载制动力矩 T_0，以较低的转速运行，没有能量转换。若转速继续下降，使 $E_a<U$，则 $I=\frac{E_a-U}{R_a}<0$，即 I 的方向变为与 E_a 的方向相反，如图 28-1（b）所示。这时由于电流方向改变，电磁力矩的方向也跟着改变为电枢旋转方向，即由制动力矩变为拖动力矩。因此，如果将原动机撤去，电机仍能保持逆时针方向旋转。若进一步在电机轴上加上机械负载，则电机将从电网吸收更大的电流以产生更大的电磁力矩 T_{em} 来平衡机械负载的制动力矩 T_2 和空载制动力矩 T_0。这样一来，这台电机就成为电动机了。在电动机中，由于 I_a 变为负值，且 EI_a 的乘积也为负值，即向电网输出负的电功率，也就是说，电机从电网吸收电功率，将它转变为轴上的机械功率。所以，由于外界条件的改变，同一台电机可以从发电机运行状态转换为电动机运行状态，或者从电动机运行状态转换为发电机运行状态，通常把这种特性称之为电机的可逆原理。

由上所述可知，不论作为发电机或电动机运行，电枢电动势 E_a 和电磁力矩 T_{em} 始终是联系电磁功率、进行能量转换的两个重要物理量。直流电机的运行状态可以根据 E 和 T_{em} 两个物理量关系来判断：

（1）当 $E_a>U$，T_{em} 与转速 n 方向相反时，为发电机运行状态；

（2）当 $E_a<U$，T_{em} 与转速 n 方向一致时，为电动机运行状态。

应当指出：上述同一台直流电机可作发电机或电动机用，是指原理上的可能性而言。这并不意味着可以随便把本来制造时规定作电动机的直流电机改作发电机用，或者反之。这是因为发电机和电动机在制造时，其性能要求的依据是不相同的。例如发电机的额定电压，比电动机的约高 5%。所以把电动机改作发电机用，或者发电机改作电动机用，使电机运行于非额定状态，其性能当然要比额定时差。

28.2 直流电动机的功率、力矩和电动势平衡关系

28.2.1 直流电动机的能量转换

现在专门来讨论直流电动机，它的示意图如图 28-1（b）所示。当电动机接上直流电源时，电网即向电动机输入电功率 P_1，电枢绕组中流过电流，方向如图 28-2 所示。导体在

磁场中受到电磁力的作用后产生电磁力矩 T_{em}，其方向为逆时针。在电磁力矩的作用下，电动机沿逆时针方向旋转。当电动机带上机械负载后，电枢电流由空载电流增加到负载电流，这时电动机的轴上就输出机械功率 P_2。

当电动机旋转时，电枢绕组切割磁力线，并在其中感应电枢电动势 E，方向如图所示。由于电枢导体中感应电动势的方向和电流方向相反，因此电动机中的感应电动势称为反电动势，它将抵制电流的流入。电网要向电枢输出电流，必须克服反电动势的作用，即要求电源电压 $U>E_a$。由于反电动势的作用，电动机从电网吸收电功率，通过电磁感应作用，将一部分电功率转化为机械功率。

通过电磁感应作用转化的电磁功率为

$$P_{em}=E_aI_a=\frac{pN}{60a}\Phi nI_a=\frac{pN}{2\pi a}\Phi I_a\frac{2\pi n}{60}=T_{em}\Omega \tag{28-1}$$

式（28-1）说明，为了产生机械功率 $T_{em}\Omega$，电动机必须从电网吸收等值的电功率 EI_0。电磁功率 P_{em} 在电动机中也是能量转换过程中的一个关键功率，而电动机的反电动势 E 则是电动机所以能吸收电功率并实现能量转换的一个必要因素。

28.2.2　功率平衡关系

以下以并励直流电动机为例来说明直流电动机的功率平衡关系。图 28-2 是并励直流电动机的接线图。

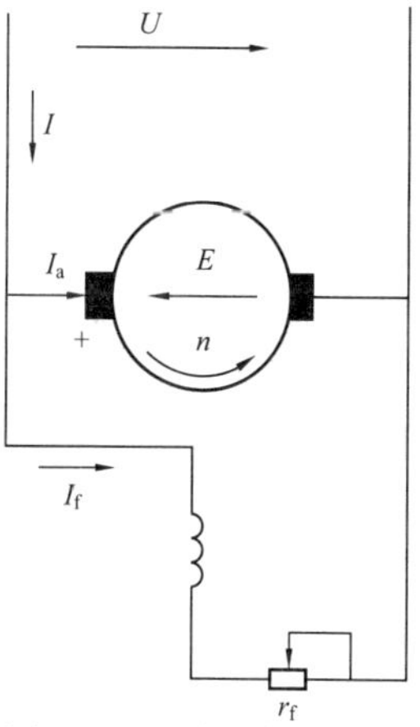

图 28-2　并励直流电动机的接线图

电动机在稳定运行时，从电网输入的功率为

$$P_1=UI \tag{28-2}$$

但是在并励直流电动机中有

$$I=I_a+I_f \tag{28-3}$$

将式（28-3）式代入式（28-2）得

$$P_1=UI=U(I_a+I_f)=UI_a+UI_f \tag{28-4}$$

式中，UI_f 为励磁回路的铜损耗，以 P_{Cuf} 表示之；UI_a 为电枢回路的输入功率，它由两部分组成，一部分是供给电枢回路的铜损耗 $p_{Cu}=I_a^2R_a$（R_a 为电枢回路的电阻）；另一部分是转换为机械功率的电磁功率 P_{em}。这样有

$$P_1=p_{Cuf}+p_{Cua}+P_{em} \tag{28-5}$$

电磁功率转换为机械功率后，一小部分消耗在电动机的空载损耗 p_0 中，而大部分则为电动机轴上的输出机城功率 $P_2=T_2\Omega$。

因此

$$P_{em}=p_0+P_2 \tag{28-6}$$

其中

$$p_0=p_{mec}+p_{Fe} \tag{28-7}$$

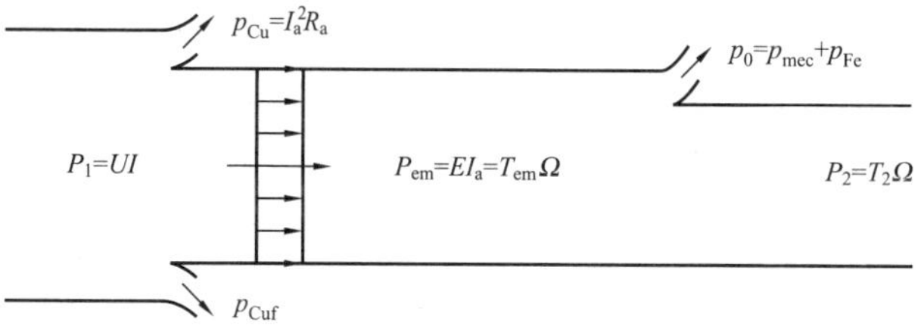

图 28-3　并励直流电动机的功率平衡关系

式（28-7）空载损耗 p_0 为机械损耗 p_{mec} 与电枢铁心损耗 p_{Fe} 之和，于是并励直流电动机的功率平衡关系可用图 28-3 来表示。

28.2.3　电动势平衡关系

由式（28-4）及式（28-5），可以得到电枢回路中电功率的关系为

$$UI_a = P_{em} + p_{Cua} = E_a I_a + I_a^2 R_a \tag{28-8}$$

等式两边除以 I_a，可得电动势平衡关系如下：

$$U = E_a + I_a R_a \tag{28-9}$$

即外加电压被反电动势及电枢压降所平衡。式（28-9）也可以由图 28-2 根据电路定律 KVL 写出。

28.2.4 力矩平衡关系

由式（28-6）可得

$$\frac{P_{em}}{\Omega} = \frac{p_0}{\Omega} + \frac{P_2}{\Omega}$$

即

$$T_{em} = T_0 + T_2 \tag{28-10}$$

式中 Ω——电动机旋转的角速度，$\Omega = \frac{2\pi n}{60}$；

T_0——空载制动力矩，由空载时的机械损耗和铁心损耗所产生，$T_0 = \frac{p_0}{\Omega}$；

T_2——电动机的输出力矩，其值等于电动机所拖动机械负载的制动力矩，$T_2 = \frac{P_2}{\Omega}$。

式（28-10）是稳态下的平衡关系。如果电动机需要运行在经常改变转速的情况下，这时还需考虑在动态情况下，也就是在转速改变时的力矩平衡关系。当电动机的转速改变时，由于转动部分的惯性，将产生一惯性力矩 T_j，即

$$T_j = J\frac{d\Omega}{dt} \tag{28-11}$$

式中，J 为机组旋转部分的转动惯量。当 Ω 或 n 增加时，T_j 为一制动力矩，因此动态时力矩平衡关系为

$$T_{em} = T_0 + T_2 + T_j \tag{28-12}$$

式中，$(T_0 + T_2)$ 为静负载力矩。式（28-12）表示当电磁力矩与静负载力矩不相等时，就有一惯性力矩。当 $T_{em} > T_0 + T_2$ 时，机组加速；当 $T_{em} < T_0 + T_2$ 时，机组减速。加速度或减速度的大小和 T_{em} 与 $T_0 + T_2$ 的差值成正比。

28.3 直流电动机的起动

直流电动机的起动，是指电动机已合上电源，电动机转速由零升高到正常工作转速的这一段过程。

和交流电动机一样，直流电动机在起动时，也有起动电流、起动力矩等问题需要解决。下面就这些问题产生的原因，以及解决措施分别作一些说明。

首先是起动电流，由式（28-4）可知，直流电动机的电枢电流为

$$I_a = \frac{U - E_a}{R_a} \tag{28-13}$$

在电动机刚合上电源的瞬间，由于机组的转动部分有惯性，因此仍保持静止状态，即 $n = 0$，反电动势互 $E = C_e \Phi n = 0$，由式（28-13）可得起动电流 I_{st} 为

$$I_{st}=\frac{U}{R_a} \qquad (28-14)$$

由于电枢电阻 R_a 很小，起动电流 I_{st} 必然很大，一般可达额定电流 I_N 的10～20倍。这样大的电流，势必引起电动机的换向器发生强烈火花，从而导致损坏；同时起动电流 I_{st} 过大，也会使起动力矩 $T_{st}=C_T\Phi I_{st}$ 过大，造成机械负载以及其传动机械受到突然冲击而损坏，另外，起动电流过大，还会引起电源电压急剧下降，破坏电源电压的稳定性，影响电源上其他用户的正常工作。因此，直流电动机一般不宜全电压直接起动。

根据以上分析可知，直流电动机在起动时，应满足以下要求：

(1) 起动电流 I_{st} 不宜过大，一般应限制在（1.5～2.5）I_N 的范围内；

(2) 起动力矩 T_{st} 要大于额定力矩 T_N，一般以（1.2～2）T_N 为宜；

(3) 起动时间要短，以符合生产上的要求；

(4) 起动设备要求简单、经济、可靠、操作方便。

这些要求往往是互相联系又互相制约的，在实际应用中应结合具体情况进行取舍。

为了减小起动电流 I_{st} 并使得电动机有足够的起动力矩，直流电动机起动时可在电枢回路中串接一个起动电阻 R_{st}，如图28-4所示。起动电阻 R_{st} 的数值，可根据起动要求来决定。如果允许起动电流 I_{st} 为（1.5～2.5）I_N，则有

$$I_{st}=\frac{U}{R_a+R_{st}}=(1.5\sim 2.5)I_N \qquad (28-15)$$

$$R_{st}=\frac{U}{I_{st}}-R_a \qquad (28-16)$$

由于起动电流将产生足够的起动力矩，使电枢加速，转速逐步升高，反电动势逐步建立。这时如不调节起动电阻 R_{st} 起动电流 I_{st} 将会下降。因此必须将起动电阻 R_{st} 随着转速升高而切除，使起动电流保持足够的数值，电动机继续加速。一直到起动电阻全部切除，电动机转速达到正常规定数值，起动即告完毕。

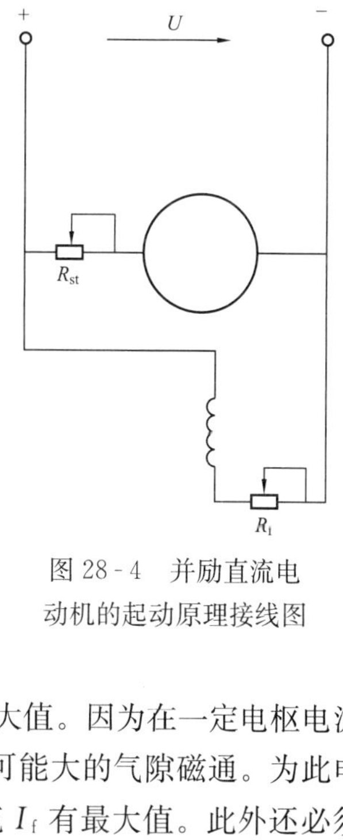

图28-4　并励直流电动机的起动原理接线图

必须指出：在起动过程中，应该使气隙磁通尽可能地达到最大值。因为在一定电枢电流 I 的作用下，要求能产生尽可能大的电磁力矩 T_{em}，就必须有尽可能大的气隙磁通。为此电动机在起动时必须将励磁回路的调节电阻全部切除，使励磁电流 I_f 有最大值。此外还必须注意到，起动电阻 R_{st} 通常是按短时工作方式选择的，因此不宜长时期地接在电枢回路中，以免烧坏。

28.4　直流电动机的机械特性

直流电动机作为原动机带动机械负载。直流电动机输出机械功率，因此电动机运行时力矩和转速之间的关系，是人们最关心的问题。所谓机械特性是 $U=U_N=$ 常数、电枢回路和励磁回路电阻保持不变的情况下，电动机转速和电磁力矩之间的关系曲线 $n=f(T_{em})$。当电枢回路没有串接外加电阻（并励直流电动机在额定励磁电流）时的机械特性，称为自然机

械特性。在电枢回路串接外加电阻，或非额定电压、非额定励磁电流时的机械特性，称为人工机械特性。机械特性和励磁方式有关，以下分别讨论之。

28.4.1 并励直流电动机的机械特性

并励直流电动机在 $U=U_N=$常数、$I_f=I_{fn}=$常数、电枢回路内不串外加电阻时的 $n=f(T_{em})$就是并励直流电动机的自然机械特性。下面先对并励直流电动机的自然机械特性进行定量分析。

将式 $E=C_e\Phi n$ 代入 $U=E+I_aR_a$，可得转速公式：

$$n=\frac{U-I_aR_a}{C_e\Phi} \tag{28-17}$$

又从 $T_{em}=C_T\Phi I_a$ 可知 $I_a=\dfrac{T_{em}}{C_T\Phi}$，将此关系代入式（28-17），有

$$n=\frac{U}{C_e\Phi}-\frac{I_aR_a}{C_e\Phi}=\frac{U}{C_e\Phi}-\frac{R_a}{C_eC_T\Phi}T_{em} \tag{28-18}$$

式（28-18）是并励直流电动机的自然机械特性方程式。如果电动机的电磁力矩 $T_{em}=0$，即轴上没有负载力矩 T_2 和空载制动力矩 T_0，此时电动机的转速以 n_0 表示，n_0 称为理想空载转速，因此有

$$n_0=\frac{U}{C_e\Phi} \tag{28-19}$$

实际上，电动机转动后，空载损耗总是存在的，所以空载力矩 T_0 不可能等于零。实际电动机的空载转速总是小于理想空载转速。如果忽略电枢反应的影响，即气隙磁通 $\Phi=$常数，则 T_0 可看成是一个定值。

式（28-18）的第二项，可用一个常系数 $K=\dfrac{R_a}{C_0C_M\Phi^2}$来表示，因此自然机械特性方程式又可写为

$$n=n_0-KT_{em} \tag{28-20}$$

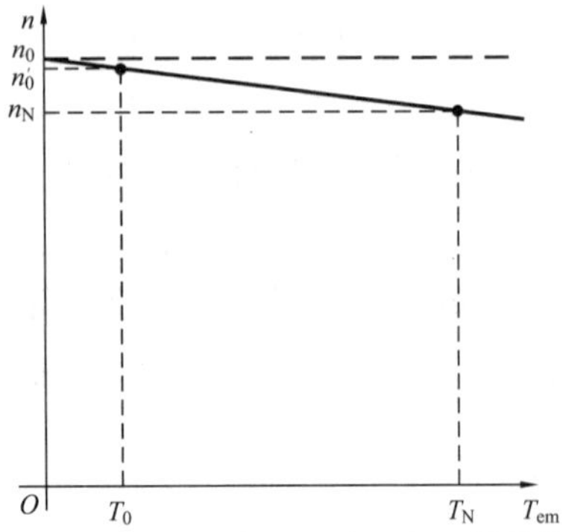

图 28-5 并励直流电动机的机械特性

显然，式（28-20）的 $n=f(T_{em})$曲线是一条直线，它与纵坐标相交之点即为 n_0 的坐标。当 T_{em}增大时，这条直线稍微向下倾斜，如图28-5 所示。实际的空载转速 n_0'小于 n_0，因为此时电动机轴上有空载制动力矩 T_0 的作用。当电动机输出额定负载时，这时$T_{em}=T_N$，对应的电枢转速称为额定转速 n_N。所以电动机的电磁力矩增大时，转速是下降的。但是一般直流电动机的 R_a 较小，即常系数 K 值较小。因此转速下降 $\Delta n=KT_{em}$并不多，通常称这种机械特性为“硬”特性。

如果考虑到电枢电流 I_a 增大时，电枢反应的去磁作用使 Φ 有所减小，则机械特性的下降程度将会更小。

直流电动机运行时，有时需要在电枢回路中串接可变电阻 R_j，调节 R_j 的大小，可以达到改善起动性能和调节速度的目的。式（28-21）表示电枢回路串接有 R_j 时的人工机械特性方程：

$$n=\frac{U}{C_e\Phi}-\frac{R_a+R_j}{C_eC_T\Phi^2}T_{em} \tag{28-21}$$

$$n=n_0-K'T_{em} \tag{28-22}$$

其中
$$K'=\frac{R_a+R_j}{C_eC_T\Phi^2}$$

对于同一台直流电机来说，$K'>K$，因此式（28-22）的斜率较式（28-20）为大。图28-6表示出串接不同电阻 R_j 时具有不同斜率的机械特性，显然，$R_{j2}>R_{j1}>R_j$。

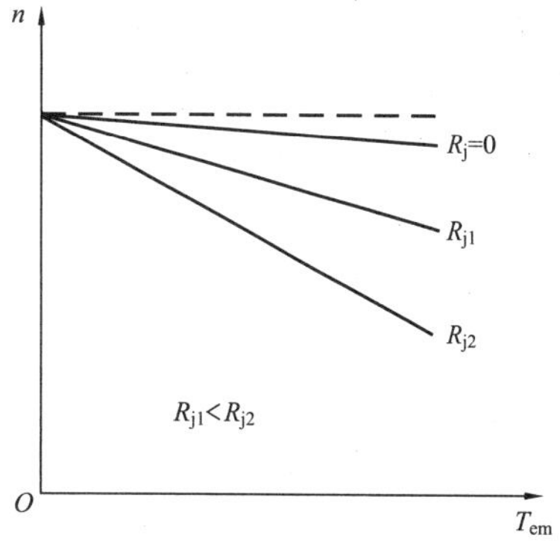

图28-6 电枢回路中串接不同电阻 R_f 时的机械特性

28.4.2 串励直流电动机的机械特性

串励直流电动机在 $U=$常数时，$n=f(T_{em})$关系称为串励直流电动机的机械特性。由于串励直流电动机中，$I_f=I_a$，因此随着负载的改变，电动机磁路的饱和程度变化很大。当磁路不饱和时，其机械特性可按如下分析。

由于磁路未饱和，此时可认为磁通 $\Phi=C_\phi I_a$（其中 C_ϕ 为常数），因此得

$$T_{em}=C_T\Phi I_a=C_TC_\phi I_a^2$$

或
$$I_a=\sqrt{\frac{T_{em}}{C_TC_\phi}}$$

将上式和 $\Phi=C_\phi I_a$ 代入转速公式（28-17），并以（R_a+r_f）来代替公式中的 R_a，其中 r_f 为串励直流电动机的磁场电阻，则有

$$n=\frac{U-I_a(R_a+r_f)}{C_e\Phi}=C_1\frac{U}{\sqrt{T_{em}}}-C_2(R_a+r_f) \tag{28-23}$$

其中
$$C_1=\frac{1}{C_e}\sqrt{\frac{C_T}{C_\phi}},\quad C_2=\frac{1}{C_TC_\phi}$$

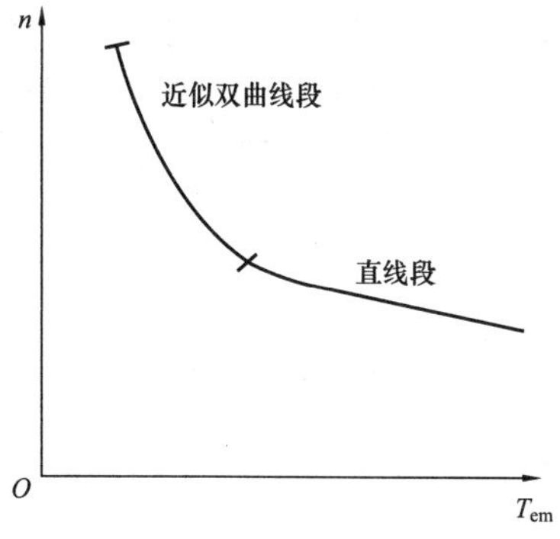

图28-7 串励直流电动机的机械特性

从式（28-23）可见，当磁路未饱和时，串励直流电动机的机械特性近似一条双曲线（见图28-7），在负载力矩增大时，转速下降很快。当磁路已饱和时，机械特性就不再近似双曲线而逐渐趋向于为一向下斜的直线，如图28-7所示。显然，转速随力矩增加而显著下降的特点依然存在。这一特点，也可以从物理情况中看出：由于 $I_f=I_a$，从 $T_{em}=C_T\Phi I_a$ 可见，电磁力矩的增加是由于 $I_a=I_f$ 增大所致，而 $I_a=I_f$ 增大后引起 $I_a(R_a+r_f)$同时变大，于是由式（28-23）可以看出转速 n 必然显著下降。

由上面的分析可知，串励直流电动机在负载变化时，转速变化很大，通常把这种机械特性称为“软”特性。这种特性在负载力矩经常变化的场合，有很大的优点，因为当负载力矩增大后，电动机的转速会自动降低，使输出功率 $P_2=T_2\Omega$ 变化不大，这样电动机就不至于

因负载力矩增大而过载。反之，当负载力矩减小时，电动机转速就自动升高，提高了生产效率。例如在起重吊车和电车中，常使用串励直流电动机，因为电车满载或上坡对，负载力矩增大后，转速会自动降低，这样电动机不至于过载。如果用“硬”特性的电动机，当负载力矩增大后，转速下降不多，输出功率几乎按正比增大，这样就容易使电动机过载，从而损坏电动机。

由串励直流电动机的机械特性看出，在空载或负载很小时，电动机的转速很高，这就有可能导致电枢在机械方面的损坏以及换向困难。所以串励直流电动机不允许空载或在负载很小时运行，按规定应大于（30%～40%）P_N。这是使用串励直流电动机时必须注意的。

28.5　直流电动机的调速

直流电动机在调速方面具有良好的性能，能在宽广的范围内平滑而经济地调速，这种性能是一般交流电动机所无法比拟的。因此在某些工业部门或某些场合，直流电动机仍存广泛的应用。本节将主要以并励直流电动机为例，简单介绍直流电动机的调速方法。

从式（28-17）可知，当电枢回路中串有可变电阻 R_j 时，它的转速公式可写为

$$n=\frac{U-I_a(R_a+R_j)}{C_e\Phi} \tag{28-24}$$

为了达到调速的目的，就要人为地造成外界条件的变化，促使电机内部电磁过程的变化，破坏原来的平衡，而建立预期的新平衡。因此可以采用下述三种方法：

（1）改变串入电枢回路中的调速电阻 R_j；

（2）改变励磁电流来改变磁通；

（3）改变加于电枢回路的端电压 U_0。

下面对上述三种调速方法分别予以说明。

28.5.1　改变串入电枢回路的电阻调速

在一定的外加电压下，改变串接在电枢回路的电阻 R_j 时，由于电阻压降 I_aR_j 改变，使式（28-24）中分子变小，从而可使转速降低。从不同 R_j 值时电动机机械特性与负载机械特性的交点（图 28-8 中的 N、1、2 点），即可求得电动机转速变化的具体情况。

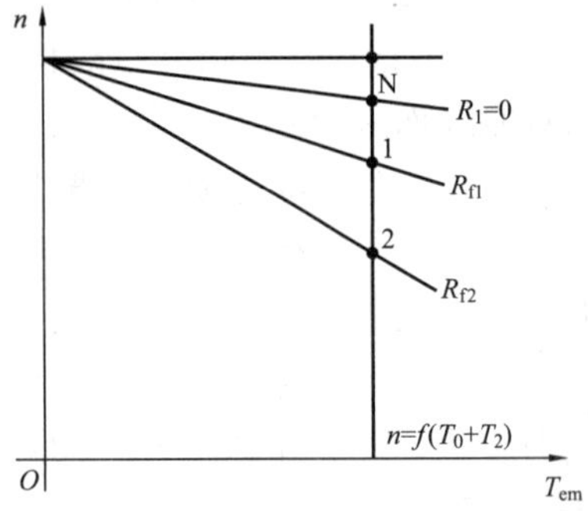

图 28-8　并励直流电动机改变电枢回路串接电阻调速

这种调速方法，以 $R_j=0$ 时的转速为最高转速，只能“调低”，不能“调高”。串入电枢回路的电阻越大则转速越低。由于调速前后的电磁力矩不变，即电枢电流 I_a 不变，电动机的输入功率 $P_1=U(I_a+I_f)$ 也跟着不变，但输出功率 $P_2=T_2\frac{2\pi n}{60}$ 却正比于转速而下降。因此用此法调速时，电动机的效率随转速成正比地下降。这从物理现象上甚易理解，在输入功率和电枢电流不变的情况下，串入电枢回路中的电阻越大，则消耗在这些电阻上的功率越多，因而电动机的效率越低。由此可见，用此法调速的主要缺点是很不经济。其次，当负载很轻而 I_a 很小时，调速范围不大，这可从式（28-24）看出，此时即使转速降低不多也有

很大的电阻 R_j。此外，串入 R_j 后，使电动机的机械特性变软，当负载力矩略有变化时，电动机的转速就会发生明显的变化。由于这些缺点，这种调速方法只适用于对机械特性硬度要求不高，且功率不大的场合。

例 28-1 一台并励直流电动机拖动恒转矩负载运行。如果电源电压和励磁电流保持不变，在电枢回路串入电阻 R_Ω 后，试分析对电动机的电枢电流、转速、输入功率以及效率有何影响？画出调速前后的电动机的机械特性。

解：因为 $T_{em}=T_2+T_0$，由 T_2 不变得知 T_{em} 基本不变，由 I_f 不变得知 Φ 不变；

由 $T_{em}=C_T\Phi I_a$，则 I_a 不变；

由 $n=\dfrac{U}{C_e\Phi}-\dfrac{I_a\ (R_a+R_\Omega)}{C_e\Phi}$，得知 n 下降；

由 $I=I_a+I_f$，得知 I 不变；

由输入功率 $P_1=UI$，得知 P_1 不变；

由输出功率 $P_2=T_2\cdot\Omega=T_2\cdot\dfrac{2\pi n}{60}$，得知 P_2 下降；

由效率 $\eta=\dfrac{P_2}{P_1}$，得知 η 下降；

调速前后的电动机的机械特性如图 28-9 所示。

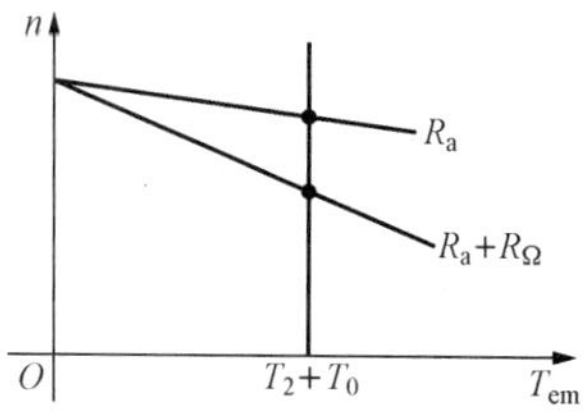

图 28-9 调速前后的电动机的机械特性

例 28-2 一台并励直流电动机，$U_N=110V$，$n_N=1500r/min$，$I_N=28A$，$R_a=0.15\Omega$（含电刷接触压降），$R_f=110\Omega$，当电动机在额定状态下运行，突然在电枢回路串入一个 0.5Ω 的电阻，若负载转矩不变，则电动机稳定后的转速为多少？

解：$T_{em}=T_2+T_0$，T_{em} 基本不变，$T_{em}=C_T\Phi I_a$，I_a 不变，

$$I_{aN}=I_N-I_f=I_N-\frac{U_N}{R_f}=28-\frac{110}{110}=27(A)$$

$$I_a=I_{aN}=27A$$

$$C_e\Phi=\frac{U_N-I_{aN}R_a}{n_N}=\frac{110-27\times0.15}{1500}=0.07063$$

$$n=\frac{U_N-I_a(R_a+R_\Omega)}{C_e\Phi}=\frac{110-27(0.15+0.5)}{0.07063}=1309(r/min)$$

28.5.2 改变励磁电流调速

从式（28-24）可见，当电动机端电压 U 一定、减少励磁电流而使磁通 Φ 由减少时，转速 n 即相应升高。

图 28-10 所示的调速方法，因为调节电阻是串接在并励绕组中，通过的是励磁电流，所以损耗较少，效率较高。同时这种调速方法控制方便，且能获得较硬的机械特性，调速范围大而平滑，因此应用很广。火电厂中锅炉的给粉电动机就是采用这种原理调速。

但必须指出，这种调速方法，只能使转速升高到大于额定转速 n_N 时工作，不能低于 n_N 下工作。这是因为电动机在额定运行状态时，磁通已经接近饱和，如果再增加励磁电流 I_f，磁通几乎不变，所以不宜作为转速在 n_N 以下的调速方法。此外，由于受电动机结构强度和换向的限制，电动机的转速也不能太高，一般应配制在额定转速 n_N 的 1.2 倍范围内。但是工程上有一种专门供调速用的直流电动机，它的最低与最高转速之比可达到 1∶2，甚至可

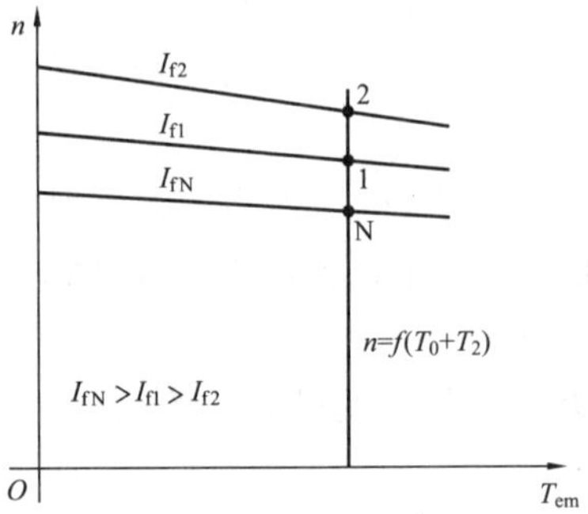

图 28 - 10　并励直流电动机改变励磁电流调速

达到 1∶3。

例 28 - 3　一台他励直流电动机，额定运行时电枢回路电阻压降为外加电压的 5%，此时若突然将励磁回路的电流减小，使每极磁通降低 20%，若负载转矩保持不变。试问：

（1）改变瞬间电动机的电枢电流为原值的多少倍？

（2）稳定后电动机的转速为原值的多少倍？

解：（1）$U=E+I_aR_a$，$I_aR_a=0.05U$，$E=0.95U$，I_f 突然下降瞬间，转速不能突变，$n=n'$，$E=C_e\Phi n=0.95U$，$E'=C_e\Phi'n'=C_e0.8\Phi n=0.8\times0.95U=0.76U$，$I_a'R_a=U-E'=U-0.76U=0.24U$，$\dfrac{I_a'}{I_a}=\dfrac{0.24U}{0.05U}=4.8$ 倍。

（2）稳定后，$T_{em}=T_2+T_0$，T_2 不变，T_{em}基本不变。

$$T_{em}=C_T\Phi I_a=C_T\Phi' I_a'，\ I_a'=\frac{1}{0.8}I_a$$

$$\frac{n'}{n}=\frac{\dfrac{U-I_a'R_a}{C_e\Phi'}}{\dfrac{U-I_aR_a}{C_e\Phi}}=\frac{\Phi\left(U-\dfrac{1}{0.8}I_aR_a\right)}{\Phi'(U-I_aR_a)}=\frac{0.8-0.05}{0.8\times0.95\times0.8}=1.23\ 倍$$

28.5.3　改变电动机外加电压调速

从式（28 - 24）可见，提高或降低电枢的端电压 U，而不改变其励磁，即励磁绕组用他励方式，则在一定的负载力矩下，电动机的转速也将相应地增加或降低，从而达到调速的目的。

改变电枢的端电压，实质上就是改变电动机的机械特性，如图 28 - 11 所示。这时负载的机械特性 $n=f(T_0+T_2)$与电动机在不同电枢端电压下的机械特性交于 1、N、2、3 各点，因此电动机可以稳定运行于不同的转速。由于这时电动机的机械特性只是平行地上下移动而不改变其斜率，因此调速时，电动机机械特性的硬度不变，这是这种调速方法的优点。

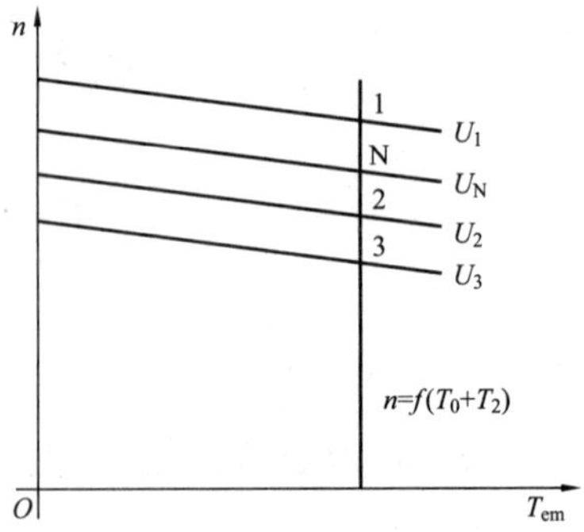

图 28 - 11　他励直流电动机改变电枢端电压调速

这种调速法最大的缺点是需要专用直流电源。过去常用他励直流发电机作为电源，设备繁复，投资很大。近年来由于晶闸管整流技术发展很快，已把转动的直流发电机代之以静止的整流设备，成为新的静止整流器——电动机系统，使这种调速方法获得广泛的应用。

结　语

直流电机与其他电机一样，既可以作为发电机运行，也可以作为电动机运行，视外界条件而定，这就是直流电机的可逆原理。发电机与电动机的差别，除了能量转换方向不同外，还表现在：发电机的 $E_a>U$，电枢电流 I_a 与电动势 E_a 同方向，电磁力矩 T_{em}起制动作用；

电动机的 $E_a<U$，电枢电流 I_a 与电动势 E_a 反方向，电磁力矩 T_{em} 起拖动作用。

直流电动机将电能转换为机械能，是通过电磁功率 $P_{em}=E_aI_a=T_{em}\Omega$ 来实现的。

电动机稳定工作时，电磁力矩 T_{em} 被空载制动力矩 T_0 和负载制动力矩 T_2 所平衡。如果失去这种平衡，则电动机轴上将产生一个惯性力矩 $T_j=J\dfrac{d\Omega}{dt}$，使电动机减速或加速。

直流电动机运行性能的分析，主要依靠三个公式，即 $U=E_a+I_aR_a$，$E_a=C_e\Phi n$，$T_{em}=C_T\Phi I_a$，这里 Φ 和励磁方式有关。通过它们可以获得电动机的机械特性以及起动、调速等特性。

电动机起动时，要求降低起动电流，增大起动力矩，一般采用电枢回路中串接起动电阻来实现。电动机的调速有三种方法：①在电枢回路中串接调速电阻 R_j，使电动机的转速在额定值以下工作；②在励磁回路串接调速电阻，使电动机的转速在额定值以上工作；③改变电枢回路的外加电压。

习　题

28-1　如何判断直流电机运行于发电机还是电动机状态？它们的 T_{em}、E、U、n、I_a 的方向有何不同？

28-2　如果把起动电阻按图 28　12 的方法连接，是否恰当？为什么？正确的方法应怎样连接？

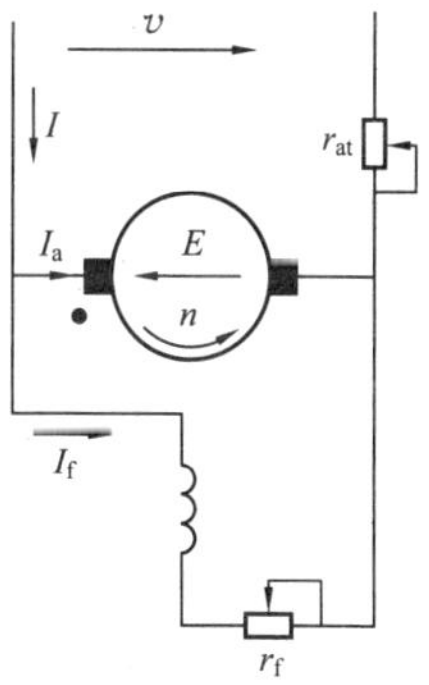

图 28-12　习题 28-2 图

28-3　在起动直流电机时，为什么要把串联于励磁回路中的变阻器短路掉？若在起动时励磁回路中串入较大的电阻，会发生什么现象？

28-4　如何改变串励电动机、并励电动机、复励电动机的转动方向？

28-5　一台正在运行的并励电动机，转速为 1450r/min，现将它停下来，用改变励磁绕组的极性改变其转向（其他未变），当电枢电流的大小与正转时相同的情况下，发现其转速为 1500r/min。这可能是什么原因？

28-6　对于下列机械负载，应选用哪种励磁方式的电动机？

（1）负载转矩变化时，要求转速变化很少；

（2）负载转矩变化时，要求电机的输出功率变化较少。

28-7　一台 Z2-31，$P_N=10$kW，$U_N=220$V 的并励直流电动机，额定转速为 1500r/min，额定效率为 84.5%，电枢回路总电阻 $R_a=0.316\Omega$（包括电刷接触电阻），并励绕组电阻为 170Ω。现欲使电枢电流限制为额定电流的 1.5 倍，求起动变阻器的电阻应为多大？

28-8　一台并励直流电动机，装配时不小心地改变了电刷的位置，随后在运行过程中负载增大时，电动机的转速越来越高，以致不能稳定工作。试分析其原因，应如何处理。

28-9　一台积复励直流发电机改为电动机运行时，如果串励、并励绕组以及电枢绕组间的相对连接都未改变。试问：此时是积复励直流电动机吗？试分析说明之。

28-10　并励电动机直流在运行时突然励磁回路断开，试问在电动机有剩磁或没有剩磁的情况下有什么后果？若起动时就断了线有何种后果？

28 - 11 一台并励直流发电机的数据如下：$P_N=46kW$，$n_N=1000r/min$，$U_N=230V$，极对数 $p=2$，电枢电阻 $R_a=0.03\Omega$，一对电刷压降 $2\Delta U_b=2V$，励磁回路电阻 $R_f=30\Omega$，把此发电机当电动机运行，所加电源电压 $U_N=220V$，保持电枢电流为发电机额定运行时的电枢电流。试问：

（1）此时电动机转速为多少（假定磁路不饱和）？

（2）发电机额定运行时的电磁转矩为多少？

（3）电动机运行时的电磁转矩为多少？

28 - 12 一台并励直流电动机的额定数据为：$U_N=110V$，$I_N=28A$，$n_N=1500r/min$，电枢回路总电阻 $R_a=0.15\Omega$，励磁回路总电阻 $R_f=110\Omega$。若将该电动机用原动机拖动作为发电机并入电压为 U_N 的电网，并忽略电枢反应的影响，试问：

（1）若保持电枢电流不变，此发电机转速为多少？向电网输出的电功率为多少？

（2）当此发电机向电网输出电功率为零时，转速为多少？

28 - 13 他励直流电动机的数据为：$P_N=30kW$，$U_N=220V$，$I_N=158.5A$，$n_N=1000r/min$，$R_a=0.1\Omega$。当恒转矩负载 $T_L=0.8T_N$ 时，试求：

（1）电动机的转速；

（2）电枢回路串入 0.3Ω 电阻时的稳定转速；

（3）电压降至 188V 时，降压瞬间的电枢电流和降压后的稳态转速；

（4）将磁通减弱至 $80\%\Phi_N$ 时的稳态转速。

部分习题答案

第1章

1-1 $\sum H=477.2$ 安匝，$I=0.765\text{A}$。

1-4 $e_2=\omega N_2\Phi_m\sin\omega t$，$E_{2m}=2\pi fN_2\Phi_m$。

1-5 设上线⊗，下线 e，$B=2I\left(\frac{1}{r_1}+\frac{1}{r_2}\right)\times10^{-7}$，方向向左。

1-6 $I=25\text{A}$，$e=4\text{V}$，方向向上。

1-7 (1) $e_v=\frac{\mu_0 bI}{2\pi}\frac{vc}{(a+vt)(a+c+vt)}$；

(2) $e=\left[\frac{\mu_0 bI_m\omega}{2\pi}\ln\frac{a+c}{a}\right]\sin(\omega t-90°)$；

(3) $e=\frac{\mu_0 bI_m}{2\pi}\frac{vc}{(a+vt)(a+c+vt)}\sin\omega t+\left[\frac{\mu_0 bI_m\omega}{2\pi}\ln\frac{a+c+vt}{a+vt}\right]\sin(\omega t-90°)$。

第1篇 变 压 器

第2章

2-6 $I_{1N}=157.48\text{A}$，$I_{2N}=259.74\text{A}$。

2-7 $I_{1N}=82.48\text{A}$，$I_{2N}=274.9\text{A}$。

第3章

3-3 (a) $i_2=-20k\sin\omega t$ (A)；

(b) $i_2=30k\sin\omega t$。

3-18 顺向串联时，Φ 不变，$I'_0=\frac{2}{3}I_0$；

反向串联时，Φ 不变，$I''_0=2I_0$。

3-19 48.4

3-22 (1) $I_1=0.13\text{A}$，$I_2=0.26\text{A}$，$I_3=1.19\text{A}$，

$U_2=109.46\text{V}$，$U_3=23.83\text{V}$。

(2) $I_{1k}=27.5\text{A}$，$I_{2k}=55\text{A}$，$I_{3k}=252\text{A}$，

$U_2=55\text{V}$，$U_3=0\text{V}$。

3-23 (1) $8.607+j17.75=19.73\angle 64.13°\ \Omega$；

(2) $0.01264+j0.02608=0.02898\angle 64.13°\ \Omega$；

(3) $0.0239+j0.0493=0.0548\angle 64.13°\ \Omega$；

(4) $u_k(\%)=5.48$，$u_{kr}(\%)=2.39$，$u_{kx}(\%)=4.93$；

(5) 2.39%，4.86%，−1.02%。

3-24 (1) $r_m^*=15.46$，$x_m^*=67.62$，

$r_k^*=0.01002$，$x_k^*=0.05408$；

(2) $\Delta U=4.04\%$，$\eta=98.4$；

(3) $\beta_m=0.567$，$\eta_{max}=98.6\%$。

3-25 (1) $I_2^*=0.9794$ ($I_2=2544A$)，$U_2^*=0.9660$ ($U_2=386.4V$)；

(2) 3.44；

(3) 3.554。

第4章

4-6 三相变压器组：$U_{ph}=245.3V$，$U_1/U_{ph}=1.55$。

三相心式变压器：$U_{ph}=219.7V$，$U_1/U_{ph}=1.73$。

4-8 (1) $U_A^0=24.51\angle -7.34^\circ$ V；

$U_A^+=214.5\angle 0.15^\circ$ V；

$U_A^-=18.96\angle 172.5^\circ$ V。

(2) $I_A^0=30.89\angle 150.31^\circ$ A；

$I_A^+=193.7\angle -10.92^\circ$ A；

$I_A^-=42.47\angle 30.21^\circ$ A。

4-11 (1) $I_A=25.97A$，$I_B=I_C=12.99A$；

(2) $U_a=0$，$U_b=358V$，$U_c=345V$；

(3) 189.6V。

4-12 (1) $I_A=5.953A$，$I_B=I_C=2.976A$；

(2) $U_a=214.4V$，$U_b=198.2V$，$U_c=253.34V$；

(3) 43.4V。

4-13 $I_a^*=I_b^*=\dfrac{1}{3}I^*$，$I_c^*=-\dfrac{2}{3}I^*$，

$I_A^*=I_B^*=-\dfrac{1}{3}I^*$，$I_b^*=\dfrac{2}{3}I^*$。

4-14 $I_a^*=0$，$I_b^*=-I_c^*=I_k^*=\dfrac{\sqrt{3}}{2z_k^*}$；

$U_a^*=1$，$U_b^*=U_c^*=\dfrac{1}{2}$；

$I_A^*=0$，$I_B^*=-I_C^*=I_k^*=\dfrac{\sqrt{3}}{2z_k^*}$。

第5章

5-3 $I_{2c}=67.97A$，$I_{2c\mathrm{I}}^*=0.111$，$I_{2c\mathrm{II}}^*=0.191$。

5-4 (1) $S_{T1}=3072kV\cdot A$，$S_{T2}=4928kV\cdot A$；

(2) $S_{max}=8352kV\cdot A$。

5-5 选用第Ⅱ台，改接成 Yyn0。

320kV·A 的那台先满载，$S_{max}=935kV\cdot A$。

第6章

6-5 (1) $I_k^*=13.8$，$I_{1k}=2174A$；

(2) $i_{kmax}=5244A$。

第7章

7-2 (1) 8400kV·A；

(2) $I_{kA}=6995A$，增大1.5倍。

7-5 $r_1=10.7\Omega$，$r_2'=2.76\Omega$，$r_3'=7.3\Omega$；

$x_1=126.38\Omega$，$x_2'=78.28\Omega$，$x_3'=-5.52\Omega$。

第2篇 交流绕组及其电动势与磁动势

第8章

8-7 (1) 2；

(2) 36；

(3) 0.946，0.578，0.140，0.061；

(4) 230V，274V，40.3V，9.21V，360V，405V。

8-8 0.936，0.0156。

8-9 0.995Wb。

8-10 (1) 50Hz；

(2) 0.193；

(3) $y_1=\frac{4}{5}\tau$，6060V。

8-11 (1) 3；

(2) 36；

(3) 0.933，0.500，0.067，0.067；

(4) 133V，21.3V，1.91V，1.42V，135V，230V。

第9章

9-5 基波：125943.3安匝/极，3000r/min，顺相序旋转；

三次谐波：不存在；

五次谐波：618.8安匝/极，-600r/min，与n_1旋转方向相反；

七次谐波：-1237.4安匝/极，428.6r/min，与n_1旋转方向相同。

9-8 (1) 6800安匝/极；

(2) 10300安匝/极，3000r/min，顺相序旋转；

(3) 114安匝/极，600r/min，与n_1旋转方向相反。

第3篇 同步电机

第10章

10-5 (1) 8；

（2）187.5r/min。

10-6 8625.2A。

10-7 11.981A。

第11章

11-1 交链；交链的磁通没有变化，不会在励磁绕组上产生感应电动势。

11-2 对电枢转速为 n，顺时针；对定子转速为0；不会。

11-11 （1）直轴去磁兼交磁；

（2）直轴去磁兼交磁；

（3）近似纯直轴去磁。

11-13 17.25kV，73.67°。

11-14 10.734kV，18.40°。

11-15 （1）707A，$\psi=45°$为直轴去磁兼交轴电枢反应；

（2）500A，$\psi=90°$为直轴去磁电枢反应；

（3）1000A，$\psi=-90°$为直轴增磁电枢反应；

（4）1000A，$\psi=0°$为交轴电枢反应。

11-16 $I_d=7.85$A，$I_q=4.53$A，$x_d=25.29\Omega$，$x_q=19.94\Omega$。

11-17 4559.53V。

11-18 $I_d=4.27$A，$I_q=4.84$A，$E_0=300.9$V。

11-19 （1）9.0099kV；

（2）4.86025kV。

第12章

12-1 短路特性不变。

12-6 抽出转子的情况下定子电流较大。

12-12 （1）1.0；

（2）1.036；

（3）0.15。

12-13 （1）5.374Ω；

（2）0.84Ω；

（3）5.124Ω，3.368Ω；

（4）375A，26.5%。

12-14 （1）5.2Ω；

（2）255A；

（3）27%。

第13章

13-12 （1）短路比大的发电机稳定性好；

（2）过励运行稳定性好；

（3）轻载时稳定性好；

（4）稳定性变差。

13-14 （1）无功；

（2）23.6°，52.06Mvar，3020A，0.693。

13-15 1.349倍。

13-16 （1）35.9°，25000kW，1.705，18750kvar；

（2）17.06°，12500kW，0.447，24978kvar；

（3）32.24°，25000kW，0.723，1900A。

13-17 30.96°，0.692（滞后），41.72A，20.87kvar（滞后）。

13-18 （1）1.316，0.694；

（2）21.41°；

（3）13022.6V；

（4）14725kW，2.104，70.28°。

13-19 （1）1.0134，6.39°；

（2）7.683°，502.2A，0.9996（超前），12000kW，−337.304kvar。

（3）23.832°，能稳定运行，2646.9A，0.18967（超前）。

第14章

14-6 功率因数降低，性质为超前；电流减小。

14-8 （1）功角减小为28.36°；

（2）功角不变；

（3）功角不变。

14-14 （1）6378.3V；

（2）480.3kW，15289.5N·m。

14-15 （1）31.07°；

（2）31.92°，0.9985（滞后）。

14-16 0.8635；变电所没有过载。

14-17 （1）1656.18kV·A；

（2）0.242。

14-18 26.5Mvar，负载端，过励磁。

第15章

15-10 （1）$i_B^* = -(4.72e^{-\frac{t}{0.105}} + 6.61e^{-\frac{t}{0.84}} + 0.76)\cos 314t + 12.09e^{-\frac{t}{0.162}}$；

$i_A^* = -(4.72e^{-\frac{t}{0.105}} + 6.61e^{-\frac{t}{0.84}} + 0.76)\cos(314t + 120°) - 6.045e^{-\frac{t}{0.162}}$；

$i_C^* = -(4.72e^{-\frac{t}{0.105}} + 6.61e^{-\frac{t}{0.84}} + 0.76)\cos(314t - 120°) - 6.045e^{-\frac{t}{0.162}}$；

（2）B相，22.95。

15-11 （1）0.1629Ω，0.296Ω，2.54Ω；

（2）0.145s，1.16s；

（3）30.16°，0.210s。

15-12 （1）$i_k^* = -(1.76e^{-\frac{t}{0.0317}} + 4.45e^{-\frac{t}{0.993}} + 0.622)\cos 314t + 6.93e^{-\frac{t}{0.246}}$；

（2）13.067；

（3）-2.463，1.22，0.622。

第16章

16-2 装阻尼绕组的同步发电机负序电抗小。

16-3 实心磁极的同步发电机负序电抗小。

16-12 1.11，0.33，0.134。

16-13 0.5348，1.3889，0.8287。

16-14 1，1.44，2.5。

第4篇 异 步 电 机

第17章

17-3 $p=2$，$n_1=1500$r/min，s=0.0167。

17-4 $I_N=29.14$A，没区别。

第18章

18-5 （1）$E_1=3466.2$V；（2）$E_2=295.5$V；（3）$E_{2s}=9.85$V。

18-6 （1）电动机运行；（2）$E_{2s}=2.2$V；（3）$I_2=215.73$A。

18-7 （1）$p=2$；（2）$n_1=1500$r/min；（3）$s=0.02$；$f_2=1$Hz；（4）$I_1=3.2$A。$\cos\varphi_1=0.763$，$P_1=2783.4$W，$I'_2=2.524$A。

第19章

19-1 （1）$P_{emN}=155.85$kW，$s_N=0.0142$，$n_N=1478.7$r/min，$T_{emN}=992.67$N·m；

（2）$s_m=0.1$；

（3）$r'_{st}=0.1086\Omega$。

19-5 （1）$n_N=1455$r/min，$T_{emN}=1342$N·m，$\cos\varphi_N=0.9$，$\eta_N=0.9$；

（2）$k_m=2.033$；

（3）$T_{st}=1792$N·m，$k_{st}=1.365$。

19-6 （1）$s_m=0.1497$；

（2）$T_{em}=1923.8$N·m。

第20章

20-3 $I_{st}=111.2$A。

20-4 $r_{st}=0.106\Omega$，$T_{st}=3276.3$N·m。

20-6 （1）$r_{st}=0.237\Omega$；

（2）$r_{st}=3.33\Omega$。

第21章

21-1 $r_\Omega=0.3171\Omega$，$p_\Omega=13.93\text{kW}$。

21-2 （1）$n=1321\text{r/min}$；

（2）$n=-165.7\text{r/min}$；

（3）$r_{st}=3.954\Omega$。

21-3 （1）$n=1420\text{r/min}$；

（2）当 $T_L=0.8T_N$，$f_1=50\text{Hz}$ 时的转速 $n=1452\text{r/min}$；

当 $T_L=0.8T_N$，$f_1=40\text{Hz}$ 时的转速 $n=1161.6\text{r/min}$，应减少电压。

21-4 （1）$f_1=47.22\text{Hz}$，$U_1=358.87\text{V}$；$f_1=34.72\text{Hz}$，$U_1=263.87\text{V}$；

（2）$U_1=272\text{V}$；$U_1=266\text{V}$。

21-5 （1）$n=984.33\text{r/min}$；（2）$n=965.4\text{r/min}$；（3）$n=784\text{r/min}$。

21-7 $r_\Omega=0.38\Omega$。

第22章

22-1 $T_{em}=25.86\text{N}\cdot\text{m}$。

22-2 $r=1.44\Omega$。

22-3 $r=1.415\Omega$。

22-4 $n=644\text{r/min}$。

第5篇 直 流 电 机

第24章

24-1 （1）交流；（2）直流。

第25章

25-6 $E=C_e n\Phi$，$E=106.4\text{V}$，$C_{e波}=5.07$，$n_{波}=1184\text{r/min}$。

25-7 （1）$U_{叠}=300\text{V}$，$r_a=1.5\Omega$；（2）$U_{波}=600\text{V}$，$r_a=6\Omega$。

25-8 （1）$N=5750$ 根；（2）$N=1438$ 根。

25-11 $\phi=0.0289\text{Wb}$，$T_{em}=800.7\text{N}\cdot\text{m}$。

第26章

26-3 （1）$F_{ad}=933.3$ 安匝/极，$F_{aq}=3266.4$ 安匝/极；

（2）$F=5066.4$ 安匝/极，$\Phi_a=0.2533\text{Wb}$。

26-4 $A=20160\text{A/m}$，$F_{aq}=2565$ 安匝/极。

第27章

27-4 （1）$E_0=U_0=235\text{V}$；（2）$R_0=94\Omega$；（3）$n=854.5\text{r/min}$；（4）$R_f=94\Omega$。

27-5 （1）$I_0=5\text{A}$，$I=55\text{A}$；（2）$I_a=60\text{A}$，$E=235\text{V}$；

（3）$P_2=12.1\text{kW}$，$P_{em}=14.1\text{kW}$。

27-8 $N_{串}=4$ 匝。

第 28 章

28-7 $I_N=53.8A$，$I_f=1.24A$，$I_{av}=52.56A$，$I_{st}=1.5I_{av}=78.84A$，$R_{st}=2.47\Omega$。

28-11 （1）$n_D=929.346r/min$；（2）$T_F=472.671N\cdot m$；（3）$T_D=452.112N\cdot m$。

28-12 （1）$n_F=1614.75r/min$，$P_2=2.86kW$；（2）$n_F'=1559.54r/min$。

28-13 （1）$p_0=2.358kW$，$T_0=22.53N\cdot m$，$T_{em}=251.826N\cdot m$，$I_a=129.11A$，$n=1014.396r/min$；

（2）$n'=824.668r/min$；

（3）$I_a'=-190.889A$（发电机状态），$n''=857.65r/min$；

（4）$n'''=1248.385r/min$。

参 考 文 献

[1] 辜承林，熊永前，李滨波，等. 电机学. 北京：中国电力出版社，2006.

[2] 许实章. 电机学. 3 版. 北京：机械工业出版社，1995.

[3] 辜承林，陈乔夫，熊永前. 电机学. 武汉：华中理工大学出版社，2001.

[4] 汤蕴谬，史乃. 电机学. 北京：机械工业出版社，1999.

[5] 陈世元. 电机学. 北京：中国电力出版社，2004.

[6] 汪耕，李希明，等. 大型汽轮发电机设计、制造与运行. 上海：上海科学技术出版社，2000.

[7] 李发海，朱东起. 电机学. 3 版. 北京：科学出版社，2001.

[8] 邬基烈. 电机学. 上海：上海交通大学出版社，1988.

[9] 严震池. 电机学. 北京：中国电力出版社，1999.

[10] 王正茂，阎治安，崔新艺，等. 电机学. 西安：西安交通大学出版社，2000.